CAD-CFD-CAE 技术丛书

CFD 技术原理与应用

张师帅　编

华中科技大学出版社
中国·武汉

内容提要

本书是一本介绍CFD技术原理与应用的指导性教材。全书分为10章。第1～6章介绍CFD技术的基本理论，包括CFD基本知识、控制方程的离散、流场的求解计算、湍流模型及其应用、边界条件与网格生成、格子Boltzmann方法等。第7～10章介绍CFD软件的基本知识，以及软件GAMBIT、FLUENT、TECPLOT的基本用法。理论与实践并重，实用性强，是本书的最大特点。

本书可以作为能源动力、航空航天、机械工程、环境工程、化学工程、交通工程、土木工程等领域的高年级本科生、研究生教材，也可供上述领域的科研人员，特别是研究和应用CFD技术的人员参考。

图书在版编目(CIP)数据

CFD技术原理与应用/张师帅编. —武汉：华中科技大学出版社，2016.3
ISBN 978-7-5680-1579-0

Ⅰ.①C… Ⅱ.①张… Ⅲ.①计算流体力学-教材 Ⅳ.①O35

中国版本图书馆CIP数据核字(2016)第046756号

CFD技术原理与应用 张师帅 编
CFD Jishu Yuanli yu Yingyong

策划编辑：王新华
责任编辑：王新华
封面设计：刘 卉
责任校对：刘 竣
责任监印：周治超
出版发行：华中科技大学出版社(中国·武汉)
武昌喻家山 邮编：430074 电话：(027)81321913
录 排：华中科技大学惠友文印中心
印 刷：武汉市籍缘印刷厂
开 本：787mm×1092mm 1/16
印 张：21.25
字 数：555千字
版 次：2016年3月第1版第1次印刷
定 价：46.00元

前　言

计算流体动力学(computational fluid dynamics，CFD)是一门新兴的独立学科，它将数值计算方法和数据可视化技术有机结合起来，对流动、传热等相关物理现象进行模拟分析，是当今除理论分析、实验测量之外，解决流动与传热问题的又一种技术手段。尽管其发展的时间不长，但随着计算机性能的不断提高，目前计算流体动力学分析已经广泛渗透到各种现代科学研究和工程应用之中。

CFD软件早在20世纪70年代就已在美国诞生，但在国内真正得到广泛应用则是最近十几年的事。目前，CFD软件已经成为解决各种流动、传热问题的强有力工具，并成功应用于能源动力、石油化工、汽车设计、建筑暖通、航空航天以及生物医学等各个科技领域。过去只能依靠实验手段才能获得的某些结果，现在已经完全可以借助CFD软件的模拟计算来准确获取。

随着计算机性能的提高，CFD软件在工程模拟计算中所发挥的作用日益增强，高校和企业的广大科技人员对于CFD软件的学习热情空前高涨，为他们提供一本理论与实践并重的指导性教材非常必要。

本书正是针对高校学生和企业相关科技人员学习CFD软件的需要而编写的。编者结合自身多年的理论教学和应用实践经验，采用最通俗的语言解释CFD原理与应用中最核心、最本质的内容，同时将理论方法与软件应用结合起来介绍，力争让不同层次的读者能够掌握CFD的基本原理和CFD软件的基本用法。

本书重点介绍当前经典的商用CFD软件FLUENT以及通用后处理软件TECPLOT的基本用法。理论与实践并重，实用性强，是本书的最大特点。

全书分为10章。第1～6章以CFD原理为核心，重点介绍CFD软件的基本原理。第7～10章结合具体软件(FLUENT 6.3、GAMBIT 2.3和TECPLOT 10.0)，重点介绍CFD软件的实践应用，并给出CFD软件在流动分析、传热计算等方面的应用实例。

在本书编写过程中，得到了华中科技大学能源学院蔡兆麟教授、周怀春教授以及研究生罗亮、李伟华、秦松江、仇生生、杨勤、黄书才和匡海云的支持和帮助，同时还得到了北京海基科技发展有限公司和上海明导电子科技有限公司的支持和帮助。在本书出版过程中，得到华中科技大学出版社的大力支持。在此一并致以深深的谢意！

由于编者水平有限，书中不足之处在所难免，恳请读者批评指正，不胜感激。

编者邮箱：shishuai@mail.hust.edu.cn

张师帅

2016年1月于武汉

目　录

第1章　CFD基本知识 …… (1)
1.1　CFD概述 …… (1)
1.1.1　CFD的基本思想 …… (1)
1.1.2　CFD的发展历程 …… (2)
1.1.3　CFD的应用领域 …… (3)
1.2　流体与流动的基本特性 …… (3)
1.2.1　理想流体与黏性流体 …… (3)
1.2.2　牛顿流体与非牛顿流体 …… (4)
1.2.3　流体热传导和扩散 …… (4)
1.2.4　可压缩流体与不可压缩流体 …… (4)
1.2.5　定常流与非定常流 …… (5)
1.2.6　层流与湍流 …… (5)
1.3　流体动力学的控制方程 …… (5)
1.3.1　质量守恒方程 …… (5)
1.3.2　动量守恒方程 …… (6)
1.3.3　能量守恒方程 …… (7)
1.3.4　组分质量守恒方程 …… (8)
1.3.5　湍流控制方程 …… (8)
1.3.6　控制方程的通用形式 …… (9)
1.3.7　控制方程的守恒形式与非守恒形式 …… (10)
1.4　CFD的工作流程 …… (10)
1.4.1　CFD的工作流程概述 …… (10)
1.4.2　建立数学模型 …… (11)
1.4.3　确定离散化方法 …… (11)
1.4.4　对流场进行求解计算 …… (12)
1.4.5　显示计算结果 …… (12)
第2章　控制方程的离散 …… (13)
2.1　离散化方法概述 …… (13)
2.1.1　有限差分法 …… (13)
2.1.2　有限元法 …… (13)
2.1.3　有限体积法 …… (14)
2.2　有限体积法原理 …… (14)
2.2.1　有限体积法概述 …… (14)
2.2.2　有限体积法的区域离散 …… (15)
2.3　一维稳态问题的有限体积法 …… (16)

2.3.1 问题的描述 …… (16)
2.3.2 生成计算网格 …… (17)
2.3.3 建立离散方程 …… (17)
2.3.4 求解离散方程 …… (19)
2.4 多维稳态问题的有限体积法 …… (19)
2.4.1 二维稳态问题的有限体积法 …… (19)
2.4.2 三维稳态问题的离散方程 …… (21)
2.4.3 离散方程的通用表达式 …… (23)
2.5 一阶离散格式 …… (23)
2.5.1 离散格式的特性 …… (23)
2.5.2 问题的描述 …… (26)
2.5.3 中心差分格式 …… (27)
2.5.4 一阶迎风格式 …… (28)
2.5.5 混合格式 …… (29)
2.5.6 指数格式与乘方格式 …… (30)
2.6 高阶离散格式 …… (31)
2.6.1 二阶迎风格式 …… (31)
2.6.2 QUICK格式 …… (32)
2.6.3 QUICK格式的改进 …… (33)
2.6.4 各种离散格式的性能对比 …… (33)
2.7 一维瞬态问题的有限体积法 …… (34)
2.7.1 问题的描述 …… (34)
2.7.2 方程的离散 …… (35)
2.7.3 显式格式 …… (37)
2.7.4 Crank-Nicolson格式 …… (37)
2.7.5 全隐式格式 …… (38)
2.8 多维瞬态问题的有限体积法 …… (38)
2.8.1 二维瞬态问题的有限体积法 …… (38)
2.8.2 三维瞬态问题的离散方程 …… (40)
2.8.3 离散方程的通用表达式 …… (40)
第3章 流场的求解计算 …… (41)
3.1 流场求解计算概述 …… (41)
3.1.1 求解计算的难点 …… (41)
3.1.2 求解计算的方法 …… (42)
3.2 交错网格技术 …… (43)
3.2.1 常规网格 …… (44)
3.2.2 交错网格 …… (44)
3.2.3 方程的离散 …… (46)
3.3 SIMPLE算法 …… (50)
3.3.1 SIMPLE算法的基本原理 …… (50)

3.3.2　关于 SIMPLE 算法的两点说明 …… (52)
3.4　SIMPLE 算法的改进 …… (53)
3.4.1　SIMPLER 算法 …… (53)
3.4.2　SIMPLEC 算法 …… (54)
3.4.3　PISO 算法 …… (56)
3.4.4　SIMPLE 系列算法的比较 …… (59)
3.5　瞬态问题的求解算法 …… (59)
3.5.1　瞬态问题的 SIMPLE 算法 …… (59)
3.5.2　瞬态问题的 PISO 算法 …… (60)
3.6　基于同位网格的 SIMPLE 算法 …… (61)
3.6.1　同位网格 …… (61)
3.6.2　方程的离散 …… (61)
3.6.3　基于同位网格的 SIMPLE 算法步骤 …… (63)
3.6.4　关于同位网格应用的几点说明 …… (64)
3.7　基于非结构网格的 SIMPLE 算法 …… (65)
3.7.1　非结构网格 …… (65)
3.7.2　方程的离散 …… (66)
3.7.3　基于非结构网格的 SIMPLE 算法步骤 …… (69)
3.7.4　关于非结构网格应用的几点说明 …… (70)
3.8　离散方程组的基本解法 …… (70)
3.8.1　代数方程组的基本解法 …… (70)
3.8.2　TDMA 算法 …… (71)
3.8.3　TDMA 算法在二维问题中的应用 …… (72)
3.8.4　TDMA 算法在三维问题中的应用 …… (73)
第 4 章　湍流模型及其应用 …… (75)
4.1　湍流的数学描述 …… (75)
4.1.1　湍流的流动特征 …… (75)
4.1.2　湍流的基本方程 …… (76)
4.2　湍流的数值模拟方法 …… (77)
4.2.1　湍流数值模拟方法的分类 …… (77)
4.2.2　直接数值模拟方法 …… (78)
4.2.3　大涡模拟方法 …… (79)
4.2.4　Reynolds 平均法 …… (79)
4.3　零方程模型及一方程模型 …… (80)
4.3.1　零方程模型 …… (80)
4.3.2　一方程模型 …… (80)
4.4　标准 k-ε 模型 …… (81)
4.4.1　标准 k-ε 模型的定义 …… (81)
4.4.2　标准 k-ε 模型的控制方程组及适用性 …… (82)
4.5　RNG k-ε 模型和 Realizable k-ε 模型 …… (83)

4.5.1 RNG k-ε 模型 …… (84)
4.5.2 Realizable k-ε 模型 …… (84)
4.6 采用 k-ε 模型处理近壁问题 …… (85)
4.6.1 近壁区流动的特点 …… (86)
4.6.2 壁面函数法 …… (87)
4.6.3 低 Re k-ε 模型 …… (89)
4.7 Reynolds 应力方程模型 …… (90)
4.7.1 Reynolds 应力输运方程 …… (90)
4.7.2 RSM 的控制方程组及适用性 …… (93)
4.8 大涡模拟 …… (94)
4.8.1 大涡模拟的基本原理 …… (94)
4.8.2 大涡运动方程 …… (95)
4.8.3 亚格子尺度模型 …… (95)
4.8.4 大涡模拟控制方程组的求解 …… (96)
第5章 边界条件与网格生成 …… (97)
5.1 边界条件概述 …… (97)
5.1.1 边界条件的类型 …… (97)
5.1.2 边界条件的离散 …… (98)
5.2 进、出口边界条件 …… (99)
5.2.1 进口边界条件 …… (99)
5.2.2 出口边界条件 …… (100)
5.3 固壁边界条件 …… (101)
5.3.1 固壁边界上的网格布置 …… (101)
5.3.2 固壁边界上离散方程源项的构造 …… (102)
5.4 恒压边界条件、对称边界条件与周期性边界条件 …… (105)
5.4.1 恒压边界条件 …… (105)
5.4.2 对称边界条件 …… (106)
5.4.3 周期性边界条件 …… (106)
5.5 边界条件应用时的注意事项及初始条件 …… (106)
5.5.1 边界条件应用时的注意事项 …… (106)
5.5.2 初始条件 …… (107)
5.6 网格生成技术 …… (107)
5.6.1 网格类型 …… (108)
5.6.2 网格生成 …… (109)
第6章 格子 Boltzmann 方法 …… (111)
6.1 格子气自动机 …… (111)
6.1.1 基本思想 …… (111)
6.1.2 HPP 模型 …… (111)
6.1.3 FHP 模型 …… (112)
6.1.4 格子气自动机模型的宏观动力学 …… (114)

6.2　格子 Boltzmann 方程 ……………………………………………………… (115)
6.2.1　从 LGA 到 Boltzmann 方程 ……………………………………………… (116)
6.2.2　从连续 Boltzmann 方程到格子 Boltzmann 方程 ……………………… (118)
6.3　格子 Boltzmann 方法的初始条件 ………………………………………… (121)
6.3.1　非平衡态校正方法 ………………………………………………………… (121)
6.3.2　迭代方法 …………………………………………………………………… (122)
6.4　格子 Boltzmann 方法的边界条件 ………………………………………… (123)
6.4.1　平直边界条件 ……………………………………………………………… (124)
6.4.2　曲面边界条件 ……………………………………………………………… (128)
6.4.3　压力边界条件 ……………………………………………………………… (132)
第 7 章　CFD 软件的基本知识 …………………………………………………… (134)
7.1　CFD 软件的结构 ……………………………………………………………… (134)
7.1.1　前处理器 …………………………………………………………………… (134)
7.1.2　求解器 ……………………………………………………………………… (135)
7.1.3　后处理器 …………………………………………………………………… (135)
7.2　常用的 CFD 软件 ……………………………………………………………… (135)
7.2.1　PHOENICS ………………………………………………………………… (135)
7.2.2　CFX ………………………………………………………………………… (136)
7.2.3　STAR-CD …………………………………………………………………… (137)
7.2.4　FIDAP ……………………………………………………………………… (138)
7.2.5　FLUENT …………………………………………………………………… (138)
7.2.6　FloEFD ……………………………………………………………………… (139)
第 8 章　GAMBIT 的基本用法 …………………………………………………… (141)
8.1　GAMBIT 概述 ………………………………………………………………… (141)
8.1.1　GAMBIT 的基本功能 ……………………………………………………… (141)
8.1.2　GAMBIT 的操作界面 ……………………………………………………… (141)
8.1.3　GAMBIT 的操作步骤 ……………………………………………………… (144)
8.2　几何建模 ……………………………………………………………………… (145)
8.2.1　GAMBIT 常用的造型功能 ………………………………………………… (145)
8.2.2　GAMBIT 常用的编辑功能 ………………………………………………… (149)
8.3　网格划分 ……………………………………………………………………… (150)
8.3.1　二维网格划分 ……………………………………………………………… (151)
8.3.2　三维网格划分 ……………………………………………………………… (154)
8.4　指定边界类型和区域类型 …………………………………………………… (157)
8.5　基于 GAMBIT 的二次开发 ………………………………………………… (159)
8.5.1　日志文件的构建 …………………………………………………………… (159)
8.5.2　日志文件的编写 …………………………………………………………… (159)
8.5.3　GAMBIT 二次开发应用实例 ……………………………………………… (161)
8.6　GAMBIT 应用实例 …………………………………………………………… (166)
8.6.1　二维模型 …………………………………………………………………… (166)

8.6.2 三维模型 …………………………………………………………………… (175)
第9章 FLUENT的基本用法 ………………………………………………………… (191)
9.1 FLUENT概述……………………………………………………………………… (191)
9.1.1 FLUENT的基本功能 …………………………………………………… (191)
9.1.2 FLUENT的操作界面 …………………………………………………… (191)
9.1.3 FLUENT的求解步骤 …………………………………………………… (192)
9.2 使用网格 ………………………………………………………………………… (193)
9.2.1 导入网格 ………………………………………………………………… (193)
9.2.2 检查网格 ………………………………………………………………… (194)
9.2.3 显示网格 ………………………………………………………………… (195)
9.2.4 修改网格 ………………………………………………………………… (195)
9.2.5 光顺网格与交换单元面 ………………………………………………… (196)
9.3 选择求解器及运行环境 ……………………………………………………… (197)
9.3.1 分离求解器 ……………………………………………………………… (197)
9.3.2 耦合求解器 ……………………………………………………………… (198)
9.3.3 求解器中的显式与隐式方案 …………………………………………… (198)
9.3.4 求解器的比较与选择 …………………………………………………… (199)
9.3.5 计算模式的选择 ………………………………………………………… (199)
9.3.6 运行环境的选择 ………………………………………………………… (200)
9.4 确定计算模型 …………………………………………………………………… (201)
9.4.1 多相流模型 ……………………………………………………………… (201)
9.4.2 能量方程 ………………………………………………………………… (202)
9.4.3 黏性模型 ………………………………………………………………… (202)
9.4.4 辐射模型 ………………………………………………………………… (204)
9.4.5 组分模型 ………………………………………………………………… (204)
9.4.6 离散相模型 ……………………………………………………………… (206)
9.4.7 凝固和熔化模型 ………………………………………………………… (206)
9.4.8 噪声模型 ………………………………………………………………… (207)
9.5 定义材料 ………………………………………………………………………… (207)
9.5.1 材料简介 ………………………………………………………………… (208)
9.5.2 定义材料的方法 ………………………………………………………… (208)
9.6 设置边界条件 …………………………………………………………………… (209)
9.6.1 边界条件的类型 ………………………………………………………… (209)
9.6.2 边界条件的设置方法 …………………………………………………… (210)
9.6.3 设定湍流参数 …………………………………………………………… (212)
9.6.4 常用的边界条件 ………………………………………………………… (213)
9.7 设置求解控制参数 ……………………………………………………………… (222)
9.7.1 设置离散格式与欠松弛因子 …………………………………………… (222)
9.7.2 设置求解限制项 ………………………………………………………… (224)
9.7.3 设置求解过程的监视参数 ……………………………………………… (224)

9.7.4　初始化流场的解 …………………………………………………………………… (226)
9.8　流场迭代计算 ………………………………………………………………………… (227)
9.8.1　稳态问题的求解 …………………………………………………………………… (227)
9.8.2　瞬态问题的求解 …………………………………………………………………… (227)
9.9　计算结果后处理 ……………………………………………………………………… (229)
9.9.1　创建需要进行后处理的表面 ……………………………………………………… (229)
9.9.2　显示等值线图、速度矢量图和流线图 …………………………………………… (230)
9.9.3　绘制直方图与 XY 散点图 ………………………………………………………… (232)
9.9.4　生成动画 …………………………………………………………………………… (234)
9.9.5　报告统计信息 ……………………………………………………………………… (235)
9.10　UDF 的使用 ………………………………………………………………………… (238)
9.10.1　UDF 的基础……………………………………………………………………… (238)
9.10.2　UDF 中访问 FLUENT 变量的宏 ……………………………………………… (243)
9.10.3　UDF 实用工具宏 ………………………………………………………………… (248)
9.10.4　UDF 的解释和编译 ……………………………………………………………… (252)
9.10.5　UDF 应用实例…………………………………………………………………… (254)
9.11　FLUENT 应用实例 ………………………………………………………………… (257)
9.11.1　二维实例………………………………………………………………………… (258)
9.11.2　三维实例………………………………………………………………………… (277)
第 10 章　通用后处理软件——TECPLOT ……………………………………………… (299)
10.1　TECPLOT 概述…………………………………………………………………… (299)
10.2　TECPLOT 的操作界面…………………………………………………………… (299)
10.3　TECPLOT 的使用方法…………………………………………………………… (306)
10.4　TECPLOT 的应用实例…………………………………………………………… (309)
参考文献……………………………………………………………………………………… (328)

第1章　CFD基本知识

计算流体动力学(computational fluid dynamics,简称CFD)是一门新兴的独立学科,它将数值计算方法和数据可视化技术有机结合起来,对流动、换热等相关物理现象进行模拟分析,是当今除理论分析、实验测量之外,解决流动与换热问题的又一种技术手段。尽管其发展的时间不长,但随着计算机性能的不断提高,目前CFD分析已经广泛渗透到各种现代科学研究和工程应用之中。

本章主要介绍CFD的基本知识。

1.1　CFD概述

1.1.1　CFD的基本思想

CFD的基本思想可以归结为:把原来在时间域和空间域上连续的物理量场,用一系列离散点上的变量值的集合来代替,并通过一定的原则和方式建立起反映这些离散点上场变量之间关系的代数方程组,然后求解代数方程组从而获得场变量的近似值。

CFD可以看作在流动基本方程(质量守恒方程、动量守恒方程、能量守恒方程)控制下对流动过程进行的数值模拟。通过这种数值模拟,可以得到极其复杂流场内各个位置上的基本物理量(如速度、压力、温度、浓度等)的分布,以及这些物理量随时间的变化情况;此外,CFD与CAD结合,还可以进行优化设计。

CFD是除理论分析方法和实验测量方法之外的又一种技术手段,它不能代替实验测量方法,也不能代替理论分析方法。准确地说,理论分析、实验测量与CFD之间是一种互相补充、互相促进的关系,它们共同构成流动、换热问题研究的完整体系。它们三者之间的关系可以通过图1.1来表征。

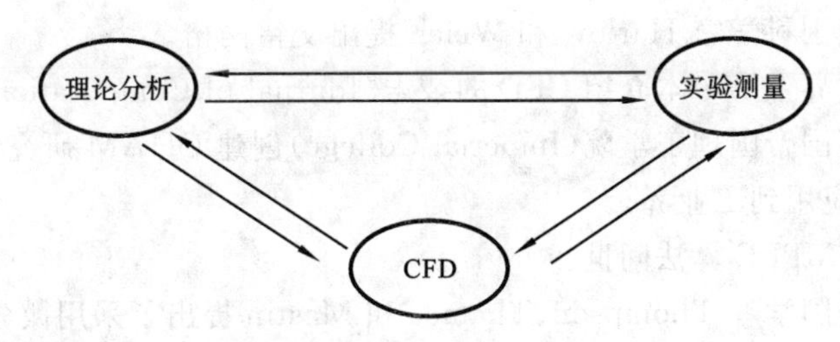

图1.1　理论分析、实验测量与CFD之间的关系

理论分析方法通常是在研究流体运动规律的基础上提出简化流动模型,建立各类主控方程,并在一定条件下,经过推导和运算获得问题的解析解。它的最大特点是往往可以给出具有普遍性的结果,可以用最小的代价和时间给出规律性的结果(如变化趋势)。理论分析方法仍然是目前解决实际问题常常采用的方法,但理论分析方法无法用于研究复杂的、以非线性为主的流动现象。

长期以来,实验测量方法是研究流动机理、分析流动现象、探讨流动新概念、推动流体力学发展的主要研究手段，是获得和验证流动新现象的主要方法，在今后相当长的时期内仍将是流动研究的重要手段。然而，实验测量方法往往受到模型尺寸、外界干扰、测量精度和人身安全的限制，有时甚至难以获得实验结果。此外，实验测量还会遇到经费投入、人力和物力的巨大耗费及周期长等许多困难。

CFD技术恰好弥补了理论分析方法和实验测量方法的不足。通常，流动问题的控制方程一般是非线性的，其自变量多，计算域的几何形状和边界条件复杂，很难求得解析解，而采用CFD技术则有可能找出满足工程需要的数值解；其次，在计算机上进行一次数值计算，就好像在计算机上做一次实验，CFD技术可以形象地再现流动情景，与进行实验没有太大区别；此外，采用CFD技术还可以选择不同的流动参数进行各种数值实验，从而可以方便地进行方案比较，并且这种数值实验不受物理模型和实验模型的限制，具有较好的灵活性，能给出完整而详细的资料，省时省钱，非常经济，还可以模拟特殊条件和实验中只能接近而无法达到的理想条件。

然而CFD也存在一定的局限性。首先，数值求解是一种离散近似的计算方法，最终的结果为有限离散点上的数值解，并具有一定的计算误差；其次，它不像物理模型实验那样一开始就能给出流动现象并定性描述，而往往需要由理论分析或模型实验提供某些流动参数，还需要对获得的数值解进行验证；再者，程序的编制及资料的收集、整理与利用，在很大程度上依赖于经验与技巧；还有，CFD涉及大量的数值计算，通常需要较高的计算机软硬件配置；此外，数值计算方法等可能导致计算结果的不真实，产生伪物理效应，当然，这需要将数值模拟与实验测量和理论分析结合起来，验证数值解的可靠性。

总之，CFD、实验测量和理论分析有各自的特点，只有将三者有机地结合起来，取长补短，灵活运用，才能有效地解决各类工程实际问题，并推动流体动力学向前发展。

1.1.2 CFD的发展历程

早在1933年，英国科学家Thom应用手摇计算机完成了对一个外掠圆柱流动的数值计算。大约从20世纪60年代开始，CFD便在全世界范围内形成规模，发展至今，已经取得了许多丰硕的成果。其具体发展历程可以划分为以下三个阶段。

1. 初创阶段(1965—1974年)

(1) 1965年，美国科学家Harlow和Welch提出交错网格。

(2) 1966年，世界上第一本介绍CFD的杂志《Journal of Computational Physics》创刊。

(3) 1969年，英国帝国理工学院(Imperial College)创建CHAM研究小组，旨在把他们研究小组的成果推广应用到工业界。

(4) 1972年，SIMPLE算法问世。

(5) 1974年，美国学者Thompson、Thames和Mastin提出了采用微分方程来生成适体坐标的方法(简称TTM方法)。

2. 工业应用阶段(1975—1984年)

(1) 1977年，由Spalding及其学生开发的GENMIX程序公开发行。

(2) 1979年，大型通用软件PHOENICS问世。当时该软件仅限在英国帝国理工学院CFD研究小组内使用，为工业界计算一些应用问题。

(3) 1979年，Leonard发表了著名的QUICK格式，这是一种具有三阶精度对流项的离散格式，其稳定性优于中心差分。

(4) 1981 年，英国 CHAM 公司把 PHOENICS 软件正式投放市场，开创了 CFD 商用软件市场的先河。

(5) 在这一阶段，求解算法获得了进一步发展，先后出现了 SIMPLER、SIMPLEC 算法。

3. 蓬勃发展阶段(1985 年至今)

(1) 前、后台处理软件迅速发展。

(2) 巨型机的研制促进了并行算法及紊流直接数值模拟(DNS)与大涡模拟(LES)的研究与发展。

(3) 个人计算机成为 CFD 研究领域中的一种重要工具。

(4) 各国都把 CFD 作为工科高层次人才培养的一门重要课程。

(5) 多个计算流动与传热问题的大型商用软件陆续投放市场。

(6) 数值计算方法向更高的计算精度、更好的区域适应性及更强的稳定性的方向发展。

1.1.3　CFD 的应用领域

近十多年来，CFD 有了很大发展，它替代了经典流体力学中的一些近似计算法和图解法；过去的一些典型教学实验，如 Reynolds 实验，现在完全可以借助 CFD 手段在计算机上实现。所有涉及流体流动、热交换、分子输运等现象的问题，几乎都可以通过 CFD 的方法进行分析和模拟。CFD 不仅作为一种研究工具，而且作为设计工具在流体机械、动力工程、汽车工程、船舶工程、航空航天、建筑工程、环境工程、食品工程等领域发挥作用。与之相关的工程问题及典型应用场合包括：①风机、水泵等流体机械的内部流动；②汽轮机、锅炉等动力设备的设计；③汽车流线外形对性能的影响；④船后螺旋桨转动对船体的影响；⑤洪水波及河口潮流的计算；⑥飞机、航天飞机等飞行器的设计；⑦风载荷对高层建筑物稳定性及结构性能的影响；⑧电子元器件的散热；⑨换热器性能分析及换热器片形状的选取；⑩温室及室内的空气流动及环境分析；⑪河流中污染物的扩散；⑫汽车尾气对街道环境的污染；⑬食品中细菌的运移。

对这些问题的处理，过去主要借助于基本理论分析和大量物理模型实验，而现在大多采用 CFD 方法加以分析和解决，CFD 现已发展到完全可以用来分析三维黏性湍流及旋涡运动等复杂问题的程度。

1.2　流体与流动的基本特性

流体是 CFD 的研究对象，流体性质及流动状态决定着 CFD 中的计算模型及计算方法的选择，决定着流场中各物理量的最终分布。本节将介绍 CFD 中所涉及的流体与流动的基本特性。

1.2.1　理想流体与黏性流体

黏性是指流体内部发生相对运动而引起的内部相互作用。

流体在静止时虽不能承受剪切应力，但在运动时，对相邻两层流体间的相对运动，即相对滑动是有抵抗力的，这种抵抗力称为黏性应力。流体所具有的这种抵抗两层流体间相对滑动，或者抵抗变形的性质，称为黏性。

黏性的大小取决于流体性质，并随温度变化而显著变化。实验表明，黏性应力的大小与黏性及相对速度成正比。当流体的黏性较小(如空气和水的黏性都很小)，运动的相对速度也不大时,所产生的黏性应力相比其他类型的力可忽略不计。此时,可以近似地把流体看成无黏性的,称为无黏流体,也称为理想流体。而对于黏性较大的流体,则称为黏性流体。显然,理想流体对于切向变形没有任何抗拒能力。但应该强调的是,真正的理想流体在客观实际中是不存在的,人们常说的理想流体只不过是实际流体在某种条件下的一种近似模型。

1.2.2　牛顿流体与非牛顿流体

根据内摩擦力(剪切应力)与速度变化率的关系,可将黏性流体又分为牛顿流体和非牛顿流体。

观察近壁面处的流体流动,可以发现,紧靠壁面的流体黏附在壁面上,静止不动。而靠近静止流体的另一层流体,则在流体黏性所导致的内摩擦力(剪切应力)作用下,速度降低。

流体的内摩擦力 τ 由牛顿内摩擦定律决定,即

$$\tau = \mu \lim_{\Delta u \to 0} \frac{\Delta u}{\Delta n} = \mu \frac{\partial u}{\partial n} \tag{1.1}$$

式中:Δn 为沿法线方向的距离增量;Δu 为流体速度的增量;$\Delta u / \Delta n$ 为法向距离上的速度变化率;μ 为流体的动力黏度,简称为黏度,它的大小取决于流体的性质、温度和压力大小。

若 μ 为常数,则称该类流体为牛顿流体;否则,称为非牛顿流体。空气、水等均为牛顿流体,聚合物溶液、含有悬浮粒杂质或纤维的流体为非牛顿流体。

对于牛顿流体,通常用运动黏度 ν 来代替动力黏度 μ,两者之间存在如下关系:

$$\nu = \frac{\mu}{\rho} \tag{1.2}$$

式中:ρ 为流体的密度。

1.2.3　流体热传导和扩散

除了黏性外,流体还有热传导及扩散等性质。当流体中存在着温度差时,热量将由温度高的地方向温度低的地方传递,这种现象称为热传导。同样,当流体中存在着某种成分的浓度差时,该成分将由浓度高的地方将向浓度低的地方输运,这种现象称为扩散。

黏性、热传导和扩散等是流体的宏观性质,实质上是分子输运性质的一种统计平均。由于分子的不规则运动,在各层流体间存在着质量、动量和能量的交换,使得不同流体层内的物理量均匀化,这种性质称为分子运动的输运性质。质量输运在宏观上表现为扩散现象,动量输运表现为黏性现象,能量输运则表现为热传导现象。

对于理想流体忽略了黏性,即忽略了分子运动的动量输运性质,因此在理想流体中也不应考虑质量和能量输运性质——扩散和热传导,因为它们具有相同的微观机理。

1.2.4　可压缩流体与不可压缩流体

根据密度 ρ 是否为常数,可将流体分为可压缩与不可压缩两大类。当密度 ρ 为常数时,流体为不可压缩流体;否则,为可压缩流体。空气为可压缩流体,水为不可压缩流体。有些可压缩流体在特定的流动条件下,可以按不可压缩流体处理。

在可压缩流体的连续性方程中含密度 ρ,因而可把密度 ρ 视为连续性方程中的独立变量进行求解,再根据气体的状态方程求出压力。

不可压缩流体的压力场是通过连续性方程间接描述的,由于没有直接求解压力的方程,不

可压缩流体的流动方程的求解有其特殊的困难。

1.2.5　定常流与非定常流

根据流体流动的物理量(如速度、压力、温度等)是否随时间变化,可将流动分为定常流与非定常流两大类。当物理量不随时间变化,即$\frac{\partial(\ )}{\partial t}=0$时,为定常流动;当流动的物理量随时间变化,即$\frac{\partial(\ )}{\partial t}\neq 0$时,则为非定常流动。定常流动也称为恒定流动、稳态流动,非定常流动也称为非恒定流动、非稳态流动、瞬态流动。流体机械在启动或停机时,其中流体的流动一般是非定常流动,而正常运转时可看作定常流动。

1.2.6　层流与湍流

自然界中的流体流动状态主要有两种形式,即层流和湍流。在许多中文文献中,湍流也被称为紊流。层流是指流体在流动过程中两层之间没有相互掺混,而湍流是指流体不是处于分层流动状态。一般说来,湍流是普遍的,而层流则属于特殊情况。

对于圆管内流动,定义 Reynolds 数(也称雷诺数,用 Re 表示)为

$$Re=\frac{ud}{\nu}$$

式中:u 为液体流速,ν 为运动黏度,d 为管径。

当 Re 小于或等于 2300 时,管流为层流;当 Re 大于或等于 8000 时,管流为湍流;当 Re 大于 2300 而小于 8000 时,流动处于层流与湍流间的过渡区。

对于一般流动,在计算 Re 时,可用当量半径 r 代替上式中的 d。这里,$r=A/x$,A 为通流截面积,x 为周长。对于液体,x 等于通流截面上液体与固体接触的周界长度,不包括自由液面以上的气体与固体接触的部分;对于气体,等于通流截面的周界长度。

1.3　流体动力学的控制方程

流体流动遵守物理守恒定律,基本的守恒定律包括质量守恒定律、动量守恒定律、能量守恒定律。如果流动包含不同成分(组元)的混合或相互作用,系统还要遵守组分守恒定律。如果流动处于湍流状态,系统还要遵守附加的湍流输运方程。控制方程是这些守恒定律的数学描述。

1.3.1　质量守恒方程

任何流动问题都满足质量守恒定律,即:单位时间内流体微元体中质量的增加,等于同一时间间隔内流入该微元体的净质量。根据质量守恒定律,可写出质量守恒方程,质量守恒方程又称连续性方程,即

$$\frac{\partial\rho}{\partial t}+\frac{\partial\rho u}{\partial x}+\frac{\partial\rho v}{\partial y}+\frac{\partial\rho w}{\partial z}=0 \tag{1.3}$$

引入矢量符号 $\mathrm{div}\boldsymbol{a}=\frac{\partial a_x}{\partial x}+\frac{\partial a_y}{\partial y}+\frac{\partial a_z}{\partial z}$,式(1.3)可写成

$$\frac{\partial\rho}{\partial t}+\mathrm{div}(\rho\boldsymbol{u})=0 \tag{1.4}$$

有的文献中使用符号∇表示散度，即$\nabla \cdot \boldsymbol{a}=\mathrm{div}\boldsymbol{a}=\frac{\partial a_x}{\partial x}+\frac{\partial a_y}{\partial y}+\frac{\partial a_z}{\partial z}$，因此式(1.3)又可写成

$$\frac{\partial \rho}{\partial t}+\nabla \cdot (\rho \boldsymbol{u})=0 \tag{1.5}$$

在式(1.3)～式(1.5)中，ρ为密度，t为时间，$\boldsymbol{u}$为速度矢量。

上面给出的是瞬态三维可压缩流体的连续性方程。若流体不可压缩，密度ρ为常数，式(1.3)变为

$$\frac{\partial u}{\partial x}+\frac{\partial v}{\partial y}+\frac{\partial w}{\partial z}=0 \tag{1.6}$$

若流动处于稳态，则密度ρ不随时间变化，式(1.3)变为

$$\frac{\partial \rho u}{\partial x}+\frac{\partial \rho v}{\partial y}+\frac{\partial \rho w}{\partial z}=0 \tag{1.7}$$

1.3.2 动量守恒方程

动量守恒定律也是任何流动系统都必须满足的基本定律，即微元体中流体动量对时间的变化率等于外界作用在该微元体上的各种力之和，该定律实际上是牛顿第二定律。根据动量守恒定律，可写出x、y和z三个方向的动量守恒方程，即

$$\frac{\partial \rho u}{\partial t}+\mathrm{div}(\rho u \boldsymbol{u})=-\frac{\partial p}{\partial x}+\frac{\partial \tau_{xx}}{\partial x}+\frac{\partial \tau_{yx}}{\partial y}+\frac{\partial \tau_{zx}}{\partial z}+F_x \tag{1.8a}$$

$$\frac{\partial \rho v}{\partial t}+\mathrm{div}(\rho v \boldsymbol{u})=-\frac{\partial p}{\partial y}+\frac{\partial \tau_{xy}}{\partial x}+\frac{\partial \tau_{yy}}{\partial y}+\frac{\partial \tau_{zy}}{\partial z}+F_y \tag{1.8b}$$

$$\frac{\partial \rho w}{\partial t}+\mathrm{div}(\rho w \boldsymbol{u})=-\frac{\partial p}{\partial z}+\frac{\partial \tau_{xz}}{\partial x}+\frac{\partial \tau_{yz}}{\partial y}+\frac{\partial \tau_{zz}}{\partial z}+F_z \tag{1.8c}$$

式中：p为流体微元体上的压力；τ_{xx}、τ_{xy}和τ_{xz}等为因分子黏性作用而产生的作用在微元体表面上的黏性应力$\boldsymbol{\tau}$的分量；F_x、F_y和F_z为微元体上的体积力，若体积力只有重力，且z轴竖直向上，则$F_x=0$，$F_y=0$，$F_z=-\rho g$。

式(1.8)是对任何类型的流体(包括非牛顿流体)均成立的动量守恒方程。对于牛顿流体，黏性应力$\boldsymbol{\tau}$与流体的变形率成比例，则有

$$\left.\begin{aligned}
\tau_{xx}&=2\mu\frac{\partial u}{\partial x}+\lambda \mathrm{div}\boldsymbol{u}\\
\tau_{yy}&=2\mu\frac{\partial v}{\partial y}+\lambda \mathrm{div}\boldsymbol{u}\\
\tau_{zz}&=2\mu\frac{\partial w}{\partial z}+\lambda \mathrm{div}\boldsymbol{u}\\
\tau_{xy}&=\tau_{yx}=\mu\left(\frac{\partial u}{\partial y}+\frac{\partial v}{\partial x}\right)\\
\tau_{xz}&=\tau_{zx}=\mu\left(\frac{\partial u}{\partial z}+\frac{\partial w}{\partial x}\right)\\
\tau_{yz}&=\tau_{zy}=\mu\left(\frac{\partial v}{\partial z}+\frac{\partial w}{\partial y}\right)
\end{aligned}\right\} \tag{1.9}$$

式中：μ为动力黏度；λ为第二黏度，一般可取$\lambda=-2/3$。将式(1.9)代入式(1.8)，可得

$$\frac{\partial(\rho u)}{\partial t}+\mathrm{div}(\rho u \boldsymbol{u})=\mathrm{div}(\mu \cdot \mathrm{grad}\ u)-\frac{\partial p}{\partial x}+S_x \tag{1.10a}$$

$$\frac{\partial(\rho v)}{\partial t}+\mathrm{div}(\rho v\boldsymbol{u})=\mathrm{div}(\mu\cdot\mathrm{grad}\ v)-\frac{\partial p}{\partial y}+S_y \tag{1.10b}$$

$$\frac{\partial(\rho w)}{\partial t}+\mathrm{div}(\rho w\boldsymbol{u})=\mathrm{div}(\mu\cdot\mathrm{grad}\ w)-\frac{\partial p}{\partial z}+S_z \tag{1.10c}$$

式中：$\mathrm{grad}(\ )=\frac{\partial(\ )}{\partial x}+\frac{\partial(\ )}{\partial y}+\frac{\partial(\ )}{\partial z}$；符号 S_x、S_y 和 S_z 为动量方程广义源项，$S_x=F_x+s_x$，$S_y=F_y+s_y$，$S_z=F_z+s_z$，而其中 s_x、s_y 和 s_z 的表达式分别为

$$s_x=\frac{\partial}{\partial x}\left(\mu\frac{\partial u}{\partial x}\right)+\frac{\partial}{\partial y}\left(\mu\frac{\partial v}{\partial x}\right)+\frac{\partial}{\partial z}\left(\mu\frac{\partial w}{\partial x}\right)+\frac{\partial}{\partial x}(\lambda\mathrm{div}\boldsymbol{u}) \tag{1.11a}$$

$$s_y=\frac{\partial}{\partial x}\left(\mu\frac{\partial u}{\partial y}\right)+\frac{\partial}{\partial y}\left(\mu\frac{\partial v}{\partial y}\right)+\frac{\partial}{\partial z}\left(\mu\frac{\partial w}{\partial y}\right)+\frac{\partial}{\partial y}(\lambda\mathrm{div}\boldsymbol{u}) \tag{1.11b}$$

$$s_z=\frac{\partial}{\partial x}\left(\mu\frac{\partial u}{\partial z}\right)+\frac{\partial}{\partial y}\left(\mu\frac{\partial v}{\partial z}\right)+\frac{\partial}{\partial z}\left(\mu\frac{\partial w}{\partial z}\right)+\frac{\partial}{\partial z}(\lambda\mathrm{div}\boldsymbol{u}) \tag{1.11c}$$

一般来讲，s_x、s_y 和 s_z 为小量，对于黏性为常数的不可压缩流体，$s_x=s_y=s_z=0$。

方程(1.10)还可写成展开形式，即

$$\frac{\partial(\rho u)}{\partial t}+\frac{\partial(\rho uu)}{\partial x}+\frac{\partial(\rho uv)}{\partial y}+\frac{\partial(\rho uw)}{\partial z}=\frac{\partial}{\partial x}\left(\mu\frac{\partial u}{\partial x}\right)+\frac{\partial}{\partial y}\left(\mu\frac{\partial u}{\partial y}\right)+\frac{\partial}{\partial z}\left(\mu\frac{\partial u}{\partial z}\right)-\frac{\partial p}{\partial x}+S_x \tag{1.12a}$$

$$\frac{\partial(\rho v)}{\partial t}+\frac{\partial(\rho vu)}{\partial x}+\frac{\partial(\rho vv)}{\partial y}+\frac{\partial(\rho vw)}{\partial z}=\frac{\partial}{\partial x}\left(\mu\frac{\partial v}{\partial x}\right)+\frac{\partial}{\partial y}\left(\mu\frac{\partial v}{\partial y}\right)+\frac{\partial}{\partial z}\left(\mu\frac{\partial v}{\partial z}\right)-\frac{\partial p}{\partial y}+S_y \tag{1.12b}$$

$$\frac{\partial(\rho w)}{\partial t}+\frac{\partial(\rho wu)}{\partial x}+\frac{\partial(\rho wv)}{\partial y}+\frac{\partial(\rho ww)}{\partial z}=\frac{\partial}{\partial x}\left(\mu\frac{\partial w}{\partial x}\right)+\frac{\partial}{\partial y}\left(\mu\frac{\partial w}{\partial y}\right)+\frac{\partial}{\partial z}\left(\mu\frac{\partial w}{\partial z}\right)-\frac{\partial p}{\partial z}+S_z \tag{1.12c}$$

式(1.10)及式(1.12)为动量守恒方程，简称动量方程，也称为 Navier-Stokes(N-S)方程。

1.3.3　能量守恒方程

能量守恒定律是具有热交换的流动系统必须满足的基本定律。该定律可表述为：微元体中能量的增加率等于进入微元体的净热流量加上体积力与面积力对微元体所做的功。该定律实际上是热力学第一定律。根据能量守恒定律，可写出能量守恒方程：

$$\frac{\partial(\rho T)}{\partial t}+\mathrm{div}(\rho\boldsymbol{u}T)=\mathrm{div}\left(\frac{k}{c_p}\cdot\mathrm{grad}\ T\right)+S_T \tag{1.13}$$

写成展开形式：

$$\frac{\partial(\rho T)}{\partial t}+\frac{\partial(\rho uT)}{\partial x}+\frac{\partial(\rho vT)}{\partial y}+\frac{\partial(\rho wT)}{\partial z}=\frac{\partial}{\partial x}\left(\frac{k}{c_p}\frac{\partial T}{\partial x}\right)+\frac{\partial}{\partial y}\left(\frac{k}{c_p}\frac{\partial T}{\partial y}\right)+\frac{\partial}{\partial z}\left(\frac{k}{c_p}\frac{\partial T}{\partial z}\right)+S_T \tag{1.14}$$

式中：c_p 为比热容；T 为热力学温度；k 为流体的传热系数；S_T 为流体的内热源及由于黏性作用流体机械能转换为热能的部分，有时简称 S_T 为黏性耗散项。

常将式(1.13)及式(1.14)简称为能量方程。

综合各基本方程(1.4)、(1.10a)、(1.10b)、(1.10c)、(1.13)，发现有 u、v、w、p、T 和 ρ 六个未知量，还需要补充一个联系 p 和 ρ 的状态方程，方程组才能封闭，即

$$p = p(\rho, T) \tag{1.15}$$

对于理想气体，状态方程为

$$p = \rho RT \tag{1.16}$$

式中：R 为摩尔气体常数。

需要说明的是，虽然能量方程(1.13)是流体流动与传热问题的基本控制方程，但对于不可压缩流体，当热交换量很小以至于可以忽略时，可不考虑能量方程，而只需要联立求解连续性方程(1.4)及动量方程(1.10a)、(1.10b)、(1.10c)。

此外，还需要注意的是，能量方程(1.13)只适用于牛顿流体，而对于非牛顿流体，则应采用另外形式的能量方程，这里不作介绍。

1.3.4　组分质量守恒方程

在一个特定的系统中，可能存在质的交换，或者存在多种化学组分，每一种组分都需要遵守组分质量守恒定律。对于一个确定的系统而言，组分质量守恒定律可表述为：系统内某种化学组分质量对时间的变化率，等于通过系统界面净扩散流量与通过化学反应产生的该组分的生产率之和。

根据组分质量守恒定律，可写出组分 s 的组分质量守恒方程：

$$\frac{\partial(\rho c_s)}{\partial t} + \mathrm{div}(\rho \boldsymbol{u} c_s) = \mathrm{div}(D_s \cdot \mathrm{grad}(\rho c_s)) + S_s \tag{1.17}$$

式中：c_s为组分 s 的体积浓度；ρc_s为该组分的质量浓度；D_s为该组分的扩散系数；S_s为系统内部单位时间内单位体积通过化学反应产生的该组分的质量，即生产率。式(1.17)左侧第一项、左侧第二项、右侧第一项和右侧第二项，分别称为时间变化率、对流项、扩散项和反应项。各组分质量守恒方程之和就是连续性方程，由于 $\sum S_s = 0$，因此，如果系统有 z 种组分，那么只有 $z-1$个独立的组分质量守恒方程。

将组分质量守恒方程各项展开，式(1.17)可改写为

$$\frac{\partial(\rho c_s)}{\partial t} + \frac{\partial(\rho u c_s)}{\partial x} + \frac{\partial(\rho v c_s)}{\partial y} + \frac{\partial(\rho w c_s)}{\partial z}$$
$$= \frac{\partial}{\partial x}\left(D_s \frac{\partial(\rho c_s)}{\partial x}\right) + \frac{\partial}{\partial y}\left(D_s \frac{\partial(\rho c_s)}{\partial y}\right) + \frac{\partial}{\partial z}\left(D_s \frac{\partial(\rho c_s)}{\partial z}\right) + S_s \tag{1.18}$$

组分质量守恒方程常简称为组分方程。一种组分的质量守恒方程实际就是一个浓度传输方程。当水流或空气在流动过程中混有某种污染物质时，污染物质在流动情况下除了有分子扩散外，还会随流传输，即传输过程包括对流和扩散两部分，污染物质的浓度随时间和空间变化。因此，组分方程在有些情况下又称为浓度传输方程或浓度方程。

1.3.5　湍流控制方程

湍流是自然界非常普遍的流动类型，湍流运动的特征是在运动过程中液体质点具有不断互相掺混的现象，速度和压力等物理量在空间和时间上均具有随机性质的脉动值。

式(1.10)是三维瞬态 Navier-Stokes 方程，无论对层流还是湍流都适用。但对于湍流，如果直接求解三维瞬态 Navier-Stokes 方程，需要采用对计算机内存和速度要求很高的直接模拟

方法，目前还不可能在实际工程中采用此方法。工程中广为采用的方法是对瞬态 Navier-Stokes 方程作时间平均处理，同时补充反映湍流特性的湍流模型方程，如常用的湍流 k-ε 方程，即湍动能(k)方程和湍流耗散率(ε)方程等。

湍动能方程为

$$\frac{\partial(\rho k)}{\partial t}+\mathrm{div}(\rho \boldsymbol{u} k)=\mathrm{div}\left[\left(\mu+\frac{\mu_{\mathrm{t}}}{\sigma_k}\right)\cdot \mathrm{grad}\, k\right]-\rho\varepsilon+\mu_{\mathrm{t}}P_{\mathrm{G}} \tag{1.19a}$$

湍流耗散率方程为

$$\frac{\partial(\rho \varepsilon)}{\partial t}+\mathrm{div}(\rho \boldsymbol{u} \varepsilon)=\mathrm{div}\left[\left(\mu+\frac{\mu_{\mathrm{t}}}{\sigma_\varepsilon}\right)\cdot \mathrm{grad}\, \varepsilon\right]-\rho C_2\frac{\varepsilon^2}{k}+\mu_{\mathrm{t}}C_1\frac{\varepsilon}{k}P_{\mathrm{G}} \tag{1.19b}$$

式中：σ_k、σ_ε、C_1、C_2 为常数，$\mu_{\mathrm{t}}=\rho C_\mu \dfrac{k^2}{\varepsilon}$，而

$$P_{\mathrm{G}}=2\left[\left(\frac{\partial u}{\partial x}\right)^2+\left(\frac{\partial v}{\partial y}\right)^2+\left(\frac{\partial w}{\partial z}\right)^2\right]+\left(\frac{\partial u}{\partial y}+\frac{\partial v}{\partial x}\right)^2+\left(\frac{\partial u}{\partial z}+\frac{\partial w}{\partial x}\right)^2+\left(\frac{\partial v}{\partial z}+\frac{\partial w}{\partial y}\right)^2$$

1.3.6 控制方程的通用形式

考察前面介绍的连续性方程(1.4)、动量方程(1.10)、能量方程(1.13)、组分方程(1.17)以及湍流方程(1.19)等控制方程，可以看出，尽管这些方程中的特征变量各不相同，但它们具有非常相似的形式。如果引入一个通用变量 φ，那么上述各控制方程均可以写成以下通用形式：

$$\frac{\partial(\rho\varphi)}{\partial t}+\mathrm{div}(\rho\boldsymbol{u}\varphi)=\mathrm{div}(\Gamma\cdot \mathrm{grad}\,\varphi)+S \tag{1.20}$$

其展开形式为

$$\begin{aligned}&\frac{\partial(\rho\varphi)}{\partial t}+\frac{\partial(\rho u\varphi)}{\partial x}+\frac{\partial(\rho v\varphi)}{\partial y}+\frac{\partial(\rho w\varphi)}{\partial z}\\&=\frac{\partial}{\partial x}\left(\Gamma\frac{\partial\varphi}{\partial x}\right)+\frac{\partial}{\partial y}\left(\Gamma\frac{\partial\varphi}{\partial y}\right)+\frac{\partial}{\partial z}\left(\Gamma\frac{\partial\varphi}{\partial z}\right)+S\end{aligned} \tag{1.21}$$

式中：φ 为通用变量，可代表速度、温度等求解变量；Γ 为广义扩散系数；S 为广义源项。式(1.20)中各项依次为瞬态项、对流项、扩散项和源项。对于特定的方程，φ、Γ 和 S 具有特定的形式。表1.1给出了三个符号与各特定方程的对应关系。

由此可见，所有控制方程均可以经过适当的数学处理，写成式(1.20)这样的通用形式。通常只需要考虑通用控制方程(1.20)的数值解，写出求解方程(1.20)的源程序，就可以求解不同类型的流体输运问题。对于不同的通用变量 φ，只需重复调用该程序，并给定 Γ 和 S 的表达式及相关的初始条件和边界条件，便可求解。

表1.1 通用控制方程中各符号的具体形式

方 程	φ	Γ	S
连续性方程	1	0	0
x-动量方程	u_x	μ	$-\partial p/\partial x+S_x$
y-动量方程	u_y	μ	$-\partial p/\partial y+S_y$
z-动量方程	u_z	μ	$-\partial p/\partial z+S_z$
能量方程	T	k/c	S_T
组分方程	c_s	$D_s\rho$	S_s
湍动能方程	k	$\mu+\mu_{\mathrm{t}}/\sigma_k$	$-\rho\varepsilon+\mu_{\mathrm{t}}P_G$
湍流耗散率方程	ε	$\mu+\mu_{\mathrm{t}}/\sigma_\varepsilon$	$-\rho C_2\varepsilon^2/k+\mu_{\mathrm{t}}C_1(\varepsilon/k)P_G$

1.3.7　控制方程的守恒形式与非守恒形式

在前面介绍的各基本控制方程及式(1.20)所代表的通用控制方程中,对流项均采用散度形式表示,各物理量均在微分符号内。在许多文献中,这种形式的方程被称为控制方程的守恒形式。

近年来,在许多文献中还常见到控制方程的另外一种形式。将式(1.20)的瞬态项和对流项中的物理量从微分符号中移出,则式(1.20)可改写为

$$\varphi\frac{\partial\rho}{\partial t}+\rho\frac{\partial\varphi}{\partial t}+\varphi\frac{\partial(\rho u)}{\partial x}+\rho u\frac{\partial\varphi}{\partial x}+\varphi\frac{\partial(\rho v)}{\partial y}+\rho v\frac{\partial\varphi}{\partial y}+\varphi\frac{\partial(\rho w)}{\partial z}+\rho w\frac{\partial\varphi}{\partial z}$$
$$=\mathrm{div}(\Gamma\cdot\mathrm{grad}\ \varphi)+S \tag{1.22}$$

式(1.22)即为控制方程的非守恒形式。

从微元体的角度看,控制方程的守恒形式与非守恒形式是等价的,都是物理守恒定律的数学表示形式。但控制方程的守恒形式更能保持物理量守恒的性质,特别是在有限体积法中可更方便地建立离散方程,因此得到了广泛的应用。

1.4　CFD 的工作流程

1.4.1　CFD 的工作流程概述

采用 CFD 方法对流体流动进行数值模拟,通常包括如下步骤。

(1) 建立数学模型。具体地说,就是建立反映工程问题或物理问题本质的数学模型,该模型应该包括反映问题各个量之间关系的控制方程及相应的定解条件,这是数值模拟的出发点。没有正确、完善的数学模型,数值模拟就毫无意义。流体流动基本控制方程通常包括组分方程、动量方程、能量方程,以及这些方程相应的定解条件。

(2) 确定离散化方法。即确定高精度、高效率的离散化方法,具体地说,就是确定针对控制方程的离散化方法,如有限差分法、有限元法、有限体积法等。这里的离散方法不仅包括微分方程的离散化方法及求解方法,还包括贴体坐标的建立、边界条件的处理等。这部分内容可以说是 CFD 的核心。

(3) 对流场进行求解计算。具体地说,就是编制程序和进行计算。这部分工作包括计算网格划分、初始条件和边界条件的输入、控制参数的设定等,这是整个工作中花时间最多的部分。由于求解的问题比较复杂,比如 Navier-Stokes 方程就是一个十分复杂的非线性方程,数值求解方法在理论上不是绝对完善的,通常还需要通过实验加以验证。正是从这个意义上讲,数值模拟又叫数值实验。应该指出,这部分工作同样是 CFD 的核心内容。

(4) 显示计算结果。计算结果一般通过图、表等方式显示,这对检查、判断和分析计算结果具有重要的参考意义。

上述为 CFD 的总体流程,实际上还可以对每一步骤进行细化,细化后的工作流程如图 1.2 所示。

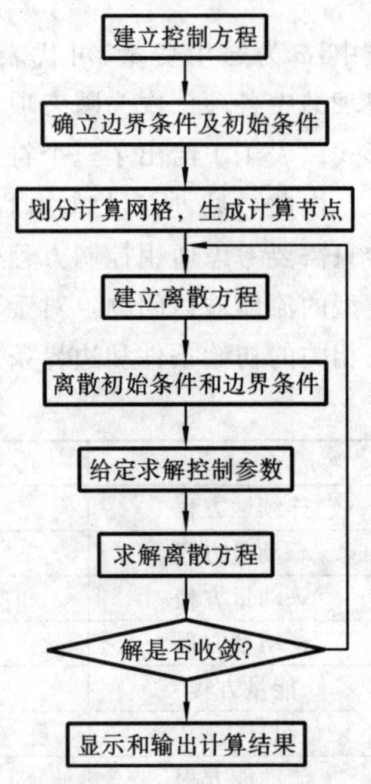

图 1.2　CFD 的工作流程

无论是流动问题、传热问题,还是污染物的运移问题,无论是

稳态问题,还是瞬态问题,其求解过程都可采用图 1.2 所示的 CFD 工作流程。

如果所求解的问题是瞬态问题,则可将图 1.2 所示的过程理解为一个时间步的计算过程,重复这一过程求解下一个时间步的解。

下面将详细介绍 CFD 工作流程中的具体内容。

1.4.2 建立数学模型

建立数学模型包括建立控制方程和确立边界条件及初始条件两个方面,具体内容如下。

建立控制方程是求解任何问题前都必须首先进行的一步。一般来讲,这一步比较简单,因为对于一般的流体流动而言,通常可根据 1.3 节中的分析直接写出其控制方程。例如,对于通风机内的流动分析问题,若假定没有热交换发生,则可直接将连续性方程(1.3)与动量方程(1.8)作为控制方程使用。当然,由于通风机内的流动大多处于湍流范围,因此,一般情况下需要增加湍流方程。

边界条件及初始条件是控制方程有确定解的前提,控制方程与相应的边界条件、初始条件的组合构成对一个物理过程完整的数学描述。

边界条件是在求解区域的边界上所求解的变量或其导数随地点和时间的变化规律。对于任何问题,都需要给定边界条件。例如,对于管内流动,在进口断面上,可以给定速度、压力沿半径方向的分布;对于管壁上,速度则取无滑移边界条件。

初始条件是所研究对象在过程开始时刻各个求解变量的空间分布情况。对于瞬态问题,必须给定初始条件;对于稳态问题,则不需要初始条件。

边界条件及初始条件的确定将直接影响计算结果的精度,本书将在后续章节中对此进行详细讨论。

1.4.3 确定离散化方法

确定离散化方法包括划分计算网格、建立离散方程和离散边界条件及初始条件三个方面,具体内容如下。

采用数值方法求解控制方程时,都是想办法将控制方程在空间区域上进行离散,然后对得到的离散方程组进行求解。要想在空间域上离散控制方程,必须使用网格。现已发展出多种对各种区域进行离散以生成网格的方法,统称为网格生成技术。

不同的问题采用不同的数值解法时,所需要的网格形式是有一定区别的,但生成网格的方法基本上是一致的。目前,网格分为结构网格和非结构网格两大类。简单地讲,结构网格在空间上比较规范,网格往往是成行成列分布,行线和列线比较明显。而非结构网格在空间分布上没有明显的行线和列线。

对于二维问题,常用的网格单元有三角形和四边形等形式;对于三维问题,常用的网格单元有四面体、六面体、三棱体等形式。本书将在后续章节中对此进行详细讨论。

在求解域内所建立的偏微分方程理论上是有解析解的,但由于所处理问题自身的复杂性,一般很难获得方程的解析解。因此,就需要通过数值方法把计算域内有限数量位置(网格节点或网格中心点)上的因变量值当作基本未知量来处理,从而建立关于这些未知量的代数方程组,然后通过求解代数方程组来得到这些节点上未知量的值,而计算域内其他位置上未知量的值则根据这些节点上未知量的值来确定。

由于所引入的因变量之间的分布假设及推导离散化方程的方法不同,就形成了有限差分法、有限元法、有限体积法等不同类型的离散化方法。

在同一种离散化方法中，如在有限体积法中，对式(1.20)中的对流项所采用的离散格式不同，也将导致最终有不同形式的离散方程。

对于瞬态问题，除了在空间域上的离散外，还要涉及在时间域上的离散。离散后，将要解决使用何种时间积分方案的问题。

本书将在后续章节中结合有限体积法，详细介绍各种常用的离散格式。

前面所给定的边界条件及初始条件是连续性的，如在静止壁面上速度为0，现在需要针对所生成的网格，将连续性的初始条件和边界条件转化为特定节点上的值，如静止壁面上共有90个节点，则这些节点上的速度值应均设为0。这样，连同在各节点处所建立的离散控制方程，才能对方程组进行求解。

本书将在后续章节中详细介绍如何处理边界条件和初始条件。

1.4.4　对流场进行求解计算

对流场进行求解计算包括给定求解控制参数、求解离散方程和判断解的收敛性三个方面，具体内容如下。

在离散空间上建立了离散化的代数方程组，并施加离散化的初始条件和边界条件后，还需要给定流体的物理参数和湍流模型的经验系数等。此外，还要给定迭代计算的控制精度、瞬态问题的时间步长和输出频率等。

在CFD的理论中，这些参数并不值得去探讨和研究，但在实际计算时，它们对计算的精度和效率有着重要的影响。

进行了上述设置后，生成了具有定解条件的代数方程组。对于这些方程组，数学上已有相应的解法，如线性方程组可采用Gauss消去法或Gauss-Seidel迭代法求解，而对非线性方程组，可采用Newton-Raphson方法。

对于稳态问题的解，或是瞬态问题在某个特定时间步长的解，往往要通过迭代才能得到。有时，网格形式或网格大小、对流项的离散插值格式等，可能导致解的发散。对于瞬态问题，若采用显式格式进行时间域上的积分，当时间步长过大时，也可能造成解的振荡或发散。因此，在迭代过程中，要对解的收敛性随时进行监视，并在系统达到指定精度后结束迭代过程。

这部分内容属于经验性的，需要针对不同情况进行分析。

1.4.5　显示计算结果

通过上述求解过程得出了各计算节点上的数值解后，需要通过适当的方式将整个计算域上的结果表示出来。具体来说，则可采用线值图、矢量图、等值线图、流线图、云图等方式对计算结果进行显示。

线值图是指在二维或三维空间上，将横坐标取为空间长度或时间历程，将纵坐标取为某一物理量，然后用光滑曲线或曲面绘制出某一物理量随着空间或时间的变化情况的图。矢量图直接给出二维或三维空间里矢量(如速度)的方向及大小，一般用不同颜色和长度的箭头表示速度矢量。矢量图可以比较容易地让用户发现其中存在的旋涡区。等值线图是用不同颜色的线条表示相等物理量(如温度)的一条线。流线图用不同颜色线条表示质点运动轨迹。云图采用渲染的方式，将流场某个截面上的物理量(如压力或温度)用连续变化的颜色块来表示其分布。

第 2 章　控制方程的离散

CFD 的工作过程为：首先对计算域进行离散，即生成计算网格，接着选择合适的离散化方法，将偏微分方程及定解条件转化为各个网格节点上的代数方程组，求解代数方程组，获得节点上的解，进而获得整个计算域上的近似解。从中不难看出，控制方程的离散化方法是 CFD 的核心内容。

2.1　离散化方法概述

CFD 中常用的离散化方法有有限差分法、有限元法和有限体积法。下面分别予以介绍。

2.1.1　有限差分法

有限差分法(finite difference method，FDM)是数值解法中最为经典的方法。它是将求解域划分为网格单元，采用有限个网格节点代替连续的求解域，然后将偏微分方程的导数用差商代替，推导出含有离散点上有限个未知数的差分方程组。求解该差分方程组，获得微分方程的数值近似解。

有限差分法用差商代替微商，形式简单，但微分方程中各项所代表的物理意义以及微分方程所反映的守恒定律在差分方程中并没有体现，因此，差分方程只能视为对微分方程的数学近似，而没有反映其物理特征，有些差分方程的计算结果甚至与实际问题的物理特性相违背。

有限差分法产生和发展较早，比较成熟，较多地用于求解双曲型和抛物型问题。用它求解边界条件较复杂，尤其是椭圆型问题则不如有限元法或有限体积法方便。

2.1.2　有限元法

有限元法(finite element method，FEM)与有限差分法都是广泛应用的流体动力学数值计算方法。有限元法是将一个连续的求解域任意分成适当形状的许多微小单元，并于各小单元分片构造插值函数，然后根据极值原理(变分或加权余量法)，将问题的控制方程转化为所有单元上的有限元方程，把总体的极值作为各单元极值之和，即将局部单元总体合成，形成嵌入了指定边界条件的代数方程组，求解该方程组，就得到各节点上待求的函数值。

有限元法的基础是极值原理和划分插值，它吸收了有限差分法中离散处理的内核，又采用了变分计算中选择逼近函数并对区域进行积分的合理方法，是这两类方法相互结合、取长补短发展的结果。它具有很广泛的适应性，特别适用于几何及物理条件比较复杂的问题，而且便于编制通用的计算机程序。有限元法对椭圆型问题具有较好的适用性。

有限元法在 CFD 中的应用并不广泛，其原因可归结为有限元离散方程也只是对原微分方程的数学近似，也没有反映其物理特征。当处理流动和传热问题中的守恒性、强对流、不可压缩等条件时，有限元离散方程中的各项也无法给出合理的物理解释。另外，对于计算中出现的误差也难以进行改进。

但是，有限元法在固体力学的数值计算方面占绝对优势，目前几乎所有固体力学分析软件都采用有限元法。

2.1.3 有限体积法

有限体积法（finite volume method，FVM）又称为控制容积法（control volume method，CVM），是近年来发展非常迅速的一种离散化方法。其基本思想为：将计算区域划分为网格，并使每个网格节点周围有一个互不重复的控制容积；将待解的偏微分方程对每一个控制容积积分，从而得出一组离散方程，其中的未知量是网格节点上的特征变量。为了求出对控制容积的积分，必须假定特征变量值在网格节点之间的变化规律。从积分区域的选取方法看来，有限体积法属于加权余量法中的子域法；从未知解的近似方法看来，有限体积法属于采用局部近似的离散方法。简而言之，子域法加上离散就是有限体积法的基本思想。

有限体积法的基本思想易于理解，并能得出直接的物理解释。离散方程的物理意义就是特征变量在有限大小的控制容积中的守恒原理，如同微分方程表示特征变量在无限小的控制容积中的守恒原理一样。

有限体积法得出的离散方程，要求特征变量的积分守恒对任意一组控制容积都得到满足，对整个计算区域自然也得到满足，这是有限体积法的最大特点。对于有限差分法，仅当网格极其细密时，离散方程才满足积分守恒。而有限体积法即使在粗网格情况下，也能表现出准确的积分守恒。

就离散方法而言，有限体积法可视为有限元法和有限差分法的中间物。有限元法必须假定特征变量值在网格节点之间的变化规律（即插值函数），并据此求出近似解。有限差分法只考虑网格节点上的特征变量值而不考虑特征变量值在网格节点之间如何变化。有限体积法只寻求网格节点上的特征变量值，这与有限差分法相类似；但有限体积法在计算控制容积的积分时，必须假定特征变量值在网格节点之间的分布，这又与有限元法相类似。在有限体积法中，插值函数只用于计算控制容积的积分，得出离散方程之后，便不用它了。另外，如果有需要，还可以对微分方程中不同的项采取不同的插值函数。

有限体积法是目前流动和传热问题中最有效的数值计算方法，在 CFD 领域得到了广泛应用，绝大多数 CFD 软件都采用有限体积法，接下来将予以重点介绍。

2.2 有限体积法原理

有限体积法是目前 CFD 领域广泛使用的离散化方法，其特点不仅表现在对控制方程的离散化上，还表现在所使用的网格上，因此，本节除了介绍有限体积法的基本原理之外，还要讨论有限体积法的区域离散。

2.2.1 有限体积法概述

有限体积法与有限差分法和有限元法一样，也需要对计算域进行离散，将其分割成有限大小的离散网格。在有限体积法中每一网格节点按一定的方式形成一个包围该节点的控制容积 ΔV，如图 2.1 所示。

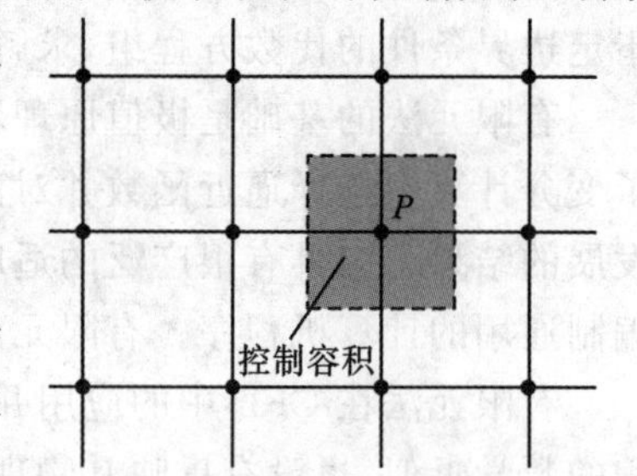

图 2.1 有限体积法的节点、网格和控制容积

有限体积法的关键步骤为：将控制方程（通用形式）在控

制容积内进行积分，即

$$\int_{\Delta V}\frac{\partial(\rho\varphi)}{\partial t}\mathrm{d}V+\int_{\Delta V}\mathrm{div}(\rho\boldsymbol{u}\varphi)\mathrm{d}V=\int_{\Delta V}\mathrm{div}(\Gamma\cdot\mathrm{grad}\varphi)\mathrm{d}V+\int_{\Delta V}S\mathrm{d}V \tag{2.1}$$

利用奥氏公式或 Gauss 散度定理，将式(2.1)中的对流项(左边第二项)和扩散项(右边第一项)的体积分转换为关于控制容积 ΔV 表面 A 上的面积分。

Gauss 散度定理表述为：对某矢量 $\boldsymbol{a}$ 的散度的体积分可写成

$$\int_{\Delta V}\mathrm{div}\boldsymbol{a}\mathrm{d}V=\int_{A}\boldsymbol{n}\cdot a\mathrm{d}A \tag{2.2}$$

式中：$\boldsymbol{n}$ 为控制容积表面外法线方向的单位矢量。

奥氏公式表述为

$$\int_{\Delta V}\left(\frac{\partial P}{\partial x}+\frac{\partial Q}{\partial y}+\frac{\partial R}{\partial z}\right)\mathrm{d}V=\int_{A}P\mathrm{d}y\mathrm{d}z+Q\mathrm{d}z\mathrm{d}x+R\mathrm{d}x\mathrm{d}y \tag{2.3}$$

式(2.3)左边体积分的被积函数正是矢量 $\boldsymbol{a}=P\boldsymbol{i}+Q\boldsymbol{j}+R\boldsymbol{k}$ 的散度表达式。

利用式(2.2)可将式(2.1)改写成

$$\frac{\partial}{\partial t}\left(\int_{\Delta V}\rho\varphi\mathrm{d}V\right)+\int_{A}\boldsymbol{n}\cdot(\rho\boldsymbol{u}\varphi)\mathrm{d}A=\int_{A}\boldsymbol{n}\cdot(\Gamma\cdot\mathrm{grad}\varphi)\mathrm{d}A+\int_{\Delta V}S\mathrm{d}V \tag{2.4}$$

式中各项的物理意义分别为：等式左边第一项表示特征变量 φ 在控制容积内随时间的变化量，而左边第二项表示在控制容积内由于边界对流引起的特征变量 φ 的净减少量；等式右边第一项表示在控制容积内由于边界扩散引起的特征变量 φ 的净增加量，而右边第二项表示特征变量 φ 在控制容积内由内源产生的量。

特征变量 φ 在控制容积内的守恒关系可表示为

$$\varphi_{\text{随时间的变化量}}+\varphi_{\text{由边界对流引起的净减少量}}=\varphi_{\text{由边界扩散引起的净增加量}}+\varphi_{\text{由内源产生的量}} \tag{2.5}$$

对于稳态问题，由于时间相关项等于零，因此式(2.4)可写成

$$\int_{A}\boldsymbol{n}\cdot(\rho\boldsymbol{u}\varphi)\mathrm{d}A=\int_{A}\boldsymbol{n}\cdot(\Gamma\cdot\mathrm{grad}\varphi)\mathrm{d}A+\int_{\Delta V}S\mathrm{d}V \tag{2.6}$$

对于瞬态问题，还需要在时间间隔 Δt 内对式(2.4)进行积分，以表明从 t 时刻到 $(t+\Delta t)$ 时刻，特征变量 φ 仍保持其守恒性。

$$\int_{\Delta t}\frac{\partial}{\partial t}\left(\int_{\Delta V}\rho\varphi\mathrm{d}V\right)\mathrm{d}t+\int_{\Delta t}\int_{A}\boldsymbol{n}\cdot(\rho\boldsymbol{u}\varphi)\mathrm{d}A\mathrm{d}t=\int_{\Delta t}\int_{A}\boldsymbol{n}\cdot(\Gamma\cdot\mathrm{grad}\varphi)\mathrm{d}A\mathrm{d}t+\int_{\Delta t}\int_{\Delta V}S\mathrm{d}V\mathrm{d}t \tag{2.7}$$

2.2.2　有限体积法的区域离散

区域离散的实质就是用有限个离散点来代替原来的连续空间，即生成计算网格。有限体积法的区域离散实施过程为：将计算域划分成多个互不重叠的子域，即计算网格，然后确定每个子域中的节点位置及该节点所代表的控制容积。在区域离散化过程中，通常会产生以下四种几何要素。

(1) 节点：需要求解的未知物理量的几何位置。

(2) 控制容积：应用控制方程或守恒定律的最小几何单位。

(3) 界面：它规定了与各节点相对应的控制容积的分界面位置。

(4) 网格线：联结相邻两节点而形成的曲线簇。

节点通常被看成控制容积的代表，在离散过程中，将一个控制容积上的物理量定义并存储在该节点处。

图 2.2 为一维问题的有限体积法计算网格，图中 P 表示所研究的节点，其周围的控制容积也用 P 表示。东侧相邻的节点及相应的控制容积均用 E 表示，西侧相邻的节点及相应的控制容积均用 W 表示。控制容积 P 的东、西两个界面分别用 e 和 w 表示，两个界面间的距离用 Δx 表示。

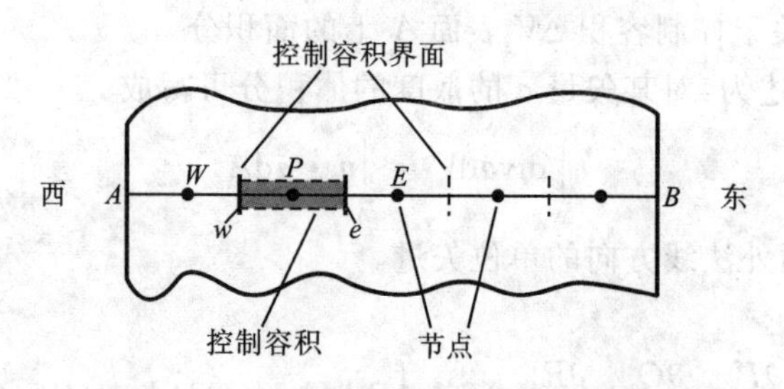

图 2.2 一维问题的有限体积法计算网格

图 2.3 为二维问题的有限体积法计算网格，图中阴影区域为节点 P 的控制容积。与一维问题不同，节点 P 除了有西侧邻点 W 和东侧邻点 E 外，还有北侧邻点 N 和南侧邻点 S。控制容积 P 的四个界面分别用 e、w、s 和 n 表示，在东西和南北两个方向上的控制容积宽度分别用 Δx 和 Δy 表示，Δx 可以不等于 Δy。

而对于三维问题，只需增加上、下方向的两个节点及控制容积，分别用 T 和 B 表示，控制容积 P 的上、下界面分别用 t 和 b 表示，上、下界面间的距离用 Δz 表示。三维问题的控制容积及其相邻节点如图 2.4 所示。

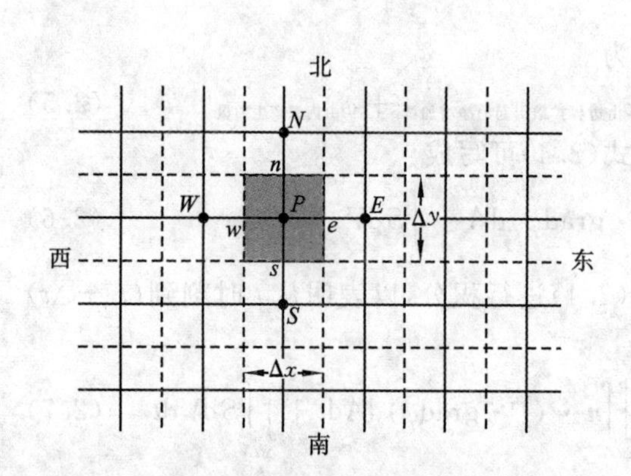

图 2.3 二维问题的有限体积法计算网格

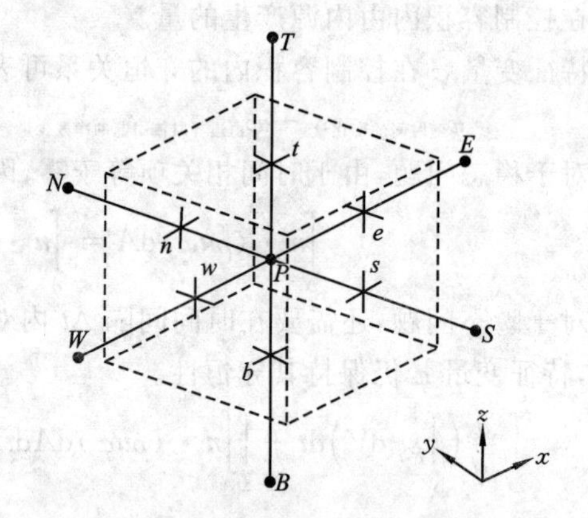

图 2.4 三维问题的控制容积及其相邻节点

2.3 一维稳态问题的有限体积法

本节以一维稳态对流扩散问题为例，介绍根据偏微分控制方程采用有限体积法进行离散并求解离散方程的全过程。

2.3.1 问题的描述

一维稳态对流扩散问题控制方程的通用形式为

$$\frac{\mathrm{d}}{\mathrm{d}x}(\rho u\varphi)=\frac{\mathrm{d}}{\mathrm{d}x}\left(\Gamma\frac{\mathrm{d}\varphi}{\mathrm{d}x}\right)+S \tag{2.8}$$

式中：φ 为任意场变量；Γ 为广义扩散系数；S 为广义源项；u 为 φ 在 x 方向的流动速度，且满足连续性方程

$$\frac{\mathrm{d}}{\mathrm{d}x}(\rho u)=0 \tag{2.9}$$

式中：ρ 为流体密度，u 在推导过程中可视为已知值。

采用有限体积法求解一维稳态对流扩散问题的主要步骤如下：

(1) 在计算域内生成计算网格，包括节点及其控制容积；

(2) 在每个控制容积内对控制方程进行积分，得到离散后的关于节点未知量的代数方程组；

(3) 求解代数方程组，得到各计算节点的场变量值。

2.3.2　生成计算网格

有限体积法的第一步是将整个计算域划分成离散的控制容积。如图 2.2 所示，将 $A \sim B$ 求解域划分成五个控制容积，区域边界即为边界控制容积的外边界，每一个控制容积的中心布置一个节点。

如图 2.5 所示，用 P 表示任意一个节点，其东、西两侧的相邻节点分别用 E 和 W 表示，同时，与各节点对应的控制容积也用相同字符表示。E 点至 P 点的距离定义为 $(\delta x)_e$，W 点至 P 点的距离定义为 $(\delta x)_w$。控制容积 P 的东、西两个界面分别用 e 和 w 表示，控制容积的长度为 Δx。

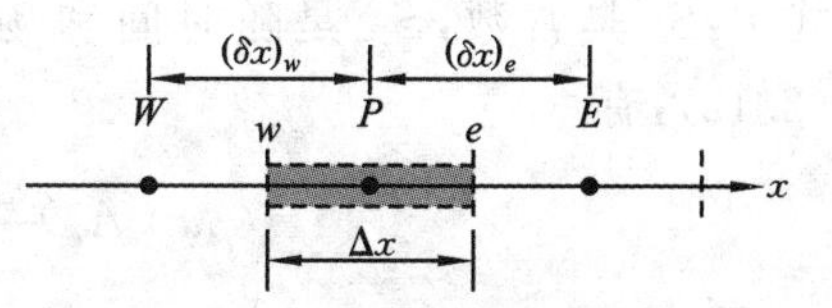

图 2.5　一维问题的计算网格

2.3.3　建立离散方程

有限体积法是利用对控制容积积分来实现方程的离散的。在图 2.5 所示的控制容积 P 内对控制方程进行积分，有

$$\int_{\Delta V}\frac{\mathrm{d}}{\mathrm{d}x}(\rho u\varphi)\mathrm{d}V=\int_{\Delta V}\frac{\mathrm{d}}{\mathrm{d}x}\left(\Gamma\frac{\mathrm{d}\varphi}{\mathrm{d}x}\right)\mathrm{d}V+\int_{\Delta V}S\mathrm{d}V \tag{2.10}$$

同理，对连续性方程积分，有

$$\int_{\Delta V}\frac{\mathrm{d}}{\mathrm{d}x}(\rho u)\mathrm{d}V=0 \tag{2.11}$$

由奥氏公式，方程(2.10)可写为

$$(\rho u\varphi A)_e-(\rho u\varphi A)_w=\left(\Gamma A\frac{\mathrm{d}\varphi}{\mathrm{d}x}\right)_e-\left(\Gamma A\frac{\mathrm{d}\varphi}{\mathrm{d}x}\right)_w+\overline{S}\Delta V \tag{2.12}$$

同理，连续性方程可写为

$$(\rho uA)_e-(\rho uA)_w=0 \tag{2.13}$$

上面几式中：A 为控制容积界面(积分方向)的面积，ΔV 为控制容积的体积，$\overline{S}$ 为源项在控制容积中的平均值。

要得到上面表达式的具体形式，需要知道扩散系数 Γ、场变量 φ 以及场变量导数 $\mathrm{d}\varphi/\mathrm{d}x$ 在控制容积东(e)、西(w)界面上的值，而这些值可以由相邻节点上的相应值通过插值运算求出。显然，线性插值是最简单的一种计算方式，对于均匀网格，线性插值结果为

$$\varphi_e = \frac{\varphi_P + \varphi_E}{2}, \quad \varphi_w = \frac{\varphi_W + \varphi_P}{2}$$

$$\left(\frac{d\varphi}{dx}\right)_e = \left(\frac{\Delta\varphi}{\Delta x}\right)_e = \frac{\varphi_E - \varphi_P}{(\delta x)_e}, \quad \left(\frac{d\varphi}{dx}\right)_w = \left(\frac{\Delta\varphi}{\Delta x}\right)_w = \frac{\varphi_P - \varphi_W}{(\delta x)_w}$$

因此有

$$(\rho u \varphi A)_e = (\rho u)_e A_e \frac{\varphi_P + \varphi_E}{2} \tag{2.14a}$$

$$(\rho u \varphi A)_w = (\rho u)_w A_w \frac{\varphi_W + \varphi_P}{2} \tag{2.14b}$$

$$\left(\Gamma A \frac{d\varphi}{dx}\right)_e = \Gamma_e A_e \frac{\varphi_E - \varphi_P}{(\delta x)_e} \tag{2.14c}$$

$$\left(\Gamma A \frac{d\varphi}{dx}\right)_w = \Gamma_w A_w \frac{\varphi_P - \varphi_W}{(\delta x)_w} \tag{2.14d}$$

源项有可能为常数，也有可能为时间和场变量 φ 的函数，有限体积法通常将源项线性化处理，即设

$$\overline{S}\Delta V = S_C + S_P \varphi_P \tag{2.15}$$

式中：S_C 是常数，S_P 是随时间和场变量 φ 变化的项。将式(2.14)和式(2.15)代入方程(2.12)，有

$$\begin{aligned}(\rho u)_e A_e \frac{\varphi_P + \varphi_E}{2} - (\rho u)_w A_w \frac{\varphi_W + \varphi_P}{2} \\ = \Gamma_e A_e \frac{\varphi_E - \varphi_P}{(\delta x)_e} - \Gamma_w A_w \frac{\varphi_P - \varphi_W}{(\delta x)_w} + (S_C + S_P \varphi_P)\end{aligned} \tag{2.16}$$

为了书写方便，令 $F = \rho u A, D = \dfrac{\Gamma A}{\delta x}$，则有

$$F_e = (\rho u)_e A_e, \quad F_w = (\rho u)_w A_w$$

$$D_e = \frac{\Gamma_e A_e}{(\delta x)_e}, \quad D_w = \frac{\Gamma_w A_w}{(\delta x)_w}$$

将上面的表达式代入式(2.16)，有

$$\begin{aligned}\frac{F_e}{2}(\varphi_P + \varphi_E) - \frac{F_w}{2}(\varphi_W + \varphi_P) \\ = D_e(\varphi_E - \varphi_P) - D_w(\varphi_P - \varphi_W) + (S_C + S_P \varphi_P)\end{aligned} \tag{2.17}$$

按节点场变量整理，有

$$\begin{aligned}\left[\left(D_w - \frac{F_w}{2}\right) + \left(D_e + \frac{F_e}{2}\right) - S_P\right]\varphi_P \\ = \left(D_w + \frac{F_w}{2}\right)\varphi_W + \left(D_e - \frac{F_e}{2}\right)\varphi_E + S_C\end{aligned}$$

进一步整理为

$$\begin{aligned}\left[\left(D_w + \frac{F_w}{2}\right) + \left(D_e - \frac{F_e}{2}\right) + (F_e - F_w) - S_P\right]\varphi_P \\ = \left(D_w + \frac{F_w}{2}\right)\varphi_W + \left(D_e - \frac{F_e}{2}\right)\varphi_E + S_C\end{aligned}$$

将方程中各节点场变量系数归一化处理，写成

$$a_P \varphi_P = a_W \varphi_W + a_E \varphi_E + S_C \tag{2.18}$$

式中：

$$a_W = D_w + \frac{F_w}{2}, \quad a_E = D_e - \frac{F_e}{2}$$
$$a_P = a_W + a_E + \Delta F - S_P$$
$$\Delta F = F_e - F_w$$

方程(2.18)即为一维稳态对流问题扩散控制方程(2.8)的离散方程，对所有节点均可列出对应的离散方程，最后将可得到一组离散方程。而对于在计算域边界处的控制容积上的积分，则还需要根据边界条件对各系数进行修正。

2.3.4　求解离散方程

对计算域内所有节点建立对应的离散方程，由这些离散方程组成代数方程组，求解这个方程组，就可以获得场变量 φ 在各节点处的值。原则上，可采用任何求解代数方程组的方法来求解，但考虑到代数方程组的系数矩阵为对角阵，所以往往采用更加简单而高效的求解算法，具体内容将在第 3 章介绍。

2.4　多维稳态问题的有限体积法

本节以二维和三维稳态对流扩散问题为例，介绍采用有限体积法进行求解的全过程。

2.4.1　二维稳态问题的有限体积法

二维稳态对流扩散问题控制方程的通用形式为

$$\frac{\partial}{\partial x}(\rho u\varphi)+\frac{\partial}{\partial y}(\rho v\varphi)=\frac{\partial}{\partial x}\left(\Gamma\frac{\partial\varphi}{\partial x}\right)+\frac{\partial}{\partial y}\left(\Gamma\frac{\partial\varphi}{\partial y}\right)+S \tag{2.19}$$

式中：u 为场变量 φ 在 x 方向的流动速度，v 为场变量 φ 在 y 方向的流动速度，u、v 在推导过程中可视为已知值；Γ 为扩散系数；S 为源项。

采用有限体积法求解二维稳态对流扩散问题分为三个步骤，具体如下。

步骤 1　生成计算网格

如图 2.6 所示，图中阴影区域为节点 P 的控制容积。与一维问题不同，节点 P 除了有东、西侧的邻点 E、W 外，还有南、北侧的邻点 S、N。控制容积 P 在东、西、南和北方向上的四个界面分别为 e、w、s 和 n，控制容积在东西和南北两个方向上的宽度分别为 Δx 和 Δy，Δx 可以不等于 Δy。节点 P 到东、西向两个邻点的距离分别为$(\delta x)_e$、$(\delta x)_w$，节点 P 到南、北向两个邻点的距离分别为$(\delta y)_s$、$(\delta y)_n$。

步骤 2　建立离散方程

根据有限体积法的基本思想，在控制容积内对方程(2.19)进行积分：

$$\begin{aligned}&\int_{\Delta V}\frac{\partial}{\partial x}(\rho u\varphi)\mathrm{d}V+\int_{\Delta V}\frac{\partial}{\partial y}(\rho v\varphi)\mathrm{d}V\\&=\int_{\Delta V}\frac{\partial}{\partial x}\left(\Gamma\frac{\partial\varphi}{\partial x}\right)\mathrm{d}V+\int_{\Delta V}\frac{\partial}{\partial y}\left(\Gamma\frac{\partial\varphi}{\partial y}\right)\mathrm{d}V+\int_{\Delta V}S\mathrm{d}V\end{aligned} \tag{2.20}$$

从图 2.6 可知，控制容积的界面面积 $A_e=A_w=\Delta y$，$A_s=A_n=\Delta x$。由奥氏公式，方程(2.20)可写成

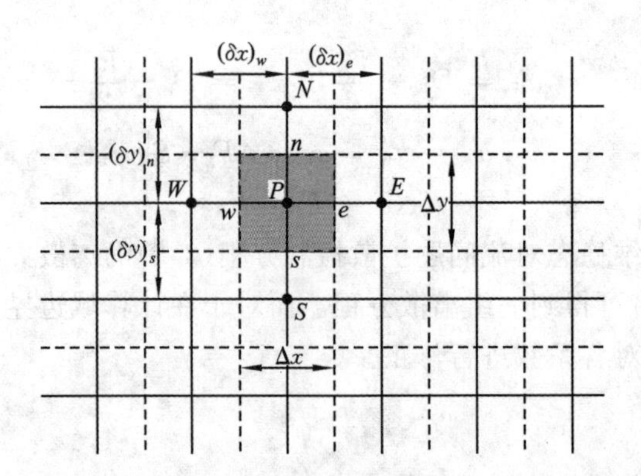

图 2.6　二维问题的计算网格

$$\begin{aligned}&[(\rho u\varphi A)_e-(\rho u\varphi A)_w]+[(\rho v\varphi A)_n-(\rho v\varphi A)_s]\\&=\left[\left(\Gamma\frac{\partial\varphi}{\partial x}\right)_e-\left(\Gamma\frac{\partial\varphi}{\partial x}\right)_w\right]+\left[\left(\Gamma\frac{\partial\varphi}{\partial y}\right)_n-\left(\Gamma\frac{\partial\varphi}{\partial y}\right)_s\right]+\overline{S}\Delta V\end{aligned}\tag{2.21}$$

为了计算式(2.21)中的各项，需要知道控制容积的东、西、南、北侧边界处的扩散系数Γ、场变量φ以及$\mathrm{d}\varphi/\mathrm{d}x$、$\mathrm{d}\varphi/\mathrm{d}y$，这里仍利用相邻节点值的线性插值来求得，即

$$穿过东侧边界的对流量=(\rho u\varphi A)_e=(\rho u)_eA_e\frac{\varphi_P+\varphi_E}{2}\tag{2.22a}$$

$$穿过东侧边界的扩散量=\left(\Gamma A\frac{\mathrm{d}\varphi}{\mathrm{d}x}\right)_e=\Gamma_eA_e\frac{\varphi_E-\varphi_P}{(\delta x)_e}\tag{2.22b}$$

$$穿过西侧边界的对流量=(\rho u\varphi A)_w=(\rho u)_wA_w\frac{\varphi_W+\varphi_P}{2}\tag{2.22c}$$

$$穿过西侧边界的扩散量=\left(\Gamma A\frac{\mathrm{d}\varphi}{\mathrm{d}x}\right)_w=\Gamma_wA_w\frac{\varphi_P-\varphi_W}{(\delta x)_w}\tag{2.22d}$$

$$穿过北侧边界的对流量=(\rho v\varphi A)_n=(\rho v)_nA_n\frac{\varphi_P+\varphi_N}{2}\tag{2.22e}$$

$$穿过北侧边界的扩散量=\left(\Gamma A\frac{\mathrm{d}\varphi}{\mathrm{d}y}\right)_n=\Gamma_nA_n\frac{\varphi_N-\varphi_P}{(\delta y)_n}\tag{2.22f}$$

$$穿过南侧边界的对流量=(\rho v\varphi A)_s=(\rho v)_sA_s\frac{\varphi_S+\varphi_P}{2}\tag{2.22g}$$

$$穿过南侧边界的扩散量=\left(\Gamma A\frac{\mathrm{d}\varphi}{\mathrm{d}y}\right)_s=\Gamma_sA_s\frac{\varphi_P-\varphi_S}{(\delta y)_s}\tag{2.22h}$$

与一维对流扩散问题类似，将源项线性化处理，即设

$$\overline{S}\Delta V=S_C+S_P\varphi_P\tag{2.23}$$

将式(2.22)和式(2.23)代入方程(2.21)，有

$$\begin{aligned}&\left[(\rho u)_eA_e\frac{\varphi_P+\varphi_E}{2}-(\rho u)_wA_w\frac{\varphi_W+\varphi_P}{2}\right]+\left[(\rho v)_nA_n\frac{\varphi_P+\varphi_N}{2}-(\rho v)_sA_s\frac{\varphi_S+\varphi_P}{2}\right]\\&=\left[\Gamma_eA_e\frac{\varphi_E-\varphi_P}{(\delta x)_e}-\Gamma_wA_w\frac{\varphi_P-\varphi_W}{(\delta x)_w}\right]\\&\quad+\left[\Gamma_nA_n\frac{\varphi_N-\varphi_P}{(\delta y)_n}-\Gamma_sA_s\frac{\varphi_P-\varphi_S}{(\delta y)_s}\right]+(S_C+S_P\varphi_P)\end{aligned}\tag{2.24}$$

同样，为了书写方便，令 $F=\rho uA$ 或 $F=\rho vA$，$D=\dfrac{\Gamma A}{\delta x}$ 或 $D=\dfrac{\Gamma A}{\delta y}$，则有

$$F_e=(\rho u)_e A_e,\quad F_w=(\rho u)_w A_w,\quad F_n=(\rho v)_n A_n,\quad F_s=(\rho v)_s A_s$$

$$D_e=\frac{\Gamma_e A_e}{(\delta x)_e},\quad D_w=\frac{\Gamma_w A_w}{(\delta x)_w},\quad D_n=\frac{\Gamma_n A_n}{(\delta y)_n},\quad D_s=\frac{\Gamma_s A_s}{(\delta y)_s}$$

将上面的表达式代入式(2.17)，有

$$\left[\frac{F_e}{2}(\varphi_P+\varphi_E)-\frac{F_w}{2}(\varphi_W+\varphi_P)\right]+\left[\frac{F_n}{2}(\varphi_P+\varphi_N)-\frac{F_s}{2}(\varphi_S+\varphi_P)\right]$$
$$=[D_e(\varphi_E-\varphi_P)-D_w(\varphi_P-\varphi_W)]+[D_n(\varphi_N-\varphi_P)-D_s(\varphi_P-\varphi_S)]+(S_C+S_P\varphi_P)$$

按节点场变量整理，有

$$\left[\left(D_w-\frac{F_w}{2}\right)+\left(D_e+\frac{F_e}{2}\right)+\left(D_s-\frac{F_s}{2}\right)+\left(D_n+\frac{F_n}{2}\right)-S_P\right]\varphi_P$$
$$=\left(D_w+\frac{F_w}{2}\right)\varphi_W+\left(D_e-\frac{F_e}{2}\right)\varphi_E+\left(D_s+\frac{F_s}{2}\right)\varphi_S+\left(D_n-\frac{F_n}{2}\right)\varphi_N+S_C$$

进一步整理得

$$\left[\left(D_w+\frac{F_w}{2}\right)+\left(D_e-\frac{F_e}{2}\right)+\left(D_s+\frac{F_s}{2}\right)+\left(D_n-\frac{F_n}{2}\right)+(F_e-F_w)+(F_n-F_s)-S_P\right]\varphi_P$$
$$=\left(D_w+\frac{F_w}{2}\right)\varphi_W+\left(D_e-\frac{F_e}{2}\right)\varphi_E+\left(D_s+\frac{F_s}{2}\right)\varphi_S+\left(D_n-\frac{F_n}{2}\right)\varphi_N+S_C$$

将方程中各节点场变量系数归一化处理，写成

$$a_P\varphi_P=a_W\varphi_W+a_E\varphi_E+a_S\varphi_S+a_N\varphi_N+S_C \tag{2.25}$$

式中：

$$a_W=D_w+\frac{F_w}{2},\quad a_E=D_e-\frac{F_e}{2}$$

$$a_S=D_s+\frac{F_s}{2},\quad a_N=D_n-\frac{F_n}{2}$$

$$a_P=a_W+a_E+a_S+a_N+\Delta F-S_P$$

$$\Delta F=F_e-F_w+F_n-F_s$$

方程(2.25)即为二维稳态对流扩散问题控制方程(2.19)的离散方程，对所有节点均可列出对应的离散方程，最后可得到一组离散方程。而对于在计算域边界处的控制容积上的积分，则还需要根据边界条件对各系数进行修正。

步骤 3　求解离散方程

对计算域内所有节点建立对应的离散方程，由这些离散方程组成代数方程组，求解这个方程组，就可以获得场变量 φ 在各节点处的值。

2.4.2　三维稳态问题的离散方程

三维稳态对流扩散问题控制方程的通用形式为

$$\frac{\partial}{\partial x}(\rho u\varphi)+\frac{\partial}{\partial y}(\rho v\varphi)+\frac{\partial}{\partial z}(\rho w\varphi)$$
$$=\frac{\partial}{\partial x}\left(\Gamma\frac{\partial\varphi}{\partial x}\right)+\frac{\partial}{\partial y}\left(\Gamma\frac{\partial\varphi}{\partial y}\right)+\frac{\partial}{\partial z}\left(\Gamma\frac{\partial\varphi}{\partial z}\right)+S \tag{2.26}$$

式中：u、v、w 分别为场变量 φ 在 x、y、z 方向的流动速度，u、v、w 在推导过程中可视为已知值；Γ 为扩散系数；S 为源项。

仿照二维对流扩散问题离散方程的推导方法，采用如图 2.7 所示的控制容积，在控制容积内对方程(2.26)积分，可得

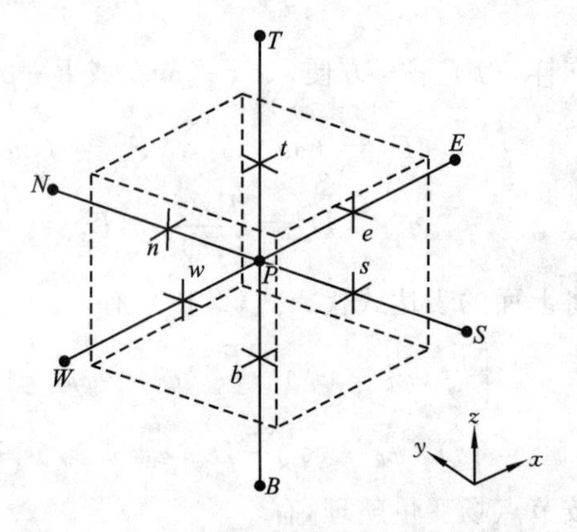

图 2.7　三维问题的控制容积及其相邻节点

$$
\begin{aligned}
&[(\rho u\varphi A)_e-(\rho u\varphi A)_w]+[(\rho v\varphi A)_n-(\rho v\varphi A)_s]\\
&\quad+[(\rho w\varphi A)_t-(\rho w\varphi A)_b]\\
&=\left[\left(\Gamma\frac{\partial\varphi}{\partial x}\right)_e-\left(\Gamma\frac{\partial\varphi}{\partial x}\right)_w\right]+\left[\left(\Gamma\frac{\partial\varphi}{\partial y}\right)_n-\left(\Gamma\frac{\partial\varphi}{\partial y}\right)_s\right]\\
&\quad+\left[\left(\Gamma\frac{\partial\varphi}{\partial z}\right)_t-\left(\Gamma\frac{\partial\varphi}{\partial z}\right)_b\right]+\overline{S}\Delta V
\end{aligned}
$$

与二维对流扩散问题离散方程的推导一样，上式可近似写成

$$
\begin{aligned}
&\left[(\rho u)_eA_e\frac{\varphi_P+\varphi_E}{2}-(\rho u)_wA_w\frac{\varphi_W+\varphi_P}{2}\right]+\left[(\rho v)_nA_n\frac{\varphi_P+\varphi_N}{2}-(\rho v)_sA_s\frac{\varphi_S+\varphi_P}{2}\right]\\
&\quad+\left[(\rho w)_tA_t\frac{\varphi_P+\varphi_T}{2}-(\rho w)_bA_b\frac{\varphi_B+\varphi_P}{2}\right]\\
&=\left[\Gamma_eA_e\frac{\varphi_E-\varphi_P}{(\delta x)_e}-\Gamma_wA_w\frac{\varphi_P-\varphi_W}{(\delta x)_w}\right]+\left[\Gamma_nA_n\frac{\varphi_N-\varphi_P}{(\delta y)_n}-\Gamma_sA_s\frac{\varphi_P-\varphi_S}{(\delta y)_s}\right]\\
&\quad+\left[\Gamma_tA_t\frac{\varphi_T-\varphi_P}{(\delta z)_t}-\Gamma_bA_b\frac{\varphi_P-\varphi_B}{(\delta z)_b}\right]+(S_C+S_P\varphi_P)
\end{aligned}
$$

同样，为了书写方便，令 $F=\rho uA$ 或 $F=\rho vA$ 或 $F=\rho wA$，$D=\dfrac{\Gamma A}{\delta x}$或$D=\dfrac{\Gamma A}{\delta y}$或$D=\dfrac{\Gamma A}{\delta z}$，则有

$$
\begin{aligned}
&\left[\frac{F_e}{2}(\varphi_P+\varphi_E)-\frac{F_w}{2}(\varphi_W+\varphi_P)\right]+\left[\frac{F_n}{2}(\varphi_P+\varphi_N)-\frac{F_s}{2}(\varphi_S+\varphi_P)\right]\\
&\quad+\left[\frac{F_t}{2}(\varphi_P+\varphi_T)-\frac{F_b}{2}(\varphi_B+\varphi_P)\right]\\
&=[D_e(\varphi_E-\varphi_P)-D_w(\varphi_P-\varphi_W)]+[D_n(\varphi_N-\varphi_P)-D_s(\varphi_P-\varphi_S)]\\
&\quad+[D_t(\varphi_T-\varphi_P)-D_b(\varphi_P-\varphi_B)]+(S_C+S_P\varphi_P)
\end{aligned}
$$

按节点场变量整理，有

$$
\begin{aligned}
&\left[\left(D_w+\frac{F_w}{2}\right)+\left(D_e-\frac{F_e}{2}\right)+\left(D_s+\frac{F_s}{2}\right)+\left(D_n-\frac{F_n}{2}\right)+\left(D_b+\frac{F_b}{2}\right)+\left(D_t-\frac{F_t}{2}\right)\right]\varphi_P\\
&\quad+[(F_e-F_w)+(F_n-F_s)+(F_t-F_b)-S_P]\varphi_P\\
&=\left(D_w+\frac{F_w}{2}\right)\varphi_W+\left(D_e-\frac{F_e}{2}\right)\varphi_E+\left(D_s+\frac{F_s}{2}\right)\varphi_S+\left(D_n-\frac{F_n}{2}\right)\varphi_N\\
&\quad+\left(D_b+\frac{F_b}{2}\right)\varphi_B+\left(D_t-\frac{F_t}{2}\right)\varphi_T+S_C
\end{aligned}
$$

将方程中各节点场变量系数归一化处理，写成

$$
a_P\varphi_P=a_W\varphi_W+a_E\varphi_E+a_S\varphi_S+a_N\varphi_N+a_B\varphi_B+a_T\varphi_T+S_C \tag{2.27}
$$

式中：

$$
a_W=D_w+\frac{F_w}{2},\quad a_E=D_e-\frac{F_e}{2}
$$

$$a_S = D_s + \frac{F_s}{2}, \quad a_N = D_n - \frac{F_n}{2}$$

$$a_B = D_b + \frac{F_b}{2}, \quad a_T = D_t - \frac{F_t}{2}$$

$$a_P = a_W + a_E + a_S + a_N + a_B + a_T + \Delta F - S_P$$

$$\Delta F = F_e - F_w + F_n - F_s + F_t - F_b$$

方程(2.27)即为三维对流扩散问题有限体积法的离散方程。

2.4.3 离散方程的通用表达式

综合上面介绍的一维、二维和三维对流扩散问题的有限体积法,可写出离散方程的通用形式:

$$a_P\varphi_P = a_W\varphi_W + a_E\varphi_E + a_S\varphi_S + a_N\varphi_N + a_B\varphi_B + a_T\varphi_T + S_C$$

$$a_P = a_W + a_E + a_S + a_N + a_B + a_T + \Delta F - S_P$$

$$\int_{\Delta V} S\mathrm{d}V = \overline{S}\Delta V = S_C + S_P\varphi_P$$

方程各系数如表 2.1 所示。

表 2.1 离散方程系数表

系数	a_W	a_E	a_S	a_N	a_B	a_T	ΔF
一维	$D_w+\frac{F_w}{2}$	$D_e-\frac{F_e}{2}$	—	—	—	—	F_e-F_w
二维	$D_w+\frac{F_w}{2}$	$D_e-\frac{F_e}{2}$	$D_s+\frac{F_s}{2}$	$D_n-\frac{F_n}{2}$	—	—	$F_e-F_w+F_n-F_s$
三维	$D_w+\frac{F_w}{2}$	$D_e-\frac{F_e}{2}$	$D_s+\frac{F_s}{2}$	$D_n-\frac{F_n}{2}$	$D_b+\frac{F_b}{2}$	$D_t-\frac{F_t}{2}$	$F_e-F_w+F_n-F_s+F_t-F_b$

表 2.1 中 F 和 D 的计算公式如表 2.2 所示。

表 2.2 离散方程系数计算公式

界 面	w	e	s	n	b	t
F	$(\rho u)_w A_w$	$(\rho u)_e A_e$	$(\rho v)_s A_s$	$(\rho v)_n A_n$	$(\rho w)_b A_b$	$(\rho w)_t A_t$
D	$\frac{\Gamma_w}{(\delta x)_w}A_w$	$\frac{\Gamma_e}{(\delta x)_e}A_e$	$\frac{\Gamma_s}{(\delta y)_s}A_s$	$\frac{\Gamma_n}{(\delta y)_n}A_n$	$\frac{\Gamma_b}{(\delta z)_b}A_b$	$\frac{\Gamma_t}{(\delta z)_t}A_t$

2.5 一阶离散格式

采用有限体积法建立离散方程时,控制容积界面处的场变量及其导数值可通过节点上的相应值由插值运算求出。引入插值运算的目的是建立离散方程,插值方式不同,获得的离散结果也不相同,因此插值方式又称为离散格式。本节将介绍离散格式的特性及几种常用的一阶离散格式。

2.5.1 离散格式的特性

采用有限体积法对控制方程进行离散时,计算控制容积界面处的场变量及其导数均采用近似公式。比如扩散项在界面上要计算 $\left(\frac{\partial\varphi}{\partial x}\right)_e$ 或 $\left(\frac{\partial\varphi}{\partial x}\right)_w$ 等，对流项在界面上要计算 φ_e 或 φ_w 等。以图 2.8 中所示为例，计算扩散项界面值采用的近似公式为

$$\left(\frac{\partial\varphi}{\partial x}\right)_e \approx \left(\frac{\Delta\varphi}{\Delta x}\right)_e = \frac{\varphi_E - \varphi_P}{(\delta x)_e},\quad \left(\frac{\partial\varphi}{\partial x}\right)_w \approx \left(\frac{\Delta\varphi}{\Delta x}\right)_w = \frac{\varphi_P - \varphi_W}{(\delta x)_w} \tag{2.28}$$

计算对流项界面值采用的近似公式为

$$\varphi_e \approx \frac{1}{2}(\varphi_P + \varphi_E),\quad \varphi_w \approx \frac{1}{2}(\varphi_P + \varphi_W) \tag{2.29}$$

对于其他参数，如 Γ、ρ 的界面值计算也是类似的。这是由于离散方程中要用到控制容积界面处的参数值，却又无法准确给出，从而近似地采用相邻节点处的变量值来计算。实际上，上述近似公式为一种中心差分格式，即待求位置的变量值由相邻两侧节点上的值线性近似表示。研究表明，采用中心差分格式近似计算扩散方程中控制容积界面处的变量值似乎未在数值解与分析解之间产生很大差别，即使当离散网格划分得比较粗糙时也是如此。但在包含对流项的对流扩散问题的离散方程计算中，某些计算参数条件下的数值计算结果很不合理，网格加密后才使数值计算结果接近分析解。当然，正确的数值计算方法应该在网格数无限增大时收敛于精确解，但实际计算中通常只能采用有限数目的网格系统。由于计算机容量的限制，有时还不得不采用比较粗糙的网格系统。为了在有限的计算机资源条件下得到可以被接受的数值解，需要更深层次地分析离散格式。例如，控制容积界面处变量的离散格式是否对数值计算结果有影响？采用其他离散格式是否可以提高数值计算精度？离散格式在流场计算中的物理意义是什么？下面将重点讨论这些问题。

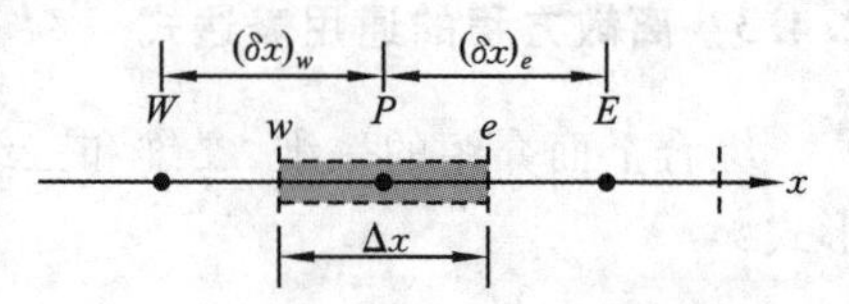

图 2.8　控制容积 P 及其相邻节点

实际上，从物理概念来分析流体流动和传热问题的离散方程与控制容积界面变量的近似计算公式，它们应满足三个重要特性，即守恒性、有界性和输运性。

1. 守恒性

对流扩散问题的控制方程在控制容积中积分产生一组离散方程，离散方程中场变量 φ 在控制容积界面处的流动必须满足守恒性。无论是 φ 的扩散流量还是 φ 的对流流量，其守恒性都应满足，这样才能使整个求解区域的守恒性得以满足。具体来讲，就是场变量 φ 的流动在离开某控制容积界面的流量（扩散量和对流量）应该等于通过该界面进入相邻控制容积的流量。

例如，对于一维稳态无源扩散问题，如图 2.9 所示，进出求解区域边界的流量分别为 q_A 和 q_B。将求解域离散成四个控制容积，采用中心差分格式来计算通过控制容积各界面的扩散流量。

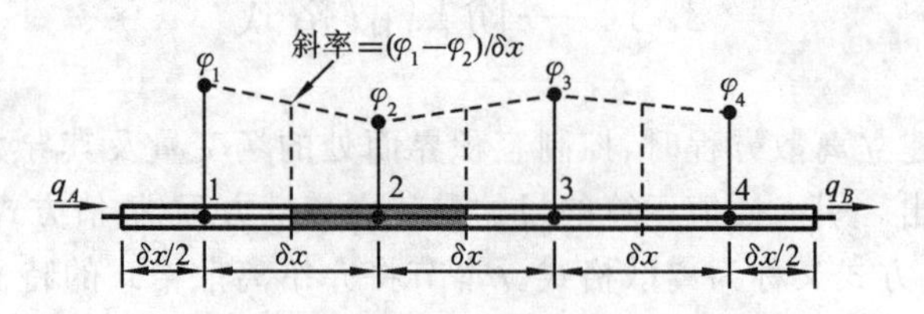

图 2.9　扩散流界面守恒示意图

例如，进入节点 2 表示的控制容积西侧界面的扩散流量为 $\Gamma_{w2}(\varphi_2-\varphi_1)/\delta x$，离开此控制容积东侧界面的扩散流量为 $\Gamma_{e2}(\varphi_3-\varphi_2)/\delta x$。由于 $\Gamma_{e1}=\Gamma_{w2}$，$\Gamma_{e2}=\Gamma_{w3}$，$\Gamma_{e3}=\Gamma_{w4}$，则可将求解

域边界的流量包含在内的所有控制容积扩散流量平衡式写为

$$\left(\Gamma_{e1}\frac{\varphi_2-\varphi_1}{\delta x}-q_A\right)+\left(\Gamma_{e2}\frac{\varphi_3-\varphi_2}{\delta x}-\Gamma_{w2}\frac{\varphi_2-\varphi_1}{\delta x}\right)$$
$$+\left(\Gamma_{e3}\frac{\varphi_4-\varphi_3}{\delta x}-\Gamma_{w3}\frac{\varphi_3-\varphi_2}{\delta x}\right)+\left(q_B-\Gamma_{w4}\frac{\varphi_4-\varphi_3}{\delta x}\right)=q_B-q_A$$

从上式可见，中间各项都被消掉，只剩下求解域边界流量 q_A 和 q_B。这表明在整个求解域中场变量 φ 的流动采用中心差分格式计算是守恒的，这是因为相邻控制容积界面处的流量近似计算（此时为中心差分）是协调的，如果采用不协调的离散格式来做近似计算，那么将不能保证守恒性。

例如，如果对上例采用二次插值，如图 2.10 所示，控制容积 2 采用节点 1～节点 3 进行插值，控制容积 3 采用节点 2～节点 4 进行插值来近似计算公共界面的扩散流量。此时，将会出现控制容积 2 东侧界面的扩散流量与控制容积 3 西侧界面的扩散流量不一致的情况，即出现非协调的流动，整个求解域中场变量 φ 的扩散流动不能保证守恒。

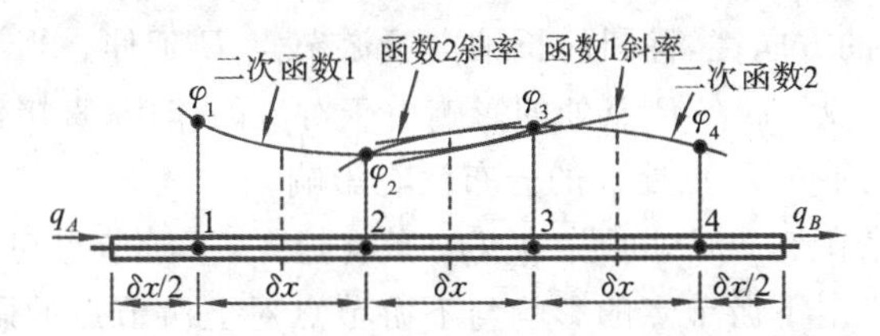

图 2.10　界面处不协调的扩散流动示意

2. 有界性

任意近似格式（离散格式）推导出的离散方程都是一组代数方程。当方程为非线性方程时，求解代数方程必然要用迭代方法。首先假设一个场变量的分布，然后由代数方程迭代求解，直至获得收敛解。扩散问题和对流扩散问题的有限体积法离散方程可写成如下统一的形式：

$$a_P\varphi_P=\sum a_{nb}\varphi_{nb}+S_C \tag{2.30}$$

$$a_P=\sum a_{nb}-S'_P \tag{2.31}$$

扩散问题中 $S'_P=S_P$，对流扩散问题中 $S'_P=-(\Delta F-S_P)$。美国学者 Scarborough 于 1958 年提出了由离散方程系数判断上述方程求解是否收敛于合理解的一个充分条件，即

$$\frac{\sum|a_{nb}|}{|a_P|}\begin{cases}\leqslant 1 & （在所有节点处）\\ <1 & （至少在一个节点处）\end{cases} \tag{2.32}$$

这就是有界性判据。

如果推导方程时采用的差分格式使离散方程的系数满足式(2.32)判据，意味着离散方程组系数矩阵是对角占优的。为取得对角占优的方程组系数矩阵，必须使系数 a_P 有较大的数值，这样应使等效源项 S'_P 保持负值，因为只有 S'_P 为负值，才会有正的 $-S'_P$ 加到 $\sum a_{nb}$ 中。

一般来讲，有界性判据要求离散方程中所有系数保持同一符号（通常都为正），这在物理意义上隐含着要求在某一节点上的场变量 φ 的存在会使相邻节点场变量的值增加。如果离散方程推导过程中采用的差分格式不能使方程系数满足有界性判据，则在求解方程组时有可能得不到收敛解，或即使得到解也是一个不合理的振荡解。

3. 输运性

场变量在求解域中某点的流动特性事实上可以用离散后求解域中的参数来描述。Roache于1976年提出，网格(或单元)Peclet数可以用来度量某点处 φ 的对流和扩散的强度比例。网格Peclet数(Pe)定义为

$$Pe=\frac{F}{D}=\frac{\rho u}{\Gamma/\delta x} \tag{2.33}$$

式中：δx 为网格的特征长度。

设 φ 在 P 点具有常数值(如 $\varphi=1$)，当 $Pe=0$ 时，意味着 $F=\rho u=0$，即对流量等于零，φ 的输运完全靠扩散。扩散是无方向性的，φ 在各个方向的扩散量一样。因此，在图2.11中我们用一个圆周表示 φ 的向外输运量。随着 Pe 的增大，φ 的输运量中扩散输运的比例减小，对流输运的比例增大。而对流是有方向性的，输运特征或 φ 的分布呈椭圆形状。由于对流速度 u 的方向性，椭圆的长轴向下游节点 E 延伸。当 $Pe\to\infty$ 时，φ 的输运中几乎没有扩散，全部是对流。φ 在 P 点处的影响由于对流的作用，直接传递到下游节点 E。而反过来，E 点处的 φ 值几乎对 P 点处 φ 的分布没有影响。

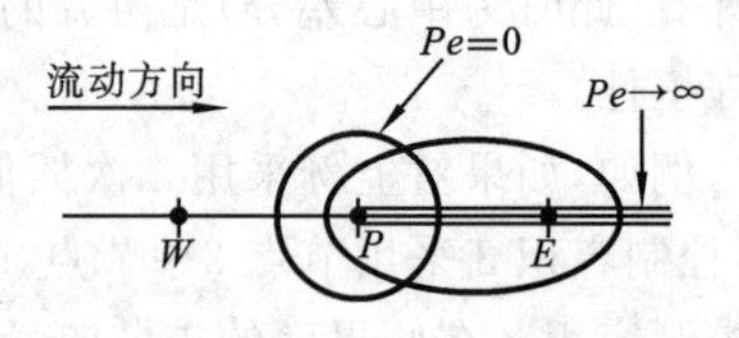

图2.11　不同 Pe 条件下 φ 的分布

因此，Pe 越大，上游节点 φ 值对下游节点的影响越大，下游节点对上游节点的影响越小。而当 $Pe=0$ 时，上游节点对下游节点的影响与下游节点对上游节点的影响一样。这种特征称为离散方程的输运性。

2.5.2　问题的描述

由于离散格式并不影响控制方程中的源项及瞬态项，因此，为了便于说明各种离散格式的特性，本节选取一维、稳态、无源项的对流扩散问题为研究对象。假定速度场为 u，其控制方程的通用形式为

$$\frac{\mathrm{d}(\rho u\varphi)}{\mathrm{d}x}=\frac{\mathrm{d}}{\mathrm{d}x}\left(\Gamma\frac{\mathrm{d}\varphi}{\mathrm{d}x}\right) \tag{2.34}$$

满足连续性方程

$$\frac{\mathrm{d}(\rho u)}{\mathrm{d}x}=0 \tag{2.35}$$

控制容积如图2.12所示，在控制容积内对控制方程进行积分，有

$$(\rho uA\varphi)_e-(\rho uA\varphi)_w=\left(\Gamma A\frac{\mathrm{d}\varphi}{\mathrm{d}x}\right)_e-\left(\Gamma A\frac{\mathrm{d}\varphi}{\mathrm{d}x}\right)_w \tag{2.36}$$

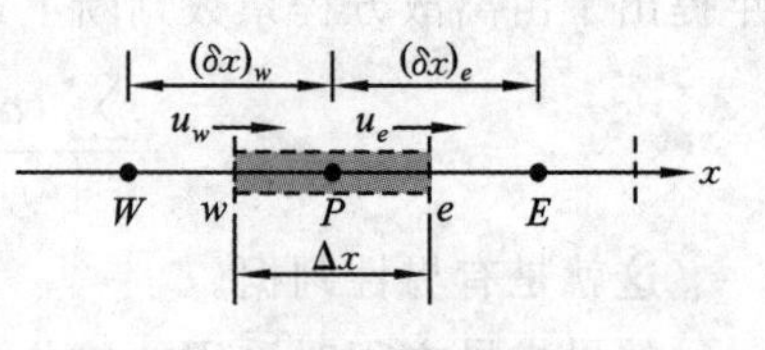

图2.12　控制容积及界面上的流速

对连续性方程积分，有

$$(\rho uA)_e-(\rho uA)_w=0 \tag{2.37}$$

为了获得对流扩散问题的离散方程，需要对控制容积的东、西侧界面处的场变量进行计算。

为了书写方便，令 $F=\rho uA$，$D=\dfrac{\Gamma A}{\delta x}$，则有

$$F_e=(\rho u)_e A_e,\quad F_w=(\rho u)_w A_w,\quad D_e=\frac{\Gamma_e A_e}{(\delta x)_e},\quad D_w=\frac{\Gamma_w A_w}{(\delta x)_w}$$

因此，方程(2.36)可写成

$$F_e\varphi_e-F_w\varphi_w=D_e(\varphi_E-\varphi_P)-D_w(\varphi_P-\varphi_W) \tag{2.38}$$

2.5.3　中心差分格式

1. 中心差分格式的定义

中心差分格式规定：界面上的场变量值采用相邻节点值的线性插值来计算。因此，对于上述的一维、稳态、无源项的对流扩散问题，有

$$\varphi_e=\frac{\varphi_P+\varphi_E}{2},\quad \varphi_w=\frac{\varphi_W+\varphi_P}{2}$$

此时，离散方程(2.38)可写成

$$\frac{F_e}{2}(\varphi_P+\varphi_E)-\frac{F_w}{2}(\varphi_W+\varphi_P)=D_e(\varphi_E-\varphi_P)-D_w(\varphi_P-\varphi_W) \tag{2.39}$$

按节点场变量整理，有

$$\left[\left(D_w-\frac{F_w}{2}\right)+\left(D_e+\frac{F_e}{2}\right)\right]\varphi_P=\left(D_w+\frac{F_w}{2}\right)\varphi_W+\left(D_e-\frac{F_e}{2}\right)\varphi_E \tag{2.40}$$

进一步整理为

$$\begin{aligned}&\left[\left(D_w+\frac{F_w}{2}\right)+\left(D_e-\frac{F_e}{2}\right)+(F_e-F_w)\right]\varphi_P\\&=\left(D_w+\frac{F_w}{2}\right)\varphi_W+\left(D_e-\frac{F_e}{2}\right)\varphi_E\end{aligned} \tag{2.41}$$

将方程中各节点场变量系数归一化处理，写成

$$a_P\varphi_P=a_W\varphi_W+a_E\varphi_E \tag{2.42}$$

式中：

$$a_W=D_w+\frac{F_w}{2},\quad a_E=D_e-\frac{F_e}{2}$$

$$a_P=a_W+a_E+(F_e-F_w)$$

方程(2.42)即为采用中心差分格式获得的一维、稳态、无源项的对流扩散问题的离散方程。

2. 中心差分格式的特点

1) 守恒性

中心差分格式在计算控制容积界面处变量值时是协调的，即相邻控制容积公共界面处的输运变量相等，因此中心差分格式满足守恒性的要求。

2) 有界性

中心差分格式推导出的对流扩散问题离散方程系数为 $a_P=\sum a_{nb}+\Delta F-S_P$，当流动满足连续性方程时 $\Delta F=0$，无内源时 $S_P=0$，则 $(\sum|a_{nb}|)/|a_P|=1$，满足 Scarborough 判据。但是 $a_E=D_e-F_e/2$，要使 $a_E>0$，必须满足 $D_e/F_e-1/2>0$，即 $Pe=F_e/D_e<2$。如果 $Pe>2$，则 a_E 将为负值，从而对计算带来不利影响。

3) 输运性

中心差分格式使节点 P 处场变量 φ 对所有相邻节点的影响一样，没有反应出扩散和对流

输运的差别。这种近似计算格式没有体现对流输运的方向性，因此当 Pe 较大时，中心差分格式不具有输运特征。

4）计算精度

根据 Taylor 级数误差分析可知，中心差分格式离散方程计算具有二阶截断误差，在 $Pe<2$ 或扩散占优的流动情况下，计算具有较高的精度。但当 $Pe>2$，即流动为强对流情况时，计算的收敛性和精度均较差。

由 Pe 的定义式可知，要满足 $Pe<2$，只能让流速 u 很小（低 Reynolds 数流动）或者网格间距 δx 很小。基于此，中心差分格式不能作为一般流动问题的离散格式，必须创建其他适用性更强的离散格式。

2.5.4　一阶迎风格式

1. 一阶迎风格式的定义

一阶迎风格式规定：界面上的场变量采用上游节点处的值（中心差分采用上、下游节点值的算术平均）。

当流动为正方向时，即 $u_e>0, u_w>0$，有

$$\varphi_w = \varphi_W, \quad \varphi_e = \varphi_P$$

此时，离散方程(2.38)可写成

$$F_e\varphi_P - F_w\varphi_W = D_e(\varphi_E - \varphi_P) - D_w(\varphi_P - \varphi_W) \tag{2.43}$$

按节点场变量整理，有

$$[(D_w + F_w) + D_e + (F_e - F_w)]\varphi_P = (D_w + F_w)\varphi_W + D_e\varphi_E \tag{2.44}$$

当流动为负方向时，即 $u_e<0, u_w<0$，有

$$\varphi_w = \varphi_P, \quad \varphi_e = \varphi_E$$

此时，离散方程(2.38)可写成

$$F_e\varphi_E - F_w\varphi_P = D_e(\varphi_E - \varphi_P) - D_w(\varphi_P - \varphi_W) \tag{2.45}$$

按节点场变量整理，有

$$[D_w + (D_e - F_e) + (F_e - F_w)]\varphi_P = D_w\varphi_W + (D_e - F_e)\varphi_E \tag{2.46}$$

综合离散方程(2.44)和(2.46)，将场变量系数归一化处理，可写成

$$a_P\varphi_P = a_W\varphi_W + a_E\varphi_E \tag{2.47}$$

式中：

$$a_W = D_w + \max(F_w, 0)$$

$$a_E = D_e + \max(0, -F_e)$$

$$a_P = a_W + a_E + (F_e - F_w)$$

方程(2.47)即为采用一阶迎风格式获得的一维、稳态、无源项的对流扩散问题的离散方程。

2. 一阶迎风格式的特点

1）守恒性

一阶迎风格式在计算控制容积界面处变量值时是协调的，即相邻控制容积公共界面处的输运变量相等，因此离散方程守恒。

2）有界性

一阶迎风格式推导出的离散方程所有系数为正，当流动满足连续性方程时 $\Delta F=0$，因此 $a_P = \sum a_{nb} - S_P$ 成立。离散方程组对角占优，满足有界性的要求，计算结果不会出现振荡或不

收敛的情况。

3）输运性

一阶迎风格式考虑了流动的方向性，保持了微分方程的输运特征。

4）计算精度

一阶迎风格式只具有一阶截断误差。另外，一阶迎风格式在对流扩散问题中对扩散项永远采用中心差分格式，也就是说，无论对流强度多大，扩散输运总是存在的。由输运性定义可知，随着 Pe 的增大，对流输运强度增强，扩散输运强度减弱。当 Pe 足够大时，如果仍然保持扩散输运强度不变，必然给计算带来误差。这也就是 CFD 中的假扩散问题。

尽管可以通过加密网格来提高数值计算的精度，但实际问题中过密的网格将导致巨大的花费以及需要大量的计算资源。由此可见，一阶迎风格式所引起的假扩散问题将对流动计算的精度带来不利影响。

2.5.5　混合格式

1. 混合格式

针对一阶迎风格式容易出现的假扩散问题，Spalding 于 1972 年提出了一种混合差分格式（又称混合格式），综合了中心差分格式和一阶迎风格式的优点。当 $|Pe|<2$ 时，采用具有二阶精度的中心差分格式计算控制容积界面值；当 $|Pe|\geqslant 2$ 时，采用具有一阶精度的一阶迎风格式计算控制容积界面对流输运量，同时忽略扩散输运量。尽管一阶迎风格式的计算精度只有一阶，但它可以较好地反映流动的输运特征。

混合格式采用网格 Peclet 数作为计算控制容积界面值方法的判据。例如，P 点控制容积界面的网格 Peclet 数（Pe_w）为

$$Pe_w = \frac{F_w}{D_w} = \frac{(\rho u)_w}{\Gamma_w/(\delta x)_w} \tag{2.48}$$

那么对于无源稳态对流扩散问题的混合格式近似式中，通过西侧界面的场变量 φ 的净流量为

$$\left.\begin{aligned} q_w &= \frac{F_w}{2}(\varphi_W + \varphi_P) - D_w(\varphi_P - \varphi_W) \\ &= \left(\frac{F_w}{2} + D_w\right)\varphi_W + \left(\frac{F_w}{2} - D_w\right)\varphi_P \\ &= F_w\left[\frac{1}{2}\left(1 + \frac{2}{Pe_w}\right)\varphi_W + \frac{1}{2}\left(1 - \frac{2}{Pe_w}\right)\varphi_P\right] \quad (-2 < Pe_w < 2) \\ q_w &= F_w A_w \varphi_W \quad (Pe_w \geqslant 2) \\ q_w &= F_w A_w \varphi_P \quad (Pe_w \leqslant -2) \end{aligned}\right\} \tag{2.49}$$

从式(2.49)可看出，混合格式计算中，当 Pe 较小（$|Pe|<2$）时，对流项和扩散项的近似计算均采用中心差分格式，而当 $|Pe|\geqslant 2$ 时，对流项近似计算采用一阶迎风格式，同时扩散项置零。也就是说，当 $|Pe|\geqslant 2$ 时，消除了扩散项的影响（式中无 D），从而可以避免出现假扩散现象。

仿照前面的方法，可以推导出混合格式条件下对流扩散问题的离散方程通用形式，即

$$a_P\varphi_P = a_W\varphi_W + a_E\varphi_E \tag{2.50}$$

式中：

$$a_W = \max\left[F_w,\ \left(D_w + \frac{F_w}{2}\right),\ 0\right]$$

$$a_E = \max\left[-F_e,\ \left(D_e - \frac{F_e}{2}\right),\ 0\right]$$

$$a_P = a_W + a_E + (F_e - F_w)$$

2. 混合格式的特点

混合格式具有中心差分格式和一阶迎风格式两者的优点，部分克服了它们的缺点。当 Pe 较小时，采用中心差分格式，具有较高的计算精度；当 Pe 较大时，采用一阶迎风格式计算对流项，而将扩散项置零，这样可以减弱假扩散的影响。

从中心差分格式和一阶迎风格式的特性讨论中可知，混合格式满足守恒性的要求。从式(2.50)可看出，离散方程的系数永远保持正值，因此可以满足有界性的要求。Pe 较大时的一阶迎风格式计算保证了输运特性。正因如此，混合格式被广泛用于 CFD 工作中。

然而，混合格式也存在着不足之处，当 $Pe>2$ 时，计算结果只有一阶精度，为提高计算精度，必须采用较为密集的网格系统。

2.5.6 指数格式与乘方格式

1. 指数格式

指数格式是利用方程(2.34)的精确解建立的一种离散格式。它与前面介绍的离散格式不同，它将扩散和对流的作用综合起来考虑。

与指数格式对应的离散方程为

$$a_P\varphi_P = a_W\varphi_W + a_E\varphi_E \tag{2.51}$$

式中：

$$a_W = \frac{F_w \exp(Pe_w)}{\exp(Pe_w) - 1}$$

$$a_E = \frac{F_e}{\exp(Pe_e) - 1}$$

$$a_P = a_W + a_E + (F_e - F_w)$$

指数格式的计算结果与精确解一致，计算精度高，但指数的计算很费时间，因而未得到广泛应用。

2. 乘方格式

乘方格式规定：当 $|Pe|\geqslant 10$ 时，扩散项置零；当 $|Pe|<10$ 时，通过界面的流量按 5 次幂的乘方格式计算。

与乘方格式对应的离散方程为

$$a_P\varphi_P = a_W\varphi_W + a_E\varphi_E \tag{2.52}$$

式中：

$$a_W = D_w \cdot \max\left[0,\ (1 - 0.1|Pe_w|)^5\right] + \max(0,\ F_w)$$

$$a_E = D_e \cdot \max\left[0,\ (1 - 0.1|Pe_e|)^5\right] + \max(-F_e,\ 0)$$

$$a_P = a_W + a_E + (F_e - F_w)$$

乘方格式的计算精度与指数格式非常接近，计算工作量又比指数格式小。它与混合格式的性质类似，可用作混合格式的替代格式，在 CFD 中应用广泛。

2.6　高阶离散格式

中心差分格式的计算精度较高（二阶截差），但不具有输运特征；一阶迎风格式和混合格式具有输运特征，但计算精度较差（一阶截差），同时还能引起假扩散。为了提高计算精度，通常在计算控制容积界面参数值时考虑更多的相关节点，采用更高次的插值公式计算，即高阶离散格式。

2.6.1　二阶迎风格式

二阶迎风格式与一阶迎风格式的共同之处在于：控制容积界面上的场变量都通过上游节点处的值来确定。但二阶迎风格式不仅要用到一个上游近邻节点值，还要用到一个上游远邻节点值。

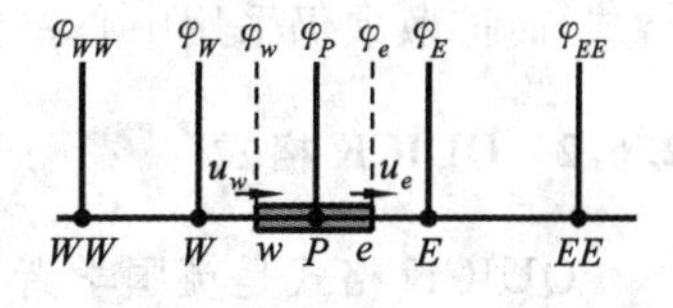

图 2.13　二阶迎风格式示意图

如图 2.13 所示，当流动为正方向时，即 $u_e>0, u_w>0$，二阶迎风格式规定

$$\varphi_w=\frac{3}{2}\varphi_W-\frac{1}{2}\varphi_{WW},\quad \varphi_e=\frac{3}{2}\varphi_P-\frac{1}{2}\varphi_W$$

此时，离散方程(2.38)可写成

$$F_e\left(\frac{3}{2}\varphi_P-\frac{1}{2}\varphi_W\right)-F_w\left(\frac{3}{2}\varphi_W-\frac{1}{2}\varphi_{WW}\right)=D_e(\varphi_E-\varphi_P)-D_w(\varphi_P-\varphi_W)\tag{2.53}$$

按节点场变量整理，有

$$\left(\frac{3}{2}F_e+D_e+D_w\right)\varphi_P=\left(\frac{3}{2}F_w+\frac{1}{2}F_e+D_w\right)\varphi_W+D_e\varphi_E-\frac{1}{2}F_w\varphi_{WW}\tag{2.54}$$

当流动为负方向时，即 $u_e<0, u_w<0$，二阶迎风格式规定

$$\varphi_w=\frac{3}{2}\varphi_P-\frac{1}{2}\varphi_E,\quad \varphi_e=\frac{3}{2}\varphi_E-\frac{1}{2}\varphi_{EE}$$

此时，离散方程(2.38)可写成

$$F_e\left(\frac{3}{2}\varphi_E-\frac{1}{2}\varphi_{EE}\right)-F_w\left(\frac{3}{2}\varphi_P-\frac{1}{2}\varphi_E\right)=D_e(\varphi_E-\varphi_P)-D_w(\varphi_P-\varphi_W)\tag{2.55}$$

按节点场变量整理，有

$$\left(D_e+D_w-\frac{3}{2}F_w\right)\varphi_P=D_w\varphi_W+\left(D_e-\frac{3}{2}F_e-\frac{1}{2}F_w\right)\varphi_E+\frac{1}{2}F_e\varphi_{EE}\tag{2.56}$$

综合离散方程(2.54)和(2.56)，将场变量系数归一化处理，写成

$$a_P\varphi_P=a_W\varphi_W+a_{WW}\varphi_{WW}+a_E\varphi_E+a_{EE}\varphi_{EE}\tag{2.57}$$

式中：

$$a_W=D_w+\frac{3}{2}\alpha F_w+\frac{1}{2}\alpha F_e,\quad a_{WW}=-\frac{1}{2}\alpha F_w$$

$$a_E = D_e - \frac{3}{2}(1-\alpha)F_e - \frac{1}{2}(1-\alpha)F_w,\quad a_{EE} = \frac{1}{2}(1-\alpha)F_e$$

$$a_P = a_W + a_E + a_{WW} + a_{EE} + (F_e - F_w)$$

其中,当流动为正方向,即 $F_w>0$ 及 $F_e>0$ 时,$\alpha=1$;当流动为负方向,即 $F_w<0$ 及 $F_e<0$ 时,$\alpha=0$。

方程(2.57)即为采用二阶迎风格式获得的一维、稳态、无源项的对流扩散问题的离散方程。

二阶迎风格式具有二阶计算精度,离散方程中不仅包含相邻节点处的场变量,而且包含相邻节点旁边其他节点的场变量。另外,在二阶迎风格式中,实际上只有对流项采用了二阶迎风格式,而扩散项仍采用中心差分格式。

2.6.2 QUICK 格式

QUICK 格式是英国学者 Leonard 于 1979 年提出的用于计算控制容积界面值的二次插值计算格式,它是"quadratic upwind interpolation of convective kinematics"的缩写,意为"对流项的二阶迎风插值"。

如图 2.14 所示,控制容积西界面上的场变量 φ_w 如果采用线性插值计算(即中心差分格式),有 $\varphi_w=\frac{1}{2}(\varphi_P+\varphi_W)$。由图可见,当场变量曲线下凹时,实际 φ_w 值比线性插值结果小;而当场变量曲线上凸时,实际 φ_w 值比线性插值结果大。因此,在线性插值基础上引入修正,即利用控制容积界面两侧的三个节点值进行插值计算,其中两个节点位于界面的两侧,另一个节点则为迎风侧的远邻节点,即上游远邻节点。

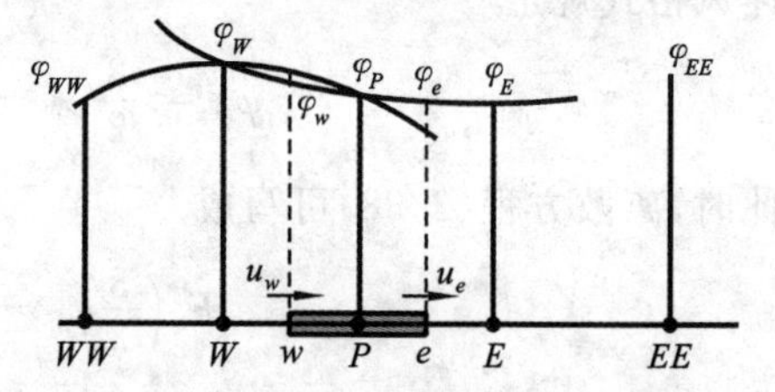

图 2.14　二阶迎风格式中的曲率修正

当流动为正方向时,即 $u_e>0, u_w>0$,QUICK 格式规定

$$\varphi_w = \frac{6}{8}\varphi_W + \frac{3}{8}\varphi_P - \frac{1}{8}\varphi_{WW},\quad \varphi_e = \frac{6}{8}\varphi_P + \frac{3}{8}\varphi_E - \frac{1}{8}\varphi_W$$

此时,离散方程(2.38)可写成

$$\begin{aligned}&\left(D_w - \frac{3}{8}F_w + D_e + \frac{6}{8}F_e\right)\varphi_P \\ &= \left(D_w + \frac{6}{8}F_w + \frac{1}{8}F_e\right)\varphi_W + \left(D_e - \frac{3}{8}F_e\right)\varphi_E - \frac{1}{8}F_w\varphi_{WW}\end{aligned} \tag{2.58}$$

当流动为负方向时,即 $u_e<0, u_w<0$,二阶迎风格式规定

$$\varphi_w = \frac{6}{8}\varphi_P + \frac{3}{8}\varphi_W - \frac{1}{8}\varphi_E,\quad \varphi_e = \frac{6}{8}\varphi_E + \frac{3}{8}\varphi_P - \frac{1}{8}\varphi_{EE}$$

此时,离散方程(2.38)可写成

$$\begin{aligned}&\left(D_w - \frac{6}{8}F_w + D_e + \frac{3}{8}F_e\right)\varphi_P \\ &= \left(D_w + \frac{3}{8}F_w\right)\varphi_W + \left(D_e - \frac{6}{8}F_e - \frac{1}{8}F_w\right)\varphi_E + \frac{1}{8}F_e\varphi_{EE}\end{aligned} \tag{2.59}$$

综合正、负方向的结果,即离散方程(2.58)和(2.59),将场变量系数归一化处理,写成

$$a_P\varphi_P = a_W\varphi_W + a_{WW}\varphi_{WW} + a_E\varphi_E + a_{EE}\varphi_{EE} \tag{2.60}$$

式中：

$$a_W = D_w + \frac{6}{8}\alpha_w F_w + \frac{1}{8}\alpha_e F_e + \frac{3}{8}(1-\alpha_w)F_w$$

$$a_{WW} = -\frac{1}{8}\alpha_w F_w$$

$$a_E = D_e - \frac{3}{8}\alpha_e F_e - \frac{6}{8}(1-\alpha_e)F_e - \frac{1}{8}(1-\alpha_w)F_w$$

$$a_{EE} = \frac{1}{8}(1-\alpha_e)F_e$$

$$a_P = a_W + a_E + a_{WW} + a_{EE} + (F_e - F_w)$$

其中，当 $F_w>0$ 时，$\alpha_w=1$；当 $F_e>0$ 时，$\alpha_e=1$；当 $F_w<0$ 时，$\alpha_w=0$；当 $F_e<0$ 时，$\alpha_e=0$。

方程(2.60)即为采用 QUICK 格式获得的一维、稳态、无源项的对流扩散问题的离散方程。

2.6.3　QUICK 格式的改进

尽管 QUICK 格式具有三阶截断误差、精度高、假扩散小等特点，但 QUICK 格式的两个缺点限制了其应用：①插值计算需要用到三个节点，而计算边界节点离散方程时没有迎风侧的远邻节点可供利用；②QUICK 格式中的一维问题为五点格式，二维问题为九点格式，与一阶差分中一维三点格式、二维五点格式不同，使得非常有效的三对角矩阵的求解方法不能应用。

针对这两个缺点，不少学者提出了改进的 QUICK 格式，具体为

$$\varphi_w = \varphi_W + \frac{1}{8}(3\varphi_P - 2\varphi_W - \varphi_{WW}) \quad (F_w > 0)$$

$$\varphi_e = \varphi_P + \frac{1}{8}(3\varphi_E - 2\varphi_P - \varphi_W) \quad (F_e > 0)$$

$$\varphi_w = \varphi_P + \frac{1}{8}(3\varphi_W - 2\varphi_P - \varphi_E) \quad (F_w < 0)$$

$$\varphi_e = \varphi_E + \frac{1}{8}(3\varphi_P - 2\varphi_E - \varphi_{EE}) \quad (F_e < 0)$$

与之对应的离散方程为

$$a_P\varphi_P = a_W\varphi_W + a_E\varphi_E + \overline{S} \tag{2.61}$$

式中：

$$a_W = D_w + \alpha_w F_w, \quad a_E = D_e - (1-\alpha_e)F_e$$

$$\overline{S} = \frac{1}{8}(3\varphi_P - 2\varphi_W - \varphi_{WW})\alpha_w F_w + \frac{1}{8}(\varphi_W + 2\varphi_P - 3\varphi_E)\alpha_e F_e$$
$$+ \frac{1}{8}(3\varphi_W - 2\varphi_P - \varphi_E)(1-\alpha_w)F_w + \frac{1}{8}(2\varphi_E + \varphi_{EE} - 3\varphi_P)(1-\alpha_e)F_e$$

$$a_P = a_W + a_E + (F_e - F_w)$$

其中，当 $F_w>0$ 时，$\alpha_w=1$；当 $F_e>0$ 时，$\alpha_e=1$；当 $F_w<0$ 时，$\alpha_w=0$；当 $F_e<0$ 时，$\alpha_e=0$。

2.6.4　各种离散格式的性能对比

对于任何一种离散格式，都希望其具有稳定性，又具有较高的精度，同时还能适应不同的流动形式，但实际上这种理想的离散格式并不存在。这里对前面介绍过的离散格式的性能进

行对比，以便于读者在实际计算中选用合适的格式。

表2.3给出了几种常用离散格式的性能对比。在此基础上，总结如下：

(1) 在满足稳定性条件的前提下，一般来说，截断误差阶数较高的格式具有较高的计算精度。例如，具有三阶截断误差的QUICK格式通常可以获得较高的计算精度。在选用低阶截断误差格式时，注意将网格划分得足够密，以减少假扩散影响。

(2) 稳定性与精确性常常相互矛盾。精确性较高的格式，如QUICK格式，都不是无条件稳定，而假扩散现象相对严重的一阶迎风格式则是无条件稳定。其中的一个原因是，为提高离散格式的截断误差等级，通常需要从所研究的节点两侧取用一些节点来构造该节点上的导数计算式，而当导数计算式中出现下游节点且其系数为正时，迁移特性遭到破坏，因此格式只能是条件稳定。

(3) 一阶和二阶差分格式均可应用于高维对流扩散问题，如二维和三维问题。

表2.3　常用离散格式的性能对比

离散格式	稳定性及条件	精度与经济性
中心差分	条件稳定，$Pe\leqslant 2$	在不发生振荡的前提下，可获得较准确的计算结果
一阶迎风	无条件稳定	当Pe较大时，假扩散严重。为避免此问题，需要加密网格
混合格式	无条件稳定	当$Pe\leqslant 2$时，性能同中心差分；当$Pe>2$时，性能同一阶迎风
指数格式	无条件稳定	精度高，主要适用于无源项的对流扩散问题
乘方格式	无条件稳定	性能同指数格式，但比指数格式省时
二阶迎风	无条件稳定	精度比一阶迎风高，仍有假扩散问题
QUICK	条件稳定，$Pe\leqslant 8/3$	可减少假扩散误差，精度较高，应用广泛
改进的QUICK	无条件稳定	性能同QUICK格式，不存在稳定性问题

2.7　一维瞬态问题的有限体积法

前面各节均以稳态问题为研究对象，本节针对一维、瞬态、有源项的对流扩散问题进行研究，讨论如何采用有限体积法在空间域及时间域上建立相应的离散方程。

2.7.1　问题的描述

与稳态问题相比，瞬态问题多了与时间相关的瞬态项。一维瞬态问题的通用控制方程为

$$\frac{\partial(\rho\varphi)}{\partial t}+\frac{\partial(\rho u\varphi)}{\partial x}=\frac{\partial}{\partial x}\left(\Gamma\frac{\partial\varphi}{\partial x}\right)+S \tag{2.62}$$

该方程又称为一维模型方程，它是一个包含瞬态有源项的对流扩散方程。从左至右，方程中的四项分别为瞬态项、对流项、扩散项及源项，其中，Γ为扩散系数，S为源项。

为了分析和模拟瞬态问题，必须在离散过程中处理瞬态项。实际上，采用有限体积法求解瞬态问题，在将控制方程对控制容积进行空间(ΔV)积分的同时，还必须将其对时间间隔Δt进行时间积分。其中，对控制容积进行空间积分，与本章前面所介绍的针对稳态问题的积分过程完全相同，下面将重点介绍时间积分。

2.7.2 方程的离散

针对图2.5所示的一维问题计算网络，采用有限体积法对方程(2.62)在控制容积 P 及时间段 Δt 上进行积分，有

$$\int_t^{t+\Delta t}\int_{\Delta V}\frac{\partial(\rho\varphi)}{\partial t}\mathrm{d}V\mathrm{d}t+\int_t^{t+\Delta t}\int_{\Delta V}\frac{\partial(\rho u\varphi)}{\partial x}\mathrm{d}V\mathrm{d}t$$
$$=\int_t^{t+\Delta t}\int_{\Delta V}\frac{\partial}{\partial x}\left(\Gamma\frac{\partial\varphi}{\partial x}\right)\mathrm{d}V\mathrm{d}t+\int_t^{t+\Delta t}\int_{\Delta V}S\mathrm{d}V\mathrm{d}t \tag{2.63}$$

改写后，有

$$\int_{\Delta V}\left(\int_t^{t+\Delta t}\rho\frac{\partial\varphi}{\partial t}\mathrm{d}t\right)\mathrm{d}V+\int_t^{t+\Delta t}[(\rho u\varphi A)_e-(\rho u\varphi A)_w]\mathrm{d}t$$
$$=\int_t^{t+\Delta t}\left[\left(\Gamma A\frac{\mathrm{d}\varphi}{\mathrm{d}x}\right)_e-\left(\Gamma A\frac{\mathrm{d}\varphi}{\mathrm{d}x}\right)_w\right]\mathrm{d}t+\int_t^{t+\Delta t}\overline{S}\Delta V\mathrm{d}t \tag{2.64}$$

式中：A 为控制容积界面(积分方向)的面积；ΔV 为控制容积的体积，$\Delta V=A\cdot\Delta x$，而 Δx 为控制容积长度；$\overline{S}$ 为源项在控制容积中的平均值。

在处理瞬态项时，假定场变量 φ 在整个控制容积上均具有节点 P 处的值 φ_P，则式(2.64)中的瞬态项变为

$$\int_{\Delta V}\left(\int_t^{t+\Delta t}\rho\frac{\partial\varphi}{\partial t}\mathrm{d}t\right)\mathrm{d}V=\rho(\varphi_P-\varphi_P^0)\Delta V \tag{2.65}$$

在式(2.65)中，上标0表示场变量在 t 时刻(时间步开始时)的值，而在 $t+\Delta t$ 时刻的场变量没有用上标来标记，下标 P 则表示场变量在控制容积节点 P 处的取值。实际上，式(2.65)可以看作采用中心差分格式(线性插值)来表示 $\partial\varphi/\partial t$。

同时，参考处理稳态问题时的方法，采用中心差分格式对控制容积界面处的对流项和扩散项进行离散，将源项线性化处理：$\overline{S}\Delta V=S_C+S_P\varphi_P$，则式(2.64)变为

$$\rho(\varphi_P-\varphi_P^0)\Delta V+\int_t^{t+\Delta t}\left[(\rho u)_eA_e\frac{\varphi_P+\varphi_E}{2}-(\rho u)_wA_w\frac{\varphi_W+\varphi_P}{2}\right]\mathrm{d}t$$
$$=\int_t^{t+\Delta t}\left[\Gamma_eA_e\frac{\varphi_E-\varphi_P}{(\delta x)_e}-\Gamma_wA_w\frac{\varphi_P-\varphi_W}{(\delta x)_w}\right]\mathrm{d}t+\int_t^{t+\Delta t}(S_C+S_P\varphi_P)\mathrm{d}t \tag{2.66}$$

为了计算方程(2.66)中的时间积分项，需要对场变量 φ 随时间而变化的各种情况作出假设。各种假设中最直接的一种为采用 t 时刻或 $t+\Delta t$ 时刻的值来计算时间积分，也可以采用 t 时刻的值 φ^0 与 $t+\Delta t$ 时刻的值 φ 进行组合来计算时间积分。这几种情况均可表示为

$$\int_t^{t+\Delta t}\varphi_P\mathrm{d}t=[f\varphi_P+(1-f)\varphi_P^0]\Delta t \tag{2.67}$$

实际上，式(2.67)右边第一项中的 φ_P 应有上标 $t+\Delta t$，只是为了书写简便，省略此上标(下同)，而上标0则代表 t 时刻。式中的 f 为加权因子，当 $f=0$ 时，意味着采用 t 时刻的 φ_P 作为平均值；当 $f=1$ 时，意味着采用 $t+\Delta t$ 时刻的 φ_P 作为平均值；当 $f=0.5$ 时，意味着 t 时刻和 $t+\Delta t$ 时刻的 φ_P 的权重相同。

采用类似于式(2.67)的关系式表示方程(2.66)中的其他时间积分项，并将全式除以 Δt，可得

$$\rho(\varphi_P-\varphi_P^0)\frac{\Delta V}{\Delta t}+f\left[(\rho u)_eA_e\frac{\varphi_P+\varphi_E}{2}-(\rho u)_wA_w\frac{\varphi_W+\varphi_P}{2}\right]$$

$$
\begin{aligned}
&+(1-f)\left[(\rho u)_e A_e \frac{\varphi_P^0+\varphi_E^0}{2}-(\rho u)_w A_w \frac{\varphi_W^0+\varphi_P^0}{2}\right] \\
&=f\left[\Gamma_e A_e \frac{\varphi_E-\varphi_P}{(\delta x)_e}-\Gamma_w A_w \frac{\varphi_P-\varphi_W}{(\delta x)_w}\right] \\
&+(1-f)\left[\Gamma_e A_e \frac{\varphi_E^0-\varphi_P^0}{(\delta x)_e}-\Gamma_w A_w \frac{\varphi_P^0-\varphi_W^0}{(\delta x)_w}\right] \\
&+\left[f(S_C+S_P\varphi_P)+(1-f)(S_C+S_P\varphi_P^0)\right]
\end{aligned}
\tag{2.68}
$$

整理后得

$$
\begin{aligned}
&\left[\rho\frac{\Delta V}{\Delta t}+f\left(\frac{\Gamma_e A_e}{(\delta x)_e}+\frac{\Gamma_w A_w}{(\delta x)_w}\right)+f\left(\frac{(\rho u)_e A_e}{2}-\frac{(\rho u)_w A_w}{2}\right)-fS_P\right]\varphi_P \\
&=\left[\frac{\Gamma_w A_w}{(\delta x)_w}+\frac{(\rho u)_w A_w}{2}\right]\left[f\varphi_W+(1-f)\varphi_W^0\right] \\
&+\left[\frac{\Gamma_e A_e}{(\delta x)_e}-\frac{(\rho u)_e A_e}{2}\right]\left[f\varphi_E+(1-f)\varphi_E^0\right] \\
&+\left\{\rho\frac{\Delta V}{\Delta t}-(1-f)\left[\frac{\Gamma_e A_e}{(\delta x)_e}+\frac{(\rho u)_e A_e}{2}\right]\right. \\
&\left.-(1-f)\left[\frac{\Gamma_w A_w}{(\delta x)_w}-\frac{(\rho u)_w A_w}{2}\right]+(1-f)S_P\right\}\varphi_P^0+S_C
\end{aligned}
\tag{2.69}
$$

为了书写方便，令 $F=\rho uA, D=\dfrac{\Gamma A}{\delta x}$，则有

$$
F_e=(\rho u)_e A_e,\quad F_w=(\rho u)_w A_w
$$

$$
D_e=\frac{\Gamma_e A_e}{\delta x_e},\quad D_w=\frac{\Gamma_w A_w}{\delta x_w}
$$

将上面的表达式代入式(2.69)，有

$$
\begin{aligned}
&\left[\rho\frac{\Delta V}{\Delta t}+f(D_e+D_w)+f\left(\frac{F_e}{2}-\frac{F_w}{2}\right)-fS_P\right]\varphi_P \\
&=\left(D_w+\frac{F_w}{2}\right)\left[f\varphi_W+(1-f)\varphi_W^0\right]+\left(D_e-\frac{F_e}{2}\right)\left[f\varphi_E+(1-f)\varphi_E^0\right] \\
&+\left[\rho\frac{\Delta V}{\Delta t}-(1-f)\left(D_e+\frac{F_e}{2}\right)\right. \\
&\left.-(1-f)\left(D_w-\frac{F_w}{2}\right)+(1-f)S_P\right]\varphi_P^0+S_C
\end{aligned}
\tag{2.70}
$$

将场变量系数归一化处理，写成

$$
\begin{aligned}
a_P\varphi_P=&a_W\left[f\varphi_W+(1-f)\varphi_W^0\right]+a_E\left[f\varphi_E+(1-f)\varphi_E^0\right] \\
&+\left[a_P^0-(1-f)a_W-(1-f)a_E+(1-f)S_P\right]\varphi_P^0+S_C
\end{aligned}
\tag{2.71}
$$

式中：

$$
a_P=f(a_E+a_W)+f(F_e-F_w)+a_P^0-fS_P
$$

$$
a_W=D_w+\frac{F_w}{2},\quad a_E=D_e-\frac{F_e}{2},\quad a_P^0=\frac{\rho\Delta V}{\Delta t}
$$

离散方程(2.71)的具体形式取决于加权因子 f 的值。当 $f=0$ 时，只有方程(2.71)右边时刻 t 的多个节点场变量值 φ_P^0、φ_W^0 和 φ_E^0 被用来计算时刻 $t+\Delta t$ 的场变量值 φ_P，这种计算格式称为显式格式。当 $0<f\leqslant 1$ 时，新时刻的场变量值 φ_W、φ_E 也被用来求解场变量值 φ_P，这种计算格式称为隐式格式，其中，$f=1$ 的格式称为全隐式格式，$f=0.5$ 的格式称为 Crank-

Nicolson 格式(简称 C-N 格式)。下面简要讨论 $f=0$、$f=1$ 和 $f=0.5$ 时离散方程的具体形式。

2.7.3　显式格式

将 $f=0$ 代入方程(2.71),可得到一维、瞬态、有源项的对流扩散问题的显式离散方程,即

$$a_P\varphi_P = a_W\varphi_W^0 + a_E\varphi_E^0 + [a_P^0 - (a_W + a_E - S_P)]\varphi_P^0 + S_C \tag{2.72}$$

式中:

$$a_P = a_P^0,\quad a_P^0 = \frac{\rho\Delta V}{\Delta t}$$

系数 a_W 和 a_E 的表达式取决于所采用的空间离散格式,例如采用中心差分格式,则有

$$a_E = D_e - \frac{F_e}{2},\quad a_W = D_w + \frac{F_w}{2}$$

方程(2.72)的右边只包含时间步的多个节点场变量值,因此左边的场变量值 φ_P 可以通过按时间步向前推进来求解获得。

显式格式只具有一阶计算精度,且为条件稳定,即时间步长的大小要受到条件限制。对于时间步长的大小,可进行如下分析:为了保证离散方程具有稳定的解,要求方程(2.64)中所有系数为正值。对于均匀网格系统,上述条件可写成

$$\Delta t < \frac{\rho\,(\Delta x)^2}{2\Gamma} \tag{2.73}$$

式中:ρ 为流体密度,Γ 为扩散系数。

式(2.73)为显式格式的稳定性判定准则。如果不能满足式(2.73),则可能出现物理上不真实的解。

式(2.73)对显式格式的计算时间步长 Δt 的最大值给出了一个相当严格的限制,这将导致实际计算时为提高计算精度而花费巨大的代价。因为为了提高空间计算精度,要经常减少空间尺度 Δx,由式(2.73)可知,这将导致最大可能时间步长 Δt 变小,亦即时间步长随着空间尺度的减小(网格加密)而减小。

因此,显式格式并不适合于计算一般情况下的瞬态问题。当计算时间步长被仔细选择以满足式(2.73)的要求时,显式格式用于计算简单的扩散问题还是很有效的。

2.7.4　Crank-Nicolson 格式

将 $f=0.5$ 代入方程(2.71),可得到一维、瞬态、有源项的对流扩散问题的 Crank-Nicolson(简称 C-N)离散方程,即

$$a_P\varphi_P = a_W\frac{\varphi_W + \varphi_W^0}{2} + a_E\frac{\varphi_E + \varphi_E^0}{2} + \left[a_P^0 - \frac{1}{2}(a_W + a_E - S_P)\right]\varphi_P^0 + S_C \tag{2.74}$$

式中:

$$a_P = a_P^0 + \frac{1}{2}(a_E + a_W - S_P),\quad a_P^0 = \frac{\rho\Delta V}{\Delta t}$$

系数 a_W 和 a_E 的表达式取决于所采用的空间离散格式,例如采用中心差分格式,则有

$$a_E = D_e - \frac{F_e}{2},\quad a_W = D_w + \frac{F_w}{2}$$

从方程(2.74)可以看出,新时间步有多个节点场变量值出现在方程中。因此,在每一个时

间步必须同时求出所有节点的场变量值，故称为隐式格式。

尽管 Crank-Nicolson 格式在理论上是无条件稳定，但为了保证得到真实解，要求方程(2.74)中所有系数为正值。对于纯扩散问题，则有

$$\Delta t < \frac{\rho\,(\Delta x)^2}{\Gamma} \tag{2.75}$$

这一时间步长限制只比显式格式时间步长限制稍有放松，对计算的空间和时间尺度要求仍然较严。本质上，Crank-Nicolson 格式为对时间的中心差分，具有二阶计算精度。因此当 Δt 足够小且满足式(2.75)时，Crank-Nicolson 格式可获得比显式格式更高的计算精度。

2.7.5 全隐式格式

将 $f=1$ 代入方程(2.71)，可得到一维、瞬态、有源项的对流扩散问题的全隐式离散方程，即

$$a_p\varphi_P = a_W\varphi_W + a_E\varphi_E + a_P^0\varphi_P^0 + S_C \tag{2.76}$$

式中：

$$a_P = a_P^0 + a_W + a_E - S_P,\quad a_P^0 = \frac{\rho\Delta V}{\Delta t}$$

系数 a_W 和 a_E 的表达式取决于所采用的空间离散格式，例如采用中心差分格式，则有

$$a_E = D_e - \frac{F_e}{2},\quad a_W = D_w + \frac{F_w}{2}$$

方程(2.76)两边都出现新时刻的多个节点场变量值，因此求解时先要给出场变量初始值，以求解 $t+\Delta t$ 时刻的值，再将其作为初始值，然后进行时间推进。

从方程(2.76)可以看出，所有系数均为正值，因此，全隐式格式对于任意时间步长都是无条件稳定，即无论采用多大的时间步长，都不会出现解的振荡。但是，全隐式格式在时间域上只具有一阶计算精度，为了保证计算精度，还是应选用较小的时间步长。

全隐式格式由于无条件稳定和收敛性好，所以被广泛用于各种瞬态问题的求解过程中。

2.8 多维瞬态问题的有限体积法

本节针对二维和三维瞬态、有源项的对流扩散问题进行研究，讨论如何采用有限体积法在空间域及时间域上建立相应的离散方程。

2.8.1 二维瞬态问题的有限体积法

二维稳态对流扩散问题控制方程的通用形式为

$$\frac{\partial(\rho\varphi)}{\partial t} + \mathrm{div}(\rho\boldsymbol{u}\varphi) = \mathrm{div}(\Gamma\cdot\mathrm{grad}\varphi) + S \tag{2.77}$$

式中：φ 为场变量，Γ 为扩散系数，S 为源项。

针对图 2.6 所示的二维问题计算网络，采用有限体积法对方程(2.77)在控制容积 P 及时间段 Δt 上进行积分，有

$$\int_t^{t+\Delta t}\int_{\Delta V}\frac{\partial(\rho\varphi)}{\partial t}\mathrm{d}V\mathrm{d}t + \int_t^{t+\Delta t}\int_{\Delta V}\mathrm{div}(\rho\boldsymbol{u}\varphi)\mathrm{d}V\mathrm{d}t$$

$$= \int_t^{t+\Delta t}\int_{\Delta V}\mathrm{div}(\Gamma\cdot\mathrm{grad}\varphi)\mathrm{d}V\mathrm{d}t + \int_t^{t+\Delta t}\int_{\Delta V}S\mathrm{d}V\mathrm{d}t \tag{2.78}$$

上式中的瞬态项和源项的积分计算方法与一维问题相同。而对于对流项和扩散项的积

分，则需要作特殊处理，具体如下。

1. 瞬态项

在处理瞬态项时，假定场变量 φ 在整个控制容积上均具有节点 P 处的值 φ_P，同时假定密度 ρ 在时间段 Δt 上的变化量极小，则式(2.78)中的瞬态项变为

$$\int_t^{t+\Delta t}\int_{\Delta V}\frac{\partial(\rho\varphi)}{\partial t}\mathrm{d}V\mathrm{d}t=\int_{\Delta V}\left(\int_t^{t+\Delta t}\rho\frac{\partial\varphi}{\partial t}\mathrm{d}t\right)\mathrm{d}V=\rho_P^0(\varphi_P-\varphi_P^0)\Delta V \tag{2.79}$$

在式(2.79)中，上标0表示场变量在 t 时刻（时间步开始时）的值，而在 $t+\Delta t$ 时刻的场变量没有用上标来标记，下标 P 则表示场变量在控制容积节点 P 处的取值。

2. 源项

$$\int_t^{t+\Delta t}\int_{\Delta V}S\mathrm{d}V\mathrm{d}t=\int_t^{t+\Delta t}\overline{S}\Delta V\mathrm{d}t=\int_t^{t+\Delta t}(S_C+S_P\varphi_P)\mathrm{d}t \tag{2.80}$$

注意：式(2.80)中对源项的线性化处理与一维问题相同。

3. 对流项

根据Gauss散度定理，将体积分转变为面积分后，有

$$\begin{aligned}&\int_t^{t+\Delta t}\int_{\Delta V}\mathrm{div}(\rho\boldsymbol{u}\varphi)\mathrm{d}V\mathrm{d}t\\&=\int_t^{t+\Delta t}[(\rho u\varphi A)_e-(\rho u\varphi A)_w+(\rho v\varphi A)_n-(\rho v\varphi A)_s]\mathrm{d}t\\&=\int_t^{t+\Delta t}[(\rho u)_eA_e\varphi_e-(\rho u)_wA_w\varphi_w+(\rho v)_nA_n\varphi_n-(\rho v)_sA_s\varphi_s]\mathrm{d}t\end{aligned} \tag{2.81}$$

式中：A 为控制容积界面面积。

4. 扩散项

同样根据Gauss散度定理，将体积分转变为面积分后，有

$$\begin{aligned}&\int_t^{t+\Delta t}\int_{\Delta V}\mathrm{div}(\rho\boldsymbol{u}\varphi)\mathrm{d}V\mathrm{d}t\\&=\int_t^{t+\Delta t}\int_{\Delta V}\mathrm{div}(\Gamma\cdot\mathrm{grad}\varphi)\mathrm{d}V\mathrm{d}t\\&=\int_t^{t+\Delta t}\left[\left(\Gamma\frac{\partial\varphi}{\partial x}A\right)_e-\left(\Gamma\frac{\partial\varphi}{\partial x}A\right)_w+\left(\Gamma\frac{\partial\varphi}{\partial x}A\right)_n-\left(\Gamma\frac{\partial\varphi}{\partial x}A\right)_s\right]\mathrm{d}t\\&=\int_t^{t+\Delta t}\left[\Gamma_eA_e\frac{\varphi_E-\varphi_P}{(\delta x)_e}-\Gamma_wA_w\frac{\varphi_P-\varphi_W}{(\delta x)_w}+\Gamma_nA_n\frac{\varphi_N-\varphi_P}{(\delta x)_n}-\Gamma_sA_s\frac{\varphi_P-\varphi_S}{(\delta y)_s}\right]\mathrm{d}t\end{aligned} \tag{2.82}$$

注意：无论对流项采用何种离散格式，扩散项总是采用中心差分格式离散。

在获得了方程(2.78)中各项表达式的基础上，进而采用一阶迎风格式对对流项进行离散，并在对流项、扩散项和源项中引入全隐式格式，则式(2.78)可写成

$$a_P\varphi_P=a_W\varphi_W+a_E\varphi_E+a_S\varphi_S+a_N\varphi_N+b \tag{2.83}$$

式中：

$$a_P=a_W+a_E+a_S+a_N+(F_e-F_w)+(F_n-F_s)+a_P^0-S_P$$

$$a_W=D_w+\max(0,\ F_w),\quad a_E=D_e+\max(0,\ -F_e)$$

$$a_S=D_s+\max(0,\ F_s),\quad a_N=D_n+\max(0,\ -F_n)$$

$$b=S_C+a_P^0\varphi_P^0,\quad a_P^0=\frac{\rho_P^0\Delta V}{\Delta t}$$

方程(2.83)即为采用全隐式格式获得的二维瞬态对流扩散问题的离散方程。

2.8.2 三维瞬态问题的离散方程

将二维问题向三维问题推广，针对图 2.7 所示的三维问题计算网络，扩散项采用中心差分格式，对流项采用一阶迎风格式，并在对流项、扩散项和源项中引入全隐式格式，则可获得三维瞬态对流扩散问题的离散方程，即

$$a_P\varphi_P = a_W\varphi_W + a_E\varphi_E + a_S\varphi_S + a_N\varphi_N + a_B\varphi_B + a_T\varphi_T + b \tag{2.84}$$

式中：

$$a_P = a_W + a_E + a_S + a_N + a_B + a_T + (F_e - F_w) + (F_n - F_s) + (F_t - F_b) + a_P^0 - S_P$$

$$a_W = D_w + \max(0,\ F_w),\quad a_E = D_e + \max(0,\ -F_e)$$

$$a_S = D_s + \max(0,\ F_s),\quad a_N = D_n + \max(0,\ -F_n)$$

$$a_B = D_b + \max(0,\ F_b),\quad a_T = D_t + \max(0,\ -F_t)$$

$$b = S_C + a_P^0\varphi_P^0,\quad a_P^0 = \frac{\rho_P^0\Delta V}{\Delta t}$$

2.8.3 离散方程的通用表达式

综合一维、二维和三维问题的离散方程，全隐式格式下的离散方程的通用形式如下：

$$a_P\varphi_P = \sum a_{nb}\varphi_{nb} + b \tag{2.85}$$

式中：下标 nb 表示相邻节点。对于一维问题，相邻节点包括 W 和 E；对于二维问题，相邻节点包括 W、E、S 和 N；对于三维问题，相邻节点包括 W、E、S、N、B 和 T。

在式(2.85)中，有

$$a_P = \sum a_{nb} + \Delta F + a_P^0 - S_P$$

$$b = a_P^0\varphi_P^0 + S_C$$

$$a_P^0 = \frac{\rho_P^0\Delta V}{\Delta t}$$

系数 a_P 的具体表达式见表 2.4。

表 2.4 系数 a_P 的表达式

问题的维数	a_P
一维	$a_W + a_E + \Delta F + a_P^0 - S_P$
二维	$a_W + a_E + a_S + a_N + \Delta F + a_P^0 - S_P$
三维	$a_W + a_E + a_S + a_N + a_B + a_T + \Delta F + a_P^0 - S_P$

表 2.4 中 ΔF 的具体表达式见表 2.5。

表 2.5 ΔF 的表达式

问题的维数	ΔF
一维	$F_e - F_w$
二维	$F_e - F_w + F_n - F_s$
三维	$F_e - F_w + F_n - F_s + F_t - F_b$

第3章　流场的求解计算

第2章对流扩散问题的控制方程中没有压力梯度项，而压力梯度项是引起流体流动最直接的动力。实际上，在讨论对流扩散问题时，可视为将压力项归入源项中处理了。然而，流场分析中压力场也是需要求解的，并且压力场与速度分布密切相关，亦即压力与速度相互耦合、相互影响。

本章主要介绍压力-速度耦合流场的求解计算方法。本章暂不考虑湍流特性，相关内容将在第4章中予以介绍。

3.1　流场求解计算概述

3.1.1　求解计算的难点

考察二维瞬态压力-速度耦合问题的模型方程（不可压缩流动）。

x 方向的动量方程

$$\frac{\partial(\rho u)}{\partial t}+\frac{\partial(\rho uu)}{\partial x}+\frac{\partial(\rho uv)}{\partial y}=\frac{\partial}{\partial x}\left(\mu\frac{\partial u}{\partial x}\right)+\frac{\partial}{\partial y}\left(\mu\frac{\partial u}{\partial y}\right)-\frac{\partial p}{\partial x}+S_u \tag{3.1}$$

y 方向的动量方程

$$\frac{\partial(\rho v)}{\partial t}+\frac{\partial(\rho vu)}{\partial x}+\frac{\partial(\rho vv)}{\partial y}=\frac{\partial}{\partial x}\left(\mu\frac{\partial v}{\partial x}\right)+\frac{\partial}{\partial y}\left(\mu\frac{\partial v}{\partial y}\right)-\frac{\partial p}{\partial y}+S_v \tag{3.2}$$

连续性方程

$$\frac{\partial\rho}{\partial t}+\frac{\partial(\rho u)}{\partial x}+\frac{\partial(\rho v)}{\partial y}=0 \tag{3.3}$$

显然，式(3.1)和式(3.2)可以看成将对流扩散通用方程中场变量 φ 换成 u 或 v，再加入压力梯度项 $-\frac{\partial p}{\partial x}$ 和 $-\frac{\partial p}{\partial y}$ 得到的，且式(3.1)、式(3.2)和式(3.3)相互耦合，速度场要满足连续性方程，而压力场影响速度分布。

若采用数值方法直接求解由式(3.1)、式(3.2)和式(3.3)组成的方程组，将会遇到下面两个难点。

(1) 非线性　动量方程中的对流项包含非线性量，如式(3.1)中的第二项 ρu^2 对 x 的导数。

(2) 压力与速度耦合　速度分量既出现在动量方程中，又出现在连续性方程中，同时，压力梯度项也出现在动量方程中，使得两者相互耦合、相互影响。

对于难点(1)，可以通过迭代计算的方法来解决。迭代计算是处理非线性问题经常采用的手段，先假设一个预估的速度场，通过迭代求解动量方程，从而获得速度分量的收敛解。

对于难点(2)，如果压力梯度已知，则可以根据动量方程生成速度分量的离散方程，求解离

注：可压缩流动指可压缩流体的流动，不可压缩流动指不可压缩流体的流动。

散方程即可。但在一般情况下，在求解速度场之前，压力场是未知的。考虑到压力场间接地满足连续性方程，因此，最直接的想法是求解由动量方程与连续性方程构成的离散方程组。这种方法就是人们常说的耦合求解法。该方法虽然可行，但需要大量的内存和时间，一般只用于小规模问题，不能普遍应用。

为了解决因压力与速度耦合所带来的流场求解难题，人们提出了若干从控制方程中消去压力的方法。这类方法称为非原始变量法，这是因为求解未知量中不再包括原始变量(u、v、p)中的压力项，如涡量-流函数法，它针对二维问题，通过交叉微分，从两个动量方程中可消去压力项，然后取涡量和流函数作为变量来求解流场。涡量-流函数法成功地解决了直接求解压力所带来的问题，且在某些边界上，可较容易地给定边界条件，但它也存在一些不足之处，如壁面上的涡量很难给定时，计算量及存储空间都很大。对于三维问题，其复杂性可能超过直接求解(u、v、p)的方程组。因此，这类方法目前在工程中使用并不普遍，而使用最广泛的是求解原始变量(u、v、p)的分离求解法。

3.1.2 求解计算的方法

流场求解计算的本质就是对离散方程组进行求解。根据前面的分析，离散方程组的求解方法可分为耦合求解法和分离求解法，具体如图3.1所示。

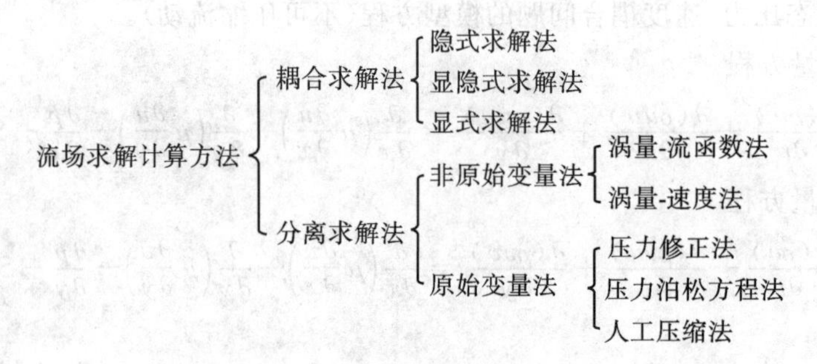

图3.1 流场求解计算方法分类

1. 耦合求解法

耦合求解法最大的特点为联立求解离散方程组，以获得各变量值(u、v、w、p)，其求解过程如下：

(1) 假定初始压力和速度，确定离散方程的系数及常数项；

(2) 联立求解连续性方程、动量方程和能量方程；

(3) 求解湍流方程及其他方程；

(4) 判断当前时间步上的计算是否收敛。若不收敛，返回到第(2)步，进行迭代计算；若收敛，重复上述步骤，计算下一时间步的各物理量值。

耦合求解法又可以分为隐式求解法(所有变量整场联立求解)、显隐式求解法(部分变量整场联立求解)和显式求解法(在局部地区，如某个单元，对所有变量联立求解)。对于显式求解法，在求解某个单元时，通常要求相邻单元的物理量值已知。

当流体的密度、能量、动量存在相互依赖关系时，采用耦合求解法具有很大的优势，其主要应用包括高速可压缩流动、有限速率反应模型等。耦合求解法中，隐式求解法应用比较普遍，而显式求解法仅用于动态性极强的场合，如激波捕捉。

总而言之，耦合求解法计算效率低、内存消耗大。

2. 分离求解法

分离求解法不直接求解联立方程组,而是按顺序逐个求解各变量的离散方程组。

根据是否直接求解原始变量(u、v、w、p),分离求解法又可以分为原始变量法和非原始变量法。

非原始变量法包括涡量-流函数法和涡量-速度法。涡量-流函数法不直接求解原始变量 u、v、w 和 p,而是求解旋度 ω 和流函数 Ψ;涡量-速度法不直接求解流场的原始变量 p,而是求解旋度 ω 和速度 u、v、w。这两种方法的共同特点为:方程中不出现压力项,可避免因求解压力而带来的问题;不易扩展到三维情况,因为三维流动不存在流函数;当需要求解压力时,还需要额外的计算;对于固壁边界,其上的旋度极难确定,没有适宜的固体壁面上的边界条件,往往使涡量方程的数值解发散或不合理。正因如此,非原始变量法未能得到广泛的应用。人们宁可想办法处理压力梯度项,即直接利用原始变量 u、v、w 和 p 作为因变量进行求解。

原始变量法包含的求解方法比较多,常用的有压力泊松方程法、人工压缩法和压力修正法。

压力泊松方程法通过对方程取散度,将动量方程转变为泊松方程,然后对泊松方程进行求解。与这种方法对应的有著名的 MAC 方法和分布法。

人工压缩法主要是受到可压缩性气体可以通过联立求解速度分量与密度的方法来求解的启发,引入人工压缩性和人工状态方程,以此对不可压缩流体的连续性方程进行修正,并引入人工密度项,将连续性方程转化为求解人工密度的基本方程。但是,这种方法要求时间步长必须很小,因而限制了它的应用范围。

目前工程上使用最为广泛的流场求解计算方法为压力修正法。压力修正法的实质是迭代法,即在每一时间步长的运算中,先给出压力场的初始值,据此求出速度场。再求解根据连续性方程推导出压力修正方程,对假设的压力场和速度场进行修正。如此循环往复,以求得压力场和速度场的收敛解。其基本思路如下:

(1) 假定初始压力场;

(2) 利用压力场求解动量方程,得到速度场;

(3) 利用速度场求解连续性方程,使压力场得到修正;

(4) 根据需要,求解湍流方程及其他标量方程;

(5) 判断当前时间步上的计算是否收敛。若不收敛,返回到第(2)步,进行迭代计算;若收敛,重复上述步骤,计算下一时间步的物理量。

压力修正法有多种实现方式,其中,压力耦合方程组的半隐式方法(SIMPLE 算法)应用最为广泛,也是各种 CFD 软件普遍采用的算法。在这种算法中,首先假设一个压力场来求解动量方程,得到速度场;接着求解通过连续性方程所建立的压力修正方程,得到压力的修正值;然后利用压力修正值更新速度场和压力场;最后检查结果是否收敛,若不收敛,以得到的压力场作为新的假设的压力场,重复该过程。为了启动该迭代过程,需要假设初始的压力场与速度场。随着迭代的进行,所得到的压力场与速度场逐渐逼近真解。

3.2　交错网格技术

交错网格的应用是为了解决在常规网格上离散控制方程时所产生的问题,同时交错网格也是 SIMPLE 算法实现的基础。本节将重点介绍交错网格技术。

3.2.1 常规网格

在采用有限体积法时，总是要先将计算域划分成若干个单元，然后在各个单元及节点上离散相关的控制方程。在离散控制方程时，首先要考虑的是场变量的存储。表面看来，将速度与其他标量(如压力、温度、密度等)在同一控制容积处进行定义和存储是合情合理的。但是，对于任意给定的一个控制容积，如果将速度与压力在同样的节点上定义和存储，即把u、v、p存储在同一套网格的节点上，则有可能出现一个高度非均匀压力场在离散后的动量方程中的影响与均匀压力场相同的情况。具体说明如下。

如图3.2所示，假设计算域离散成均匀网格，同时，压力梯度在控制容积界面处的值采用中心差分格式计算，则x方向动量方程中的压力梯度为

$$\frac{\partial p}{\partial x}=\frac{p_e-p_w}{\delta x}=\frac{\dfrac{p_E+p_P}{2}-\dfrac{p_P+p_W}{2}}{\delta x}=\frac{p_E-p_W}{2\delta x} \tag{3.4}$$

同理，y方向动量方程中的压力梯度为

$$\frac{\partial p}{\partial y}=\frac{p_N-p_S}{2\delta y} \tag{3.5}$$

从式(3.4)和式(3.5)可看出，中心节点P处的压力值没有出现在式(3.4)和式(3.5)中。将图3.2所示的压力场分布数值代入式(3.4)和式(3.5)，可以发现，离散后的压力梯度处处为零，尽管实际上在x、y两个方向上均存在明显的压力振荡。这样的结果将导致在离散后的动量方程中，由压力产生的源项为零，与均匀压力场所产生的结果完全一样。压力场的影响被忽略掉了，流体流动的动力源在离散方程中没有体现，这显然是不符合实际的。

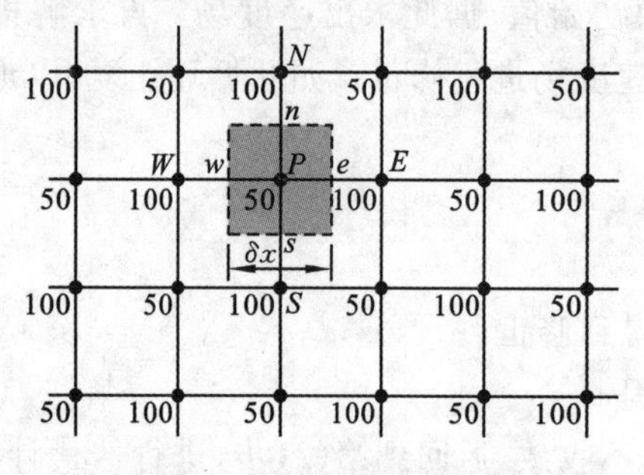

图3.2 二维问题压力分布

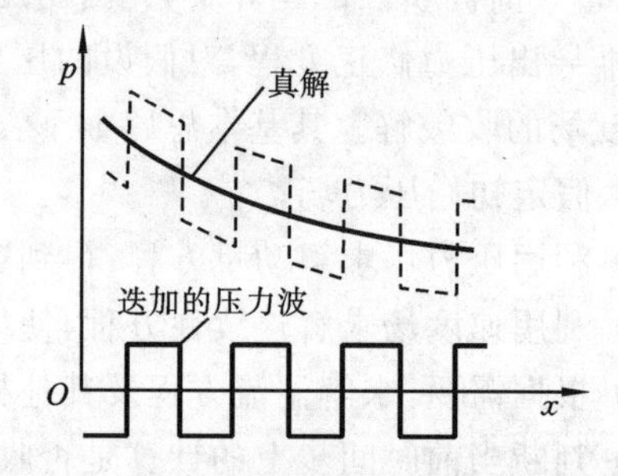

图3.3 无法检测的不合理压力波

同样，若在流场迭代求解过程的某一层次上，在压力场的当前值中加上一个压力波(见图3.3)，则动量方程的离散形式无法将这一不合理的分量检测出来，它会一直保留到迭代过程收敛而且被作为正确的压力场输出(见图3.3中的虚线)。因此，如何建立和使用动量方程中的网格系统，使动量方程的离散形式可以检测出不合理的压力场，是动量方程离散中首先需要解决的问题。

3.2.2 交错网格

交错网格是解决上面常规网格遇到的问题的一种非常有效的方法。

所谓交错网格，就是将标量值(如压力p、温度T和密度ρ等)存储在以节点为中心的控制容积(称为主控制容积或标量控制容积)中，而将矢量值(如速度)按其方向存储在与主控制容积相差半个网格步长的错位的控制容积中。

以二维问题为例，如图3.4所示，节点P周围的控制容积为计算压力p的主控制容积（见图3.4(a)）；水平方向与主控制容积错位半个网格的控制容积为计算x方向速度u的控制容积，称为u控制容积（见图3.4(b)）；垂直方向与主控制容积错位半个网格的控制容积为计算y方向速度v的控制容积，称为v控制容积（见图3.4(c)）。这样一来，u、v、p就存储在三个不同控制容积的网格系统中，各网格位置相互交错，因此称为交错网格。

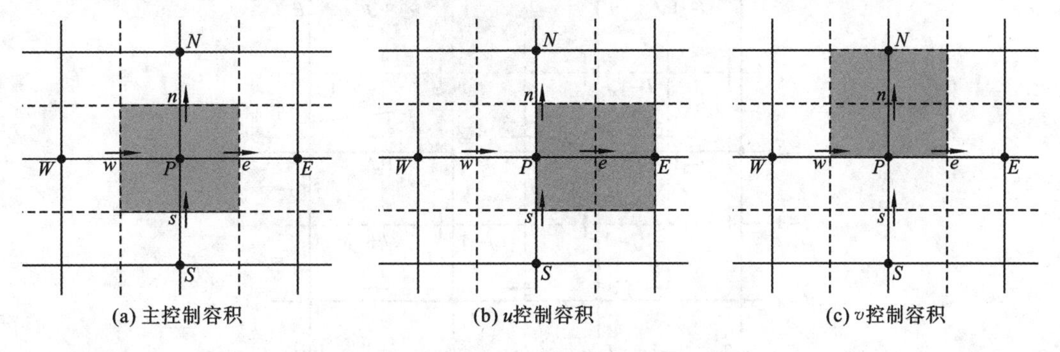

图3.4　交错网格示意图

采用交错网格系统后，关于u和v的离散方程可通过对u和v各自的控制容积积分得到。因此，x方向动量方程中的压力梯度为

$$\frac{\partial p}{\partial x}=\frac{p_E-p_P}{(\delta x)_e} \tag{3.6}$$

式中：$(\delta x)_e$为u控制容积的宽度。

同理，y方向动量方程中的压力梯度为

$$\frac{\partial p}{\partial y}=\frac{p_N-p_P}{(\delta y)_n} \tag{3.7}$$

式中：$(\delta y)_n$为v控制容积的宽度。

由此可看出，这里的压力梯度$\frac{\partial p}{\partial x}$和$\frac{\partial p}{\partial y}$是通过相邻两个节点间的压力差而不是相间的两个节点间的压力差来描述的。

现在，将图3.2所示的压力场分布代入式(3.6)和式(3.7)，可以发现，离散后的压力梯度不为零。这样，对于图3.2所示的压力场分布，速度的错位避免了离散方程与实际不相符，从而解决了常规网格系统所遇到的问题。

然而使用交错网格也要付出一定的代价。首先，对于二维问题，网格系统中有三套网格，各自的节点编号及其相互间协调问题比较复杂。

尽管使用交错网格增加了计算工作量，但由于它能成功地解决压力梯度离散时所遇到的问题，因而得到了广泛应用。下面具体介绍交错网格的编号系统。

如图3.5所示，实线表示网格线，实心小圆点表示网格节点（即主控制容积的中心），虚线表示主控制容积的界面。图中，实线所表示的网格线用大写字母表示，如在x方向上各条实竖线的号码分别为：$\cdots,I-1,I,I+1,\cdots$。在y方向上各条实横线的号码分别为：$\cdots,J-1,J,J+1,\cdots$。虚线所表示的控制容积界面用小写字母表示，如在x方向上各条虚竖线的号码分别为：$\cdots,i-1,i,i+1,\cdots$。在y方向上各条虚横线的号码分别为：$\cdots,j-1,j,j+1,\cdots$。

上述编号系统可以准确地表示任何一个网格节点和控制容积界面的位置。用于存储标量的节点，在本书中称为标量节点，它是两条网格线（实线）的交点，用两个大写字母表示，如图

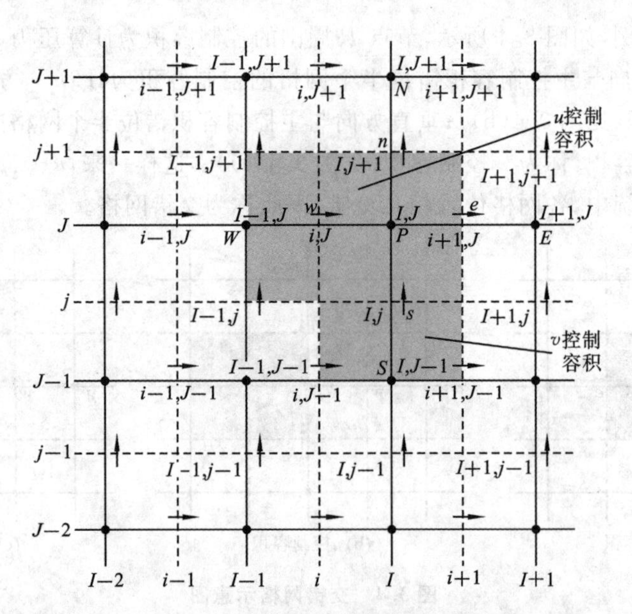

图 3.5　交错网格及其编号系统

3.5 中的 P 点通过标量节点(I, J)表示。在标量节点(I, J)上定义并存储压力值 $p_{I,J}$ 等，标量节点(I, J)周围的矩形区域为标量控制容积。u 速度存储在标量控制容积的 e 和 w 界面上，这些位置是标量控制容积界面线与网格线的交点，称为 u 速度节点，简称速度节点，由一个小写字母和一个大写字母的组合来表示，例如，w 界面由速度节点(i, J)来定义。速度节点(i, J)周围的矩形区域为 u 控制容积。同样，v 速度存储位置称为 v 速度节点，由一个大写字母和一个小写字母的组合来表示，例如，s 界面由标量节点(I, j)来定义。速度节点(I, j)周围的矩形区域为 v 控制容积。

图 3.5 所示的交错网格为向后错位，因为 u 网格和 v 网格都是相对于主控制容积的网格在各自的方向上向后错了半个网格步长。还有一种错位形式，为向前错位，即 u 网格和 v 网格都是相对于主控制容积的网格在各自的方向上向前错了半个网格步长。这两种交错网格的布置形式都可以采用，其效果是一样的。

3.2.3　方程的离散

采用交错网格生成离散方程的方法，与第 2 章中介绍的基于常规网格的方法完全一样，只是需要注意控制容积有所变化。具体表现在当 x 和 y 两个方向的动量方程离散时，使用的控制容积不再是原来的主控制容积，而分别为 u 控制容积和 v 控制容积，同时压力梯度项从源项中分离出来。例如，对 u 控制容积，压力梯度项的积分为

$$\int_{y_j}^{y_{j+1}}\int_{x_{I-1}}^{x_I}\left(-\frac{\delta p}{\delta x}\right)\mathrm{d}x\mathrm{d}y \approx (p_{I-1,J}-p_{I,J})A_{i,J}$$

1. *x 方向动量方程的离散*

根据第 2 章中建立离散方程的方法，可以写出 x 方向速度 u 在其控制容积节点位置(i, J)处的动量方程的离散形式，即

$$a_{i,J}u_{i,J}=\sum a_{nb}u_{nb}-\frac{p_{I,J}-p_{I-1,J}}{\delta x_u}\Delta V_u+\overline{S}\Delta V_u$$

或

$$a_{i,J}u_{i,J} = \sum a_{nb}u_{nb} + (p_{I-1,J} - p_{I,J})A_{i,J} + b_{i,J} \tag{3.8}$$

式中：ΔV_u 为 u 控制容积的体积；$b_{i,J}$ 为 u 动量方程的源项，$b_{i,J}=\overline{S}\Delta V_u$；$A_{i,J}$ 为 u 控制容积东侧或西侧界面面积。

从式(3.8)可以看出，压力梯度项的计算结果是采用 u 控制容积界面节点上的压力值近似计算得到的。

原网格编号系统下离散方程中对应于 E、W、N 和 S 的各项在新网格编号系统中包含在和式 $\sum a_{nb}u_{nb}$ 中，分别对应于$(i+1, J)$、$(i-1, J)$、$(i, J+1)$和$(i, J-1)$，各点的详细位置如图 3.6 所示。

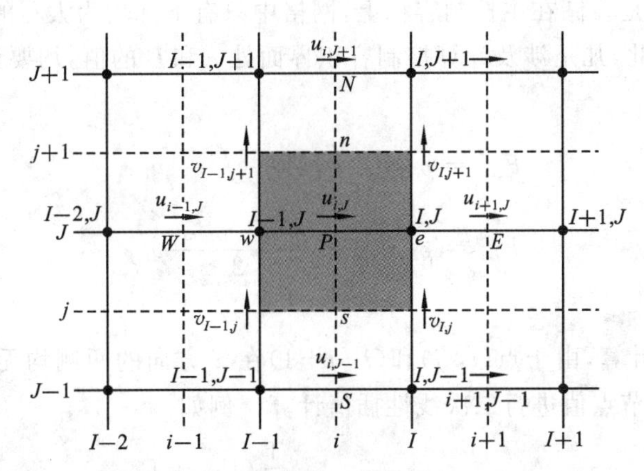

图 3.6　u 控制容积及相邻节点的速度分量

式(3.8)中系数 $a_{i,J}$ 和 a_{nb} 的计算与对流扩散问题离散时相同，可采用任意一种离散格式计算(迎风格式、混合格式、乘方格式或 QUICK 格式)。实际上，各种离散格式计算离散方程系数 $a_{i,J}$ 和 a_{nb} 都是控制容积界面单位面积对流量 $F(F=\rho u)$ 和单位面积扩散量 $D(D=\Gamma/\delta x)$ 的组合。

在新网格编号系统的情况下，u 控制容积 e、w、n 和 s 各表面的 F 值和 D 值(均匀网格系统)的计算公式为

$$F_w = (\rho u)_w = \frac{F_{i,J} + F_{i-1,J}}{2}$$

$$= \frac{1}{2}\left(\frac{\rho_{I,J} + \rho_{I-1,J}}{2}u_{i,J} + \frac{\rho_{I-1,J} + \rho_{I-2,J}}{2}u_{i-1,J}\right) \tag{3.9a}$$

$$F_e = (\rho u)_e = \frac{F_{i+1,J} + F_{i,J}}{2}$$

$$= \frac{1}{2}\left(\frac{\rho_{I+1,J} + \rho_{I,J}}{2}u_{i+1,J} + \frac{\rho_{I,J} + \rho_{I-1,J}}{2}u_{i,J}\right) \tag{3.9b}$$

$$F_s = (\rho v)_s = \frac{F_{I,j} + F_{I-1,j}}{2}$$

$$= \frac{1}{2}\left(\frac{\rho_{I,J} + \rho_{I,J-1}}{2}v_{I,j} + \frac{\rho_{I-1,J} + \rho_{I-1,J-1}}{2}v_{I-1,j}\right) \tag{3.9c}$$

$$F_n = (\rho v)_n = \frac{F_{I,j+1} + F_{I-1,j+1}}{2}$$

$$= \frac{1}{2}\left(\frac{\rho_{I,J+1} + \rho_{I,J}}{2}v_{I,j+1} + \frac{\rho_{I-1,J+1} + \rho_{I-1,J}}{2}v_{I-1,j+1}\right) \tag{3.9d}$$

$$D_w = \frac{\Gamma_{I-1,J}}{x_i - x_{i-1}} \tag{3.9e}$$

$$D_e = \frac{\Gamma_{I,J}}{x_{i+1} - x_i} \tag{3.9f}$$

$$D_s = \frac{\Gamma_{I-1,J} + \Gamma_{I,J} + \Gamma_{I-1,J-1} + \Gamma_{I,J-1}}{4(y_J - y_{J-1})} \tag{3.9g}$$

$$D_n = \frac{\Gamma_{I-1,J+1} + \Gamma_{I,J+1} + \Gamma_{I-1,J} + \Gamma_{I,J}}{4(y_{J+1} - y_J)} \tag{3.9h}$$

式(3.9)看起来比较复杂,这主要是由于采用了交错网格。因为所有的标量值(包括压力、密度、扩散系数等)都是存储在主控制容积上,网格中只有下标均为大写的节点处的标量值 p、ρ、Γ 视为已知的。因此,凡是涉及计算控制容积界面处 ρ 和 Γ 的值,均要利用相邻节点值进行插值计算。例如

$$F_{i,J} = \rho_{i,J} u_{i,J} = \frac{\rho_{I,J} + \rho_{I-1,J}}{2} u_{i,J}$$

$$F_{I,j} = \rho_{I,j} v_{I,j} = \frac{\rho_{I,J} + \rho_{I,J-1}}{2} v_{I,j}$$

其余类似。

对于 D_n 和 D_s 的计算,由于点(i,j)和$(i,j+1)$在 x 方向的两侧均无主控制容积的节点,所以还必须利用周围节点值进行二次线性插值计算。例如

$$\begin{aligned} D_s = D_{i,j} &= \frac{\Gamma_{i,j}}{y_J - y_{J-1}} = \frac{\frac{1}{2}(\Gamma_{I,j} + \Gamma_{I-1,j})}{y_J - y_{J-1}} \\ &= \frac{\frac{1}{2}(\Gamma_{I,J} + \Gamma_{I,J-1}) + \frac{1}{2}(\Gamma_{I-1,J} + \Gamma_{I-1,J-1})}{2(y_J - y_{J-1})} \\ &= \frac{\Gamma_{I-1,J} + \Gamma_{I,J} + \Gamma_{I-1,J-1} + \Gamma_{I,J-1}}{4(y_J - y_{J-1})} \end{aligned}$$

D_n 的计算与 D_s 类似。

值得注意的是,在计算各 F 项时所用到的 u 和 v 速度分量也视为"已知"的,它们来自上一层次的迭代结果。注意与离散方程中 $u_{i,J}$ 和 u_{nb} 的区别,它们是本迭代层次要求解的,因此暂时是未知的。

2. *y 方向动量方程的离散*

y 方向动量方程关于速度 v 在其控制容积节点(I,j)处的离散方程为

$$a_{I,j} v_{I,j} = \sum a_{nb} v_{nb} + (p_{I,J-1} - p_{I,J}) A_{I,j} + b_{I,j} \tag{3.10}$$

控制容积及其相邻点的速度值可用图 3.7 来表示。方程(3.10)的系数 $a_{i,j}$ 和 a_{nb} 同样是来自 v 控制容积界面单位面积对流量 F 和单位面积扩散量 D 的组合。

在新网格编号系统下,v 控制容积 e、w、n 和 s 各表面的 F 值和 D 值(均匀网格系统)的计算公式分别为

$$\begin{aligned} F_w = (\rho u)_w &= \frac{F_{i,J} + F_{i,J-1}}{2} \\ &= \frac{1}{2}\left(\frac{\rho_{I,J} + \rho_{I-1,J}}{2} u_{i,J} + \frac{\rho_{I-1,J-1} + \rho_{I,J-1}}{2} u_{i,J-1}\right) \end{aligned} \tag{3.11a}$$

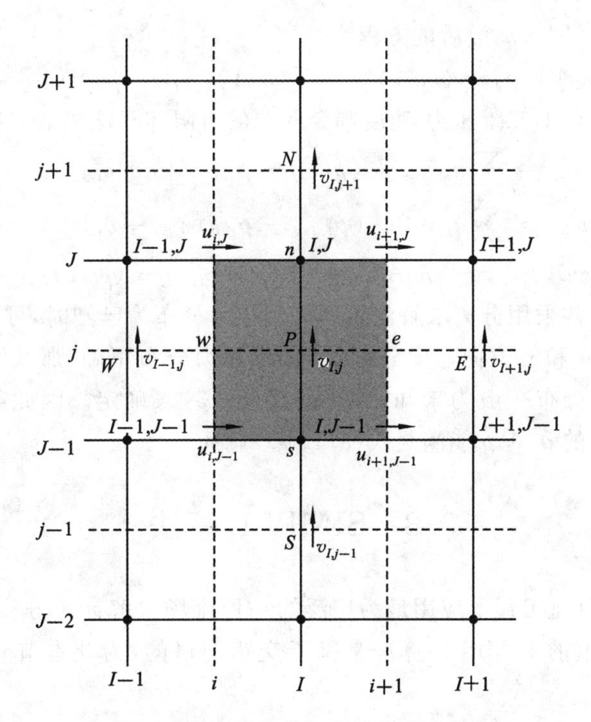

图 3.7　v 控制容积及相邻节点的速度分量

$$F_e = (\rho u)_e = \frac{F_{i+1,J} + F_{i,J-1}}{2}$$

$$= \frac{1}{2}\left(\frac{\rho_{I+1,J} + \rho_{I,J}}{2} u_{i+1,J} + \frac{\rho_{I,J-1} + \rho_{I+1,J-1}}{2} u_{i+1,J-1}\right) \tag{3.11b}$$

$$F_s = (\rho v)_s = \frac{F_{I,j-1} + F_{I,j}}{2}$$

$$= \frac{1}{2}\left(\frac{\rho_{I,J-1} + \rho_{I,J-2}}{2} v_{I,j-1} + \frac{\rho_{I,J} + \rho_{I,J-1}}{2} v_{I,j}\right) \tag{3.11c}$$

$$F_n = (\rho v)_n = \frac{F_{I,j} + F_{I,j+1}}{2}$$

$$= \frac{1}{2}\left(\frac{\rho_{I,J} + \rho_{I,J-1}}{2} v_{I,j} + \frac{\rho_{I,J+1} + \rho_{I,J}}{2} v_{I,j+1}\right) \tag{3.11d}$$

$$D_w = \frac{\Gamma_{I-1,J-1} + \Gamma_{I,J-1} + \Gamma_{I-1,J} + \Gamma_{I,J}}{4(x_I - x_{I-1})} \tag{3.11e}$$

$$D_e = \frac{\Gamma_{I,J-1} + \Gamma_{I+1,J-1} + \Gamma_{I,J} + \Gamma_{I+1,J}}{4(x_{I+1} - x_I)} \tag{3.11f}$$

$$D_s = \frac{\Gamma_{I,J-1}}{y_j - y_{j-1}} \tag{3.11g}$$

$$D_n = \frac{\Gamma_{I,J}}{y_{j+1} - y_j} \tag{3.11h}$$

同理，式(3.11)中计算 F 项时所用到的 u 和 v 速度分量也视为“已知”的，它们来自上一层次的迭代结果或初始假设值。

3. 连续性方程的离散

在新网格编号系统的条件下，连续性方程是在主控制容积中积分离散的，因此与对流扩散

方程的离散没有什么区别。离散后的方程为

$$[(\rho uA)_{i+1,J}-(\rho uA)_{i,J}]+[(\rho vA)_{I,j+1}-(\rho vA)_{I,j}]=0 \tag{3.12}$$

这样，交错网格条件下二维压力-速度耦合问题的有限体积法离散方程组为

$$\begin{cases} a_{i,J}u_{i,J}=\sum a_{nb}u_{nb}+(p_{I-1,J}-p_{I,J})A_{i,J}+b_{i,J} \\ a_{I,j}u_{I,j}=\sum a_{nb}v_{nb}+(p_{I,J-1}-p_{I,J})A_{I,j}+b_{I,j} \\ [(\rho uA)_{i+1,J}-(\rho uA)_{i,J}]+[(\rho vA)_{I,j+1}-(\rho vA)_{I,j}]=0 \end{cases} \tag{3.13}$$

目前，式(3.13)通常采用分离求解法求解。当压力分布为已知时，可以通过前面两式分别求出 x 方向速度分布 u 和 y 方向速度分布 v。如果压力分布正确，那么解出的 u、v 应满足连续性方程。但是，压力分布一般为未知，要通过式(3.13)来确定。因此需要找到求解压力 p 的方程，使得顺序求出的 u、v、p 能满足式(3.13)。

3.3 SIMPLE算法

SIMPLE算法是目前工程上应用最为广泛的一种流场求解计算方法，它属于压力修正法中的一种。传统意义上的SIMPLE算法是基于交错网格的，为此本节介绍基于交错网格的SIMPLE算法。

3.3.1 SIMPLE算法的基本原理

SIMPLE是英文“semi-implicit method for pressure-linked equations”的缩写，意为“求解压力耦合方程组的半隐式方法”。该方法由Patankar和Spalding于1972年提出，是一种压力预测-修正方法，它通过不断修正计算结果，迭代，最后求出 p、u、v 的收敛解，其基本思路如下。

首先假设一个压力场 p^*，利用它来求解动量方程，得到初始速度分布 u^* 和 v^*，即

$$a_{i,J}u_{i,J}^*=\sum a_{nb}u_{nb}^*+(p_{I-1,J}^*-p_{I,J}^*)A_{i,J}+b_{i,J} \tag{3.14}$$

$$a_{I,j}v_{I,j}^*=\sum a_{nb}v_{nb}^*+(p_{I,J-1}^*-p_{I,J}^*)A_{I,j}+b_{I,j} \tag{3.15}$$

实际上，上述方程等号右边的速度 u_{nb}^* 和 v_{nb}^* 也是初始假设值，等号左边的速度才是计算得到的初始速度分布。一般来讲，这样求得的速度场 u^* 和 v^* 不能满足连续性方程，而压力 p^* 也仅仅是一个假设分布。因此需要对压力 p^* 和速度 u^*、v^* 进行修正。设压力修正量为 p'，速度修正量为 u'、v'，则修正后的压力和速度计算公式可写为

$$p=p^*+p' \tag{3.16}$$

$$u=u^*+u' \tag{3.17}$$

$$v=v^*+v' \tag{3.18}$$

下面的问题是如何求出这些修正量 p'、u' 和 v'。这里先假设已经知道压力场的正确值 p，将 p 代入式(3.8)和式(3.10)，可解得速度场的正确值 u、v。这时，将式(3.8)减去式(3.14)，意味着 $u-u^*=u'$；将式(3.10)减去式(3.15)，意味着 $v-v^*=v'$。从而可得到速度修正量的表达式，结果为

$$a_{i,J}(u_{i,J}-u_{i,J}^*)=\sum a_{nb}(u_{nb}-u_{nb}^*)+[(p_{I-1,J}-p_{I-1,J}^*)-(p_{I,J}-p_{I,J}^*)]A_{i,J} \tag{3.19}$$

$$a_{I,j}(v_{I,j}-v_{I,j}^*)=\sum a_{nb}(v_{nb}-v_{nb}^*)+[(p_{I,J-1}-p_{I,J-1}^*)-(p_{I,J}-p_{I,J}^*)]A_{I,j} \tag{3.20}$$

由式(3.16)至式(3.18)知，式(3.19)和式(3.20)可写成

$$u'_{i,J}=\frac{\sum a_{nb}u'_{nb}}{a_{i,J}}+\frac{(p'_{I-1,J}-p'_{I,J})A_{i,J}}{a_{i,J}} \tag{3.21}$$

$$v'_{I,j}=\frac{\sum a_{nb}v'_{nb}}{a_{I,j}}+\frac{(p'_{I,J-1}-p'_{I,J})A_{I,j}}{a_{I,j}} \tag{3.22}$$

可见，速度修正量 u' 和 v' 由两项构成。从物理意义上讲，前一项为周围节点速度引起的修正量，后一项为同一方向相邻节点压力差引起的修正量。为简单计，这里略去第一项的影响，因而速度修正量可写为

$$u'_{i,J}=d_{i,J}(p'_{I-1,J}-p'_{I,J}) \tag{3.23}$$

$$v'_{I,j}=d_{I,j}(p'_{I,J-1}-p'_{I,j}) \tag{3.24}$$

式中：
$$d_{i,J}=\frac{A_{i,J}}{a_{i,J}},\quad d_{I,j}=\frac{A_{I,j}}{a_{I,j}}$$

求出了速度修正量，就可以利用式(3.17)和式(3.18)得到速度的改进值，即

$$u_{i,J}=u^*_{i,J}+d_{i,J}(p'_{I-1,J}-p'_{I,J}) \tag{3.25}$$

$$v_{I,j}=v^*_{I,j}+d_{I,j}(p'_{I,J-1}-p'_{I,J}) \tag{3.26}$$

从图3.8可以看出，式(3.25)和式(3.26)表示的速度为主控制容积西侧界面的 x 方向速度改进值和南侧界面的 y 方向速度改进值。同理，可以写出东侧界面的 x 方向速度改进值 $u_{i+1,J}$ 和北侧界面 y 方向速度改进值 $v_{I,j+1}$，即

$$u_{i+1,J}=u^*_{i+1,J}+d_{i+1,J}(p'_{I,J}-p'_{I+1,J}) \tag{3.27}$$

$$v_{I,j+1}=v^*_{I,j+1}+d_{I,j+1}(p'_{I,J}-p'_{I,J+1}) \tag{3.28}$$

式中：
$$d_{i+1,J}=\frac{A_{i+1,J}}{a_{i+1,J}},\quad d_{I,j+1}=\frac{A_{I,j+1}}{a_{I,j+1}}$$

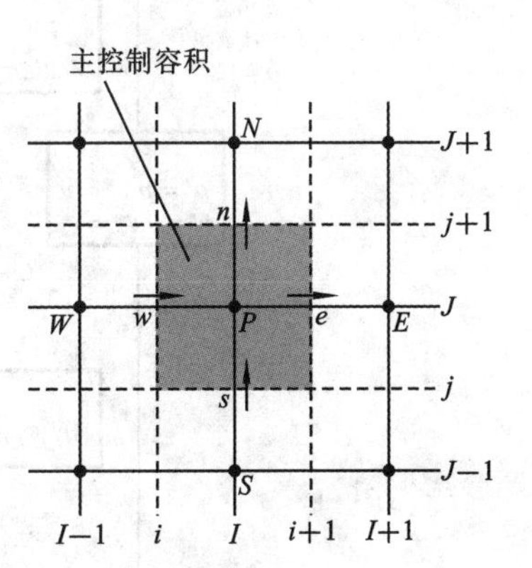

图3.8　离散连续性方程的主控制容积

以上为动量方程的修正，如前所述，由动量方程计算出的速度场还必须满足连续性方程。将式(3.25)至式(3.28)计算得到的速度改进值代入连续性方程(3.12)，有

$$\begin{aligned}&\{\rho_{i+1,J}A_{i+1,J}[u^*_{i+1,J}+d_{i+1,J}(p'_{I,J}-p'_{I+1,J})]\\&-\rho_{i,J}A_{i,J}[u^*_{i,J}+d_{i,J}(p'_{I-1,J}-p'_{I,J})]\}\\&+\{\rho_{I,j+1}A_{I,j+1}[v^*_{I,j+1}+d_{I,j+1}(p'_{I,J}-p'_{I,J+1})]\\&-\rho_{I,j}A_{I,j}[v^*_{I,j}+d_{I,j}(p'_{I,J-1}-p'_{I,J})]\}=0\end{aligned} \tag{3.29}$$

整理，得

$$\begin{aligned}&[(\rho dA)_{i+1,J}+(\rho dA)_{i,J}+(\rho dA)_{I,j+1}+(\rho dA)_{I,j}]p'_{I,J}\\&=(\rho dA)_{i+1,J}p'_{I+1,J}+(\rho dA)_{i,J}p'_{I-1,J}+(\rho dA)_{I,j+1}p'_{I,J+1}+(\rho dA)_{I,j}p'_{I,J-1}\\&+[(\rho u^*A)_{i,J}-(\rho u^*A)_{i+1,J}+(\rho v^*A)_{I,j}-(\rho v^*A)_{I,j+1}]\end{aligned} \tag{3.30}$$

将式(3.30)中压力修正量 p' 的系数归一化处理，得到压力修正方程，即

$$a_{I,J}p'_{I,J}=a_{I+1,J}p'_{I+1,J}+a_{I-1,J}p'_{I-1,J}+a_{I,J+1}p'_{I,J+1}+a_{I,J-1}p'_{I,J-1}+b'_{I,J} \tag{3.31}$$

式中：
$$a_{I+1,J}=(\rho dA)_{i+1,J},\quad a_{I-1,J}=(\rho dA)_{i,J}$$
$$a_{I,J+1}=(\rho dA)_{I,j+1},\quad a_{I,J-1}=(\rho dA)_{I,j}$$
$$b'_{I,J}=(\rho u^*A)_{i,J}-(\rho u^*A)_{i+1,J}+(\rho v^*A)_{I,j}-(\rho v^*A)_{I,j+1}$$
$$a_{I,J}=a_{I+1,J}+a_{I-1,J}+a_{I,J+1}+a_{I,J-1}$$

式(3.31)为由连续性方程导出的压力修正方程。方程中源项 b' 的物理意义为：由于速度

场的不正确引起的不平衡流量。通过迭代修正，最终 b' 应趋于零。因此 b' 可以作为迭代过程是否满足收敛要求的判据。

利用假设的或前次迭代计算得到的速度场，求解压力修正方程(3.31)，可获得压力修正量 p'，由式(3.16)和式(3.25)至式(3.28)可得压力和速度的改进值，以便进行下一层次的迭代计算。SIMPLE 算法的计算流程如图 3.9 所示。

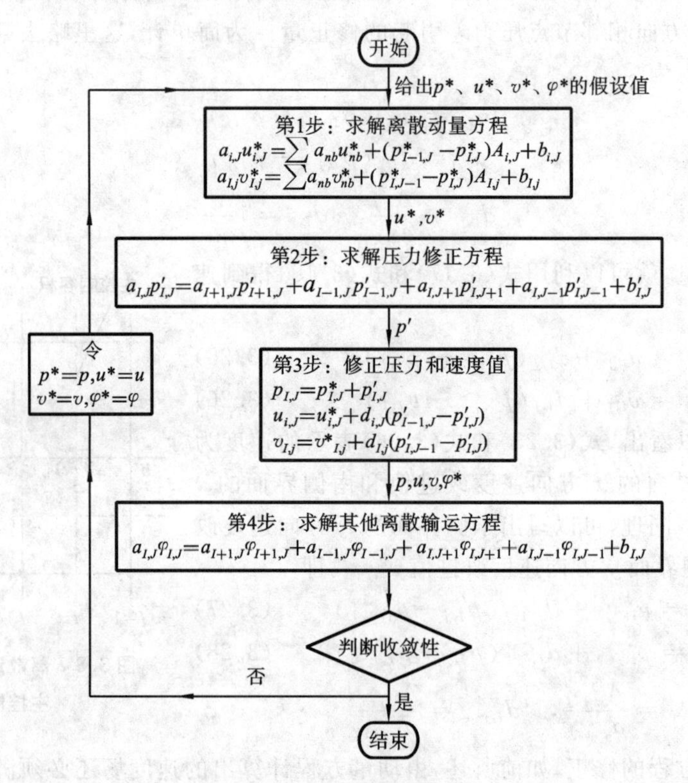

图 3.9　SIMPLE 算法计算流程

3.3.2　关于 SIMPLE 算法的两点说明

(1) 在推导速度场修正量的方程时，忽略了式(3.21)、式(3.22)中 $\dfrac{\sum a_{nb}u'_{nb}}{a_{i,J}}$、$\dfrac{\sum a_{nb}v'_{nb}}{a_{I,j}}$ 项，这样处理并不影响计算结果。因为压力修正量 p' 和速度修正量 u'、v' 在迭代最后获得收敛解时都将归于零，即最后结果为：$p=p^*$，$u=u^*$，$v=v^*$。

(2) 如果相邻两次迭代过程中压力修正量过大，求解压力修正方程时会出现发散现象。特别是当上一层次迭代压力值距真实解较远时。因此，下一层次的压力改进值要采用亚松弛因子计算得出，即

$$p^n = p^{n-1} + \alpha_p p' \tag{3.32}$$

式中：p^n 为新迭代层次的压力改进值；p^{n-1} 为前一迭代层次的压力值；α_p 为压力松弛因子，取值在 0 和 1 之间。

$\alpha_p=1$ 意味着 $p^n=p^{n-1}+p'$，压力改进量全部加入修正值中。计算中希望 α_p 值尽可能大，以加快收敛，但又不能引起计算过程不稳定。通常，大的 α_p 可加快收敛速度，小的 α_p 可使计算的稳定性增加。如果所取的 α_p 过小，虽然可以保证得到稳定的解，但收敛速度可能过慢。

因此，α_p 一般可先试取 0.3，然后通过试算找到与所求解问题最适合的 α_p。

除压力之外，速度计算也需要采用亚松弛迭代，速度的迭代改进值由下式计算：

$$u^n = u^{n-1} + \alpha_u u' = u^{n-1} + \alpha_u (u - u^{n-1}) \tag{3.33}$$

同理，可得

$$v^n = v^{n-1} + \alpha_v (v - v^{n-1}) \tag{3.34}$$

式中：u^{n-1}、v^{n-1}为上一层次计算所得速度值；u、v 为本层次计算所得未经亚松弛处理的速度值；u^n、v^n 为亚松弛处理后本层次计算所得速度值；α_u、α_v 为速度松弛因子，取值在 0 和 1 之间。

由式(3.33)可解出

$$u = \frac{u^n - u^{n-1}}{\alpha_u} + u^{n-1} \tag{3.35}$$

将离散动量方程(3.8)改写成

$$u_{i,J} = \frac{\sum a_{nb} u_{nb}}{a_{i,J}} + \frac{A_{i,J}}{a_{i,J}}(p_{I-1,J} - p_{I,J}) + \frac{b_{i,J}}{a_{i,J}} \tag{3.36}$$

式(3.35)应等于式(3.36)，因此有

$$\frac{u_{i,J}^n - u_{i,J}^{n-1}}{\alpha_u} + u_{i,J}^{n-1} = \frac{\sum a_{nb} u_{nb}}{a_{i,J}} + \frac{A_{i,J}}{a_{i,J}}(p_{I-1,J} - p_{I,J}) + \frac{b_{i,J}}{a_{i,J}} \tag{3.37}$$

整理得

$$\frac{a_{i,J}}{\alpha_u} u_{i,J}^n = \sum a_{nb} u_{nb} + A_{i,J}(p_{I-1,J} - p_{I,J}) + b_{i,J} + \frac{1-\alpha_u}{\alpha_u} a_{i,J} u_{i,J}^{n-1} \tag{3.38}$$

同理，可得

$$\frac{a_{I,j}}{\alpha_v} v_{I,j}^n = \sum a_{nb} v_{nb} + A_{I,j}(p_{I,J-1} - p_{I,J}) + b_{I,j} + \frac{1-\alpha_v}{\alpha_v} a_{I,j} v_{I,j}^{n-1} \tag{3.39}$$

由于速度采用亚松弛迭代，压力修正方程(3.32)也要受到影响。式(3.29)中各系数的 d 分量变成

$$d_{i,J} = \frac{A_{i,J}\alpha_u}{a_{i,J}},\quad d_{i+1,J} = \frac{A_{i+1,J}\alpha_u}{a_{i+1,J}},\quad d_{I,j} = \frac{A_{I,j}\alpha_v}{a_{I,j}},\quad d_{I,j+1} = \frac{A_{I,j+1}\alpha_v}{a_{I,j+1}}$$

利用式(3.38)、式(3.39)和改进系数后的压力修正方程(3.31)就可以进行亚松弛条件下的压力、速度迭代计算了。但是对亚松弛因子的大小并没有办法确定其最优值，因为它与流体流动状况有关，通常只能在计算中试验取值。

3.4　SIMPLE 算法的改进

SIMPLE 算法自问世以来，在被广泛应用的同时，也以不同方式不断地得到改进和发展，其中最著名的改进算法有 SIMPLER 算法、SIMPLEC 算法和 PISO 算法。本节主要介绍这些改进算法，并对各种算法进行对比。

3.4.1　SIMPLER 算法

SIMPLER 算法是由 Patankar 于 1980 年在 SIMPLE 算法的基础上提出的一个改进算法，SIMPLER 是英文“SIMPLE revised”的缩写。

SIMPLER 算法的基本思路为：利用假设的或前次迭代得到的速度场直接求出一个中间压力场，用来代替假设的压力场。而压力修正方程得到的压力改进量 p' 值用于修正速度，压

力则根据连续性方程推导出的压力方程计算。具体过程如下：

首先将离散动量方程(3.14)和(3.15)改写成

$$u_{i,J}=\frac{\sum a_{nb}u_{nb}+b_{i,J}}{a_{i,J}}+\frac{A_{i,J}}{a_{i,J}}(p_{I-1,J}-p_{I,J}) \tag{3.40}$$

$$v_{I,j}=\frac{\sum a_{nb}v_{nb}+b_{I,j}}{a_{I,j}}+\frac{A_{I,j}}{a_{I,j}}(p_{I,J-1}-p_{I,J}) \tag{3.41}$$

假设了速度分布之后，上两式右边第一项即可算出。显然，这一项具有速度的量纲，SIMPLER算法中将它定义为伪速度(pseudo-velocities)，即

$$\hat{u}_{i,J}=\frac{\sum a_{nb}u_{nb}^{*}+b_{i,J}}{a_{i,J}} \tag{3.42}$$

$$\hat{v}_{I,j}=\frac{\sum a_{nb}v_{nb}^{*}+b_{I,j}}{a_{I,j}} \tag{3.43}$$

此时，式(3.40)和式(3.41)可写成

$$u_{i,J}=\hat{u}_{i,J}+d_{i,J}(p_{I-1,J}-p_{I,J}) \tag{3.44}$$

$$v_{I,j}=\hat{v}_{I,j}+d_{I,j}(p_{I,J-1}-p_{I,J}) \tag{3.45}$$

同理，可写出

$$u_{i+1,J}=\hat{u}_{i+1,J}+d_{i+1,J}(p_{I,J}-p_{I+1,J}) \tag{3.46}$$

$$v_{I,j+1}=\hat{v}_{I,j+1}+d_{I,j+1}(p_{I,J}-p_{I,J+1}) \tag{3.47}$$

式中：d 项的定义如前所述。

将式(3.44)至式(3.47)代入连续性方程(3.12)，有

$$\begin{aligned}&\{\rho_{i+1,J}A_{i+1,J}[\hat{u}_{i+1,J}+d_{i+1,J}(p_{I,J}-p_{I+1,J})]\\&-\rho_{i,J}A_{i,J}[\hat{u}_{i,J}+d_{i,J}(p_{I-1,J}-p_{I,J})]\}\\&+\{\rho_{I,j+1}A_{I,j+1}[\hat{v}_{I,j+1}+d_{I,j+1}(p_{I,J}-p_{I,J+1})]\\&-\rho_{I,j}A_{I,j}[\hat{v}_{I,j}+d_{I,j}(p_{I,J-1}-p_{I,J})]\}=0\end{aligned} \tag{3.48}$$

按节点压力值整理并对系数进行归一化处理，得

$$a_{I,J}p_{I,J}=a_{I+1,J}p_{I+1,J}+a_{I-1,J}p_{I-1,J}+a_{I,J+1}p_{I,J+1}+a_{I,J-1}p_{I,J-1}+b_{I,J} \tag{3.49}$$

式中：

$$a_{I+1,J}=(\rho dA)_{I+1,J},\quad a_{I-1,J}=(\rho dA)_{i,J}$$

$$a_{I,J+1}=(\rho dA)_{I,j+1},\quad a_{I,J-1}=(\rho dA)_{I,j}$$

$$a_{I,J}=a_{I+1,J}+a_{I-1,J}+a_{I,J+1}+a_{I,J-1}$$

$$b_{I,J}=(\rho\hat{u}A)_{i,J}-(\rho\hat{u}A)_{i+1,J}+(\rho\hat{v}A)_{I,j}-(\rho\hat{v}A)_{I,j+1}$$

式(3.49)即为计算中间压力的压力计算方程。其形式与压力修正方程(3.31)完全一样，只是源项 b 的计算不同，此处采用伪速度值。从上述推导过程可知，利用伪速度值按照式(3.49)可计算出压力分布 p，由压力场根据动量方程可求出速度分布 u、v，再由压力修正方程(3.31)可计算出压力修正量 p'，利用 p' 可由式(3.25)至式(3.29)计算速度场改进值，迭代计算。SIMPLER算法的计算流程如图3.10所示。

3.4.2 SIMPLEC算法

SIMPLEC算法也是SIMPLE算法的改进算法，SIMPLEC是英文“SIMPLE consistent”

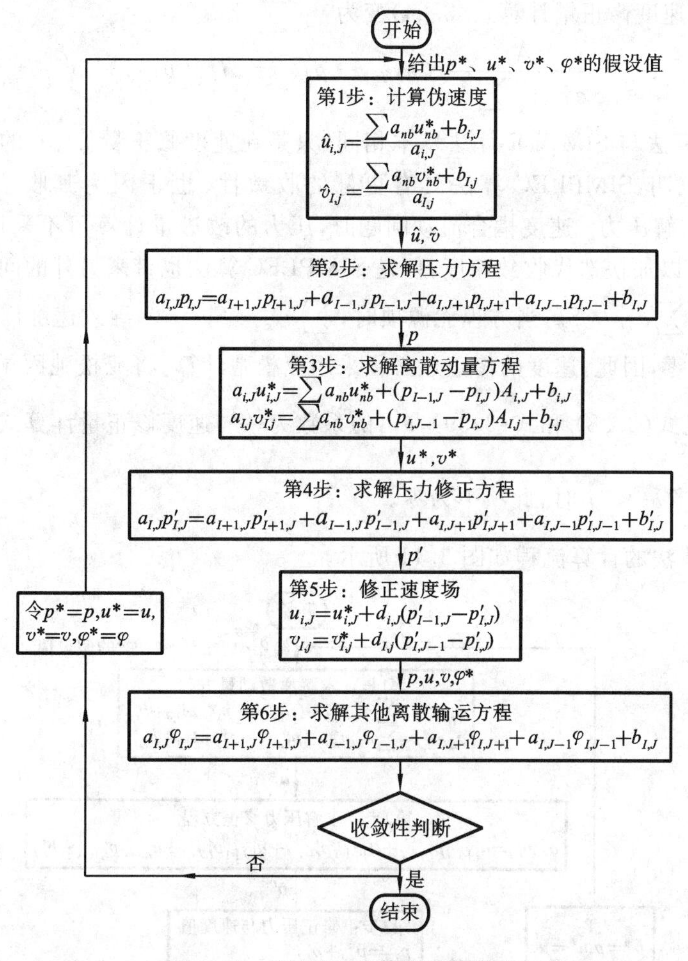

图 3.10　SIMPLER 算法计算流程

的缩写。

在推导 SIMPLE 算法时，忽略了速度修正方程(3.21)、式(3.22)中 $\frac{\sum a_{nb}u'_{nb}}{a_{i,J}}$、$\frac{\sum a_{nb}v'_{nb}}{a_{I,j}}$ 项。从物理意义上讲，是将速度修正完全归结为压力差项的影响，而忽略了周围节点速度产生的影响。SIMPLEC 算法则将周围节点速度对主节点速度产生的影响部分考虑进来，从而使方程由于“硬性”忽略一项而引起的不协调得以恢复。

重写式(3.21)，有

$$a_{i,J}u'_{i,J}=\sum a_{nb}u'_{nb}+(p'_{I-1,J}-p'_{I,J})A_{i,J}$$

从等式两端同时减去 $\sum a_{nb}u'_{i,J}$，有

$$(a_{i,J}-\sum a_{nb})u'_{i,J}=\sum a_{nb}(u'_{nb}-u'_{i,J})+(p'_{I-1,J}-p'_{I,J})A_{i,J} \tag{3.50}$$

显然，主节点速度修正量 $u'_{i,J}$ 与相邻节点速度修正量 u'_{nb} 具有相同的量级，而且大小不会相差很多，因此略去 $\sum a_{nb}(u'_{nb}-u'_{i,J})$ 所产生的影响肯定小于在原方程中忽略 $\sum a_{nb}u'_{nb}$ 所带来的影响，从而 x 方向速度修正量计算式(3.23)变为

$$u'_{i,J}=\frac{A_{i,J}}{a_{i,J}-\sum a_{nb}}(p'_{I-1,J}-p'_{I,J})=d_{i,J}(p'_{I-1,J}-p'_{I,J}) \tag{3.51}$$

同理,y 方向速度修正量计算式(3.24)变为

$$v'_{I,j}=\frac{A_{I,j}}{a_{I,j}-\sum a_{nb}}(p'_{I,J-1}-p'_{I,J})=d_{I,j}(p'_{I,J-1}-p'_{I,J}) \tag{3.52}$$

SIMPLEC算法与SIMPLE算法基本相同,只是在速度修正量 u'、v' 的计算式中 d 项不同。但计算实践表明,SIMPLEC算法具有更好的收敛性。也正因为其收敛性好,通常采用SIMPLEC算法求解压力-速度耦合流动问题时,压力的改进量计算可不采用亚松弛迭代,即 $\alpha_p=1$。这当然可以加快迭代收敛速度,但是SIMPLEC算法也带来另外的问题。

由于 $a_{i,J}=\sum a_{nb}-S_p$,当方程无源项时,$\sum a_{nb}-S_p=0$,导致速度计算式(3.51)和式(3.52)中分母为零,因此,速度的修正还必须采用亚松弛计算。将亚松弛因子组合到速度计算的迭代式中,参见式(3.38)和式(3.39),$u'_{i,J}$ 的系数为$\frac{a_{i,J}}{\alpha_u}$,速度修正量计算式中 d 项的分母变为$\frac{a_{i,J}}{\alpha_u}-\sum a_{nb}$。当 $\alpha_u<1$ 时,此项不为零。

SIMPLEC算法的计算流程如图3.11所示。

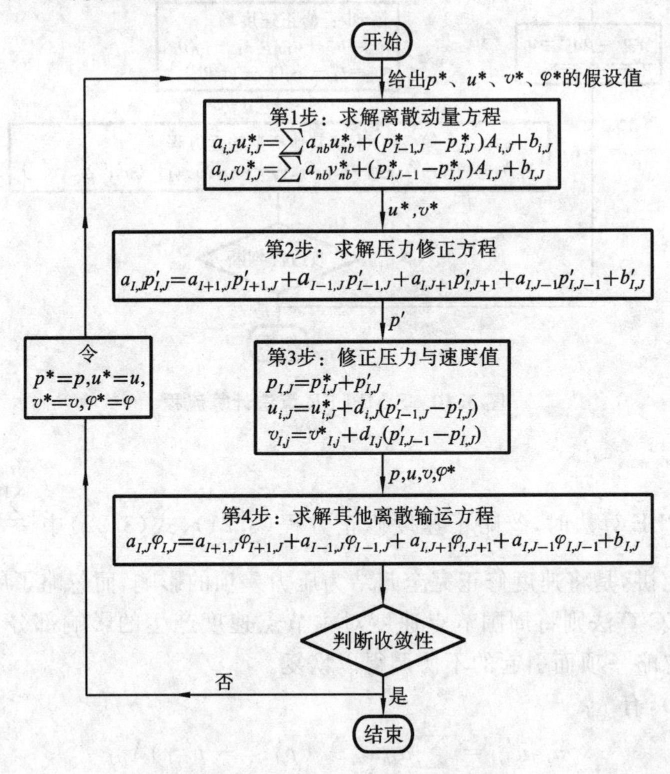

图3.11 SIMPLEC算法计算流程

3.4.3 PISO算法

PISO算法是基于算子分裂的压力隐式算法,PISC是英文"pressure implicit with splitting of operators"的缩写。PISO算法起初是用于求解瞬态压力-速度耦合可压缩流动问题的非迭代算法,后来被成功地移植于迭代求解稳态问题。PISO算法包含一个预测步骤和两个校正步骤,可视为在SIMPLE算法的基础上增加了一个校正步骤。因此,PISO算法可视为SIMPLE算法的推广。

1. 预测

与 SIMPLE 算法相同，首先假设一个压力分布 p^*，然后由离散动量方程(3.8)和(3.10)求出近似的速度分布 u^*、v^*。显然，速度 u^*、v^* 不能满足连续性方程。

2. 第 1 步校正

与 SIMPLE 算法一样，求解压力修正方程(3.31)，得到压力修正量 p'，进而计算出速度修正量 u'、v'。由于后面还有第 2 步校正，因此采用与前面不同的符号，由式(3.16)至式(3.18)写出压力和速度的改进值，即

$$p^{**} = p^* + p'$$
$$u^{**} = u^* + u'$$
$$v^{**} = v^* + v'$$

参看图 3.6 和图 3.7，下列速度改进值公式成立：

$$u_{i,J}^{**} = u_{i,J}^* + d_{i,J}(p'_{I-1,J} - p'_{I,J}) \tag{3.53}$$

$$v_{I,j}^{**} = v_{I,j}^* + d_{I,j}(p'_{I,J-1} - p'_{I,J}) \tag{3.54}$$

在 PISO 算法中压力修正方程(3.32)成为第一压力修正方程。

3. 第 2 步校正

类似于 SIMPLE 算法中压力修正方程的推导过程，下面导出 PISO 算法的第 2 步压力修正方程。假设速度改进值 u^{**}、v^{**} 可以通过 u^*、v^* 和压力改进值 p^{**} 从动量方程中解出，有

$$a_{i,J}u_{i,J}^{**} = \sum a_{nb}u_{nb}^* + (p_{I-1,J}^{**} - p_{I,J}^{**})A_{i,J} + b_{i,J}$$

$$a_{I,j}v_{I,j}^{**} = \sum a_{nb}v_{nb}^* + (p_{I,J-1}^{**} - p_{I,J}^{**})A_{I,j} + b_{I,j}$$

将上述方法再应用一次，即认为速度的第二次校正值 u^{***}、v^{***} 可以由其第一次校正值 u^{**}、v^{**} 和压力的第二次校正值 p^{***} 通过求解动量方程得出，即

$$a_{i,J}u_{i,J}^{***} = \sum a_{nb}u_{nb}^{**} + (p_{I-1,J}^{***} - p_{I,J}^{***})A_{i,J} + b_{i,J} \tag{3.55}$$

$$a_{I,j}v_{I,j}^{***} = \sum a_{nb}v_{nb}^{**} + (p_{I,J-1}^{***} - p_{I,J}^{***})A_{I,j} + b_{I,j} \tag{3.56}$$

将式(3.55)减去式(3.14)，式(3.56)减去式(3.15)，得

$$u_{i,J}^{***} = u_{i,J}^{**} + \frac{\sum a_{nb}(u_{nb}^{**} - u_{nb}^*)}{a_{i,J}} + d_{i,J}(p''_{I-1,J} - p''_{I,J}) \tag{3.57}$$

$$v_{I,j}^{***} = v_{I,j}^{**} + \frac{\sum a_{nb}(v_{nb}^{**} - v_{nb}^*)}{a_{I,j}} + d_{I,j}(p''_{I,J-1} - p''_{I,J}) \tag{3.58}$$

式中：p''为第二次压力修正量。

因此压力的第二次校正值为

$$p^{***} = p^{**} + p''$$

类似于式(3.31)的推导过程，将速度的第二次校正值 u^{***}、v^{***} 代入连续性方程(3.12)，可得到第二压力修正方程，即

$$a_{I,J}p''_{I,J} = a_{I+1,J}p''_{I+1,J} + a_{I-1,J}p''_{I-1,J} + a_{I,J+1}p''_{I,J+1} + a_{I,J-1}p''_{I,J-1} + b''_{I,J} \tag{3.59}$$

式中：

$$a_{I+1,J} = (\rho dA)_{i+1,J},\quad a_{I-1,J} = (\rho dA)_{i,J}$$
$$a_{I,J+1} = (\rho dA)_{I,j+1},\quad a_{I,J-1} = (\rho dA)_{I,j}$$
$$a_{I,J} = a_{I+1,J} + a_{I-1,J} + a_{I,J+1} + a_{I,J-1}$$

$$b''_{I,J}=\left(\frac{\rho A}{a}\right)_{i,J}\sum a_{nb}\,(u_{nb}^{**}-u_{nb}^{*})-\left(\frac{\rho A}{a}\right)_{i+1,J}\sum a_{nb}\,(u_{nb}^{**}-u_{nb}^{*})$$
$$+\left(\frac{\rho A}{a}\right)_{I,j}\sum a_{nb}\,(v_{nb}^{**}-v_{nb}^{*})-\left(\frac{\rho A}{a}\right)_{I,j+1}\sum a_{nb}\,(v_{nb}^{**}-v_{nb}^{*})$$

在方程(3.59)的推导过程中忽略了源项中的下述几项：

$$(\rho A u^{**})_{i,J}-(\rho A u^{**})_{i+1,J}+(\rho A v^{**})_{I,j}-(\rho A v^{**})_{I,j+1}$$

因此，可以认为速度改进值 u^{**}、v^{**} 已满足连续性方程，故上述几项之和为零。求解方程(3.59)可得到压力的第二次修正量 p''，从而压力的第二次校正值为

$$p^{***}=p^{**}+p''=p^{*}+p'+p'' \tag{3.60}$$

实际上，有了 p'' 就可以通过式(3.57)和式(3.58)计算得到速度的第二次校正值。

从上面的推导中可以看出，PISO 算法需要求解压力修正方程两次，计算工作量明显比 SIMPLE 算法大很多，所需存储量也由于压力修正方程源项的计算而有所增加。但计算实践表明，PISO 算法有效而且高效收敛。

PISO 算法用于稳态问题求解时前三步与 SIMPLE 算法一样，因此对于压力和速度的修正仍需采用亚松弛迭代以保证计算过程稳定，故同样存在需选取亚松弛因子的问题。

PISO 算法用于稳态压力-速度耦合问题的计算流程如图 3.12 所示。

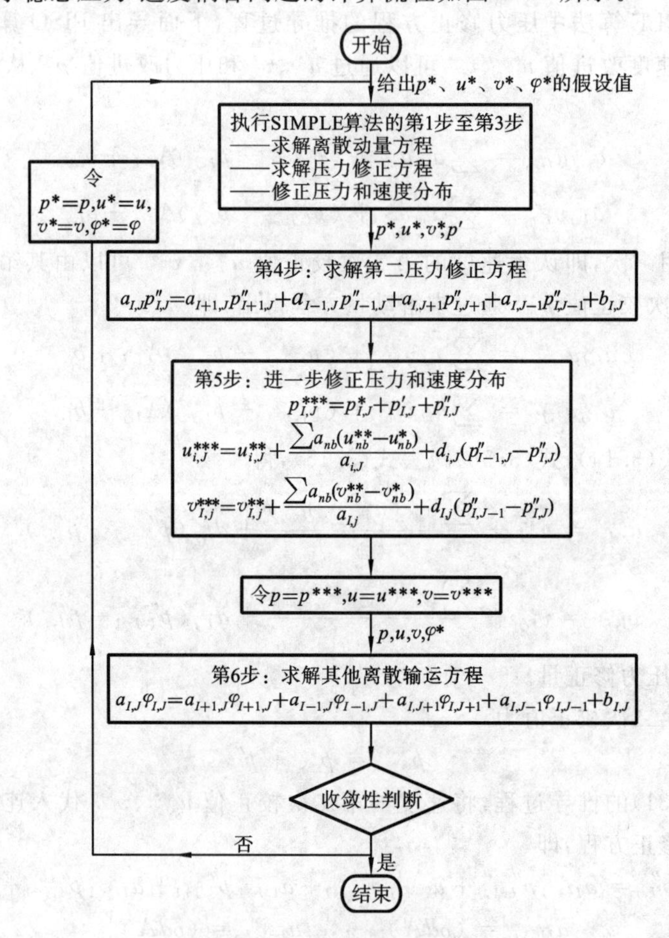

图 3.12　PISO 算法计算流程

3.4.4 SIMPLE系列算法的比较

SIMPLE算法自1972年提出以来被广泛应用于CFD问题的分离求解法的计算过程中。SIMPLE算法通过求解压力修正方程(实质为连续性方程)得到压力的修正量p',当p'被用于修正速度值时效果较好,但p'被用于修正压力值时则不甚理想。

改进的SIMPLER算法只用p'来修正速度,压力的修正则采用更为有效的压力方程来解决。由于SIMPLER算法中没有忽略方程中任一影响项,因此由压力方程计算得到的压力改进值可更好地与速度场计算值匹配,从而更容易收敛。当然,SIMPLER算法的每一迭代步的计算工作量要比SIMPLE算法大30%,但较快的收敛速度通常可使问题得到收敛解的CPU计算时间减少30%～50%。

SIMPLEC算法和PISO算法在许多类型的流动计算中与SIMPLER算法一样有效,但并不能肯定地说SIMPLEC算法和PISO算法比SIMPLER算法好。针对不同的流动问题,不同算法的应用效果也有所不同。亚松弛因子的选取、方程间耦合的紧密程度、流动条件,甚至网格分布都对算法的应用有影响。因此,实际计算中还只能对具体问题分别试探选用。

3.5 瞬态问题的求解算法

前面介绍的SIMPLE算法及其改进算法,均是针对稳态问题的,而多数工程实际问题为瞬态问题,或称为非稳态问题。瞬态问题的场变量与时间有关,因此计算相对复杂。本节将介绍用于瞬态问题的SIMPLE算法及其改进算法,仍基于交错网格。

3.5.1 瞬态问题的SIMPLE算法

2.6节给出了瞬态问题控制方程在常规网格上的离散方程,而3.2节针对稳态问题讨论了控制方程在交错网格上进行离散的过程,将这两部分内容结合起来,则可以直接写出针对瞬态问题控制方程在交错网格上的动量离散方程,下面给出x方向的动量离散方程:

$$a_{i,J}u_{i,J}=\sum a_{nb}u_{nb}+(p_{I-1,J}-p_{I,J})A_{i,J}+b_{i,J} \tag{3.61}$$

实际上,该方程与稳态问题的离散方程(3.8)在形式上是一样的,区别只在于系数项$a_{i,J}$和$b_{i,J}$的计算公式不一样。在瞬态问题中,这两个系数项中增加了瞬态项,具体为

$$a_{i,J}=\sum a_{nb}+\Delta F-S_P+a_{i,J}^0$$

$$b_{i,J}=S_C+a_{i,J}^0u_{i,J}^0$$

式中:$a_{i,J}^0=\dfrac{\rho_{i,J}^0\Delta V}{\Delta t}$,$\Delta t$为时间步长,上标0表示在上个时间步结束时的取值。方程中的系数a_{nb}取决于所采用的离散格式,其表达式与稳态问题时完全相同。

同理,可获得y方向的动量离散方程。

针对瞬态问题,将连续性方程在控制容积中积分,得

$$(\rho_P-\rho_P^0)\frac{\Delta V}{\Delta t}+[(\rho uA)_e-(\rho uA)_w]+[(\rho vA)_n-(\rho vA)_s]=0 \tag{3.62}$$

完全类似于稳态问题的压力修正方程的推导,瞬态问题的压力修正方程为

$$a_{I,J}p'_{I,J}=a_{I+1,J}p'_{I+1,J}+a_{I-1,J}p'_{I-1,J}+a_{I,J+1}p'_{I,J+1}+a_{I,J-1}p'_{I,J-1}+b'_{I,J} \tag{3.63}$$

式中:

$$a_{I,J} = a_{I+1,J} + a_{I-1,J} + a_{I,J+1} + a_{I,J-1}$$

$$b'_{I,J} = (\rho u^* A)_{i,J} - (\rho u^* A)_{i+1,J} + (\rho v^* A)_{I,j} - (\rho v^* A)_{I,j+1} + (\rho_P - \rho_P^0)\frac{\Delta V}{\Delta t}$$

而

$$a_{I+1,J} = (\rho dA)_{i+1,J}$$
$$a_{I-1,J} = (\rho dA)_{i,J}$$
$$a_{I,J+1} = (\rho dA)_{I,j+1}$$
$$a_{I,J-1} = (\rho dA)_{I,j}$$

由此可见，瞬态问题的压力修正方程(3.63)与稳态问题的压力修正方程(3.31)的差别只是源项 $b'_{I,J}$ 不同。实际上，瞬态问题中的源项 $b'_{I,J}$ 也只是比稳态问题中的源项多了一项与时间相关的密度变化项，其余各项完全相同。

因此，瞬态压力-速度耦合问题的计算过程与稳态情况类似，只是多了一层时间迭代，而时间的推进格式通常可采用全隐式格式。中间压力修正过程和速度修正过程则可以采用SIMPLE、SIMPLER或SIMPLEC等算法中的任意一种。当每一时间层的计算结果迭代收敛之后，即可进入下一时间层的迭代计算。

瞬态SIMPLE算法的计算流程如图3.13所示。

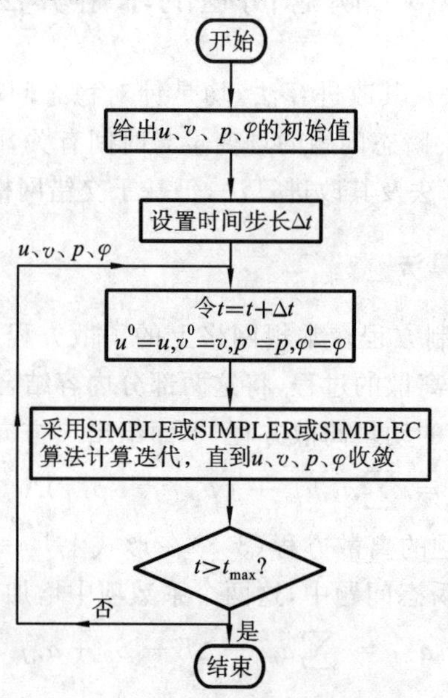

图3.13　瞬态SIMPLE算法计算流程

3.5.2　瞬态问题的PISO算法

PISO算法本来就是基于算子分裂技术的求解瞬态问题的非迭代算法。实际上，与前面讨论SIMPLE算法在瞬态情况下的应用类似，PISO算法也要求解瞬态动量方程和由连续性方程导出的压力修正方程，但是PISO算法需要求解两次压力修正方程。

与稳态动量离散方程相比，瞬态动量离散方程将多出一项时间相关项 $a_P^0 u_P^0$ 或 $a_P^0 v_P^0$，在两个压力修正方程的源项中也要加上 $(\rho_P - \rho_P^0)\frac{\Delta V}{\Delta t}$。

因此，瞬态压力-速度耦合问题的PISO算法只是在稳态问题PISO算法的迭代循环的基础上再加上一层时间推进循环。

由于 PISO 算法求解压力修正方程和动量方程最终结果的精度较高，所以迭代次数可以减少。尽管 PISO 算法要求解两次压力修正方程，但比起 SIMPLE 算法及其改进算法，一般情况下仍然节省计算时间。通常，瞬态计算结果的精度取决于时间推进步长的选择，当选择足够小的时间推进步长时，PISO 算法可获得较高精度的计算结果。

此外，前面讨论的显式格式或隐式格式的时间迭代都是基于一阶差分的时间迭代，为了提高时间迭代的精度，也可以采用二阶或更高阶的时间差分。当然，二阶时间差分要用到三个时间层次的场变量值，即 $n-1$、n、$n+1$ 时间层的已知或未知场变量值。

3.6　基于同位网格的 SIMPLE 算法

前面介绍的 SIMPLE 算法及其改进的 SIMPLER、SIMPLEC、PISO 算法，均基于交错网格。交错网格在编程时相对比较复杂，因此，近年来出现了基于同位网格的 SIMPLE 算法。该方法不必为速度和压力构造不同的控制容积，编程较为简单，特别适合于三维复杂问题的计算。同位网格的成功应用，还为基于非结构网格的流场模拟奠定了基础。本节将介绍同位网格及其应用。

3.6.1　同位网格

所谓同位网格，就是指将速度 u、v 及压力 p 同时存储于同一网格节点上，而不像交错网格那样将主控制容积作为求解压力 p 的控制容积，并将 x 方向有半个网格步长错位的控制容积作为求解速度 u 的控制容积。同位网格实际上为普通网格系统，即系统中只存在一种类型的控制容积，所有的变量均在此控制容积的中心点处定义和存储，所有的控制方程均在该控制容积上进行离散。如图 3.14 所示，速度 u、速度 v、压力 p 及温度 T 均在控制容积 P 上存储。

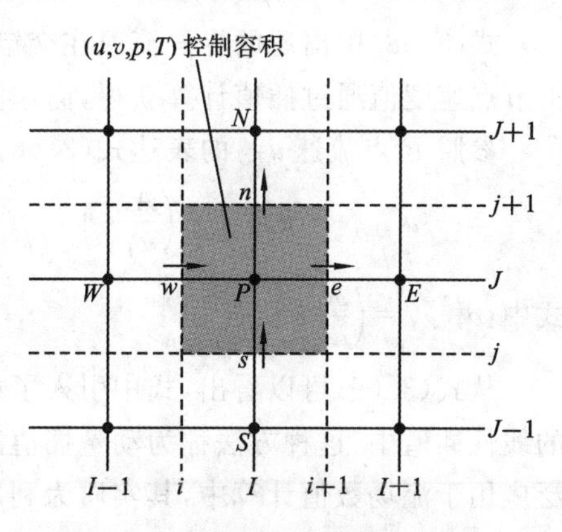

图 3.14　同位网格及控制容积

交错网格克服了普通网格计算流场时所遇到的难点，也就是说，在基于交错网格的动量离散方程中使用了相邻节点而不是相间节点的压差。如果同位网格也能在离散的动量方程或动量方程的某种特定形式上引入相邻节点压差，而不是相间节点压差，则同位网格同样能成功用于流场计算。

为此，下面围绕寻找在哪个环节可以引入相邻节点压差来建立基于同位网格的 SIMPLE 算法。

3.6.2　方程的离散

1. 动量方程的离散

参照在交错网格中建立动量离散方程的方法，在如图 3.14 所示的同位网格节点 P 上，稳态问题的 u 动量离散方程为

$$a_{I,J}u_{I,J} = \sum a_{nb}u_{nb} + (p_{i,J} - p_{i+1,J})A_{I,J} + b_{I,J} \tag{3.64}$$

式(3.64)即为基于同位网格的动量离散方程。此式中的系数 $a_{I,J}$、a_{nb} 和 $b_{I,J}$ 可参照式(3.8)中的相应项来计算。

式(3.64)中,$p_{i,J}$ 和 $p_{i+1,J}$ 分别为界面 w 和界面 e 处的压力。在压力场已知的情况下,$p_{i,J}$ 和 $p_{i+1,J}$ 可通过线性插值求得。$A_{I,J}$ 为 P 点的界面面积,实际数值为控制容积在 y 方向的高度 $y_{j+1}-y_j$。

需要说明的是,界面压力 $p_{i,J}$ 和 $p_{i+1,J}$ 需要通过插值求得,需要用到相间节点的压力,而不是相邻节点的压力,但在后面将要介绍的界面速度的插值公式中,则需要用到相邻节点的压力。

将式(3.64)改写为

$$u_{I,J}=\frac{\sum a_{nb}u_{nb}+b_{I,J}}{a_{I,J}}-\frac{A_{I,J}}{a_{I,J}}(p_{i+1,J}-p_{i,J}) \tag{3.65}$$

简记为

$$u_{I,J}=\tilde{u}_{I,J}-\frac{A_{I,J}}{a_{I,J}}(p_{i+1,J}-p_{i,J}) \tag{3.66}$$

同理,可写出 P 点的 v 动量离散方程,即

$$a_{I,J}v_{I,J}=\sum a_{nb}v_{nb}+(p_{I,j}-p_{I,j+1})A_{I,J}+b_{I,J} \tag{3.67}$$

在利用 SIMPLE 系列算法进行求解时,需要利用连续性方程来推导压力修正方程。当不考虑瞬态项时,将连续性方程在 P 控制容积上离散,可得

$$[(\rho uA)_{i+1,J}-(\rho uA)_{i,J}]+[(\rho vA)_{I,j+1}-(\rho vA)_{I,j}]=0 \tag{3.68}$$

式(3.68)中出现的界面流速在交错网格上是可以自然获得的。但在同位网格上,则需要由节点速度值通过插值计算获得,而这需要引入相邻节点压差。

参照 P 点流速 $u_{I,J}$ 的表达式(3.66),界面 e 的速度 $u_{i+1,J}$ 可写成

$$u_{i+1,J}=\tilde{u}_{i+1,J}-\left(\frac{A_{I,J}}{a_{I,J}}\right)_{i+1,J}(p_{I+1,J}-p_{I,J})=\tilde{u}_{i+1,J}-d_{i+1,J}(p_{I+1,J}-p_{I,J}) \tag{3.69}$$

式中:$d_{i+1,J}=\left(\frac{A_{I,J}}{a_{I,J}}\right)_{i+1,J}$。

从式(3.69)可以看出,式中引入了相邻节点压差,而且它出现在界面动量方程的压力梯度的线性插值中,这种方法称为动量插值法。该方法由 Rhie 和 Chow 于 1983 年提出,目前被广泛应用于流场数值计算中,其实质为利用动量方程来进行插值计算。

2. 压力修正方程的建立

在动量插值方程(3.69)中,界面上的速度 $\tilde{u}_{i+1,J}$ 及系数 $d_{i+1,J}$ 均需要通过线性插值的方法由节点上的值来表示。参考图 3.14,有

$$\tilde{u}_{i+1,J}=\tilde{u}_{I,J}\frac{x_{I+1}-x_{i+1}}{x_{I+1}-x_I}+\tilde{u}_{I+1,J}\frac{x_{i+1}-x_I}{x_{I+1}-x_I} \tag{3.70}$$

$$d_{i+1,J}=\left(\frac{A_{I,J}}{a_{I,J}}\right)_{i+1,J}=\left(\frac{A_{I,J}}{a_{I,J}}\right)\frac{x_{I+1}-x_{i+1}}{x_{I+1}-x_I}+\left(\frac{A_{I+1,J}}{a_{I+1,J}}\right)\frac{x_{i+1}-x_I}{x_{I+1}-x_I} \tag{3.71}$$

同理,对于其他几个界面,可以写出

$$u_{i,J}=\tilde{u}_{i,J}-\left(\frac{A_{I,J}}{a_{I,J}}\right)_{i,J}(p_{I,J}-p_{I-1,J})=\tilde{u}_{i,J}-d_{i,J}(p_{I,J}-p_{I-1,J}) \tag{3.72}$$

$$v_{I,j+1}=\tilde{v}_{I,j+1}-\left(\frac{A_{I,J}}{a_{I,J}}\right)_{I,j+1}(p_{I,J+1}-p_{I,J})=\tilde{v}_{I,j+1}-d_{I,j+1}(p_{I,J+1}-p_{I,J}) \tag{3.73}$$

$$v_{I,j}=\tilde{v}_{I,j}-\left(\frac{A_{I,J}}{a_{I,J}}\right)_{I,j}(p_{I,J}-p_{I,J-1})=\tilde{v}_{I,j}-d_{I,j}(p_{I,J}-p_{I,J-1}) \tag{3.74}$$

按照在交错网格上推导 u' 和 v' 的同样方法，现引入 SIMPLE 算法中略去邻点速度修正值的思路，有

$$u'_{i+1,J}=\left(\frac{A_{I,J}}{a_{I,J}}\right)_{i+1,J}(p'_{I,J}-p'_{I+1,J})=d_{i+1,J}(p'_{I,J}-p'_{I+1,J}) \tag{3.75a}$$

$$u'_{i,J}=\left(\frac{A_{I,J}}{a_{I,J}}\right)_{i,j}(p'_{I-1,J}-p'_{I,J})=d_{i,J}(p'_{I-1,J}-p'_{I,J}) \tag{3.75b}$$

$$v'_{I,j+1}=\left(\frac{A_{I,J}}{a_{I,J}}\right)_{I,j+1}(p'_{I,J}-p'_{I,J+1})=d_{I,j+1}(p'_{I,J}-p'_{I,J+1}) \tag{3.75c}$$

$$v'_{I,j}=\left(\frac{A_{I,J}}{a_{I,J}}\right)_{I,j}(p'_{I,J-1}-p'_{I,J})=d_{I,j}(p'_{I,J-1}-p'_{I,J}) \tag{3.75d}$$

以式(3.64)所求出的速度 u 为 u^*，并将其与式(3.75a)计算出的 $u'_{i+1,J}$ 相加，得到 $u_{i+1,J}=u^*_{i+1,J}+u'_{i+1,J}$，代入式(3.29)后，得出与交错网格中形式完全相同的压力修正方程，即

$$a_{I,J}p'_{I,J}=a_{I+1,J}p'_{I+1,J}+a_{I-1,J}p'_{I-1,J}+a_{I,J+1}p'_{I,J+1}+a_{I,J-1}p'_{I,J-1}+b'_{I,J} \tag{3.76}$$

式中：

$$a_{I+1,J}=(\rho dA)_{i+1,J},\quad a_{I-1,J}=(\rho dA)_{i,J}$$

$$a_{I,J+1}=(\rho dA)_{I,j+1},\quad a_{I,J-1}=(\rho dA)_{I,j}$$

$$b'_{I,J}=(\rho u^*A)_{i,J}-(\rho u^*A)_{i+1,J}+(\rho v^*A)_{I,j}-(\rho v^*A)_{I,j+1}$$

$$a_{I,J}=a_{I+1,J}+a_{I-1,J}+a_{I,J+1}+a_{I,J-1}$$

式(3.76)即为同位网格上的压力修正方程，与交错网格上的压力修正方程进行对比，两者的差别在于：

(1) 式(3.76)中 d 值需要按式(3.71)由相邻节点上的值通过线性插值计算求得；

(2) 式(3.76)中的界面速度 u^* 与 v^* 需采用动量插值公式计算。

3.6.3　基于同位网格的 SIMPLE 算法步骤

在同位网格上实施 SIMPLE 算法的步骤如下：

(1) 根据经验假设一个压力场的初始值，记为 p^*。

(2) 将 p^* 代入动量离散方程，求出相应的速度 u^*、v^*。

(3) 计算各界面处的 d 值。

(4) 根据动量插值公式，计算界面流速 $u^*_{i+1,J}$、$u^*_{i,J}$、$v^*_{I,j+1}$ 和 $v^*_{I,j}$，从而得出压力修正方程的源项及各系数。

(5) 求解压力修正方程，得到压力修正值 p'。

(6) 参照界面速度修正值 $u'_{i+1,J}$ 的计算式，计算节点的速度修正值 $u'_{I,J}$ 与 $v'_{I,J}$，即

$$u'_{I,J}=\left(\frac{A_{I,J}}{a_{I,J}}\right)^u_{I,J}(p'_{i,J}-p'_{i+1,J})$$

$$v'_{I,J}=\left(\frac{A_{I,J}}{a_{I,J}}\right)^v_{I,J}(p'_{I,j}-p'_{I,j+1})$$

式中：上标 u 和 v 分别表示 $\frac{A_{I,J}}{a_{I,J}}$ 是 u 方程和 v 方程的值。界面上的压力修正值需通过线性插值计算，即

$$p'_{i,J}-p'_{i+1,J}=\left(p'_{I-1,J}\frac{x_I-x_i}{x_I-x_{I-1}}+p'_{I,J}\frac{x_i-x_{I-1}}{x_I-x_{I-1}}\right)$$

$$-\left(p'_{I,J}\frac{x_{I+1}-x_{i+1}}{x_{I+1}-x_I}+p'_{I+1,J}\frac{x_{i+1}-x_I}{x_{I+1}-x_I}\right)$$

$$p'_{I,j}-p'_{I,j+1}=\left(p'_{I,J-1}\frac{y_J-y_j}{y_J-y_{J-1}}+p'_{I,J}\frac{y_j-y_{J-1}}{y_J-y_{J-1}}\right)$$

$$-\left(p'_{I,J}\frac{y_{J+1}-y_{j+1}}{y_{J+1}-y_J}+p'_{I,J+1}\frac{y_{j+1}-y_J}{y_{J+1}-y_J}\right)$$

(7) 将(u^*+u')、(v^*+v')以及$(p^*+\alpha_p p')$作为修正后的u、v和p，重新回到第(2)步，开始下一层次的迭代计算，直到得出收敛解。注意：这里的压力修正使用了欠松弛因子α_p。

同位网格上SIMPLE算法的计算流程如图3.15所示。

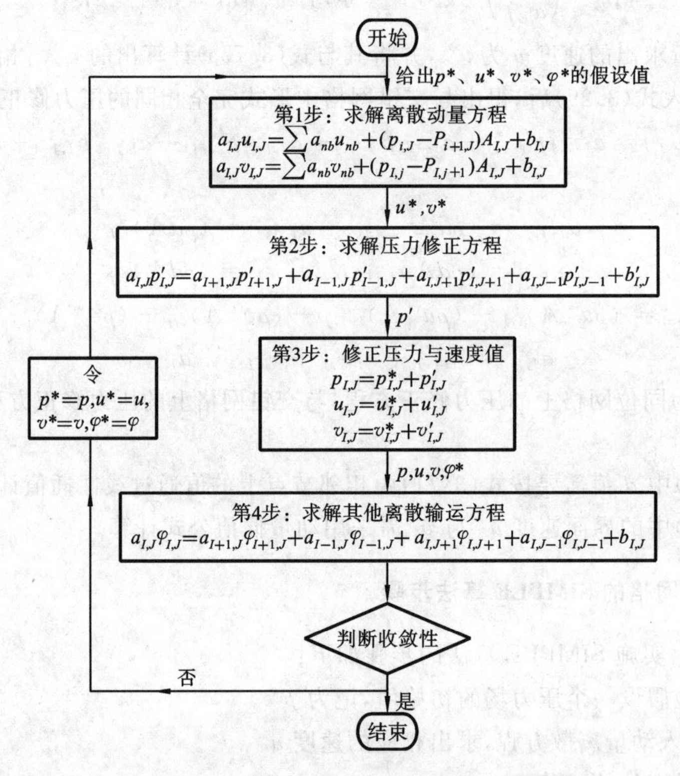

图3.15　同位网格上SIMPLE算法的计算流程

3.6.4　关于同位网格应用的几点说明

(1) 在基于同位网格的SIMPLE算法中，同样可以使用欠松弛因子，以加快迭代计算的收敛速度。

(2) 研究表明，对于二维问题，在同位网格上求解计算的时间及解的精度与交错网格相比较，基本相当，可能有时稍为逊色；但对于三维问题，特别是针对复杂区域的三维计算，同位网格则在计算速度上具有明显优势。

(3) 基于同位网格的SIMPLEC算法与SIMPLE算法在计算步骤上完全一样，只是用$\left(\frac{A_{I,J}}{a_{I,J}-\sum a_{nb}}\right)_{i+1,J}$代替式(3.75a)中的$\left(\frac{A_{i,J}}{a_{i,J}}\right)_{i+1,J}$，同样在式(3.75b)至式(3.75d)中也进行

类似替代即可。这种替代，实质上相当于采用新方法计算式中系数 d。

(4) 对于瞬态问题，所得到的动量离散方程及压力修正方程与式(3.64)及式(3.76)在形式上相同。对于动量离散方程(3.64)，系数 a_{nb} 不变，而 $a_{i,J}$ 和 $b_{i,J}$ 可参照交错网格中的表达式进行计算；对于压力修正方程(3.76)，系数 a 不变，源项 b 增加瞬态项 $\frac{(\rho_P-\rho_P^0)\Delta V}{\Delta t}$，同样可参照交错网格中的表达式进行计算。

3.7　基于非结构网格的 SIMPLE 算法

前面讨论的交错网格和同位网格都属于结构网格。随着 CFD 技术的发展，最近出现了一种形式上更加灵活的网格——非结构网格。非结构网格的适用性强，特别适用于边界复杂的问题，因此得到了广泛应用。本节将介绍非结构网格及其应用。

3.7.1　非结构网格

总的来看，在结构网格中，各网格单元和节点的排列是规则的；而非结构网格在网格和节点排列方式上没有特定的规则，不同类型、形状和大小的网格可能出现在一个计算问题中，在流场变化比较大的地方，可进行局部网格加密。

非结构网格虽然给流场计算方法及编程带来了一定困难，但因其适用性强，尤其针对边界复杂问题具有明显优势，因此，近几年得到了广泛的应用。由于非结构网格兼容结构网格，因此研究非结构网格上的流场求解算法，更具普遍意义。

非结构网格中的控制容积可以为任意多边形(三维问题中可以为任意多面体)，为了叙述方便，这里采用四边形来表示控制容积，控制容积的各个面(边)可以为任意方向，不要求与坐标轴平行。与同位网格一样，所有物理量(如速度 u、v，压力 p 等)均在控制容积中心节点上定义、存储。

图 3.16 为二维非结构网格上有限体积法的示意图。图中左侧为控制容积 P，右侧为控制容积 E，控制容积 P 与控制容积 E 相邻，节点 1 与节点 2 的连线为两个控制容积的界面。

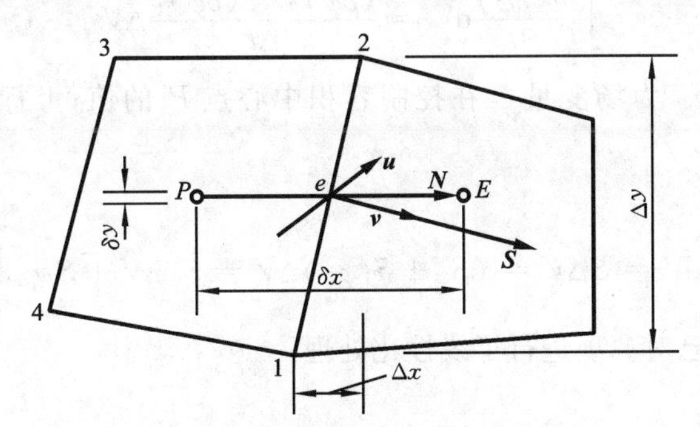

图 3.16　非结构网格及控制容积示意图

在非结构网格中，与某一控制容积相邻的控制容积数可能多于该控制容积的面数 N_s，即某一个面(边)的不同部位可能分别与不同的控制容积相邻，这在局部网格加密时经常出现。这时，需要将该控制容积按具有 N_s 个面来对待，而在二维问题中，则认为它具有 N_s 条边。

假定图 3.16 中的控制容积 P 为一个 N_s 边形，控制容积 P 的中心为节点 P，控制容积 E 的中心为节点 E，两个控制容积的界面为 e，两个节点通过矢量 $\boldsymbol{N}$ 连接，$\boldsymbol{N}=\delta x\mathrm{i}+\delta y\mathrm{j}$。在界面 e

的面积矢量（界面的外法线矢量）为$\boldsymbol{S}$，$\boldsymbol{S}=\Delta y\mathrm{i}+\Delta x\mathrm{j}$。界面$e$的单位法向矢量为$\boldsymbol{v}$，$\boldsymbol{v}=v_x\mathrm{i}+v_y\mathrm{j}$（实际上，$\boldsymbol{v}$为$\boldsymbol{S}$的单位矢量）。在控制容积的界面$e$上，假定流速及压力没有变化，流速为$\boldsymbol{u}$，$\boldsymbol{u}=u\mathrm{i}+v\mathrm{j}$。

下面的所有公式均遵从上述约定。

3.7.2　方程的离散

1. 动量方程的离散

控制方程的通用形式为

$$\frac{\partial(\rho\varphi)}{\partial t}+\mathrm{div}(\rho\boldsymbol{u}\varphi)=\mathrm{div}(\Gamma\cdot\mathrm{grad}\varphi)+S \tag{3.77}$$

将上式在图3.16中的控制容积P上进行积分，有

$$\int_{\Delta V}\frac{\partial(\rho\varphi)}{\partial t}\mathrm{d}V+\int_{\Delta V}\mathrm{div}(\rho\boldsymbol{u}\varphi)\mathrm{d}V=\int_{\Delta V}\mathrm{div}(\Gamma\mathrm{grad}\varphi)\mathrm{d}V+\int_{\Delta V}S\mathrm{d}V \tag{3.78}$$

为了获得上式中对流项及扩散项的体积分，引入Gauss散度定理，即

$$\int_{\Delta V}\mathrm{div}\boldsymbol{a}\mathrm{d}V=\int_{\Delta S}\boldsymbol{v}\cdot\boldsymbol{a}\mathrm{d}S=\int_{\Delta S}v_ia_i\mathrm{d}S=\int_{\Delta S}(a_xv_x+a_yv_y+a_zv_z)\mathrm{d}S \tag{3.79}$$

式中：ΔV为三维积分域；ΔS为ΔV对应的闭合边界面；$\boldsymbol{a}$为任意矢量；$\boldsymbol{v}$为积分体面元$\mathrm{d}S$的表面外法向单位矢量；a_i和v_i分别为矢量$\boldsymbol{a}$和$\boldsymbol{v}$的分量。

将式(3.78)按照式(3.79)所给出的散度定理进行变换，有

$$\int_{\Delta V}\frac{\partial(\rho\varphi)}{\partial t}\mathrm{d}V+\int_{\Delta S}\rho\varphi u_iv_i\mathrm{d}S=\int_{\Delta S}\Gamma\frac{\partial\varphi}{\partial x_i}v_i\mathrm{d}S+\int_{\Delta V}S\mathrm{d}V \tag{3.80}$$

式中：ΔV为图3.18所示控制容积P的体积；ΔS为该控制容积的表面积（二维问题中则为多边形的边长）；x_i表示坐标方向，$x_1=x$，$x_2=y$；v_i表示控制容积各边的单位法向矢量的分量，$v_1=v_x$，$v_2=v_y$；u_i表示速度分量，$u_1=u$，$u_2=v$。

下面将针对方程(3.80)中各项进行讨论。

1）瞬态项

$$\int_{\Delta V}\frac{\partial(\rho\varphi)}{\partial t}\mathrm{d}V=\frac{(\rho\varphi)_P-(\rho\varphi)_P^0}{\Delta t}\Delta V \tag{3.81}$$

式中：Δt为时间步长；φ_P为场变量φ在控制容积中心点P的值；上标0代表前一个时间步的值。

2）源项

$$\int_{\Delta V}S\mathrm{d}V=S\Delta V=(S_C+S_P\varphi_P)\Delta V=S_C\Delta V+S_P\varphi_P\Delta V \tag{3.82}$$

注意：式(3.82)中已对源项进行了线性化处理。

3）扩散项

$$\int_{\Delta S}\Gamma\frac{\partial\varphi}{\partial x_i}v_i\mathrm{d}S=\sum_{E=1}^{N_S}\left[\frac{\varphi_E-\varphi_P}{\sqrt{\delta x^2+\delta y^2}}\Gamma(v_x\Delta y-v_y\Delta x)\right]_E+C_{\mathrm{diff}} \tag{3.83}$$

式中：N_s为控制容积P的总面数，亦即相邻控制容积的数量；下标E为与控制容积P具有公共界面的各个控制容积；符号v_x和v_y表示控制容积各界面单位法向矢量的分量；符号Δx和Δy表示界面的外法线矢量的分量；符号δx和δy为两个控制容积之间节点P到节点E的矢量分量；C_{diff}为公共界面上的交叉扩散项，当图3.16中矢量$\boldsymbol{N}$与界面e垂直时，通过该界面的

交叉扩散项 C_{diff} 等于零，对于一般的准正交网格，C_{diff} 为小量，可按零处理，若网格高度奇异，则 C_{diff} 不可忽略。

4）对流项

$$\int_{\Delta S} \rho\varphi u_i v_i \mathrm{d}S = \sum_{E=1}^{N_S} [\rho\varphi(u\Delta y - v\Delta x)]_E \tag{3.84}$$

注意：上式中界面处的 φ 值均由插值公式（离散格式）计算，前面讨论的各种低阶离散格式，都可以直接用于界面处 φ 值的计算。

将式(3.81)至式(3.84)代入式(3.80)，在时间域上对方程进行积分，采用全隐式格式，可得非结构网格上的离散方程：

$$a_P\varphi_P = \sum_{E=1}^{N_S} a_E\varphi_E + b_P \tag{3.85}$$

式中的各系数分别为

$$a_P = \sum_{E=1}^{N_S} a_E + \frac{(\rho_P \Delta V)^0}{\Delta t} - S_P \Delta V$$

$$b_P = \frac{(\rho_P \varphi_P \Delta V)^0}{\Delta t} + S_C \Delta V$$

根据通用控制方程的离散形式(3.85)，可直接写出非结构网格上的 u 动量离散方程：

$$a_P u_P = \sum_{E=1}^{N_S} a_E u_E - \sum_{e=1}^{N_S} p_e (\Delta y)_e + b_P \tag{3.86}$$

同理，可写出非结构网格上的 v 动量离散方程：

$$a_P v_P = \sum_{E=1}^{N_S} a_E v_E - \sum_{e=1}^{N_S} p_e (\Delta x)_e + b_P \tag{3.87}$$

参考在同位网格上建立控制容积界面速度方程（动量插值方程）的方法，可写出在非结构网格上的界面速度方程：

$$u_e = \frac{\sum_{E=1}^{N_S} a_E u_E + b_P}{a_P} - \left(\frac{\Delta y}{a_P}\right)_e (p_E - p_P) \tag{3.88}$$

$$v_e = \frac{\sum_{E=1}^{N_S} a_E v_E + b_P}{a_P} - \left(\frac{\Delta x}{a_P}\right)_e (p_E - p_P) \tag{3.89}$$

注意：式(3.88)和式(3.89)中界面处的场变量值通过控制容积 P 和控制容积 E 中心节点处的值线性插值得出。

2. 速度修正方程的建立

假设压力修正值 p' 已知，现引入 SIMPLE 算法中略去邻点速度修正值的思想，可得到界面上的速度修正方程：

$$u'_e = \left(\frac{\Delta y}{a_P}\right)_e (p'_P - p'_E) \tag{3.90}$$

$$v'_e = \left(\frac{\Delta x}{a_P}\right)_e (p'_P - p'_E) \tag{3.91}$$

同理，可得到控制容积节点上的速度修正方程：

$$u'_P = \sum_{e=1}^{N_S}\left[-p'_e\left(\frac{\Delta y}{a_P}\right)_e\right] \tag{3.92}$$

$$v'_P = \sum_{e=1}^{N_S}\left[-p'_e\left(\frac{\Delta x}{a_P}\right)_e\right] \tag{3.93}$$

式中：各个界面上的压力 p'_e 通过控制容积 P 和控制容积 E 中心节点处的压力修正值线性插值得出。

针对一给定的压力场 p^*，通过动量离散方程可求得速度 u_P^* 和 v_P^*，因此控制容积节点处的速度为

$$u_P = u_P^* + u'_P \tag{3.94}$$

$$v_P = v_P^* + v'_P \tag{3.95}$$

将 u_P^* 和 v_P^* 代入式(3.88)和式(3.89)，可得到界面上的速度 u_e^* 和 v_e^*，因此控制容积界面处的速度为

$$u_e = u_e^* + u'_e = u_e^* + \left(\frac{\Delta y}{a_P}\right)_e (p'_P - p'_E) \tag{3.96}$$

$$v_e = v_e^* + v'_e = v_e^* + \left(\frac{\Delta x}{a_P}\right)_e (p'_P - p'_E) \tag{3.97}$$

3. 压力修正方程的建立

按散度形式写出连续性方程：

$$\frac{\partial \rho}{\partial t} + \mathrm{div}(\rho \boldsymbol{u}) = 0 \tag{3.98}$$

在时间间隔 Δt 内对控制容积 P 进行积分，且以 $\frac{\rho_P - \rho_P^0}{\Delta t}$ 代替 $\frac{\partial \rho}{\partial t}$，采用全隐式格式，可得

$$\frac{\rho_P - \rho_P^0}{\Delta t}\Delta V + \sum_{e=1}^{N_S}(\rho \boldsymbol{u} \cdot \boldsymbol{S})_e = 0 \tag{3.99}$$

由界面上的速度表达式(3.96)和式(3.97)，以及界面的法向矢量 $\boldsymbol{S} = \Delta y\mathrm{i} + \Delta x\mathrm{j}$，可写出单个界面 e 上的 $(\rho \boldsymbol{u} \cdot \boldsymbol{S})_e$ 的表达式，即

$$(\rho \boldsymbol{u} \cdot \boldsymbol{S})_e = (\rho u^* \Delta y)_e - (\rho v^* \Delta x)_e + \left(\frac{\rho \Delta y^2}{a^u} + \frac{\rho \Delta x^2}{a^v}\right)_e (p'_P - p'_E) \tag{3.100}$$

式中：a^u 和 a^v 分别为 u 动量方程和 v 动量方程中的 a_P 值。

写出控制容积各界面的 $(\rho u \cdot S)$ 表达式，然后代入式(3.99)，得到压力修正方程：

$$a_P p'_P = \sum_{E=1}^{N_S} a_E p'_E + b_P \tag{3.101}$$

式中的各系数分别为

$$a_E = \left[\left(\frac{\rho \Delta y^2}{a^u} + \frac{\rho \Delta x^2}{a^v}\right)_e\right]_E$$

$$a_P = \sum_{E=1}^{N_S} a_E$$

$$b_P = \sum_{E=1}^{N_S}\left[(\rho u^* \Delta y)_e - (\rho v^* \Delta x)_e\right]_E \frac{\rho_P - \rho_P^0}{\Delta t}\Delta V$$

因此，由方程(3.101)求出节点上的压力修正值 p'_P，再通过线性插值可求得界面上的压力修正值 p'_e。修正后的压力为

$$p_P = p_P^* + p'_P \tag{3.102}$$

3.7.3　基于非结构网格的 SIMPLE 算法步骤

在非结构网格上使用 SIMPLE 算法，与前面介绍的在同位网格上使用 SIMPLE 算法相比，过程相同。

在本节建立的动量离散方程及压力修正方程，均针对瞬态问题，若所求解的问题为稳态问题，则只需在离散方程中去掉与时间相关的项即可。

现给出非结构网格上稳态问题的 SIMPLE 算法步骤：

(1) 根据经验假设一个压力场的初始值，记为 p^*。

(2) 将 p^* 代入动量离散方程，求出相应的速度 u^* 和 v^*。注意：对于稳态问题，计算方程的系数 a_P 和源项 b_P 时，需要去掉瞬态项。

(3) 根据动量插值公式，计算界面流速 u'_e 和 v'_e。

(4) 计算压力修正方程的系数及源项。注意：对于稳态问题，计算源项时需要去掉瞬态项。

(5) 求解压力修正方程，得到节点上的压力修正值 p'_P。

(6) 通过插值方式计算界面上的压力修正值 p'_e，进而计算节点速度修正值 u'_P 与 v'_P。

(7) 计算修正后的速度 u、v 和压力 p。

(8) 检查结果是否收敛。若不收敛，重新回到步骤(2)，开始下一层次的迭代计算，直到得出收敛解。

非结构网格上 SIMPLE 算法的计算流程如图 3.17 所示。

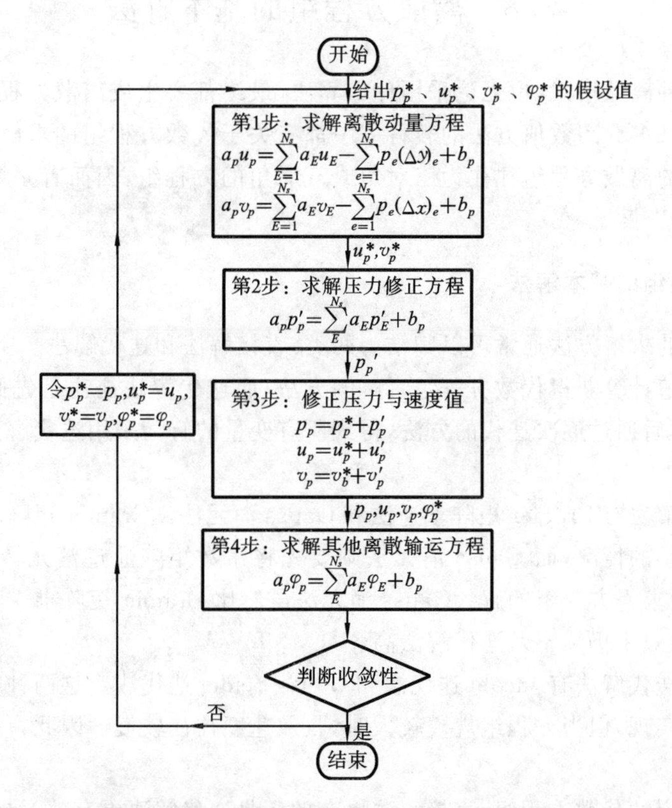

图 3.17　非结构网格上 SIMPLE 算法的计算流程

3.7.4 关于非结构网格应用的几点说明

1）物理量的线性插值

在界面 e 上的场变量，如压力修正值 p'_e 和方程的系数 $(a_P)_e$ 等，只能通过控制容积 P 和控制容积 E 中的两个节点处的值插值得到。下面以计算压力修正值 p'_e 为例，给出相应的插值公式。

参考图 3.16，假定控制容积 P 和控制容积 E 的两个节点处的压力修正值分别为 p'_P 和 p'_E，又假定节点 P 到节点 E 的距离由两段构成，即界面 e 到节点 P 的距离为 Δ_P 和界面 e 到节点 E 的距离为 Δ_E，则界面 e 上的压力修正值 p'_e 为

$$p'_e = \left(p'_P \frac{\Delta_E}{\Delta_P + \Delta_E} + p'_E \frac{\Delta_P}{\Delta_P + \Delta_E} \right)_e$$

2）非结构网格上的 SIMPLEC 算法

如果在速度修正方程中保留邻点的速度修正值，则可建立基于非结构网格的 SIMPLEC 算法。

基于非结构网格的 SIMPLEC 算法与 SIMPLE 算法在计算步骤上完全一样，只是用 $\left(\frac{\Delta y}{a_P - \sum_{E=1}^{N_S} a_E} \right)_e$ 代替 $\left(\frac{\Delta y}{a_P} \right)_e$，用 $\left(\frac{\Delta x}{a_P - \sum_{E=1}^{N_S} a_E} \right)_e$ 代替 $\left(\frac{\Delta x}{a_P} \right)_e$ 即可。

3）欠松弛处理

为了加快收敛，或避免产生振荡，可以在压力计算公式中采用欠松弛技术。

3.8 离散方程组的基本解法

无论采用何种离散格式，也无论采用什么算法，最终都要生成离散方程组，都需要求解离散方程组。虽然许多介绍数值方法的教科书中都有关于代数方程组的求解方法，但是由于有限体积法所生成的离散方程组往往为三对角或五对角的方程组，因而有必要探寻更加简洁的求解方法。

3.8.1 代数方程组的基本解法

代数方程组的求解方法通常可以归结为两类：直接解法和迭代解法。所谓直接解法，是指通过有限步的数值计算获得代数方程组真解的方法；而迭代解法往往是先假定一个关于求解变量的场分布，然后通过逐次迭代的方法，得到所有变量的解。采用迭代解法求得的解一般为近似解。

典型的直接解法有 Cramer 矩阵求逆法和 Gauss 消元法。Cramer 矩阵求逆法通常只适用于方程组规模较小的情况，而 Gauss 消元法则要先将系数矩阵通过消元转化为上三角阵，然后逐一回代，从而求得方程组的解。Gauss 消元法虽然比 Cramer 矩阵求逆法更能够适应较大规模的方程组，但效率仍然不及迭代解法高。

目前常用的迭代解法有 Jacobi 迭代法和 Gauss-Seidel 迭代法。这两种方法均可以非常容易地在计算机上实现，但当方程组规模较大时，收敛速度往往较慢。因此，一般的 CFD 软件都不采用这类方法。

对于一个给定的代数方程组，直接解法更有效还是迭代解法更有效，取决于代数方程组的

大小和性质。一般来讲，当方程组中方程的个数足够多时，迭代解法可能更省时。当代数方程组为线性方程组时，直接解法可能更有效。若方程组为非线性方程组，则必须采用迭代解法求解，每一次迭代得到的中间结果并不追求其计算精度，因而迭代解法效果可能更好。

通常，采用有限体积法得到的离散代数方程组的求解多采用迭代解法，原因如下：

(1) 有限体积法主要用于求解流体流动和传热问题，所得到的代数方程组多为非线性方程组。

(2) 由于流体流动和传热问题的复杂性，通常要了解求解域内流体的更多细节。离散网格不能划分得过于粗糙，那样会导致计算量比较大，又加上方程数目多，因而采用迭代解法往往更经济。

(3) 对于大规模的离散方程，采用迭代解法可以大幅度节省存储空间，利用有限的计算机资源求解更大规模的问题。

然而，Jacobi 迭代和 Gauss-Seidel 迭代等算法都不是高效的迭代算法。实际上，根据有限体积法离散方程的特点，可以找到更高效的算法。

有限体积法所生成的离散方程组往往为三对角或五对角的方程组，对于这样的方程组，Thomas 于 1949 年研究出一种非常有效的求解方法，现在称为 Thomas 算法或 TDMA 算法。目前，TDMA 算法在 CFD 软件中得到了较为广泛的应用。对于一维 CFD 问题，TDMA 算法实际上是一种直接解法，但它可以迭代使用，从而也可用于求解二维和三维问题中的非三对角方程组。TDMA 算法的最大特点是速度快、占用的内存空间小。下面介绍 TDMA 算法及其应用。

3.8.2 TDMA 算法

设有下列三对角方程：

$$\left.\begin{array}{l}\varphi_1 = C_1 \\ -\beta_2\varphi_1 + D_2\varphi_2 - \alpha_2\varphi_3 = C_2 \\ -\beta_3\varphi_2 + D_3\varphi_3 - \alpha_3\varphi_4 = C_3 \\ -\beta_4\varphi_3 + D_4\varphi_4 - \alpha_4\varphi_5 = C_4 \\ \quad\vdots \\ -\beta_n\varphi_{n-1} + D_n\varphi_n - \alpha_n\varphi_{n+1} = C_n \\ \varphi_{n+1} = C_{n+1}\end{array}\right\} \tag{3.103}$$

在方程组(3.103)中，φ_1 和 φ_{n+1} 作为边界条件是已知的。方程组中任意一个方程的通用形式为

$$-\beta_j\varphi_{j-1} + D_j\varphi_j - \alpha_j\varphi_{j+1} = C_j \tag{3.104}$$

将方程组(3.103)重写为

$$\left.\begin{array}{l}\varphi_2 = \dfrac{\alpha_2}{D_2}\varphi_3 + \dfrac{\beta_2}{D_2}\varphi_1 + \dfrac{C_2}{D_2} \\ \varphi_3 = \dfrac{\alpha_3}{D_3}\varphi_4 + \dfrac{\beta_3}{D_3}\varphi_2 + \dfrac{C_3}{D_3} \\ \varphi_4 = \dfrac{\alpha_4}{D_4}\varphi_5 + \dfrac{\beta_4}{D_4}\varphi_3 + \dfrac{C_4}{D_4} \\ \quad\vdots \\ \varphi_n = \dfrac{\alpha_n}{D_n}\varphi_{n+1} + \dfrac{\beta_n}{D_n}\varphi_{n-1} + \dfrac{C_n}{D_n}\end{array}\right\} \tag{3.105}$$

方程组(3.105)可以通过向前消元和向后回代两个过程来求解。向前消元过程可以从方程组(3.105)的第二式中消去 φ_2 开始,将方程组(3.105)的第一式代入第二式,有

$$\varphi_3=\frac{\alpha_3}{D_3-\beta_3\dfrac{\alpha_2}{D_2}}\varphi_4+\frac{\beta_3\left(\dfrac{\beta_2}{D_2}\varphi_1+\dfrac{C_2}{D_2}\right)+C_3}{D_3-\beta_3\dfrac{\alpha_2}{D_2}} \tag{3.106}$$

令

$$A_2=\frac{\alpha_2}{D_2},\quad C'_2=\frac{\beta_2}{D_2}\varphi_1+\frac{C_2}{D_2}$$

则式(3.106)成为

$$\varphi_3=\frac{\alpha_3}{D_3-\beta_3A_2}\varphi_4+\frac{\beta_3C'_2+C_3}{D_3-\beta_3A_2} \tag{3.107}$$

再令

$$A_3=\frac{\alpha_3}{D_3-\beta_3A_2},\quad C'_3=\frac{\beta_3C'_2+C_3}{D_3-\beta_3A_2}$$

则式(3.107)成为

$$\varphi_3=A_3\varphi_4+C'_3 \tag{3.108}$$

式(3.108)可以用于从式(3.107)中消去 φ_3,同时此过程可以重复进行,直到最后一个方程的 φ_{n-1} 被消去。

对于向后回代过程,则采用式(3.108)的通用形式:

$$\varphi_j=A_j\varphi_{j+1}+C'_j \tag{3.109}$$

式中:

$$A_j=\frac{\alpha_j}{D_j-\beta_jA_{j-1}}$$

$$C'_j=\frac{\beta_jC'_{j-1}+C_j}{D_j-\beta_jA_{j-1}}$$

利用边界条件(当 $j=1$ 和 $j=n+1$ 时的已知值),求 A_1、C'_1 和 A_{n+1}、C'_{n+1},即

$$A_1=0,\quad C'_1=\varphi_1,\quad A_{n+1}=0,\quad C'_{n+1}=\varphi_{n+1}$$

消元到最后一个方程时有 $\varphi_n=A_n\varphi_{n+1}+C'_n$,而 φ_{n+1} 为已知边界条件,因此根据 A_n 和 C'_n 就可以求出 φ_n,有了 φ_n 则可进一步求出 φ_{n-1},一直求到最前面的 φ_n 值,这个过程称为向后回代。

经过一个消元过程和一个回代过程就可得到最后结果,TDMA 算法占用的计算机资源非常少,具有很高的计算效率。然而,TDMA 算法只适合计算三对角代数方程。有限体积法中一维问题高阶差分格式和二维、三维问题得到的离散方程并非三对角方程,每个方程有五个或七个非零系数,因此 TDMA 算法不能直接应用。但是由于 TDMA 算法计算效率高,因此希望将算法扩展到求解高维有限体积法离散方程。

3.8.3 TDMA 算法在二维问题中的应用

二维问题有限体积法得到的离散方程的通用形式为

$$a_P\varphi_P=a_W\varphi_W+a_E\varphi_E+a_S\varphi_S+a_N\varphi_N+b \tag{3.110}$$

为了使 TDMA 算法能够应用,可将方程(3.110)转换成如式(3.104)一样的标准形式,转换的方式有两种,即

$$-a_S\varphi_S+a_P\varphi_P-a_N\varphi_N=a_W\varphi_W+a_E\varphi_E+b \tag{3.111}$$

或

$$-a_W\varphi_W + a_P\varphi_P - a_E\varphi_E = a_S\varphi_S + a_N\varphi_N + b \tag{3.112}$$

式(3.111)和式(3.112)的左边已经成为三对角方程的标准形式，而右边则可以认为是式(3.104)中的 C_j，即暂时认为是已知的，这样就可以利用 TDMA 算法求解方程组了。但是，实际上 C_j 是未知的，方程组经过一轮消元和回代得到的 φ_S、φ_P 和 φ_N（或 φ_W、φ_P 和 φ_E）不可能是真实解，而且计算结果中也未求出 φ_W 和 φ_E（或 φ_S 和 φ_N），因此需要迭代求解才有可能求出真解。迭代过程如图 3.18 所示。

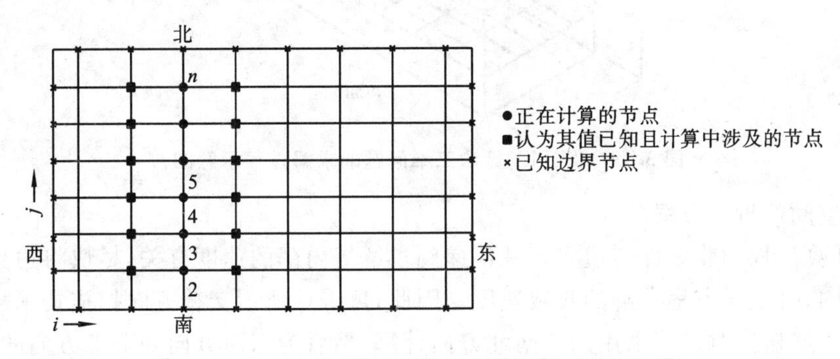

图 3.18　TDMA 算法二维问题的迭代过程示意图

首先选择一个计算方向，即相当于一维问题的计算，如图 3.18 所示，先选择南北方向，采用式(3.111)计算。

先沿南北线计算线上各点 2，3，…，n 的方程，计算中暂时认为所涉及的东西侧节点上的值为已知。求解完一条南北线上所有节点的方程后，沿东西方向移动到下一条南北线，按照前面的方法进行计算。南北线西侧节点处的场变量值 φ 可以采用刚刚计算出来的结果，而东侧节点值仍为假设值或上次迭代的结果。扫过所有南北线之后，就得到了所有节点上的场变量值，但其结果一般不是真实解，因此还需要反复进行上述计算过程，使得节点场变量值逐渐逼近真实解。

3.8.4　TDMA 算法在三维问题中的应用

三维问题离散方程组中每一个代数方程有 7 个非零系数项，与二维问题应用 TDMA 算法类似，也需要将方程改写为

$$-a_S\varphi_S + a_P\varphi_P - a_N\varphi_N = a_W\varphi_W + a_E\varphi_E + a_B\varphi_B + a_T\varphi_T + b \tag{3.113}$$

等式右边所有各项均暂时认为已知，未知场变量需要假设初始值。首先，在一条南北线上构成三对角方程，可采用 TDMA 算法求解。待求解完一条南北线上的点，按二维问题中采用的方法在东西方向推进，直至整个平面上所有节点处的场变量值计算出来。下一步则在上下方向移动到邻近的一个平面上重复上述过程，直至所有平面上的节点值被计算出来。这相当于完成第一次迭代，其结果肯定不能满足要求。重复上述求解扫描过程，反复应用 TDMA 算法求解各节点方程，直至所有节点的相邻两次迭代结果相差足够小。计算和扫描顺序如图 3.19 所示。

从二维问题应用 TDMA 算法求解的例子可以看出，TDMA 算法需要迭代才能得到高维问题的收敛解，而且收敛速度并不快。因此，TDMA 算法并不是求解高维问题有限体积法离散方程最好的方法。但是，TDMA 算法占用计算机内存非常少，可利用小机器求解大问题，是

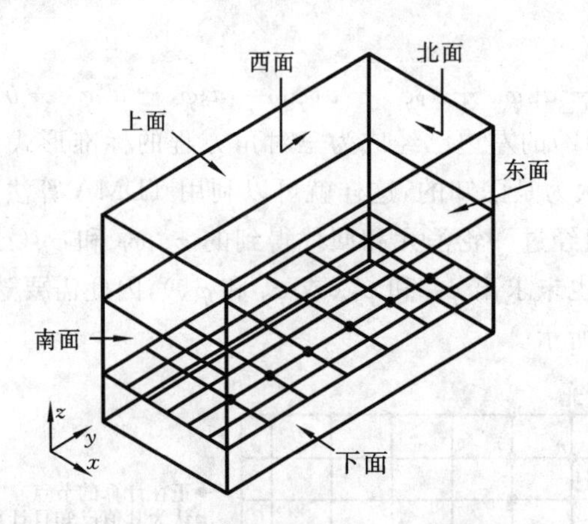

图 3.19　TDMA 算法三维问题的求解过程示意图

一种时间换空间的折中方案。

此外，计算过程的收敛性与边界条件传递到求解域内部的速度有关，尽快将边界条件值传递到求解域内，可加快方程求解的收敛速度。因此，可采用所谓交替方向扫描技术来提高收敛速度。即第一遍迭代时可能采用的为南北方向计算，然后为东西方向和上下方向的扫描；在下一次迭代时可采用东西方向计算，然后南北方向和上下方向扫描；也可以在不同的平面层中采用不同的优先计算方向，这有利于尽快将各边界值传递到求解域内部，加快方程求解收敛。东西方向优先和上下方向优先的方程为

$$-a_W\varphi_W + a_P\varphi_P - a_E\varphi_E = a_S\varphi_S + a_N\varphi_N + a_B\varphi_B + a_T\varphi_T + b$$

$$-a_B\varphi_B + a_P\varphi_P - a_T\varphi_T = a_W\varphi_W + a_E\varphi_E + a_S\varphi_S + a_N\varphi_N + b$$

第 4 章　湍流模型及其应用

湍流流动是自然界常见的流动现象，在大多数工程问题中，流体的流动往往处于湍流状态，湍流特性在工程中占有重要的地位，因此，湍流研究一直被研究者高度重视。但由于湍流本身的复杂性，直到现在仍有一些基本问题尚未解决。本章不深入涉及湍流结构及产生机理，主要从工程实际应用出发介绍湍流模型及其应用。

4.1　湍流的数学描述

4.1.1　湍流的流动特征

从流动实验中可以观察到，当 Reynolds 数(也称雷诺数，用 Re 表示)小于临界值时，流动平滑且相邻的流体层以有序的形式相互滑过。如果施加的边界条件不随时间变化，则流动是稳定的，这种流动称为层流。当 Re 大于临界值时，则将发生一系列复杂的变化，最终导致流动特征的本质变化，流动呈无序的混乱状态。即使边界条件保持不变，流动也是不稳定的，速度和其他流动变量以随机的方式变化，这种状态称为湍流。

湍流状态下某点的速度随时间的变化情况如图 4.1 所示。从图中可以看出，速度值的脉动性很强。

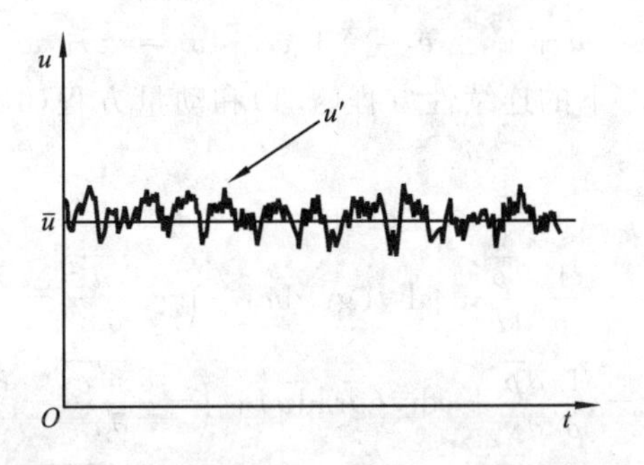

图 4.1　湍流状态下某点的速度随时间的变化

研究表明，湍流具有旋涡流动结构，这就是所谓的湍流涡，简称涡。从物理结构上看，湍流可以被看成由各种不同尺度的涡叠加而成的流动，这些涡的大小及旋转轴的方向是随机的。大尺度的涡主要由流动的边界条件所决定，其尺寸可以与流场的大小相比拟，它主要受惯性影响而存在，是引起低频脉动的原因；小尺度的涡主要是由黏性力所决定，其尺寸可能只有流场尺度的千分之一的量级，是引起高频脉动的原因。大尺度的涡破裂后形成小尺度的涡，较小尺度的涡破裂后形成更小尺度的涡。在充分发展的湍流区域内，涡的尺度可以在相当宽的范围内连续变化。大尺度的涡不断地从主流获得能量，通过涡间的相互作用，能量逐渐向小尺度的涡传递。最后由于流体黏性的作用，小尺度的涡不断消失，机械能就转化(或称耗散)为流体的热能。同时由于边界、扰动及速度梯度的作用，新的旋涡又不断产生，这就构成了湍流运动。流体内不同尺度的涡的随机运动造成了湍流的一个重要特点——流动变量的脉动，如图 4.1 所示。

4.1.2 湍流的基本方程

一般认为，无论湍流运动多么复杂，瞬态连续性方程和 Navier-Stokes 方程对于湍流的瞬时运动仍然是适用的。在此，考虑笛卡儿坐标系下的不可压缩流动，速度矢量 $\boldsymbol{u}$ 在 x、y 和 z 方向的分量为 u、v 和 w，湍流瞬态控制方程可表示为

$$\mathrm{div}\boldsymbol{u} = 0 \tag{4.1}$$

$$\frac{\partial u}{\partial t} + \mathrm{div}(u\boldsymbol{u}) = -\frac{1}{\rho}\frac{\partial p}{\partial x} + \nu\mathrm{div}(\mathrm{grad}u) \tag{4.2a}$$

$$\frac{\partial v}{\partial t} + \mathrm{div}(v\boldsymbol{u}) = -\frac{1}{\rho}\frac{\partial p}{\partial y} + \nu\mathrm{div}(\mathrm{grad}v) \tag{4.2b}$$

$$\frac{\partial w}{\partial t} + \mathrm{div}(w\boldsymbol{u}) = -\frac{1}{\rho}\frac{\partial p}{\partial z} + \nu\mathrm{div}(\mathrm{grad}w) \tag{4.2c}$$

为了考察湍流脉动的影响，目前广泛采用的方法为时间平均法，即把湍流运动看作由两种流动叠加而成，其一为时间平均流动，其二为瞬时脉动流动。这样，将脉动分离出来，便于处理和进一步的探讨。现引入 Reynolds 平均法，场变量 φ 的时间平均值定义为

$$\overline{\varphi} = \frac{1}{\Delta t}\int_t^{t+\Delta t} \varphi(t)\,\mathrm{d}t \tag{4.3}$$

式中：符号“—”表示对时间的平均值。

如果用上标“′”代表脉动值，那么场变量的瞬时值 φ、时均值 $\overline{\varphi}$ 及脉动值 φ' 之间具有如下关系：

$$\varphi = \overline{\varphi} + \varphi' \tag{4.4}$$

采用时均值与脉动值之和代替流动变量的瞬时值，有

$$\boldsymbol{u} = \overline{\boldsymbol{u}} + \boldsymbol{u}',\quad u = \overline{u} + u',\quad v = \overline{v} + v',\quad w = \overline{w} + w',\quad p = \overline{p} + p' \tag{4.5}$$

将式(4.5)代入瞬时状态下的连续性方程(4.1)和动量方程(4.2)，并对时间取平均，可得到湍流时均流动的控制方程：

$$\mathrm{div}\overline{\boldsymbol{u}} = 0 \tag{4.6}$$

$$\frac{\partial \overline{u}}{\partial t} + \mathrm{div}(\overline{u}\overline{\boldsymbol{u}}) = -\frac{1}{\rho}\frac{\partial \overline{p}}{\partial x} + \nu\mathrm{div}(\mathrm{grad}\overline{u}) + \left(-\frac{\partial \overline{u'^2}}{\partial x} - \frac{\partial \overline{u'v'}}{\partial y} - \frac{\partial \overline{u'w'}}{\partial z}\right) \tag{4.7a}$$

$$\frac{\partial \overline{v}}{\partial t} + \mathrm{div}(\overline{v}\overline{\boldsymbol{u}}) = -\frac{1}{\rho}\frac{\partial \overline{p}}{\partial y} + \nu\mathrm{div}(\mathrm{grad}\overline{v}) + \left(-\frac{\partial \overline{u'v'}}{\partial x} - \frac{\partial \overline{v'^2}}{\partial y} - \frac{\partial \overline{v'w'}}{\partial z}\right) \tag{4.7b}$$

$$\frac{\partial \overline{w}}{\partial t} + \mathrm{div}(\overline{w}\overline{\boldsymbol{u}}) = -\frac{1}{\rho}\frac{\partial \overline{p}}{\partial z} + \nu\mathrm{div}(\mathrm{grad}\overline{w}) + \left(-\frac{\partial \overline{u'w'}}{\partial x} - \frac{\partial \overline{v'w'}}{\partial y} - \frac{\partial \overline{w'^2}}{\partial z}\right) \tag{4.7c}$$

对于其他变量，φ 的输运方程作类似处理，可得

$$\frac{\partial \overline{\varphi}}{\partial t} + \mathrm{div}(\overline{\varphi}\overline{\boldsymbol{u}}) = \mathrm{div}(\Gamma \cdot \mathrm{grad}\overline{\varphi}) + \left(-\frac{\partial \overline{u'\varphi'}}{\partial x} - \frac{\partial \overline{v'\varphi'}}{\partial y} - \frac{\partial \overline{w'\varphi'}}{\partial z}\right) + S \tag{4.8}$$

上面各方程中，流体密度被假定为常数，但在实际流动中，流体密度可能是变化的。忽略密度脉动的影响，只考虑平均密度的变化，可写出可压缩湍流时均流动的控制方程（注意：为方便起见，除脉动值的时均值外，下式中去掉了表示时均值的上画线符号“−”，比如用 φ 来表示 $\overline{\varphi}$）。

- 连续性方程：

$$\frac{\partial \rho}{\partial t} + \mathrm{div}(\rho\boldsymbol{u}) = 0 \tag{4.9}$$

• 动量方程(Navier-Stokes 方程)：

$$\frac{\partial(\rho u)}{\partial t}+\mathrm{div}(\rho u\boldsymbol{u})=\mathrm{div}(\mu\cdot\mathrm{grad}u)-\frac{\partial p}{\partial x}+\left[-\frac{\partial(\rho\overline{u'^2})}{\partial x}-\frac{\partial(\rho\overline{u'v'})}{\partial y}-\frac{\partial(\rho\overline{u'w'})}{\partial z}\right]+S_u$$

$$\frac{\partial(\rho v)}{\partial t}+\mathrm{div}(\rho v\boldsymbol{u})=\mathrm{div}(\mu\cdot\mathrm{grad}v)-\frac{\partial p}{\partial y}+\left[-\frac{\partial(\rho\overline{u'v'})}{\partial x}-\frac{\partial(\rho\overline{v'^2})}{\partial y}-\frac{\partial(\rho\overline{v'w'})}{\partial z}\right]+S_v$$

$$\frac{\partial(\rho w)}{\partial t}+\mathrm{div}(\rho w\boldsymbol{u})=\mathrm{div}(\mu\cdot\mathrm{grad}w)-\frac{\partial p}{\partial z}+\left[-\frac{\partial(\rho\overline{u'w'})}{\partial x}-\frac{\partial(\rho\overline{v'w'})}{\partial y}-\frac{\partial(\rho\overline{w'^2})}{\partial z}\right]+S_w \tag{4.10}$$

• 其他变量的输运方程：

$$\frac{\partial(\rho\varphi)}{\partial t}+\mathrm{div}(\rho\varphi\boldsymbol{u})=\mathrm{div}(\Gamma\cdot\mathrm{grad}\varphi)+\left[-\frac{\partial(\rho\overline{u'\varphi'})}{\partial x}-\frac{\partial(\rho\overline{v'\varphi'})}{\partial y}-\frac{\partial(\rho\overline{w'\varphi'})}{\partial z}\right]+S \tag{4.11}$$

方程(4.9)为时均形式的连续性方程，方程(4.10)为时均形式的 Navier-Stokes 方程。由于式(4.3)中采用了 Reynolds 平均法，因此，方程(4.10)称为 Reynolds 时均 Navier-Stokes 方程(Reynolds-averaged Navier-Stokes，RANS)，又常称为 Reynolds 方程，方程(4.11)为场变量 φ 的时均输运方程。

为了便于后续分析，现引入张量符号，改写方程(4.9)、方程(4.10)和方程(4.11)，有

$$\frac{\partial\rho}{\partial t}+\frac{\partial}{\partial x_i}(\rho u_i)=0 \tag{4.12}$$

$$\frac{\partial}{\partial t}(\rho u_i)+\frac{\partial}{\partial x_j}(\rho u_i u_j)=-\frac{\partial p}{\partial x_i}+\frac{\partial}{\partial x_j}\left(\mu\frac{\partial u_i}{\partial x_j}-\rho\overline{u'_i u'_j}\right)+S_i \tag{4.13}$$

$$\frac{\partial(\rho\varphi)}{\partial t}+\frac{\partial(\rho u_j\varphi)}{\partial x_j}=\frac{\partial}{\partial x_j}\left(\Gamma\frac{\partial\varphi}{\partial x_j}-\rho\overline{u'_j\varphi'}\right)+S \tag{4.14}$$

式(4.12)至式(4.14)为采用张量形式表示的时均连续性方程、Reynolds 方程和场变量 φ 的时均输运方程。其中，下标 i 和 j 的值为 1、2 或 3。

定义 Reynolds 方程中的 $-\rho\overline{u'_i u'_j}$ 为 Reynolds 应力项，即

$$\tau_{ij}=-\rho\overline{u'_i u'_j} \tag{4.15}$$

实际上，τ_{ij} 对应于 6 个 Reynolds 应力，即 3 个正应力和 3 个剪切应力。

由式(4.12)、式(4.13)和式(4.14)构成的方程组共有 5 个方程(Reynolds 方程实际上为 3 个方程)，现在新增 6 个 Reynolds 应力项，再加上原来的 5 个时均未知量(u_x、u_y、u_z、p 和 φ)，总共有 11 个未知量，因此，方程组不封闭，必须引入新的湍流模型(方程)才能使式(4.12)、式(4.13)和式(4.14)封闭。

4.2　湍流的数值模拟方法

湍流流动是一种高度非线性的复杂流动，目前已经能够通过某些数值方法对湍流进行模拟，模拟结果与实际情况吻合较好。本节将介绍湍流的各种数值模拟方法。

4.2.1　湍流数值模拟方法的分类

总体而言，目前的湍流数值模拟方法可以分为直接数值模拟方法和非直接数值模拟方法。所谓直接数值模拟方法，是指直接求解湍流瞬态控制方程(4.1)和方程(4.2)；而非直接数值模

拟方法就是不直接计算湍流的脉动特性，而是设法对湍流作某种程度的近似和简化处理，例如，采用4.1节给出的时均性质的Reynolds方程就是其中的一种典型做法。根据所采用的近似和简化方法不同，非直接数值模拟方法又可分为大涡模拟方法、统计平均法和Reynolds平均法。图4.2为湍流数值模拟方法的分类图。

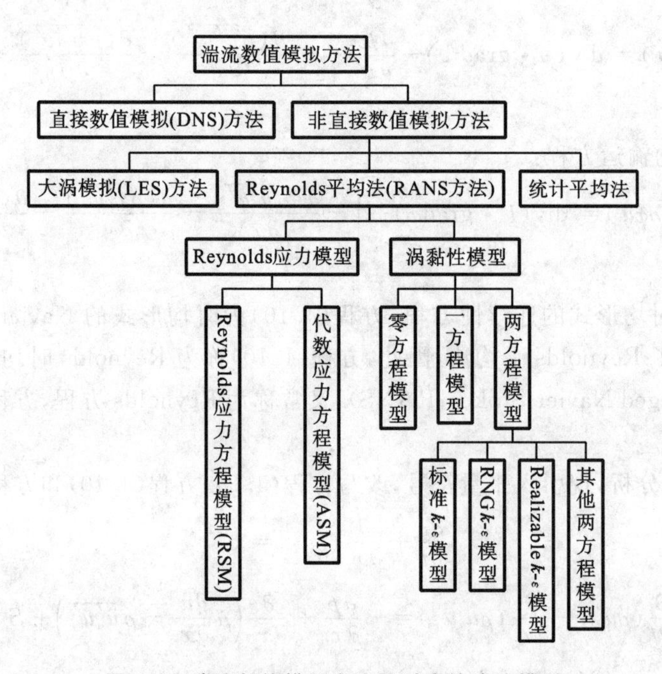

图4.2 湍流数值模拟方法及对应的湍流模型

统计平均法是基于湍流相关函数的统计理论，主要用相关函数及谱分析的方法来研究湍流结构，统计理论主要涉及小涡的运动，这种方法在工程上的应用并不广泛。下面将介绍直接数值模拟方法、大涡模拟方法和Reynolds平均法。

4.2.2 直接数值模拟方法

直接数值模拟(direct numerical simulation, DNS)就是直接用瞬态的Navier-Stokes方程(4.2)对湍流进行计算。DNS方法的最大好处是无须对湍流流动作任何简化或近似，理论上可以得到相对准确的计算结果。

但是，实验研究表明，在一个0.1×0.1 m^2大小的流动区域内，在高Re的湍流中包含尺度为10～100 μm的涡，要描述所有尺度的涡，则计算的网格节点数将高达10^9～10^{12}个。同时，涡流脉动的频率约为10 kHz，因此，必须将时间的离散步长取为100 μs以下。在如此微小的空间和时间步长下，才能分辨出湍流中详细的空间结构及变化剧烈的时间特性。对于这样的计算要求，现有的计算机能力还是比较困难的。DNS对内存空间及计算速度的要求非常高，目前还无法用于真正意义上的工程计算，但大量的探索性工作正在进行之中。

随着计算技术，特别是并行计算技术的飞速发展，有可能在不远的将来，将DNS方法用于实际工程计算。

4.2.3　大涡模拟方法

为了模拟湍流流动，一方面要求计算区域的尺度应大到足以包含湍流运动中出现的最大涡，另一方面要求计算网格的尺度应小到足以分辨最小涡的运动。然而，就目前的计算机能力来讲，能够采用的计算网格的最小尺度仍比最小涡的尺度大许多。因此，目前只能放弃对全尺度范围上涡的运动的模拟，而只将比网格尺度大的湍流运动通过 Navier-Stokes 方程直接计算出来，对于小尺度的涡对大尺度运动的影响则通过建立模型来模拟，从而形成了目前的大涡模拟(large eddy simulation，LES)方法。

LES 方法的基本思想可以概括为：用瞬态的 Navier-Stokes 方程(4.2)直接模拟湍流中的大涡，不直接模拟小涡，而小涡对大涡的影响通过近似的模型来考虑。

总体而言，LES 方法对计算机内存及 CPU 的速度要求仍比较高，但低于 DNS 方法。目前，在工作站和高档 PC 机上已经可以开展 LES 工作，同时 LES 方法也是目前 CFD 研究和应用的热点之一，将在后面详细介绍。

4.2.4　Reynolds 平均法

多数观点认为，虽然瞬态的 Navier-Stokes 方程可以用于描述湍流，但 Navier-Stokes 方程的非线性使得采用解析法精确描述三维瞬态问题非常困难，即使能真正获得这些细节，对于解决实际问题也没有太大意义。因为从工程应用来看，最为重要的是湍流引起的时均流场的变化是一个整体的效果。因此，人们很自然地想到求解时均化的 Navier-Stokes 方程，而将瞬态的脉动量通过某种模型在时均化的方程中体现，由此产生了 Reynolds 平均法。Reynolds 平均法的核心是不直接求解瞬态的 Navier-Stokes 方程，而是求解时均化的 Reynolds 方程(4.13)。这样，不仅可以避免 DNS 方法的计算量大的问题，而且对工程实际应用可以取得很好的效果。Reynolds 平均法是目前使用最为广泛的湍流数值模拟方法。

由于时均化的 Reynolds 方程(4.13)简称为 RANS，因此，Reynolds 平均法也称为 RANS 方法。

从 Reynolds 方程(4.13)可以看出，方程中含有与湍流脉动值相关的 Reynolds 应力项 $-\rho\overline{u_i'u_j'}$，它是新的未知量。因此，要使方程组封闭，必须对 Reynolds 应力作出假设，即建立应力的表达式(或引入新的湍流模型方程)，通过这些表达式或湍流模型，把湍流的脉动值与时均值联系起来。

根据对 Reynolds 应力作出的假设或处理方式不同，目前常用的湍流模型可分为两大类：Reynolds 应力模型和涡黏性模型。下面将分别介绍这两类湍流模型。

1. Reynolds 应力模型

在 Reynolds 应力模型方法中，通常直接构建 Reynolds 应力方程，并将其与式(4.12)、式(4.13)、式(4.14)联立求解。Reynolds 应力方程模型中的 Reynolds 应力方程为微分形式，如果将 Reynolds 应力方程的微分形式转化为代数方程的形式，则称这种模型为代数应力方程模型。因此，代数应力方程模型也属于 Reynolds 应力模型。

2. 涡黏性模型

在涡黏性模型方法中，通常不直接处理 Reynolds 应力项，而是引入湍流黏度(或称涡黏性系数)，然后将湍流应力表示成湍流黏度的函数，整个计算的关键在于确定湍流黏度。

湍流黏度的提出来源于 Boussinesq 提出的涡黏性的假设，该假设建立了 Reynolds 应力

与时均速度梯度的关系，即

$$-\rho\overline{u'_i u'_j}=\mu_t\left(\frac{\partial u_i}{\partial x_j}+\frac{\partial u_j}{\partial x_i}\right)-\frac{2}{3}\left(\rho k+\mu_t\frac{\partial u_i}{\partial x_i}\right)\delta_{ij} \tag{4.16}$$

式中：μ_t 为湍流黏度；u_i 为时均速度；δ_{ij} 为"Kronecker delta"符号（当 $i=j$ 时，$\delta_{ij}=1$；当 $i\neq j$ 时，$\delta_{ij}=0$）；k 为湍动能，其表达式为

$$k=\frac{\overline{u'_i u'_j}}{2}=\frac{1}{2}(\overline{u'^2}+\overline{v'^2}+\overline{w'^2}) \tag{4.17}$$

需要说明的是，湍流黏度 μ_t 为空间坐标的函数，取决于流动状态，而不为物性参数，下标 t 表示湍流。注意：在第 1 章中介绍的由于分子黏性而引起的流体动力黏度 μ 为物性参数。

由此可见，引入 Boussinesq 假设后，湍流数值模拟的关键在于如何确定湍流黏度 μ_t。而涡黏性模型，就是将湍流黏度 μ_t 与湍流时均参数联系起来的一种关系式。根据用来确定湍流黏度 μ_t 的微分方程个数，涡黏性模型可以分为零方程模型、一方程模型和两方程模型。

目前，两方程模型在工程中应用最为广泛，最基本的两方程模型为标准 k-ε 模型，即分别引入关于湍动能 k 和耗散率 ε 的方程。此外，还有各种改进的 k-ε 模型，比如 RNGk-ε 模型和 Realizable k-ε 模型。下面将具体介绍这几种涡黏性模型。

4.3　零方程模型及一方程模型

4.2 节介绍了采用 Reynolds 平均法（RANS 方法）处理 Reynolds 应力项的几种湍流模型，本节介绍最为简单的零方程模型及一方程模型。

4.3.1　零方程模型

所谓零方程模型，是指不采用微分方程，而采用代数关系式，把湍流黏度与时均值联系起来的模型。零方程模型采用湍流时均连续性方程(4.12)和 Reynolds 方程(4.13)组成方程组，并采用平均速度场的局部速度梯度来表示方程组中的 Reynolds 应力。

零方程模型方案有多种，最著名的有 Prandtl 提出的混合长度模型。Prandtl 假设湍流黏度 μ_t 正比于时均速度 u_i 的梯度和混合长度 l_m 的平方，对于二维问题，则有

$$\mu_t=l_m^2\left|\frac{\partial u}{\partial y}\right| \tag{4.18}$$

湍流剪切应力为

$$-\rho\overline{u'v'}=\rho l_m^2\left|\frac{\partial u}{\partial y}\right|\frac{\partial u}{\partial y} \tag{4.19}$$

式中：混合长度 l_m 由经验公式或实验确定。

混合长度模型具有直观、简单的特点，对于射流、混合层、扰动和边界层等带有薄的剪切层的流动效果较好。由于混合长度 l_m 的确定只能针对简单流动，而不适用于复杂流动，而且不适用于带分离及回流的流动，因此，零方程模型在实际工程中很少应用。

4.3.2　一方程模型

在零方程模型中，湍流黏度 μ_t 和混合长度 l_m 都将 Reynolds 应力和当地时均速度梯度联系起来，是一种局部平衡的概念，而忽略了对流和扩散的影响。为了弥补混合长度模型的局限性，在湍流的时均连续性方程(4.12)和 Reynolds 方程(4.13)的基础上，再建立一个湍动能 k

的输运方程，并将湍流黏度 μ_t 表示成湍动能 k 的函数，使方程组封闭。这里，湍动能 k 的输运方程可写为

$$\frac{\partial(\rho k)}{\partial t}+\frac{\partial(\rho k u_i)}{\partial x_i}=\frac{\partial}{\partial x_j}\left[\left(\mu+\frac{\mu_t}{\sigma_k}\right)\frac{\partial k}{\partial x_j}\right]+\mu_t\left(\frac{\partial u_i}{\partial x_j}+\frac{\partial u_j}{\partial x_i}\right)\frac{\partial u_i}{\partial x_j}-\rho C_D\frac{k^{3/2}}{l} \tag{4.20}$$

从左至右，方程中各项依次为瞬态项、对流项、扩散项、产生项、耗散项。根据 Kolmogorov-Prandtl 表达式，有

$$\mu_t=\rho C_\mu\sqrt{kl} \tag{4.21}$$

式中：σ_k、C_D、C_μ 为经验常数，较多文献建议 $\sigma_k=1.0$、$C_\mu=0.09$，而对于 C_D 的取值，不同的文献取值不同，从 0.08 到 0.38 不等；l 为湍流脉动的特征长度，由经验公式或实验而定。

方程(4.20)和式(4.21)构成一方程模型。一方程模型中考虑了湍流的对流输运和扩散输运，因而比零方程模型更为合理。然而，一方程模型中的特征长度 l 如何确定仍为不易解决的问题，因此很难在实际中得到推广和应用。

4.4　标准 k-ε 模型

标准 k-ε 模型为典型的两方程模型，它是在一方程模型的基础上，再引入一个关于湍流耗散率 ε 的方程后形成的，是目前应用最为广泛的湍流模型。本节将介绍标准 k-ε 模型的定义及其对应的控制方程组。

4.4.1　标准 k-ε 模型的定义

在湍动能 k 方程的基础上，再引入一个湍流耗散率 ε 方程，便构成 k-ε 两方程模型，称为标准 k-ε 模型。在该模型中，湍流耗散率 ε 被定义为

$$\varepsilon=\frac{\mu}{\rho}\overline{\left(\frac{\partial u_i'}{\partial x_k}\right)\left(\frac{\partial u_j'}{\partial x_k}\right)} \tag{4.22}$$

将湍流黏度 μ_t 表示成 k 和 ε 的函数，有

$$\mu_t=\rho C_\mu\frac{k^2}{\varepsilon} \tag{4.23}$$

式中：C_μ 为经验常数。

在标准 k-ε 模型中，k 和 ε 为两个基本未知量，与之对应的输运方程为

$$\frac{\partial(\rho k)}{\partial t}+\frac{\partial(\rho k u_i)}{\partial x_i}=\frac{\partial}{\partial x_j}\left[\left(\mu+\frac{\mu_t}{\sigma_k}\right)\frac{\partial k}{\partial x_j}\right]+G_k+G_b-\rho\varepsilon-Y_M+S_k \tag{4.24}$$

$$\frac{\partial(\rho\varepsilon)}{\partial t}+\frac{\partial(\rho\varepsilon u_i)}{\partial x_i}=\frac{\partial}{\partial x_j}\left[\left(\mu+\frac{\mu_t}{\sigma_\varepsilon}\right)\frac{\partial \varepsilon}{\partial x_j}\right]+C_{1\varepsilon}\frac{\varepsilon}{k}(G_k+C_{3\varepsilon}G_b)-C_{2\varepsilon}\rho\frac{\varepsilon^2}{k}+S_\varepsilon \tag{4.25}$$

式中：G_k 为由时均速度梯度引起的湍动能 k 的产生项；Y_M 为可压缩湍流中的脉动扩张项；$C_{1\varepsilon}$、$C_{2\varepsilon}$ 和 $C_{3\varepsilon}$ 为经验常数；σ_k 和 σ_ε 分别为与湍动能 k 和耗散率 ε 对应的 Prandtl 数；S_k 和 S_ε 为用户定义的源项。

式(4.24)和式(4.25)中各项的计算式具体如下。

首先，G_k 为由时均速度梯度引起的湍动能 k 的产生项，其计算式为

$$G_k=\mu_t\left(\frac{\partial u_i}{\partial x_j}+\frac{\partial u_j}{\partial x_i}\right)\frac{\partial u_i}{\partial x_j} \tag{4.26}$$

G_b 为由浮升力(浮力)引起的湍动能 k 的产生项，对于不可压缩流体，有 $G_b=0$；对于可压

缩流体,有

$$G_b = \beta g_i \frac{\mu_t}{Pr_i}\frac{\partial T}{\partial x_i} \tag{4.27}$$

式中:Pr_i 为湍动 Prandtl 数,标准 k-ε 模型中可取$Pr_i=0.85$;g_i 为重力加速度在第 i 方向上的分量;β 为热膨胀系数,可由以下状态方程求出:

$$\beta = -\frac{1}{\rho}\frac{\partial \rho}{\partial T} \tag{4.28}$$

Y_M 为可压缩湍流中的脉动扩张项,对于不可压缩流体,有 $Y_M=0$;对于可压缩流体,有

$$Y_M = 2\rho\varepsilon M_t^2 \tag{4.29}$$

式中:M_t 为湍流 Mach 数,$M_t=\sqrt{k/a^2}$;a 为声速,$a=\sqrt{\gamma RT}$。

在标准 k-ε 模型中,根据 Launder 等的推荐值及后来的实验验证,模型常数 $C_{1\varepsilon}$、$C_{2\varepsilon}$、C_μ、σ_k、σ_ε 的取值分别为

$$C_{1\varepsilon}=1.44,\quad C_{2\varepsilon}=1.92,\quad C_\mu=0.09,\quad \sigma_k=1.0,\quad \sigma_\varepsilon=1.3 \tag{4.30}$$

对于可压缩流体流动计算中与浮升力相关的系数 $C_{3\varepsilon}$,当主流方向与重力方向平行时,有 $C_{3\varepsilon}=1$,而当主流方向与重力方向垂直时,则有 $C_{3\varepsilon}=0$。

根据以上分析,当流动为不可压缩,且不考虑用户自定义的源项时,有 $G_b=0$,$Y_M=0$,$S_k=0$,$S_\varepsilon=0$,此时标准 k-ε 模型可写为

$$\frac{\partial(\rho k)}{\partial t}+\frac{\partial(\rho k u_i)}{\partial x_i}=\frac{\partial}{\partial x_j}\left[\left(\mu+\frac{\mu_t}{\sigma_k}\right)\frac{\partial k}{\partial x_j}\right]+G_k-\rho\varepsilon \tag{4.31}$$

$$\frac{\partial(\rho \varepsilon)}{\partial t}+\frac{\partial(\rho \varepsilon u_i)}{\partial x_i}=\frac{\partial}{\partial x_j}\left[\left(\mu+\frac{\mu_t}{\sigma_\varepsilon}\right)\frac{\partial \varepsilon}{\partial x_j}\right]+\frac{C_{1\varepsilon}\varepsilon}{k}G_k-C_{2\varepsilon}\rho\frac{\varepsilon^2}{k} \tag{4.32}$$

方程(4.31)和方程(4.32)为标准 k-ε 模型的简化形式,后续介绍的改进型 k-ε 模型也将采用这种简化形式。

方程(4.31)和方程(4.32)中的 G_k,可按式(4.26)计算,其展开式为

$$G_k=\mu_t\left\{2\left[\left(\frac{\partial u}{\partial x}\right)^2+\left(\frac{\partial v}{\partial y}\right)^2+\left(\frac{\partial w}{\partial z}\right)^2\right]+\left(\frac{\partial u}{\partial y}+\frac{\partial v}{\partial x}\right)^2+\left(\frac{\partial u}{\partial z}+\frac{\partial w}{\partial x}\right)^2+\left(\frac{\partial v}{\partial z}+\frac{\partial w}{\partial y}\right)^2\right\} \tag{4.33}$$

4.4.2 标准 k-ε 模型的控制方程组及适用性

采用标准 k-ε 模型求解流动及换热问题时,控制方程包括连续性方程、动量方程、能量方程、k 方程、ε 方程及湍流黏度的定义式(4.23)。如果不考虑热交换,只是单纯的流动问题,则不需要能量方程。如果需要考虑传质或化学反应,则还应增加组分方程。这些方程的通用形式为

$$\frac{\partial(\rho\varphi)}{\partial t}+\frac{\partial(\rho u\varphi)}{\partial x}+\frac{\partial(\rho v\varphi)}{\partial y}+\frac{\partial(\rho w\varphi)}{\partial z}=\frac{\partial}{\partial x}\left(\Gamma\frac{\partial \varphi}{\partial x}\right)+\frac{\partial}{\partial y}\left(\Gamma\frac{\partial \varphi}{\partial y}\right)+\frac{\partial}{\partial z}\left(\Gamma\frac{\partial \varphi}{\partial z}\right)+S \tag{4.34}$$

采用散度符号,式(4.34)可写为

$$\frac{\partial(\rho\varphi)}{\partial t}+\mathrm{div}(\rho \boldsymbol{u}\varphi)=\mathrm{div}(\Gamma\cdot\mathrm{grad}\varphi)+S \tag{4.35}$$

为了方便读者查阅,表 4.1 给出了直角坐标系下,与通用形式(4.35)所对应的标准 k-ε 模型的控制方程。

表 4.1　标准 k-ε 模型的控制方程

方　程	φ	扩散系数 Γ	源　项 S
连续性方程	1	0	0
x 动量方程	u	$\mu_{\text{eff}}=\mu+\mu_t$	$-\frac{\partial p}{\partial x}+\frac{\partial}{\partial x}\left(\mu_{\text{eff}}\frac{\partial u}{\partial x}\right)+\frac{\partial}{\partial y}\left(\mu_{\text{eff}}\frac{\partial v}{\partial x}\right)+\frac{\partial}{\partial z}\left(\mu_{\text{eff}}\frac{\partial w}{\partial x}\right)+S_u$
y 动量方程	v	$\mu_{\text{eff}}=\mu+\mu_t$	$-\frac{\partial p}{\partial y}+\frac{\partial}{\partial x}\left(\mu_{\text{eff}}\frac{\partial u}{\partial y}\right)+\frac{\partial}{\partial y}\left(\mu_{\text{eff}}\frac{\partial v}{\partial y}\right)+\frac{\partial}{\partial z}\left(\mu_{\text{eff}}\frac{\partial w}{\partial y}\right)+S_v$
z 动量方程	w	$\mu_{\text{eff}}=\mu+\mu_t$	$-\frac{\partial p}{\partial z}+\frac{\partial}{\partial x}\left(\mu_{\text{eff}}\frac{\partial u}{\partial z}\right)+\frac{\partial}{\partial y}\left(\mu_{\text{eff}}\frac{\partial v}{\partial z}\right)+\frac{\partial}{\partial z}\left(\mu_{\text{eff}}\frac{\partial w}{\partial z}\right)+S_w$
湍动能方程	k	$\mu+\frac{\mu_t}{\sigma_k}$	$G_k+\rho\varepsilon$
耗散率方程	ε	$\mu+\frac{\mu_t}{\sigma\varepsilon}$	$\frac{\varepsilon}{k}(C_{1\varepsilon}G_k-C_{2\varepsilon}\rho\varepsilon)$
能量方程	T	$\frac{\mu}{Pr}+\frac{\mu_t}{\sigma_T}$	根据实际问题而定

式(4.35)为各类控制方程的通用形式，其离散化方法及求解方法也适用于各种变量，不同变量间的区别仅在于广义扩散系数、广义源项及初值、边界条件这三方面。

对于标准 k-ε 模型的适用性，说明如下：

(1) 模型中的有关系数的取值，比如式(4.30)中模型常数的取值，主要根据一些实验结果来确定，针对不同的研究对象，取值可能有出入，但总体来讲，本节所推荐的取值是得到了广泛应用的。虽然系数具有广泛的适用性，但也不能对其适用性估计过高，需要在数值计算过程中针对特定的问题，参考相关文献寻找更为合理的取值。

(2) 本节所给出的标准 k-ε 模型，是针对发展非常充分的湍流流动建立的，也就是说，它是一种针对高 Re 的湍流模型。而当 Re 较低时，例如，近壁区内的流动，湍流发展并不充分，湍流的脉动影响可能不及分子黏性的影响，而更贴近壁面的底层内，流动可能处于层流状态。因此，针对 Re 较低的流动采用标准 k-ε 模型可能出现问题，而需要进行特殊处理，以解决近壁区内的流动及低 Re 的流动问题。常用的解决方法有两种：一种为采用壁面函数法，另一种为采用低 Re 的 k-ε 模型。

(3) 标准 k-ε 模型比零方程模型和一方程模型有了很大的改进，在科学研究及工程实际中得到了最为广泛的应用，但对于强旋流、弯曲壁面流动或弯曲流线流动，会产生一定程度的失真。这是因为在标准 k-ε 模型中，对于 Reynolds 应力的各个分量，所假定的湍流黏度 μ_t 为各向同性的标量。而对于流线弯曲的情况，湍流为各向异性，湍流黏度 μ_t 应为各向异性的张量。为了弥补标准 k-ε 模型的不足，许多学者提出了标准 k-ε 模型的改进方案，其中应用较为广泛的改进方案有 RNG k-ε 模型和 Realizable k-ε 模型。

4.5　RNG k-ε 模型和 Realizable k-ε 模型

4.4 节提到，将标准 k-ε 模型用于强旋流或带有弯曲壁面的流动时，会出现一定程度的失真。本节将介绍标准 k-ε 模型的两种改进方案：RNG k-ε 模型和 Realizable k-ε 模型。

4.5.1　RNG k-ε 模型

RNG k-ε 模型中的"RNG"是"renormalization group"的缩写，可将其译为"重正化群"，本书中直接使用"RNG"原名。

在 RNG k-ε 模型中，k 方程和 ε 方程与标准 k-ε 模型非常相似，即

$$\frac{\partial(\rho k)}{\partial t}+\frac{\partial(\rho k u_i)}{\partial x_i}=\frac{\partial}{\partial x_j}\left(\alpha_k\mu_{\text{eff}}\frac{\partial k}{\partial x_j}\right)+G_k+\rho\varepsilon \tag{4.36}$$

$$\frac{\partial(\rho\varepsilon)}{\partial t}+\frac{\partial(\rho\varepsilon u_i)}{\partial x_i}=\frac{\partial}{\partial x_j}\left(\alpha_\varepsilon\mu_{\text{eff}}\frac{\partial\varepsilon}{\partial x_j}\right)+\frac{C_{1\varepsilon}^*\varepsilon}{k}G_k-C_{2\varepsilon}\rho\frac{\varepsilon^2}{k} \tag{4.37}$$

式中：

$$\mu_{\text{eff}}=\mu+\mu_{\text{t}},\quad \mu_{\text{t}}=\rho C_\mu\frac{k^2}{\varepsilon}$$

$$C_\mu=0.0845,\quad \alpha_k=\alpha_\varepsilon=1.39$$

$$C_{1\varepsilon}^*=C_{1\varepsilon}-\frac{\eta(1-\eta/\eta_0)}{1+\beta\eta^3}$$

$$C_{1\varepsilon}=1.42,\quad C_{2\varepsilon}=1.68$$

$$\eta=(2E_{ij}E_{ij})^{1/2}\frac{k}{\varepsilon}$$

$$E_{ij}=\frac{1}{2}\left(\frac{\partial u_i}{\partial x_j}+\frac{\partial u_j}{\partial x_i}\right)$$

$$\eta_0=4.377,\quad \beta=0.012$$

与标准 k-ε 模型进行对比，可以发现 RNG k-ε 模型的主要改进如下：

(1) 通过对湍流黏度进行修正，考虑了流动中的旋转及旋流流动的影响；

(2) 在 ε 方程中增加一项 E_{ij}，以反映主流时均应变率，使得 RNG k-ε 模型中的产生项不仅与流动情况有关，而且是空间坐标的函数。

以上两点使得 RNG k-ε 模型可以更好地处理高应变率及流线弯曲程度较大的流动。

另外，需要注意的是，RNG k-ε 模型仍旧对充分发展的湍流有效，即为高 Re 的湍流模型，而对近壁区内的流动及 Re 较低的流动，必须采用 4.6 节介绍的壁面函数法或低 Re k-ε 模型来处理。

4.5.2　Realizable k-ε 模型

研究表明，标准 k-ε 模型应用于时均应变率特别大的情况时，可能导致负的正应力。为使流动符合湍流流动的规律，需要对正应力进行某种数学约束。为保证这种约束的实现，有学者认为湍流黏度计算式中的系数 C_μ 不应为常数，而应与应变率联系起来，从而提出了 Realizable k-ε 模型中关于 k 和 ε 的输运方程，即

$$\frac{\partial(\rho k)}{\partial t}+\frac{\partial(\rho k u_i)}{\partial x_i}=\frac{\partial}{\partial x_j}\left[\left(\mu+\frac{\mu_{\text{t}}}{\sigma_k}\right)\frac{\partial k}{\partial x_j}\right]+G_k-\rho\varepsilon \tag{4.38}$$

$$\frac{\partial(\rho\varepsilon)}{\partial t}+\frac{\partial(\rho\varepsilon u_i)}{\partial x_i}=\frac{\partial}{\partial x_j}\left[\left(\mu+\frac{\mu_{\text{t}}}{\sigma_\varepsilon}\right)\frac{\partial\varepsilon}{\partial x_j}\right]+\rho C_1E\varepsilon-\rho C_2\frac{\varepsilon^2}{k+\sqrt{v\varepsilon}} \tag{4.39}$$

式中：

$$\sigma_k=1.0,\quad \sigma_\varepsilon=1.2,\quad C_2=1.9$$

$$C_1 = \max\left(0.43, \frac{\eta}{\eta+5}\right)$$

$$\eta = (2E_{ij}E_{ij})^{1/2}\frac{k}{\varepsilon}$$

$$E_{ij} = \frac{1}{2}\left(\frac{\partial u_i}{\partial x_j} + \frac{\partial u_j}{\partial x_i}\right)$$

$$\mu_t = \rho C_\mu \frac{k^2}{\varepsilon}$$

$$C_\mu = \frac{1}{A_0 + A_s U^* k/\varepsilon}$$

其中

$$A_0 = 4.0$$

$$A_s = \sqrt{6}\cos\varphi$$

$$\varphi = \frac{1}{3}\cos^{-1}(\sqrt{6}W)$$

$$W = \frac{E_{ij}E_{jk}E_{ki}}{(E_{ij}E_{ij})^{1/2}}$$

$$E_{ij} = \frac{1}{2}\left(\frac{\partial u_i}{\partial x_j} + \frac{\partial u_j}{\partial x_i}\right)$$

$$U^* = \sqrt{E_{ij}E_{ij} + \tilde{\Omega}_{ij}\tilde{\Omega}_{ij}}$$

$$\tilde{\Omega}_{ij} = \Omega_{ij} - 2\varepsilon_{ijk}\omega_k$$

$$\Omega_{ij} = \overline{\Omega}_{ij} - \varepsilon_{ijk}\omega_k$$

式中的$\overline{\Omega}_{ij}$为从角速度等于ω_k的参考系中观察到的时均转动速率张量大小，显然对于无旋转流场，U^*计算式根号中的第二项为零，这一项专门用来表示旋转的影响，也是 Realizable k-ε 模型的特点之一。

与标准k-ε模型进行对比，可以发现 Realizable k-ε 模型的主要改进如下：

(1) 湍流黏度计算式发生了变化，引入了与旋转和曲率有关的内容；

(2) ε方程中的产生项不再含有k方程中的产生项G_k；

(3) ε方程中的倒数第二项不具有任何奇异性，即使k值很小或为零，分母也不会为零。这与标准k-ε模型和 RNG k-ε 模型存在较大区别。

Realizable k-ε 模型已经有效应用于各种类型的流动模拟，包括旋转剪切流、含有射流和混合流的自由流、管内流动、边界层流动以及分离流动等。

4.6　采用k-ε模型处理近壁问题

前两节中介绍的k-ε模型均为针对充分发展的湍流的，也就是说，这些模型均为高Re的湍流模型。然而，对于近壁区内的流动，Re较低，湍流发展并不充分，湍流的脉动影响不如分子黏性的影响大，要对近壁区内的流动进行模拟计算，则必须对前面的k-ε模型进行修正。本节将介绍壁面函数法和低Re k-ε模型，这两种方法都可以成功地解决近壁区及低Re情况下的流动计算问题。

4.6.1 近壁区流动的特点

实验研究表明,对于在固体壁面上充分发展的湍流流动,沿壁面法线方向,可将流动区域划分为壁面区(或称内区)和核心区(或称外区)。对于核心区的流动,可以认为是完全湍流区,不再讨论,下面将重点讨论壁面区的流动。

壁面区又可以分为三个子层:黏性底层、过渡层、对数律层。

(1)黏性底层为一个紧贴固体壁面的极薄层,其中黏性力在动量、热量及质量交换中起主导作用,湍流剪切应力可以忽略,因此流动几乎是层流流动,平行于壁面的速度分量沿壁面法线方向呈线性分布。

(2)过渡层处于黏性底层的外面,其中黏性力与湍流剪切应力的作用相当,流动状况比较复杂,很难用一个公式或定律来描述。由于过渡层的厚度极小,因此在工程计算中通常将其归入对数律层。

(3)对数律层处于最外层,其中黏性力的影响不明显,湍流剪切应力占主导地位,流动处于充分发展的湍流状态,流速分布接近对数关系。

为了建立壁面函数,现引入两个无量纲参数 u^+ 和 y^+,分别表示速度和距离,即

$$u^+=\frac{u}{u_\tau} \tag{4.40}$$

$$y^+=\frac{\Delta y\rho u_\tau}{\mu}=\frac{\Delta y}{v}\sqrt{\frac{\tau_w}{\rho}} \tag{4.41}$$

式中:u 为流体的时均速度;u_τ 为壁面摩擦速度,$u_\tau=(\tau_w/\rho)^{\frac{1}{2}}$;$\tau_w$ 为壁面剪切应力;Δy 为流体到壁面的距离。

以 $\ln y^+$ 为横坐标,u^+ 为纵坐标,将壁面区内三个子层及核心区内的流动表示在图 4.3 中。图中的小三角形及小空心圆代表在两种 Re 下实测得到的速度值 u^+,粗直线代表对速度进行拟合后的结果。

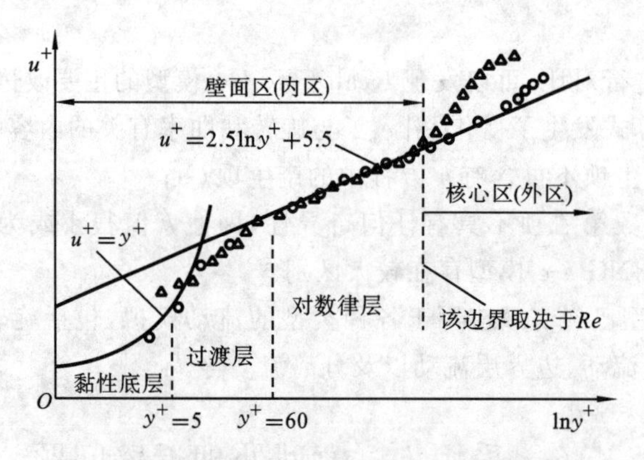

图 4.3 壁面区三个子层的划分与相应的速度

从图 4.3 可知,当 $y^+<5$ 时,流动处于黏性底层,其速度沿壁面法线方向呈线性分布,即

$$u^+=y^+ \tag{4.42}$$

当 $60<y^+<300$ 时,流动处于对数律层,其速度沿壁面法线方向呈对数关系分布,即

$$u^+=\frac{1}{\kappa}\ln y^+ + B=\frac{1}{\kappa}\ln(Ey^+) \tag{4.43}$$

式中：κ 为 Karman 常数，B 和 E 为与表面粗糙度有关的常数。对于光滑壁面有：$\kappa=0.4$，$B=5.5$，$E=9.8$。壁面粗糙度的增加将使得 B 值减小。

注意：上面给出的各子层的 y^+ 分界值只是近似值。有文献提出，当 $30<y^+<500$ 时，流动处于对数律层，而也有文献推荐将 $y^+=11.63$ 作为黏性底层与对数律层的分界点(忽略过渡层)。

前面已经指出，无论是标准 k-ε 模型、RNG k-ε 模型，还是 Realizable k-ε 模型，都是针对充分发展的湍流的。也就是说，这些模型均为高 Re 的湍流模型，它们只能用于求解图 4.3 中处于湍流核心区的流动。

而在壁面区，流动情况变化较大，特别是在黏性底层，流动几乎为层流，湍流应力几乎不起作用。因此，不能采用前面所介绍的 k-ε 模型来求解这个区域内的流动。

解决这一问题的方法目前有两种：一种为不对黏性影响比较明显的区域(黏性底层和过渡层)进行求解，而是通过一组半经验的公式(即壁面函数)将壁面上的物理量与湍流核心区内的相应物理量联系起来，这也就是壁面函数法；另一种为采用低 Re k-ε 模型来求解黏性影响比较明显的区域(黏性底层和过渡层)，这时通常要求壁面区的网格划分得比较细密，且越靠近壁面，网格越细。

下面将分别对这两种方法进行介绍。

4.6.2　壁面函数法

壁面函数法实际上为一组半经验公式，用于将壁面上的物理量与湍流核心区内待求的未知量直接联系起来，但它必须与高 Re k-ε 模型配合使用。

壁面函数法的基本思想为：对于湍流核心区的流动采用 k-ε 模型求解，而不对壁面区进行求解，直接采用半经验公式将壁面上的物理量与湍流核心区内的求解变量联系起来，这样不需要对壁面区内的流动进行求解，就可直接得到与壁面相邻控制容积的节点变量值。

在划分网格时，壁面函数法不需要在壁面区进行加密，只需要将第一个内节点布置在对数律成立的区域内，即放置到湍流充分发展区域，具体参见图 4.4(a)。图中阴影部分为壁面函数公式有效的区域，在阴影以外的网格区域则为采用高 Re k-ε 模型进行求解的区域。壁面函数就像一个桥梁，将壁面值同相邻控制容积的节点变量值联系起来。

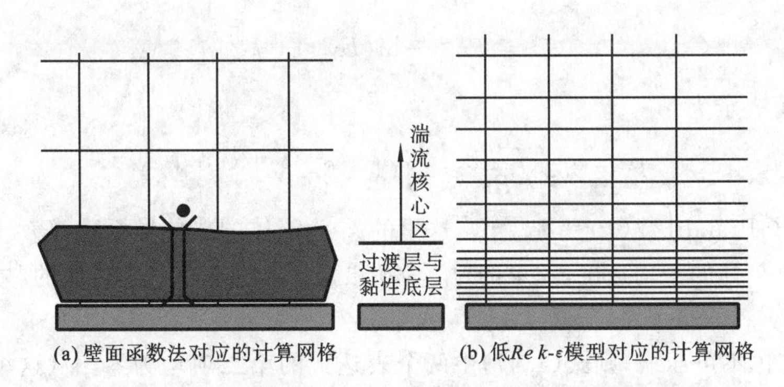

图 4.4　求解壁面区流动的两种方法所对应的计算网格

壁面函数法针对各种输运方程，分别给出联系壁面值与内节点值的计算式。下面将对这些计算式进行介绍。

1. 动量方程中变量 u 的计算式

当与壁面相邻的控制容积节点满足 $y^+ > 11.63$ 时，流动处于对数律层，此时的速度 u_P 可根据式(4.43)来计算，即

$$u^+ = \frac{1}{\kappa}\ln(Ey^+) \tag{4.44}$$

其中，y^+ 可由下式计算：

$$y^+ = \frac{\Delta y_P (C_\mu^{1/4} k_P^{1/2})}{\mu} \tag{4.45}$$

而此时的壁面剪切应力 τ_w 应满足如下关系：

$$\tau_w = \rho C_\mu^{1/4} k_P^{1/2} u_P / u^+ \tag{4.46}$$

式中：u_P 为节点 P（参见图 4.4(a)中的圆点）的时均速度，k_P 为节点 P 的湍动能，Δy_P 为节点 P 到壁面的距离，μ 为流体的动力黏度。

当与壁面相邻的控制容积节点满足 $y^+ < 11.63$ 时，控制容积内的流动处于黏性底层，其速度 u_P 则由层流应力应变关系式(4.42)确定。

2. 能量方程中温度 T 的计算式

能量方程以温度 T 为求解未知量，为了建立网格节点上的温度与壁面上的物理量之间的关系，定义 T^+ 为

$$T^+ = \frac{(T_w - T_P)\rho c_p C_\mu^{1/4} k_P^{1/2}}{q_w}$$

式中：T_P 为与壁面相邻的控制容积的节点 P 处的温度，T_w 为壁面温度，ρ 为流体密度，c_p 为流体的比热容，q_w 为壁面的热流密度。

壁面函数法通过下面的计算式将网格节点上的温度 T 与壁面上的物理量联系起来，即

$$T^+ = \begin{cases} Pr y^+ + \frac{1}{2}\rho Pr \frac{C_\mu^{1/4} k_P^{1/2}}{q_w} u_P^2 & (y^+ < y_T^+) \\ Pr_t\left[\frac{1}{\kappa}\ln(Ey^+) + P\right] + \frac{1}{2}\rho \frac{C_\mu^{1/4} k_P^{1/2}}{q_w}\left[Pr_t u_P^2 + (Pr - Pr_t) u_c^2\right] & (y^+ > y_T^+) \end{cases} \tag{4.47}$$

也有文献推荐

$$T^+ = Pr_t\left[\frac{1}{\kappa}\ln(Ey^+) + P\right] \tag{4.48}$$

其中，参数 P 可表示为

$$P = 9.24\left(\frac{Pr}{Pr_t} - 1\right)(1 + 0.28e^{-0.007Pr/Pr_t})$$

式中：Pr 为分子 Prandtl 数($Pr = \mu c_p / k_f$)，这里的 k_f 为流体的热传导系数；Pr_t 为湍动 Prandtl 数；u_c 为 $y^+ = y_T^+$ 处的平均速度，这里的 y_T^+ 为在给定 Pr 的条件下所对应的黏性底层与对数律层转换时的 y^+。

注意：若流体不可压缩，则式(4.47)中两个表达式的第二项均为零。从这个意义上说，式(4.48)则为不可压缩条件下的结果。

3. 湍流能量方程与耗散率方程中的 k 和 ε 的计算式

在 k-ε 模型以及后面将要介绍的 RSM 模型中，k 方程针对包括与壁面相邻的控制容积的所有计算域进行求解，壁面上的边界条件为

$$\frac{\partial k}{\partial n}=0 \tag{4.49}$$

式中：n 为垂直于壁面的局部坐标。

在与壁面相邻的控制容积内，构成 k 方程源项的湍动能产生项 G_k 及耗散率 ε，可根据局部平衡的假设来计算，亦即与壁面相邻的控制容积内存在 G_k、ε 等。因此，G_k 可由下式计算：

$$G_k \approx \tau_w \frac{\partial u}{\partial y}=\tau_w \frac{\tau_w}{\kappa\rho C_\mu^{1/4} k_P^{1/2} \Delta y_P} \tag{4.50}$$

同理，ε 可由下式计算：

$$\varepsilon=\frac{C_\mu^{3/4} k_P^{3/2}}{\kappa \Delta y_P} \tag{4.51}$$

注意：与壁面相邻的控制容积上通常不对 ε 方程进行求解，而直接由式(4.51)来确定节点 P 的 ε 值。

由以上分析可以看出，针对各求解变量(包括平均流速、温度、k 和 ε)所给出的壁面边界条件均已由壁面函数考虑，因此不用担心壁面处的边界条件。

上面介绍的壁面函数法针对各种壁面区流动都非常有效，相对于后面将要介绍的低 Re k-ε 模型，壁面函数法计算效率高，工程实用性强。而采用低 Re k-ε 模型时，因壁面区(黏性底层和过渡层)内的物理量变化非常大，必须采用细密网格，从而导致计算成本提高。然而，低 Re k-ε 模型可以获得黏性底层和过渡层内的“真实”速度分布，而壁面函数法不能。

壁面函数法存在一定的局限性，当流动分离过大或近壁面流动处于高压之下时，该方法不太理想。

4.6.3　低 Re k-ε 模型

前面介绍的壁面函数的表达式主要是根据简单平板流动边界层的实验资料归纳获得的，同时，该方法并未对壁面区内部流动进行“细致”研究，尤其是在黏性底层内，分子的黏性作用并未得到充分考虑。为了让基于 k-ε 模型的数值计算能从高 Re 区域一直延伸到固体壁面上(该处 Re 为零)，有学者提出了对高 Re k-ε 模型进行修正，使得修正后的模型可以自动适应不同的 Re 区域。下面将介绍 Jones 和 Launder 提出的低 Re k-ε 模型。

Jones 和 Launder 认为，低 Re 的流动主要体现在黏性底层中，流体的分子黏性起着绝对支配作用，为此，必须对高 Re k-ε 模型进行以下三方面的修正，才能使其可用于计算不同 Re 的流动。

(1) 为体现分子黏性的影响，控制方程的扩散系数项必须同时包括湍流扩散系数与分子扩散系数两部分。

(2) 控制方程的有关系数必须考虑不同流态的影响，即在系数计算公式中引入湍流雷诺数 Re_t，这里 $Re_t=\rho k^2/(\eta\varepsilon)$。

(3) 在 k 方程中应考虑壁面附近湍动能的耗散不是各向同性这一因素。

在此基础上，可写出低 Re k-ε 模型的输运方程，即

$$\frac{\partial(\rho k)}{\partial t}+\frac{\partial(\rho k u_i)}{\partial x_i}=\frac{\partial}{\partial x_j}\left[\left(\mu+\frac{\mu_t}{\sigma_k}\right)\frac{\partial k}{\partial x_j}\right]+G_k-\rho\varepsilon-\left|2\mu\left(\frac{\partial k^{1/2}}{\partial n}\right)^2\right| \tag{4.52}$$

$$\frac{\partial(\rho\varepsilon)}{\partial t}+\frac{\partial(\rho\varepsilon u_i)}{\partial x_i}=\frac{\partial}{\partial x_j}\left[\left(\mu+\frac{\mu_t}{\sigma_\varepsilon}\right)\frac{\partial \varepsilon}{\partial x_j}\right]+\frac{C_{1\varepsilon}\varepsilon}{k}G_k|f_1|-C_{2\varepsilon}\rho\frac{\varepsilon^2}{k}|f_2|+\left|2\frac{\mu\mu_t}{\rho}\left(\frac{\partial^2 u}{\partial n^2}\right)^2\right| \tag{4.53}$$

式中：

$$\mu_t = C_\mu \left| f_\mu \right| \rho \frac{k^2}{\varepsilon}$$

n 为壁面法向坐标，u 为与壁面平行的流速。在实际计算时，法向坐标 n 可近似取为 x、y 和 z 中任意一个；系数 $C_{1\varepsilon}$、$C_{2\varepsilon}$、C_μ、σ_k、σ_ε 及产生项 G_k 与标准 k-ε 模型中的相同。上面式中符号“| |”所包围的部分是低 Re 模型区别于高 Re 模型的部分，系数 f_1、f_2 和 f_μ 的引入，实际上是对标准 k-ε 模型中的系数 $C_{1\varepsilon}$、$C_{2\varepsilon}$ 和 C_μ 进行修正，各系数的计算式为

$$f_1 \approx 1.0$$

$$f_2 = 1.0 - 0.3\exp(-Re_t^2)$$

$$f_\mu = \exp[-2.5/(1 + Re_t/50)]$$

$$Re_t = \rho k^2/(\eta\varepsilon)$$

显然，当 Re_t 较大时，f_1、f_2 和 f_μ 均趋近于1.0。

除了对标准 k-ε 模型中有关系数进行修正外，Jones 和 Launder 的模型在 k 和 ε 方程中还各自引入了一个附加项。k 方程(4.52)中的附加项 $-\left| 2\mu\left(\frac{\partial k^{1/2}}{\partial n}\right)^2 \right|$ 是为了考虑黏性底层中湍动能的耗散不是各向同性这一因素而加入的。在高 Re_t 的区域，湍动能的耗散可以看成各向同性的，而在黏性底层中，总耗散率中各向异性的作用逐渐增加。而 ε 方程(4.53)中的附加项 $\left| 2\frac{\mu\mu_t}{\rho}\left(\frac{\partial^2 u}{\partial n^2}\right)^2 \right|$ 则是为了使 k 的计算结果更好地符合某些实验测定值而加入的。

当采用低 Re k-ε 模型进行流动计算时，充分发展的湍流核心区及黏性底层均可用同一套公式计算，但由于黏性底层的速度梯度大，因此黏性底层的网格要密，具体参见图4.4(b)。

有文献推荐，当局部湍流 Re_t 小于150时，就应该采用低 Re k-ε 模型，而不能再采用高 Re k-ε 模型进行计算。

4.7　Reynolds 应力方程模型

前面介绍的各种两方程模型均采用各向同性的湍流黏度来计算湍流应力，这使得模型难以考虑旋转流动及流动方向曲率变化所带来的影响。为了克服这些缺点，有必要直接对 Reynolds 方程中的湍流脉动应力直接建立微分方程并进行求解。建立 Reynolds 应力方程有两种方法：一种为 Reynolds 应力方程模型，另一种为代数应力方程模型。本节将介绍 Reynolds 应力方程模型。

4.7.1　Reynolds 应力输运方程

Reynolds 应力方程模型简称 RSM，是“Reynolds stress-equation model”的缩写。在采用这种模型之前，必须先得到 Reynolds 应力输运方程。

所谓 Reynolds 应力输运方程，实质上是关于 $\overline{u_i'u_j'}$ 的输运方程。根据时均化法则 $\overline{u_i'u_j'} = \overline{u_iu_j} - \overline{u_i}\,\overline{u_j}$，只要分别得到了 $\overline{u_iu_j}$ 和 $\overline{u_i}\,\overline{u_j}$ 的输运方程，就可以得到关于 $\overline{u_i'u_j'}$ 的输运方程。因此可从瞬时速度变量的 Navier-Stokes 方程出发，按下面两个步骤来生成关于 $\overline{u_i'u_j'}$ 的输运方程。

第一步，建立 $\overline{u_iu_j}$ 的输运方程。具体过程为：将 u_j 乘以 u_i 的 Navier-Stokes 方程，将 u_i 乘以 u_j 的 Navier-Stokes 方程，再将两方程相加，可得到 u_iu_j 的方程，将该方程进行 Reynolds 时均、分解，即可得到 $\overline{u_iu_j}$ 的输运方程。注意：这里的 u_i 和 u_j 均为瞬时速度，而非时均速度。

第二步,建立$\overline{u_i}\,\overline{u_j}$的输运方程。具体过程为:将$\overline{u_j}$乘以$\overline{u_i}$的 Reynolds 时均方程,将$\overline{u_i}$乘以$\overline{u_j}$的 Reynolds 时均方程,再将两方程相加,可得到$\overline{u_i}\,\overline{u_j}$的输运方程。

将上面得到的两个输运方程相减,可得到$\overline{u'_i u'_j}$的输运方程,即 Reynolds 应力输运方程。经过量纲分析、整理后的 Reynolds 应力输送方程可写成

$$\frac{\partial(\rho\overline{u'_i u'_j})}{\partial t}+\underbrace{\frac{\partial(\rho u_k\overline{u'_i u'_j})}{\partial x_k}}_{C_{ij}\text{对流项}}=\underbrace{-\frac{\partial}{\partial x_k}(\rho\overline{u'_i u'_j u_k}+\overline{p'u'_i}\delta_{kj}+\overline{p'u'_j}\delta_{ik})}_{D_{T,ij}\text{湍动扩散项}}$$
$$+\underbrace{\frac{\partial}{\partial x_k}\left[\mu\frac{\partial}{\partial x_k}(\overline{u'_i u'_j})\right]}_{D_{L,ij}\text{分子黏性扩散项}}\underbrace{-\rho\left(\overline{u'_i u'_k}\frac{\partial u_j}{\partial x_k}+\overline{u'_j u'_k}\frac{\partial u_i}{\partial x_k}\right)}_{P_{ij}\text{剪切应力产生项}}$$
$$\underbrace{-\rho\beta(g_i\overline{u'_j\theta}+g_i\overline{u'_i\theta})}_{G_{ij}\text{浮升力产生项}}+\underbrace{\overline{p'\left(\frac{\partial u'_i}{\partial x_j}+\frac{\partial u'_j}{\partial x_i}\right)}}_{\varphi_{ij}\text{压力应变项}}$$
$$\underbrace{-2\mu\overline{\frac{\partial u'_i}{\partial x_k}\frac{\partial u'_j}{\partial x_k}}}_{\varepsilon_{ij}\text{黏性耗散项}}\underbrace{-2\rho\Omega_k(\overline{u'_j u'_m}e_{ikm}+\overline{u'_i u'_m}e_{jkm})}_{F_{ij}\text{系统旋转产生项}} \tag{4.54}$$

式(4.54)中第一项为瞬态项。

式(4.54)各项中,C_{ij}、$D_{L,ij}$、P_{ij} 和 F_{ij} 均只包含二阶关联项,不必进行处理。但是,$D_{T,ij}$、G_{ij}、φ_{ij} 和 ε_{ij} 含有未知的关联项,必须同前面构造 k 方程和 ε 方程的过程一样,构造其合理的表达式,即给出各项的模型,才能得到真正意义上的 Reynolds 应力方程。下面将给出各项的计算公式。

在介绍具体公式前,先对式(4.54)中的符号 e_{ijk} 及将要用到的符号 δ_{ij} 作一简介。首先要说明的是,e_{ijk} 和 δ_{ij} 都是张量中的常用符号,e_{ijk} 为转换符号,或称排列符号。当 i、j、k 三个指向不同,并符合正序排列时,有 $e_{ijk}=1$;当 i、j、k 三个指向不同,并符合逆序排列时,有 $e_{ijk}=-1$;当 i、j、k 三个指向中有重复,则有 $e_{ijk}=0$。δ_{ij} 称为“Kronecker delta”,在许多关于张量的文献中,直接使用其英文名称。当 i 和 j 两个指向相同时,有 $\delta_{ij}=1$;当两个指向不同时,有 $\delta_{ij}=0$。

下面介绍式(4.54)中各项的计算公式。

1. 湍动扩散项 $D_{T,ij}$ 的计算

$D_{T,ij}$ 可通过 Daly 和 Harlow 所给出的广义梯度扩散模型来计算,即

$$D_{T,ij}=C_s\frac{\partial}{\partial x_k}\left(\rho\frac{k\,\overline{u'_k u'_l}}{\varepsilon}\frac{\partial\overline{u'_i u'_j}}{\partial x_l}\right) \tag{4.55}$$

有文献认为,上式可能导致数值上的不稳定,故推荐采用

$$D_{T,ij}=\frac{\partial}{\partial x_k}\left(\frac{\mu_t}{\sigma_k}\frac{\partial\overline{u'_i u'_j}}{\partial x_k}\right) \tag{4.56}$$

式中:μ_t 为湍流黏度,与标准 k-ε 模型中的计算式相同;系数 $\sigma_k=0.82$,注意该值在 Realizable k-ε 模型中取 1.0。

2. 浮升力产生项 G_{ij} 的计算

浮升力产生项可表示为

$$G_{ij}=\beta\frac{\mu_t}{Pr_t}\left(g_i\frac{\partial T}{\partial x_j}+g_j\frac{\partial T}{\partial x_i}\right) \tag{4.57}$$

式中:T 为温度;Pr_t 为湍流 Prandtl 数,这里可取 $Pr_t=0.85$;g_i 为重力加速度在第 i 方向的分量;β 为热膨胀系数,与标准 k-ε 模型中的计算式相同。对于理想气体,有

$$G_{ij}=-\frac{\mu_t}{\rho Pr_t}\left(g_i\frac{\partial\rho}{\partial x_j}+g_j\frac{\partial T}{\partial x_i}\right)\tag{4.58}$$

如果流体不可压缩，则有 $G_{ij}=0$。

3. 压力应变项 Φ_{ij} 的计算

压力应变项 Φ_{ij} 的存在是Reynolds应力模型与 k-ε 模型的最大区别，由张量原理和连续性方程可知，$\Phi_{kk}=0$。因此，Φ_{ij} 仅在湍流各分量间存在，当 $i\neq j$ 时，它代表剪切应力减小量，可使湍流趋向于各向同性；当 $i=j$ 时，它代表湍动能在各应力分量间重新分配，对总量没有影响。由此可见，该项并不产生脉动量，仅起到再分配的作用。因此，有文献称之为再分配项。

压力应变项的模拟十分重要，目前关于 Φ_{ij} 的计算有多种方法。本文给出一种较为通用的方法，即

$$\Phi_{ij}=\Phi_{ij,1}+\Phi_{ij,2}+\Phi_{ij,w}\tag{4.59}$$

式中：$\Phi_{ij,1}$ 为慢的压力应变项，$\Phi_{ij,2}$ 为快的压力应变项，$\Phi_{ij,w}$ 为壁面反射项。$\Phi_{ij,1}$ 可表示为

$$\Phi_{ij,1}=-C_1\rho\frac{\varepsilon}{k}\left(\overline{u_i'u_j'}-\frac{2}{3}k\delta_{ij}\right)\tag{4.60}$$

式中：$C_1=1.8$。

$\Phi_{ij,2}$ 可表示为

$$\Phi_{ij,2}=-C_2\left(P_{ij}-\frac{2}{3}P\delta_{ij}\right)\tag{4.61}$$

式中：$C_2=0.60$，P_{ij} 的定义见式(4.54)，$P=P_{kk}/2$。壁面反射项 $\Phi_{ij,w}$ 可对近壁面处的正应力进行再分配，它具有使垂直于壁面的应力变小，使平行于壁面的应力变大的趋势，其计算式为

$$\begin{aligned}\Phi_{ij,w}=&C_1'\rho\frac{\varepsilon}{k}\left(\overline{u_k'u_m'}n_kn_m\delta_{ij}-\frac{3}{2}\overline{u_i'u_k'}n_jn_k-\frac{3}{2}\overline{u_j'u_k'}n_in_k\right)\frac{k^{3/2}}{C_1\varepsilon d}\\&+C_2'\left(\Phi_{km,2}n_kn_m\delta_{ij}-\frac{3}{2}\Phi_{ik,2}n_jn_k-\frac{3}{2}\Phi_{jk,2}n_in_k\right)\frac{k^{3/2}}{C_1\varepsilon d}\end{aligned}\tag{4.62}$$

式中：$C_1'=0.5$，$C_2'=0.3$；n_k 为壁面单位法向矢量的 x_k 分量；d 为节点位置到固壁的距离；$C_1=C_\mu^{3/4}/\kappa$，其中 $C_\mu=0.09$，κ 为Karman常数，$\kappa=0.4187$。

4. 黏性耗散项 ε_{ij} 的计算

黏性耗散项代表分子黏性对Reynolds应力产生的耗散。在建立黏性耗散项计算公式时，认为大涡承担动能输运，小涡承担黏性耗散，因此小涡可以看成各向同性的，即认为局部各向同性。依照该假定，黏性耗散项最终可写成

$$\varepsilon_{ij}=\frac{2}{3}\rho\varepsilon\delta_{ij}\tag{4.63}$$

将式(4.56)、式(4.58)、式(4.59)至式(4.63)代入式(4.54)，可得到封闭的Reynolds应力输运方程：

$$\begin{aligned}\frac{\partial(\rho\overline{u_i'u_j'})}{\partial t}+\frac{\partial(\rho u_k\overline{u_i'u_j'})}{\partial x_k}=&\frac{\partial}{\partial x_k}\left(\frac{\mu_t}{\sigma_k}\frac{\partial\overline{u_i'u_j'}}{\partial x_i}+\mu\frac{\partial\overline{u_i'u_j'}}{\partial x_j}\right)-\rho\left(\overline{u_i'u_k'}\frac{\partial u_j}{\partial x_k}+\overline{u_j'u_k'}\frac{\partial u_i}{\partial x_k}\right)\\&-\frac{\mu_t}{\rho Pr_t}\left(g_i\frac{\partial\rho}{\partial x_j}+g_j\frac{\partial\rho}{\partial x_i}\right)\\&-C_1\rho\frac{\varepsilon}{k}\left(\overline{u_i'u_j'}-\frac{2}{3}k\delta_{ij}\right)-C_2\left(P_{ij}-\frac{1}{3}P_{kk}\delta_{ij}\right)\\&+C_1'\rho\frac{\varepsilon}{k}\left(\overline{u_k'u_m'}n_kn_m\delta_{ij}-\frac{3}{2}\overline{u_i'u_k'}n_jn_k-\frac{3}{2}\overline{u_j'u_k'}n_in_k\right)\frac{k^{3/2}}{C_1\varepsilon d}\end{aligned}$$

$$+C_2'\left(\Phi_{km,2}n_k n_m\delta_{ij}-\frac{3}{2}\Phi_{ik,2}n_j n_k-\frac{3}{2}\Phi_{jk,2}n_i n_k\right)\frac{k^{3/2}}{C_1\varepsilon d}$$

$$-\frac{2}{3}\rho\varepsilon\delta_{ij}-2\rho\Omega_k(\overline{u_j'u_m'}e_{ikm}+\overline{u_i'u_m'}e_{jkm}) \tag{4.64}$$

式(4.64)为广义 Reynolds 应力输运方程，它体现了各种因素对湍流流动的影响，包括浮升力、系统旋转和固体壁面反射等。如果不考虑浮升力的作用(即 $G_{ij}=0$)，也不考虑旋转的影响(即 $F_{ij}=0$)，同时在压力应变项中不考虑壁面反射(即 $\Phi_{ij,w}=0$)，则 Reynolds 应力输运方程可写成

$$\frac{\partial(\rho\overline{u_i'u_j'})}{\partial t}+\frac{\partial(\rho u_k\overline{u_i'u_j'})}{\partial x_k}=\frac{\partial}{\partial x_k}\left(\frac{\mu_t}{\sigma_k}\frac{\partial\overline{u_i'u_j'}}{\partial x_i}+\mu\frac{\partial\overline{u_i'u_j'}}{\partial x_j}\right)-\rho\left(\overline{u_i'u_k'}\frac{\partial u_j}{\partial x_k}+\overline{u_j'u_k'}\frac{\partial u_i}{\partial x_k}\right)$$

$$-C_1\rho\frac{\varepsilon}{k}\left(\overline{u_i'u_j'}-\frac{2}{3}k\delta_{ij}\right)-C_2\left(P_{ij}-\frac{1}{3}P_{kk}\delta_{ij}\right)-\frac{2}{3}\rho\varepsilon\delta_{ij} \tag{4.65}$$

如果将 RSM 只用于没有系统转动的不可压缩流动，则可以采用式(4.65)这种比较简单的 Reynolds 应力输运方程。

4.7.2 RSM 的控制方程组及适用性

Reynolds 应力输运方程中包含湍动能 k 和耗散率 ε，因此使用 RSM 时，需要补充 k 方程和 ε 方程，RSM 中的 k 方程和 ε 方程分别为

$$\frac{\partial(\rho k)}{\partial t}+\frac{\partial(\rho k u_i)}{\partial x_i}=\frac{\partial}{\partial x_j}\left[\left(\mu+\frac{\mu_t}{\sigma_k}\right)\frac{\partial k}{\partial x_j}\right]+\frac{1}{2}(P_{ij}+G_{ij})-\rho\varepsilon \tag{4.66}$$

$$\frac{\partial(\rho\varepsilon)}{\partial t}+\frac{\partial(\rho\varepsilon u_i)}{\partial x_i}=\frac{\partial}{\partial x_j}\left[\left(\mu+\frac{\mu_t}{\sigma_\varepsilon}\right)\frac{\partial\varepsilon}{\partial x_j}\right]+C_{1\varepsilon}\frac{1}{2}(P_{ij}+C_{3\varepsilon}G_{ij})-C_{2\varepsilon}\rho\frac{\varepsilon^2}{k} \tag{4.67}$$

式中：P_{ij} 为剪切应力产生项；G_{ij} 为浮升力产生项，对于不可压缩流体，有 $G_{ij}=0$；μ_t 为湍流黏度。μ_t 可表示为

$$\mu_t=\rho C_\mu\frac{k^2}{\varepsilon} \tag{4.68}$$

式中：$C_{1\varepsilon}$、$C_{2\varepsilon}$、C_μ、σ_k、σ_ε 为常数，取值分别为 $C_{1\varepsilon}=1.44$、$C_{2\varepsilon}=1.92$、$C_\mu=0.09$、$\sigma_k=0.82$、$\sigma_\varepsilon=1.0$；$C_{3\varepsilon}$ 的取值与标准 k-ε 模型相同。

由此可见，时均连续性方程(4.12)、Reynolds 方程(4.13)、Reynolds 应力输运方程(4.64)、k 方程(4.66)和 ε 方程(4.67)共 12 个方程构成了三维湍流流动的基本控制方程组。注意：Reynolds 方程(4.13)实际对应于 3 个方程，Reynolds 应力输运方程(4.64)实际对应于 3 个方程。而求解变量包括 4 个时均量(u、v、w 和 p)、6 个 Reynolds 应力($\overline{u'^2}$、$\overline{v'^2}$、$\overline{w'^2}$、$\overline{u'v'}$、$\overline{u'w'}$ 和 $\overline{v'w'}$)、湍动能 k 和耗散率 ε，正好 12 个，可采用 SIMPLE 等算法求解，详细的求解方法和过程可参见第 3 章。

另外，对于 RSM 控制方程组，还需要说明以下两点：

(1) 如果需要对能量或组分等进行计算，则需要建立针对标量型场变量 φ(如温度、组分浓度)的脉动量控制方程。实际上，每个方程对应于 3 个偏微分模型方程，每个偏微分模型方程均对应于式(4.14)中的一个标量 $\overline{u_j'\varphi'}$，这样可得到湍流标量输运方程。将新得到的关于 $\overline{u_i'\varphi'}$ 的 3 个输运方程与时均形式的标量方程(4.14)一起加到上述基本控制方程中，可形成由 16 个方程组成的方程组，求解变量除了上述的 12 个外，还包括时均量 φ 和 3 个湍动标量($\overline{u'\varphi'}$、$\overline{v'\varphi'}$、$\overline{w'\varphi'}$)。

(2) 由于从 Reynolds 应力方程的 3 个正应力项可以得出脉动动能，即 $k=\frac{1}{2}(\overline{u_i'u_j'})$，因此，有的文献不将湍动能 k 作为独立变量，也不引入 k 方程，但多数文献中仍将 k 方程列为控制方程。

与标准 k-ε 模型一样，RSM 也属于高 Re 的湍流计算模型，在固体壁面附近，由于分子黏性的作用，Re 很小，RSM 不再适用。因此必须采用类似 4.6 节中介绍的方法，采用壁面函数法或者低 Re 的 RSM 来处理近壁面区的流动问题。

同 RSM 相对应的壁面函数法与 4.6 节中的内容基本相同，只是增加了$\overline{u_i'u_j'}$在边界上的处理方面的问题。

对于低 Re 的 RSM，其基本思想为对高 Re RSM 中的耗散函数(扩散项)及压力应变重新分配项的表达式进行修正，使得 RSM 模型方程可以直接应用到近壁面区。

尽管 RSM 比 k-ε 模型应用范围广，包含更多的物理机理，但它仍有很多缺陷。模拟计算实践表明，RSM 虽考虑了一些各向异性效应，但效果并不一定比其他模型好。对于突扩流动分离区和湍流输运各向异性较强的流动，RSM 优于两方程模型，但对于一般的回流流动，RSM 的效果并不一定比 k-ε 模型好。另一方面，就三维问题而言，采用 RSM 意味着要求解 6 个 Reynolds 应力微分方程，计算量大，对计算机性能要求高。因此，RSM 应用不如 k-ε 模型广泛，但 RSM 是一种更有潜力的湍流模型。

4.8　大涡模拟

大涡模拟(large eddy simulation，LES)方法是介于直接数值模拟(DNS)方法与 Reynolds 平均法(RANS 方法)之间的一种湍流数值模拟方法。随着计算机硬件性能的迅速提高，对大涡模拟的研究与应用呈明显上升趋势，成为目前 CFD 领域的热点之一。本节将介绍大涡模拟的方法。

4.8.1　大涡模拟的基本原理

众所周知，湍流中包含一系列大大小小的涡团，涡的尺度范围相当宽广。为了模拟湍流流动，人们总希望计算网格的尺度小到足以分辨最小涡的运动。然而，就目前的计算机硬件性能来看，能够采用的计算网格的最小尺度仍比最小涡的尺度大得多。

同时，由于系统中动量、质量、能量及其他物理量的输运主要由大涡影响，大涡与所求解的问题密切相关，其特性由几何及边界条件所规定，各个大涡的结构互不相同。而小涡几乎不受几何边界条件影响，不像大涡那样与所求解的问题密切相关，小涡趋向于各向同性，其运动具有共性。因此，目前只能放弃对全尺度范围上涡的瞬态运动模拟，将比网格尺度大的湍流运动通过瞬态 Navier-Stokes 方程直接计算出来，而小涡对大涡运动的影响，则通过一定的方式在大涡的瞬态 Navier-Stokes 方程中反映出来，从而形成目前的大涡模拟方法。

要实现大涡模拟，必须注意两个重要环节。第一，建立一种滤波函数，从湍流瞬态运动方程中将尺度比滤波函数尺度小的涡滤掉，从而分解出描写大涡流场的运动方程，而被滤掉的小涡对大涡运动的影响，则通过在大涡流场的运动方程中引入附加应力项来反映。该应力项好比 Reynolds 平均法中的 Reynolds 应力项，称为亚格子尺度应力。第二，建立应力项的数学模型，该数学模型又称为亚格子尺度模型(sub grid scale model，SGS 模型)。

下面将分别介绍如何生成大涡的运动方程以及如何构建亚格子尺度模型，最后给出大涡模拟方法的数值求解思路。

4.8.2　大涡运动方程

大涡模拟中，通过采用滤波函数，将每个变量分成两部分。例如，对于瞬时变量 φ，有：

(1) 大尺度的平均分量 $\overline{\varphi}$。该部分为滤波后的变量，为大涡模拟时直接计算的部分。

(2) 小尺度分量 φ'。该部分需要通过模型来表示。

注意：平均分量 $\overline{\varphi}$ 不是时间域上的平均，而是空间域上的平均。滤波后的变量 $\overline{\varphi}$ 可表示为

$$\overline{\varphi} = \int_D \varphi G(x,x')\mathrm{d}x' \tag{4.69}$$

式中：D 为流域；x' 为实际流域中的空间坐标；x 为滤波后的大尺度空间上的空间坐标；$G(x,x')$ 为滤波函数，它决定所求解涡的尺度，亦即将大涡与小涡区分开来。

换句话说，$\overline{\varphi}$ 只反映了 φ 在大于滤波函数 $G(x,x')$ 宽度的尺度上的变化。$G(x,x')$ 表达式有多种，然而有限体积法的离散过程本身就隐含滤波功能，即在一个控制容积上对物理量取平均值，因此，$G(x,x')$ 可采用下面的表达式：

$$G(x,x') = \begin{cases} 1/V & (x' \in v) \\ 0 & (x' \notin v) \end{cases} \tag{4.70}$$

式中：V 为控制容积所占几何空间的大小。因此，式(4.69)可写成

$$\overline{\varphi} = \frac{1}{V}\int_D \varphi \mathrm{d}x' \tag{4.71}$$

采用滤波函数处理瞬态下的 Navier-Stokes 方程及连续性方程，有

$$\frac{\partial}{\partial t}(\rho \overline{u_i}) + \frac{\partial}{\partial x_j}(\rho \overline{u_i u_j}) = -\frac{\partial \overline{p}}{\partial x_i} + \frac{\partial}{\partial x_j}\left(\mu \frac{\partial \overline{u_i}}{\partial x_j}\right) - \frac{\partial \tau_{ij}}{\partial x_j} \tag{4.72}$$

$$\frac{\partial \rho}{\partial t} + \frac{\partial}{\partial x_i}(\rho \overline{u_i}) = 0 \tag{4.73}$$

式(4.72)和式(4.73)构成大涡模拟方法的控制方程组，注意它们为瞬态方程。式中带有上画线的量为滤波后的场变量，τ_{ij} 定义为

$$\tau_{ij} = \rho \overline{u_i u_j} - \rho \overline{u_i}\,\overline{u_j} \tag{4.74}$$

τ_{ij} 为亚格子尺度应力，反映了小涡的运动对所求解运动方程的影响。

对比发现，滤波后的 Navier-Stokes 方程(4.72)与 RANS 方程(4.13)在形式上非常相似，区别仅在于滤波后的值仍为瞬时值，而非时均值，同时湍流应力的表示不同。而滤波后的连续性方程(4.73)与时均化的连续性方程(4.12)相比没有变化，这是由于连续性方程具有线性特征。

由于 SGS 应力未知，要想使式(4.72)与式(4.73)构成的方程组可解，必须采用相关物理量来构造 SGS 应力的数学表达式，即亚格子尺度模型。下面将介绍如何构建亚格子尺度模型。

4.8.3　亚格子尺度模型

亚格子尺度模型简称 SGS 模型，实为 SGS 应力 τ_{ij} 表达式的构建，其目的是使方程(4.72)与方程(4.73)封闭。

SGS 模型在大涡模拟方法中占有十分重要的地位，最早的，也是最基本的模型由

Smagorinsky 提出，根据 Smagorinsky 的基本模型，假定 SGS 应力为

$$\tau_{ij} - \frac{1}{3}\tau_{kk}\delta_{ij} = -2\mu_t \overline{S_{ij}} \tag{4.75}$$

式中：μ_t 为亚格子尺度的湍流黏度，可表示为

$$\mu_t = (C_S\Delta)|\overline{S}| \tag{4.76}$$

其中

$$S_{ij} = \frac{1}{2}\left(\frac{\partial \overline{u_i}}{\partial x_j} + \frac{\partial \overline{u_j}}{\partial x_i}\right), \quad |\overline{S}| = \sqrt{2\,\overline{S_{ij}}\,\overline{S_{ij}}}, \quad \Delta = (\Delta_x\Delta_y\Delta_z)^{1/3} \tag{4.77}$$

式中：Δ_x 为沿 i 轴方向的网格尺寸；C_S 为 Smagorinsky 常数。理论上，C_S 可通过 Kolmogorov 常数 C_K 来计算，即 $C_S = \frac{1}{\pi}\left(\frac{3}{2}C_K\right)^{3/4}$。当 $C_K = 1.5$ 时，有 $C_S = 0.17$。但实际应用表明，C_S 取值应更小，以减小 SGS 应力的扩散影响。尤其是在近壁面处，该影响尤为明显。因此，建议按下式调整 C_S：

$$C_S = C_{S_0}(1 - e^{y^+/A^+}) \tag{4.78}$$

式中：y^+ 为到壁面的最近距离；A^+ 为半经验常数，取 25.0；C_{S_0} 为 Van Driest 常数，取 0.1。

4.8.4　大涡模拟控制方程组的求解

SGS 应力 τ_{ij} 的表达式(4.75)、式(4.76)和式(4.77)构成封闭的方程组，该方程组共包含 $\overline{u}$、$\overline{v}$、$\overline{w}$ 和 $\overline{p}$ 4 个未知量，而方程数目为 4 个，因此可利用 CFD 中的各种算法进行求解。为了让读者更多地了解大涡模拟控制方程组的求解过程，补充说明如下：

(1) 如果需要对能量或组分等进行计算，需要建立其他针对滤波后的标量型变量 $\overline{\varphi}$ 的控制方程。方程中会出现类似于式(4.75)中的项“$\rho\overline{u_i\varphi} - \rho\overline{u_i}\,\overline{\varphi}$”。

(2) 大涡模拟方法在某种程度上属于直接数值模拟(DNS)方法，时间离散格式应该选择具有至少二阶精度的 Crank-Nicolson 半隐式格式。为了避免假扩散，空间离散格式也应该选择具有至少二阶精度的离散格式，如 QUICK 格式、二阶迎风格式等。

(3) 计算网格采用交错网格、同位网格或非结构网格。

(4) 与标准 k-ε 模型一样，大涡模拟控制方程组仍属于高 Re 模型。当采用大涡模拟方法求解近壁面区内的低 Re 流动时，同样需要采用壁面函数法或其他处理方式。

(5) 由于计算的复杂性，大涡模拟多采用超级计算机或网络机群的并行算法进行计算。

第 5 章　边界条件与网格生成

所有 CFD 问题都需要边界条件，对于瞬态问题还需要初始条件。流场的求解算法不同，对边界条件和初始条件的处理方式也就不一样。本章以 SIMPLE 算法为例，讨论如何在数值求解程序中使用边界条件，假定采用基于交错网格的有限体积法对控制方程进行离散，选择混合格式作为空间离散格式，选择 k-ε 模型作为湍流模型。

网格是 CFD 模型的几何表达形式，也是模拟与分析的载体。网格质量的高低对 CFD 计算精度和计算效率具有重要影响。对于复杂的 CFD 问题，网格生成极为重要，生成网格所需时间往往比实际求解计算时间还长。因此，有必要对网格生成给予足够的重视。

5.1　边界条件概述

所谓边界条件，是指在求解域的边界上所求解的变量或其一阶导数随地点及时间变化的规律。只有给定合理的边界条件，才可能计算得出流场的解。因此，边界条件是 CFD 问题有定解的必要条件，任何一个 CFD 问题都不可能没有边界条件。

5.1.1　边界条件的类型

在 CFD 中，基本边界条件包括进口边界条件、出口边界条件、固壁边界条件、恒压边界条件、对称边界条件和周期性边界条件。

不同的文献，对边界条件的分类方式不完全相同。在复杂流动中，还经常见到内部表面边界，如风机的叶片等。本章只讨论上述 6 种基本的边界条件。

下面以常物性不可压缩流体流经一个二维突扩区域的稳态层流换热问题为例，给出控制方程及边界条件。假定流动是对称的，取一半作为研究对象，如图 5.1 所示。

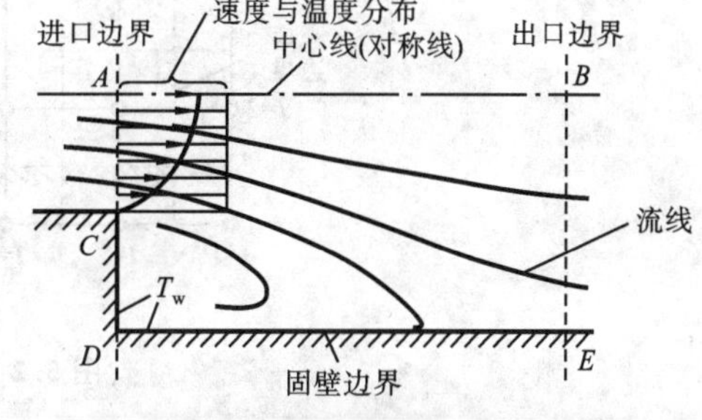

图 5.1　二维突扩区域的流动与换热问题

控制方程为

$$\left.\begin{aligned}
&\frac{\partial u}{\partial x}+\frac{\partial v}{\partial y}=0\\
&\frac{\partial (uu)}{\partial x}+\frac{\partial (uv)}{\partial y}=-\frac{1}{\rho}\frac{\partial p}{\partial x}+v\left(\frac{\partial^2 u}{\partial x^2}+\frac{\partial^2 u}{\partial y^2}\right)\\
&\frac{\partial (vu)}{\partial x}+\frac{\partial (vv)}{\partial y}=-\frac{1}{\rho}\frac{\partial p}{\partial y}+v\left(\frac{\partial^2 v}{\partial x^2}+\frac{\partial^2 v}{\partial y^2}\right)\\
&\frac{\partial (uT)}{\partial x}+\frac{\partial (vT)}{\partial y}=a\left(\frac{\partial^2 T}{\partial x^2}+\frac{\partial^2 T}{\partial y^2}\right)
\end{aligned}\right\}\tag{5.1}$$

对应的边界条件如下：

(1) 在进口边界 AC 上，给定 u、v 和 T 随 y 的分布；

（2）在固体壁面 CDE 上，$u=0, v=0, T=T_w$；

（3）在对称线 AB 上，$\frac{\partial u}{\partial y}=0, \frac{\partial T}{\partial y}=0, v=0$；

（4）在出口边界 BE 上，$\frac{\partial(\ )}{\partial x}=0$。

对于出口边界，从数学的角度应给出 u、v 和 T 随 y 的分布，但实际上，在计算之前常常很难实现，因此，对出口边界条件通常均认为流动在出口处已充分发展，在流动方向上无梯度变化。

5.1.2　边界条件的离散

在构造计算网格时，需考虑边界条件的给定方式。例如，对于图5.1所示的二维突扩流动问题，可按如下方式来构造网格：在物理边界的外围设置附加节点，计算仅从内节点（$I=2, J=2$）开始，如图5.2所示。对于这种节点布置，需要注意两点：第一，物理边界与标量控制容积（如压力控制容积）边界是一致的；第二，计算域入口外的节点（沿 $I=1$）可以存储流动进口条件，这样只需对紧靠边界的内部节点的离散方程进行稍微修改，就可以引入边界条件。

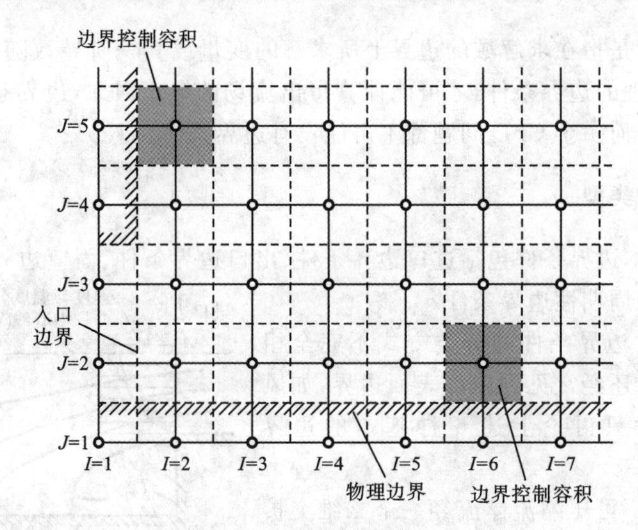

图5.2　边界处的网格布置

为了对离散方程组中各方程采用同一代码求解，通常让边界条件直接进入离散方程中，这样就不必再对给定边界值的边界节点进行特殊处理。所谓“特殊处理”，就是通过修改这些节点所对应的离散方程的系数或源项来实现。例如，界面上场变量的值可以通过将方程中某些相关的系数设为0来实现，界面上场变量的对流量或扩散量可以通过源项 S_C 和 S_P 来反映。例如，给定界面上节点 P 的场变量 φ 值为 $\varphi_P=\varphi_{fix}$，可以采用一种称为置大数法的方法处理边界条件。令

$$S_P=-10^{30}, \quad S_C=10^{30}\varphi_{fix} \tag{5.2}$$

将上述源项加入离散方程中，成为

$$(a_P+10^{30})\varphi_P=\sum a_{nb}\varphi_{nb}+10^{30}\varphi_{fix} \tag{5.3}$$

显然，节点 P 的离散方程与普通节点的离散方程在形式上完全一样，可用同一代码求解。又因 a_P 和 a_{nb} 与大数相比都可以忽略，式(5.3)实质为 $\varphi_P=\varphi_{fix}$，因而边界条件进入离散方程。

这一方法不仅仅用于边界上给定节点值的计算，对于计算域内任意给定节点值的求解都可以采用这种办法。例如，流场内有固体障碍物或固定温度热源，固体壁面处的场变量 φ 值为某一定值（$u=0$ 或 $T=T_w$），采用上述方法离散边界条件可以不对固体区域进行任何特殊的处理。

5.2　进、出口边界条件

以二维压力-速度耦合问题求解作为边界条件讨论的基础，需要求解的至少有三个方程，即 x 方向和 y 方向的动量方程及压力修正方程。如果还有其他场变量需要求解，则还要加上它们的方程。采用交错网格系统时，u 动量方程采用一种网格，v 动量方程采用另一种网格，其余场变量采用主控制容积网格。

5.2.1　进口边界条件

进口边界条件是指在进口处要指定流动变量在进口边界节点处的值。常用的进口边界包括速度进口边界、压力进口边界和质量进口边界。例如，速度进口边界表示给定进口边界上各节点的速度值，质量进口边界主要用于可压缩流动。

这里为简单起见，讨论进口边界与 x 坐标方向垂直的情况。图 5.3 至图 5.6 表示边界处计算第一个内点的起始控制容积位置和相关点的位置。进口边界值 u_{in}、v_{in} 和 p'_{in} 给定位置在 $I=1$（或 $i=2$）处，从紧挨进口边界的下游开始求解离散方程，起始控制容积在图中用阴影表示。

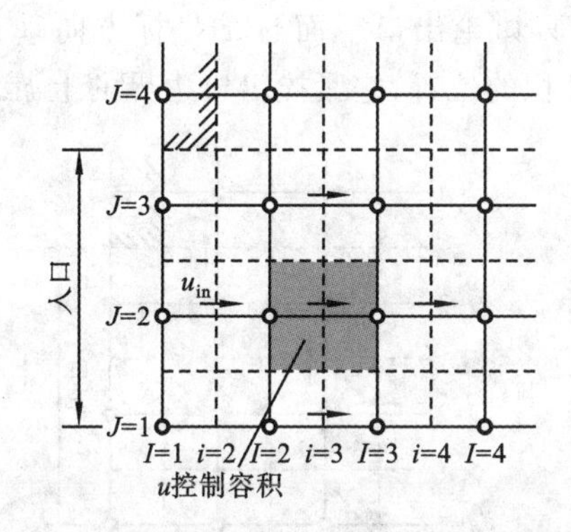

图 5.3　进口边界处 u 控制容积起始位置

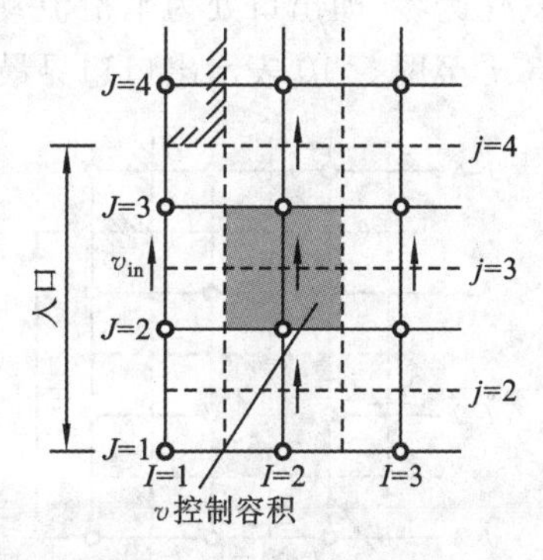

图 5.4　进口边界处 v 控制容积起始位置

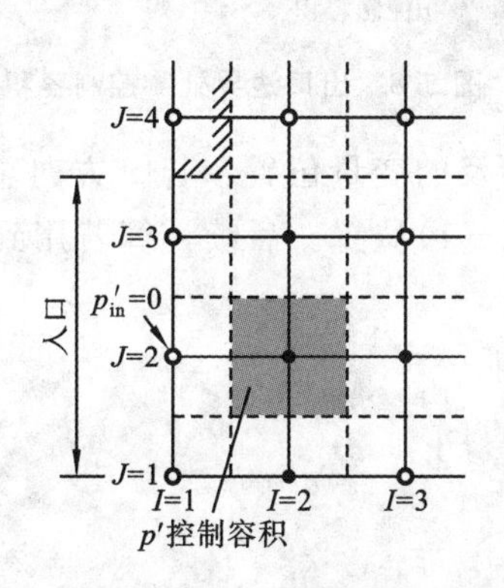

图 5.5　进口边界处 p' 控制容积起始位置

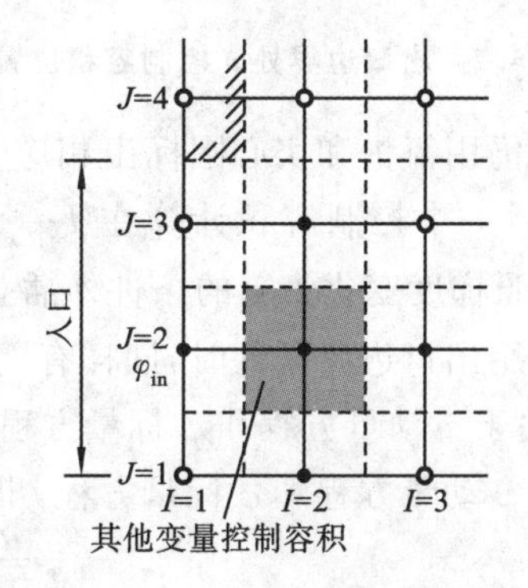

图 5.6　进口边界处主控制容积起始位置

图中用箭头表示求解动量方程时的邻近速度分量 u 或 v 的位置,用实心圆表示求解压力修正方程和其他场变量离散方程时邻近相关 p' 或 φ 的位置。求解 u、v 和 φ 方程时,u_{in}、v_{in} 和 φ_{in} 即为进口边界值,直接代入方程(或采用置大数法);对于压力修正方程,将 $p'=0$ 代入方程即可。

由于进口边界处压力无修正,因此压力修正方程的 $a_w=0$。此外,在进行速度修正时,进口边界速度为已知,方程(3.31)的源项也无须修正,有 $u_w^*=u_w$。

在使用进口边界条件时,有以下几点需要说明:

(1) 关于参考压力。在流场数值计算程序中,压力通常以相对值给出,而不是绝对值。因此,在某些情况下,可以通过设定进口压力为零来求其他点的压力;有时为了减小截断误差而提高或降低参考压力值,这样可使压力值与整体计算值的量级相吻合。

(2) 关于进口边界处 k 和 ε 值的估算。在使用各种 k-ε 模型对湍流进行计算时,需要给定进口边界上 k 和 ε 的值。目前理论上没有精确计算这两个参数的公式,通常可根据湍动强度 T_i 和特征长度 L,粗略估算进口边界处的 k 和 ε 值,即

$$k=\frac{3}{2}(\bar{u}_{ref}T_i)^2,\quad \varepsilon=C_\mu^{3/4}\frac{k^{3/2}}{l},\quad l=0.07L \tag{5.4}$$

式中:$\bar{u}_{ref}$ 为进口处平均速度,特征长度 L 可按等效管径计算。

5.2.2 出口边界条件

出口边界条件与进口边界条件类似。出口边界条件通常设置在远离流场内引起扰动的部位(如固体障碍物、热力源)。此时,出口处的流动状态达到充分发展状态,在流动方向上各参数梯度变化为零,即出口处为平滑流动。为简单计,只讨论出口平面与 x 坐标方向垂直的情况。图5.7至图5.10表示出口边界最后一个控制容积的位置,它紧挨出口边界的上游。

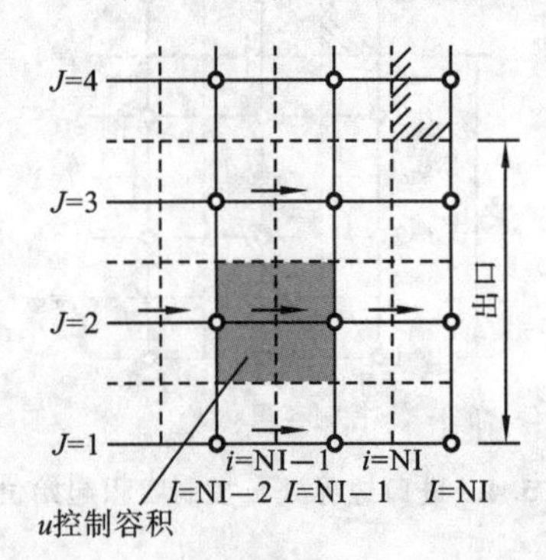

图5.7　出口边界处 u 控制容积位置

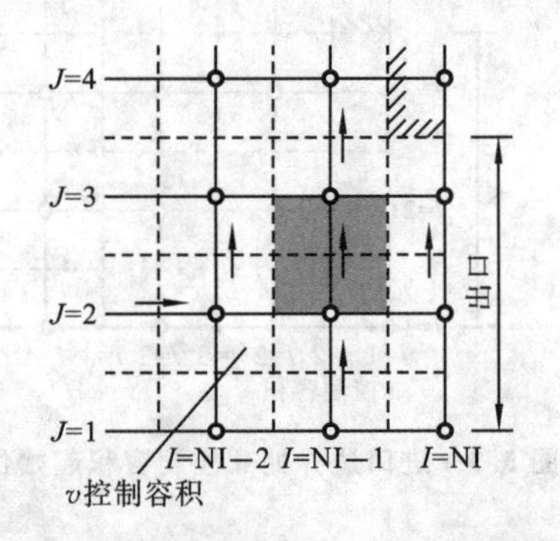

图5.8　出口边界处 v 控制容积位置

图中仍用箭头和实心圆标出相应方程求解时所涉及的变量位置。若 x 方向总节点数为NI,则最后一个控制容积计算在 $I=\text{NI}-1$(或 $i=\text{NI}-1$)位置。后续计算若用到边界点的 u_{NI},可按照梯度变化为零的条件外插获得。

在使用出口边界条件时,同样有以下几点需要说明:

1) 关于 v 动量方程和 φ 标量方程

对于 v 动量方程和 φ 标量方程,出口边界意味着

$$v_{\text{NI},j}=v_{\text{NI},j-1},\quad \varphi_{\text{NI},j}=\varphi_{\text{NI}-1,j} \tag{5.5}$$

因此,将此条件直接代入方程即可求解。

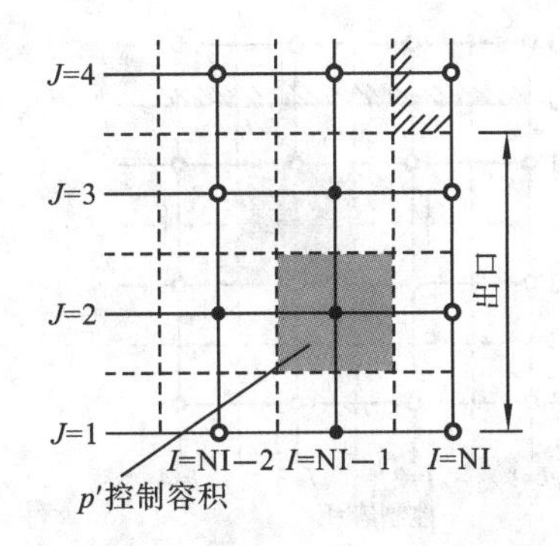

图 5.9 出口边界处 p' 控制容积位置

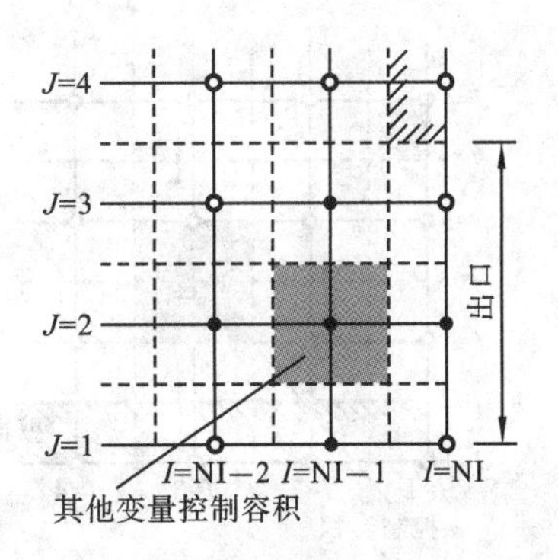

图 5.10 出口边界处其他变量控制容积位置

2）关于 u 动量方程

对于 u 动量方程，在出口边界若采用梯度为零的条件，则有

$$u_{\mathrm{NI},j} = u_{\mathrm{NI},j-1}$$

注意：在 SIMPLE 算法的迭代计算中采用这一条件并不能保证整个计算域上的流量守恒。为保证连续性，常用的解决办法为：由 $u_{\mathrm{NI},j-1}$ 按外插先计算 $u_{\mathrm{NI},j}=u_{\mathrm{NI},j-1}$，由此计算出出口边界的总流量 M_{out}，然后在上述外插公式中乘以修正因子 $M_{\mathrm{in}}/M_{\mathrm{out}}$（$M_{\mathrm{in}}$ 为进口总流量），即

$$u_{\mathrm{NI},J} = u_{\mathrm{NI}-1,J}\frac{M_{\mathrm{in}}}{M_{\mathrm{out}}} \tag{5.6}$$

3）关于压力修正方程

出口边界的速度值无须用压力修正方程解出的 p' 修正，因此，在求解 p' 方程(3.32)时，只需设定控制容积东侧界面系数 $a_E=0$，源项中 $u_E^*=u_E$，其余无须修正。

5.3 固壁边界条件

固壁边界条件是流动和传热计算中最常见的边界条件，但是因为要涉及流动状态问题，处理起来相对比较复杂。下面将对此进行详细介绍。

5.3.1 固壁边界上的网格布置

为简单计，这里只讨论固壁边界与 x 坐标方向平行的情况。此时近壁处速度 $\boldsymbol{u}$ 平行于壁面，$\boldsymbol{v}$ 垂直于壁面。图 5.11 至图 5.13 表示近壁处网格和控制容积的细节。

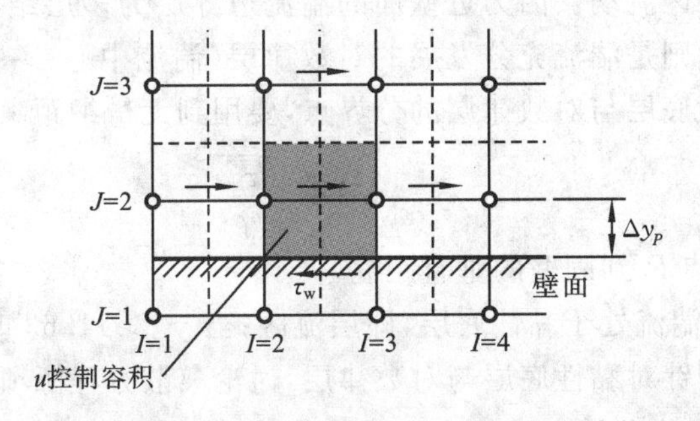

图 5.11 固壁边界 u 控制容积位置

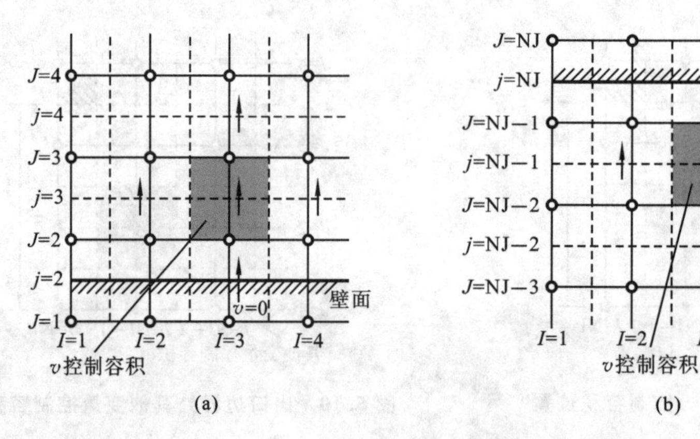

图 5.12　固壁边界 v 控制容积位置

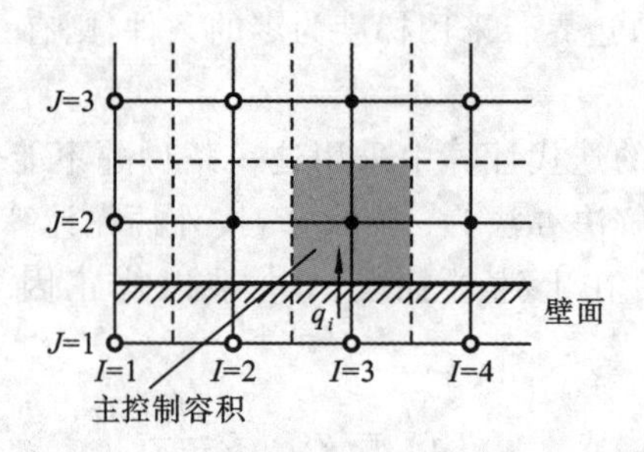

图 5.13　固壁边界主控制容积位置

无滑移条件是固壁处的速度边界条件，即在壁面上有 $u=v=0$。假设图 5.12(a)中 $j=2$ 或 5.12(b)中 $j=\mathrm{NJ}$ 处垂直壁面的速度分量 $v=0$，则紧邻控制容积($j=3$ 或 $j=\mathrm{NJ}-1$)的动量方程可以不作修正。同时，由于壁面速度已知，此处的压力修正也是不必要的。设 $a_S=0$ ($a_N=0$)，并在其源项中取 $v_S^*=v_S$($v_N^*=v_N$)，即可求解最接近壁面的 v 控制容积的压力修正方程。

对于压力修正方程之外的其他离散方程，则均需要对源项进行构造，下面将具体介绍。

5.3.2　固壁边界上离散方程源项的构造

对于固壁边界条件，紧邻壁面节点的控制方程需要构造源项以引入所给定的固壁条件，而源项的构造对于层流和湍流两种状态则各不相同。

若整个流场的流动状态为层流，则相对比较简单；若流场的流动状态为湍流，则需要区分近壁面流动与湍流核心区流动。因为近壁面的湍流边界层为多层结构，紧贴壁面的为黏性底层，然后是过渡层，外面则是湍流充分发展的对数律层(湍流中心)，一般过渡层可归入对数律层处理。为了表示黏性底层与对数律层的分界点，要用到无量纲距离 y^+，y^+ 的计算公式为

$$y^+=\frac{\Delta y_P}{v}\sqrt{\frac{\tau_{\mathrm{w}}}{\rho}} \tag{5.7}$$

式中：Δy_P 为近壁面节点 P 到固壁的垂直距离。

当 $y^+\leqslant 11.63$ 时，湍流处于黏性底层，即层流区；当 $y^+>11.63$ 时，湍流处于对数律层，即湍流核心区。下面分别针对黏性底层与对数律层，讨论离散方程源项的构造。

1. 层流边界层与湍流黏性底层对应的源项

当流动为层流，或者流动虽为湍流，但处于近壁面的黏性底层，将壁面剪切应力计入离散

动量方程源项，壁面剪切应力为

$$\tau_w = \mu \frac{u_P}{\Delta y_P} \tag{5.8}$$

式中：u_P 为近壁面网格节点处的速度。

式(5.8)表明速度与到壁面的距离呈线性变化。据此，可写出剪切力为

$$F_S = -\tau_w A_{cell} = -\mu \frac{u_P}{\Delta y_P} A_{cell} \tag{5.9}$$

式中：A_{cell}为控制容积在壁面处的面积。

因此，u 动量方程中的源项为

$$S_P = -\frac{\mu}{\Delta y_P} A_{cell} \tag{5.10}$$

若壁面恒定温度为 T_w，从壁面传递到近壁面单元中的热量为

$$q_w = -\frac{\mu}{\sigma} \frac{c_p (T_P - T_w)}{\Delta y_P} A_{cell} \tag{5.11}$$

式中：c_p 为流体的比热容，T_P 为节点 P 的温度，σ 为层流 Prandtl 数。

因此，能量方程中的源项为

$$S_P = -\frac{\mu}{\sigma} \frac{c_p}{\Delta y_P} A_{cell}, \quad S_C = \frac{\mu}{\sigma} \frac{c_p T_w}{\Delta y_P} A_{cell} \tag{5.12}$$

若固壁处有固定热流量 q_w，可直接通过热流量线性化源项，得到

$$q_w = S_C + S_P T_P \tag{5.13}$$

对于绝热壁面，则有 $S_C = S_P = 0$。

2. *湍流对数律层对应的源项*

当 $y^+ > 11.63$ 时，湍流处于对数律层。在该区域内，需要采用与对数律相关的壁面函数来计算剪切应力、热流量和其他变量。此外，湍流状态的流动计算通常采用标准 k-ε 模型，因此计算方程中除动量方程和连续性方程外，还需要额外求解两个方程：湍动能(k)方程和湍流耗散率(ε)方程。

(1)采用标准 k-ε 模型和壁面函数时近壁处参数间的关系如下。

① 平行于壁面的动量方程。

壁面剪切应力

$$\tau_w = \rho C_\mu^{1/4} k_P^{1/2} u_P / u^+ \tag{5.14}$$

壁面剪切力

$$F_S = -\tau_w A_{cell} = -(\rho C_\mu^{1/4} k_P^{1/2} u_P / u^+) A_{cell} \tag{5.15}$$

② 垂直于壁面的动量方程。

法向速度

$$v = 0 \tag{5.16}$$

③ 湍动能(k)方程。

单位体积 k 方程的源项

$$S = (\tau_w u_P - \rho C_\mu^{3/4} k_P^{3/2} u_P / u^+) \Delta V / \Delta y_P \tag{5.17}$$

④ 湍流耗散率(ε)方程。

节点 P 的湍流耗散率

$$\varepsilon_P = C_\mu^{3/4} k_P^{3/2} / (\kappa \Delta y_P) \tag{5.18}$$

⑤ 能量方程。

壁面热流量

$$q_{\mathrm{w}} = -\rho c_p C_\mu^{1/4} k_P^{1/2} (T_P - T_{\mathrm{w}}) / T^+ \tag{5.19}$$

(2) 根据上述近壁处参数间的关系,可写出各离散方程中的源项。

① 平行于壁面的 u 速度动量方程。

通过取 $a_S=0$ 使方程与南侧壁面的联系被切断,将壁面剪切力 F_{S} 作为源项加入离散的 u 速度动量方程,可得到该方程的源项,即

$$S_P = -\frac{\rho C_\mu^{1/4} k^{1/2}}{u^+} A_{\mathrm{cell}} \tag{5.20}$$

② 湍动能(k)方程。

先取 $a_S=0$,在 k 方程的体积源项中,第二项含有 $k^{3/2}$,将该项线性化为 $k_P^{*1/2} k_P$,其中,k^* 为前次迭代或初始设置的已知 k 值。从而,离散 k 方程的源项为

$$S_P = -\frac{\rho C_\mu^{3/4} k^{*1/2} u^+}{\Delta y_P} \Delta V, \quad S_{\mathrm{C}} = \frac{\tau_{\mathrm{w}} u_P}{\Delta y_P} \Delta V \tag{5.21}$$

③ 湍流耗散率(ε)方程。

对于 ε 方程,按式(5.18)给出近壁节点 P 处 ε 的固定值 ε_P,因此设置 ε 方程的源项为

$$S_P = -10^{30}, \quad S_{\mathrm{C}} = \frac{C_\mu^{3/4} k_P^{3/2}}{\kappa \Delta y_P} \Delta V \times 10^{30} \tag{5.22}$$

④ 温度(能量)方程。

先取 $a_S=0$,壁面温度 T_{w} 为一定值时,壁面热流由式(5.19)计算,因此可设置温度(能量)方程中的源项为

$$S_P = -\frac{\rho C_\mu^{1/4} k_P^{1/2} c_p}{T^+} A_{\mathrm{cell}}, \quad S_{\mathrm{C}} = \frac{\rho C_\mu^{1/4} k_P^{1/2} c_p T_{\mathrm{w}}}{T^+} A_{\mathrm{cell}} \tag{5.23}$$

若壁面热流 q_{w} 为一定值,设

$$q_{\mathrm{w}} = S_{\mathrm{C}} + S_P T_P \tag{5.24}$$

对于绝热壁面,有 $S_{\mathrm{C}} = S_P = 0$。

3. 移动壁面边界

前面的讨论均针对壁面固定不动的情况。如果壁面以 $u=u_{\mathrm{wall}}$ 速度移动,则壁面剪切力公式中的 u_P 要用相对速度 $u_P - u_{\mathrm{wall}}$ 代替。层流流动时的壁面剪切力公式(5.9)修改后变为

$$F_{\mathrm{S}} = -\mu \frac{u_P - u_{\mathrm{wall}}}{\Delta y_P} A_{\mathrm{cell}} \tag{5.25}$$

从而,u 动量方程的源项为

$$S_P = -\frac{\mu}{\Delta y_P} A_{\mathrm{cell}}, \quad S_{\mathrm{C}} = \frac{\mu}{\Delta y_P} A_{\mathrm{cell}} u_{\mathrm{wall}} \tag{5.26}$$

湍流壁面剪切力公式(5.15)修改后变为

$$F_{\mathrm{S}} = -\frac{\rho C_\mu^{1/4} k_P^{1/2} (u_P - u_{\mathrm{wall}})}{u^+} A_{\mathrm{cell}} \tag{5.27}$$

u 动量方程的源项变为

$$S_P = -\frac{\rho C_\mu^{1/4} k_P^{1/2}}{u^+} A_{\mathrm{cell}}, \quad S_{\mathrm{C}} = \frac{\rho C_\mu^{1/4} k_P^{1/2}}{u^+} A_{\mathrm{cell}} u_{\mathrm{wall}} \tag{5.28}$$

移动壁面也将影响 k 方程的源项,单位体积 k 方程的源项变为

$$S=\frac{[\tau_{\mathrm{w}}(u_P-u_{\mathrm{wall}})-\rho C_\mu^{3/4}k_P^{3/2}u^+]\Delta V}{\Delta y_P} \tag{5.29}$$

相应的 k 方程源项变为

$$S_P=-\frac{\rho C_\mu^{3/4}k^{*1/2}u^+}{\Delta y_P}\Delta V,\quad S_{\mathrm{C}}=\frac{\tau_{\mathrm{w}}(u_P-u_{\mathrm{wall}})}{\Delta y_P}\Delta V \tag{5.30}$$

需要注意的是,壁面函数的应用是有一定条件的,具体如下:

(1) 流体流动平行于壁面,且速度的变化只发生在垂直于壁面的方向;

(2) 流动方向上不存在压力梯度;

(3) 壁面处流动不存在化学反应;

(4) 流动为高 Re 流动。

若上述条件不能满足,则将导致采用壁面函数法的预测精度大大降低,甚至不可用。

5.4　恒压边界条件、对称边界条件与周期性边界条件

恒压边界条件、对称边界条件与周期性边界条件是工程中经常见到的另外三种边界条件。本节仍以二维问题为例,介绍这三种边界条件的使用方法。

5.4.1　恒压边界条件

恒压边界条件一般用于流动速度分布不能确定而压力为定值的边界。典型的压力边界条件有绕固体的外流、自由表面流、自然通风及燃烧等浮升力驱动流和多出口内流。

在固定压力边界处,压力修正是不必要的。入口和出口压力边界条件的网格布置如图 5.14 和图 5.15 所示。

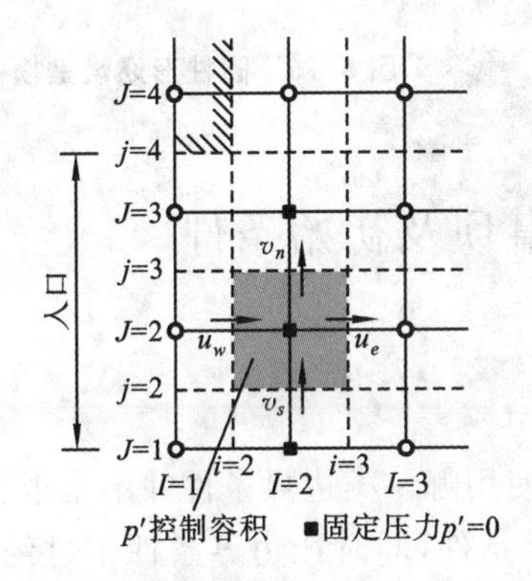

图 5.14　压力入口边界控制容积位置

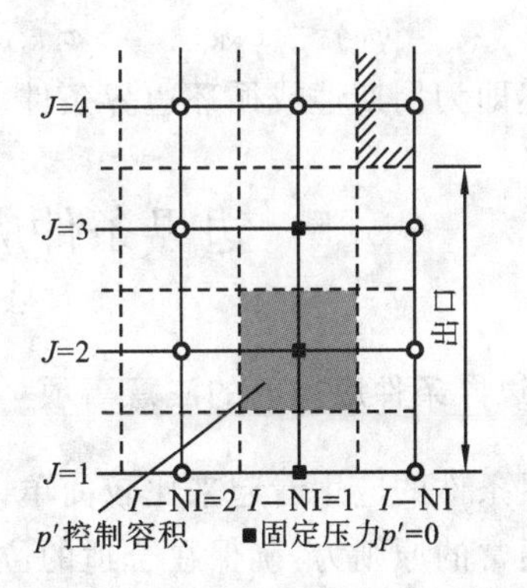

图 5.15　压力出口边界控制容积位置

最常见的处理恒压边界条件的方法是在物理边界内侧的一排节点处给定压力值,如图 5.14 和图 5.15 中的矩形黑点。这些点处给定压力 p_{fix},并且使压力修正方程在此处 $S_{\mathrm{C}}=0$, $S_P=-10^{30}$, u 动量方程从 $i=3$ 开始求解, v 动量方程及其他方程从 $I=2$ 开始求解。这种边界条件的一个特殊问题是边界内侧的流体流动方向未知,它由区域内流动条件所决定,即区域内流动满足连续性方程。例如,在图 5.14 中, u_e、u_s 和 u_n 由区域内求解 u 动量方程和 v 动量方程得到,为保证 p' 控制容积流量守恒,可计算出 u_w 为

$$u_w=\frac{(\rho vA)_n-(\rho vA)_s+(\rho uA)_e}{(\rho A)_w} \tag{5.31}$$

这使得最接近恒压边界的控制容积类似于一个源或汇。具体的处理方法很多，有些程序要求入口边界给定 $i=2$ 处的固定压力值，或出口边界采用外插求出其出口处流速 u。

5.4.2 对称边界条件

对称边界条件是指所求解的问题在物理上存在对称性。应用对称边界条件可避免求解整个计算域，从而使求解规模缩减至整个问题的一半。

在对称边界上，垂直于对称边界的流体速度取为零，而其他场变量的值在边界内外相等，即在 $I=1$ 或 $i=1$ 处的值与 $I=2$ 或 $i=2$ 处的值相等，亦即

$$\varphi_{1,J} = \varphi_{2,J} \tag{5.32}$$

对于压力修正方程，则通过取对称边界一侧的控制容积积分系数为零来切断与对称边界的联系，不需另作其他修正。

5.4.3 周期性边界条件

周期性边界条件也称循环边界条件，通常可以看作另外一种对称边界条件。如图5.16所示的圆柱形燃烧室，圆周上均匀布置燃料喷嘴，它产生圆周方向的循环流动。由于均匀分布，流动相对于中间轴（O 轴）对称。实际流动中 $k=1$ 平面和 $k=\text{NK}$ 平面具有完全相同的流动参数。因此，计算该流场时可取其中一部分作为计算域，如图中 θ 角范围内的一个扇形区域。此时扇形区域的两个直边中一个作为入口边界，另一个作为出口边界，且将两个边界的参数设为相等，即

$$\varphi_{1,J} = \varphi_{\text{NK}-1,J}, \quad \varphi_{\text{NK},J} = \varphi_{2,J} \tag{5.33}$$

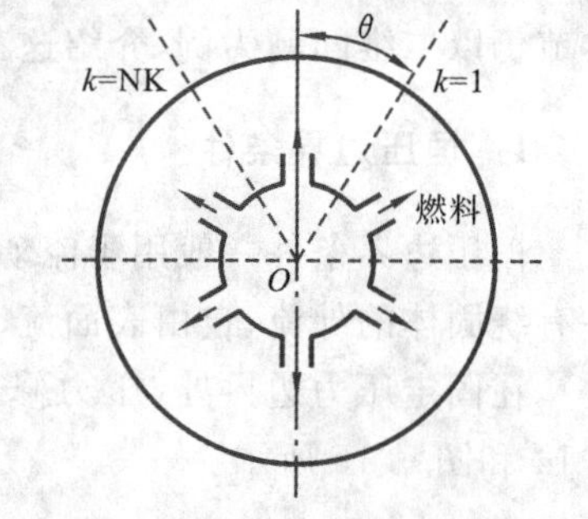

图5.16 圆柱形燃烧室横截面

上述即为周期性或循环边界条件。

5.5 边界条件应用时的注意事项及初始条件

5.5.1 边界条件应用时的注意事项

边界条件的应用看起来比较简单，但在许多情况下，使用哪一类边界条件并不是很容易的事情。通常的原则为：确保在合适的位置使用合适的边界条件，同时让边界条件不过约束，也不欠约束。本节将介绍边界条件应用时的注意事项。

1. 边界条件的组合

CFD计算域内的流动是由边界条件驱动的。从某种意义上说，实际问题的求解过程就是将边界线或边界面上的数据，扩展至计算域内部的过程。因此，确定符合实际且合适的边界条件非常重要，否则，求解过程将很艰难。通常CFD模拟过程中迅速发散的一个最常见的原因就是边界条件的不合理。

例如，如果只给定进口边界和壁面边界，而没有给定出口边界，那么将不可能得到计算域的稳定解，越计算越发散。这样的边界条件组合显然不合理，下面归纳出几种可行的边界条件组合：

(1) 只有壁面；

(2) 壁面、进口和至少一个出口边界；

(3) 壁面、进口和至少一个恒压边界；

(4) 壁面和恒压边界。

在应用出口边界条件时需要特别注意，该边界条件只有当计算域中进口边界条件给定(比如给定进口速度)时才能使用，且仅在只有一个出口的计算域中使用。物理上，出口压力控制着流体在多个出口间的分流情况，因此，给定出口压力值要比给定出口边界条件(梯度为零)更加合理。将出口边界条件和一个或多个恒压边界条件结合使用是不允许的，因为零梯度的出口边界条件不能指定出口流量，也不能指定出口压力，这样将导致问题不可解。

这里仅仅讨论了亚音速问题的边界条件的组合，但要注意在处理跨音速和超音速流动问题时，必须特别小心。

2. 出口边界位置的选取

如果出口边界太靠近固体障碍物，流动可能尚未达到充分发展的状态(在流动方向上梯度为零)，这将产生较大计算误差。一般来讲，为了得到准确的计算结果，出口边界必须位于最后一个障碍物后 10 倍于障碍高度的位置。对于更高的精度要求，还要研究不同出口位置对模拟结果的影响程度，以保证模拟结果不受出口位置选取的影响。

3. 近壁面网格

在采用 CFD 模拟时，为了获得较高精度，常常需要加密计算网格，而在近壁面处为了快速求解，必须将 k-ε 模型与壁面函数法结合起来使用。为了确保壁面函数法有效，通常需要让离壁面最近的一内节点位于湍流对数律层之中，即 y^+ 必须大于 11.63(最好是在 30～500)，这相当于给最靠近壁面的网格到壁面的距离 Δy_P 设定了一个下限。然而，要在任意位置确保上述要求常常不太可能，其中最为典型的例子是包含回流的流动。对于这些问题需要进一步深入研究。

4. 随时间变化的边界条件

这类边界条件通常用于非稳态问题，也就是说，边界上的有关流动变量随时间发生变化。对于这类边界条件，需要将其离散成与时间步相对应的结果，然后存储起来，供计算到相对应的时间步时调用。这类边界条件通常与初始条件一起给定。

5.5.2　初始条件

在瞬态问题(非稳态问题)中，除了要给定边界条件外，还需要给出流域内所有流动变量的初值，即初始条件。但总体而言，除了要在计算开始前初始化相关的变量外，并不需要其他的特殊处理，因此，初始条件相对比较简单。另外，需要说明的是，稳态问题不需要初始条件。

给定初始条件时需要注意以下两点：

(1) 要针对所有变量，给定整个计算域内各单元的初始条件。

(2) 初始条件一定要确保物理上合理，否则，一个物理不合理的初始条件必然导致不合理的计算结果。而初始条件的合理给定，通常只能根据经验或实测结果。

5.6　网格生成技术

网格是 CFD 模型的几何表达形式，也是模拟与分析的载体。网格质量对 CFD 的计算精度和计算效率具有重要影响。对于复杂的 CFD 问题，网格生成极为耗时，且极易出错，生成网格所需时间常常大于实际 CFD 计算的时间。因此，有必要对网格生成技术给予足够的重视。

5.6.1　网格类型

网格分为结构网格和非结构网格两大类。结构网格中节点排列有序、邻点间的关系明确，图 5.17 为结构网格的示例。对于复杂的几何区域，结构网格通常分块构造，这就形成了块结构网格，图 5.18 为块结构网格的示例。

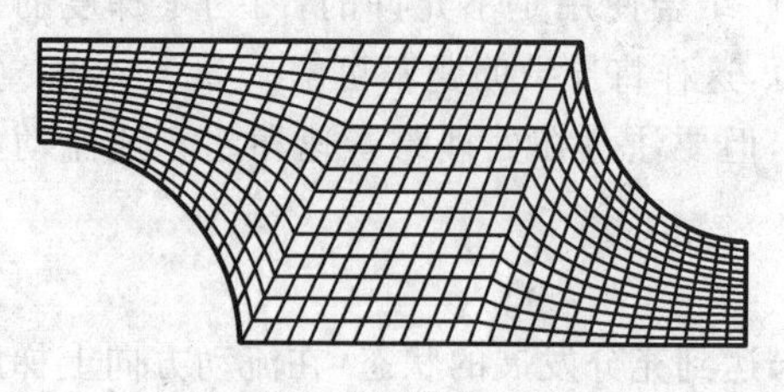

图 5.17　结构网格示例

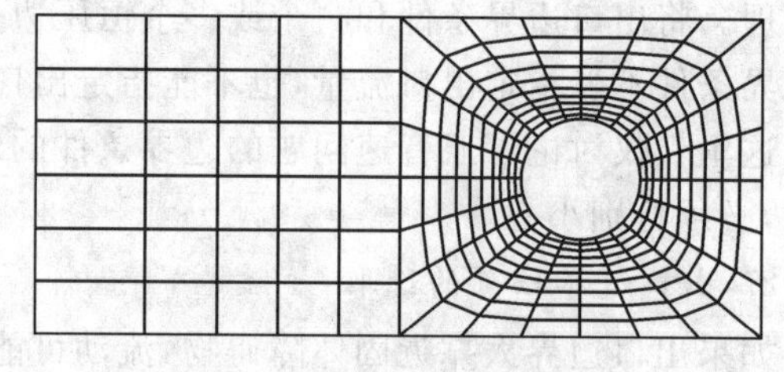

图 5.18　块结构网格示例

与结构网格不同，在非结构网格中，节点的位置无法用一个固定的法则予以有序地命名，图 5.19 为非结构网格的示例。非结构网格虽然生成过程比较复杂，但有着极好的适应性，尤其对于具有复杂边界的流场计算问题特别有效。非结构网格的生成比较复杂，一般通过专门的程序或软件来生成。因此，这里不讨论非结构网格的生成方法，对此感兴趣的读者，可参考有关非结构网格生成的专门文献。

单元是构成网格的基本元素。在结构网格中，常用的二维网格单元为四边形单元，三维网格单元为六面体单元。而在非结构网格中，常用的二维网格单元为三角形单元，三维网格单元有四面体单元和五面体单元，其中五面体单元还可分为棱锥形（或楔形）单元和金字塔形单元等。图 5.20 和图 5.21 分别为常用的二维和三维网格单元。

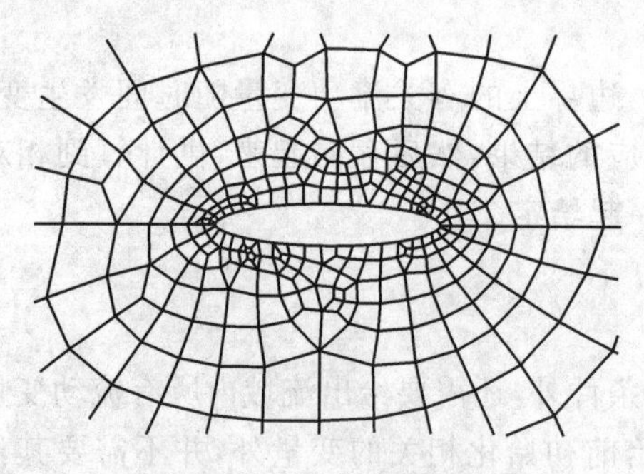

图 5.19　非结构网格示例

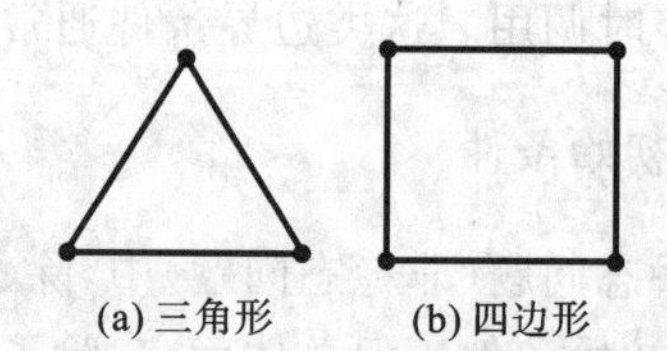

(a) 三角形　(b) 四边形

图 5.20　常用的二维网格单元

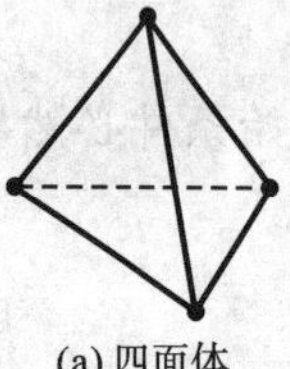

(a) 四面体

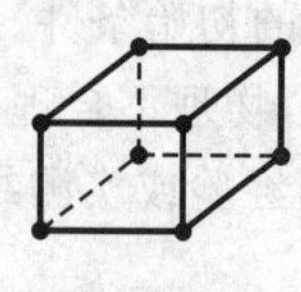

(b) 六面体

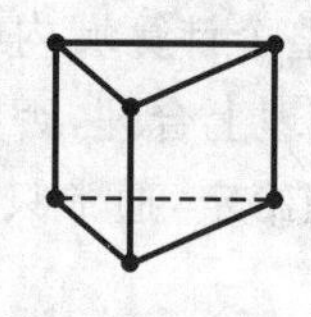

(c) 五面体(棱锥)

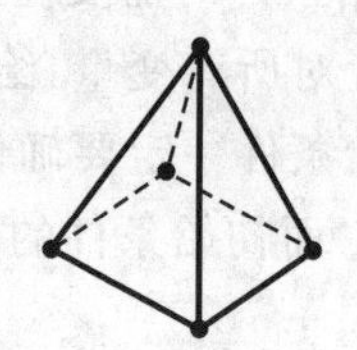

(d) 五面体(金字塔)

图 5.21　常用的三维网格单元

网格区域分为单连域和多连域两类。所谓单连域，是指求解区域边界内不包含非求解区域的情形，单连域内的任一封闭曲线都能连续地收缩至一点而不越过其边界。如果在求解区域内包含非求解区域，则称该求解区域为多连域。所有的绕流流动都属于典型的多连域问题，如机翼的绕流、透平机械内单个叶片或一组叶片的绕流等。图 5.18 和图 5.19 均属于多连域。

对于绕流问题的多连域网格，又分为 O 型和 C 型两种。O 型网格像一个变形的圆，一圈一圈地包围着翼型，最外层网格线上可以取来流的条件，如图 5.22 所示。C 型网格则像一个变形的字母 C，围绕在翼型的外面，如图 5.23 所示。

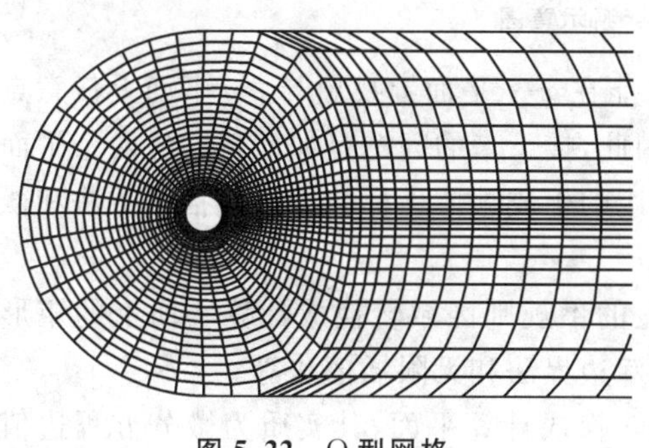

图 5.22　O 型网格

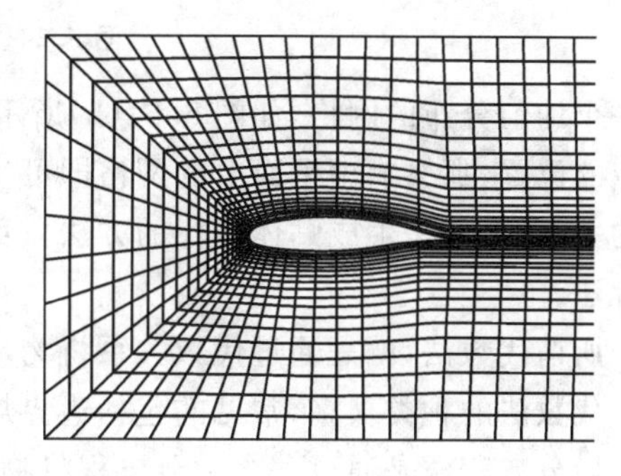

图 5.23　C 型网格

5.6.2　网格生成

无论是结构网格还是非结构网格，通常都需要按下列过程生成：

(1) 建立几何模型。几何模型是网格和边界的载体。对于二维问题，几何模型为二维平面；对于三维问题，几何模型为三维实体。

(2) 划分网格。在几何模型上应用特定的网格类型、网格单元和网格密度对面或体进行划分，获得网格。

(3) 指定边界区域。为几何模型的每个区域指定名称和类型，为后续给定物理属性、边界条件和初始条件奠定基础。

生成网格的关键在于上述过程中的步骤(2)。由于传统的 CFD 技术大多基于结构网格，目前针对结构网格具有多种成熟的生成技术，而非结构网格的生成技术更加复杂，这里不进行深入讨论。

下面以贴体坐标法为例，介绍结构网格的生成。

如果计算区域的各边界与坐标轴平行，亦即计算区域是一个规则区域，那么可以很容易地划分该区域的网格。然而，实际工程问题的边界不可能与各种坐标轴平行，因此需要采用数学方法构造一种坐标系，使其各坐标轴与被研究对象的边界相适应，这种坐标系称为贴体坐标系。由此可见，直角坐标系可认为是矩形区域的贴体坐标系，极坐标可认为是环扇形区域的贴体坐标系。

使用贴体坐标系生成网格的方法的基本思路如下：

如图 5.24(a)所示 x-y 平面内的不规则区域，为了构造与该区域相适应的贴体坐标系，将该区域中相交的两个边界作为曲线坐标系的两个轴，分别记为 ξ 和 η。在该区域的四个边上，可规定不同位置的 ξ 和 η 值。例如，可以假定在 A 点有 $\xi=0$、$\eta=0$，而在 C 点有 $\xi=1$、$\eta=1$。这样就可将 ξ-η 看成另一个计算平面上直角坐标系的两个轴，根据上面规定的 ξ 和 η 的取值原则，在计算平面上的求解区域就简化成一个矩形区域，只需给定每个方向的节点总数，即可生

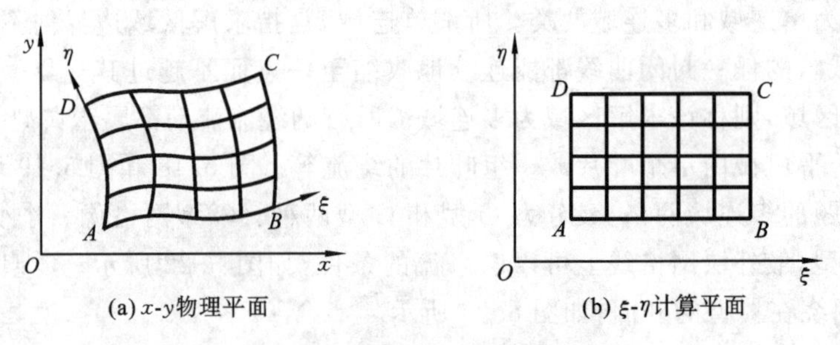

(a) x-y物理平面　　(b) ξ-η计算平面

图5.24　贴体坐标系示意图

成一个均匀分布的网格,如图5.24(b)所示。如果能在x-y平面上找出与ξ-η平面上任意点相对应的位置,那么物理平面上的网格即可生成。因此,接下来的问题是如何建立这两个平面之间的关系,也就是生成贴体坐标的方法。目前,常用的生成贴体坐标的方法包括代数法和微分方程法。

所谓代数法,就是通过代数关系将物理平面上的不规则区域转换成计算平面上的矩形区域。代数法的种类很多,常见的包括边界规范法、双边界法和无限插值法等。

微分方程法是通过一个微分方程将物理平面转换成计算平面,其实质为微分方程边值问题的求解。该方法是构造贴体坐标非常有效的方法,在该方法中,可使用椭圆型、双曲型和抛物型偏微分方程来生成网格,其中,椭圆型方程应用较多。最典型的椭圆型方程为Laplace方程,即

$$\left.\begin{aligned}\xi_{xx}+\xi_{yy}&=0\\ \eta_{xx}+\eta_{yy}&=0\end{aligned}\right\} \tag{5.34}$$

式中:ξ、η可以看成物理平面上Laplace方程的解,只要在物理平面区域边界上规定$\xi(x,y)$、$\eta(x,y)$的取值方法,方程即可求解。为了控制网格的密度及正交性,通常在方程(5.34)右端加入"源项",结果Laplace方程变成Poisson方程,即

$$\left.\begin{aligned}\xi_{xx}+\xi_{yy}&=P(\xi,\eta)\\ \eta_{xx}+\eta_{yy}&=Q(\xi,\eta)\end{aligned}\right\} \tag{5.35}$$

式中:$P(\xi,\eta)$、$Q(\xi,\eta)$为用来调节网格密度及正交性的函数,称为源函数或控制函数。源函数不同,获得的网格也不相同。

第6章　格子 Boltzmann 方法

格子 Boltzmann 方法(LBM)是近些年来发展起来的一种流体系统模拟的新方法,同时也是当前 CFD 领域的研究热点。该方法是介于流体的微观分子动力学模型和宏观连续介质模型之间的介观模型,兼具两者的优点。格子 Boltzmann 方法的思路与传统的流体动力学模拟方法不同,具有传统方法不可替代的独特优势,它的发展为 CFD 研究开辟了一个崭新领域。

本章主要向读者介绍格子 Boltzmann 方法的基本原理和基本模型,以及格子 Boltzmann 方法的初始条件和边界条件。

6.1　格子气自动机

格子 Boltzmann 方法源于 20 世纪 70 年代提出并发展的格子气自动机(lattice gas automata,LGA)方法,因此从这个角度可以把格子 Boltzmann 方法视为描述流体运动的一个物理模型。

6.1.1　基本思想

理论上,一个流体系统可以用微观分子动力学、介观动力学模型或宏观连续守恒方程进行描述,但也存在一些三类方法都不能很好描述的问题。比如,在包含复杂界面动力学的多相流系统中,由于界面附近的状态方程形式难以确定,加上难以追踪复杂的界面变化和运动,采用 Navier-Stokes 方程进行描述和求解存在很大困难;又如,对于多孔介质中的流动,由于孔隙的大小、走向、分布极端复杂,求解 Navier-Stokes 方程时很难处理这类复杂的边界。另外,还有一些流体系统根本就不满足宏观连续守恒方程,进行方程的数值求解更无从谈起。对于这些复杂的流体系统,原理上虽然可以通过微观分子动力学方程或介观 Boltzmann 方程来进行模拟计算,但由于计算量巨大而难以实现。

格子气自动机是一种简化的微观流体模型,它的建立基于以下认识:流体宏观行为是流体分子微观热运动的统计结果,宏观行为对每个分子的运动细节并不敏感,流体分子相互作用的差别反映在 Navier-Stokes 方程的输运系数上。基于这样的流动特征,可以构造一个微观或介观模型,使之在遵循基本守恒定律的前提下尽可能简单。

在格子气自动机方法中,将流体视为大量离散粒子(不同于流体分子的假想微观粒子),这些粒子驻留在一个规则格子或晶格上,并按一定的规则在格子上进行碰撞和迁移。格子气自动机是一个完全离散的动力系统,流体离散为大量的粒子,流场离散为规则的格子,时间根据一个时间步长离散为一个时间序列。同时,在格子气自动机方法中,粒子只能沿网格线运动,并且一个时间步长只能从一个格点移动到最近的邻格点,粒子的速度也为一个有限的离散速度集合。

6.1.2　HPP 模型

第一个格子气自动机模型是由三位法国科学家 Hardy、de Pazzis 和 Pomeau 于 20 世纪 70

年代提出的，并根据这三位作者的名字将之命名为 HPP 模型。HPP 模型是一个以正方形格子为基础的二维格子气自动机模型，如图 6.1 所示。假想的流体主流粒子驻留在格点上，粒子的运动速度只能是以下四个之一：

$$\boldsymbol{c}_1=c(1,0),\quad \boldsymbol{c}_2=c(0,1),\quad \boldsymbol{c}_3=c(-1,0),\quad \boldsymbol{c}_4=c(0,-1)$$

这里 $c=\delta_x/\delta_t$，δ_x 和 δ_t 分别为格子步长和时间步长。在格子气自动机模型中，一般取 δ_x 和 δ_t 的单位为长度和时间单位，因此 $c=1$。这些单位称为格子单位。在格子气自动机模型中，一般还要求粒子分布满足 Pauli 不相容原理，即在每个格子处以某速度运动的粒子最多只能有一个。因此，每个格点处粒子分布状况可以用一个四位布尔变量表示，即 $n(\boldsymbol{x},t)=n_1n_2n_3n_4$，其中 $n_i=1$（或 0）表示有（或无）以速度 $\boldsymbol{c}_i$ 运动的粒子。

HPP 模型的状态演化可以分为两个阶段，即碰撞过程和迁移过程。碰撞过程是指在每个格子上具有不同速度的粒子相遇并发生碰撞，粒子速度发生改变；迁移过程是指碰撞后的粒子以新的速度运动到相邻格点。碰撞规则是格子气自动机模型的核心，需要满足基本的守恒规律。HPP 模型的碰撞规则为：如图 6.1 所示，当两个速度相反的粒子到达同一个格点，而另外两个方向上没有粒子时，发生对头碰撞，即两个粒子的速度分别旋转 90°，而在其他情况下粒子速度不发生改变。因此，HPP 模型的总体演化方程可以表示为

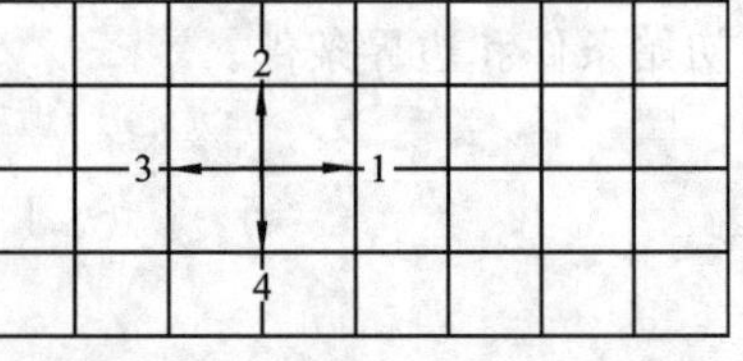

图 6.1　HPP 模型及碰撞规则

$$n_i(\boldsymbol{x}+\boldsymbol{c}_i\delta_t,t+\delta_t)=n_i(\boldsymbol{x},t)+\Omega_i(n(\boldsymbol{x},t)),\quad i=1,2,3,4 \tag{6.1}$$

其中 Ω_i 为碰撞算子，可以表示为

$$\Omega_i(n)=n_{i\oplus1}n_{i\oplus3}(1-n_i)(1-n_{i\oplus2})-(1-n_{i\oplus1})(1-n_{i\oplus3})n_in_{i\oplus2}$$

这里“⊕”表示循环加法。容易验证，Ω_i 满足局部质量、动量和能量守恒，即

$$\sum_i\Omega_i=0,\quad \sum\boldsymbol{c}_i\Omega_i=0,\quad \sum_i\frac{{c_i}^2}{2}\Omega_i=0 \tag{6.2}$$

HPP 模型的演化方程(6.1)也可以按照粒子运动的物理过程表示为两个步骤，即

碰撞　　$$n_i'(\boldsymbol{x},t)=n_i(\boldsymbol{x},t)+\Omega_i(n(\boldsymbol{x},t)) \tag{6.3}$$

迁移　　$$n_i(\boldsymbol{x}+\boldsymbol{c}_i\delta_t,t+\delta_t)=n_i'(\boldsymbol{x},t) \tag{6.4}$$

流体的宏观密度、速度和温度由粒子的系综平均，即速度分布函数 $f_i\equiv\langle n_i\rangle$ 给出：

$$\rho=m\sum_i f_i,\quad \rho\boldsymbol{u}=m\sum\boldsymbol{c}_if_i,\quad \rho e=\rho RT=m\frac{1}{2}\sum\,(c-u)_i{}^2f_i \tag{6.5}$$

通常，n_i 的系综平均值 f_i 不能直接确定，计算时由时间或空间平均值代替。

虽然 HPP 模型在微观上满足质量和动量守恒，但其宏观动力学方程不满足 Navier-Stokes 方程，这是因为 HPP 模型的格子没有足够的对称性。事实上，HPP 模型是作为研究流体性质的理论模型，而不是为了宏观流动的计算提出的，这也是格子气自动机模型开始并未受到人们重视的原因。尽管如此，HPP 模型的基本思想开创了流动模拟的新思路，是微观或介观流动模拟的里程碑。

6.1.3　FHP 模型

1986 年，即 HPP 模型提出十多年后，三位法国科学家 Frisch、Hasslacher 和 Pomeau，以

及美国学者 Wolfram,分别提出了具有更好对称性的二维格子气自动机模型,即 FHP 模型。该模型使用的格子是规则的六边形,如图 6.2 所示。流体粒子具有六个离散速度,即

$$\boldsymbol{c}_i = c(\cos\theta_i, \sin\theta_i), \quad \theta_i = \frac{(i-1)\pi}{3}, \quad i = 1, 2, \cdots, 6$$

因此,每个格点处的粒子分布可以表示为 $n(\boldsymbol{x},t)=n_1 n_2 n_3 n_4 n_5 n_6$,布尔变量 n_i 是以速度 $\boldsymbol{c}_i$ 运动的粒子数,取值为 0 或 1。

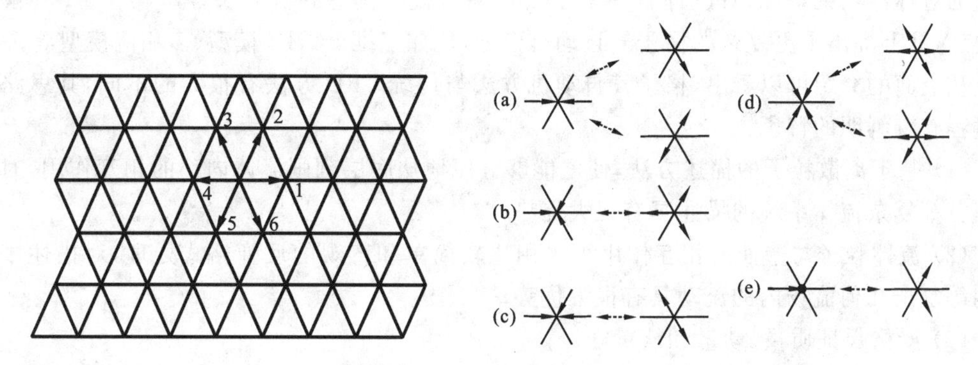

图 6.2 FHP 模型及碰撞规则

(a)对头二体碰撞;(b)对称三体碰撞;(c)非对称三体碰撞;(d)对称四体碰撞;(e)含静止粒子的二体碰撞

FHP 模型的碰撞方式比 HPP 模型更为复杂,如图 6.2 所示。碰撞类型有对头二体碰撞、对称三体碰撞、非对称三体碰撞和对称四体碰撞。有些模型还引入静止粒子,此时还将发生运动粒子与静止粒子的碰撞。使用对头二体碰撞和对称三体碰撞的模型是最基本的 FHP 模型,又称为 FHP-Ⅰ模型;在 FHP-Ⅰ模型上引入静止粒子并使用对称三体碰撞的模型称为 FHP-Ⅱ模型;在 FHP-Ⅱ模型基础上引入四体对称碰撞,则得到 FHP-Ⅲ模型。与 HPP 模型相比,FHP 模型的另外一个特点是碰撞规则中存在随机碰撞方式。例如,在对头二体碰撞中,两个速度相反的粒子相遇后其速度会以相同的概率顺时针或逆时针旋转 60°。

根据碰撞规则,格点的粒子占据状态会发生变化。假设碰撞前状态为 $s(\boldsymbol{x},t)=\{s_1,s_2,\cdots,s_6\}$ 的格点经碰撞变化为新状态 $s'(\boldsymbol{x},t)=\{s_1',s_2',\cdots,s_6'\}$ 的概率为 $A(s\to s')$,则该概率满足归一化条件,即

$$\forall s \quad \sum_{s'\subset \mathcal{S}} A(s \to s') = 1$$

式中:$A(s\to s')$ 为转移概率,s_i、s_i' 的取值为 0 或 1;S 为所有可能状态构成的集合。

根据碰撞规则,FHP 模型的碰撞满足细致平衡条件,即

$$A(s \to s') = A(s' \to s) \tag{6.6}$$

即每种碰撞发生的概率与其逆碰撞发生的概率相同。因此,也有

$$\forall s' \quad A(s\to s')=1$$

该式称为准细致平衡条件,它比细致平衡条件要弱。

FHP 模型的每个格点有 64(2^6)个可能的状态,因此转移概率构成一个 64×64 的转移矩阵 $\mathbf{A}=(A_{SS'})$。该矩阵对称且各行和各列的元素之和都为 1。根据转移概率,FHP 模型的碰撞算子可表示为

$$\begin{aligned}\Omega_i(n(\boldsymbol{x},t)) &= \sum_S \sum_{S'} (s_i' - s_i) A_{SS'} \prod_j n_j^{s_j} n_j^{\bar{s}_j} \\ &= n_{i\oplus 1} n_{i\oplus 3} n_{i\oplus 5} \overline{n}_i \overline{n}_{i\oplus 2} \overline{n}_{i\oplus 4} - \overline{n}_{i\oplus 1} \overline{n}_{i\oplus 3} \overline{n}_{i\oplus 5} n_i n_{i\oplus 2} n_{i\oplus 4}\end{aligned}$$

$$+ rn_{i\oplus 1} n_{i\oplus 4} \bar{n}_i \bar{n}_{i\oplus 2} \bar{n}_{i\oplus 3} \bar{n}_{i\oplus 5} + (1-r) n_{i\oplus 2} n_{i\oplus 5} \bar{n}_i \bar{n}_{i\oplus 1} \bar{n}_{i\oplus 3} \bar{n}_{i\oplus 4}$$
$$- n_i n_{i\oplus 3} \bar{n}_{i\oplus 1} \bar{n}_{i\oplus 2} \bar{n}_{i\oplus 4} \bar{n}_{i\oplus 5} \tag{6.7}$$

式中：r 是布尔型随机变量，$\bar{s}_j = 1 - s_j$，$\bar{n}_j = 1 - n_j$。可以验证该碰撞算子满足质量、动量和能量守恒。

FHP模型比HPP模型具有更好的对称性，碰撞过程更为丰富，特别是在对其理论分析中发现的对称性约束条件，对设计合理格子气自动机模型具有指导意义。事实上FHP模型提出之后，马上提出了更复杂的格子气自动机模型，比如三维FCHC模型、多相流模型等。

从上面的介绍可以看出，格子气自动机方法与传统CFD方法有很大的不同，其思路和计算过程有着鲜明的特色：

(1) 基于离散粒子的描述方法，使之能够方便地从底层刻画流体内部的相互作用，对多相多组分等复杂流体系统的描述具有很大优势；

(2) 流体粒子与壁面的相互作用可采用比较简单和直观的反弹格式处理，对描述多孔介质内等复杂几何流场内的流动具有很大优势；

(3) 严格保证质量、动量和能量守恒；

(4) 计算过程只涉及布尔变量，计算绝对稳定；

(5) 使用布尔变量可以使计算过程具有很高的存储效率；

(6) 计算具有很好的并发特性和局部特性，因而具有天然的并行特性。

6.1.4 格子气自动机模型的宏观动力学

对于一般的格子气自动机模型，粒子演化方程的表达式可以写为

$$n_i(\boldsymbol{x} + \boldsymbol{c}_i\delta_t, t + \delta_t) - n_i(\boldsymbol{x}, t) = \Omega_i(n(\boldsymbol{x}, t)), \quad i = 1, 2, \cdots, b \tag{6.8}$$

式中：b 为离散速度数。碰撞算子 Ω_i 可表示为

$$\Omega_i(n) = \sum_S \sum_{S'} (s'_i - s_i) A_{SS'} \prod_j n_j^{s_j} \bar{n}_j^{\bar{s}_j} \tag{6.9}$$

格子气自动机模型的演化方程描述了粒子的微观动力学行动。从统计力学的角度看，这些粒子构成了一个多体系统，因而可以根据处理流体分子系统的类似方法研究格子气自动机模型的宏观动力学系统行为。

对方程(6.8)进行系综平均，可以得到

$$f_i(\boldsymbol{x} + \boldsymbol{c}_i\delta_t, t + \delta_t) - f_i(\boldsymbol{x}, t) = \Omega_i(f(\boldsymbol{x}, t)), \quad i = 1, 2, \cdots, b \tag{6.10}$$

方程(6.10)称为格子Boltzmann方程(lattice Boltzmann equation，简称LBE)在分子混沌假设下，发生碰撞的粒子之间的相关性可以忽略，即

$$\Omega_i(f) = \sum_S \sum_{S'} (s'_i - s_i) A_{SS'} \prod_j f_j^{s_j} \bar{f}_j^{\bar{s}_j} \tag{6.11}$$

式中：$(A_{SS'})$ 为概率分布函数的转移矩阵，其元素不再是布尔型，而是实数型。流体的宏观密度、速度和内能(或温度)由式(6.5)给出。

可以证明，在系统处于平衡态即 $\Omega_i(f) = 0$ 时，平衡态分布函数 $f^{(\mathrm{eq})}$ 为Fermi-Dirac分布，即

$$f_i^{(\mathrm{eq})} = [1 + \exp(a + \boldsymbol{q} \cdot \boldsymbol{c}_i + hc_i^2)]^{-1} \tag{6.12}$$

式中：a、$\boldsymbol{q}$ 和 h 为Lagrange乘子，是守恒量(密度、速度和内能(或温度))的函数，由守恒性确定，即

$$m\sum_i f_i^{(\mathrm{eq})} = \rho,\quad m\sum_i \boldsymbol{c}_i f_i^{(\mathrm{eq})} = \rho\boldsymbol{u},\quad m\sum_i \frac{(c_i - u)^2}{2} f_i^{(\mathrm{eq})} = \rho e \tag{6.13}$$

由于 $f_i^{(\mathrm{eq})}$ 为指数形式，a、$\boldsymbol{q}$ 和 h 不能精确给出。对于低 Mach 数流动，可以对 $f_i^{(\mathrm{eq})}$ 进行 Taylor 展开，进而准确给出满足一定精度的近似表达式。比如对于 FHP 模型，$f_i^{(\mathrm{eq})}$ 的二阶展开形式为

$$f_i^{(\mathrm{eq})} = n\left[\frac{1}{6} + \frac{\boldsymbol{c}_i \cdot \boldsymbol{u}}{3c^2} + G(n)\boldsymbol{Q}_i : \boldsymbol{uu}\right] \tag{6.14}$$

式中：$G(n) = (6-2n)/3(6-n)$，$\boldsymbol{Q}_i = \boldsymbol{c}_i\boldsymbol{c}_i - \boldsymbol{I}/2$。对一般的 LGA 模型，$f_i^{(\mathrm{eq})}$ 的形式与上式类似。

基于展开形式的平衡态分布函数 $f_i^{(\mathrm{eq})}$，利用 Chapman-Enskog 展开方法对格子 Boltzmann 方程(6.10)进行分析，可得相应的宏观方程。比如，在近似不可压缩的条件下，FHP 模型对应的宏观方程为

$$\nabla \cdot \boldsymbol{u} = 0 \tag{6.15a}$$

$$\frac{\partial u}{\partial t} + g(\rho_0)(\boldsymbol{u} \cdot \nabla)\boldsymbol{u} = -\frac{\nabla p}{\rho_0} + \nu^{(0)}\nabla^2 \boldsymbol{u} \tag{6.15b}$$

其中

$$p = c_s^{\,2}\rho\left[1 - g(\rho_0)\frac{u^2}{c^2}\right],\quad \nu^{(0)} = c_s^{\,2}\left[\frac{1}{\rho_0\,(1-s)^3} - \frac{1}{4}\right]\delta_t$$

这里，$s=\rho_0/6$，$c_s=1/\sqrt{2}$，$g(\rho_0)=(\rho_0-3)/(\rho_0-6)$。

宏观方程(6.15)要保证伽利略不变性，必须满足 $g(\rho_0)=1$。但在一般的格子气自动机模型中，g 恒不为 1。这就是说，格子气自动机模型不具有伽利略不变性。但是，对时间尺度进行重新标度后，可以得到标准的不可压缩 Navier-Stokes 方程。

6.2　格子 Boltzmann 方程

尽管格子气自动机方法有许多优势，但是作为一类新的流动模型和计算方法，格子气自动机(LGA)方法也存在不足之处，具体如下：

(1) 统计噪声。由于 LGA 的碰撞算子中含有随机因素，因此噪声影响不可避免。尽管可以通过时间平均或空间平均方法降低噪声成分，但是噪声影响还是较大。

(2) 碰撞算子的指数复杂性。LGA 的碰撞算子与离散方向数成指数关系，这不但增加了 LGA 模型的设计难度，而且不利于 LGA 的应用。这一问题对于三维情况尤为突出。

(3) 不满足伽利略不变性的要求。与 LGA 对应的宏观方程中，对流项前面有一个非单位的因子，因此该方程不满足伽利略不变性的要求。虽然通过重新标度可以得到正确的 Navier-Stokes 方程，但这种方法只能用于简单系统的 LGA 模型，对于一些复杂的 LGA 模型(比如多相流模型)，这种方法不可行。

格子 Boltzmann 方法就是为克服格子气自动机方法的这些不足之处而发展起来的。在格子 Boltzmann 方法中，用粒子分布函数代替 LGA 中粒子本身进行演化，其演化方程直接采用格子 Boltzmann 方程，并根据分布函数直接计算流体的密度和速度，由此可消除统计噪声。同时，在格子 Boltzmann 模型中，使用 Boltzmann 分布代替 Fermi-Dirac 分布，这可以使伽利略不变性的要求得到满足。

6.2.1 从 LGA 到 Boltzmann 方程

从 LGA 到 Boltzmann 方程的方法包括基于 LGA 的 Boltzmann 方法和独立于 LGA 的 Boltzmann 方法两种。下面具体介绍这两种方法。

1. 基于 LGA 的 Boltzmann 方法

LGA 的统计噪声可以采用空间平均或时间平均方法加以克服，但是这需要较大的计算和存储代价。为了消除这种噪声，McNamara 和 Zanetti 于 1988 年提出直接采用平均粒子数或粒子分布函数代替布尔变量进行演化，即直接按照格子 Boltzmann 方程计算粒子分布函数。其实在对 LGA 进行宏观动力学分析时，就已经用到格子 Boltzmann 方程。但 McNamara 和 Zanetti 首次直接将式(6.10)和式(6.11)用于数值计算，开创了 CFD 的一个新方向。

与 LGA 方法类似，格子 Boltzmann 方程的计算也可以分为两个步骤：

碰撞 $$f'_i(\boldsymbol{x},t) = f_i(\boldsymbol{x},t) + \Omega_i(f(\boldsymbol{x},t)) \tag{6.16}$$

迁移 $$f_i(\boldsymbol{x}+\boldsymbol{c}_i\delta_t, t+\delta_t) = f'_i(\boldsymbol{x},t) \tag{6.17}$$

可以看出，碰撞步骤的计算完全是局部性的，而迁移步骤只与相邻格点相关。由此可见，基于 LGA 的 Boltzmann 方法具有良好的局部性，非常适合进行并行计算。

McNamara 和 Zanetti 提出的模型也是最早的格子 Boltzmann 模型，这里简称为 MZ 模型。由于直接使用实数型的粒子分布函数代替布尔型的粒子数进行演化，MZ 模型克服了 LGA 方法的噪声。但是，这一模型采用的碰撞算子仍然具有指数复杂性，也未能克服 LGA 的其他缺点。MZ 模型提出后不久(1989 年)，Higuera 和 Jimenez 就对其作了改进，这里简称为 HJ 模型，他们证明了上述计算量很大的复杂碰撞算子可以用一个线性算子近似。其方法为假设粒子分布函数 f_i 与其平衡态分布函数 $f_i^{(eq)}$ 之间存在非平衡态部分 $f_i^{(neq)}$，即

$$f_i = f_i^{(eq)} + f_i^{(neq)} \tag{6.18}$$

式中：$f_i^{(eq)}$ 为 Fermi-Dirac 分布的展开形式；$f_i^{(neq)}$ 为非平衡态部分，其量级为 $O(\varepsilon)$(ε 为 Chapman-Enskog 多尺度方法中的展开小参数)。在低速或低 Mach 数条件下，可以进一步对 $f_i^{(eq)}$ 按速度展开，即

$$f_i^{(eq)} = f_i^{(eq),0} + f_i^{(eq),1} + f_i^{(eq),2} + O(Ma^3)$$

式中：$f_i^{(eq),k}$($k=1,2,3$)为包含速度 u^k 的项。

将碰撞算子在全局平衡态 $f_i^{(eq),0}$ 处展开到二阶时得到张量求和形式，即

$$\Omega_i(f) = \Omega_i^{(0)} + \Omega_{ij}(f_j - f_j^{(eq),0}) + \frac{1}{2}\Omega_{ijk}(f_j - f_j^{(eq),0})(f_k - f_k^{(eq),0}) \tag{6.19}$$

注意到 $\Omega_i^{(0)}=0$，在上式中略去 Ma 的高阶小量，得到

$$\Omega_i(f) = \Omega_{ij}(f_j - f_j^{(eq),0}) + \frac{1}{2}\Omega_{ijk}(f_j - f_j^{(eq),0})(f_k - f_k^{(eq),0}) + \Omega_{ij}(f_j^{(neq)}) \tag{6.20}$$

取 $f_i = f_i^{(eq)}$，并注意到 $\Omega_i^{(eq)}=0$(略去高阶小量)，可得

$$\Omega_{ij}(f_j^{(eq),1}) + \frac{1}{2}\Omega_{ijk}(f_j^{(eq),1})(f_k^{(eq),1}) = 0 \tag{6.21}$$

于是得到一个拟线性化的碰撞算子，即

$$\Omega_i(f) = \Omega_i^{(0)} f_j^{(neq)} = \kappa_{ij}(f_j - f_j^{(eq)}) \tag{6.22}$$

$(\boldsymbol{\kappa}_{ij})$称为线性化碰撞矩阵。

虽然 HJ 模型的碰撞矩阵和平衡态分布仍然依赖所采用的 LGA 模型，但由于采用了线性

化手段，因此大大提高了计算效率。同时，HJ 模型引入的平衡态分布函数及线性化概念，为 LBE 后来的发展奠定了重要基础。从这一点上说，HJ 模型是 LBE 发展史上的一个里程碑。

2. 独立于 LGA 的 Boltzmann 方法

MZ 模型和 HJ 模型是 LGA 模型的直接发展，它们克服了 LGA 方法的统计噪声，HJ 模型还极大降低了计算复杂性。但是这两种模型都与基本的 LGA 模型有关，碰撞项都来源于 LGA 的碰撞规则，平衡态分布函数本质上都源于 Femi-Dirac 分布。这些特点限制了它们的适用范围。

HJ 模型提出后不久，Higuera、Succi 和 Benzi 构造了一种新的 LBE 模型（简称 HSB 模型）。该模型的碰撞矩阵不再依赖 LGA 的碰撞规则，而是一种参数可调的矩阵。HSB 模型又称为强化碰撞模型，其演化方程可以表示为

$$f_i(\boldsymbol{x}+\boldsymbol{c}_i\delta_t, t+\delta_t)-f_i(\boldsymbol{x},t)=\kappa_{ij}(f_j-f_j^{(\mathrm{eq})}) \tag{6.23}$$

其中平衡态分布函数取

$$f_i^{(\mathrm{eq})}=d_0\left[\frac{\rho}{bd_0}+D\frac{\boldsymbol{c}_i\cdot\boldsymbol{u}}{c_i^{\ 2}}+G(d_0)\boldsymbol{Q}_i:\boldsymbol{uu}\right] \tag{6.24}$$

式中：D 为空间维数，b 为离散速度数，$bd_0=\rho_0$ 为平均密度，且

$$G(d_0)=\frac{D^2(1-2d_0)}{2c_i^{\ 4}(1-d_0)},\quad \boldsymbol{Q}_i=\boldsymbol{c}_i\boldsymbol{c}_i-\frac{C^2}{D}\boldsymbol{I}$$

可以发现，该平衡态分布函数与 LGA 平衡态分布函数的展开形式仍然类似，但由于 HSB 模型的碰撞矩阵 $\boldsymbol{\kappa}$ 不再依赖 LGA，包含更多的自由度，因此只要碰撞矩阵 $\boldsymbol{\kappa}$ 中的元素选取合理，就可能获得正确的宏观流动方程。

在构造 HSB 模型的碰撞矩阵时，应使之满足以下要求：

(1) 对称性，即 $\kappa_{ij}=\kappa_{ji}$。

(2) 各向同性性，即元素 κ_{ij} 仅与 $\boldsymbol{c}_i$ 和 $\boldsymbol{c}_j$ 之间的夹角有关。

(3) 满足质量和动量守恒条件，即

$$\sum_i\kappa_{ij}=\sum_i c_{i\alpha}\kappa_{ij}=0$$

(4) 为负定矩阵。

据此，$\boldsymbol{\kappa}$ 是依靠几个相互独立元素的对称循环矩阵，如 FHP 模型的强化碰撞矩阵

$$\boldsymbol{\kappa}=\begin{bmatrix} a_0 & a_1 & a_2 & a_3 & a_2 & a_1 \\ a_1 & a_0 & a_1 & a_2 & a_3 & a_2 \\ a_2 & a_1 & a_0 & a_1 & a_2 & a_3 \\ a_3 & a_2 & a_1 & a_0 & a_1 & a_2 \\ a_2 & a_3 & a_2 & a_1 & a_0 & a_1 \\ a_1 & a_2 & a_3 & a_2 & a_1 & a_0 \end{bmatrix}$$

式中：$a_i(i=0,1,2,3)$是与速度夹角$(i\pi/3)$对应的参数。此外，根据守恒条件可知

$$a_2=-2a_0-3a_1,\quad a_3=3a_0+4a_1$$

由此可知，FHP 模型的强化碰撞矩阵仅依赖参数 a_0 和 a_1。直接计算可知其特征值为

$$\lambda_{1,2,3}=0,\quad \lambda_{4,5}=6(a_0+a_1),\quad \lambda_6=-6(a_0+2a_1)$$

与特征值 $\lambda_{1,2,3}=0$ 对应的特征向量为 $\boldsymbol{l}$、$\boldsymbol{c}_{ix}$ 和 $\boldsymbol{c}_{iy}$，与 $\lambda_{4,5}$ 对应的特征向量为 $\boldsymbol{Q}_i$ 的两个独立矢量。非零特征值 $\lambda_{4,5}$ 与流体的运输系数有密切关系，而 λ_6 的选取则有一定的自由度。

HSB模型的碰撞矩阵一般是满矩阵。1991年前后，几个研究小组各自独立地提出了一种单松弛模型，碰撞矩阵为$\kappa_{ij}=-\delta_{ij}/\pi$，其中$\tau$是一个无量纲的参数。该模型的碰撞算子特别简单，可以表示为

$$\Omega_i(f)=-\frac{1}{\tau}(f_j-f_j^{(eq)})\tag{6.25}$$

式中：$f_i^{(eq)}$是一个待确定的平衡态分布函数，τ为松弛时间。该碰撞算子实际上就是碰撞模型(简称BGK模型)，因此单松弛模型也称为LBGK模型。LBGK模型极大地提高了计算效率，并且只要选择恰当的平衡态分布函数，从该模型可以导出正确的Navier-Stokes方程。由于LBGK模型简单有效，它是目前应用最广泛的LBE模型。在LBGK模型中，确定平衡态分布函数最为关键。对于等温模型，平衡态的参数要满足质量和动量守恒条件，即

$$\rho=\sum_i f_i=\sum_i f_i^{(eq)},\quad \rho\boldsymbol{u}=\sum_i \boldsymbol{c}_i f_i=\sum_i \boldsymbol{c}_i f_i^{(eq)}$$

6.2.2　从连续Boltzmann方程到格子Boltzmann方程

格子Boltzmann方法不但可以视为格子气自动机方法的发展，而且可以从连续Boltzmann方程得到。下面将以等温单松弛模型为例，来介绍如何从连续Boltzmann-BGK方程导出格子Boltzmann方程。

1. Taylor展开法

首先，根据基于数密度定义的分布函数f定义一个基于密度的分布函数mf，且记为f(或者说假设$m=1$)，那么其Boltzmann-BGK方程的形式仍然为

$$\frac{\partial f}{\partial t}+\boldsymbol{\xi}\cdot\nabla f=-\frac{1}{\tau_c}(f-f^{(eq)})\tag{6.26}$$

$f_i^{(eq)}$是Maxwell平衡态分布函数，即

$$f_i^{(eq)}=\frac{\rho}{(2\pi\theta)^{D/2}}\exp\left(-\frac{\boldsymbol{C}^2}{2\theta}\right)\tag{6.27}$$

式中：D为空间维数，$\theta=RT$，$\boldsymbol{C}=\boldsymbol{\xi}-\boldsymbol{u}$。流体的宏观密度和速度确定如下：

$$\rho=\int f\mathrm{d}\boldsymbol{\xi},\quad \rho\boldsymbol{u}=\int\boldsymbol{\xi}f\mathrm{d}\boldsymbol{\xi}\tag{6.28}$$

为了确定离散速度，首先将平衡态分布函数$f^{(eq)}$展开成速度$\boldsymbol{u}$的Taylor级数并保留到二阶，即

$$f^{(eq)}=\frac{\rho}{(2\pi\theta)^{D/2}}\exp\left(-\frac{\xi^2}{2\theta}\right)\left[1+\frac{\boldsymbol{\xi}\cdot\boldsymbol{u}}{\theta}+\frac{(\boldsymbol{\xi}\cdot\boldsymbol{u})^2}{2\theta^2}-\frac{u^2}{2\theta}\right]\tag{6.29}$$

为了得到正确的Navier-Stokes方程，选取的离散速度必须使下面的数值积分准确成立：

$$\int\boldsymbol{\xi}^k f^{(eq)}\mathrm{d}\boldsymbol{\xi}=\sum_i w_i\boldsymbol{c}_i^k f^{(eq)}(\boldsymbol{c}_i),\quad 0\leqslant k\leqslant 3\tag{6.30}$$

式中：w_i和$\boldsymbol{c}_i$分别为数值积分的权值和积分点。根据$f^{(eq)}$的Taylor展开形式，采用Gauss积分公式是合适的。由式(6.30)可知，为了保证必需的精度，至少需要采用五阶精度的Gauss数值积分格式。由此可确定不同积分精度的权系数和积分点(离散速度)，并定义一个新的分布函数$f_i(\boldsymbol{x},t)=w_i f_i(\boldsymbol{x},\boldsymbol{c}_i,t)$，其演化方程为

$$\frac{\partial f_i}{\partial t}+\boldsymbol{c}_i\cdot\nabla f_i=-\frac{1}{\tau_c}(f_i-f_i^{(eq)})\tag{6.31}$$

其中　$f_i(\boldsymbol{x},t)=w_i f_i(\boldsymbol{x},\boldsymbol{c}_i,t),\quad f_i^{(eq)}(\boldsymbol{x},t)=w_i f_i^{(eq)}(\boldsymbol{x},\boldsymbol{c}_i,t)$

该方程除了速度离散外，时间和空间都是连续的，所以称为离散速度模型或离散速度 Boltzmann 方程。相应地，根据式(6.28)，宏观密度和速度可按下式计算：

$$\rho = \sum_i f_i,\quad \rho\boldsymbol{u} = \sum_i \boldsymbol{c}_i f_i$$

对方程(6.31)沿特性方向离散，得到有限差分格式，即

$$f_i(\boldsymbol{x}+\boldsymbol{c}_i\delta_t, t+\delta_t) - f_i(\boldsymbol{x},t) = -\frac{1}{\tau}\left[f_i(\boldsymbol{x},t) - f_i^{(\mathrm{eq})}(\boldsymbol{x},t)\right] \tag{6.32}$$

式中：$\tau=\tau_c/\delta_t$ 为无量纲松弛时间。本式正是 LBGK 方程。作为方程(6.31)的差分方程，LBGK 方程(6.32)的空间和时间精度都是一阶的。但是如果将数值黏性吸收到物理黏性中，则 LBGK 方程的空间和时间精度均为二阶。

2. Hermite 展开法

对 Maxwell 分子的描述中，Boltzmann 方程的线性化碰撞算子 Ω 的特征函数 ψ_i 构成一组完备的基函数。在笛卡尔坐标系内，ψ_i 就是广义 Hermite 多项式。广义 Hermite 多项式是一维 Hermite 多项式的推广，最初由 Grad 提出。一维 n 阶 Hermite 多项式的定义为

$$H_n(\xi) = (-1)^n e^{\xi^2}\frac{d^n}{d\xi^n}e^{-\xi^2} \tag{6.33}$$

广义 Hermite 多项式是高维张量形式，n 阶广义 Hermite 多项式的定义为

$$H_i^{(n)}(\boldsymbol{\xi}) = (-1)^n e^{\xi^2}\left(\frac{\partial}{\partial\xi_1}\frac{\partial}{\partial\xi_2}\cdots\frac{\partial}{\partial\xi_n}\right)e^{-\xi^2} \tag{6.34}$$

前面的几个广义 Hermite 多项式为

$$H_i^{(0)}=1$$

$$H_i^{(1)}=\xi_i$$

$$H_{ij}^{(2)}=\xi_i\xi_j-\delta_{ij}$$

$$H_{ijk}^{(3)}=\xi_i\xi_j\xi_k-[\boldsymbol{\xi}\delta]_{ijk}$$

其中
$$[\boldsymbol{\xi}\delta]_{ijk}=\xi_i\delta_{jk}+\xi_j\delta_{ik}+\xi_k\delta_{ij}$$

另外，广义 Hermite 多项式是正交多项式，即

$$\int w(\boldsymbol{\xi})H_i^{(m)}(\boldsymbol{\xi})H_j^{(n)}(\boldsymbol{\xi})\mathrm{d}\boldsymbol{\xi} = \delta_{mn}\delta_{ij}^{(n)} \tag{6.35}$$

其中，$w(\boldsymbol{\xi})=(2\pi)^{-3/2}\exp(-\boldsymbol{\xi}^2/2)$，$\delta_{ij}^{(n)}$ 是广义 δ 的函数，即

$$\delta_{ij}^{(n)}=\begin{cases}1 & (i\text{ 是 }j\text{ 的一个排列})\\ 0 & (\text{其他})\end{cases}$$

引入特征速度 $c_0=\sqrt{\theta}$，无量纲的分子速度和流动速度分别为 $\hat{\boldsymbol{\xi}}=\boldsymbol{\xi}/c_0$ 和 $\hat{\boldsymbol{u}}=\boldsymbol{u}/c_0$。分布函数 $f(\boldsymbol{x},\boldsymbol{\xi},t)\equiv\hat{f}(\boldsymbol{x},\hat{\boldsymbol{\xi}},t)$ 可以展开为 Hermite 多项式，即

$$\hat{f}(\boldsymbol{x},\hat{\boldsymbol{\xi}},t) = w(\hat{\boldsymbol{\xi}})\sum_{n=0}^{\infty}\frac{1}{n!}\boldsymbol{a}_i^{(n)}H_i^{(n)}(\hat{\boldsymbol{\xi}}) \tag{6.36}$$

其中展开系数

$$\boldsymbol{a}_i^{(n)} = \int\hat{f}(\boldsymbol{x},\hat{\boldsymbol{\xi}},t)H_i^{(n)}(\hat{\boldsymbol{\xi}})\mathrm{d}\hat{\boldsymbol{\xi}}$$

根据 Hermite 多项式的表达式，容易求出前面的几个系数，即

$$a^{(0)} = \int\hat{f}(\boldsymbol{x},\hat{\boldsymbol{\xi}},t)\mathrm{d}\hat{\boldsymbol{\xi}} = \rho$$

$$a_i^{(1)} = \int \hat{f}(\boldsymbol{x},\hat{\boldsymbol{\xi}},t)\hat{\xi}_i \mathrm{d}\hat{\boldsymbol{\xi}} = \rho \hat{u}_i$$

$$a_{ij}^{(2)} = \int \hat{f}(\boldsymbol{x},\hat{\boldsymbol{\xi}},t)(\hat{\xi}_i\hat{\xi}_j - \delta_{ij})\mathrm{d}\hat{\boldsymbol{\xi}} = \hat{P}_{ij} + \rho(\hat{u}_i\hat{u}_j - \delta_{ij})$$

$$a_{ijk}^{(3)} = \int \hat{f}(\boldsymbol{x},\hat{\boldsymbol{\xi}},t)[\hat{\xi}_i\hat{\xi}_j\hat{\xi}_k - (\hat{\xi}\delta)_{ijk}]\mathrm{d}\hat{\boldsymbol{\xi}} = \hat{Q}_{ijk} + (ua^{(2)})_{ijk} - (D-1)\rho\hat{u}_i\hat{u}_j\hat{u}_k$$

其中
$$\hat{P}_{ij} = \int \hat{f}\hat{C}_i\hat{C}_j \mathrm{d}\hat{\boldsymbol{\xi}},\quad \hat{Q}_{ijk} = \int \hat{f}\hat{C}_i\hat{C}_j\hat{C}_k \mathrm{d}\hat{\boldsymbol{\xi}}$$

因此，Hermite 多项式的前几项展开系数完全确定了流体的宏观变量（密度、速度、压力张量、热流矢量）。此外，根据 Hermite 多项式正交性可知，f 的 N 阶逼近

$$f_N = w(\hat{\boldsymbol{\xi}})\sum_{n=0}^{N}\frac{1}{n!}\boldsymbol{a}_i^{(n)}(\boldsymbol{x},t)H_i^{(n)}(\hat{\boldsymbol{\xi}})$$

与 f 的前 N 阶矩完全相同，因此可以通过 f_N 计算流体的宏观物理量。

应当注意的是，虽然 $f_N(\boldsymbol{x},\boldsymbol{\xi},t)$ 中的粒子速度变量 $\boldsymbol{\xi}$ 是连续的，但它可以由一个离散的速度集合完全确定。事实上，可以将 f_N 表示为

$$f_N(\boldsymbol{x},\boldsymbol{\xi},t) = w(\hat{\boldsymbol{\xi}})h(\boldsymbol{x},\hat{\boldsymbol{\xi}},t) \tag{6.37}$$

式中：$h(\boldsymbol{x},\hat{\boldsymbol{\xi}},t)$ 是 $\hat{\boldsymbol{\xi}}$ 的一个 N 阶多项式。因此，当 $0\leqslant n\leqslant N$ 时，有

$$\boldsymbol{a}_i^{(n)} = \int \hat{f}_N(\boldsymbol{x},\hat{\boldsymbol{\xi}},t)H_i^{(n)}(\hat{\boldsymbol{\xi}})\mathrm{d}\hat{\boldsymbol{\xi}} = \int w(\hat{\boldsymbol{\xi}})p_n(\boldsymbol{x},\hat{\boldsymbol{\xi}},t)\mathrm{d}\hat{\boldsymbol{\xi}} \tag{6.38}$$

式中：$p_n(\boldsymbol{x},\hat{\boldsymbol{\xi}},t) = h(\boldsymbol{x},\hat{\boldsymbol{\xi}},t)H_i^{(n)}(\hat{\boldsymbol{\xi}})$ 是 $\hat{\boldsymbol{\xi}}$ 的 $N+n\leqslant 2N$ 阶多项式。因此，选取代数精度不低于 $2N$ 阶的 Gauss 积分公式可完全确定 $\boldsymbol{a}_i^{(n)}$，即

$$\boldsymbol{a}_i^{(n)} = \sum_{l=1}^{b} w_l p_n(\boldsymbol{x},\hat{\boldsymbol{\xi}}_l,t) = \sum_{l=1}^{b} w_l[w(\hat{\boldsymbol{\xi}}_l)]^{-1}\hat{f}_N(\boldsymbol{x},\hat{\boldsymbol{\xi}}_l,t)H_i^{(n)}(\hat{\boldsymbol{\xi}}_l) \tag{6.39}$$

式中：w_l 和 $\hat{\boldsymbol{\xi}}_l(l=1,2,\cdots,b)$ 分别为积分权值和积分点。上述结果表明，$f_N(\boldsymbol{x},\hat{\boldsymbol{\xi}},t)$ 完全由其离散值 $\{f_N(\boldsymbol{x},\hat{\boldsymbol{\xi}}_l,t): l=1,2,\cdots,b\}$ 确定。

类似地，对平衡态分布函数 $f^{(\mathrm{eq})} = \rho\theta^{-D/2}w(\hat{\boldsymbol{\xi}} - \hat{\boldsymbol{u}})$，也可以展开为 Hermite 级数，即

$$f^{(\mathrm{eq})} = w(\hat{\boldsymbol{\xi}})\sum_{n=0}^{\infty}\frac{1}{n!}\bar{\boldsymbol{a}}_i^{(n)}H_i^{(n)}(\hat{\boldsymbol{\xi}}) \tag{6.40}$$

其中
$$\bar{\boldsymbol{a}}_i^{(n)} = \int f^{(\mathrm{eq})}(\boldsymbol{x},\hat{\boldsymbol{\xi}},t)H_i^{(n)}(\hat{\boldsymbol{\xi}})\mathrm{d}\hat{\boldsymbol{\xi}}$$

前几项系数

$$\bar{a}^{(0)} = \rho$$
$$\bar{a}_i^{(1)} = \rho\hat{u}_i$$
$$\bar{a}_i^{(2)} = \rho\hat{u}_i\hat{u}_j$$
$$\bar{a}_i^{(3)} = \rho\hat{u}_i\hat{u}_j\hat{u}_k$$

同样，$f^{(\mathrm{eq})}$ 的 N 阶近似 $f_N^{(\mathrm{eq})}$ 也完全由其在积分点 $\{\hat{\boldsymbol{\xi}}_l: l=1,2,\cdots,b\}$ 处的值确定。因此，根据 Boltzmann-BGK 方程(6.26)，可以得到以下的离散速度方程：

$$\frac{\partial f_i}{\partial t} + \boldsymbol{c}_i\cdot\nabla f_i = -\frac{1}{\tau_c}[f_i - f_i^{(\mathrm{eq})}] \tag{6.41}$$

其中
$$f_i = (w_i/w(\hat{\boldsymbol{\xi}}_i))f_N(\boldsymbol{x},\boldsymbol{\xi}_i,t)$$
$$f_i^{(\mathrm{eq})} = (w_i/w(\hat{\boldsymbol{\xi}}_i))f_N^{(\mathrm{eq})}(\boldsymbol{x},\boldsymbol{\xi}_i,t),\quad \boldsymbol{c}_i = c_0\hat{\boldsymbol{\xi}}_i$$

根据式(6.28)可知，宏观密度和速度的计算式为

$$\rho=a^{(0)}=\sum_i f_i,\quad \rho\boldsymbol{u}=c_0\boldsymbol{a}^{(1)}=\sum_i \boldsymbol{c}_i f_i$$

类似于 Taylor 展开法，对方程(6.41)进行标准的数值离散，即可得到 LBGK 方程。应当指出的是，Taylor 展开式和 Hermite 展开方法得到的等温流动 LBGK 模型的形式是完全一样的，但对于高阶展开，两者的结果可能不同。由于 Hermite 多项式具有良好的完备性和正交性，因此基于 Hermite 展开的模型理论上往往更为合理。

6.3　格子 Boltzmann 方法的初始条件

初始条件和边界条件是流体力学研究中的重要课题，在传统 CFD 方法中，初始条件和边界条件都是通过宏观变量(压力、速度、温度等)给出的，但在格子 Boltzmann 方法中，基本变量是通过分布函数给出的。根据分布函数可以方便地确定宏观变量，但反过来根据宏观变量合理地确定分布函数并不容易。因此，根据给定的宏观初始和边界条件，构造出离散分布函数的相应条件，是将格子 Boltzmann 方法用于实际问题的前提。

研究表明，初始条件和边界条件确定方法的不同，对格子 Boltzmann 方法的计算精度、数值稳定性和计算效率都有很大影响。由此可见，初始条件和边界条件的确定方法是格子 Boltzmann 方法研究的一个重要内容。若无特殊说明，这里只针对等温 LBE 模型。

对于稳态或准稳态流动，初始条件对最终计算结果影响不大。此时，一般可以将分布函数设为其平衡态，即 $f_i=f_i^{(\mathrm{eq})}(\rho_0,\boldsymbol{u}_0,T_0)$，其中 ρ_0、$\boldsymbol{u}_0$ 和 T_0 为初始时刻的宏观变量。但对瞬态和对初始条件敏感的强非线性流动，比如湍流、多相流动等，准确实现初始条件非常关键。目前格子 Boltzmann 方法的初始化方法有两类，即非平衡态校正方法和迭代方法，下面分别予以介绍。

6.3.1　非平衡态校正方法

非平衡态校正方法最初是由美国学者 Skordos 针对等温 LBGK 模型提出来的，其基本思想是基于 Chapman-Enskog 展开，先求出分布函数的高阶项近似，进而得到分布函数的近似表达式。

根据 Chapman-Enskog 展开，分布函数 f_i 可以分解为平衡态和非平衡态两部分，即

$$f_i=f_i^{(\mathrm{eq})}+\varepsilon f_i^{(1)}+\varepsilon^2 f_i^{(2)}+\cdots\equiv f_i^{(\mathrm{eq})}+f_i^{(\mathrm{neq})}\tag{6.42}$$

式中：$f_i^{(\mathrm{neq})}=\sum_{n=1}^{\infty}\varepsilon^n f_i^{(n)}$，为非平衡态部分。因此，LBGK 的演化方程可以表示为

$$f_i(\boldsymbol{x}+\boldsymbol{c}_i\delta_t,t+\delta_t)-f_i(\boldsymbol{x},t)=-\frac{1}{\tau}f_i^{(\mathrm{neq})}(\boldsymbol{x},t)\tag{6.43}$$

针对上式进行 Taylor 展开，可得

$$\delta_t D_i f_i+O(\delta_t^{\,2})=-\frac{1}{\tau}f_i^{(\mathrm{neq})}(\boldsymbol{x},t)\tag{6.44}$$

即

$$f_i^{(\mathrm{neq}),1}\approx-\tau\delta_t D_i f_i\approx-\tau\delta_t D_i f_i^{(\mathrm{eq})}=-\tau\delta_t\left(\frac{\partial f_i^{(\mathrm{eq})}}{\partial\rho}\frac{\partial\rho}{\partial t}+\frac{\partial f_i^{(\mathrm{eq})}}{\partial\boldsymbol{j}}\frac{\partial\boldsymbol{j}}{\partial t}\right)\tag{6.45}$$

式中：$\boldsymbol{j}=\rho\boldsymbol{u}$。这样就可以得到分布函数 f_i 的近似表达形式，即

$$f_i(\boldsymbol{x},t=0)=f_i^{(\mathrm{eq})}(\boldsymbol{x},0)+f_i^{(\mathrm{neq}),1}(\boldsymbol{x},0) \tag{6.46}$$

上式中的时间和空间导数在一般情况下是未知的，需要使用差分方法计算。特别是时间导数需要根据宏观方程转换成空间导数。在 Chapman-Enskog 展开方法中，上式右端的时间导数是根据 t_0 尺度上的宏观方程（Euler 方程）用空间导数进行代替，但 Skordos 认为根据 t_1 尺度 Navier-Stokes 方程来计算时间导数更合理。上述初始化方法称为一阶校正方法（LBGK-F1）。

LBGK-F1 方法只能满足连续性方程，而不满足动量方程。这可从下式更清晰地看出：

$$-\frac{1}{\tau\delta_t}\sum_i f_i^{(\mathrm{neq}),1}=\frac{\partial\rho}{\partial t}+\nabla\cdot(\rho\boldsymbol{u})=0$$

$$-\frac{1}{\tau\delta_t}\sum_i \boldsymbol{c}_i f_i^{(\mathrm{neq}),1}=\frac{\partial(\rho\boldsymbol{u})}{\partial t}+\nabla\cdot(\rho\boldsymbol{u}\boldsymbol{u}+p\boldsymbol{I})=\nabla\cdot\boldsymbol{\tau}\neq 0$$

式中：τ 为黏性应力张量大小。

为了消除这一误差，Skordos 建议在 $f_i^{(\mathrm{neq}),1}$ 中增加一个黏性项，即使用下面的修正非平衡态分布函数：

$$f_i^{(\mathrm{neq}),M}=-\tau\delta_t\left(\frac{\partial f_i^{(\mathrm{eq})}}{\partial\rho}\frac{\partial\rho}{\partial t}+\frac{\partial f_i^{(\mathrm{eq})}}{\partial\boldsymbol{j}}\frac{\partial\boldsymbol{j}}{\partial t}-\lambda\boldsymbol{c}_i\,\nabla:\tau\right)$$

式中：λ 是与模型相关的一个常数，以保证 $\lambda\sum_i\boldsymbol{c}_i\boldsymbol{c}_i=\boldsymbol{I}$。该方法称为修正的一阶校正方法，记为 LBGK-F1M。在近似不可压缩条件下，右端括号的第二项也可表示为 $\lambda\boldsymbol{c}_i\,\nabla:\tau=\lambda\boldsymbol{c}_i\cdot\nabla^2\boldsymbol{u}$。

Skordos 的计算表明，LBGK-F1M 方法比 LBGK-F1 方法精度更高，但这两种方法都涉及比较复杂的导数计算。在低 Mach 数条件下，Skordos 进一步建议舍弃 $O(Ma^2)$ 项，从而得到了简化的非平衡态分布，即

$$f_i^{(\mathrm{neq}),S}=-\tau\delta_t w_i\left[\frac{1}{c_s{}^2}\boldsymbol{c}_i\boldsymbol{c}_i:\nabla(\rho\boldsymbol{u})-\nabla\cdot(\rho\boldsymbol{u})\right] \tag{6.47}$$

郭照立等注意到在低 Mach 数或不可压缩情况下，有

$$\rho=\rho_0(1+\delta\rho)=\rho_0[1+O(Ma^2)]$$

式中：ρ_0 为常数。由此得到了一个更简单的非平衡态近似，即

$$f_i^{(\mathrm{neq}),G}=-\tau\delta_t w_i\,\frac{\rho_0}{c_s{}^2}\boldsymbol{c}_i\boldsymbol{c}_i:\nabla\boldsymbol{u} \tag{6.48}$$

容易验证

$$\sum_i f_i^{(\mathrm{neq}),G}=-\tau\delta_t\rho_0\,\nabla\cdot\boldsymbol{u}=O(\delta_t Ma^2)\approx 0,\quad \sum_i c_i f_i^{(\mathrm{neq}),G}=0 \tag{6.49}$$

在非平衡态校正方法中，平衡态分布函数和非平衡部分计算都涉及密度或者压力的准确分布。然而，在实际问题中的初始条件往往是：密度或者压力的分布未知，只能给定速度的分布。因此，这种方法首先需要根据速度分布给出相应的密度初始分布。对于不可压缩流动，则可以通过求解一个 Poisson 方程获得密度分布，然后按照前面的方法获得分布函数的初始值。

6.3.2 迭代方法

迭代方法是近年一些学者提出的初始化方法，其基本思想是先采用格子 Boltzmann 方法求解初始压力 Poisson 方程，并同时对分布函数进行初始化，以得到与速度场相一致的初始分布函数。

对于等温 LBGK 模型

$$f_i(\boldsymbol{x}+\boldsymbol{c}_i\delta_t,t+\delta_t)-f_i(\boldsymbol{x},t)=-\frac{1}{\tau}\left[f_i(\boldsymbol{x},t)-f_i^{(\mathrm{eq})}(\boldsymbol{x},t)\right] \tag{6.50}$$

其迭代初始化方法如下：

(1) 碰撞：$\tilde{f}'_i(\boldsymbol{x},t)=\tilde{f}_i(\boldsymbol{x},t)-\frac{1}{\tau}[\tilde{f}_i(\boldsymbol{x},t)-\tilde{f}_i^{(eq)}(\tilde{\rho}(\boldsymbol{x},t),u_0)]$。

(2) 迁移：$\tilde{f}_i(\boldsymbol{x}+\boldsymbol{c}_i\delta_t,t+\delta_t)=\tilde{f}'_i(\boldsymbol{x},t)$。

(3) 计算 $\tilde{\rho}(\boldsymbol{x},t+\delta_t)=\sum_i \tilde{f}_i(\boldsymbol{x},t+\delta_t)$。

(4) 判断 $\tilde{\rho}$ 是否达到稳态。若是，则结束迭代，并设置 $f_i(\boldsymbol{x},0)=\tilde{f}_i(\boldsymbol{x},t+\delta_t)$，$\rho(\boldsymbol{x},0)=\rho_0\equiv\tilde{\rho}(\boldsymbol{x},t+\delta_t)$；否则，继续下一次迭代。

注意在上述迭代过程中，使用了记号 $\tilde{f}_i$ 和 $\tilde{\rho}$，以区别于 LBGK 方程中的分布函数和密度。同时，平衡态分布函数中的速度为给定的初始速度 $\boldsymbol{u}_0$，只有 $\tilde{\rho}$ 是未知的守恒量。事实上，上述迭代过程采用的 LBGK 方程如下：

$$\tilde{f}_i(\boldsymbol{x}+\boldsymbol{c}_i\delta_t,t+\delta_t)-\tilde{f}_i(\boldsymbol{x},t)=-\frac{1}{\tau}[\tilde{f}_i(\boldsymbol{x},t)-\tilde{f}_i^{(eq)}(\tilde{\rho}(\boldsymbol{x},t),\boldsymbol{u}_0)] \tag{6.51}$$

通过 Chapman-Enskog 分析可知，该 LBGK 方程对应的宏观方程为

$$\frac{\partial\tilde{\rho}}{\partial t}+\nabla\cdot(\tilde{\rho}\boldsymbol{u}_0)=\frac{\nu}{c_s^2}[c_s^2\nabla^2\tilde{\rho}+\nabla\nabla:(\tilde{\rho}\boldsymbol{u}_0\boldsymbol{u}_0)] \tag{6.52}$$

如果初始流场为不可压缩，即$\nabla\cdot\boldsymbol{u}_0=0$ 且密度扰动 $\delta\rho/\bar{\rho}=O(Ma^2)$（$\bar{\rho}$ 为平均密度），则上式非压力项中的密度可以视为常数，且$\nabla\nabla:(\boldsymbol{u}_0\boldsymbol{u}_0)=\nabla(\boldsymbol{u}_0\cdot\nabla\boldsymbol{u}_0)$。因此，稳态时方程(6.52)可化简为

$$\nabla^2 p_0=-\nabla(\boldsymbol{u}_0\cdot\nabla\boldsymbol{u}_0)$$

这就是说，迭代过程收敛到与初始速度场一致的压力场，同时分布函数也得到了初始化。

上述过程也可以用于 MRT-LBE 模型的初始化。事实上，这种迭代方法最初就是为 MRT 模型设计的。MRT-LBE 的迭代初始化过程如下：

(1) 矩空间碰撞：

$$\tilde{m}'_k(\boldsymbol{x},t)=\tilde{m}_k(\boldsymbol{x},t)-s_k[\tilde{m}_k(\boldsymbol{x},t)-\tilde{m}_k^{(eq)}(\tilde{\rho},\boldsymbol{u}_0)]$$

这里，动量矩 $\boldsymbol{j}$ 不是守恒量，其松弛参量 s_j 不为 0。

(2) 速度空间迁移：$\tilde{\boldsymbol{f}}'=\boldsymbol{M}^{-1}\tilde{\boldsymbol{m}}'$，$\tilde{f}_i(\boldsymbol{x}+\boldsymbol{c}_i\delta_t,t+\delta_t)=\tilde{f}'_i(\boldsymbol{x},t)$。

(3) 计算 $\tilde{\rho}(\boldsymbol{x},t+\delta_t)=\sum_i \tilde{f}_i(\boldsymbol{x},t+\delta_t)$。

(4) 判断 $\tilde{\rho}$ 是否达到稳态。若是，则结束迭代，并置 $f_i(\boldsymbol{x},0)=\tilde{f}_i(\boldsymbol{x},t+\delta_t)$，$\rho(\boldsymbol{x},0)=\rho_0\equiv\tilde{\rho}(\boldsymbol{x},t+\delta_t)$；否则，继续下一次迭代。

上述迭代过程对应的宏观方程为

$$\frac{\partial\tilde{\rho}}{\partial t}+\nabla\cdot(\tilde{\rho}\boldsymbol{u}_0)=\frac{D}{c_s^2}[c_s^2\nabla^2\tilde{\rho}+\nabla\nabla:(\tilde{\rho}\boldsymbol{u}_0\boldsymbol{u}_0)] \tag{6.53}$$

式中：$D=c_s^2(2-s_j)/(2s_j)$。该方程与 LBGK 模型的迭代结果即式(6.52)类似，因此稳态时 MRT-LBR 的迭代过程也收敛到与速度场一致的压力和分布函数初始值。由于 MRT 模型中 S_j 可调，上述迭代过程比 LBGK 模型的迭代过程收敛更快，这一特点特别适合黏性系数较小的大 Reynolds 数问题。

6.4 格子 Boltzmann 方法的边界条件

与初始条件类似，在应用格子 Boltzmann 方法时也需要给出分布函数的边界条件。根据

边界条件的类型，目前格子 Boltzmann 方法的边界类型大致可以分为速度边界和压力边界，其中速度边界又可分为平直边界和曲面边界。此外，还有一些比较特殊的人工设定边界，比如入口、出口、无穷远、对称边界等。下面首先介绍常用的平值边界条件。

6.4.1　平直边界条件

目前，格子 Boltzmann 方法的平直边界格式又可以分为启发式格式、动力学格式和外推格式。下面具体介绍这几种平直边界格式。

1. *启发式格式*

启发式格式是根据流场特点而直接设定分布函数的边界条件，如图 6.3 所示。

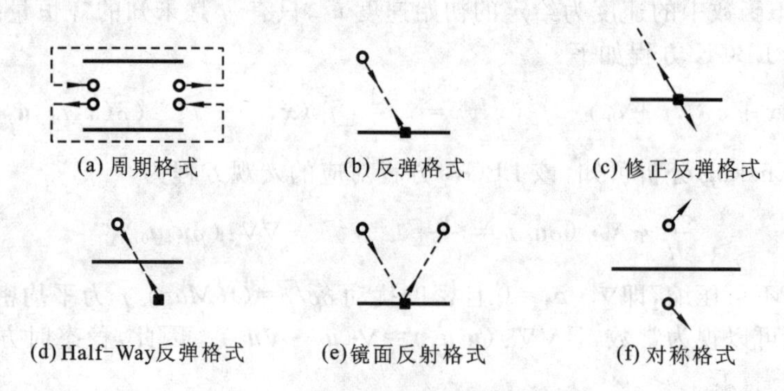

图 6.3　几种启发式边界条件

周期格式假设流体粒子从一个边界离开流场时，在下一时间步就从流场另一侧重新进入流场。例如，如果在 x 方向流动具有周期 L，则该格式可以表示为

$$\begin{aligned} f_i(0,y,z,t+\delta_t) &= f'_i(L,y,z,t) \\ f_i(L,y,z,t+\delta_t) &= f'_i(0,y,z,t) \end{aligned} \tag{6.54}$$

周期格式还可用于一些在某个方向无穷大的流动。比如对于长管道内的流动，在远离出入口的内部某段就可以认为流动是周期性的，此时也可以采用周期边界。显然，在周期边界中流场的总体质量和动量是守恒的。

标准反弹格式是处理静止无滑移壁面的一类常用格式。该格式假设粒子与壁面碰撞后速度逆转，即壁面上碰撞后的分布函数为

$$f'_{\bar{i}}(\boldsymbol{x}_b,t) = f'_i(\boldsymbol{x}_f,t) \tag{6.55}$$

式中：$\boldsymbol{x}_b$ 为壁面格点位移；$\boldsymbol{x}_f=\boldsymbol{x}_b-\boldsymbol{c}_i\delta_t$，为流体格点位移。根据格子 Boltzmann 方法的碰撞-迁移过程，反弹格式还可以表示为以下等价形式：

$$f_{\bar{i}}(\boldsymbol{x}_f,t+\delta_t) = f'_i(\boldsymbol{x}_f,t) \tag{6.56}$$

或

$$f_{\bar{i}}(\boldsymbol{x}_f,t+\delta_t) = f_i(\boldsymbol{x}_b,t+\delta_t) \tag{6.57}$$

特别是式(6.56)不涉及边界格点，因此在实际计算中常被采用。

应当注意的是，反弹格式中边界格点上不执行碰撞，碰撞后的分布函数由相邻的流体格点的碰撞后分布函数给出。如果也允许在边界格点上执行碰撞，所得格式称为修正反弹格式。该格式在执行碰撞前需要明确指向流场内部的分布函数 $f_{\bar{i}}(\boldsymbol{x},t)$，这由下式给出：

$$f_{\bar{i}}(\boldsymbol{x}_b,t) = f_i(\boldsymbol{x}_b,t) \tag{6.58}$$

这样边界格点上就可按照标准的碰撞-迁移过程进行计算。标准反弹格式的另外一种变形是

Half-Way 反弹格式。该格式与标准反弹格式一样，也是在紧邻边界的流体格点上执行碰撞，但固体边界不是放置在格点上，而是位于格点中间，即$(\boldsymbol{x}_f+\boldsymbol{x}_b)/2$处。Half-Way 反弹格式具有清晰的物理图像：在$\boldsymbol{x}_f$处碰撞后，速度指向壁面的粒子经$\delta_t/2$后到达壁面，与壁面碰撞并反转其速度，再经$\delta_t/2$后到达格点$\boldsymbol{x}_f$，因此必有$f_{\bar{i}}(\boldsymbol{x}_f,t+\delta_t)=f'_i(\boldsymbol{x}_f,t)$，这与标准反弹格式(6.56)完全相同。有文献证明标准反弹格式仅有一阶精度，而 Half-Way 反弹格式具有二阶精度。与此类似，修正反弹格式也具有二阶精度。

上述各类反弹格式只适用于静止壁面。比如，修正反弹格式对应的边界速度为

$$\boldsymbol{u}(\boldsymbol{x}_b)=\sum_i \boldsymbol{c}_i f_i(\boldsymbol{x}_b)=\sum_{\boldsymbol{c}_i\cdot\boldsymbol{n}<0}(\boldsymbol{c}_{\bar{i}}+\boldsymbol{c}_i)f_i(\boldsymbol{x}_b)=0$$

式中：$\boldsymbol{n}$为指向流场的壁面法向单位矢量。对于一般的运动边界，Ladd 等提出了下面的 Half-Way 反弹格式：

$$f_{\bar{i}}(\boldsymbol{x}_f,t+\delta_t)=f'_i(\boldsymbol{x}_f,t)-2w_i\rho\frac{\boldsymbol{c}_i\cdot\boldsymbol{u}_w}{c_s^2}\tag{6.59}$$

式中：$\boldsymbol{u}_w=(u_{wx},u_{wy},u_{wz})$为壁面速度，$w_i$为平衡态分布函数中的权系数。

前述各类反弹格式操作简单，不增加任何额外的计算量，特别适用于复杂的不规则边界处理。反弹格式是 LBE 方法的一个明显特征，它使得 LBE 方法对于模拟包含复杂流-固相互作用的流动（如多孔介质、运动物体、变形边界等）具有很大优势，而常规的 CFD 方法对这些问题往往有很大难度。

除了周期格式和反弹格式外，还有两种启发式格式，即镜面反射格式和对称格式（参见图6.3）。镜面反射格式可以表示为

$$f'_{i'}(\boldsymbol{x}_b,t)=f'_i(\boldsymbol{x}_f,t)\tag{6.60}$$

式中：$\boldsymbol{c}_{i'}$是$\boldsymbol{c}_i$关于壁面法向矢量$\boldsymbol{n}$的镜像对称速度，即$\boldsymbol{c}_{i'}=\boldsymbol{c}_i-2(\boldsymbol{c}_i\cdot\boldsymbol{n})\boldsymbol{n}$。该格式也不在壁面执行碰撞。与反弹格式类似，可以构造在壁面执行碰撞过程的修正镜面反射格式，即

$$f_{i'}(\boldsymbol{x}_b,t)=f_i(\boldsymbol{x}_b,t)\tag{6.61}$$

同样，也可以构造相应的 Half-Way 镜面反弹格式。由此可以看出，镜面反射格式中粒子与壁面碰撞后，切向动量没有发生变化，而法向动量正好与碰撞前的相反。因此，镜面反弹格式中法向的宏观速度为0，而切向宏观速度不发生变化。镜面反射格式使用于无摩擦损失的光滑壁面。

对称格式主要用于具有对称特性的流动问题，比如两平行板间的流动。在这类流动中，由于在对称轴两侧的流动完全对称，为了节约计算资源，通常可以只计算一侧流场，这时对称轴就成为一个边界。对称格式中，在与计算区域对称的另一侧布置一个边界格点$\boldsymbol{x}_b$，并将轴边界置于两层格点中间位置（与 Half-Way 反弹格式类似）。假设与边界格点$\boldsymbol{x}_b$对称的流体格点为$\boldsymbol{x}_f=\boldsymbol{x}_b+\delta_x\boldsymbol{n}$，这里$\boldsymbol{n}$为轴边界指向流场的法向单位矢量，那么边界格点上的分布函数为

$$f'_i(\boldsymbol{x}_b,t)=f_i(\boldsymbol{x}_f,t)\tag{6.62}$$

可以发现，该格式与修正镜面反射格式非常类似，区别仅在于两者涉及的格点位置不同。

2. 动力学格式

反弹格式可以比较简单、直观地实现多种速度边界条件。但是理论分析表明，这些格式总是存在一些数值误差。后来，一些学者提出了能够准确实现给定速度边界条件的动力学格式。下面具体介绍。

动力学格式试图按照分布函数与宏观物理量的关系直接求解相关方程组。对于等温模

型,要求解的方程组为

$$\sum_i f_i = \rho_w, \quad \sum_i \boldsymbol{c}_i f_i = \rho_w \boldsymbol{u}_w \tag{6.63}$$

式中:ρ_w 和 $\boldsymbol{u}_w$ 分别为壁面密度和速度。应当注意的是,对于速度边界条件,我们只知道 $\boldsymbol{u}_w$,而 ρ_w 是一个未知量。一般来说,该方程组是不定的。比如,对于D2Q9模型(如图6.4所示),执行迁移步骤后,边界格点处已知的分布函数有 f_0、f_1、f_3、f_4、f_7 和 f_8,未知量有 f_2、f_5、f_6 以及密度 $\rho(\boldsymbol{x}_b)$。但是,方程组(6.63)只有三个方程,所以不能唯一确定出这些未知量。对于三维模型,未知量会更多,但方程组只有四个方程,也是不定的。

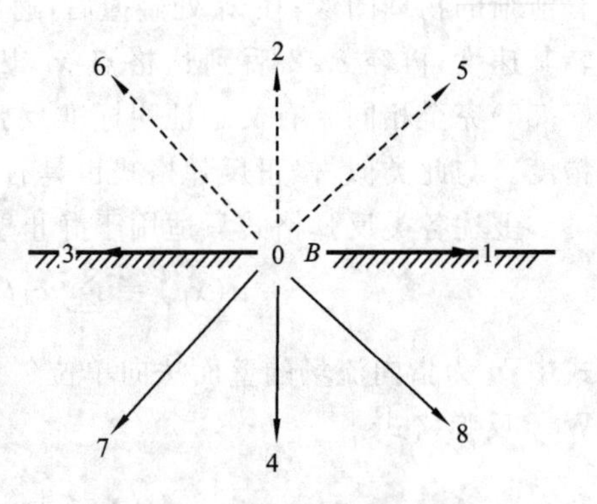

图6.4　边界格点分布函数

实线:已知分布函数;虚线:未知分布函数

对更一般的情况,Noble建议使用能量方程作为补充条件,即

$$\frac{1}{2}\sum_i (c_i - u)^2 f_i = \rho_w e_w = \frac{1}{2}\rho_w DRT_w \tag{6.64}$$

式中:T_w 为边界上的温度值(等温模型中 T_w 为常数且与格子速度 c 有关)。补充这一条件后,D2Q9模型边界上的未知分布函数和密度就可通过求解上述方程得到。

Inamuro等提出了另外一种动力学格式,即反滑移格式。该格式假设分布函数在边界上仍具有平衡态分布函数式的形式,但是其中的密度和速度为待定量。这样该格式就可表示为

$$f_i = f_i^{(eq)}(\rho'_w, \boldsymbol{u}'_w) \tag{6.65}$$

式中:ρ'_w和 $\boldsymbol{u}'_w$分别为伪壁面密度和速度。Inamuro假设 $\boldsymbol{u}'_w = \boldsymbol{u}_w + \delta\boldsymbol{u}$,$\delta\boldsymbol{u}$ 为校正量,称为反滑移速度。此外,该格式还要求 $\rho'_w \boldsymbol{u}'_w = \rho_w \boldsymbol{u}_w$。根据这一条件以及方程组(6.63),即可求出 ρ'_w 和 $\boldsymbol{u}'_w$,进而求得边界上的分布函数。

1997年,Zou等为方程组(6.63)提出了另外一种形式的补充条件,即非平衡态反弹。仍以图6.4所示的D2Q9模型为例,该格式假设

$$f_2(\boldsymbol{x}_b) - f_2^{(eq)}(\boldsymbol{x}_b) = f_4(\boldsymbol{x}_b) - f_4^{(eq)}(\boldsymbol{x}_b) \tag{6.66}$$

即

$$f_2(\boldsymbol{x}_b) - f_4(\boldsymbol{x}_b) = f_2^{(eq)}(\boldsymbol{x}_b) - f_4^{(eq)}(\boldsymbol{x}_b) = \frac{2u_{wy}}{3c} \tag{6.67}$$

结合方程组(6.63),可求出壁面的未知量。Zou还应用非平衡态反弹的思想构造了压力边界条件,本书将在后面介绍。

动力学边界格式的优点是能够准确满足宏观边界条件,其缺点是非常依赖所使用的模型,对边界角点也需要特殊处理,因而其应用大都局限于简单平直边界,通用性不足。

3. 外推格式

启发式格式和动力学格式虽然可以处理一些特定的边界条件,但对于一些非常规的边界条件(如包含梯度信息的边界),这两种方法难以应用。一些学者从求解数学物理方程的角度发展了一类新的边界格式,即外推格式。

1)分布函数外推格式

从前面的介绍可知,格子Boltzmann方程可以看作离散Boltzmann方程的特殊差分格式。因此,可以借鉴有限差分方法中的边界处理方法。基于这一思想,Chen和Martinez提出了一

种外推格式。如图 6.5 所示，在流场真实物理边界之外布置一虚拟边界，而将物理边界当作流场的一部分执行标准的流动和迁移过程。在每一时刻执行迁移步骤之前，根据距第一层流体格点和真实壁面上的碰撞后分布函数，对虚拟边界上的分布函数作线性外推求出，即

$$f_i'(-1)=2f_i'(0)-f_i'(1),\quad i=2,5,6 \tag{6.68}$$

式中：−1、0 和 1 分别代表在虚拟边界、物理边界和第二层流体格点上的取值。经过上述外推步骤之后，所有节点(包括虚拟边界节点)上的碰撞后分布函数都是已知的，因此可以对所有的节点执行迁移过程(包括虚拟边界节点)。但是该格式在执行碰撞过程时，其物理边界上的平衡态分布函数需要使用给定的速度或压力边界条件。根据 Taylor 展开有

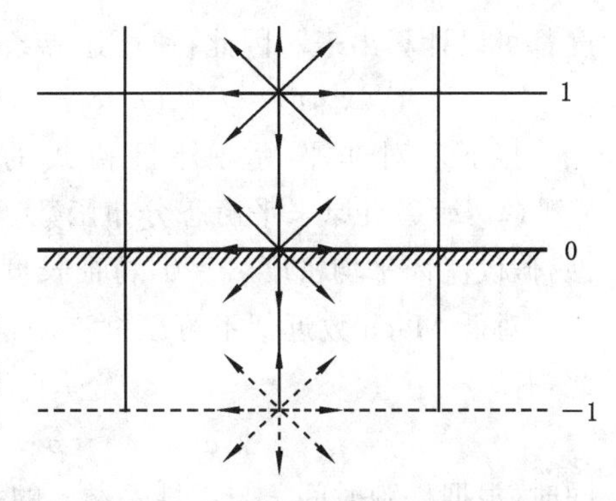

图 6.5　分布函数外推格式示意图

虚线为虚拟边界

$$f_i'(-1)=2f_i'(0)-f_i'(1)+O(\Delta x^2)$$

由此可见，这种外推格式具有二阶精度。

分布函数外推格式也可按照先迁移，再碰撞的步骤执行。在迁移之前对虚拟边界上的未知分布函数进行外推，即

$$f_i'(-1)=2f_i'(0)-f_i'(1),\quad i=2,5,6$$

然后将这些分布函数迁移到相应物理边界格点，并执行碰撞。

这种外推方法的优点是普适性较好，根据这种方法可以容易地设计出包含梯度信息的一般边界条件格式。同时，该方法的计算量也比较小，容易实现。但是，一些研究表明这种直接基于分布函数的外推格式在数值稳定性方面存在明显的局限性。

2)非平衡态外推格式

2002 年，郭照立等提出了一种新型的外推格式，即非平衡态外推方法。其基本思想是，将边界节点上的分布函数分解为平衡态和非平衡态两部分，并根据具体的边界条件构造新的平衡态分布来近似平衡态部分，而非平衡态部分则由一阶精度的外推方法确定。由于非平衡分布函数本身是一阶量，因此所得到的分布函数的整体精度应为二阶，且具有良好的数值稳定性。下面以 D2Q9 模型为例，说明这一方法的原理。

如图 6.4 所示，在时刻 t 完成迁移步骤后，边界格点 $\boldsymbol{x}_b$ 处的未知分布函数为 f_2、f_5 和 f_6，而沿这些粒子速度的流体格点 $\boldsymbol{x}_f=\boldsymbol{x}_b+\boldsymbol{c}_i\delta_t\,(i=2,5,6)$ 处的所有分布函数值以及宏观密度和速度都是已知的。为确定边界上未知分布函数的值，非平衡态外推格式首先将其分解为平衡态和非平衡态两部分，即

$$f_i(\boldsymbol{x}_b,t)=f_i^{(eq)}(\boldsymbol{x}_b,t)+f_i^{(neq)}(\boldsymbol{x}_b,t),\quad i=2,5,6 \tag{6.69}$$

式中：$f_i^{(neq)}(\boldsymbol{x}_b,t)$ 为非平衡态部分。

对于速度边界条件，$\boldsymbol{x}_b$ 处的速度 $\boldsymbol{u}_w$ 已知而密度 ρ_w 未知，在非平衡态外推格式中的平衡态部分 $f_i^{(eq)}(\boldsymbol{x}_b,t)$，使用下面的修正平衡态分布函数 $\overline{f}_i^{(eq)}(\boldsymbol{x}_b,t)$ 来近似：

$$\overline{f}_i^{(eq)}(\boldsymbol{x}_b,t)=f_i^{(eq)}(\rho(\boldsymbol{x}_f,t),\boldsymbol{u}_w),\quad i=2,5,6 \tag{6.70}$$

即在平衡态函数中使用临近的流体点的密度 ρ_f 取代壁面的密度 ρ_w。对于非平衡态部分，则使用流体格点 $\boldsymbol{x}_f$ 处的非平衡态分布函数来近似，即

$$f_i^{(neq)}(\boldsymbol{x}_b,t)=f_i^{(neq)}(\boldsymbol{x}_f,t)=f_i(\boldsymbol{x}_f,t)-f_i^{(eq)}(\boldsymbol{x}_f,t),\quad i=2,5,6 \tag{6.71}$$

注意：上式右端是可以准确推断计算的，因为这时平衡态分布函数所需要的宏观速度和密

度都可以计算出来。因此,速度边界条件的非平衡态外推格式可以表示为

$$f_i(\boldsymbol{x}_b,t)=f_i^{(eq)}(\rho(\boldsymbol{x}_b,t),\boldsymbol{u}_w)+[f_i(\boldsymbol{x}_f,t)-f_i^{(eq)}(\boldsymbol{x}_f,t)],\quad i=2,5,6 \tag{6.72}$$

接下来对非平衡态外推格式的精度进行分析。首先,分析虚拟平衡态分布函数 $\overline{f}_i^{(eq)}(\boldsymbol{x}_b,t)$ 逼近原来平衡态分布函数 $f_i^{(eq)}(\boldsymbol{x}_b,t)=f_i^{(eq)}(\rho(\boldsymbol{x}_b,t),\boldsymbol{u}_w)$ 的精度。为了不失一般性,假设流体平均密度 $\rho_0=0$,特征长度 $L=1$ 及格子速度 $c=1$。

对低 Mach 数近似不可压缩流动,密度近似为常数(ρ_0),且其扰动量 $\delta\rho/\rho_0=O(Ma^2)$。因此,有

$$\rho(\boldsymbol{x}_f,t)-\rho(\boldsymbol{x}_b,t)\approx(\boldsymbol{c}_i\cdot\nabla\rho)\delta_t=O(\delta_x Ma^2) \tag{6.73}$$

同时,根据松弛时间 τ 与黏性系数 ν 的关系,可知

$$Ma\approx\frac{U}{c}=\left(\tau-\frac{1}{2}\right)\frac{Re}{3L}\delta_x \tag{6.74}$$

式中:U 为流动特征速度,$Re=LU/\nu$ 为流动 Reynolds 数。因此,对于某个固定 Reynolds 数的流动,如果选取适当的松弛时间使得 $Re(\tau-0.5)/L=O(1)$,则有 $Ma=O(\delta_x)$。在使用 LBE 模拟流动问题时,松弛时间一般要根据 Re 作调整,即 Re 越大,τ 越要接近 0.5。因此,上述要求其实是 LBM 计算过程自动满足的。这样就可以得到以下的估计:

$$\overline{f}_i^{(eq)}(\boldsymbol{x}_b,t)-f_i^{(eq)}(\boldsymbol{x}_b,t)=(\rho_f-\rho_b)s_i(\boldsymbol{u}_w)=O(\delta_x{}^3) \tag{6.75}$$

其中

$$s_i(\boldsymbol{u}_w)=1+\frac{\boldsymbol{c}_i\cdot\boldsymbol{u}}{c_s^2}+\frac{(\boldsymbol{c}_i\cdot\boldsymbol{u})^2}{2c_s^4}-\frac{u^2}{2c_s{}^2}$$

方程(6.75)表明 $\overline{f}_i^{(eq)}(\boldsymbol{x}_f,t)$ 逼近 $f_i^{(eq)}(\boldsymbol{x}_f,t)$ 的空间精度为三阶。

现在讨论非平衡态部分的精度。根据前面的分析可知,非平衡态部分要比平衡态部分小一个数量级,即

$$f_i^{(neq)}(\boldsymbol{x},t)\approx-\tau\delta_t D_i f_i^{(eq)}\equiv\delta_t f_i^{(1)} \tag{6.76}$$

其中,$f_i^{(1)}$ 与平衡态分布函数 $f_i^{(eq)}$ 或 ρ_0 数量级相同。另一方面,由 Taylor 展开可得到

$$f_i^{(1)}(\boldsymbol{x}_f,t)=f_i^{(1)}(\boldsymbol{x}_b,t)+O(\delta_x) \tag{6.77}$$

因此

$$f_i^{(neq)}(\boldsymbol{x}_b,t)-f_i^{(neq)}(\boldsymbol{x}_f,t)=O(\delta_x\delta_t)=O(\delta_x^2) \tag{6.78}$$

由此可见,上述一阶外推格式得到的边界非平衡态部分的精度为二阶。

总结上述分析可知,非平衡态外推格式(6.72)的整体精度为二阶,这与 LBGK 模型的精度是一致的。此外,低阶外推格式的数值稳定性一般优于高阶外推格式的数值稳定性,因此非平衡态外推格式也具有较好的数值稳定性。同时,与分布函数外推格式类似,非平衡态外推格式也具有适合范围广、计算简单、容易实现的特点。

6.4.2 曲面边界条件

前面介绍的边界格式都要求格点位于物理边界上(Half-Way 格式的格点位于格线中间),因此只能用于比较简单的平直边界。对更复杂的曲面边界,格点很难恰好位于物理边界上。如图 6.6 所示,我们给出在一维流动方向($\boldsymbol{c}_i$ 和 $\boldsymbol{c}_{\bar{i}}$)上的格点和壁面分布情况,这里 $q=|\boldsymbol{x}_f-\boldsymbol{x}_w|/|\boldsymbol{x}_f-\boldsymbol{x}_s|=|\boldsymbol{x}_f-\boldsymbol{x}_w|/\Delta x$(注意 Δx 可能不等于 δ_x)。显然,一般情况下 $0<q\leqslant 1$,前面介绍的方法难以直接应用于这种情况,必须对其进行修正或重新设计新的格式。下面介绍几类处理曲面边界的常用方法。

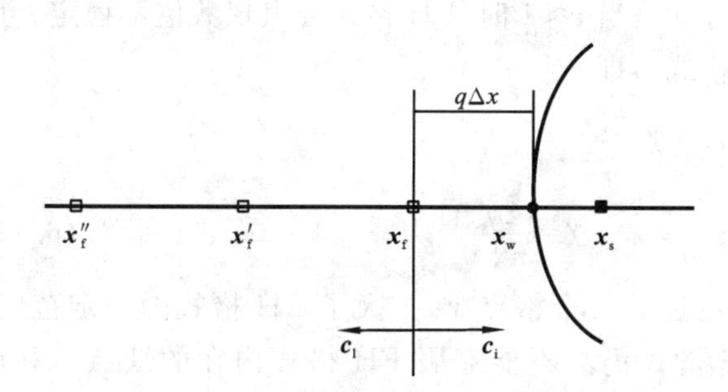

图 6.6　曲面边界及格点分布示意图

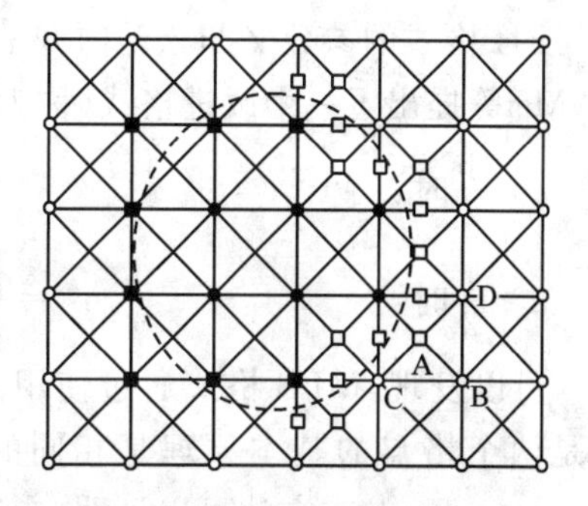

图 6.7　反弹格式的曲面边界近似

虚线为物理边界；■：格点反弹格式的边界点；

□：格线反弹格式的边界点；

●：边界内部(固壁)格点；○：流体格点

1. 反弹格式

处理曲面边界的反弹格式有两类。如果用与物理边界最近的格点近似物理边界，并将标准反弹格式直接应用于这些“边界格点”，则称为格点反弹格式。如图 6.6 所示，如果 $q<1/2$，则将 $\boldsymbol{x}_f$ 称为边界点，否则 $\boldsymbol{x}_s$ 为边界点。正如平直边界的情况，这种反弹格式的精度较低。另外一种格式是所谓的格线反弹格式，该格式用与边界相交的格线的中点作为边界格点，并在这些点上应用 Half-Way 反弹格式。在图 6.6 中，无论 q 为多少，格线反弹格式都将 $(\boldsymbol{x}_f+\boldsymbol{x}_s)/2$ 作为边界格点处理。

图 6.7 给出了二维情况下上述两类反弹格式的格点和边界分布情况。从中可以看出，边界格点既可以位于固体区，也可以位于流体区。除边界格点外，流体内部的格点为流体格点，固壁内部的格点为固壁格点。无论是格点反弹还是格线反弹，两种形式都使用折线近似物理边界，这样将使光滑的边界变得“粗糙”。但是当网格足够细时，这种处理不失为较好的选择。此外，对于多孔介质这类本身就非常不规则的边界，这种处理方法也最为可行。

2. 虚拟平衡态格式

Filippova 和 Hanel 在 1998 年首次提出能考虑物理壁面真实形状的边界处理格式，记为 FH 格式。如图 6.8 所示，在 t 时刻碰撞步骤后，在执行迁移步骤时为了计算 $f(\boldsymbol{x}_f,t+\delta)$，需要考虑壁面的影响。为此可以设法从形式上构造出固体格点 $\boldsymbol{x}_s$ 处的 $f_{\bar{i}}'$。FH 格式假设该分部函数是 $\boldsymbol{x}_f$ 处反弹分布函数和一个虚拟平衡分布函数的线性组合，即

$$f_{\bar{i}}'(\boldsymbol{x}_s,t)=(1-\chi)f_i'(\boldsymbol{x}_f,t)+\chi f_i^*(\boldsymbol{x}_s,t)-2w_i\rho(\boldsymbol{x}_f,t)\frac{\boldsymbol{c}_i\cdot\boldsymbol{u}_w}{c_s^2}\tag{6.79}$$

式中：χ 为组合系数，f_i^* 为虚拟平衡态分布函数，其形式为

$$f_i^*(\boldsymbol{x}_s,t)=w_i\rho(\boldsymbol{x}_f,t)\left[1+\frac{\boldsymbol{c}_i\cdot\boldsymbol{u}^*}{c_s^2}+\frac{(\boldsymbol{c}_i\cdot\boldsymbol{u}_f)^2}{2c_s^4}-\frac{u_f^2}{2c_s^2}\right]\tag{6.80}$$

式中：$\boldsymbol{u}^*$ 为待定的速度，$\boldsymbol{u}_f=u(\boldsymbol{x}_f,t)$。组合系数 χ 和虚拟速度 $\boldsymbol{u}^*$ 的选取有关，Filippova 和 Hanel 建议的取值如下：

$q<\frac{1}{2}$时：　$\boldsymbol{u}^*=\boldsymbol{u}_f,\quad \chi=\frac{2q-1}{\tau-1}$

$q\geqslant\frac{1}{2}$时：　$\boldsymbol{u}^*=\frac{q-1}{q}\boldsymbol{u}_f+\frac{1}{q}\boldsymbol{u}_w,\quad \chi=\frac{2q-1}{\tau}$　　(6.81)

FH格式的参数χ与松弛时间τ有关，特别是当$\tau\approx1$时，FH格式会出现数值不稳定。后来，Mei等提出了一个改进格式（称为MLS格式），即

$$q<\frac{1}{2}\text{时：}\quad \boldsymbol{u}^*=\boldsymbol{u}_{\mathrm{f}}',\quad \chi=\frac{2q-1}{\tau-1}$$

$$q\geqslant\frac{1}{2}\text{时：}\quad \boldsymbol{u}^*=\frac{q-1}{q}\boldsymbol{u}_{\mathrm{f}}+\frac{1}{q}\boldsymbol{u}_{\mathrm{w}},\quad \chi=\frac{2q-1}{\tau+0.5} \tag{6.82}$$

可以发现，MLS格式通过使用离边界更远的一个格点$\boldsymbol{x}_{\mathrm{f}}'$，扩大了FH格式的稳定范围。但是两个格点的基本原理是相同的，MLS格式仍然不能克服FH格式内在的缺点。利用Chapman-Enskog方法可以证明，在速度随时间变化不大的情况下，FH格式和MLS格式都具有二阶精度。

3. 插值格式

FH格式和MLS格式都可看作对碰撞格式的校正。1991年，Bouzidi等三位学者从另一角度提出了新的校正格式，记为BFL格式。该格式基于插值方法构造出与$f_{\bar{i}}'(\boldsymbol{x}_{\mathrm{s}},t)$等价的$f_{\bar{i}}(\boldsymbol{x}_{\mathrm{f}},t+\delta_t)$。BFL格式也分$q<\frac{1}{2}$和$q\geqslant\frac{1}{2}$两种情况。

首先考虑壁面静止的情况($u_{\mathrm{w}}=0$)。如图6.8所示，当$q\geqslant\frac{1}{2}$即边界点$\boldsymbol{x}_{\mathrm{w}}$距固体格点$\boldsymbol{x}_{\mathrm{s}}$更近时，碰撞后从$\boldsymbol{x}_{\mathrm{f}}$出发的粒子分布函数$f_i'(\boldsymbol{x}_{\mathrm{f}},t)$经过$q\delta_t$时间后到达壁面并与之发生碰撞，速度变为$\boldsymbol{c}_{\bar{i}}$，在时刻$t+\delta_t$到达的位置是

$$\boldsymbol{x}_t=\boldsymbol{x}_{\mathrm{w}}+\boldsymbol{c}_{\bar{i}}(1-q)\delta_t=\boldsymbol{x}_{\mathrm{f}}+(2q-1)\Delta x\boldsymbol{e}_i$$

式中：$\boldsymbol{e}_i$为$\boldsymbol{c}_i$方向的单位矢量。显然$\boldsymbol{x}_t$位于$\boldsymbol{x}_{\mathrm{f}}$和$\boldsymbol{x}_{\mathrm{w}}$之间，因此时刻$t+\delta_t$该点的分布函数$f_{\bar{i}}(\boldsymbol{x}_t,t+\delta_t)$可以得到。同时，格点$\boldsymbol{x}_{\mathrm{f}}'$处的分布函数$f_i(\boldsymbol{x}_{\mathrm{f}}',t+\delta_t)$也是已知的，因此可以使用$\boldsymbol{x}_t$和$\boldsymbol{x}_{\mathrm{f}}'$的分布函数进行线性插值得到$\boldsymbol{x}_{\mathrm{f}}$处的分布函数，即

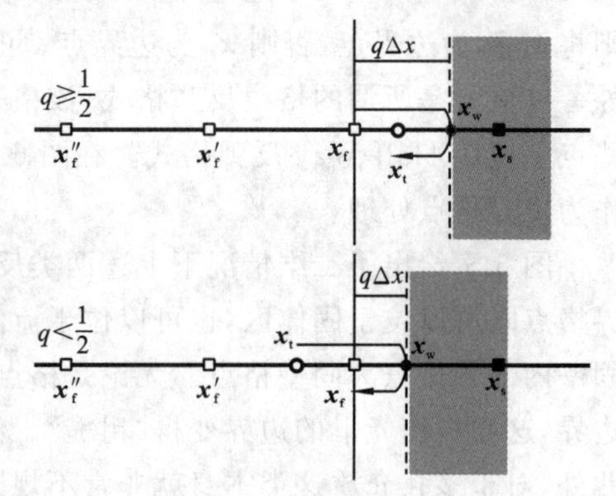

图6.8　BFL格式插值过程示意图

○：插值点

$$f_{\bar{i}}(\boldsymbol{x}_{\mathrm{f}},t+\delta_t)=\frac{1}{2q}f_i(\boldsymbol{x}_t,t+\delta_t)+\frac{2q-1}{2q}f_{\bar{i}}(\boldsymbol{x}_{\mathrm{f}}',t+\delta_t) \tag{6.83}$$

当$q<\frac{1}{2}$时，由式(6.81)可知，给出的$\boldsymbol{x}_t$位于$\boldsymbol{x}_{\mathrm{f}}$和$\boldsymbol{x}_{\mathrm{f}}'$之间，因此式(6.83)属于外推格式，容易导致数值不稳定。为了避免这种情况，BFL格式在碰撞步骤后和迁移步骤前就进行插值，插值点为

$$\boldsymbol{x}_t=\boldsymbol{x}_{\mathrm{w}}+(\Delta x-q)\boldsymbol{e}_{\bar{i}}=\boldsymbol{x}_{\mathrm{f}}+(\Delta x-2q)\boldsymbol{e}_{\bar{i}}$$

因为$0<q<\frac{1}{2}$，所以该点位于$\boldsymbol{x}_{\mathrm{f}}$和$\boldsymbol{x}_{\mathrm{f}}'$之间，因此通过线性插值可得该点的碰撞后分布函数值，即

$$f_i'(\boldsymbol{x}_t,t)=2qf_i'(\boldsymbol{x}_{\mathrm{f}},t)+(1-2q)f_i'(\boldsymbol{x}_{\mathrm{f}}',t) \tag{6.84}$$

该碰撞后分布函数经$(1-q)\delta_t$时间后运动到壁面，反弹后经时间$q\delta_t$恰好运动到$\boldsymbol{x}_{\mathrm{f}}$处，因此$\boldsymbol{x}_{\mathrm{f}}$处在$t+\delta_t$的未知分布函数为

$$f_{\bar{i}}(\boldsymbol{x}_{\mathrm{f}},t+\delta_t)=f_i'(\boldsymbol{x}_t,t)=2qf_i'(\boldsymbol{x}_{\mathrm{f}},t)+(1-2q)f_i'(\boldsymbol{x}_{\mathrm{f}}',t) \tag{6.85}$$

上面讨论的是静止壁面。对于一般情况，根据 q 值的大小，BFL 格式可以统一表示为如下的碰撞形式：

$$f'_i(\boldsymbol{x}_s,t)=\begin{cases}2qf'_i(\boldsymbol{x}_f,t)+(1-2q)f'_i(\boldsymbol{x}'_f,t)+\delta f_i & (q<0.5)\\ \dfrac{1}{2q}f'_i(\boldsymbol{x}_f,t)+\dfrac{2q-1}{2q}f'_i(\boldsymbol{x}'_f,t)+\delta f_i & (q\geqslant 0.5)\end{cases}\tag{6.86}$$

式中：δf_i 为壁面运动对流体分布函数的影响，可以表示为

$$\delta f_i=\begin{cases}2w_i\rho_f\dfrac{\boldsymbol{c}_i\cdot\boldsymbol{u}_w}{c_s^2} & (q<0.5)\\ \dfrac{w_i\rho_f}{q}\dfrac{\boldsymbol{c}_i\cdot\boldsymbol{u}_w}{c_s^2} & (q\geqslant 0.5)\end{cases}$$

显然，当 $q=1/2$ 时 BFL 格式就是格线反弹格式。

上述格式使用的是线性插值，如果使用二次插值，则得到

$$f'_i(\boldsymbol{x}_s,t)=\begin{cases}q(1+2q)f'_i(\boldsymbol{x}_f,t)+(1-4q^2)f'_i(\boldsymbol{x}'_f,t)-q(1-2q)f'_i(\boldsymbol{x}''_f,t)+\delta f'_i, & \text{当 } q<0.5 \text{ 时}\\ \dfrac{1}{q(2q+1)}[f'_i(\boldsymbol{x}_f,t)+(1-4q^2)f'_i(\boldsymbol{x}_f,t)-q(1-2q)f'_i(\boldsymbol{x}'_f,t)]+\delta f'_i, & \text{当 } q\geqslant 0.5 \text{ 时}\end{cases}$$

式中：$\delta f'_i$ 是相应的由壁面运动速度引起的校正值，可以表示为

$$\delta f'_i=\begin{cases}2w_i\rho_f\dfrac{\boldsymbol{c}_i\cdot\boldsymbol{u}_w}{c_s^2} & (q<0.5)\\ \dfrac{2w_i\rho_f}{q(2q+1)}\dfrac{\boldsymbol{c}_i\cdot\boldsymbol{u}_w}{c_s^2} & (q\geqslant 0.5)\end{cases}$$

BFL 格式需要按照参数 q 使用不同的计算格式，因此当 q 跨越 1/2 时，计算格式的不同会导致分布函数的跳变，产生非物理的振荡。Yu 等于 2003 年提出了一个统一的插值格式（YMS 格式）。

如图 6.8 所示，在时刻 t 执行碰撞步骤后，YMS 格式假设 $f'_i(\boldsymbol{x}_f,t)$ 可以通过边界点 $\boldsymbol{x}_w$ 到达固体格点 $\boldsymbol{x}_s$，从而 $f_i(\boldsymbol{x}_s,t+\delta_t)=f'_i(\boldsymbol{x}_f,t)$ 是已知的。这样，$\boldsymbol{x}_w$ 处的分布函数可以使用下面的插值得到：

$$f_i(\boldsymbol{x}_w,t+\delta_t)=(1-q)f_i(\boldsymbol{x}_f,t+\delta_t)+qf_i(\boldsymbol{x}_s,t+\delta_t)\tag{6.87}$$

然后，为保证 $\boldsymbol{x}_w$ 处满足无滑移边界条件，假设

$$f_{\bar{i}}(\boldsymbol{x}_w,t+\delta_t)=f_i(\boldsymbol{x}_w,t+\delta_t)-2w_i\rho_f\frac{\boldsymbol{c}_i\cdot\boldsymbol{u}_w}{c_s^2}\tag{6.88}$$

于是再次插值得到

$$f_{\bar{i}}(\boldsymbol{x}_f,t+\delta_t)=\frac{1}{1+q}[qf_{\bar{i}}(\boldsymbol{x}'_f,t+\delta_t)+f_{\bar{i}}(\boldsymbol{x}_w,t+\delta_t)]\tag{6.89}$$

因此，YMS 格式最终可以表示为

$$f'_{\bar{i}}(\boldsymbol{x}_s,t)=\frac{1}{1+q}\left[qf'_{\bar{i}}(\boldsymbol{x}_f,t)+qf'_i(\boldsymbol{x}_f,t)+(1-q)f'_i(\boldsymbol{x}'_f,t)-2w_i\rho_f\frac{\boldsymbol{c}_i\cdot\boldsymbol{u}_w}{c_s^2}\right]$$

可以证明，上述线性插值得到的 YMS 格式具有二阶精度。同时，与 BFL 格式类似，也可使用高阶插值得到高精度的其他 YMS 格式。

4. 非平衡态外推格式

平直边界的非平衡态外推方法也可推广到曲面情况。与前述各类曲面边界处理格式不同的是，非平衡态外推格式通过在固体格点 $\boldsymbol{x}_s$ 处执行碰撞过程来确定 $f_{\bar{i}}(\boldsymbol{x}_s,t)$。为了执行 $\boldsymbol{x}_s$ 处 t 时刻的碰撞，首先需要确定出分布函数 $f_{\bar{i}}(\boldsymbol{x}_s,t)$。为此，将其分解为平衡态和非平衡态两

部分，即

$$f_i(\boldsymbol{x}_s,t)=f_i^{(eq)}(\boldsymbol{x}_s,t)+f_i^{(neq)}(\boldsymbol{x}_s,t) \tag{6.90}$$

对于平衡态部分，使用下面的虚拟平衡态分布函数近似：

$$f_i^{(eq)}(\boldsymbol{x}_s,t)\approx f_i^*(\boldsymbol{x}_s,t)\equiv\rho(\boldsymbol{x}_f,t)\left[1+\frac{\boldsymbol{c}_i\cdot\boldsymbol{u}_s}{c_s^2}+\frac{(\boldsymbol{c}_i\cdot\boldsymbol{u}_s)^2}{2c_s^4}-\frac{u_s^2}{2c_s^2}\right] \tag{6.91}$$

其中，$\boldsymbol{u}_s$ 根据 $\boldsymbol{u}(\boldsymbol{x}_w,t)$、$\boldsymbol{u}(\boldsymbol{x}_f,t)$和$\boldsymbol{u}(\boldsymbol{x}'_f,t)$确定，即

$$\boldsymbol{u}_s=\begin{cases}\boldsymbol{u}_{s1} & (q\geqslant 0.75)\\ q\boldsymbol{u}_{s1}+(1-q)\boldsymbol{u}_{s2} & (q<0.75)\end{cases}$$

其中，$\boldsymbol{u}_{s1}=(\boldsymbol{u}_w+(q-1)\boldsymbol{u}(\boldsymbol{x}_f,t))/q$，$\boldsymbol{u}_{s2}=(2\boldsymbol{u}_w+(q-1)\boldsymbol{u}(\boldsymbol{x}'_f,t))/(1+q)$。非平衡态部分也可以类似给出，即

$$f_i^{(neq)}(\boldsymbol{x}_s,t)=\begin{cases}f_i^{(neq)}(\boldsymbol{x}_f,t) & (q\geqslant 0.75)\\ qf_i^{(neq)}(\boldsymbol{x}_f,t)+(1-q)f_i^{(neq)}(\boldsymbol{x}'_f,t) & (q<0.75)\end{cases}$$

这样，基于分布函数 $f_i(\boldsymbol{x}_f,t)$的上述逼近，就可执行的标准碰撞为

$$f'_i(\boldsymbol{x}_s,t)=f_i(\boldsymbol{x}_s,t)-\frac{1}{\tau}f_i^{(neq)}(\boldsymbol{x}_s,t)=f_i^*(x_s,t)+\frac{\tau-1}{\tau}f_i^{(neq)}(\boldsymbol{x}_s,t) \tag{6.92}$$

6.4.3 压力边界条件

压力边界条件也是一种常见的边界条件，比如管道流动和渗流流动等。对一些简单的流动，如压力驱动的无限长管道流动，可以将压力梯度转化为外力，继而使用周期性边界处理进、出口边界。但在一般情况下，并不能将压力梯度转化为外力驱动。这时，前面介绍的启发式格式和速度边界都难以直接应用，而需要根据动力学方法和外推方法设计出合适的压力边界条件。

1997 年，Zou 等基于非平衡态反弹概念提出了 D2Q9 模型的动力学压力边界格式。如图 6.9 所示，假设 B 是二维通道入口处一个格点，在时刻 t 执行迁移过程之后，指向流场内部的分布函数 f_1、f_5 和 f_8 未知。对于压力边界，入口压力给定，即 $p_{in}=c_s^2\rho_{in}$ 为已知，而入口速度 $\boldsymbol{u}_{in}=(u_{in},v_{in})$一般未知。在 Zou 等提出的格式中，除入口压力给定外，还假设入口速度的垂直分量 $v_{in}=0$，而水平分量 u_{in}未知。这样，根据式(6.63)可得方程组

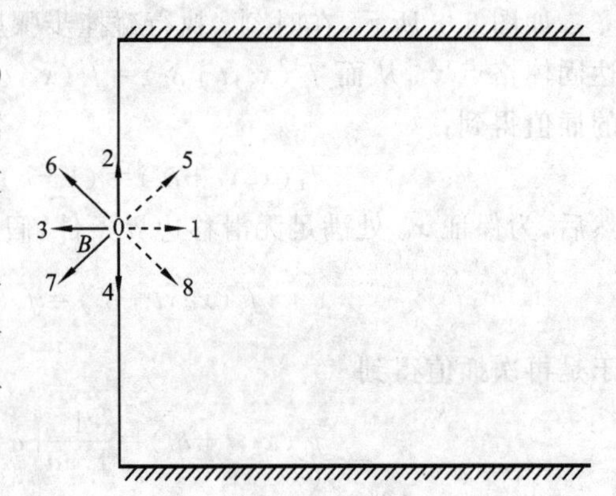

图 6.9 压力边界示意图

$$f_1+f_5+f_8=\rho_{in}-(f_0+f_2+f_3+f_4+f_6+f_7)$$
$$f_1+f_5+f_8-\rho_{in}u_{in}/c=f_3+f_6+f_7$$
$$f_5-f_8=-f_2+f_4-f_6+f_7$$

上述三个方程有四个未知数，仍需补充额外的条件。Zou 等假设如下的非平衡态反弹成立：

$$f_1-f_1^{(eq)}=f_3-f_3^{(eq)}$$

据此可求出所有的未知量。

Chen 等提出的基于分布函数的外推方法也可以处理压力边界。与速度边界的处理类似，在入口外部增加一个虚拟边界(仍记为−1)，其上的分布函数根据入口边界(0)和第一层流体

边界(1)上的值外推得到,即

$$f_i(-1)=2f_i(0)-f_i(1),\quad i=1,5,8$$

这样入口边界可以如同内部格点一样进行碰撞和迁移过程。Maier 等也给出了类似的外推格式。

非平衡态外推方法同样可以处理压力边界。此时边界格点上的未知分布函数仍然分为平衡态和非平衡态两部分,其中平衡态部分的计算式为

$$\hat{f}_i^{(\mathrm{eq})}(\boldsymbol{x}_\mathrm{b},t)=f_i^{(\mathrm{eq})}(\rho_\mathrm{in},\boldsymbol{u}_\mathrm{in}),\quad i=1,5,8$$

其中,$\boldsymbol{u}_\mathrm{in}=\boldsymbol{u}_{x_\mathrm{f}}(\boldsymbol{x}_\mathrm{f}=\boldsymbol{x}_\mathrm{b}+\boldsymbol{c}_i\delta_t)$,即采用最近的内部格点处的速度代替。非平衡态部分同样用 $\boldsymbol{x}_\mathrm{f}$ 处的非平衡态分布函数近似。这样,压力边界的非平衡态外推格式就可表示为

$$f_i(\boldsymbol{x}_\mathrm{b},t)=f_i^{(\mathrm{eq})}(\rho_\mathrm{in},\boldsymbol{u}(\boldsymbol{x}_\mathrm{f},t))+[f_i(\boldsymbol{x}_\mathrm{f},t)-f_i^{(\mathrm{eq})}(\boldsymbol{x}_\mathrm{f},t)],\quad i=1,5,8 \tag{6.93}$$

该格式非平衡态部分的精度仍然是 $O(\delta_x^2)$。对于平衡态部分,有

$$f_i^{(\mathrm{eq})}(\rho_\mathrm{in},\boldsymbol{u}(\boldsymbol{x}_\mathrm{f}))-f_i^{(\mathrm{eq})}(\rho_\mathrm{in},\boldsymbol{u}(\boldsymbol{x}_\mathrm{b}))=\rho_\mathrm{in}\left[\frac{\boldsymbol{c}_i\cdot\Delta\boldsymbol{u}}{c_\mathrm{s}^2}+O(\Delta u^2)\right] \tag{6.94}$$

其中

$$\Delta\boldsymbol{u}=\boldsymbol{u}(\boldsymbol{x}_\mathrm{f})-\boldsymbol{u}(\boldsymbol{x}_\mathrm{b})=\boldsymbol{c}_i\delta_t\cdot\nabla\boldsymbol{u}(\boldsymbol{x}_\mathrm{b})=O(\delta_x Ma)$$

如前所述,可以选取合适的 τ 使得 $Ma=O(\delta_x)$,则

$$f_i^{(\mathrm{eq})}(\rho_\mathrm{in},\boldsymbol{u}(\boldsymbol{x}_\mathrm{f}))-f_i^{(\mathrm{eq})}(\rho_\mathrm{in},\boldsymbol{u}(\boldsymbol{x}_\mathrm{b}))=O(\delta_x^2)$$

总结上述分析,压力边界的非平衡态外推格式(6.93)具有二阶精度,并且由于只涉及一阶外推,格式具有良好的数值稳定性。

第 7 章　CFD 软件的基本知识

CFD 软件的应用与计算机技术的发展紧密相关，CFD 软件早在 20 世纪 70 年代就已在美国诞生，但在国内真正得到广泛应用则是最近几年的事。目前，CFD 软件已成为解决各种流体流动与传热问题的强有力工具，成功应用于能源动力、石油化工、汽车设计、建筑暖通、航空航天及生物医学等各个科技领域。过去只能依靠实验手段才能获得的某些结果，现在已经完全可以借助 CFD 软件的模拟计算来准确获取。

7.1　CFD 软件的结构

CFD 的实际求解过程比较复杂，为方便用户使用 CFD 软件处理不同类型的工程问题，CFD 软件通常将复杂的 CFD 过程集成，通过一定的接口，让用户快速地输入问题的有关参数。所有的 CFD 软件均包括三个基本环节：前处理、求解和后处理。与之对应的程序模块常简称前处理器、求解器、后处理器。本节主要介绍 CFD 软件的结构。

7.1.1　前处理器

前处理器用于完成前处理工作。前处理环节是向 CFD 软件输入所求问题的相关数据，该过程一般是借助与求解器相对应的对话框等图形界面来完成的。在前处理阶段，需要用户进行以下工作：

(1) 定义所求问题的几何计算域；

(2) 将计算域划分成多个互不重叠的子区域，形成由单元组成的网格；

(3) 对所要研究的物理和化学现象进行抽象，选择相应的控制方程；

(4) 定义流体的属性参数；

(5) 为计算域边界处的单元指定边界条件；

(6) 对于瞬态问题，指定初始条件。

流动问题的解是在单元内部的节点上定义的，解的精度由网格中单元的数量决定。一般来讲，单元越多、尺寸越小，所得到的解的精度越高，但所需要的计算机内存资源及 CPU 时间也相应增加。为了提高计算精度，在物理量梯度较大的区域，以及我们感兴趣的区域，往往要加密计算网格。在前处理阶段生成计算网格时，关键是要把握好计算精度与计算成本之间的平衡。

目前在使用商用 CFD 软件进行 CFD 计算时，有超过 50％的时间花在几何区域的定义及计算网格的生成上。可以使用 CFD 软件自身的前处理器来生成几何模型，也可以借用其他商用 CFD 软件或 CAD/CAE 软件（比如 AUTOCAD、ICEM、I-deas、Unigraphics、SolidWorks、Pro/E、PATRAN、ANSYS）提供的几何模型。此外，指定流体的属性参数也是前处理阶段的任务之一。

7.1.2　求解器

求解器的核心是数值求解方案。常用的数值求解方案包括有限差分法、有限元法、谱方法和有限体积法等。总体上讲，这些方法的求解过程大致相同，包括以下步骤：

(1) 借助简单函数来近似待求的流动变量；

(2) 将该近似关系式代入连续性的控制方程中，形成离散方程组；

(3) 求解代数方程组。

各种数值求解方案的主要差别在于场变量被近似的方式及相应的离散化过程，目前商用 CFD 软件广泛采用的方法为有限体积法。

7.1.3　后处理器

后处理的目的是有效地观察和分析流动计算结果。随着计算机图形功能的提高，目前的 CFD 软件均配备了后处理器，提供了较为完善的后处理功能，包括：

(1) 计算域的几何模型及网格显示；

(2) 矢量图(如速度矢量线)；

(3) 等值线图；

(4) 填充型的等值线图(云图)；

(5) *XY* 散点图；

(6) 粒子轨迹图；

(7) 图像处理功能(平移、缩放、旋转等)。

借助后处理功能，还可以动态模拟流动效果，直观了解 CFD 的计算结果。

7.2　常用的 CFD 软件

为了完成 CFD 计算，过去多是用户自己编写计算程序，但由于 CFD 的复杂性及计算机软硬件条件的多样性，用户各自的应用程序往往缺乏通用性，而 CFD 本身又有其鲜明的系统性和规律性，因此，比较适合于被制成通用的商用软件。自 1981 年以来，出现了如 PHOENICS、CFX、STAR-CD、FIDIP、FLUENT、FloEFD 等多个商用 CFD 软件，这些软件具有以下显著的共同特点：

(1) 功能比较全面、适用性强，几乎可以求解工程界中的各种复杂问题。

(2) 具有比较易用的前、后处理系统和与其他 CAD 及 CFD 软件的接口能力，便于用户快速完成造型、网格划分等工作。同时，还可让用户扩展自己的开发模块。

(3) 具有比较完备的容错机制和操作界面，稳定性高。

(4) 可在多种计算机、多种操作系统，包括并行环境下运行。

随着计算机技术的快速发展，这些商用软件在工程界正在发挥着越来越大的作用。

7.2.1　PHOENICS

PHOENICS 是世界上第一套 CFD 与传热学的商用软件，它是 Parabolic Hyperbolic or Elliptic Numerical Integration Code Series 的缩写，由 CFD 的著名学者 D. B. Spalding 和 S. V. Patankar 等提出，第一个正式版本于 1981 年开发完成。目前，PHOENICS 主要由

Concentration Heat and Momentum Limited(CHAM)公司开发。

除了通用CFD软件应该拥有的功能外，PHOENICS软件有自己独特的功能。

(1) 开放性：PHOENICS最大限度地向用户开放了程序，用户可以根据需要添加用户程序、用户模型。PLANT及INFORM功能的引入使用户不再需要编写FORTRAN源程序，GROUND程序功能使用户修改、添加模型更加任意、方便。

(2) CAD接口：PHOENICS可以读入几乎任何CAD软件的图形文件。

(3) 运动物体功能：利用MOVOBJ，可以定义物体运动，克服了使用相对运动方法的局限性。

(4) 多种模型选择：提供了多种湍流模型、多相流模型、多流体模型、燃烧模型、辐射模型等。

(5) 双重算法选择：既提供了欧拉算法，也提供了基于粒子运动轨迹的拉格朗日算法。

(6) 多模块选择：PHOENICS提供了若干专用模块，用于特定领域的分析计算。如COFFUS用于煤粉锅炉炉膛燃烧模拟，FLAIR用于小区规划设计及高大空间建筑设计模拟，HOTBOX用于电子元器件散热模拟等。

PHOENICS的Windows版本使用Digital/Compaq Fortran编译器编译，用户的二次开发接口也通过该语言实现。此外，它还有Linux/Unix版本。其并行版本借助MPI或PVM在PC机群环境下及Compaq ES40、HP K460、Silicon Graphics 10000(Origin)、Sun E450等并行机上运行。

在http://www.cham.co.uk和http://www.phoenics.cn网站上可以获得关于PHOENICS的详细信息及算例。

7.2.2　CFX

CFX是第一个通过ISO9001质量认证的商业CFD软件，由英国AEA Technology公司开发。2003年，CFX被ANSYS公司收购。目前，CFX在航空航天、能源动力、石油化工、机械制造、汽车、生物技术、水处理、火灾安全、冶金、环保等领域有近10000个全球用户。

和大多数CFD软件不同的是，CFX除了可以使用有限体积法之外，还采用了基于有限元的有限体积法。基于有限元的有限体积法保证了在有限体积法的守恒特性的基础上，吸收了有限元法的数值精确性。在CFX中，基于有限元的有限体积法，对六面体网格单元采用24点插值，而单纯的有限体积法仅采用6点插值；对四面体网格单元采用60点插值，而单纯的有限体积法仅采用4点插值。在湍流模型的应用上，除了常用的湍流模型外，CFX最先使用了大涡模拟(LES)和分离涡模拟(DES)等高级湍流模型。

CFX是第一个发展和使用全隐式多网格耦合求解技术的商业化软件，这种求解技术避免了传统算法需要"假设压力项—求解—修正压力项"的迭代过程，而同时求解动量方程和连续性方程，加上其多网格技术，CFX的计算速度和稳定性较传统方法提高了许多。此外，CFX的求解器在并行环境下获得了极好的可扩展性。CFX可运行于Unix、Linux及Windows平台。

CFX可计算的物理问题包括可压缩与不可压缩流动、耦合传热、热辐射、多相流、粒子输送过程、化学反应和燃烧等问题，还拥有诸如气蚀、凝固、沸腾、多孔介质、相间传质、非牛顿流、喷雾干燥、动静干涉、真实气体等大批复杂现象的实用模型。在其湍流模型中，纳入了k-ε模型、低Reynolds数k-ε模型、低Reynolds数Wilcox模型、代数Reynolds应力模型、微分Reynolds应力模型、微分Reynolds通量模型、SST模型和大涡模型。

CFX 为用户提供了表达式语言(CEL)及用户子程序等不同层次的用户接口程序,允许用户加入自己的特殊物理模型。

CFX 的前处理模块是 ICEM CFD,所提供的网格生成工具包括表面网格、六面体网格、四面体网格、棱柱体网格(边界层网格)、四面体与六面体混合网格、自动六面体网格、全自动笛卡儿网格等生成器。它在生成网格时,可实现边界层网格自动加密、流场变化剧烈区域网格局部加密、分离流模拟等。

ICEM CFD 除了提供自己的实体建模工具之外,它的网格生成工具也可集成在 CAD 环境中。用户可在自己的 CAD 系统中进行 ICEM CFI3 的网格划分设置,如在 CAD 中选择面、线并分配网格大小属性等。这些数据可储存在 CAD 的原始数据库中,用户在对几何模型进行修改时也不会丢失相关的 ICEM CFD 设定信息。另外,CAD 软件中的参数化几何造型工具可与 ICEM CFD 中的网格生成及网格优化等模块直接连接,大大缩短了几何模型变化之后的网格再生成时间。其接口适用于 SolidWorks、CATIA、Pro/ENGINEER、Unigraphics、I-deas等 CAD 系统。

1995 年,CFX 收购了旋转机械领域著名的加拿大 ASC 公司,推出了专业的旋转机械设计与分析模块——CFX-Tascflow。CFX-Tascflow 一直占据着旋转机械 CFD 市场的大量份额,是典型的气动/水动力学分析和设计工具。此外,还有两个辅助分析工具,即 BladeGen 和 TurboGrid。BladeGen 是交互式涡轮机械叶片设计工具,用户通过修改元件库参数或完全依靠 BladeGen 中的工具设计各种旋转和静止叶片元件及新型叶片,对各种轴向流和径向流叶型,使用 CAD 设计在数分钟内即可完成。TurboGrid 是叶栅通道网格生成工具,它采用了创新性的网格模板技术,结合参数化能力,工程师可以快捷地为绝大多数叶片类型生成高质量叶栅通道网格。用户所需提供的只是叶片数目、叶片及轮毂和外罩的外形数据文件。

在 http://www. ansys. com 和 http://www. ansys. com. cn 网站上可以获得关于 CFX 及 ICEM CFD 的详细信息及算例。

7.2.3　STAR-CD

STAR-CD 是由英国帝国学院提出的通用流体分析软件,由 1987 年成立于英国的 CD-Adapco 公司开发。STAR-CD 这一名称的前半段来自 Simulation of Turbulent Flow in Arbitrary Regin。该软件基于有限体积法,适用于不可压缩流和可压缩流(包括跨音速流和超音速流)的计算、热力学的计算及非牛顿流的计算。它具有前处理器、求解器、后处理器三大模块,以良好的可视化用户界面把建模、求解及后处理与全部的物理模型和算法结合在一个软件包中。

STAR-CD 的前处理器(Prostar)具有较强的 CAD 建模功能,而且它与当前流行的 CAD/CAE 软件(ICEM、PATRAN、I-deas、ANSYS、GAMBIT 等)具有良好的接口,可有效地进行数据交换。具有多种网格划分技术(如 Extrusion 方法、Multi-block 方法及 Data-import 方法等)和网格局部加密技术,具有对网格质量优劣的自我判断功能。Multi-block 方法和任意交界面技术相结合,不仅能够大大简化网格生成,还使不同部分的网格可以进行独立调整而不影响其他部分,可以求解任意复杂的几何形体,极大地增强了 CFD 作为设计工具的实用性和时效性。STAR-CD 在适应复杂计算区域的能力方面具有一定优势。它可以处理滑移网格的问题,可用于多级透平机械的流场计算。STAR-CD 提供了多种边界条件,可供用户根据不同的流动物理特性来选择合适的边界条件。

STAR-CD提供了多种高级湍流模型，如各类 k-ε 模型。STAR-CD具有SIMPLE、SIMPLEC和PISO等求解器，可根据网格质量的优劣和流动物理特性来选择。在差分格式方面，具有低阶和高阶的差分格式，如一阶迎风、二阶迎风、中心差分、QUICK格式和混合格式等。

STAR-CD的后处理器，具有动态和静态显示计算结果的功能。能用速度矢量图来显示流动特性，用等值线图或颜色来表示各个物理量的计算结果，可以进行动力学的计算。

STAR-CD在三大模块中提供了与用户的接口，用户可根据需要编制FORTRAN子程序并通过STAR-CD提供的接口函数来达到预期的目的。

在http://www.cd-adapoo.com或http://www.cd.co.uk和http://www.cdaj-china.com网站上可以获得关于STAR-CD的详细信息及算例。

7.2.4 FIDAP

FIDAP是由英国Fluid Dynamics International(FDI)公司开发的CFD与数值传热学软件。1996年，FDI被FLUENT公司收购，目前FIDAP软件为FLUENT公司的一个CFD软件。

与其他CFD软件不同的是，该软件完全基于有限元方法。FIDAP可用于求解聚合物、薄膜涂镀、生物医学、半导体晶体生长、冶金、玻璃加工及其他领域中出现的各种层流和湍流的问题。它对涉及流体流动、传热、传质、离散相流动、自由表面、液固相变、流固耦合等的问题都提供了精确而有效的解决方案。在采用完全非结构网格时，全耦合、非耦合及迭代数值算法都是可以选择的。FIDAP提供了广泛的物理模型，不仅可以模拟非牛顿流体、辐射传热、多孔介质中的流动，而且对于质量源项、化学反应及其他复杂现象都可以精确模拟。

在网格处理方面，它提供了四边形、三角形、六面体、四面体、三角柱和混合单元网格，它还可导入I-deas、PATRAN、ANSYS和ICEM CFD等软件所生成的网格模型。

FIDAP在求解器方面，可利用完全非结构网格，采用有限元方法求解所有速度范围内的问题。对于瞬态问题，它提供显式和隐式两种时间积分方案。它利用Newton-Raphson迭代法、修正的Newton法、Broyden更新的Newton法等来解方程组。

它具有自由表面模型功能，可同时使用变形网格和固定网格，从而模拟液汽界面的蒸发与冷凝相变现象、流面晃动、材料填充等。

它所提供的流固耦合分析功能，可使固体结构中的变形和应力，与流体流动、传热和传质耦合计算。其中，变形结构和流体域的网格重新划分是使用弹性网格重新划分体系完成的。

它提供的湍流模型包括代数混合长度模型和 k-ε 模型等。

它提供了用户接口，让用户自己定义连续性方程、动量方程、能量方程及组分方程中特定的体积源项，定义标量输运方程，定制后处理量等。其后处理功能可输出ANSYS格式的计算结果。

在http://www.fluent.com及http://www.hikeytech.com网站上可获取关于FIDAP软件的详细信息及算例。

7.2.5 FLUENT

FLUENT(软件)是由美国FLUENT公司于1983年推出的CFD软件，它是继PHOENICS软件之后的第二个投放市场的基于有限体积法的软件。FLUENT是目前功能最全面、适用性最广、国内使用最广泛的 CFD 软件之一。本书将在后续章节对 FLUENT 的基本理论及使用方法进行介绍。

FLUENT 提供了非常灵活的网格特性，让用户可以使用非结构网格，包括三角形、四边形、四面体、六面体、金字塔形网格来解决具有复杂外形的流动，甚至可以用混合型非结构网格。它允许用户根据解的具体情况对网格进行修改（细化或粗化）。

FLUENT 使用 GAMBIT 作为前处理软件，它可读入多种 CAD 软件的三维几何模型和多种 CAE 软件的网格模型。FLUENT 可用于二维平面、二维轴对称和三维流动分析，可完成多种参考系下流场模拟、定常与非定常流动分析、不可压缩流和可压缩流计算、层流和湍流模拟、传热和热混合分析、化学组分混合和反应分析、多相流分析、固体与流体耦合传热分析、多孔介质分析等。它的湍流模型包括 k-ε 模型、Reynolds 应力模型、LES 模型、标准壁面函数、双层近壁模型等。

FLUENT 可让用户定义多种边界条件，如流动入口及出口边界条件、壁面边界条件等，可采用多种局部的笛卡儿和圆柱坐标系的分量输入，所有边界条件均可随空间和时间变化，包括轴对称和周期变化等。FLUENT 提供的用户自定义子程序功能，可让用户自行设定连续性方程、动量方程、能量方程或组分输运方程中的体积源项，自定义边界条件、初始条件、流体的物性，添加新的标量方程和多孔介质模型等。

FLUENT 是用 C 语言写的，可实现动态内存分配及高效数据结构，具有很大的灵活性与很强的处理能力。此外，FLUENT 使用 Client/Server 结构，它允许同时在用户桌面工作站和强有力的服务器上分离地运行程序。FLUENT 可以在 Windows XP/2010、Linux/Unix 操作系统下运行，支持并行处理。

在 FLUENT 中，解的计算与显示可以通过交互式的用户界面来完成。用户界面是通过 Scheme 语言编写的，高级用户可以通过写菜单宏及菜单函数自定义来优化界面，用户还可使用基于 C 语言的用户自定义函数对 FLUENT 的功能进行扩展。

FLUENT 公司除了 FLUENT 软件外，还有一些专用的软件包，除了上面提到的基于有限元法的 CFD 软件 FIDAP 外，还有专门用于黏弹性和聚合物流动模拟的 POLYFLOW、专门用于电子热分析的 ICEPAK、专门用于分析搅拌混合的 MIXSIM、专门用于通风计算的 AIRPAK 等。

在 http://www.fluent.com 及 http://www.hikeytech.com 网站上可获得关于 FLUENT 软件的详细信息及算例。

7.2.6　FloEFD

FloEFD 是由 1988 年成立于英国的 Flomerics 公司开发的流动与传热分析软件，属于新一代的 CFD 软件。

FloEFD 能够帮助工程师直接采用三维 CAD 模型进行流动与换热分析，不需要对原始 CAD 模型进行格式转换。FloEFD 和传统的 CFD 软件一样基于流体动力学方程求解，但是其关键技术使得 FloEFD 不同于传统 CFD 软件，使用 FloEFD 分析问题更快，稳定性更好，更准确，并且更容易掌握。具体体现在以下几个方面：

(1) 使用已有的模型。对于传统 CFD 软件，为了创建一个分析模型，经常需要修改已有的 CAD 模型。其主要原因为：传统 CFD 软件的模型转换只对 80％的几何体有效，剩余的部分必须手工重建或者简化，这样必然需要大量手工干预；而 FloEFD 直接使用原始三维 CAD

模型,同时流动边界条件可直接在 CAD 模型上进行定义,简单地说,原始 CAD 模型无须修改即可被 FloEFD 直接用来分析。

(2) 无须对模型进行简化。为了预测设计方案在真实环境中的性能,需要在工作环境中对设计方案进行模拟。传统 CFD 软件通常需要对模型进行特征简化,但需要简化到什么程度,简化后的模型能否真实地代表实际情况,很难把握。而 FloEFD 的稳定性非常好,可以处理非常复杂的几何模型,甚至对于很小的缝隙、尖角等都不需要进行简化。

(3) 无须担心网格划分。要获得质量较高的网格并非易事,网格划分是流程中最重要的步骤之一,网格质量的高低直接影响计算结果的准确性。FloEFD 具有网格自动生成功能,还可以对网格进行优化,能够根据几何和物理要求自动为流体和固体区域细化或粗化网格。同时,FloEFD 还可以采用部分单元技术对近壁网格进行处理,以提高计算精度。

(4) 无须创建辅助体。进行流体流动和传热分析时,对于充满气体或者液体的某些空腔,传统 CFD 软件通常要求在实体建模时就创建一额外的几何体代表该“空”区域,这很可能将“空”区域错误地处理成分离的固体。而 FloEFD 能自动区分“空”区域和外流区域,还能自动区分传热中材料不同的固体区域。另外,FloEFD 还能排除没有流体流动的空腔,避免不必要的网格划分。

(5) 无须选择湍流与层流。使用 FloEFD,不需要在湍流与层流中进行选择,因为它采用了修正的壁面函数,支持层流与湍流的转换。另外,FloEFD 还自动考虑流体的可压缩性。

(6) 简单的交互过程。流动与传热分析是一个交互过程,在得到初始设计的分析结果之后,通常还需要对模型进行调整和修改。如果设计分析平台与 FloEFD 集成,那么可以在初始分析之后简单地进行多次克隆分析。克隆的模型保持原来所有的分析数据,包括边界条件、载荷等。当实体模型修改后,无须再定义边界条件等,而可直接用来分析。传统 CFD 软件,则需要回到原始的 CAD 模型中修改模型,重新划分网格,定义边界条件、载荷之后,才可以用来进行流动与传热分析。

另外,FloEFD 采用矩形自适应网格,这是一种结构网格,相比于非结构网格,它需要的存储空间和计算时间均要少些,而且还可以方便地进行手工调整,确保网格质量优良。

FloEFD 可以根据求解精度要求自动进行固体和流体区域的网格划分,并根据几何模型细节和结果自动调整网格密度。同时,还支持用户直接操作网格,手工进行网格划分。

FloEFD 还具有强大的层流—过渡—湍流模拟能力,可采用与网格无关的统一的修正壁面函数自动进行层流湍流模拟,并可以自动判定层流区、过渡区和湍流区。

在 http://www.flomerics.com 和 http://www.mentor.com 网站上可以获得关于 FloEFD 的详细信息及算例。

第 8 章　GAMBIT 的基本用法

GAMBIT(软件)是 FLUENT 软件自带的专用前处理软件,可用来为 FLUENT 软件生成网格模型。GAMBIT 生成的网格模型,不仅可供 FLUENT 使用,还可供其他多种软件使用。本章介绍 GAMBIT 的基本用法。

8.1　GAMBIT 概述

8.1.1　GAMBIT 的基本功能

GAMBIT 的主要功能包括三个方面:构建模型、划分网格和指定边界。

GAMBIT 本身具有几何建模功能,只要模型不太复杂,一般可以直接在 GAMBIT 中完成几何建模。但对于复杂的 CFD 问题,特别是三维 CFD 问题,GAMBIT 并非最为有效,这时可借助专用的 CAD/CAE 软件,如 Pro/E、UG、I-deas、CATIA、SolidWorks、PATRAN 等完成几何建模,然后将其导入 GAMBIT 中。GAMBIT 能够导入的几何模型文件的格式包括 ACIS、Parasolid、IGES 和 STEP 等。

GAMBIT 还具有强大的网格划分功能,可根据用户的要求,自动完成网格划分。可生成结构网格、非结构网格及混合网格等多种类型网格,并具有良好的自适应功能,能对网格进行细分或粗化。GAMBIT 还可生成包含边界层等特殊要求的高质量网格,可在较为复杂的几何区域中直接生成高质量网格。

网格生成之后,用户可在 GAMBIT 中指定边界,为后续进行 CFD 模拟时设置边界条件奠定基础。

GAMBIT 是一个开放性的软件,不仅体现在输入方面,还体现在输出方面。它不仅可以为 FLUENT 输出网格,而且可以为其他分析软件(如 ANSYS 等)输出网格。

8.1.2　GAMBIT 的操作界面

启动 GAMBIT 2.3.16,进入如图 8.1 所示的 GAMBIT 操作主界面。

如图 8.1 所示,GAMBIT 的操作主界面可划分为五个部分:显示区、菜单栏、操作面板、控制面板及命令显示、输入和解释窗。下面介绍各个区域的功能。

1. 显示区

显示区位于操作主界面的中央,用于显示几何模型及生成的网格。显示区还可根据需要划分成四个小区,方便显示和操作,如图 8.2 所示。

2. 菜单栏

GAMBIT 的菜单栏位于显示区的上方,共有 File、Edit、Solver 和 Help 四个菜单。其中,File 菜单提供的操作包括打开文件、保存文件、从文件中导入模型、导出当前模型、退出等。Edit 菜单包括修改系统设置、取消上一步操作、重复刚取消的操作等。Solver 菜单用来选择求解器的类型,如 FIDAP、FLUENT/UNS、FLUENT 5/6 和 ANSYS 等。Help 菜单提供帮助信息。

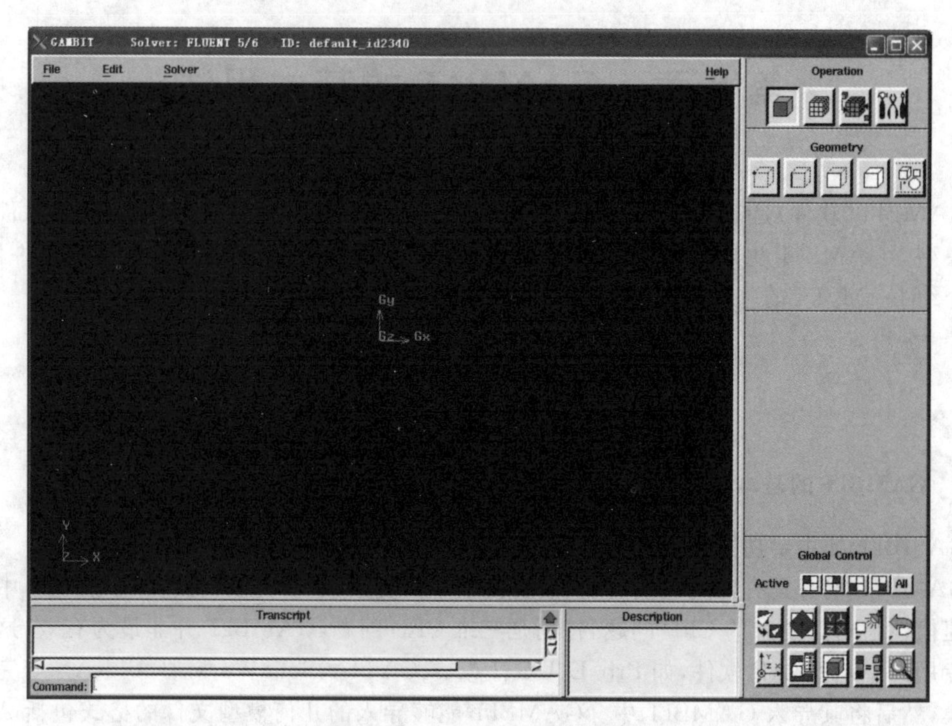

图 8.1 GAMBIT 操作主界面

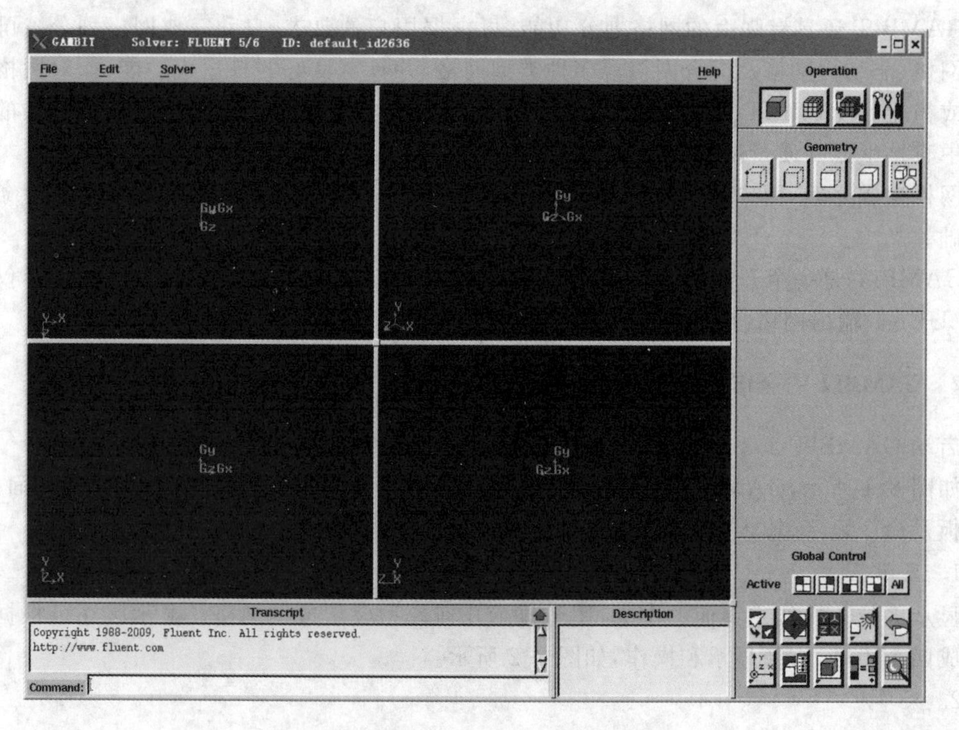

图 8.2 划分后的 GAMBIT 操作主界面

3. 操作面板

操作面板位于主界面右侧,如图 8.3 所示。

操作面板由三个层次的命令组及所使用的当前命令对话框构成。其中，第一层次的命令组为 Operation，包含四个二级命令组，依次为 Geometry（几何建模）、Mesh（网格划分）、Zones（指定边界和区域）和 Tools（辅助工具）。上述四个命令组分别与四个按钮对应，GAMBIT 的绝大部分操作命令都通过这四个按钮给出，它们的功能分别介绍如下。

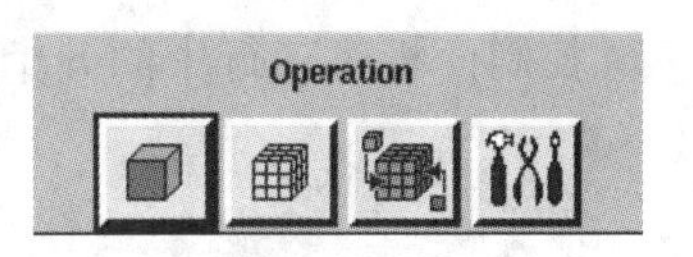

图 8.3　操作面板

：Geometry 命令组，用于建立点、线、面及组等几何元素，同时还提供相关的颜色控制、信息统计和数据删除等功能。

：Mesh 命令组，提供对边界、线、面、体和组进行网格划分、网格连接、信息修改等功能。

：Zones 命令组，用于指定边界类型和区域类型。

：Tools 命令组，提供操作中所需的一些辅助工具。

启动 GAMBIT，通常只显示最高层次命令组，即 Operation 命令组。单击命令组中的某个命令按钮，便会出现相应的二级命令组。单击二级命令组中的按钮，则会出现三级命令组。如图 8.4 所示，三个层次的命令组分别为 Operation、Geometry 和 Vertex，与 Vertex 命令组中的 Create Real Vertex 命令相对应的对话框为 Create Real Vertex。

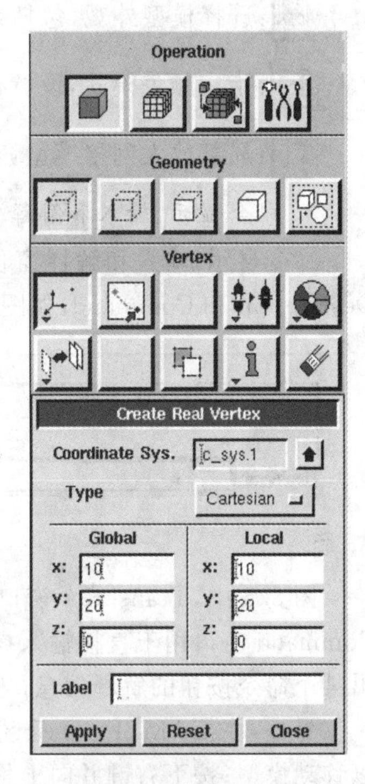

图 8.4　操作命令组

4. 控制面板

控制面板位于主界面右下角，标题为 Global Control，如图 8.5 所示。

通过单击控制面板内的图标按钮，可对显示区内的坐标系标识、颜色、模型的各个显示属性等进行控制。

控制面板第一行中的五个小图标按钮用于控制显示区中的四个小区。第一个图标按钮控制左上区，若图标按钮为红色，则表明左上区已激活，可以进行操作，例如可改变显示角度等；如果图标按钮为灰色，则不能对左上区进行操作。第二至第四个图标按钮的功能与之类似，最后一个图标的作用则是将显示区中的所有小区激活。

控制面板第二行中的五个小图标按钮，用于控制显示区域大小和视角等，五个图标按钮的功能依次如下：

：缩放图形显示范围，以使图形整体全部显示在当前窗口中。

：设置旋转轴心。

：选择显示视图。

：选择光源位置。

：撤销或恢复上一步操作。

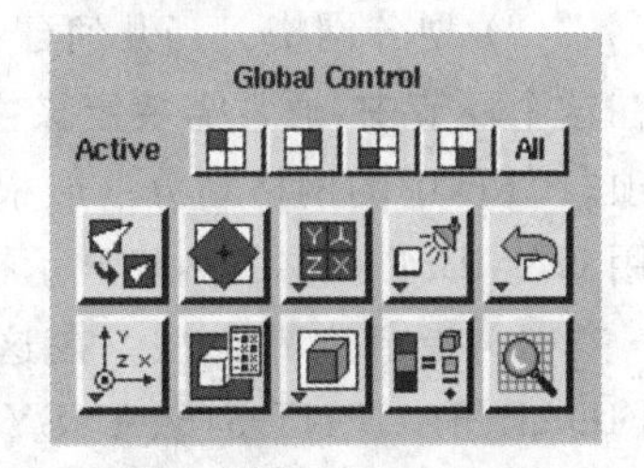

图 8.5　控制面板

控制面板第三行中的五个小图标按钮的作用是控制显示属性，五个按钮的功能分别如下：

：选择视图坐标。

：选择显示项目，指定模型中各类几何元素的可视属性。

：选择模型外观，包括线框、渲染或消隐方式等。

：指定颜色模式，设置模型颜色与几何属性是否关联。

：局部放大网格模型，对网格进行考察。

5. 命令显示、输入和解释窗

命令显示、输入和解释窗位于显示区下方，由三个小窗口构成，标题分别为 Transcript、Description 和 Command，如图 8.6 所示。

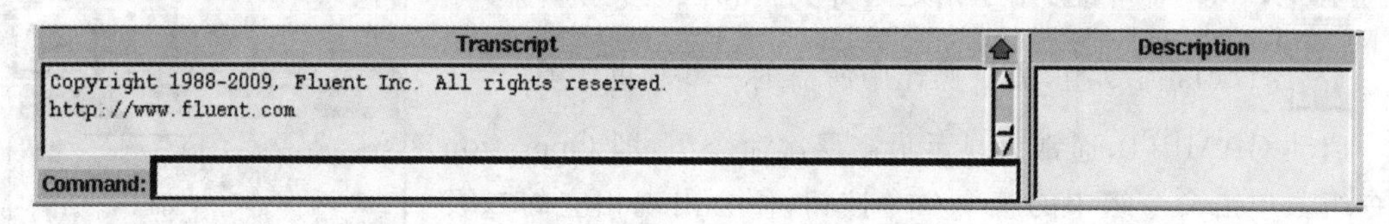

图 8.6　命令显示、输入和解释窗

图 8.6 中，Transcript 窗口用于显示操作命令，包括记录每一步操作的命令和结果信息；Command 窗口用于直接输入操作命令，其效果与单击命令按钮一样；Description 窗口用于给出某个命令按钮的解释信息(当鼠标指针移到该命令按钮上时)。

另外，在 GAMBIT 显示区中，按下鼠标左键并拖动，可以旋转模型；按下中键并拖动，可以移动模型；按下右键并向上拖动可以缩小模型，向下拖动则放大模型，向左或向右拖动则旋转模型；同时按 Ctrl 键和鼠标左键，在屏幕上拖出一个矩形框，则将模型在矩形框中的部分放大到整个显示区；同时按 Shift 键和鼠标左键，表示选中模型或者模型的几何元素，该功能只在特定的操作过程中有效。

8.1.3　GAMBIT 的操作步骤

对于一个给定的 CFD 问题，GAMBIT 基本按以下步骤生成网格文件：

(1) 构造几何模型。GAMBIT 通常按照点、线、面、体的顺序来进行建模，或者直接利用 GAMBIT 的操作命令来创建面和体。对于结构复杂的几何体，还可以利用其他 CAD 软件生成几何模型，然后将其导入 GAMBIT 中。GAMBIT 通常将生成的几何模型以默认的 dbs 格式保存到磁盘上。

(2) 划分网格。当几何建模完成后，接下来需要进行区域离散化，也就是进行网格划分。在这个环节中，通常需要定义网格单元的类型、网格划分的类型以及网格尺寸的大小等有关选项。CFD 中的网格划分一般根据模型的特点进行线、面、体网格的划分，完成之后，还可以利用 GAMBIT 提供的网格显示控键，从多个视角考察、检查网格模型。

(3) 指定边界类型。在这一环节中，GAMBIT 首先需要指定所使用的求解器名称(如 FIDAP、FLUENT 5/6、ANSYS、POLYFLOW 等)，然后指定网格模型中各边界的类型。CFD 求解器通常提供多种边界类型，如壁面边界、进口边界、对称边界等，其中 FLUENT 5/6 提供 22 种边界类型。

(4) 指定区域类型。CFD 模型中通常包含多个区域，如流体区域和固体区域，或者在动静联合中，两个流体区域的运动不同，因此需要指定区域的类型和边界，将各区域区分开来。FLUENT 求解器拥有 FLUID 和 SOLID 两种区域类型供选择。

(5) 导出网格文件。当上述过程全部完成，可选择“File/Save As...”命令，将带有边界信息的网格模型存盘（文件扩展名为 *.dbs），或选择“File/Export/Mesh...”命令，输出网格文件（*.msh），供 FLUENT 求解器读取。

8.2　几 何 建 模

8.2.1　GAMBIT 常用的造型功能

GAMBIT 的几何建模一般遵循“自下而上”的原则，即由点到线，由线到面，再由面到体。下面分别介绍点、线、面、体的生成。

在操作面板中，单击（Geometry）按钮，如图 8.7 所示，进入几何体面板，如图 8.8 所示。

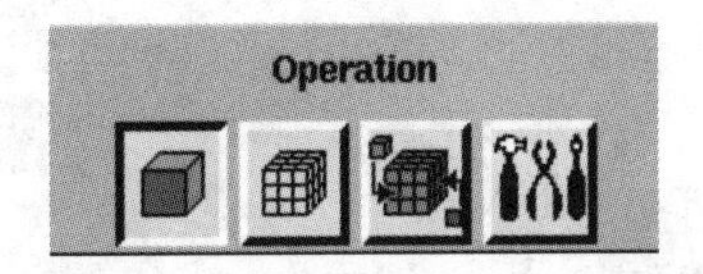

图 8.7　操作面板中几何建模

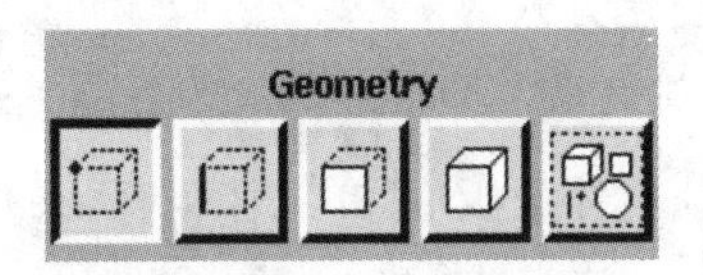

图 8.8　几何体面板

图 8.8 中，从左至右依次为创建点、线、面、体和组的操作按钮。

1. 创建点

在几何体面板中，单击（Vertex）按钮（图 8.8），进入点面板，如图 8.9 所示。

在 GAMBIT 中，点的创建方式有多种。在点面板中的（Create Vertex）按钮处，单击鼠标右键，从下拉按钮中查看点的创建方式，如图 8.10 所示。

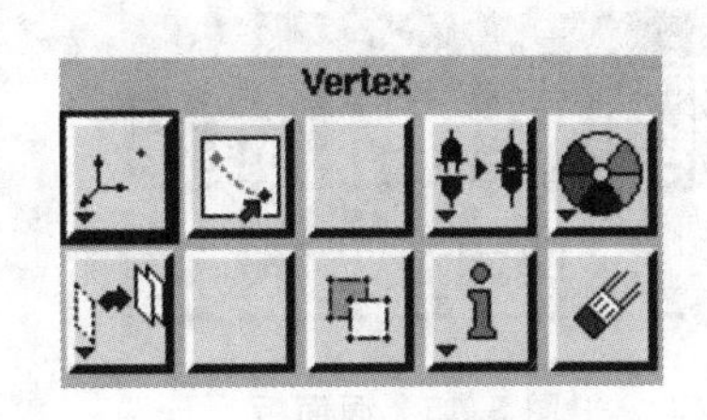

图 8.9　点面板

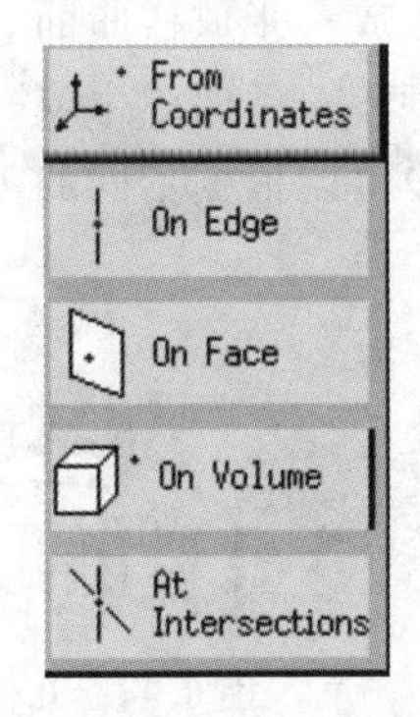

图 8.10　点的创建方式

图 8.10 中，从上至下依次为：根据坐标创建、在线上创建、在面上创建、在体上创建以及在两条直线交叉处创建。原则上用户可以根据不同的需要来选择不同的创建方式。

2. 创建线

在几何体面板中,单击 (Edge)按钮,如图8.11所示;进入线面板,如图8.12所示。

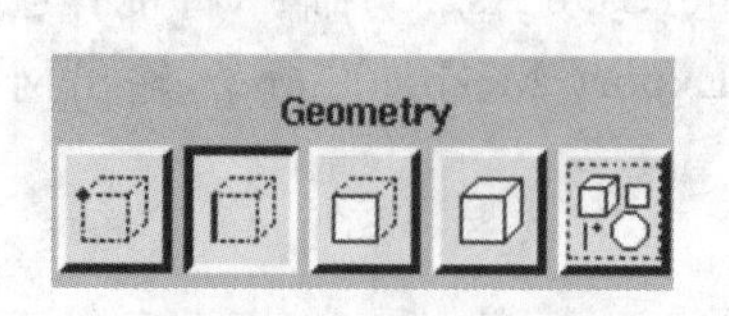

图8.11　几何体面板

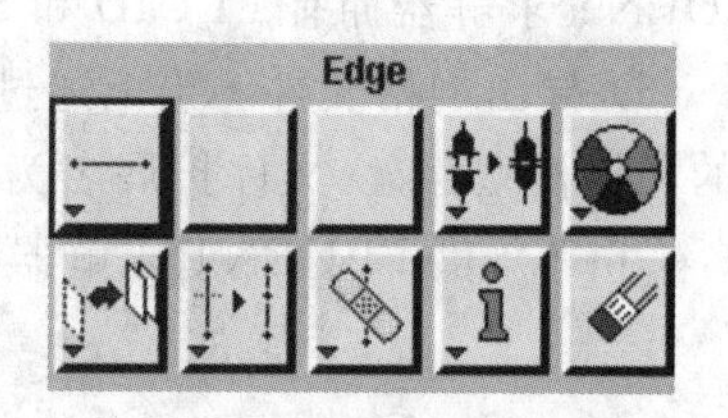

图8.12　线面板

在GAMBIT中,线的创建方式有多种。在线面板中的 (Create Edge)按钮处,单击鼠标右键,从下拉按钮中查看线的创建方式,如图8.13所示。

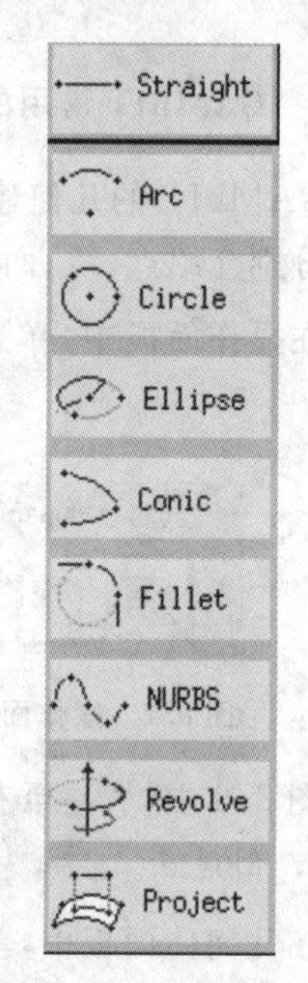

图8.13　线的创建方式

图8.13中,从上至下依次为:创建直线、创建弧线、创建圆、创建椭圆、创建二次曲线、创建带状线、创建样条曲线、创建螺旋线以及通过投影方式创建线。原则上用户可以根据不同的需要来选择不同的创建方式。

3. 创建面

在几何体面板中,单击 (Face)按钮,如图8.14所示;进入面面板,如图8.15所示。

在GAMBIT中,面的创建方式有多种。在面面板中的 (Form Face)按钮处,单击鼠标右键,从下拉按钮中查看面的生成方式,如图8.16所示。

图8.16中,从上至下依次为:通过四点连线生成平面、通过三点生成平行四边形面、通过选择多个顶点生成多边形面、通过选择一个圆心和两个圆周上的点生成圆面、通过选择一个圆心和两轴的顶点生成椭圆面、通过一组曲线生成一张放样曲面、通过二组曲线生成一张曲面、通过空间点簇生成一张曲面、通过绕选定轴旋转一条曲线生成一张回转曲面、根据给定的路径和轮廓曲线生成一张扫掠曲面。原则上用户可以根据不同的需要来选择不同的生成方式。

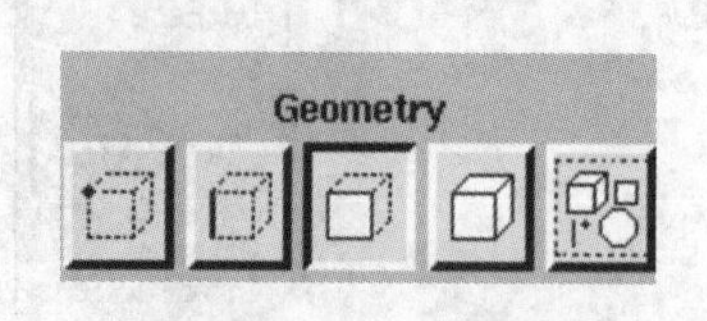

图8.14　几何体面板

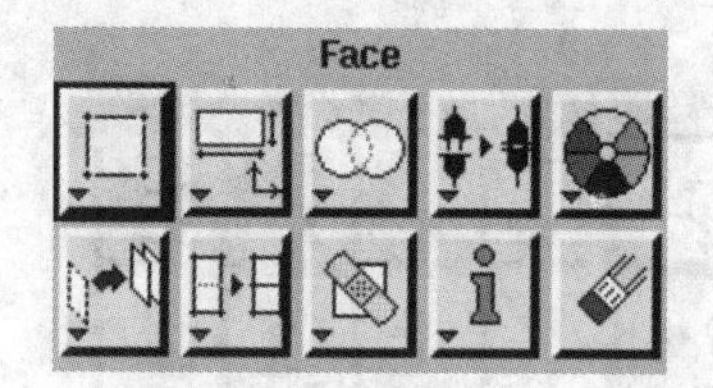

图8.15　面面板

另外,还可以在面面板中的 (Create Face)按钮处,单击鼠标右键,从下拉按钮中查看二维基本几何面的创建方式,如图8.17所示。

图8.17中,从上至下依次为:矩形面、圆面、椭圆面。

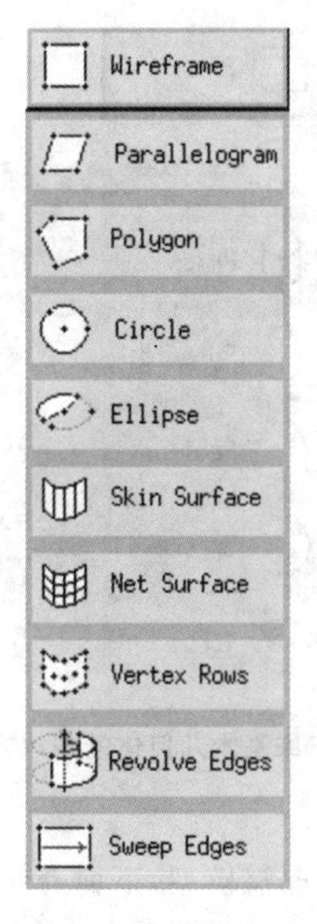

图 8.16　面的生成方式

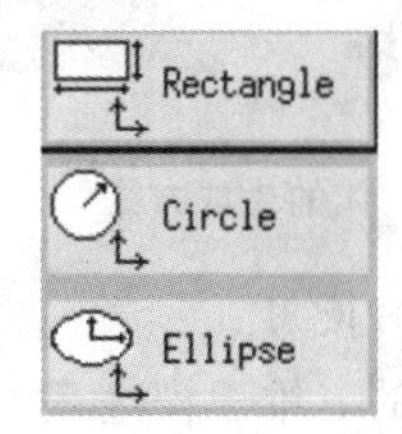

图 8.17　二维基本几何面的创建方式

4. 创建体

GAMBIT 中，体的创建属于三维建模。相对于二维建模，三维建模的思路有很大变化。二维建模主要遵循点、线、面的原则，而三维建模则更像搭积木一样，由不同的三维基本几何体组合而成，在建模的过程中更多地使用了布尔运算。

在几何体面板中，单击 (Volume)按钮，如图 8.18 所示；进入体面板，如图 8.19 所示。

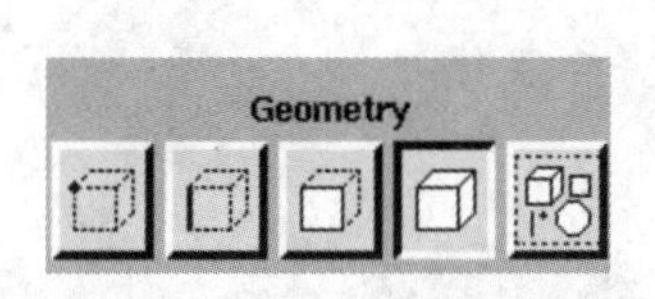

图 8.18　几何体面板

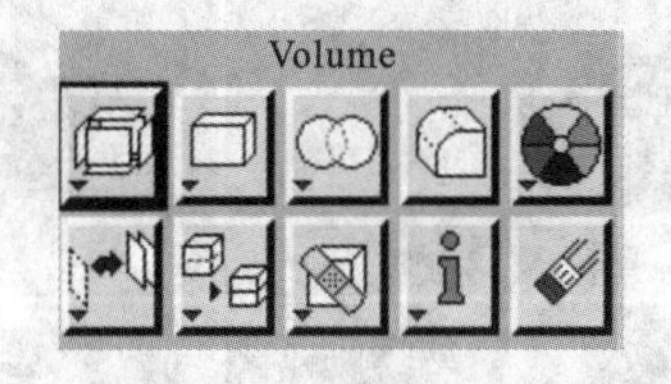

图 8.19　体面板

在 GAMBIT 中，体的创建方式有多种。在体面板中的 (Form Volume)按钮处，单击鼠标右键，从下拉按钮中查看体的生成方式，如图 8.20 所示。

图 8.20 中，从上至下依次为：将现有曲面缝合为一个实体、沿给定的路径扫掠形成一个实体、绕选定轴旋转形成一个实体、在现有的拓扑结构上生成一个实体。原则上用户可以根据不同的需要来选择不同的生成方式。

另外，还可以在体面板中的 (Create Volume)按钮处，单击鼠标右键，从下拉按钮中查看三维基本几何体的创建方式，如图 8.21 所示。

图 8.21 中，从上至下依次为：长方体、圆柱体、棱柱体、锥体、圆锥体、球体、圆环体。

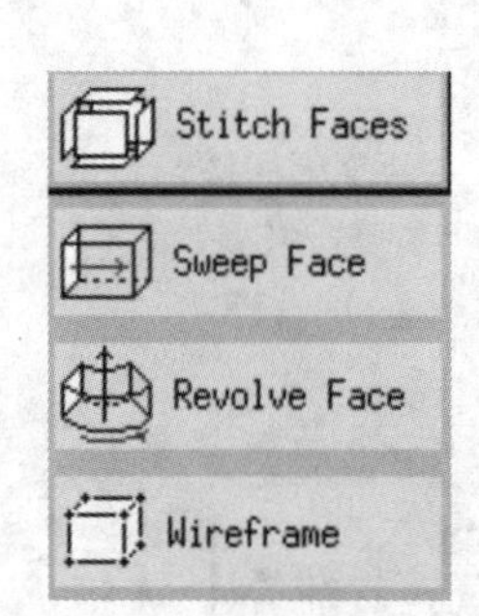

图 8.20　体的生成方式

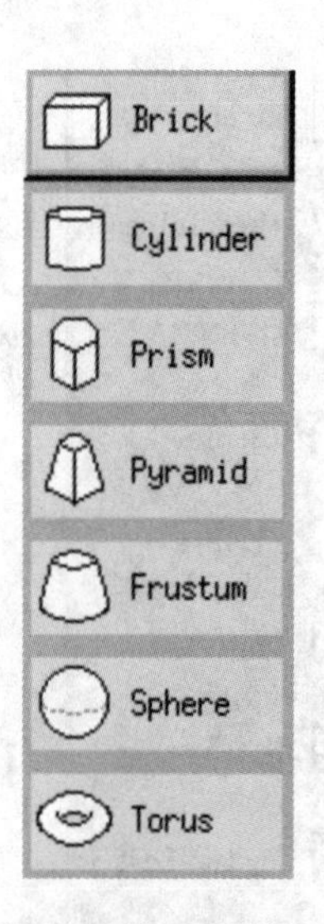

图 8.21　三维基本几何体的创建方式

5. 三视图的使用

GAMBIT 的三维建模过程中,三视图的使用有利于更好地理解模型,下面介绍三视图的使用方法。

(1) 将视图设为三视图。单击控制面板中的按钮,将视图设为三视图,如图 8.22 所示。

(2) 只保留对三视图中左上区视图的激活。单击 Active 右边的后三个按钮,按钮由红色变为灰色,取消对三视图中除左上区视图以外其他视图的激活,如图 8.23 所示。

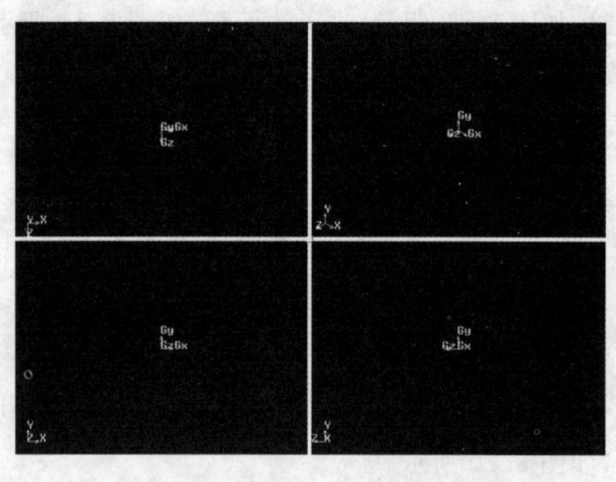

图 8.22　GAMBIT 中的三视图

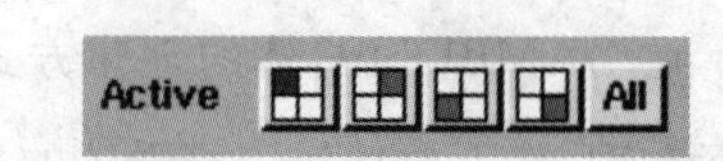

图 8.23　取消视图的激活

(3) 将左上区视图设置为顶视图。在控制面板中的按钮处,单击鼠标右键,如图 8.24 所示,从下拉按钮中选择,即可将左上区视图设置为顶视图。

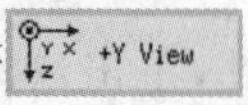

(4) 根据上述设置方法,依次将三视图中的右上区视图、左下区视图、右下区视图分别设置为前视图、左视图和透视图,如图 8.25 所示。

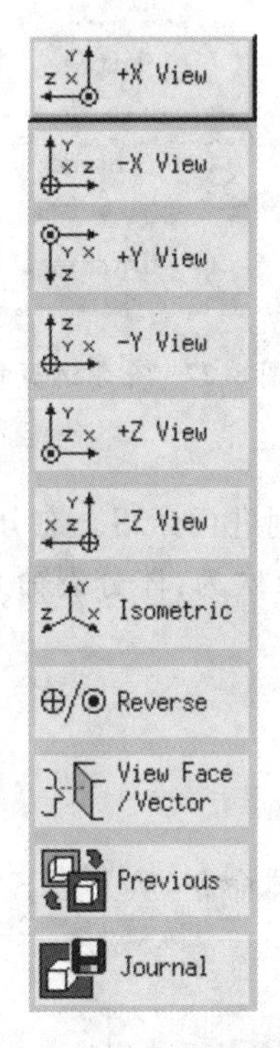

图 8.24　视图坐标系

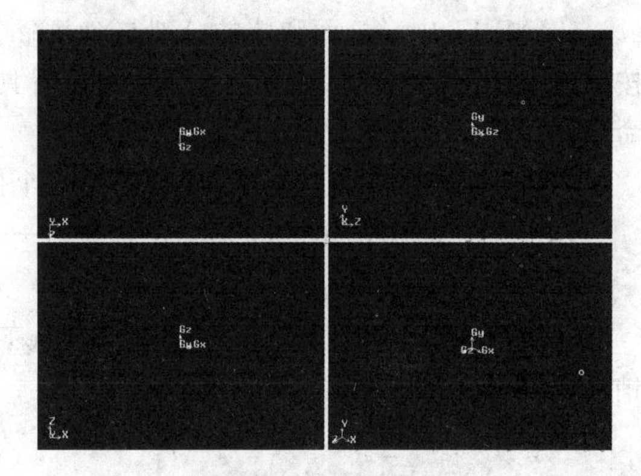

图 8.25　视图的设置

8.2.2　GAMBIT 常用的编辑功能

除了上述的造型功能外,GAMBIT 还具有一些常用的编辑功能,下面具体介绍。

1. 移动、复制与排列命令

在移动、复制按钮处,单击鼠标右键,从下拉按钮中可查看具体命令,从上至下依次为:移动、复制命令,排列命令,如图 8.26 所示。

移动、复制命令的功能为:将选择的几何对象(点、线、面、体)移动或复制到新位置。GAMBIT 提供四种方式:Translate(平移)、Scale(比例)、Reflect(镜像)和 Rotate(旋转)。

图 8.26　移动、复制与排列命令

排列命令的功能为:重新排列几何对象(点、线、面、体)。

不管使用移动、复制命令,还是排列命令,首先都要选择一个几何对象,在命令面板中单击输入栏,输入栏以高亮黄色显示,即可选择所需的几何对象。

GAMBIT 中选择一个几何对象的方法通常有以下两种:

(1) 按住 Shift 键,用鼠标左键单击选择的几何对象,该对象被选中时,以红色显示。

(2) 单击输入栏右方的向上箭头,就会出现一个对话框,从对话框中可以选择所需对象的名称,单击方向箭头,则该对象被选中。为了便于记忆,建议在创建对象时要起一个便于记住的名字。

2. 布尔运算命令

在布尔运算按钮处,单击鼠标右键,从下拉按钮中可查看具体命令,从上至下依次为:并命令、减命令、交命令,如图 8.27 所示。

并命令的功能为:取两个面或体的并集作为一个新的面或体。

减命令的功能为：从一个面或体上减去另外一个面或体，得到一个新的面或体。

交命令的功能为：取两个面或体的交集作为一个新的面或体。

布尔运算在创建三维体时最为常用，基本操作方法与移动、复制命令一样，也是先选择对象再执行操作，这里不再重复。

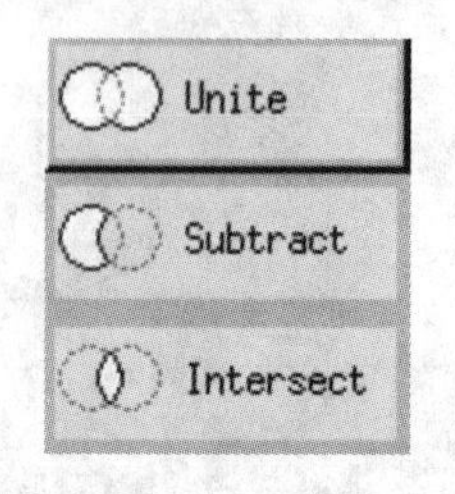

图 8.27 布尔运算命令

3. 分裂与合并命令

GAMBIT 中，线、面和体的分裂与合并命令类似，这里以体为例进行介绍。在分裂与合并按钮处，单击鼠标右键，从下拉按钮中可查看具体命令，从上至下依次为：体分裂命令、体合并命令，如图 8.28 所示。

体分裂命令的功能为：用一个面将另一个体分裂为两个体。

体合并命令的功能为：将两个体合并为一个体。

4. 撤销与恢复命令

在撤销与恢复按钮处，单击鼠标右键，从下拉按钮中可查看具体命令，从上至下依次为：撤销命令、恢复命令，如图 8.29 所示。

图 8.28 分裂与合并命令

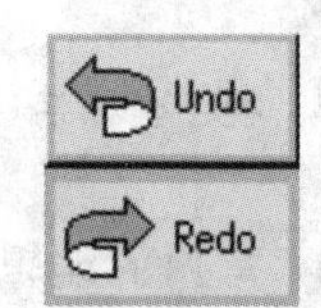

图 8.29 撤销与恢复命令

撤销命令的功能为：撤销上一步操作。在 GAMBIT 中，撤销命令没有级数的限制。

恢复命令的功能为：恢复上一步取消的操作。

5. 删除命令

为删除命令按钮，其功能为：删除一些误操作或不需要的对象，如点、线、面、体、网格等。

8.3 网格划分

在操作面板中，单击 (Mesh) 按钮，如图 8.30 所示；进入网格划分面板，如图 8.31 所示。

图 8.31 中，从左至右依次为针对边界层、线、面、体和组进行网格划分的操作按钮。下面分别针对二维网格和三维网格的划分进行介绍。

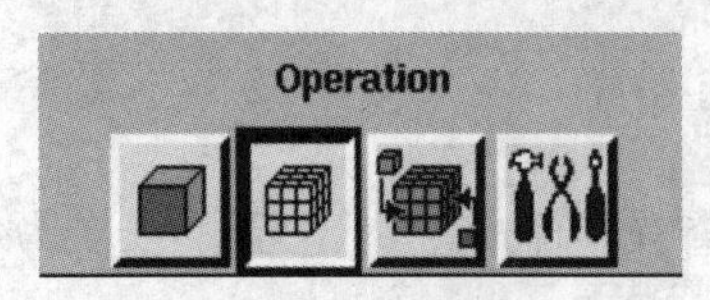

图 8.30 操作面板中网格划分

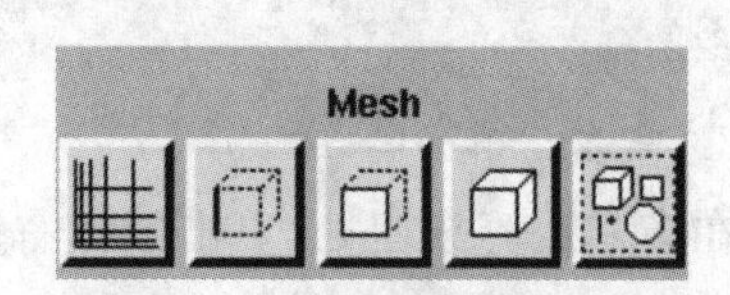

图 8.31 网格划分面板 1

8.3.1　二维网格划分

1. 边界层网格划分

在网格划分面板中，单击(Boundary Layer)按钮，如图 8.32 所示；进入边界层网格划分面板，如图 8.33 所示。

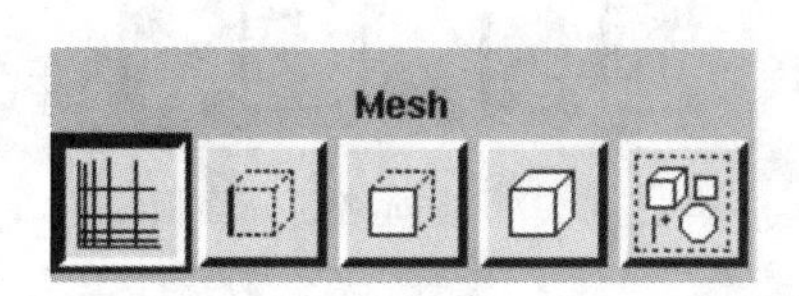

图 8.32　网格划分面板 2

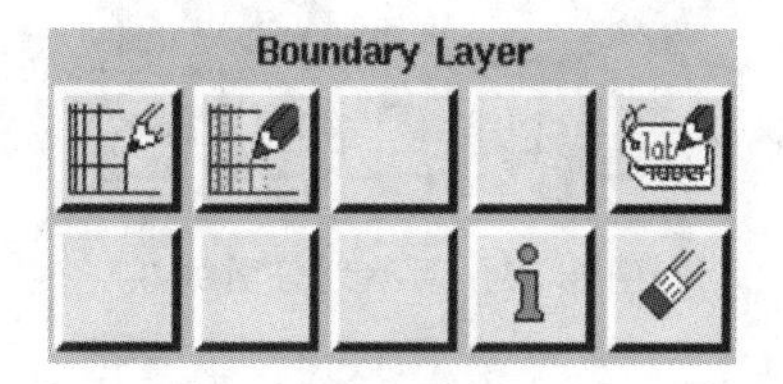

图 8.33　边界层网格划分面板

在边界层网格划分面板中，单击(Create Boundary Layer)按钮，打开 Create Boundary Layer 对话框，如图 8.34 所示。

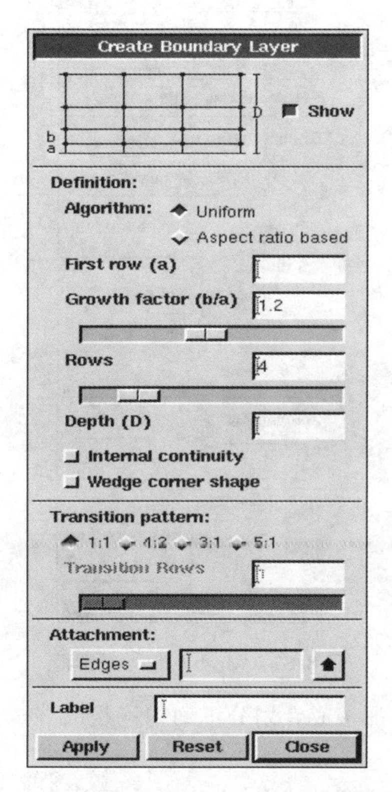

8.34　Create Boundary Layer 对话框

边界层网格划分需要输入四组参数，分别为：第一个网格节点距边界的距离(First Row)、网格的比例因子(Growth Factor)、边界层网格节点数(Rows，垂直于边界方向)及边界层厚度(Depth)。这四个参数中只需输入任意三个参数值，即可划分边界层网格。

2. 线网格划分

在网格划分面板中，单击 (Edge)按钮，如图 8.35 所示；进入线网格划分面板，如图 8.36 所示。

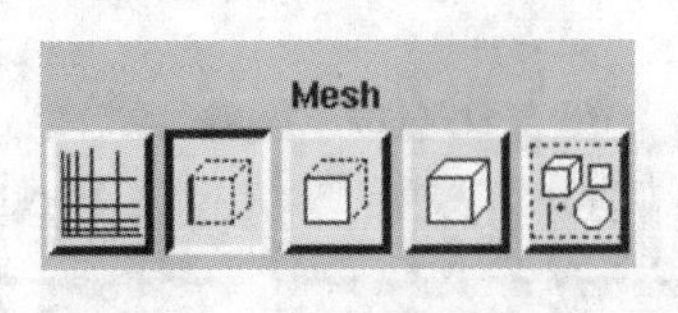

图 8.35　网格划分面板 3

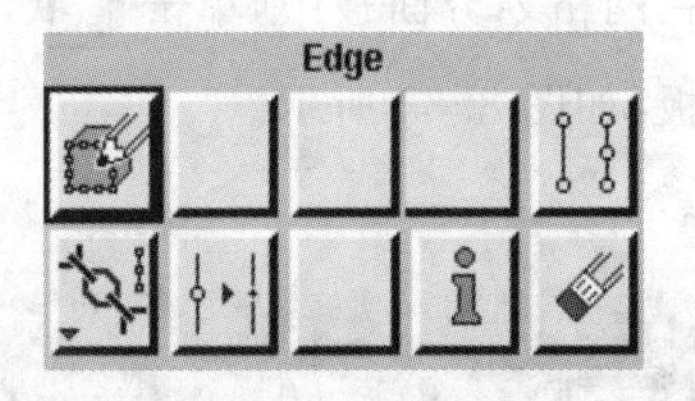

图 8.36　线网格划分面板

在线网格划分面板中，单击 (Mesh Edges)按钮，打开 Mesh Edges 对话框，如图 8.37 所示。

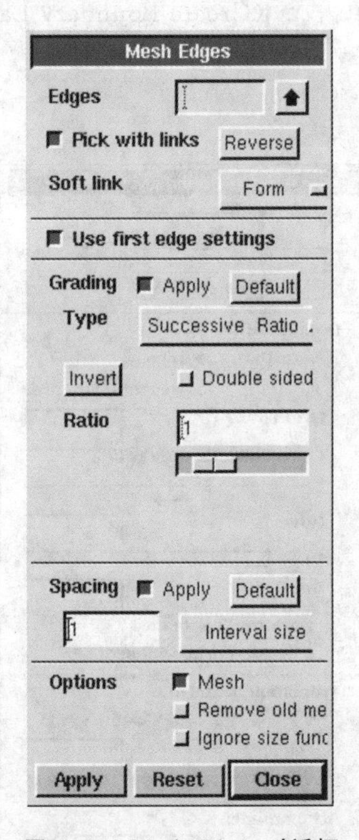

图 8.37　Mesh Edges 对话框

当划分的网格需要在局部加密或者划分不均匀网格时，首先要定义线上的网格节点数目和分布情况。

线上网格节点的分布可分为两种情况：一种为单调递增或单调递减（只需设置一个 Ratio 的值）；另一种为中间密（疏）两边疏（密）（需设置 Ratio 1 和 Ratio 2 的值）。

3. 面网格划分

在网格划分面板中，单击 (Face)按钮，如图 8.38 所示；进入面网格划分面板，如图 8.39 所示。

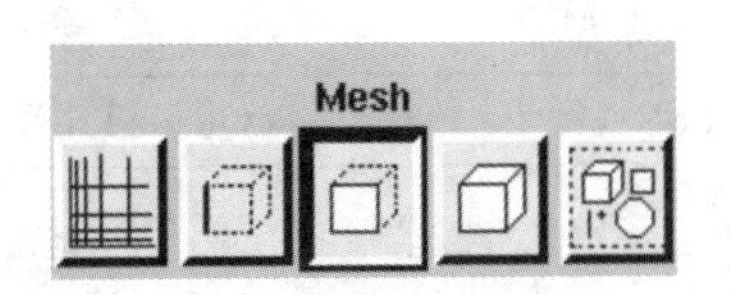

图 8.38　网格划分面板 4

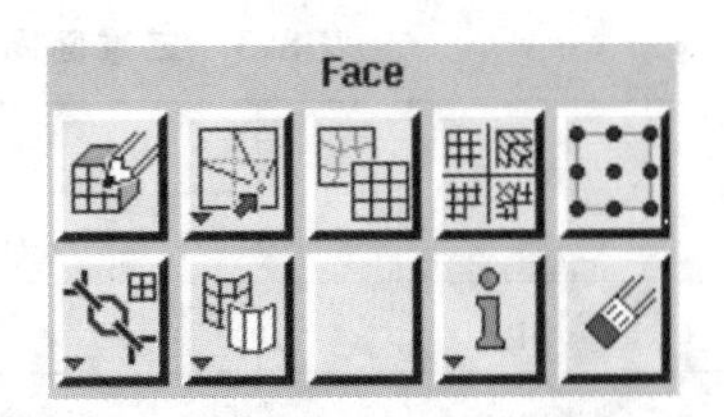

图 8.39　面网格划分面板

在面网格划分面板中，单击(Mesh Faces)按钮，打开 Mesh Faces 对话框，如图 8.40 所示。

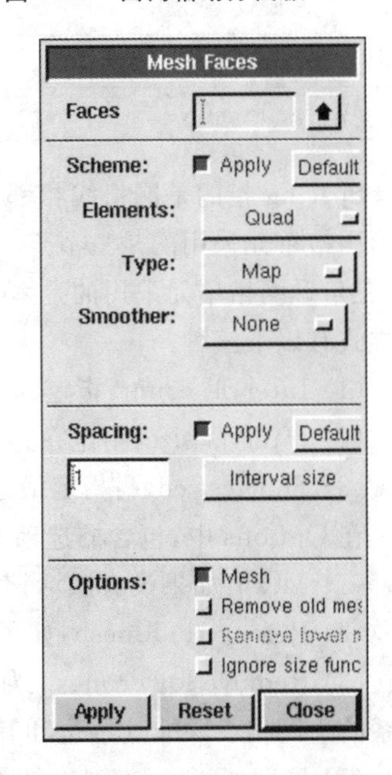

图 8.40　Mesh Faces 对话框

从对话框可以看到，在划分二维面网格时，需要指定四组参数：Faces（需要划分网格的面）、Scheme（网格划分方案）、Spacing（网格间距）以及 Options（其他选项）。现具体介绍如下。

通常，在 Faces 中指定需要划分网格的面。用户可从 Faces 列表框中选择需要划分网格的面。

需要说明的是，GAMBIT 可对用户指定的面进行网格划分，然而面的形状、拓扑特征以及面的顶点类型决定了网格类型。也就是说，在对一个面进行网格划分时，不是使用任何网格类型都可以获得成功的，能否成功要受到面的几何拓扑特征的限制。

在 Scheme（网格划分方案）中包含 Elements（网格单元类型）和 Type（网格划分方法）两项。

GAMBIT 提供的二维面网格单元类型和二维面网格划分方法分别如表 8.1 和表 8.2 所示。

表 8.1　二维面网格单元类型

单元类型	说　明
Quad	指定的网格区域中只包含四边形网格
Tri	指定的网格区域中只包含三角形网格
Quad/Tri	指定的网格区域中主要包含四边形网格，但在某些位置上可以包含三角形网格

表 8.2　二维面网格划分方法

划分方法	说　明
Map	使用指定的网格单元类型，创建规则有序的结构网格
Submap	将一个不规则的区域划分成多个规则的子区域，并在每个子区域上创建结构网格
Pave	使用指定的网格单元类型，创建非结构网格
Tri Primitive	将一个三角形区域划分为三个四边形的子区域，并在每个子区域上创建结构网格
Wedge Primitive	在一个楔形区域的顶部创建三角形网格，并沿顶部外端创建呈放射形的结构网格

需要说明的是，每种面网格单元类型都与一种或几种面网格划分方法相对应。表 8.3 给出了二维面网格单元类型与面网格划分方法的对应关系（标记“×”的单元表示允许）。

表 8.3　二维面网格单元类型与面网格划分方法的对应关系

划分方法	单元类型		
	Quad	Tri	Quad/Tri
Map	×		×
Submap	×		
Pave	×	×	×
Tri Primitive	×		
Wedge Primitive			×

Spacing 指的是网格线相邻节点之间的长度。如果四边形网格单元采用的是四节点，三角形网格单元采用的是三节点，那么该间距为节点的间距；如果四边形网格单元采用的是八节点，三角形网格单元采用的是六节点，那么该间距为节点间距值的两倍。Spacing 中可供选择的方式有以下三种：

(1) Interval count：指定在边界上分点时采用的间隔数目。

(2) Interval size：指定在边界上分点时采用的间隔长度。

(3) Shortest edge：指定最短边的百分数。

在 Options 中，包含的选项有以下几种：

(1) Mesh：如果没有激活该项，将不对面进行网格划分，只对边进行网格划分。

(2) Remove old mesh：如果激活该项，将在划分网格前先删除所有旧网格。

(3) Remove lower mesh：如果激活该项，在删除面网格时，将尝试删除与之具有低级拓扑关系的边网格。除非这些边和其他面网格相匹配，否则将被删除。

(4) Ignore size functions：如果激活该项，将忽略尺寸函数。

8.3.2　三维网格划分

三维体网格划分与二维面网格划分基本一样，但三维体网格划分相比二维面网格划分要难一些，尤其是对某些局部的加密。下面具体介绍。

在网格划分面板中，单击 (Volume)按钮，如图 8.41 所示；进入三维体网格划分面板，如图 8.42 所示。

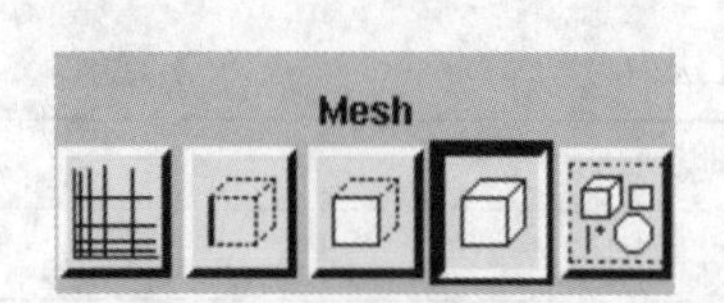

图 8.41　网格划分面板 5

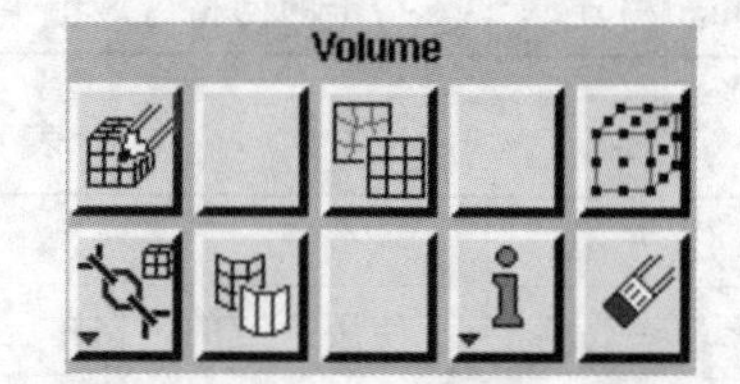

图 8.42　体网格划分面板

在体网格划分面板中，单击 (Mesh Volumes)按钮，打开 Mesh Volumes 对话框，如图 8.43 所示。

从对话框可以看到，在划分三维体网格时，同样需要指定四组参数：Volumes(需要划分网格的体)、Scheme(网格划分方案)、Spacing(网格间距)及 Options(其他选项)。现具体介绍如下。

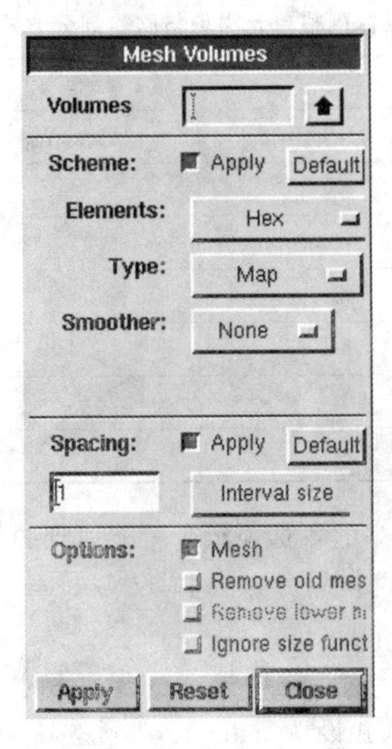

图 8.43 Mesh Volumes 对话框

同样，在 Volumes 中指定需要划分网格的体。用户可从 Volumes 列表框中选择需要划分网格的体。

在 Scheme(网格划分方案)中包含 Elements(网格单元类型)和 Type(网格划分方法)两项。

GAMBIT 提供的三维体网格单元类型和三维体网格划分方法分别如表 8.4 和表 8.5 所示。

表 8.4 三维体网格单元类型

单元类型	说　明
Hex	指定的网格区域中只包含六面体网格
Hex/Wedge	指定的网格区域中主要包含六面体网格，但在某些位置上可以包含楔形网格
Tet/Hybrid	指定的网格区域中主要包含四面体网格，但在某些位置上可以包含六面体、锥形和楔形网格

表 8.5 三维体网格划分方法

划分方法	说　明
Map	使用指定的网格单元类型，创建规则有序的结构网格
Submap	将一个不规则的区域划分成多个规则的子区域，并在每个子区域上创建结构网格
Tet Primitive	将一个四面体区域划分成四个六面体区域，并在每个区域生成规则网格
Cooper	根据指定的源面和网格单元类型扫描整个区域
TGrid	在边界处生成四面体网格，而在远离边界处生成六面体网格
Stairstep	生成与原始形状相似的六面体网格

表 8.6 给出了三维体网格划分方法与体网格单元类型的对应关系(标记“×”的单元表示允许)。

表 8.6 三维体网格单元类型与网格划分方法的对应关系

划分方法	单元类型		
	Hex	Hex/Wedge	Tet/Hybrid
Map	×		
Submap	×		
Tet Primitive	×		
Cooper	×	×	
TGrid			×
Stairstep	×		

下面介绍一下表 8.6 中所列举的各选项组合可能遇到的相关限制。

(1) 表 8.6 所列举的三维体网格划分方法中,仅 Cooper 方法选项与多种网格单元类型选项相关。

(2) 当用户在 Mesh Volumes 对话框中指定一个实体时,GAMBIT 将自动评估该体有关形状、拓扑结构特点及顶点类型,并设置 Scheme 选项按钮来反映所要求的实体网格划分方法。如果用户为一个网格划分操作指定了多个实体,则 Scheme 选项按钮提供的方法将反映最近选定的实体所要求的划分方法。如果用户通过 Mesh Volumes 对话框中的 Scheme 选项按钮指定一种网格划分方法,GAMBIT 则将指定的划分方法应用于当前选定的所有实体。

(3) 表 8.6 中所列举的三维体网格划分方法生成的网格节点类型可能不能应用于 GAMBIT 主菜单栏中 Solvers 菜单中所包含的求解器。表 8.7 给出了 Solvers 菜单中的求解器与网格划分方法的对应关系(注意:FLUENT 4 求解器要求结构网格,NEKTON 求解器要求六面体网格)。

表 8.7 网格划分方法与求解器的对应关系

求解器	划分方法					
	Map	Submap	Tet Primitive	Cooper	TGrid	Stairstep
FIDAP	×	×	×	×	×	×
FLUENT/UNS	×	×	×	×	×	×
FLUENT 6	×	×	×	×	×	×
FLUENT 5	×	×		×		×
NEKTON	×	×	×	×		×
RAMPANT	×	×	×	×	×	×
Polyflow	×	×	×	×	×	×
Generic	×	×	×	×	×	×

三维体网格划分中的 Spacing 选项和 Options 选项与二维面网格划分中的类似,这里不再叙述。

另外,需要提醒大家的是:对于存在周期性边界条件的几何模型(二维或三维),在划分网格之前,必须对周期性边界(线或面)分别作硬连接,以保证所生成网格中相应的网格节点、线、面一一对应。

8.4　指定边界类型和区域类型

在完成几何建模和网格划分之后，还需要指定各个边界的类型。如果模型中包含多个区域，比如同时存在流体区域和固体区域，则还需要指定各个区域的类型。另外，不同类型的 CFD 求解器对边界和区域类型的定义和用法也不尽相同，因此在指定边界类型和区域类型之前，还需要指定将要使用的求解器类型。下面介绍如何指定边界类型和区域类型。

指定边界类型和区域类型通常包括三个步骤，具体如下。

1. 指定求解器

在菜单栏中的 Solver 菜单上，选择求解器，如 FLUENT 5/6，这样，后续所设定的边界类型和区域类型将与所选求解器 FLUENT 5/6 要求的形式对应。注意：在 GAMBIT 2.2 及以上版本中，此步骤可以省略。

2. 指定边界类型

在操作面板中，单击(Zones)按钮，如图 8.44 所示；进入边界类型和区域类型设置面板，如图 8.45 所示。

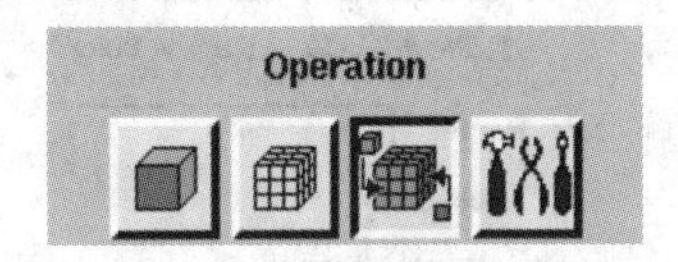

图 8.44　操作面板中边界类型和区域类型设置

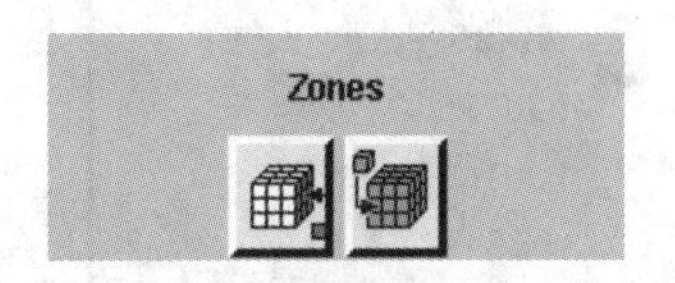

图 8.45　边界类型和区域类型设置面板

在边界类型和区域类型设置面板中，单击(Specify Boundary Types)按钮，打开 Specify Boundary Types 对话框，如图 8.46 所示。

首先，选中 Add 复选框，表示将要指定新的边界。接着，在 Name 栏中输入边界名称，在 Type 栏中选择边界类型，然后在 Entity 栏中选取实体边界。对于二维问题，实体边界为 Edges 列表框中的某条线；而对于三维问题，实体边界则为 Faces 列表框中的某个面。

对于边界类型，每一种求解器都提供多种类型的边界，比如 FLUENT 5/6 提供 WALL、PRESSURE_OUTLET、VELOCITY_INLET、SYMMETRY 等 20 多种边界类型，如图 8.47 所示。

一般情况下，各个边界的类型需要逐个指定，只有当多个边界的类型和边界值完全相同时才可以一起指定，否则在 FLUENT 中不能区分。如果没有被指定的边界，GAMBIT 默认为 WALL 类型。

3. 指定区域类型

许多求解器都提供 FLUID 和 SOLID 两种区域类型。因此，如果模型中包含多个区域，需要分别为每个区域指定类

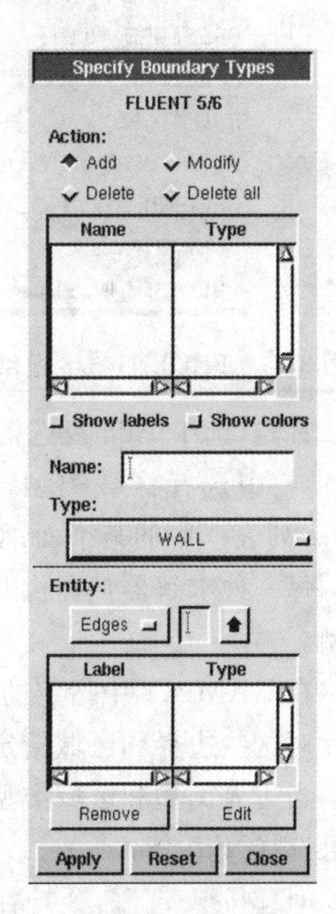

图 8.46　Specify Boundary Types 对话框

型。如果模型中只包含一个面或者一个体，则可以不进行区域指定，因为GAMBIT在输出网格文件时会自动给这个区域指定名称和类型。指定区域类型的过程与指定边界类型基本相同，下面具体介绍。

在操作面板中，单击(Zones)按钮(见图8.44)，进入边界类型和区域类型设置面板(见图8.45)。

在边界类型和区域类型设置面板中，单击(Specify Continuum Types)按钮，打开Specify Continuum Types对话框，如图8.48所示。

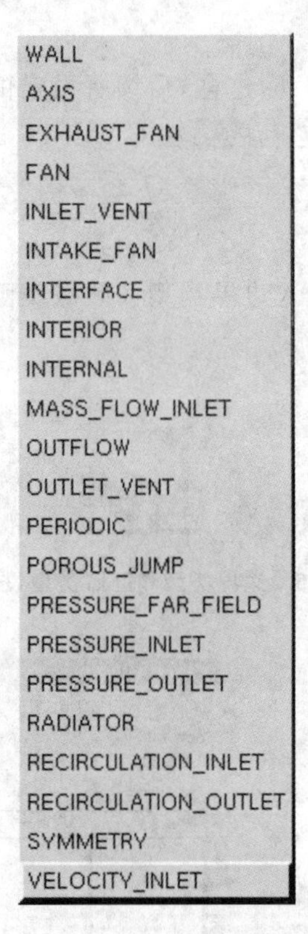

图8.47　FLUENT 5/6提供的边界类型

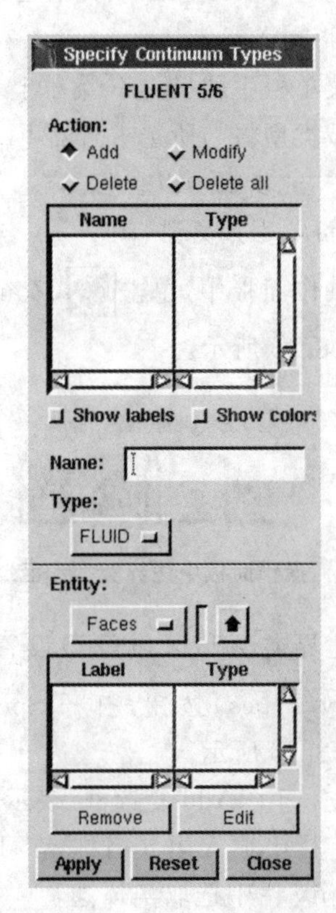

图8.48　Specify Continuum Types对话框

首先，选中Add复选框，表示将要指定新的区域。接着，在Name栏中输入区域名称，在Type栏中选择区域类型，然后在Entity栏中选取实体区域。对于二维问题，实体区域为Faces列表框中的某个面；而对于三维问题，实体区域则为Volumes列表框中的某个体。

每一种求解器都提供几种区域类型，比如FLUENT 5/6提供FLUID、SOLID两种区域类型。

在GAMBIT中指定的边界类型和区域类型，后续进入FLUENT求解器中，FLUENT还将针对这些边界和区域给定相应的边界条件。

当边界类型和区域类型均指定完毕，也就意味着CFD的前处理过程已经完成。这时，用户可选择“File/Save As...”命令，将带有边界信息的网格模型存盘(*.dbs)，或者选择“File/Export/Mesh...”命令，输出网格文件(*.msh)，供FLUENT求解器读取。

8.5　基于 GAMBIT 的二次开发

从前面可知,GAMBIT 可用于几何建模、网格划分及边界条件的设置。GAMBIT 具有一套比较成熟的日志文件系统,它与软件图形用户界面(GUI)中的各种命令紧密相连,可以记录软件图形用户界面处理问题的全过程。正因如此,日志文件也就成为 GAMBIT 软件的外部接口,如果通过外部程序对日志文件进行改写,那么可以对 GAMBIT 软件的操作进行有效控制,实现基于 GAMBIT 的二次开发。

8.5.1　日志文件的构建

GAMBIT 软件日志文件的扩展名为"*.jou",属于文本文件。文件内容为 GAMBIT 软件运行的各种命令,每条命令占一行。

日志文件的语法类似于 FORTRAN,具有 DO-ENDDO 循环语句、IF-ELSE-ENDIF 条件语句及宏语句等。

GAMBIT 软件执行日志文件的过程为:完整读取一个日志文件,对其编译,通过之后依次执行文件中的各条命令。

日志文件中包含的 GAMBIT 命令类型有以下几种。

(1) 文件操作:建立和导入模型文件,输出网格文件等。

(2) 几何建模:建立和修改几何模型等。

(3) 网格划分:为几何模型划分网格。

具体的 GAMBIT 命令详见帮助文档。

实际上,在使用 GAMBIT 软件时,软件会自动生成一个名为"*.jou"的日志文件。这个文件详细记录操作过程中的各种命令。如有需要,用户可以先手工操作 GAMBIT 软件,然后修改软件生成的日志文件,最终生成用户所需的日志文件。

下面列举几条典型的日志文件语句。

(1) 创建一个坐标为(0,0,0)的点:vertex create coordinates 0 0 0

(2) 创建一条由点 1 和点 2 构成的直线:edge create straight "vertex. 1" "vertex. 2"

(3) 创建一个由线 1、线 2 和线 3 构成的面:face create wireframe "edge. 1" "edge. 2" "edge. 3" real

(4) 创建一个由面 1、面线 2、面 3 和面 4 构成的体:volume create stitch "face. 1" "face. 2" "face. 3" "face. 4" real

(5) 划分面网格:face mesh tetrahedral size 1. 0

(6) 划分体网格:volume mesh tetrahedral size 1. 0

(7) 导入文件:import acis "D:\CFD\EXAMPLE\ *. dbs" ascii tolerant

(8) 输出文件:export fluent5/6 "D:\CFD\EXAMPLE\ *. msh"

8.5.2　日志文件的编写

日志文件的编程语言类似于 FORTRAN 语言,语句结束不需要特别符号,按下回车键即可;而语句需要换行继续时,则在该行最后加上符号"\"即可。

1. 日志文件中的变量

日志文件中的变量均在前面带标识符“$”,例如:

```
$radius_circle = 6
face create "face.1" circle radius $radius_circle
```

2. 日志文件中的条件语句

日志文件中的条件语句格式如下:

```
if cond (x)
  commands1
else
  commands2
endif
```

语句中,cond (x)是条件函数,括号内为条件,如$a . eq. 5。if cond (x)与endif间的语句是满足条件或者不满足条件而执行的语句集。现举例说明如下:

```
if cond ($a . gt. 5)
  volume create sphere radius ($a/2)
else
  volume create brick width 1 height 1 depth 1
endif
```

嵌套条件语句格式如下:

```
if cond (x1)
  commands1
else
  if cond (x2)
    commands2
  else
    if cond (x3)
      commands3
    else
      commands4
    endif
  endif
endif
```

3. 日志文件中的循环语句

日志文件中的循环语句格式如下:

```
do para "p" [init i] cond (x) [incr n]
  commands
enddo
```

语句中:para "p" 表示循环控制变量 p;[init i] 表示循环变量 p 的初始值;cond(x) 为循环条件(或循环终止条件);[incr n] 表示循环变量 p 循环一次的增量;commands 代表循环体。现举例说明如下:

```
do para "x" init 3 cond ( $ x . le. 5)
  volume creat brick width $ x height ( $ * 2. 5)
enddo
```

4. 日志文件中的宏

宏是日志文件中一种序列执行的语句体，宏的使用有助于提高效率。宏的命令有三种：macro start、macro end 和 macrorun。

macro start 表示宏的开始，其后跟随该宏的名字，如 macro start macro_name；macro end 表示宏的结束；macrorun 表示宏的执行，其后也跟随宏的名字，如 macrorun name macro_name，macro start 和 macro end 这两个命令间的语句体是宏执行的命令集合。现举例说明如下：

```
macro start "creat_elbow"
face creat "face. 1" circle radius 5
face move "face. 1" offset 10 0 0
volume creat revolve "face. 1" dangle 90 vector 0 1 0 \
origin 0 0 0
macro end
```

宏也可以带参数，如下例所示：

```
macro start "creat_elbow"
face creat "face. 1" circle radius $ c_radius
face move "face. 1" offset $ el_radius 0 0
volume creat revolve "face. 1" dangle $ angle vector 0 1 0 \
origin 0 0 0
macro end
$ c_radius=3
$ el_radius=7
$ angle=45
macrorun name "creat_elbow1"
```

5. 日志文件中的常用函数

日志文件中通常包括数学、字符串、系统、模型四大类型的常用函数，其中数学函数包括三角函数(如 sin、cos)和通用数学函数(如 abs、exp 等)，字符串函数有字符串赋值、比较等函数，系统函数包括当前工作目录名、取环境变量值等函数，模型函数包括取边长、取指定面面积、实体状态等函数。详细情况请参考 GAMBIT 的帮助文件。

8.5.3　GAMBIT 二次开发应用实例

GAMBIT 的二次开发主要包括 GAMBIT 的调用、参数化建模，以及参数化建模与 GAMBIT 的集成三个方面。现具体说明如下。

1. GAMBIT 的调用

对于 GAMBIT 的调用，通常可以利用外围软件实现，比如 VC、VB 等。现举例说明如下。根据用户输入的安装角和叶轮半径，对风机叶片的空间位置和几何形状进行变换，叶片变换的通用命令如下：

(1) import acis "PATH-MODEL" ascii

(2) volume move "volume. 1" offset 0 500 0

(3) volume move "volume. 1" dangle ROTATE-ANGEL vector 0 0 340 origin 0 500 0

(4) volume create height 2000 radius1 DIAMETER radius2 DIAMETER radius3 DIAMETER zaxis frustum

(5) volume split "volume. 1" volumes "volume. 2" connected

(6) volume delete "volume. 1" lowertopology

(7) export acis "EXPORT-MODEL" ascii sequencing version "6. 0"

上面每条变换命令的作用和需要替换的参数说明如下：

(1) 导入数据库中的叶片模型，在程序中需要动态替换的参数为 PATH-MODEL；

(2) 确定叶片安放的半径，需要在程序中动态替换的参数为 DIAMETER；

(3) 确定叶片安装角度，需要在程序中动态替换的参数为 DIAMETER，即叶片安放的半径(叶轮半径)，以及 ROTATE_ANGEL(叶片安装角)；

(4) 生成切除叶片的圆柱体，圆柱体半径即 DIAMETER，和上面的参数值相同；

(5) 切除叶片；

(6) 删除叶片多余的部分；

(7) 输出处理好的叶片体，在程序中需要动态替换的参数为 EXPORT-MODEL。

外围软件可根据用户输入的参数替换上述命令后，写成一个后缀为“. jou”的命令文件，存放在指定的路径下供调用。

利用 DOS 系统下的批处理命令，将 GAMBIT 的命令动态地写入一个批处理文件中，然后再用外围软件调用这个批处理文件，从而实现 GAMBIT 的调用。如果用户将工作路径定义为 D:\Temp，则批处理命令如下：

```
D:
cd D:\Temp
gambit -id Component_BLADE -new -inp Centrifugal-BLADE. jou
```

最后一条命令中的 Centrifugal-BLADE. jou 就是程序动态生成的叶片变换命令集文件，而 Component_BLADE 则为叶片变换任务的名称。

这样即可实现对 GAMBIT 的调用，叶片变换程序的流程如图 8. 49 所示。

2. 参数化建模

现代设计过程中最重要的问题之一就是减少研发费用和降低研发风险。因而设计-分析一体化的方法应运而生。在这种 CAD-CAE 的现代设计方法中，CFD 模拟分析的结果是否准确已经不再是重点关注的问题了。根据 1998 年的统计，在 CFD 软件普遍应用的美国，实体建模和网格划分要占据 CFD 分析中 80%的人工时间，而且专业性很强，这也就表明实体建模和网格划分成为 CAD-CAE 现代设计方法中的一个瓶颈。针对这个瓶颈，剑桥大学的 CFD 研究中心的 Dawes 教授等，曾提出提取模型不良几何参数和对模型进行修补等方法，但由于该方法针对所有的 CAD 模型来解决瓶颈问题，因而难度非常大，故实际中仍然依赖于许多实践经验。

由此设想：若针对某一种类型的研究对象，如某一种类型的离心风机、某一系列的轴流风机等，由于它们具有相同或相似的几何结构特征，如果针对它们的 CAD 模型来解决瓶颈问

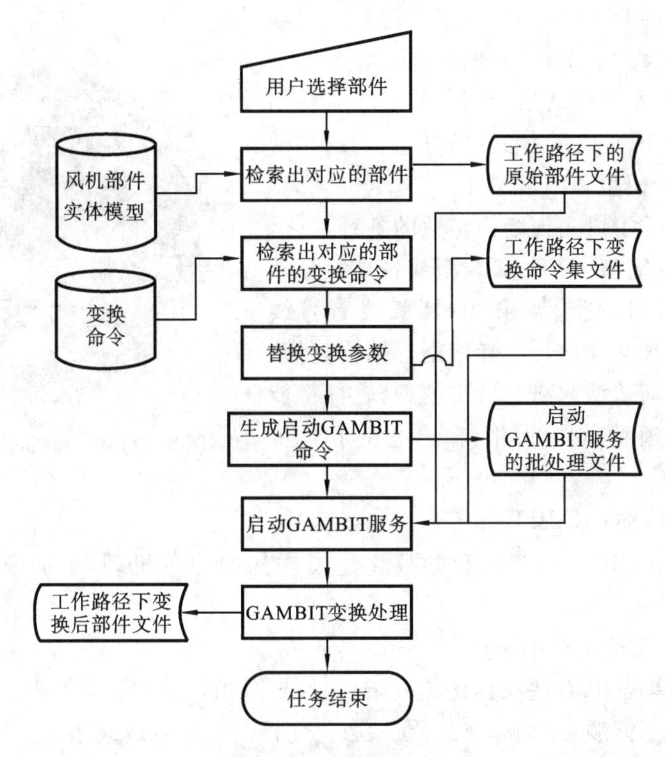

图 8.49　叶片变换程序流程

题，那么要简单很多。

由于可以利用外围软件实现 GAMBIT 的调用，因此，针对某种特定研究对象，通过外围软件编程，开发相关参数化建模软件，从界面输入研究对象的主要结构参数，并调用 GAMBIT，实现建模参数化，以节约人工时间。

下面以离心风机参数化建模为例，进行说明。

运行参数化建模软件，首先，从界面输入或从数据文件中读取离心风机各结构参数。

接着，生成 GAMBIT 执行的建模语句。例如，叶片建模语句

```
volume cmove "volume.1" multiple ($yepian_count-1) dangle (360/$yepian_count)
vector 0 0 1 origin 0 0 0
```

其中，$yepian_count 为一个变量，表示叶片数目，其实际值由从界面获取的参数决定。

当几何建模完成后，还可进行网格划分。例如，网格划分语句

```
$mesh_begin=1
do para "$mesh_begin" init 1 cond($mesh_begin.le.$yepian_count) incr 1
$create_new_name="LD-"+NTOS($mesh_begin)
volume mesh $create_new_name tetrahedral size $mesh_impeller_size
enddo
```

其中，$mesh_impeller_size 为一个变量，表示叶轮的网格尺寸，其实际值由从界面获取的参数决定。

最后，可输出适用于 CFD 软件的模型和网格文件。采用参数化建模的离心风机如图 8.50 所示。

采用离心风机参数化建模软件，整个建模过程除了需要输入结构参数外，不再需要进行任何人工干预。当输入各种结构参数之后，外围软件自动调用GAMBIT，由GAMBIT执行参数化软件生成的建模语句，直到输出一个模型和网格文件。

参数化建模软件可以实现结构参数的各种变化，包括改变各种叶型（翼型、板型、弧线型或各种组合），增加或减少叶片数目，变轮盖形式（圆弧或者直线型），还可以完成各种叶片加长或者切割等结构建模。只要是符合实际几何造型的离心风机模型，软件都能快速而准确地建立模型，划分网格，输出适用于CFD软件的网格文件。

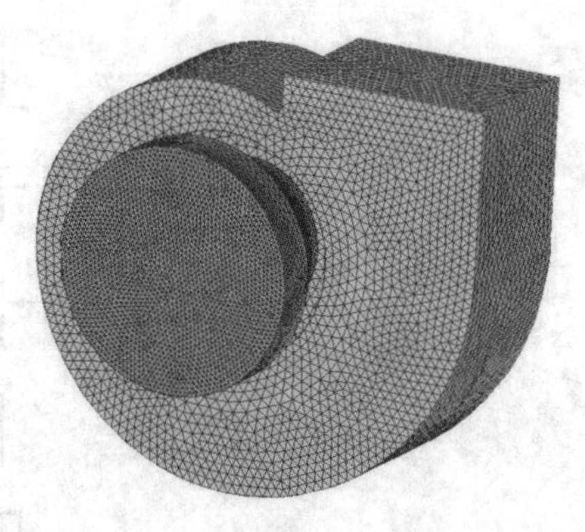

图8.50 离心风机实体模型和网格

3. 参数化建模与GAMBIT的集成

前面讨论了GAMBIT的调用和参数化建模软件的简单机理，下面介绍参数化建模与GAMBIT的集成方法。

1）利用几何关系确定点的坐标

在GAMBIT建模中，有些操作比较复杂，比如导圆角，它与具体模型相关，关键在于进行布尔操作时有可能不能顺利生成，因此，在参数化建模时有些点或线未必正确，很多情况下，需要利用几何关系来确定这些点的坐标值。下面给出确定导角圆心点坐标的参数化建模程序。

```
$X_TEMP=$jinqikou_net_Diameter/2+$jinqikou_net_radium+$houdu_of_jinkou
$Y_TEMP=0
$Z_TEMP=sqrt(pow($jinqikou_net_radium,2)-pow(($jinqikou_net_Diameter/2+
    $jinqikou_net_radium-$jinqikou_outlet_Diameter/2),2))+($yelun_height-
    $length_of_jinqikou_into_yelun_at_Z_direction)
$Z_SAVE=$Z_TEMP
vertex create "jinkou_point_center_of_daojiao" coordinates $X_TEMP $Y_TEMP $Z
_TEMP
```

2）元素定位查询技术

在参数化建模中，有时需要对某些元素进行操作，但不知道其名称，GAMBIT中提供一些定位点、线、面、体的函数，来查询某些特殊点、线、面、体的名称。

例如，在离心风机建模中需要切割叶片间的流道，要获得切割面，首先要知道母线名称，这可根据已知的坐标，运用GAMBIT中的定位函数来查询，例如：

```
$GET_NAME=LOC2ENT(t_eg,10,20,30)
```

它表示获得靠近坐标点(10,20,30)最近的线的名称，比如$GET_NAME得到线名称为"edge.59"。线、面、体等其他元素的定位类似，只是参数化时需要注意定位的准确性。

另外，GAMBIT中的LISTENTITY(return_type,filter_type,filter_name)函数也可以帮助定位一些重要元素。它通常需要给定三个参数，第一个参数为需要查询的元素类型（点、线、面、体），第二个参数为辅助查询的元素类型（点、线、面），第三个参数为辅助查询的元素名称，返回值为一数组，代表包含辅助查询元素的所有高级元素集合，利用该集合和一定的逻辑判断就能实现元素定位查询。

下面以扩压器流道名称的定位查询为例,来具体说明该技术的应用:

```
//列出所有包含面"face_2_split_woke_into_liudao"的体
$Xkuoyaqi_end=LISTENTITY(t_vo, t_fa, "face_2_split_woke_into_liudao")
//模型中存在两个实体的关联,需要去除蜗壳,剩下的即为扩压器
if cond($Xkuoyaqi_end[1].eq. $showname_woke_end)
$showname_kuoyaqi_end=$Xkuoyaqi_end[2]
else
$showname_kuoyaqi_end=$Xkuoyaqi_end[1]
endif
```

3) 日志简化技术

GAMBIT 中的日志文件是参数化建模的基础,通常在完成模型建立之后,除需要对日志进行整理之外,还需要对日志进行简化。灵活运用 GAMBIT 中的 DO-ENDDO、IF-ELSE-ENDIF 等基本语法,有助于日志文件的简化。

下面以模型中叶片复制为例,来具体说明该技术的应用。

由于叶片实体名称由 GAMBIT 内部定义,外界无法控制,灵活运用 DO-ENDDO 循环,可修改所生成的体名称,例如:

```
//复制
$save_volume_id=LASTID(t_vo)
volume cmove "volume.1" multiple 11 dangle 30 vector 0 0 1 origin 0 0 0
$modify_begin=1
do para "$modify_begin" init 0 cond($modify_begin.le.11) incr 1
$create_new_name="volume_yepian_"+NTOS($modify_begin)
$save_volume_name="volume."+NTOS($save_volume_id+$modify_begin)
volume modify $save_volume_name label $create_new_name
enddo
```

这样,有利于后面建模中对叶片的布尔操作(切割和删除)。

```
$save_face_last_generate_id=lastid(t_fa)
$save_face_to_copy_to_split_yepian_name="face."+ntos($save_face_last_generate_id-5)
face copy $save_face_to_copy_to_split_yepian_name
$save_copy_face_id=lastid(t_fa)
$get_copied_face_name="face."+ntos($save_copy_face_id)
$split_and_delete_yepian_begin=0
$split_and_delete_yepian_name="  "
do para "$split_and_delete_yepian_begin" init 0
cond($split_and_delete_yepian_begin.le.11) incr 1
$split_and_delete_yepian_name="volume_yepian_"+ntos($split_and_delete_yepian_begin)
volume split $split_and_delete_yepian_name faces $get_copied_face_name
disconnected keeptool
```

```
$ save_split_yepian_id=lastid(t_vo)
$ get_split_yepian_name="volume."+ntos($ save_split_yepian_id)
volume delete $ split_and_delete_yepian_name lowertopology
volume modify $ get_split_yepian_name label $ split_and_delete_yepian_name
enddo
```

其中，用 lastid( )函数来获取最后生成元素的 ID 号，再用 ntos( )函数将之强制转换成数字型，这样既可以节省 *.jou 文件的篇幅，又可以减少参数化时的操作出错。

4) 参数智能修改技术

要实现参数化建模与 GAMBIT 的紧密集成，仅做到上面三点还不够。每次打开 *.jou 文件对参数值进行修改，显得过于麻烦。因此，针对参数化建模，还需要用外围软件编写程序，与 GAMBIT 中的 *.jou 文件有机地结合起来，做到通过外围程序界面，输入参数初始值或修改值，来更新 *.jou 文件中的参数值进行建模，实现参数化建模与 GAMBIT 的紧密集成。图 8.51 所示为空调用贯流风机参数化建模的程序界面。

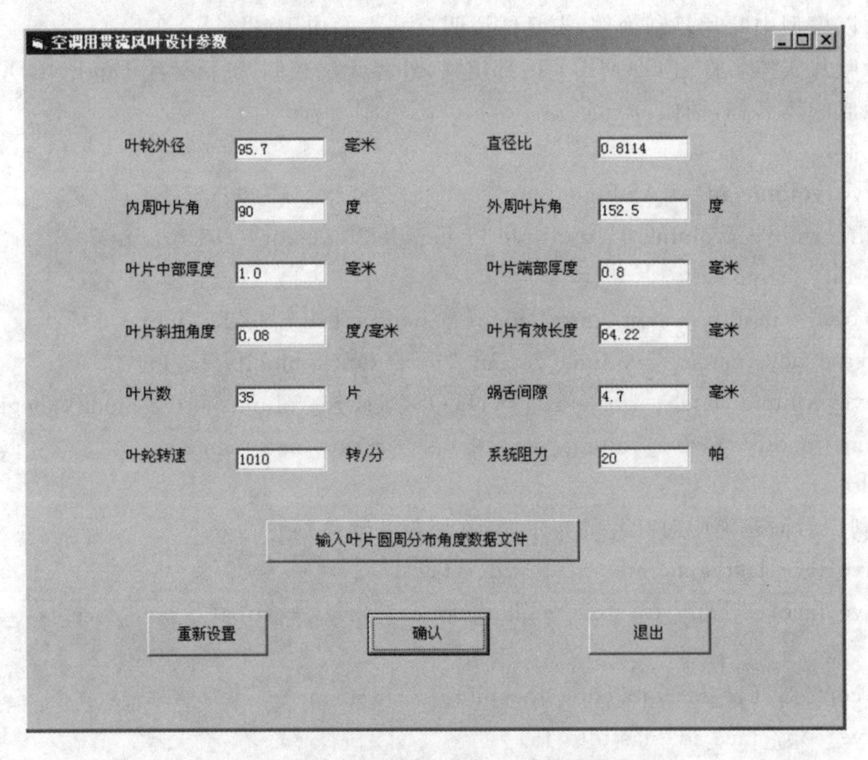

图 8.51 空调用贯流风机参数化建模的程序界面

8.6 GAMBIT 应用实例

下面分别从二维模型和三维模型两个方面来介绍 GAMBIT 的应用。

8.6.1 二维模型

二维模型的获得通常有两条途径：一种为直接在 GAMBIT 中创建，另一种为从 CAD 软件中导入。下面分别对这两种方法予以介绍。

方法一　直接在 GAMBIT 中创建

对于直接在 GAMBIT 中创建二维模型的方法，简单地说，遵循“自下而上”的原则，即由点到线、由线到面。下面以三角翼外部绕流为例进行介绍。

问题描述：空气自无穷远以马赫数 0.9 和攻角 5°绕流三角翼，三角翼的形状、尺寸如图 8.52 所示（单位：mm）。研究空气绕流此三角翼的流动情况。

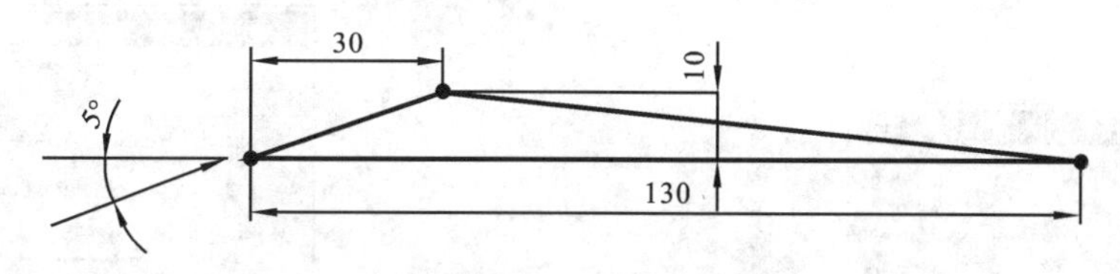

图 8.52　三角翼绕流示意图

根据已知条件，设置三角翼外部绕流区域：*X* 方向为 −10～30，*Y* 方向为 −5～10，如图 8.53 所示。

图 8.53 中各点坐标分别为：*A*(−10，−5)、*B*(−10，0)、*C*(−10，10)、*D*(0，10)、*E*(20，10)、*F*(20，0)、*G*(20，−5)、*H*(−3，0)、*I*(0，1)、*J*(10，0)。

接下来，直接在 GAMBIT 中对三角翼外部绕流进行建模和网格划分，具体过程如下。

1. 创建点

单击操作面板中的 (Geometry) 按钮，进入几何体面板；单击几何体面板中的 (Vertex) 按钮，进入点面板；单击点面板中的 (Create Real Vertex) 按钮，打开 Create Real Vertex 对话框，如图 8.54 所示。

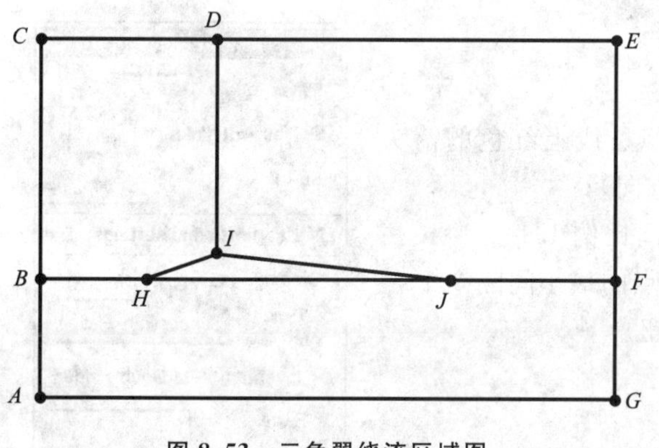

图 8.53　三角翼绕流区域图

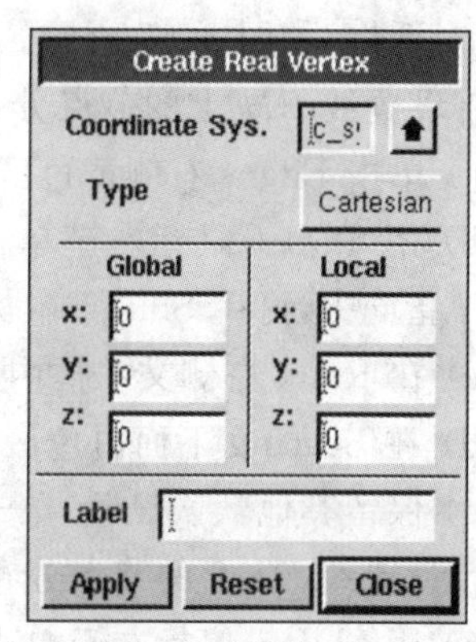

图 8.54　Create Real Vertex 对话框

根据已知的点坐标，依次创建 *A*～*J* 各点。

2. 创建线

单击操作面板中的 (Geometry) 按钮，进入几何体面板；单击几何体面板中的 (Edge) 按钮，进入线面板；单击线面板中的 (Create Straight Edge) 按钮，打开 Create Straight Edge 对话框，如图 8.55 所示。

根据已创建好的 *A*、*B*、*C*、*D*、*E*、*F*、*G*、*H*、*I*、*J* 各点，分别创建由各节点连接而成的直线：*AB*、*BC*、*CD*、*DE*、*EF*、*FG*、*GA*、*HI*、*IJ*、*JH*、*BH*、*DI*、*FJ*。

3. 创建面

单击操作面板中的(Geometry)按钮，进入几何体面板；单击几何体面板中的(Face)按钮，进入面面板；单击面面板中的(Create Face From Wireframe)按钮，打开Create Face From Wireframe对话框，如图8.56所示。

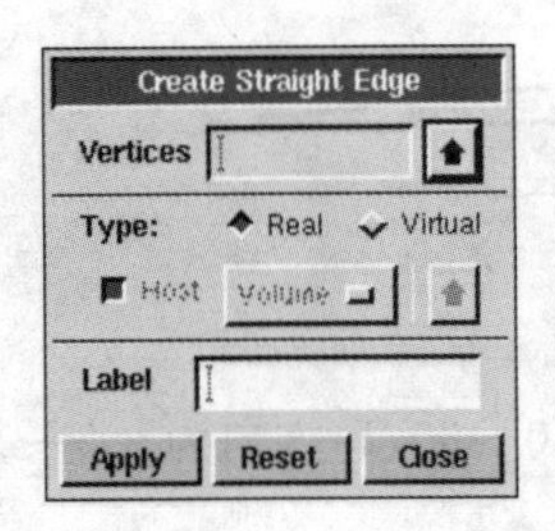

图8.55 Create Straight Edge对话框

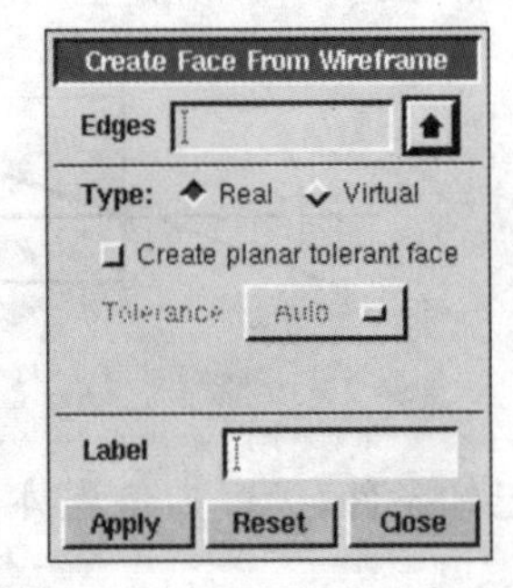

图8.56 Create Face From Wireframe对话框

分别创建由BC、CD、DI、IH、HB组成的面face.1，由DE、EF、FJ、JI、ID组成的面face.2，以及由AB、BH、HJ、JF、FG、GA组成的面face.3。

4. 划分网格

(1) 划分由BC、CD、DI、IH、HB组成的面face.1上的网格。

单击操作面板中的(Mesh)按钮，进入网格划分面板；单击网格划分面板中(Edge)按钮，进入线网格划分面板；单击线网格划分面板中的(Mesh Edges)按钮，打开Mesh Edges对话框，如图8.57所示。

① 设置线BH上的节点分布：

(a) 单击Edges右侧黄色区域；

(b) 用Shift+鼠标左键单击线BH(注意：线上红色的箭头应由H指向B，可用Shift+鼠标中键改变方向)；

(c) 在Ratio右侧文本框内填入节点距离比例1.1；

(d) 在Spacing下面白色区域内填入节点的最小间隔0.1；

(e) 保留其他默认设置，单击Apply按钮。

② 设置线DI上的节点分布：

(a) 用Shift+鼠标左键单击线DI；

(b) 在Ratio右侧文本框内填入节点距离比例1.1；

(c) 在Spacing下面白色区域内填入节点的最小间隔0.1；

(d) 单击Apply按钮。

③ 设置线HI上的节点分布：

(a) 用Shift+鼠标左键单击线HI；

(b) 在Ratio右侧文本框内填入节点距离比例1；

(c) 在Spacing下面白色区域内填入节点的最小间隔0.1；

(d) 单击Apply按钮。

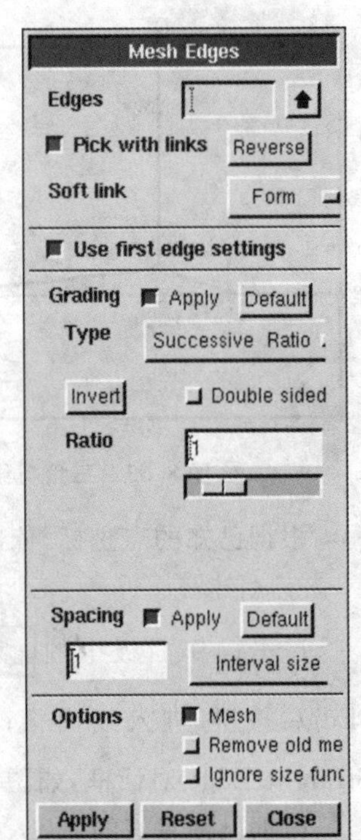

图8.57 Mesh Edges对话框

单击操作面板中的(Mesh)按钮，进入网格划分面板；单击网格划分面板中(Face)按钮，进入面网格划分面板；单击面网格划分面板中的(Mesh Faces)按钮，打开 Mesh Faces 对话框，如图 8.58 所示。

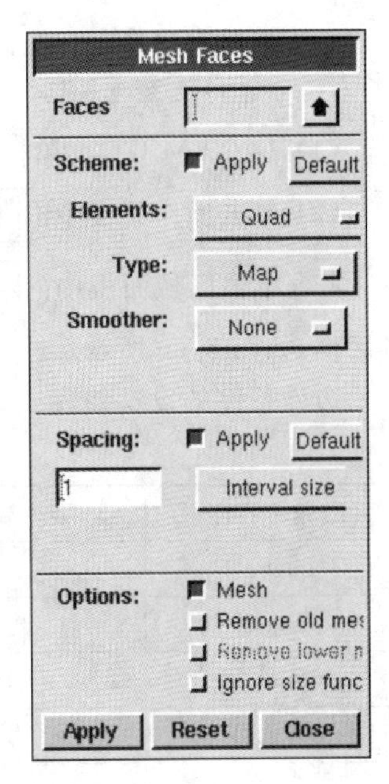

图 8.58　Mesh Faces 对话框

划分面 face.1 上的网格：

① 单击 Faces 右侧的黄色区域；

② 用 Shift＋鼠标左键选择面 face.1；

③ 保留其他默认设置，单击 Apply 按钮。

(2) 划分由 DE、EF、FJ、JI、ID 组成的面 face.2 上的网格。

① 设置线 IJ 上的节点分布。

操作与上面所述步骤相同，打开 Mesh Edges 对话框，在 Edges 项用 Shift＋鼠标左键选择线 IJ。在 Ratio 项填入 1，在 Spacing 项填入 0.1，单击 Apply 按钮。

② 设置线 JF 上的节点分布。

操作与上面所述步骤相同，打开 Mesh Edges 对话框，在 Edges 项用 Shift＋鼠标左键选择线 JF。在 Ratio 项填入 1，在 Spacing 项填入 0.1，单击 Apply 按钮。

③ 划分面 face.2 上的网格。

操作与上面所述的步骤相同，打开 Mesh Faces 对话框，在 Faces 项用 Shift＋鼠标左键选择面 face.2，单击 Apply 按钮。

(3) 划分由 AB、BH、HJ、JF、FG、GA 组成的面 face.3 上的网格。

① 设置线 AB 上的节点分布。

打开 Mesh Edges 对话框，在 Edges 项用 Shift＋鼠标左键选择线 AB。在 Ratio 项填入 1.1，在 Spacing 项填入 0.1，单击 Apply 按钮。

② 设置线 HJ 上的节点分布。

打开 Mesh Edges 对话框，在 Edges 项用 Shift＋鼠标左键选择线 HJ。在 Ratio 项填入 1，在 Spacing 项填入 0.1，单击 Apply 按钮。

③ 打开 Mesh Faces 对话框，在 Faces 项用 Shift＋鼠标左键选择面 face.3，单击 Apply 按钮。

最终所划分的网格如图 8.59 所示。

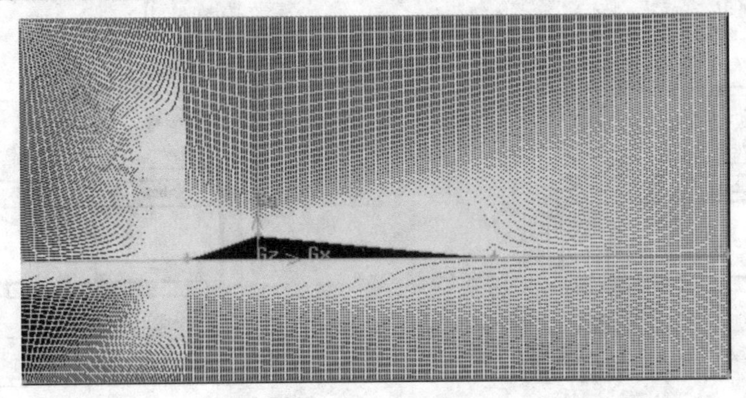

图 8.59　划分的网格

(4) 关闭网格显示。

5. 设置边界条件

(1) 在 GAMBIT 菜单栏 Solver 中，选择求解器为 FLUENT5/6。

(2) 单击操作面板中的(Zones)按钮，进入区域面板。

(3) 单击区域面板中的(Specify Boundary Types)按钮，打开 Specify Boundary Types 对话框，如图 8.60 所示。

边界条件的设置如表 8.8 所示。

表 8.8　边界条件的设置

边界的名称	边界的类型	构成边界的线
inlet-1	VELOCITY-INLET	*AB*、*BC*
inlet-2	VELOCITY-INLET	*AG*
outlet-1	PRESSURE-OUTLET	*CD*、*DE*
outlet-2	PRESSURE-OUTLET	*EF*、*FG*
wall-1	WALL	*HI*、*IJ*
wall-2	WALL	*HJ*

(4) 单击区域面板中的(Specify Continuum Types)按钮，打开 Specify Continuum Types 对话框，如图 8.61 所示。

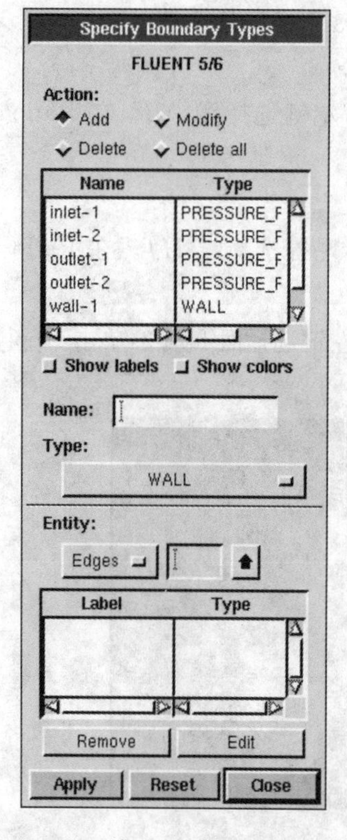

图 8.60　Specify Boundary Types 对话框

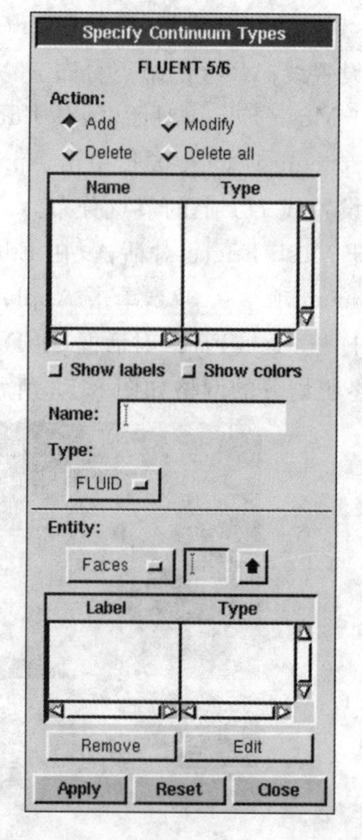

图 8.61　Specify Continuum Types 对话框

将 face. 1 区域、face. 2 区域、face. 3 区域定义为 FLUID 类型。

6. 输出网格文件

在 GAMBIT 菜单栏中，选择“File/Export/Mesh...”命令，打开 Export Mesh File 对话框，输入文件名，选中 Export 2-D(X-Y)Mesh 复选框，单击 Accept 按钮，即可完成网格文件的输出，如图 8.62 所示。

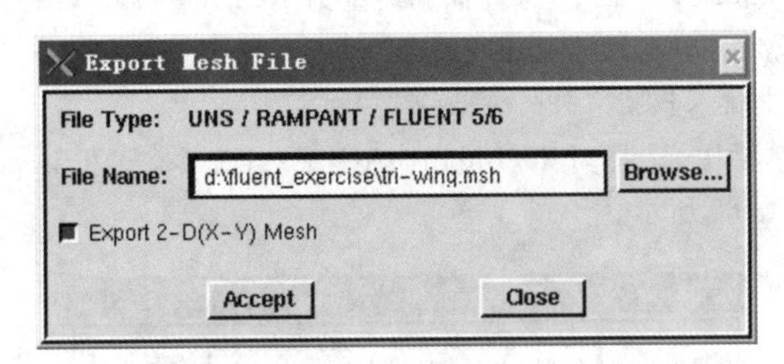

图 8.62　Export Mesh File 对话框

方法二　从 CAD 软件中导入

下面以二维轴对称维多辛斯基曲线喷嘴为例，介绍从 CAD 软件中导入模型的方法。

图 8.63 为维多辛斯基曲线喷嘴示意图，图中的维多辛斯基曲线虽然在 GAMBIT 中也能创建，但曲线的光滑效果不如 CAD 软件中绘制的好。因此在遇到复杂几何体时，可以考虑在 CAD 软件中绘制部分图形，然后导入 GAMBIT，并在 GAMBIT 中进行组装。具体过程如下。

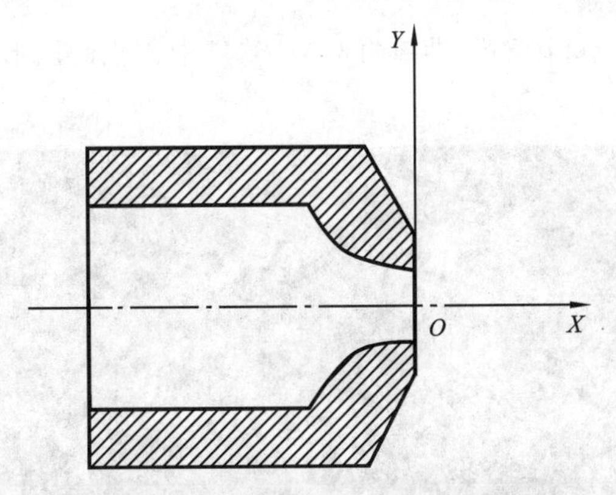

图 8.63　维多辛斯基曲线喷嘴示意图

1. 在 CAD 软件中创建维多辛斯基曲线

(1) 利用 pline 命令将维多辛斯基曲线上的各点坐标连成一条折线。

(2) 利用 pedit 命令使折线光滑。

(3) 创建其他轮廓线，如图 8.64 所示。

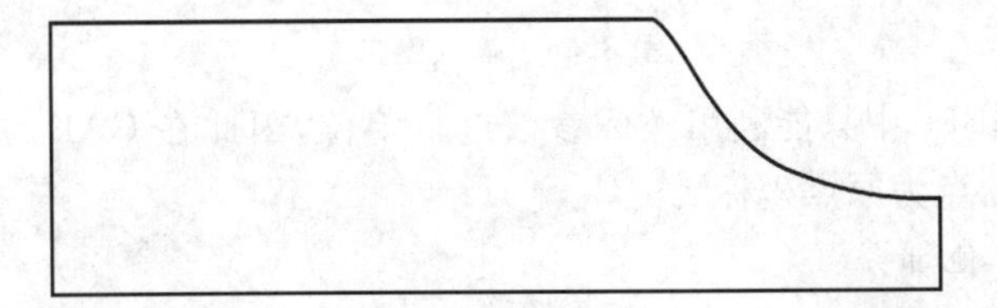

图 8.64　CAD 中创建的维多辛斯基曲线喷嘴轮廓线

2. 输出 ACIS 类型的模型文件(＊.sat)

对于二维模型,若要输出为＊.sat 文件,则模型必须为 region 图形。

(1) 输入 region 命令,或在命令面板中单击 。

(2) 选择喷嘴轮廓线,单击鼠标右键或回车。

(3) 选择“File/Export...”命令,选择保存类型为 ACIS(＊.sat),输入文件名为 jet.sat。

(4) 选择喷嘴轮廓线,单击鼠标右键或回车。

3. 在 GAMBIT 中输入模型文件(＊.sat)

在 GAMBIT 菜单栏中,选择“File/Import/ACIS...”命令,打开 Import ACIS File 对话框,输入文件名,如图 8.65 所示。

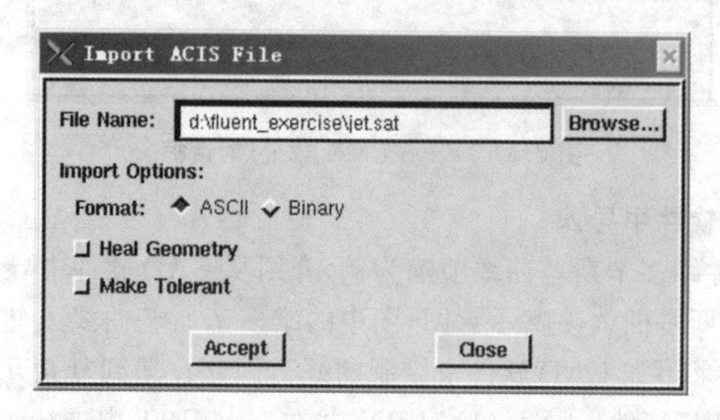

图 8.65　Import ACIS File 对话框

在图 8.65 中,单击 Accept 按钮,即可将 CAD 软件中创建的图形输入 GAMBIT 中,结果如图 8.66 所示。

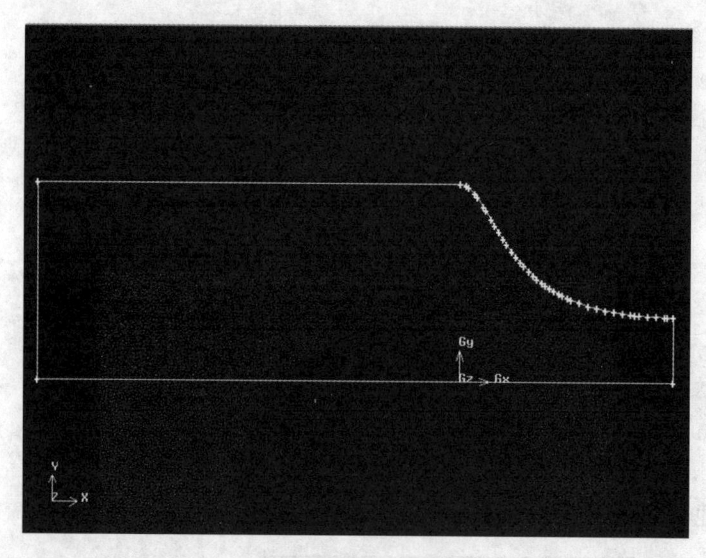

图 8.66　输入图形

注意:由于 GAMBIT 中只能利用坐标参数进行定位,因此在 CAD 软件中创建图形时要注意选好坐标(如起始点为原点坐标)。

4. 创建模型的其他部分

如图 8.67 所示,创建模型的其他部分。创建喷嘴的外流场,由 7 段边线构成 1 个面,计算域为 20D×5D。

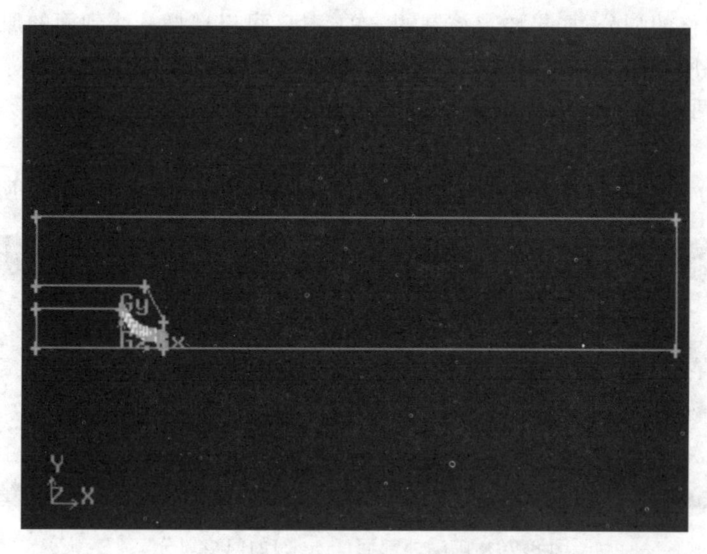

图 8.67　二维轴对称喷嘴计算域

5. 划分网格

(1) 喷嘴内部的面(face.1),定义网格数为 80×50,网格单元类型为 Quad,网格划分方法为 Map,结果如图 8.68 所示。

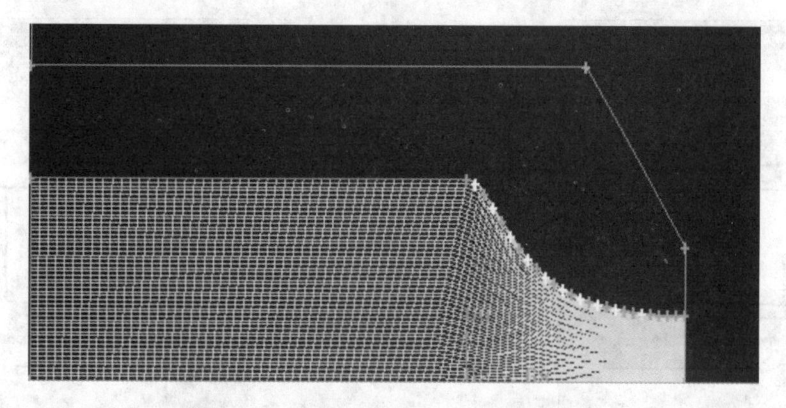

图 8.68　喷嘴内部面(face.1)的网格划分

(2) 喷嘴外部的面(face.2),定义轴线上网格节点为 240 个,定义喷嘴外轮廓线的网格节点数 80,如图 8.69 所示。

图 8.69　喷嘴外部面(face.2)边线上的网格节点

注意：对于网格的划分，如果要求控制网格的密度，可以遵循从线到面的原则，但是对于多边形区域，不能将所有边的网格节点都定死，必须有一些边不定义网格。如对于四边形区域，一般只定义相邻两个边的网格。至于多边形区域怎样定义边上的网格，必须在实践中不断尝试。

(3) 网格划分方法采用Submap，划分喷嘴外部的面(face.2)，如图8.70所示。

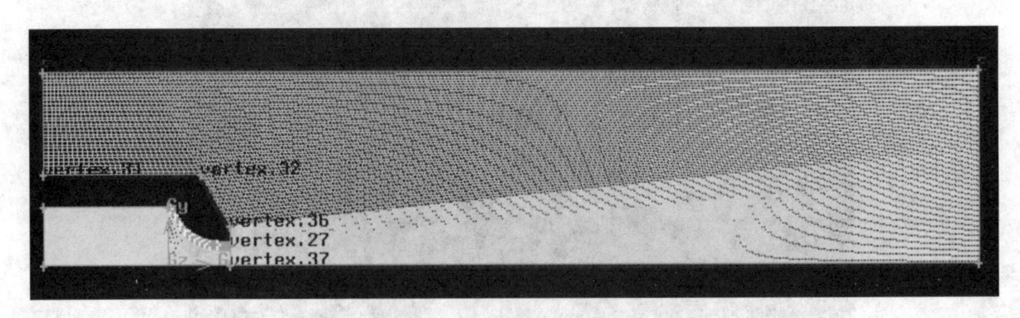

图8.70　喷嘴外部面(face.2)的网格划分

6. 设置边界条件

(1) 选择“Solver/FLUENT 5/6”命令。

(2) 单击按钮，打开Specify Boundary Types对话框，指定边界类型，如图8.71所示。

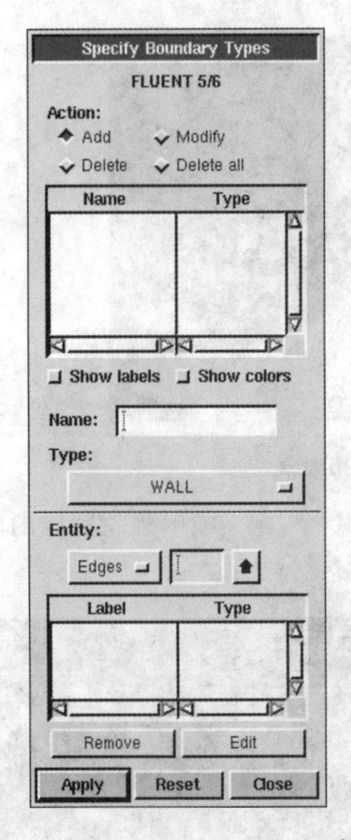

图8.71　Specify Boundary Types **对话框**

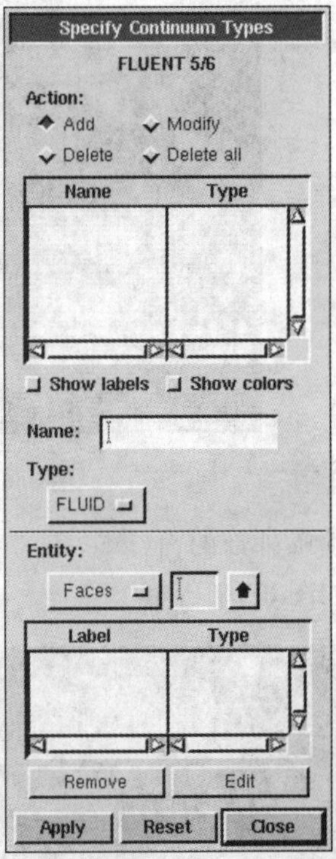

图8.72　Specify Continuum Types **对话框**

(3) 单击按钮，打开Specify Continuum Types对话框，指定区域类型，如图8.72所示。

将face.1区域和face.2区域定义为FLUID类型。

注意:对于一个复杂的几何体,在网格划分时通常需要将其划分为多个区域,然后将这些区域定义成同一类型,这样不同区域间边界上的网格将被默认为内部网格节点。

7. 输出网格文件(*.msh)

在 GAMBIT 菜单栏中,选择“File/Export/Mesh...”命令,打开 Export Mesh File 对话框,输入文件名,选中 Export 2-D(X-Y)Mesh 复选框,单击 Accept 按钮,即可完成网格文件的输出,如图 8.73 所示。

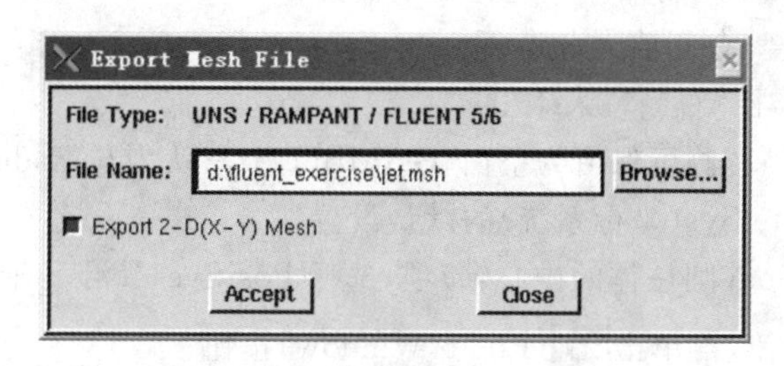

图 8.73 Export Mesh File 对话框

8.6.2 三维模型

三维建模的方法与二维类似,同样可以直接在 GAMBIT 中创建,也可以从 CAD 软件中导入。下面分别对这两种方法予以介绍。

方法一 直接在 GAMBIT 中创建

对于直接在 GAMBIT 中创建三维模型的方法,同样遵循“自下而上”的原则,即由点到线、由线到面、由面到体。但要注意的是,三维几何体的组成,并不是简单的多个三维基本几何体的堆砌,而是需要通过布尔运算获得。布尔运算后的几何体为一个整体,其网格的划分相对二维网格划分要困难一些,下面以冷、热水混合器为例对三维建模及网格划分进行介绍。

问题描述:冷水和热水分别自混合器两侧沿水平切线方向流入,在容器内混合后经过下部渐缩通道流入等径的出流管,最后流入大气,混合器如图 8.74 所示。

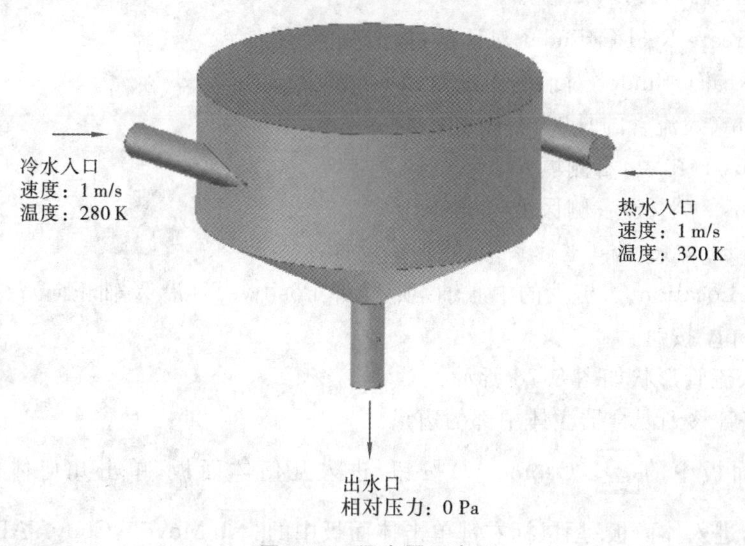

图 8.74 混合器示意图

接下来,直接在 GAMBIT 中对冷、热水混合器进行建模和网格划分,具体过程如下。

1. 创建混合器主体

单击操作面板中的 (Geometry)按钮，进入几何体面板；单击几何体面板中的 (Volume)按钮，进入体面板；用鼠标右键单击体面板中的 (Create Volume)按钮，选择 Cylinder (Create Real Cylinder)，打开 Create Real Cylinder 对话框，如图 8.75 所示。

在 Create Real Cylinder 对话框中进行如下设置：

(1) 在 Height(高度)右侧填入 8；

(2) 在 Radius 1(半径)右侧填入 10；

(3) Radius 2(半径)右侧可保留为空白，GAMBIT 会默认为与 Radius 1 的值相同；

(4) 保留 Coordinate Sys(坐标系统)的默认设置；

(5) 在 Axis Location(圆柱体的中心轴)项，选择 Positive Z(沿 Z 轴正向)；

(6) 单击 Apply 按钮，再单击 (Fit to Window)按钮。

所创建的混合器主体如图 8.76 所示。

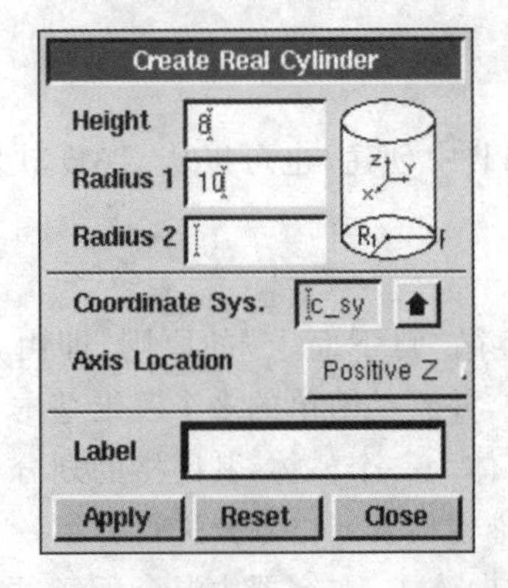

图 8.75　Create Real Cylinder 对话框

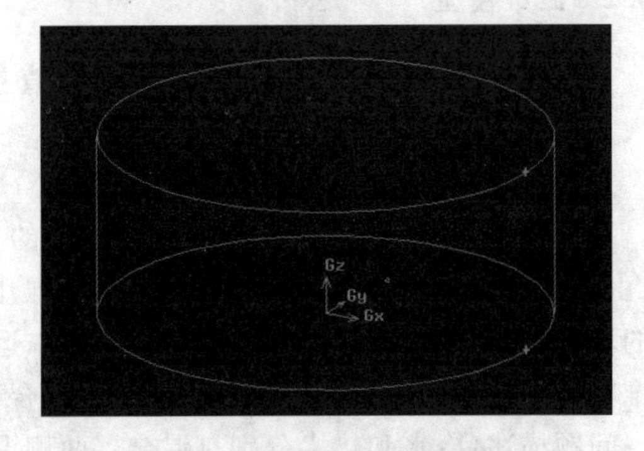

图 8.76　创建的混合器主体

2. 创建混合器的切向入流管

(1) 打开 Create Real Cylinder 对话框，如图 8.77 所示。

在 Create Real Cylinder 对话框中进行如下设置：

① 在 Height(入流管的长度)右侧填入 10；

② 在 Radius 1(半径)右侧填入 1；

③ 在 Radius 2(半径)右侧保留为空白；

④ 保留 Coordinate Sys(坐标系统)的默认设置；

⑤ 在 Axis Location(入流管的中心轴)项，选择 Positive X(沿 X 轴正向)；

⑥ 单击 Apply 按钮。

所创建的入流管形状如图 8.78 所示。

(2) 将入流管移到混合器主体中部的边缘。

单击操作面板中的 (Geometry)按钮，进入几何体面板；单击几何体面板中的 (Volume)按钮，进入体面板；用鼠标右键单击体面板中的 (Move / Copy/ Align Volumes)按钮，选择 Move/Copy (Move / Copy Volumes)，打开 Move / Copy Volumes 对话框，如图

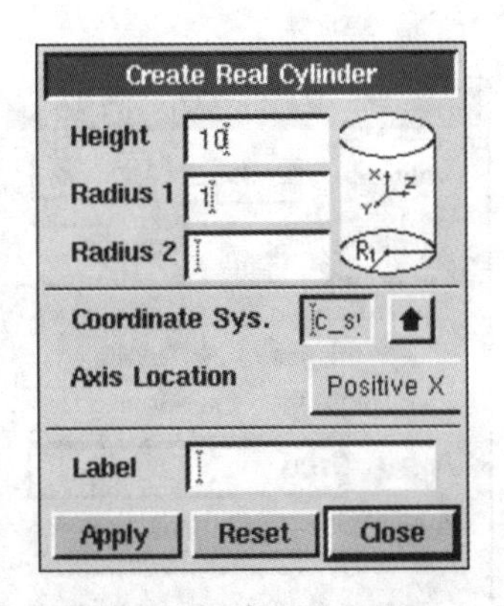

图 8.77 Create Real Cylinder 对话框

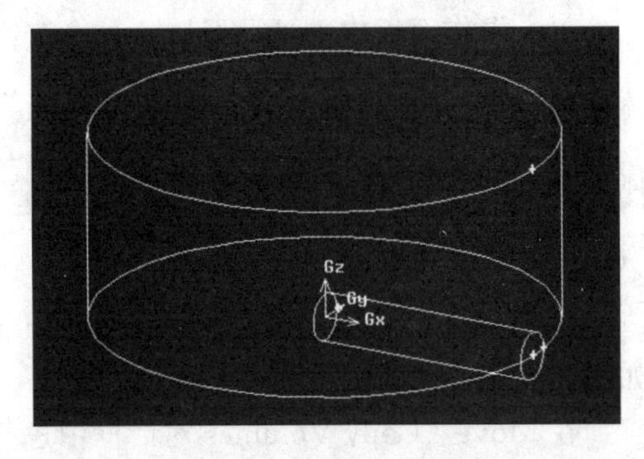

图 8.78 创建的入流管

8.79 所示。

在 Move / Copy Volumes 对话框中进行如下设置：

① 在 Volumes 项，选择 Move，并单击右侧黄色区域；

② 用 Shift+鼠标左键单击组成入流小管的边线，此时小管变成了红色；

③ 在 Operation 项下，选择 Translate；

④ 在 Type(坐标类型)右侧下拉列表中选择 Cartesian(笛卡儿)坐标；

⑤ 在 Global(位移量)项，输入 x:0，y:9，z:4(注意：GAMBIT 会自动地在 Local 项填入相应的数字)；

⑥ 单击 Apply 按钮。

此时两个圆柱体的位置如图 8.80 所示。其中，小圆柱体(小管)已经移动到大圆柱体的边缘上。

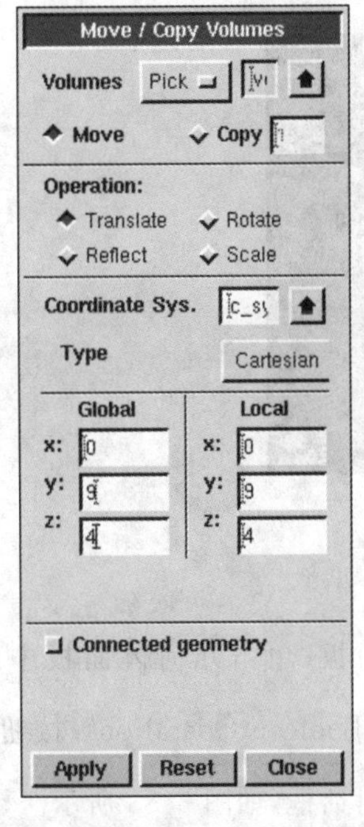

图 8.79 Move / Copy Volumes 对话框

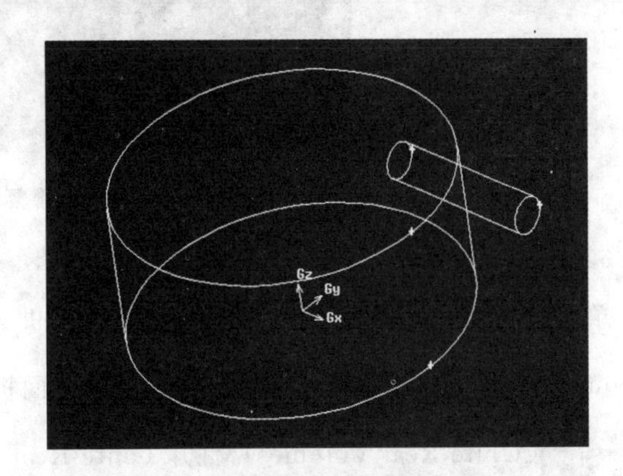

图 8.80 将小管移到大圆柱体的边缘上

(3) 复制小管,并绕 Z 轴旋转180°。

单击操作面板中的 (Geometry)按钮,进入几何体面板;单击几何体面板中的 (Volume)按钮,进入体面板;用鼠标右键单击体面板中的 (Move / Copy/ Align Volumes)按钮,选择 Move/Copy (Move / Copy Volumes),打开 Move / Copy Volumes 对话框,如图8.81所示。

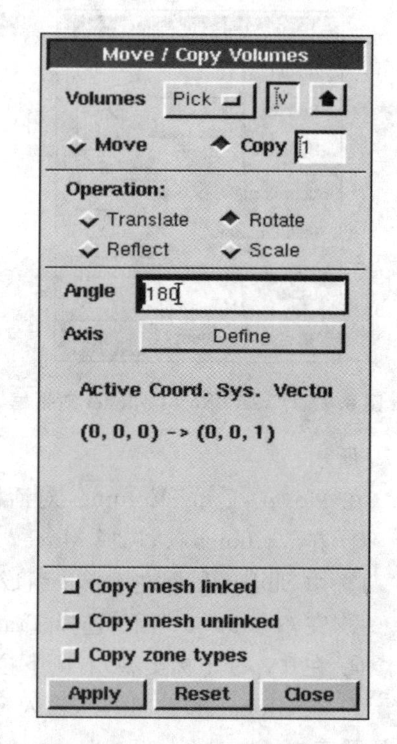

图8.81　Move / Copy Volumes 对话框

在 Move / Copy Volumes 对话框中进行如下设置:

① 在 Volumes 项,选择 Copy,并单击右侧黄色区域;

② 用 Shift+鼠标左键单击组成入流小管的边线,此时小管变成红色;

③ 在 Operation 项,选择 Rotate;

④ 在 Angle(旋转角度)右侧填入180;

⑤ 在 Axis 项,注意到:Active Coord. Sys. Vector (0,0,0)->(0,0,1),这表明当前的旋转轴方向为 Z 轴,保留这一设置(注意:单击 Axis 右侧的 Define,可自定义旋转轴方向);

⑥ 单击 Apply 按钮。

此时在大圆柱体的另一边已经复制了一个小圆柱体(小管),三个圆柱体的位置如图8.82所示。

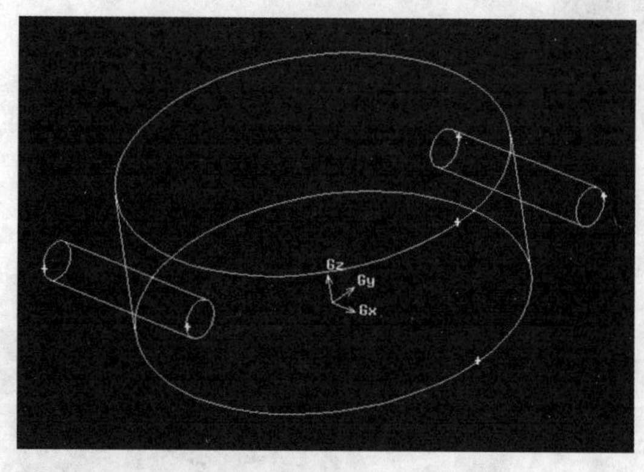

图8.82　将小管复制并旋转

3. 将三个圆柱体合并为一个整体

单击操作面板中的 (Geometry)按钮,进入几何体面板;单击几何体面板中的 (Volume)按钮,进入体面板;用鼠标右键单击体面板中的 (Boolean Operations)按钮,选择 Unite (Unite Real Volumes),打开 Unite Real Volumes 对话框,如图8.83所示。

在 Unite Real Volumes 对话框中进行如下设置:

① 单击 Volumes 右侧的箭头，打开 Volume List (Multiple)对话框，如图 8.84 所示；
② 单击 All-> 按钮，选择三个已经存在的圆柱体；
③ 单击 Close 按钮，关闭体列表；
④ 单击 Apply 按钮，将三个圆柱体合并为一个整体，结果如图 8.85 所示。

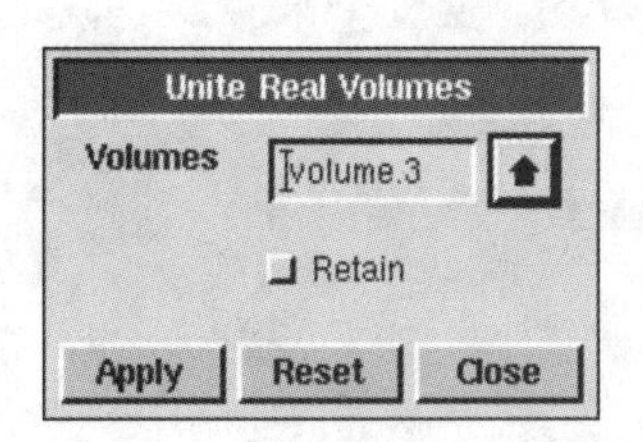

图 8.83　Unite Real Volumes **对话框**

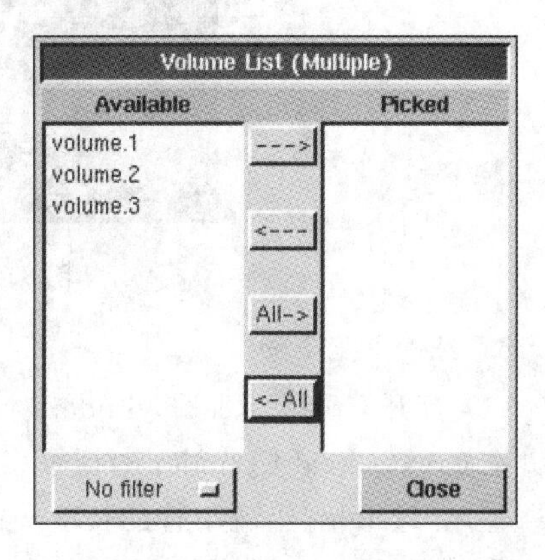

图 8.84　Volume List (Multiple)**对话框**

4. 创建混合器主体下部的圆锥

单击操作面板中的 (Geometry)按钮，进入几何体面板；单击几何体面板中的 (Volume)按钮，进入体面板；用鼠标右键单击体面板中的 (Create Volume)按钮，选择 Frustum (Create Real Frustum)，打开 Create Real Frustum 对话框，如图 8.86 所示。

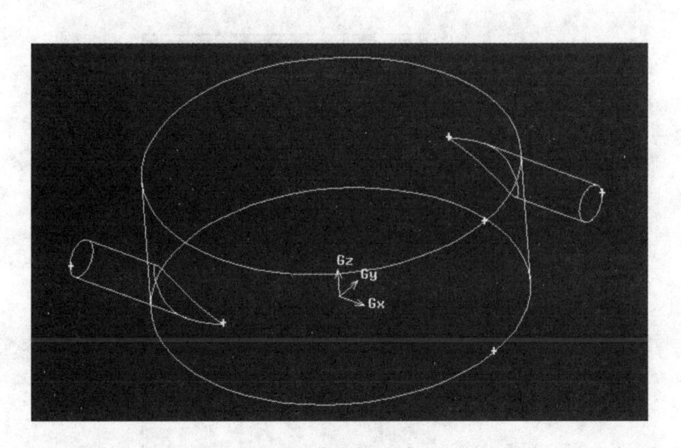

图 8.85　将三个圆柱体进行合并

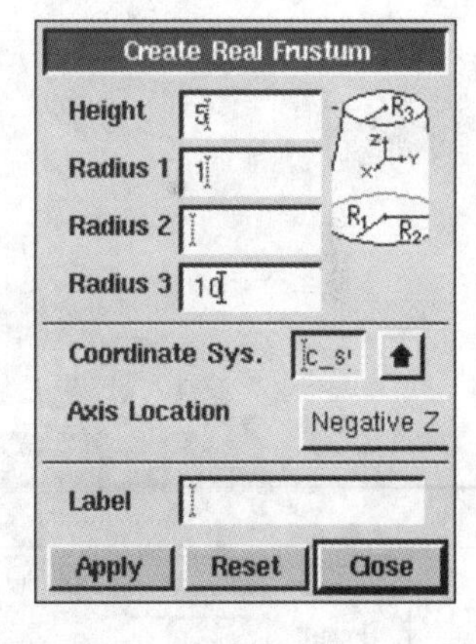

图 8.86　Create Real Frustum **对话框**

在 Create Real Frustum 对话框中进行如下设置：
(1) 在 Height 项填入 5；
(2) 在 Radius 1 项填入 1(出流小管的半径为 1)；
(3) 在 Radius 3 项填入 10，与柱体外边缘相接；
(4) 在 Axis Location 项下拉列表中选择 Negative Z(沿 Z 轴的反方向)；
(5) 单击 Apply 按钮。
此时图形如图 8.87 所示。

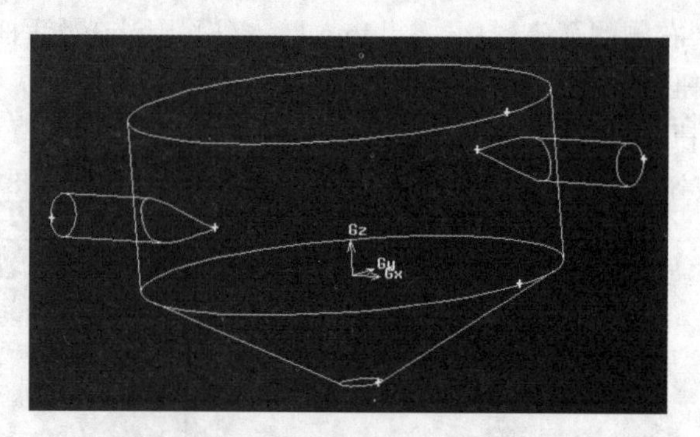

图 8.87　创建圆锥体后的图形

5. 创建出流小管

(1) 打开 Create Real Cylinder 对话框，如图 8.88 所示。

在 Create Real Cylinder 对话框中进行如下设置：

① 在 Height(出流小管的长度)右侧填入 5；

② 在 Radius 1(半径)右侧填入 1；

③ Radius 2(半径)右侧保留为空白；

④ 保留 Coordinate Sys(坐标系统)的默认设置；

⑤ Axis Location(入流管的中心轴)项选择 Negative Z；

⑥ 单击 Apply 按钮。

(2) 将小管下移并与锥台相接。

打开 Move / Copy Volumes 对话框，如图 8.89 所示。

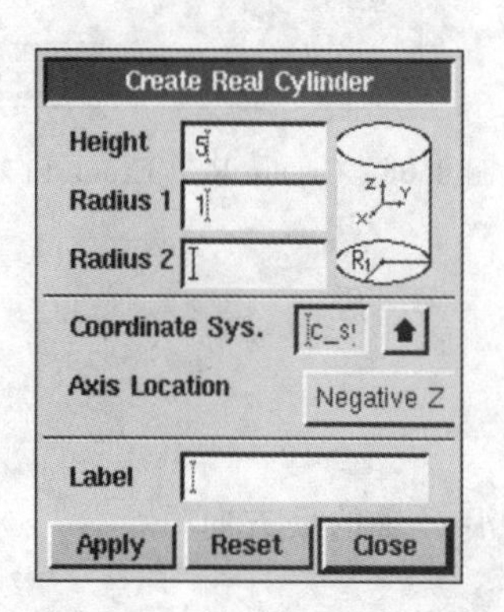

图 8.88　Create Real Cylinder 对话框

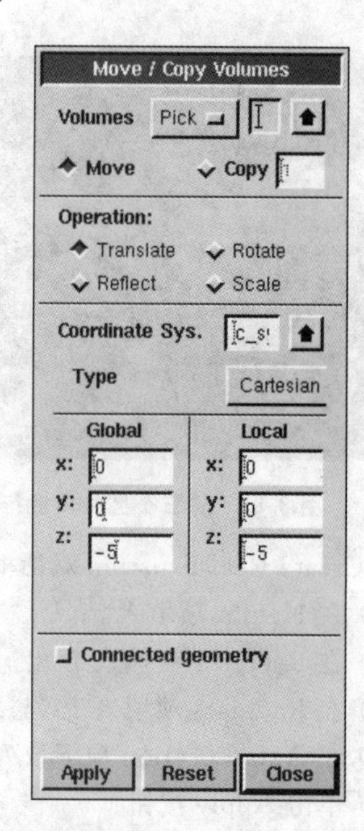

图 8.89　Move / Copy Volumes 对话框

在 Move / Copy Volumes 对话框中进行如下设置：

① Volumes 项选择 Move，并单击右侧黄色区域；

② 用 Shift＋鼠标左键单击组成出流小管的边线，此时小管变成红色；

③ Operation 项选择 Translate；

④ 在 Type(坐标类型)右侧下拉列表中选择 Cartesian(笛卡儿)坐标；

⑤ 在 Global(位移量)项下，输入 x：0，y：0，z：－5；

⑥ 单击 Apply 按钮。

此时，整个结构的图形和位置如图 8.90 所示。其中，出流小管已经和混合器下部锥台连接好了。

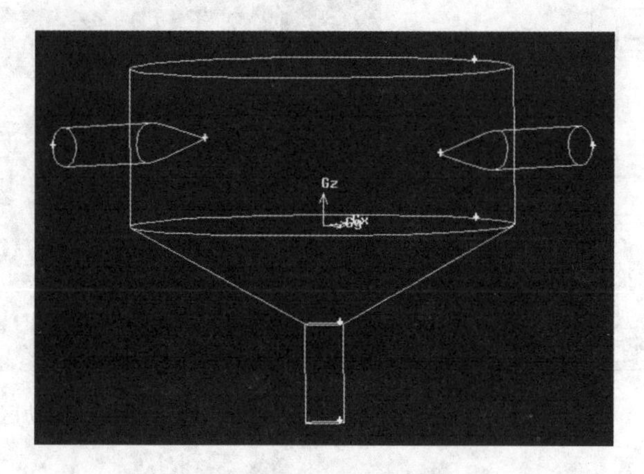

图 8.90　混合器整体配置图

6. 将混合器的上部、圆锥部分以及下部出流小管合并为一个整体

单击操作面板中的(Geometry)按钮，进入几何体面板；单击几何体面板中的(Volume)按钮，进入体面板；用鼠标右键单击体面板中的(Boolean Operations)按钮，选择 Unite (Unite Real Volumes)，打开 Unite Real Volumes 对话框，如图 8.91 所示。

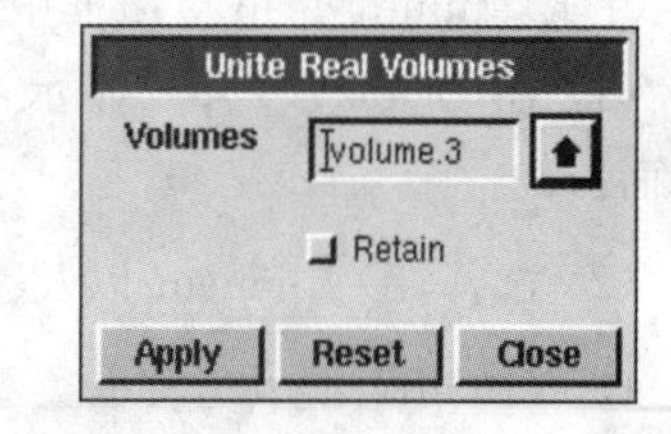

图 8.91　Unite Real Volumes **对话框**

在 Unite Real Volumes 对话框中进行如下设置：

(1) 单击 Volumes 右侧的箭头，打开体列表框；

(2) 单击 All-> 按钮，选择三个已经存在的体；

(3) 单击 Close 按钮，关闭体列表框；

(4) 单击 Apply 按钮。

此时，混合器成为一个整体。

7. 对混合器内部流动区域划分网格

单击操作面板中的(Mesh)按钮，进入网格划分面板；单击网格划分面板中的(Volume)按钮，进入体网格划分面板；单击体网格划分面板中的(Mesh Volumes)按钮，打开 Mesh Volumes 对话框，如图 8.92 所示。

在 Mesh Volumes 对话框中进行如下设置：

(1) 单击 Volumes 右侧黄色区域；

(2) 用 Shift＋鼠标左键单击混合器边缘线；

(3) Spacing 项选择 Interval size，并填入 0.5；

(4) 保留其他默认设置，特别是要注意 Type 项选择 TGrid；

(5) 单击 Apply 按钮。

混合器内部流动区域的网格划分如图 8.93 所示。

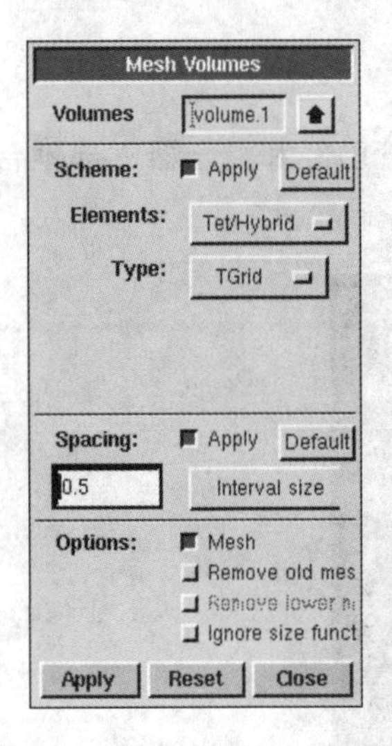

图 8.92 Mesh Volumes 对话框

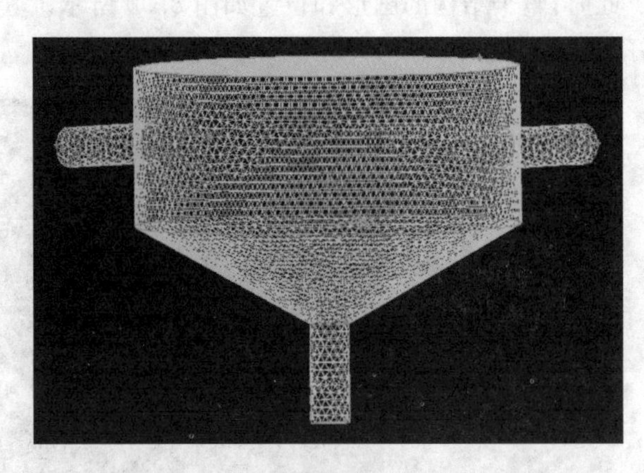

图 8.93 混合器内部流动区域的网格图

8. 检查网格划分情况

单击控制面板中的(Examine Mesh)按钮，打开 Examine Mesh 对话框，如图 8.94 所示。

在 Examine Mesh 对话框中进行如下设置：

(1) 在 Display Type(显示类型)项下选择 Plane(平面)；

(2) 选择 3D Element 以及；

(3) Quality Type(大小类型)项选择 EquiAngle Skew；

(4) 在 Cut Orientation 项中，用鼠标左键拖动 Z 轴滑块，则会显示不同 Z 值平面上的网格，结果如图 8.95 所示；

(5) 在 Cut Orientation 项中，用鼠标左键拖动 X 轴或 Y 轴滑块，则会显示不同 X 值或不同 Y 值平面上的网格；

(6) Display Type 项选择 Range，单击对话框下部滑块可选择现实的比例及大小；

(7) 单击 Close 按钮，关闭网格检查对话框。

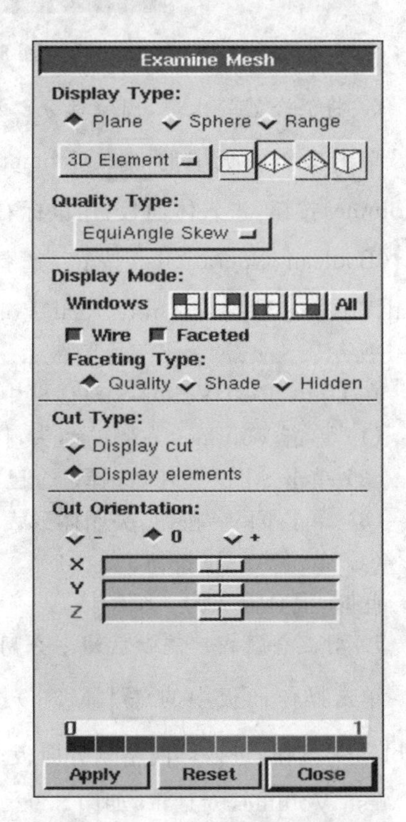

图 8.94 Examine Mesh 对话框

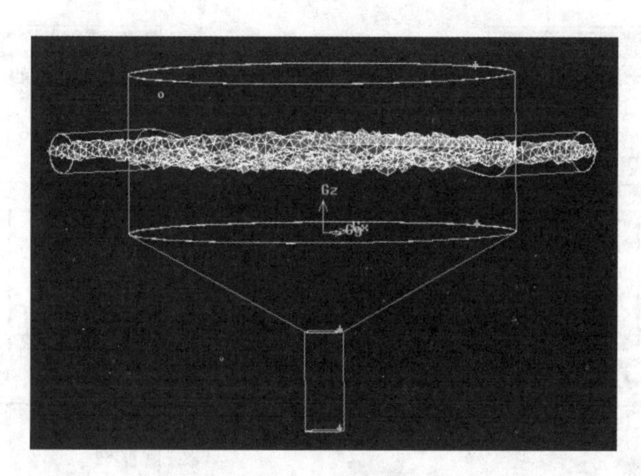

图 8.95　不同 Z 值平面上的网格

9. 设置边界条件

1）指定边界类型

单击操作面板中的（Zones）按钮，进入区域面板；单击区域面板中的（Specify Boundary Types）按钮，打开 Specify Boundary Types 对话框，如图 8.96 所示。

在 Specify Boundary Types 对话框中进行如下设置：

首先，设置入流口（inlet-1）边界类型为 VELOCITY_INLET：

（1）确定 Action 项为 Add；

（2）在 Name 项中填入 inlet-1；

（3）在 Type（类型）列表中选择 VELOCITY_INLET；

（4）在 Faces 项中选择混合器入流口截面；

（5）单击 Apply 按钮。

然后，重复上述步骤，设置另一个入流口（inlet-2）边界类型为 VELOCITY_INLET。

最后，设置下部出流口边界类型为 PRESSURE_OUTLET：

（1）在 Name 项填入 outlet；

（2）在 Type 列表中选择 PRESSURE_OUTLET；

（3）在 Faces 项中选择混合器下部出流口截面；

（4）单击 Apply 按钮。

注意：对于其他未设置的面，默认为固壁。

2）指定区域类型

单击操作面板中的（Zones）按钮，进入区域面板；单击区域面板中的（Specify Continuum Types）按钮，打开 Specify Continuum Types 对话框，如图 8.97 所示。

在 Specify Continuum Types 对话框中进行如下设置：

（1）确定 Action 项为 Add；

（2）在 Name 项中输入 fluid；

（3）在 Type（类型）列表中选择 FLUID；

（4）在 Volumes 项选择构成混合器内部流域的所有体；

（5）单击 Apply 按钮。

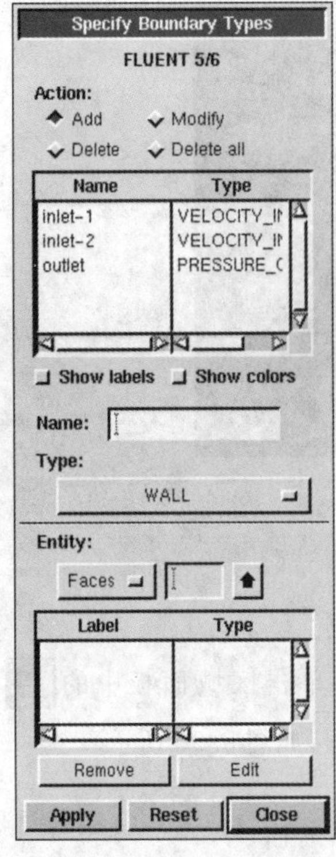

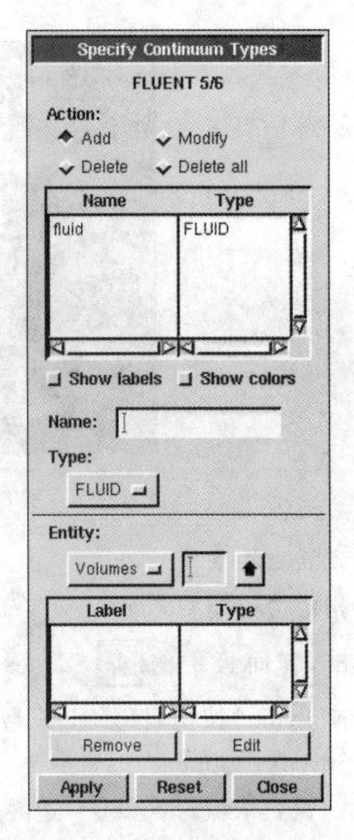

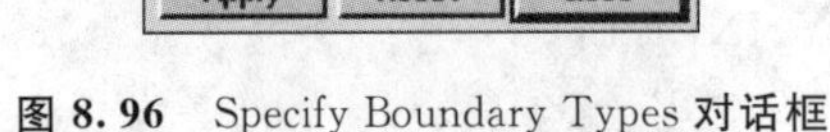

图 8.96　Specify Boundary Types 对话框　　　　图 8.97　Specify Continuum Types 对话框

注意：对于其他未设置的体，默认为固体。

10. 输出网格文件（*.msh）

在 GAMBIT 菜单栏中，选择“File/Export/Mesh...”命令，打开 Export Mesh File 对话框，输入文件名，单击 Accept 按钮，即可完成网格文件的输出，如图 8.98 所示。

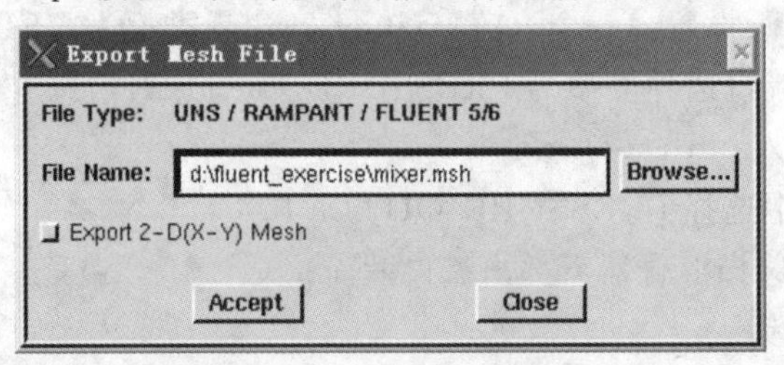

图 8.98　Export Mesh File 对话框

方法二　从 CAD 软件中导入

下面以离心风机为例，介绍从 CAD 软件中导入模型的方法。

图 8.99 所示为离心风机三维几何模型，由于几何体结构复杂，可以考虑在 CAD 软件中绘制图形，然后导入 GAMBIT。具体过程如下。

1. 在 SolidWorks 中创建离心风机流域模型

(1) 创建叶轮流域模型，如图 8.100(a)所示；

(2) 创建蜗壳流域模型，如图 8.100(b)所示；

(3) 创建进口段并将之与叶轮、蜗壳组合在一起，构成离心风机流域模型，如图 8.100(c)所示。

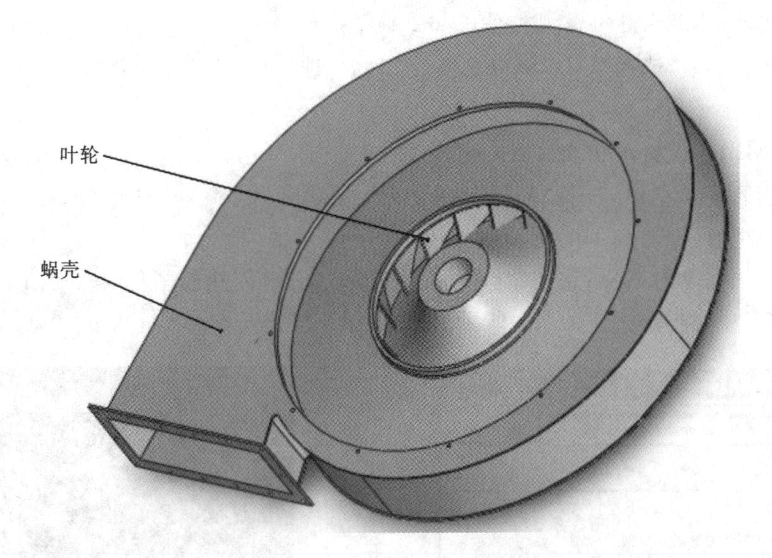

图 8.99　离心风机三维几何模型

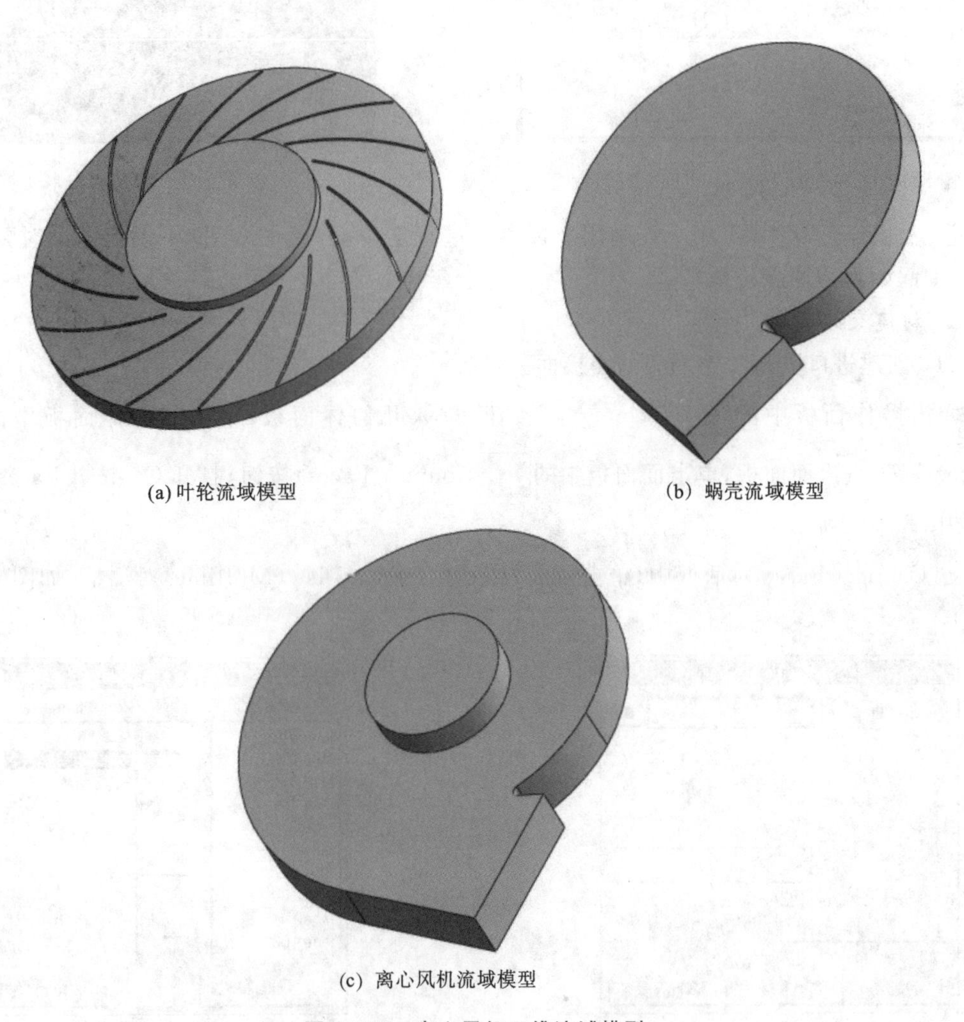

图 8.100　离心风机三维流域模型

2. 输出 Parasolid 类型的模型文件(*.x_t)

在 SolidWorks 中,选择"File/Save As..."命令,选择保存类型为 Parasolid(*.x_t),输入文件名为 centrifugal-fan.x_t。

3. 在 GAMBIT 中输入模型文件(*.x_t)

在 GAMBIT 菜单栏中,选择"File/Import/Parasolid..."命令,打开 Import Parasolid File 对话框,输入文件名,如图 8.101 所示。

在图 8.101 中,单击 Accept 按钮,将在 SolidWorks 中创建的图形文件 centrifugal-fan.x_t 输入 GAMBIT 中,结果如图 8.102 所示。

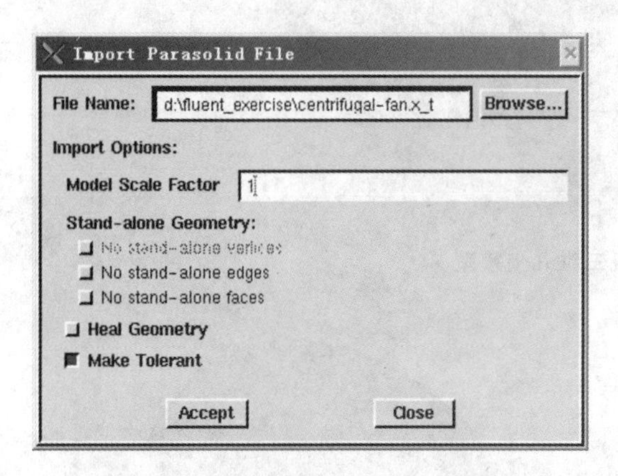

图 8.101　Import Parasolid File 对话框

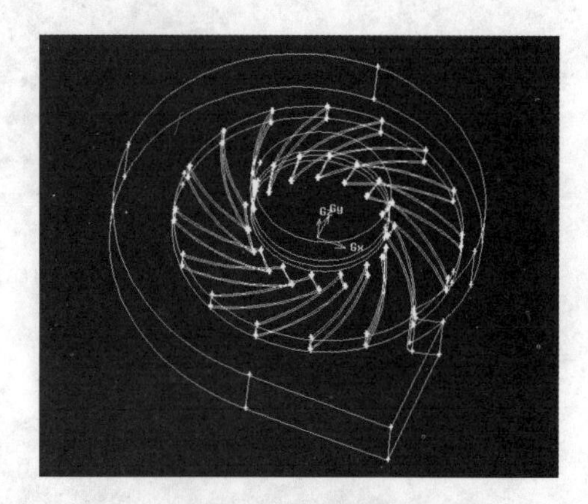

图 8.102　输入的图形

注意:由于 GAMBIT 中只能利用坐标参数进行定位,因此在 CAD 中创建图形时要选好坐标(如起始点为原点坐标)。

4. 创建交接面

(1) 创建进口段与叶轮之间的交接面。

单击操作面板中的(Geometry)按钮,进入几何体面板;单击几何体面板中的(Face)按钮,进入面面板;单击面面板中的(Connect Faces)按钮,打开 Connect Faces 对话框,如图 8.103 所示。

在 Connect Faces 对话框中,单击按钮,打开 Face List (Multiple)对话框,如图 8.104 所示。

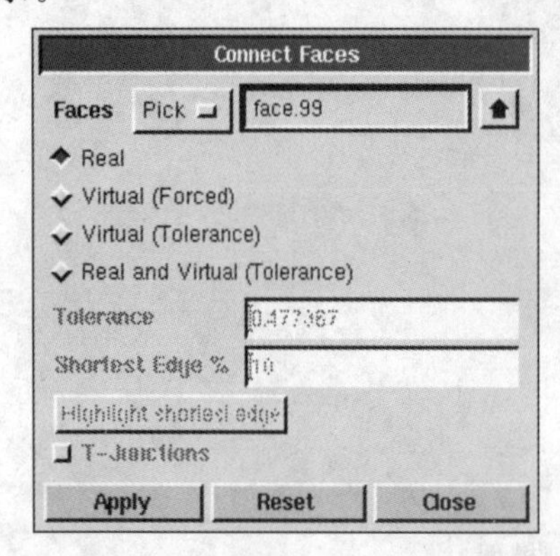

图 8.103　Connect Faces 对话框

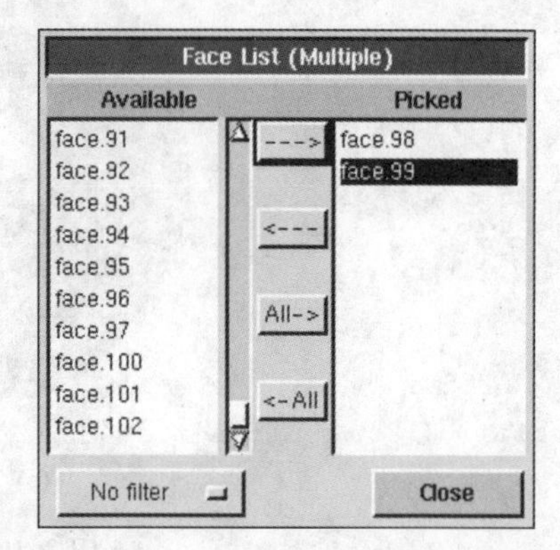

图 8.104　Face List (Multiple)对话框

在 Face List (Multiple)对话框中，选中面 face.98 和面 face.99，单击 Close 按钮，回到 Connect Faces 对话框，单击 Apply 按钮，将进口段与叶轮之间的交接面进行连接，使其成为一个面，结果如图 8.105 所示。

(2) 创建叶轮与蜗壳之间的交接面。

单击操作面板中的(Geometry)按钮，进入几何体面板；单击几何体面板中的(Face)按钮，进入面面板；单击面面板中的(Connect Faces)按钮，打开 Connect Faces 对话框，如图 8.106 所示。

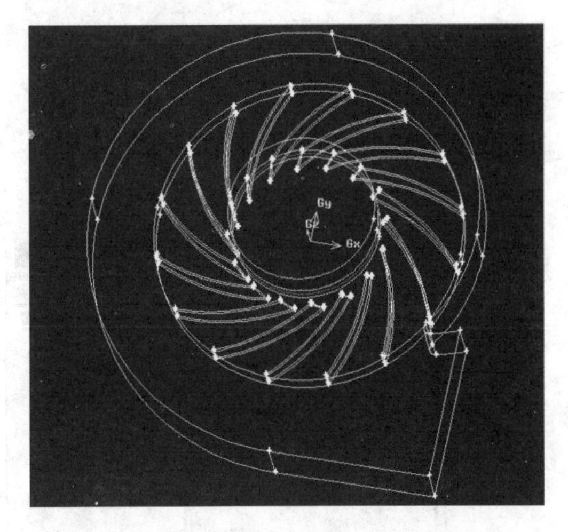

图 8.105　将进口段与叶轮之间的交接面连接成一个面

Connect Faces
Faces　Pick　face.5
Real
Virtual (Forced)
Virtual (Tolerance)
Real and Virtual (Tolerance)
Tolerance　0.477367
Shortest Edge %　10
Highlight shortest edge
T-Junctions
Apply　Reset　Close

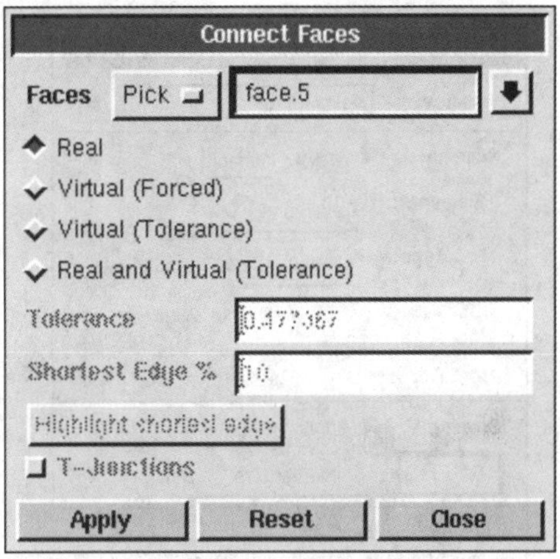

图 8.106　Connect Faces 对话框

在 Connect Faces 对话框中，单击按钮，打开 Face List (Multiple)对话框，如图 8.107 所示。

在 Face List (Multiple)对话框中，选中面 face.4 和面 face.5，单击 Close 按钮，回到 Connect Faces 对话框，单击 Apply 按钮，将叶轮与蜗壳之间的交接面进行连接，使其成为一个面，结果如图 8.108 所示。

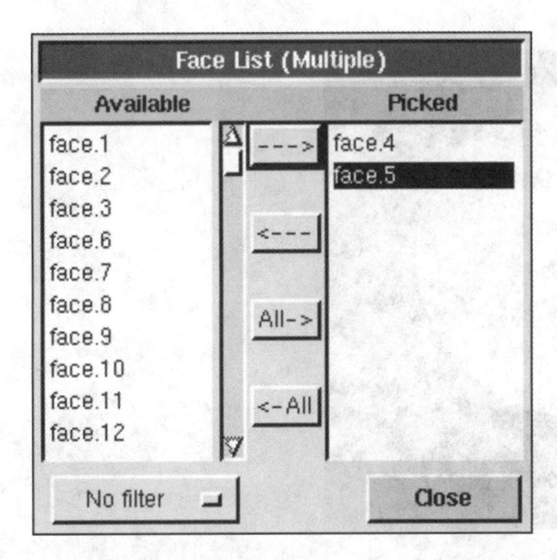

图 8.107　Face List (Multiple)对话框

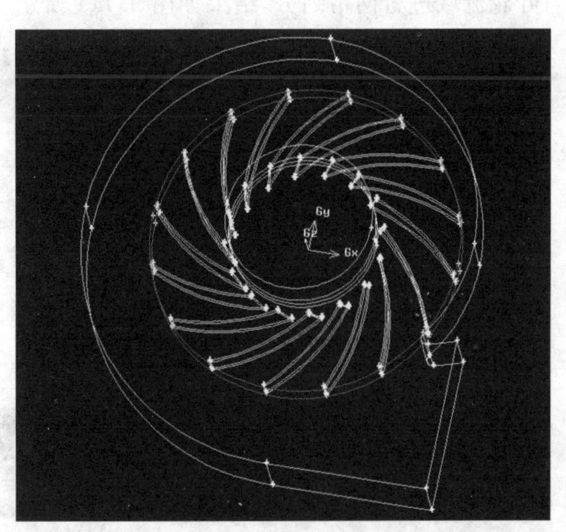

图 8.108　将叶轮与蜗壳之间的交接面连接成一个面

5. 划分网格

(1) 划分进口段与叶轮流域网格。

单击操作面板中 (Mesh) 按钮，进入网格划分面板；单击网格划分面板中的 (Volume)按钮，进入体网格划分面板；单击体网格划分面板中的 (Mesh Volumes)按钮，打开 Mesh Volumes 对话框，如图 8.109 所示。

在 Mesh Volumes 对话框中，单击 按钮，打开 Volume List (Multiple)对话框，如图 8.110 所示。

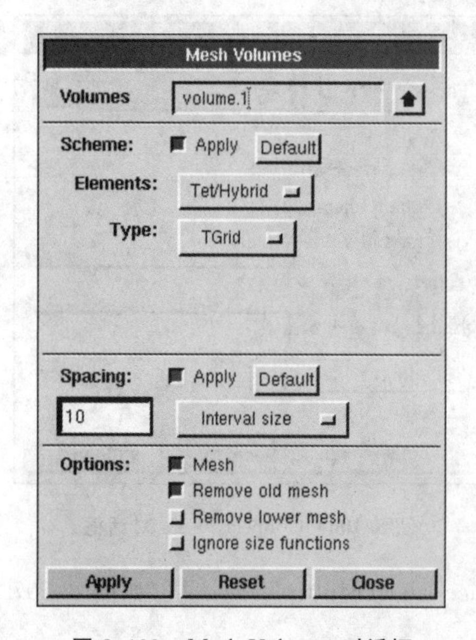

图 8.109　Mesh Volumes 对话框

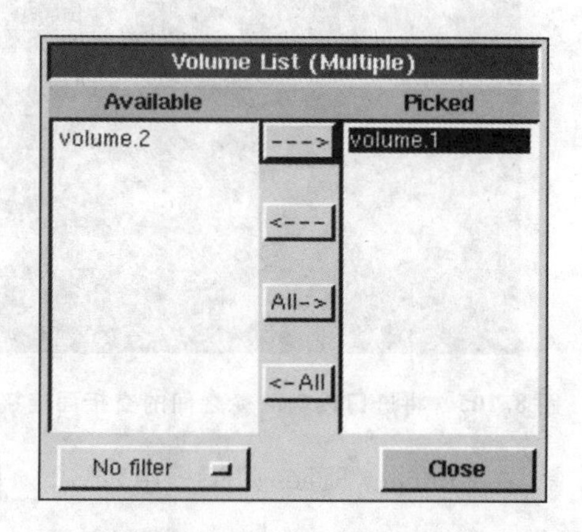

图 8.110　Volume List (Multiple)对话框

在 Volume List (Multiple)对话框中，选中体 volume. 1，单击 Close 按钮，回到 Mesh Volumes 对话框，选择网格类型为 TGrid，设置 Interval size 为 10，单击 Apply 按钮，对进口段与叶轮流域进行网格划分，结果如图 8.111 所示。

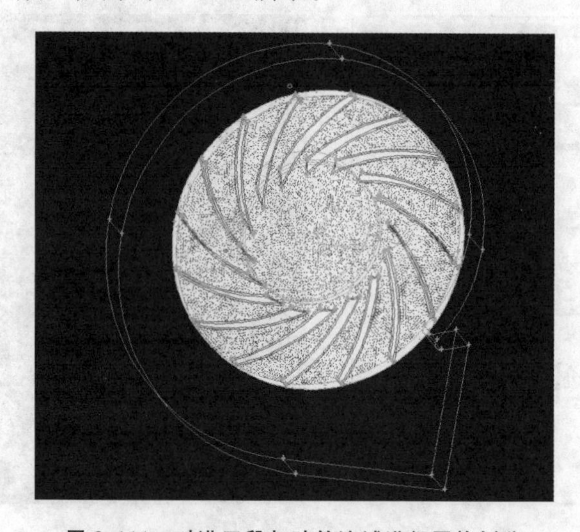

图 8.111　对进口段与叶轮流域进行网格划分

(2) 划分蜗壳流域网格。

单击操作面板中 (Mesh) 按钮，进入网格划分面板；单击网格划分面板中的 (Volume)按钮，进入体网格划分面板；单击体网格划分面板中的 (Mesh Volumes)按钮，打开 Mesh Volumes 对话框，如图 8.112 所示。

在 Mesh Volumes 对话框中，单击 按钮，打开 Volume List (Multiple)对话框，如图 8.113 所示。

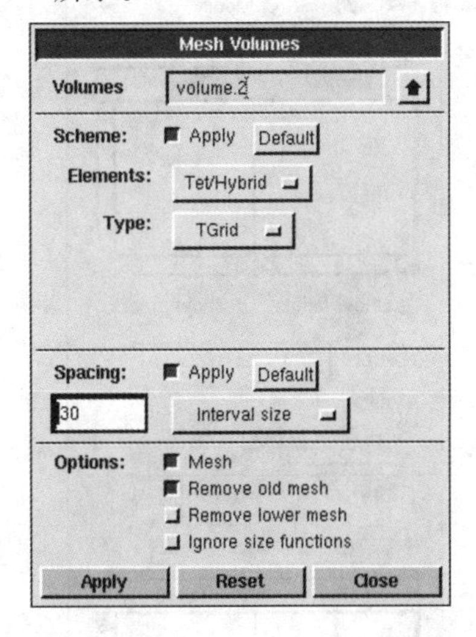

图 8.112　Mesh Volumes **对话框**

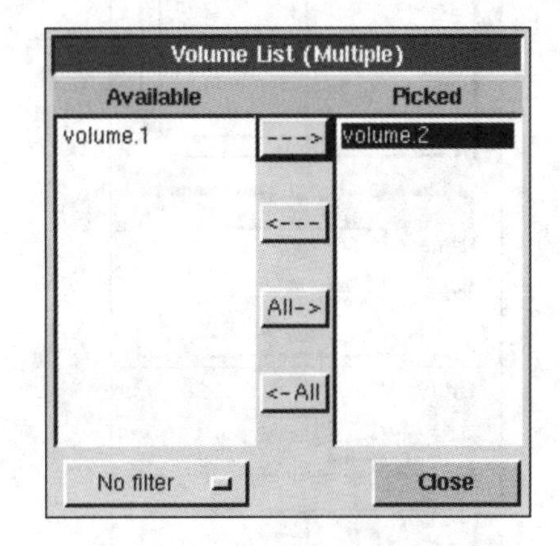

图 8.113　Volume List (Multiple)**对话框**

在 Volume List (Multiple)对话框中，选中体 volume. 2，单击 Close 按钮，回到 Mesh Volumes 对话框，选择网格类型为 TGrid，设置 Interval size 为 30，单击 Apply 按钮，对蜗壳流域进行网格划分，结果如图 8.114 所示。

6. 设置边界条件

(1) 选择“Solver/FLUENT 5/6”命令。

(2) 单击 按钮，打开 Specify Boundary Types 对话框，指定边界类型，如图 8.115 所示。

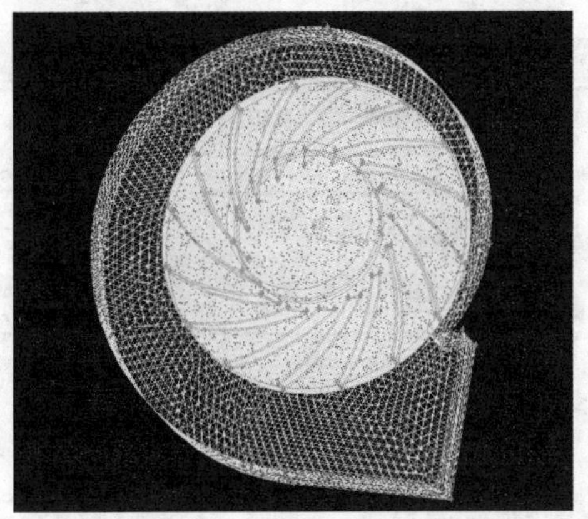

图 8.114　对蜗壳流域进行网格划分

(3) 单击按钮,打开 Specify Continuum Types 对话框,指定区域类型,如图 8.116 所示。将 volume.1 区域和 volume.2 区域定义为 FLUID 类型。

注意:上面指定的两个 FLUID 区域中,一个区域(volume.1)随叶轮一起转动,另一个区域(volume.2)不转动。

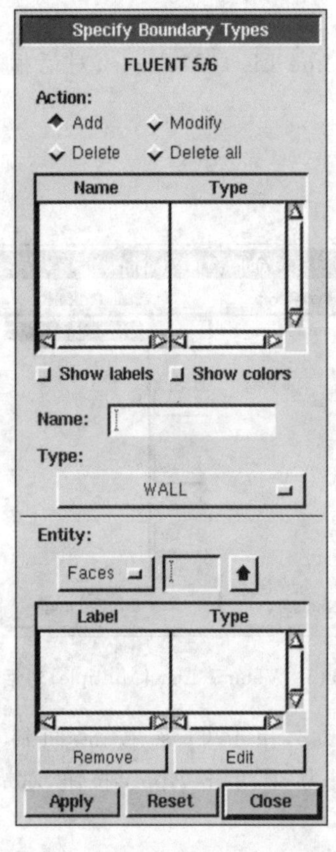

图 8.115 Specify Boundary Types 对话框

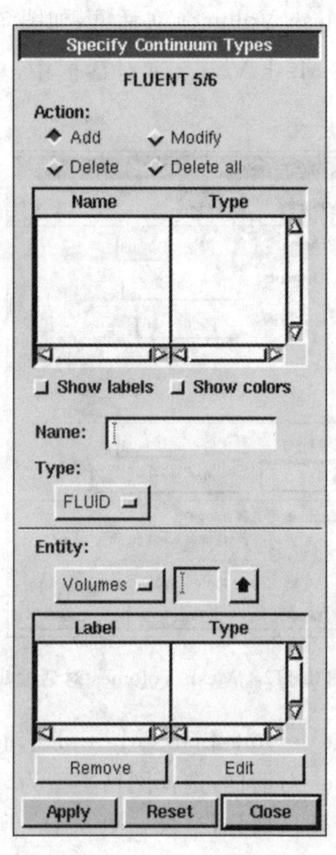

图 8.116 Specify Continuum Types 对话框

7. 输出网格文件(*.msh)

在 GAMBIT 菜单栏中,选择"File/Export/Mesh..."命令,打开 Export Mesh File 对话框,输入文件名,单击 Accept 按钮,即可完成网格文件的输出,如图 8.117 所示。

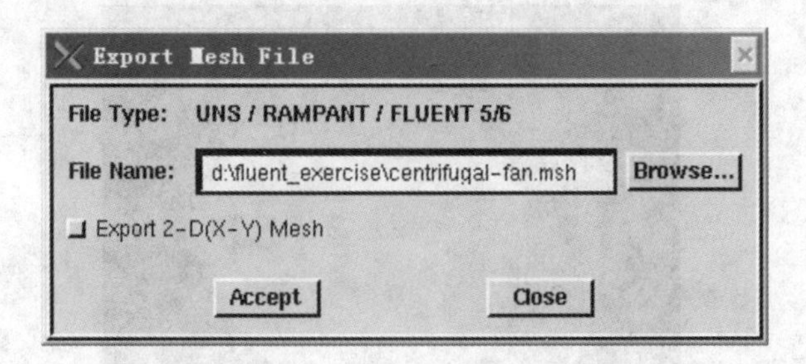

图 8.117 Export Mesh File 对话框

第9章　FLUENT的基本用法

FLUENT(软件)是目前功能最为全面、适用性最广、国内使用最普遍的商用CFD软件之一,广泛用于模拟各种流体流动、传热、燃烧等问题。本章将介绍FLUENT的基本用法。

9.1　FLUENT概述

9.1.1　FLUENT的基本功能

FLUENT的主要功能包括导入网格模型、确定计算模型、定义材料特性、设置边界条件、求解计算和对计算结果进行后处理。

FLUENT可以导入来自GAMBIT软件生成的网格模型,还可以对导入的网格模型进行检查、显示和修改,比如检查每一个网格单元是否包含合适的节点数和面数,显示网格中节点、面及单元的个数,确定计算域内网格单元体积的最大值和最小值,平移节点坐标,为并行计算划分子域,对单元重新排序,合并或分割不同区域等。

FLUENT可以根据实际问题来确定计算模型,比如:是否考虑传热;流动是无黏、层流,还是湍流;是否为多相流;是否包含相变;计算过程中是否存在化学组分变化和化学反应等。如果用户对这些模型不作任何设置,在默认情况下,FLUENT将只进行流场求解,不求解能量方程。

FLUENT还可以定义材料特性,设置边界条件,进行求解计算,并对计算结果进行后处理。

FLUENT是一个开放性的软件,它不仅可以导入来自GAMBIT软件生成的网格模型,而且可以导入来自TGrid、ICEMCFD、I-deas、NASTRAN、PATRAN、ANSYS等前处理软件生成的网格模型;同时,它还可以为其他后处理软件输出数据,如TECPLOT等。

9.1.2　FLUENT的操作界面

启动FLUENT6.3.26,进入如图9.1所示的FLUENT操作主界面。

如图9.1所示,FLUENT的主窗口是一文本界面,用户可借助此界面输入各种命令、数据和表达式;FLUENT也利用这个窗口显示信息,从而实现用户与FLUENT交互作用。需要特别说明的是,FLUENT的文本界面采用Scheme编程语言对用户输入的命令和表达式进行管理。Scheme是LISP语言的一种,简单易学,宏功能非常强大。用户可利用Scheme编写具有复杂功能的程序,对FLUENT的界面及运行过程进行控制。

对于FLUENT的操作命令,用户既可以从窗口中的命令行上输入信息,也可以从主窗口顶端的菜单栏中进行选择。

FLUENT的菜单栏共有File、Grid、Define、Solve、Adapt、Surface、Display、Plot、Report、Parallel和Help 11个菜单。其中,File菜单提供的操作包括导入或导出文件、保存分析结果等;Grid菜单提供对网格模型进行检查、修改等操作;Define菜单提供设置求解器格式、选择

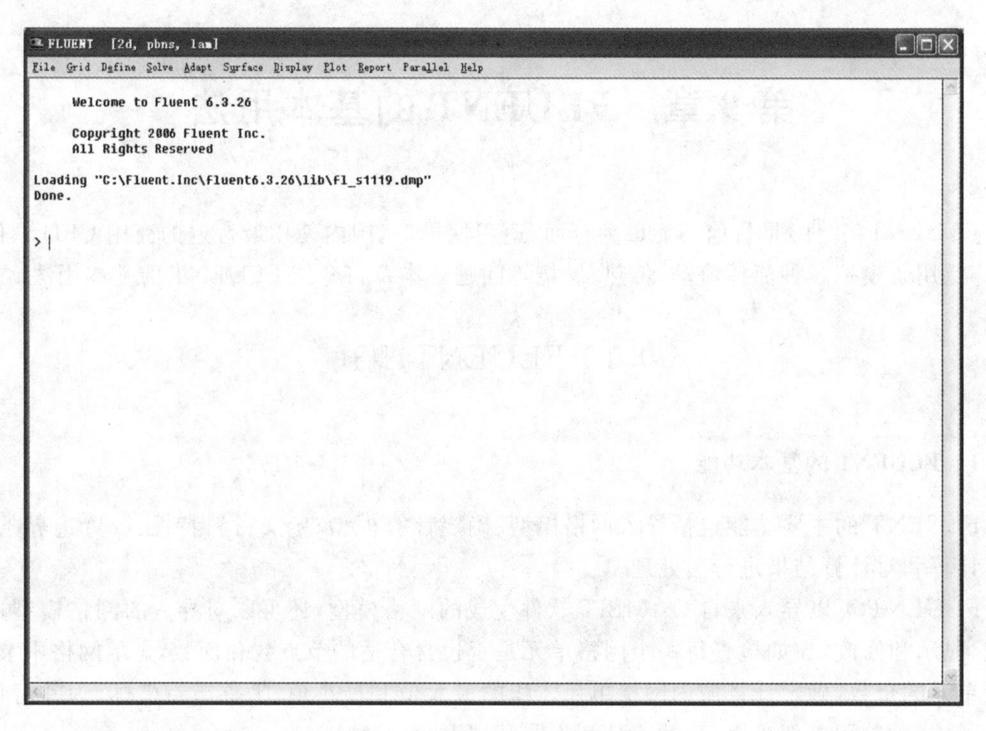

图 9.1　FLUENT 操作主界面

计算模型、设置运行环境、设置材料特性、设置边界条件等操作；Solve 菜单提供调整用于控制求解的有关参数、初始化流场、启动求解过程等操作；Adapt 菜单提供对网格进行自适应的设置和调整等操作；Display、Plot、Report 菜单可对网格、计算中间过程、计算结果、相关报表等信息进行显示和查询；Parallel 菜单专用于并行环境下的计算；Help 菜单提供帮助信息。

9.1.3　FLUENT 的求解步骤

对于一个给定的 CFD 问题，在利用 FLUENT 进行求解之前，需要明确以下四个问题：

(1) 确定 CFD 模型目标。确定要从 CFD 模型中获得什么样的结果，需要怎样的模型精度，怎样使用这些结果等。

(2) 选择计算模型。需要考虑怎样对物理系统进行抽象概括，计算域包括哪些区域，在模型计算域的边界上使用什么样的边界条件等。

(3) 选择物理模型。需要考虑该流动是无黏、层流，还是湍流，流动是稳态还是瞬态，热交换重要与否，流体是用可压缩还是不可压缩方式来处理，是否多相流动，是否需要应用其他物理模型等。

(4) 决定求解过程。需要确定该问题是否可以利用求解器现有的公式和算法直接求解，是否需要增加其他参数(如构造新的源项)，是否有更好的求解方式以使求解过程收敛更快，得到收敛解需要多长时间，计算机的内存是否够用等。

待上述问题明确后，就可开始进行求解了。FLUENT 的求解步骤如下：

(1) 启动 FLUENT 求解器；

(2) 导入网格模型；

(3) 检查网格模型是否存在问题；

(4) 选择求解器及运行环境；
(5) 决定计算模型，即是否考虑热交换，是否考虑黏性，是否存在多相等；
(6) 设置材料特性；
(7) 设置边界条件；
(8) 调整用于控制求解的有关参数；
(9) 初始化流场；
(10) 开始求解；
(11) 显示求解结果；
(12) 保存求解结果；
(13) 若有必要，修改网格或计算模型，然后重复上述过程，重新进行计算。

另外，需要注意的是，FLUENT求解器分为单精度与双精度两大类。单精度求解器速度快，占用内存少，一般选择单精度的求解器就可以满足需要。单精度求解器与双精度求解器的名称，在二维问题中分别是FLUENT 2d和FLUENT 2ddp，在三维问题中分别是FLUENT 3d和FLUENT 3ddp。

9.2 使用网格

9.2.1 导入网格

FLUENT不但能够读取GAMBIT、TGrid、GeoMesh、preBFC、ICEMCFD、I-deas、NASTRAN、PATRAN、ARIES、ANSYS等软件生成的网格，处理FLUENT家族软件的FLUENT/UNS、RAMPANT和FLUENT 4的网格，还可以将来自不同网格文件的网格组合成新的网格。

各类网格的导入方式如下。

1. 导入GAMBIT、TGrid和GeoMesh的网格文件

在GAMBIT、TGrid和GeoMesh等专用前处理软件内部，直接有生成FLUENT网格的选项。这些前处理软件生成的网格文件一般称为案例文件，具有cas扩展名，可以直接在FLUENT中选择“File /Read /Case...”命令，然后在打开的File对话框中选中所要导入的文件。FLUENT在导入过程中会报告网格的相关信息，如节点数、不同类型的单元数等。

2. 导入FLUENT/UNS、RAMPANT的网格文件

直接在FLUENT中使用“File/Read/Case...”命令导入。但需要注意的是，导入FLUENT/UNS网格文件后，FLUENT只允许用户使用其分离求解器；导入RAMPANT网格文件后，FLUENT只允许使用耦合显式求解器。

3. 导入FLUENT 4的网格文件

在FLUENT中使用“File/Import/FLUENT 4 Case File...”命令导入。但需要注意对压力边界的处理，FLUENT 4与当前版本的FLUENT可能有区别，需要关注在导入过程中所给出的信息，并根据信息对网格进行适当修改。

4. 导入ICEMCFD的网格文件

ICEMCFD可以产生两种方式的FLUENT网格文件：一种是FLUENT 4方式的结构网格；另一种是RAMPANT方式的非结构网格。对于这两种网格，都可通过“File/Read/

Case..."命令导入。

5. 导入preBFC的网格文件

preBFC可生成结构网格或非结构网格。对于结构网格，直接在FLUENT中使用"File/Import/preBFC Structured Mesh..."命令导入。对于非结构网格，实为RAMPANT方式，可通过"File/Read/Case..."导入。

6. 导入FIDAP的网格文件

在FLUENT中使用"File/ImPort/FIDAP..."命令导入。

7. 导入其他CAD/CAE的网格文件

要导入I-deas、NASTRAN、PATRAN、ANSYS等产生的网格，一般有三种方式可供选择。

(1) 将各自普通的网格先导入TGrid前处理软件，再由TGrid导出FLUENT网格文件。

(2) 直接通过FLUENT中的"File/Import/I-deas Universal..."、"File/Import/NASTRAN"、"File/Import/PATRAN"和"File/Import/ANSYS"命令导入。

(3) 在CAD/CAE软件中生成FLUENT格式的网格文件，然后在FLUENT中通过"File/Read/Case..."导入。

注意CAD/CAE软件中有些单元是FLUENT所不接受的，FLUENT一般只接受线性的三角形、四边形、四面体、六面体、楔形体单元。

8. 处理多重网格

有些情况下，可能需要从多个网格文件中读取信息，然后生成合并的网格。例如，对于复杂的形状来说，在生成软件时分块制作并单独保存网格文件，可能使效率更高一些。FLUENT并不要求各块网格在分界面处的网格节点一定完全对应，因为它可以处理非一致的网格边界。读入多重网格的步骤如下：

(1) 在网格生成器中分别生成整个计算域的各块网格，将每块网格单独保存成一个网格文件。注意：如果某个网格是结构网格，必须首先使用FLUENT提供的转换器fl42seg对其进行转换。

(2) 使用TGrid或Tmerge转换器将各网格文件合并成一个网格文件，相对而言，使用TGrid更为方便。使用TGrid进行合并的过程为：在TGrid中读入所有的网格文件，读入之后TGrid会自动合并网格，然后保存为一个网格文件即可。

(3) 将合并后的网格文件按导入TGrid网格文件的标准做法导入即可。

9.2.2 检查网格

在将网格导入FLUENT后，还需要对网格进行检查，以便确定是否可以直接用于CFD求解。选择Grid/Check命令，FLUENT会自动完成网格检查，同时报告计算域、体、面、节点的统计信息。若发现有错误存在，FLUENT还会给出相关提示，用户需要按提示进行相应修改。比如FLUENT报告"WARNING：node on face thread 2 has multiple shadows"，这说明有重复的影子节点存在。通常在设置周期性壁面边界时可能出现这样的问题，用户可选择"Grid/Modify-zones/Repair-periodic"命令对之进行修改。

除了检查网格的命令之外，FLUENT还提供了以下命令："Grid/Info/Size"、"Grid/Info/Memory Usage"、"Grid/Info/Zones"和"Grid/Info/Partitions"，用户可借助这些命令查看网格大小、内存占用情况、网格区域分布情况和分块情况。

9.2.3 显示网格

在将网格导入 FLUENT 后，用户可以随时查看网格图。选择“Display/Grid...”命令，打开 Grid Display 对话框，如图 9.2 所示。

一般情况下，用户可在 Options 选项组中选中 Edges（单元线）复选框，在 Edge Type 选项组中选择 All（所有类型的边）单选按钮，在单击 Display 按钮后，便可将 Surfaces 列表框中选中的面的网格显示在图形窗口中。

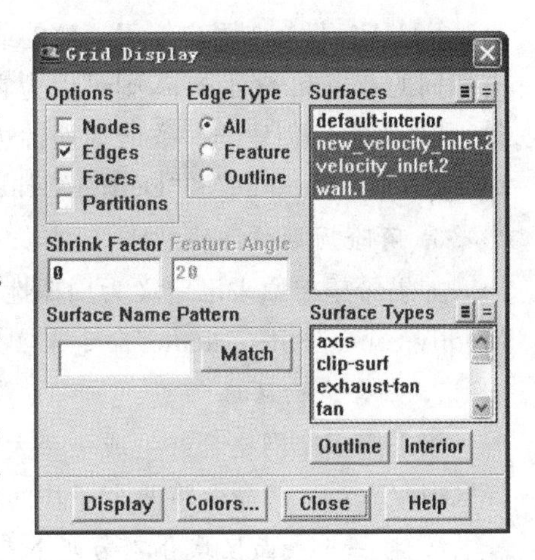

图 9.2 Grid Display 对话框

在 Options 选项组中，Nodes 表示显示节点，Edges 表示显示单元线，Faces 表示显示单元面，Partitions 表示显示并行计算中的子域边界。

在 Surfaces 列表框中给出了可供显示的所有面。单击右上角的“=”形图标，表示取消当前选中的面；单击“≡”形图标，表示选中所有的面。

单击 Surface Types 列表中的某项，满足该类型的所有的面被选中；单击 Outline 按钮，选中（或取消选中）所有边界上的面；单击 Interior 按钮，选中（或取消选中）所有内部边界面。单击 Colors... 按钮，改变网格的颜色。

9.2.4 修改网格

对于不满意的网格，可选择相应命令对其进行修改。常用的操作有以下几种。

1. 缩放网格

FLUENT 内部存储网格的长度单位为 m，而 GAMBIT 等软件中使用的长度单位为 mm，因此，在将 GAMBIT 网格导入 FLUENT 时，需要将网格缩小至原来的 1/1000。为此，选择“Grid/Scale...”命令，打开 Scale Grid 对话框，如图 9.3 所示，进而在 Scale Grid 对话框中对网格进行缩放。

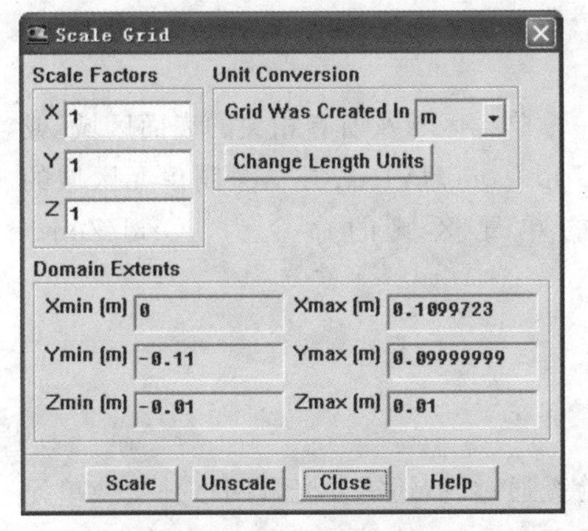

图 9.3 Scale Grid 对话框

2. 平移网格

通过“Grid/Translate...”命令，可以对网格进行整体平移。

3. 合并区域

通过“Grid/Merge...”命令，可将具有相同类型的多重区域合并为一个。合并后，边界条件的设置及后处理将变得更简单。

4. 分解区域

FLUENT 允许用户将单一表面或单元区域分为同一类型的多个区域。比如，在生成管道网格时，只创建了一个壁面区域，而该壁面区域在不同的位置有不同的温度，就需要在 FLUENT 中将这个壁面区域分为多个小区域。再如，如果想用滑移网格模型或多重参考系(MRF)进行求解,但在起初生成网格时忘了为具有不同滑动速度的流体区域创建不同的区域,就需要将这个区域分解。分解区域可以通过单击选择"Grid/Separate/Cells..."命令来完成。

5. 创建周期性区域

FLUENT允许用户使用一致的或非一致的周期性区域建立周期性边界。如果两个区域有相同的节点和表面分布,则可以为它们创建一致的周期性边界;如果两个区域在边界上不一致,则可为它们创建非一致的周期性边界。创建两类周期性边界的命令分别为"Grid/Modify-zones/Make-periodic"和"Define/Grid Interfaces/Make-periodic"。

6. 解除周期性区域

如果希望将原来已定义为周期性边界的两个区域解除关联关系,则可以单击选择"Grid/Modify-zones/Slit-periodic"命令来实现。

7. 融合表面区域

当采用多个网格合并生成一个大的网格时,在各块网格的分界面上有两个边界区域,可选择"Grid/Fuse..."命令将两个子块的网格界面融合。

8. 将一个表面区域分割为两个表面区域

FLUENT允许用户将任何具有双边类型的单一边界区域(在边界的两侧均有单元存在)分为两个不同的区域,或者将耦合在一起的壁面区域完全解耦为两个单独的区域。当分开表面区域后,求解器会复制所有表面和节点(位于二维的端点或三维的边上的节点除外),其中一组表面和节点属于新生成的一个边界区域,另一组表面和节点属于另一个区域。可以选择"Grid/Modify-zones/Slit-face-zone"命令来执行此项操作。

9. 拉伸表面区域

该功能可以让用户在不退出求解器的条件下延伸求解的计算域。可以选择"Grid/Modify-zones/Extrude-face-zone-delta"命令来执行此项操作。

10. 记录计算域和子区域

记录计算域和子区域功能可以通过重新排列内存的节点、表面以及单元来提高求解器的计算性能。选择"Grid/Reorder/Domain"和"Grid/Reorder/Zones"命令可以分别完成记录计算域和记录子区域的操作。然后再选择"Grid/Reorder/Print Bandwidth"命令,输出目前网格的划分。

11. 删除和抑制单元区域

出于求解过程中的某些特殊考虑,可以彻底删除一个单元区域及所有相关的表面区域,或者临时关闭某些单元区域。删除单元区域的命令为"Grid/Zone/Delete...",关闭单元区域的命令为"Grid/Zone/Deactivate...",激活被关闭的单元区域的命令为"Grid/Zone/Activate..."。

上述操作完成之后,注意保存新文件。

9.2.5 光顺网格与交换单元面

如果使用的网格为三角形或四面体网格,当网格检查通过后,还需要光顺网格并交换单元面。光顺(Smooth)的目的是重新配置节点,交换单元面(Swap)的目的是修改单元连接性。此项操作主要是为了改善网格质量,FLUENT要求对三角形和四面体网格进行此项操作,但不应对其他类型的网格进行此项操作。

选择“Grid/Smooth/Swap...”命令，打开 Smooth/Swap Grid 对话框，如图 9.4 所示。在该对话框中，单击 Smooth 按钮表示光顺，单击 Swap 按钮表示交换单元面。当对话框中 Swap Info 选项组中的 Number Swapped 显示为 0 时，表示交换单元面的工作全部完成；若不为 0，需要重复单击 Swap 按钮。

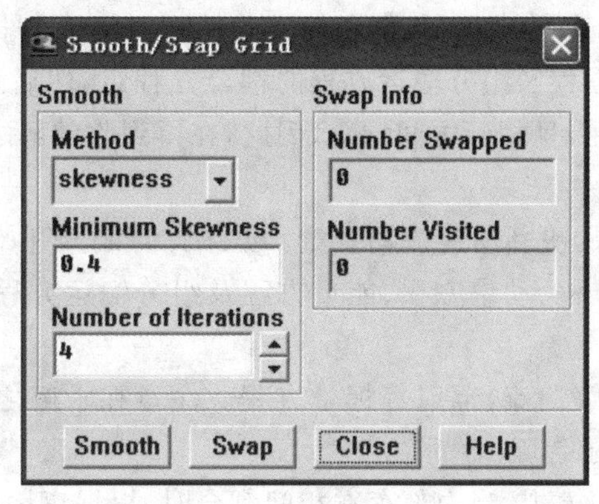

图 9.4　Smooth / Swap Grid **对话框**

9.3　选择求解器及运行环境

准备好网格后，接下来需要确定采用什么样的求解器及什么样的计算模式。FLUENT 提供了分离和耦合两类求解器，而耦合求解器又分为隐式和显式两种。对于计算模式，FLUENT 允许用户指定计算是稳态的还是瞬态的，以及计算模型在空间是普通的 2D 或 3D 问题，还是轴对称问题等。在运行环境方面，FLUENT 允许用户设置参考工作压力，允许选择是否考虑重力。

9.3.1　分离求解器

分离求解器(segregated solver)是 FLUENT 6.3 以前的版本采用的，FLUENT 6.3 中采用的是基于压力(pressure based)的求解器，两者的实质相同。其具体求解过程如下：按顺序逐一地求解各方程(关于 u、v、w、p 和 T 的方程)，也就是先在全部网格上解出一个方程(如 u 动量方程)后，再解另外一个方程(如 v 动量方程)。由于控制方程为非线性，且相互之间耦合，因此，在得到收敛解之前，要经过多轮迭代。每一轮迭代由如下步骤组成：

(1) 根据当前解的结果，更新所有流动变量。如果计算刚刚开始，则用初始值来更新。

(2) 按顺序分别求解 u、v 和 w 动量方程，得到速度场。注意：在计算时，压力和单元界面的质量流量使用当前已知值。

(3) 因第二步得到的速度解很可能不满足连续性方程，因此，用连续性方程和线性化的动量方程构造一个 Poisson 型的压力修正方程，然后求解该压力修正方程，得到压力场与速度场的修正值(详见第 3 章)。

(4) 利用新得到的速度场与压力场，求解其他标量(如温度、湍动能和组分等)的控制方程。

(5) 对于包含离散相的模拟，当内部存在相间耦合时，根据离散相的轨迹计算结果更新连续相的源项。

(6) 检查方程组是否收敛。若不收敛,回到第(1)步,重复进行。

9.3.2 耦合求解器

耦合求解器(coupled solver)是FLUENT 6.3以前的版本采用的,FLUENT 6.3中采用的是基于密度(density based)的求解器,两者的实质相同。其具体求解过程如下:同时求解连续性方程、动量方程、能量方程及组分输运方程的耦合方程组,然后逐一地求解湍流等标量方程。由于控制方程为非线性,且相互之间耦合,因此,在得到收敛解之前,要经过多轮迭代。每一轮迭代由如下步骤组成:

(1) 根据当前解的结果,更新所有流动变量。如果计算刚刚开始,则用初始值来更新。

(2) 同时求解连续性方程、动量方程、能量方程及组分输运方程的耦合方程组(后两个方程视需要进行求解)。

(3) 根据需要,逐一求解湍流、辐射等标量方程。注意在求解之前,方程中用到的有关变量要用前面得到的结果进行更新。

(4) 对于包含离散相的模拟,当内部存在相间耦合时,根据离散相的轨迹计算结果更新连续相的源项。

(5) 检查方程组是否收敛。若不收敛,回到第(1)步,重复进行。

9.3.3 求解器中的显式与隐式方案

在分离和耦合两种求解器中,都要想办法将离散的非线性控制方程线性化为在每一个计算单元中相关变量的方程组。为此,可采用显式和隐式两种方案实现这一线性化过程,这两种方式的物理意义如下。

(1) 隐式(implicit)　对于给定变量,单元内的未知量用邻近单元的已知值和未知值来计算。因此,每一个未知量会在不止一个方程中出现,这些方程必须同时求解才能解出未知量的值。

(2) 显式(explicit)　对于给定变量,每一个单元内的未知量用只包含已知值的关系式来计算。因此未知量只在一个方程中出现,而且每一个单元内的未知量的方程只需解一次就可以得到未知量的值。

在分离求解器中,只采用隐式方案进行控制方程的线性化。由于分离求解器是在全计算域上解出一个控制方程的解之后才去求解另一个方程,因此,区域内每一个单元只有一个方程,这些方程组成一个方程组。假定系统共有 M 个单元,则针对一个变量(如速度 u)生成一个由 M 个方程组成的线性代数方程组。FLUENT使用点隐式Gauss-Seidel方法来求解这个方程组。总的来讲,分离求解器是同时考虑所有单元来解出一个变量(如速度 u)的场分布,然后再同时考虑所有单元解出下一个变量(如速度 v)的场分布,直至所要求的几个变量(如 w、p、T)的场全部解出。

在耦合求解器中,可采用隐式、显式两种方案进行控制方程的线性化。当然,这里所谓的隐式和显式,只是针对耦合求解器中的耦合方程组(由连续性方程、动量方程、能量方程及组分输运方程组成的方程组)而言的,对于其他独立方程(湍流、辐射等方程),仍采用与分离求解器相同的求解方法(隐式方案)来求解。

(1) 耦合隐式(coupled implicit)　耦合控制方程组中的每个方程在线性化时要生成一个

涉及所有相关未知量的方程。如果系统中耦合的控制方程有 N 个(一般为3～6个),总共有 M 个单元,则针对计算域中每个单元生成 N 个线性方程。系统总共有 $M \times N$ 个方程。因为每一个单元中有 N 个方程,所以称这种方程组为分块方程组。FLUENT将点隐式Gauss-Seidel方法与代数多重网格(AMG)方法结合在一起来求解分块方程组。总的来讲,耦合隐式方案最后同时解出所有单元内的变量(u、v、w、p 和 T)。

(2) 耦合显式(coupled explicit)　耦合的一组控制方程都用显式的方式线性化。和隐式方案一样,这种方案也会使得区域内每一个单元具有包含 N 个方程的方程组。然而,方程中的 N 个未知量都是用已知值显式地表示出来,但这 N 个未知量是耦合的。正因为如此,不需要分离求解。取而代之的是使用多步(Range-Kutta)方法来更新各未知量。总的来讲,耦合显式方案同时求解一个单元内的所有变量(u、v、w、p 和 T)。

9.3.4　求解器的比较与选择

分离求解器以前主要用于不可压缩流动和微可压缩流动,而耦合求解器用于高速可压缩流动。现在,两种求解器都适用于从不可压缩到高速可压缩的很大范围的流动。但总的来讲,当计算高速可压缩流动时,耦合求解器比分离求解器更有优势。

FLUENT默认使用分离求解器,但是,对于高速可压缩流动、由强体积力(如浮升力或者旋转力)导致的强耦合流动,或者在非常精细的网格上求解流动,需要考虑耦合求解器。耦合求解器耦合了流动和能量方程,精度较高,收敛较快。但耦合隐式求解器占用的内存较大,为分离求解器的1.5～2倍;耦合显式求解器虽然也耦合了流动和能量方程,但所占内存比耦合隐式求解器的小,当然收敛性也相应差一些。用户在选择时,可根据这一情况来权衡利弊,在需要采用耦合隐式求解器的时候,如果计算机的内存不够,则可以采用分离求解器或耦合显式求解器。

需要注意的是,在分离求解器中提供的几种物理模型,在耦合求解器中无效,这些模型包括流体体积模型(VOF)、多项混合模型、欧拉混合模型、PDF燃烧模型、预混合燃烧模型、部分预混合燃烧模型、烟灰和 NO_x 模型、Rosseland辐射模型、熔化和凝固等相变模型、周期性流动模型和周期性热传导模型等。而下列物理模型只在耦合求解器中有效,在分离求解器中无效:理想气体模型、用户定义的理想气体模型、NIST理想气体模型、非反射边界条件模型和用于层流火焰的化学模型。

一旦确定采用何种求解器,便可通过Solver对话框在FLUENT中对计划采用的求解器进行设定。方法为:选择"Define/Models/Solver..."命令,打开如图9.5所示的对话框,在该对话框的Solver和Formulation选项中选择合适的选项,对所采用的求解器进行设置。

9.3.5　计算模式的选择

除了设置求解器类型外,用户还需要对采用什么样的计算模式进行选择,比如模型在空间上具有什么样的特征,在时间上是稳态还是非稳态等。这些信息,都可以通过如图9.5所示的Solver对话框来设置。

在Space选项组中,可选择所计算模型具有的空间几何特征:2D(二维)、3D(三维)、Axisymmetric(轴对称)及Axisymmetric Swirl(轴对称回转)。

在Time选项组可指定所求解的问题在时间上是Steady(稳态)还是Unsteady(非稳态)。

在Velocity Formulation选项组可指定计算时速度是按Absolute(绝对速度)还是

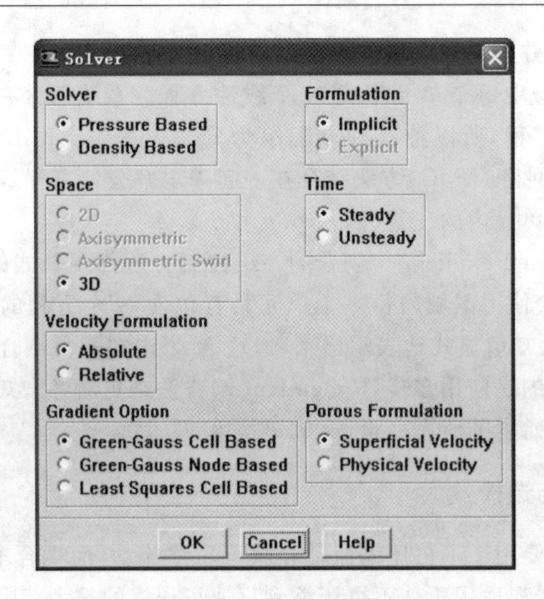

图 9.5 Solver **对话框**

Relative(相对速度)处理。注意:Relative 选项只用于分离求解器。

在 Gradient Option 选项组中,指定采用哪种压力梯度方法来计算控制方程中的导数项。方法有三种:Green-Gauss Cell Based(基于单元的格林-高斯方法)、Green-Gauss Node Based(基于节点的格林-高斯方法)和 Least Squares Cell Based(基于单元的最小二乘方法)。

Porous Formulation 选项组用于指定多孔介质速度是按 Superficial Velocity(表面速度)还是按 Physical Velocity(实际速度)处理。

如果在 Time 选项组中选择了 Unsteady,还会出现 Unsteady Formulation 选项组,让用户决定时间相关项的计算方法。对于绝大多数问题,选择 1st-Order Implicit(一阶隐式)就已足够。只有对精度有特别要求时,才选择 2nd-Order Implicit(二阶隐式)。而 Explicit 选项只对耦合显式求解器有效。

在完成对计算模式的相关设置后,选择“File/Write/Case...”命令,FLUENT 将结果保存到案例文件(*.cas)中。

9.3.6 运行环境的选择

1. 参考压力的选择

在 FLUENT 中,压力(包括总压和静压)都是相对压力值,即相对于运行参考压力(Operating Pressure)而言的。当需要绝对压力时,FLUENT 会把相对压力加上参考压力。

参考压力的数值是由用户提前设定的。选择“Define/Operating Conditions...”命令,打开 Operating Conditions 对话框,如图 9.6 所示。用户可在此对话框中设置参考压力的大小。如果用户不设置参考压力大小,则默认为标准大气压,即 101325 Pa。

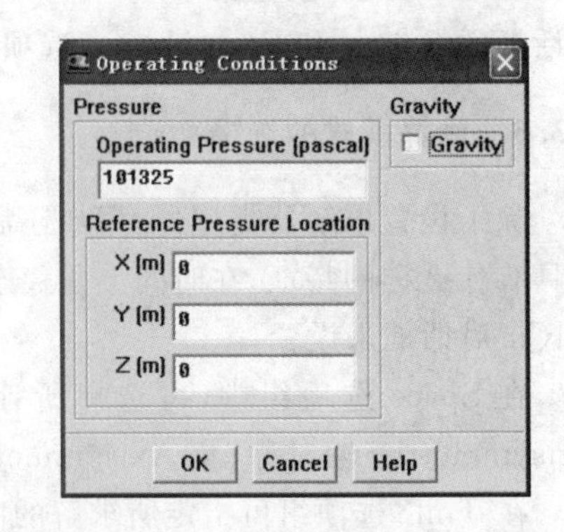

图 9.6 Operating Conditions **对话框**

对于不可压缩流动,若边界条件中不包含压力边界条件时，用户应设置一个参考压力位置。在计算中，FLUENT 强制这点的相对压力值为 0。实际上，FLUENT 在每轮迭代结束后，都要将整个压力场均减去这个参考压力位置的压力值，从而使得所有点的压力均按照参考压力位置的值来度量。如果用户不指定参考压力位置，则默认为(0,0,0)点。

2. 重力选项

如果所计算的问题需要计及重力影响，需要选中 Operating Conditions 对话框中的 Gravity 复选框。同时在 *X*、*Y* 及 *Z* 三个方向上指定重力加速度的分量值。默认情况下，FLUENT 不计重力影响。

9.4　确定计算模型

在设置好求解器及运行环境后，接下来需要决定采用什么样的计算模型，即是否考虑传热，流动是无黏流动、层流流动还是湍流流动，是否为多相流，是否包含相变，计算过程中是否存在化学组分变化和化学反应等。如果用户对这些模型不作任何设置，在默认情况下，FLUENT 将只进行流场求解，不求解能量方程，认为没有化学组分变化，没有相变发生，不存在多相流，不考虑氮氧化合物污染。下面针对相关模型进行介绍。

9.4.1　多相流模型

FLUENT 提供四种多相流模型（Multiphase Model）：VOF（Volume of Fluid）模型、Mixture（混合）模型、Eulerian（欧拉）模型和 Wet Stream（湿蒸汽）模型。选择“Define/Models/Multiphase...”命令，打开 Multiphase Model 对话框，如图 9.7 所示。

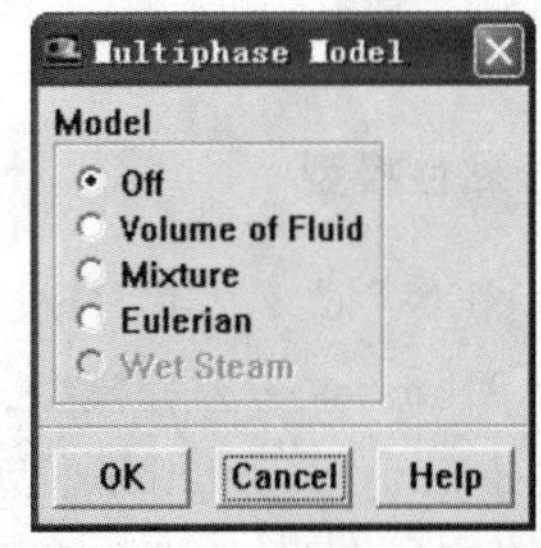

图 9.7　Multiphase Model **对话框**

默认状态下，FLUENT 屏蔽多相流计算，即 Multiphase Model 对话框的 Off 单选按钮处于选中状态。当用户选择了某种多相流模型时，对话框会进一步展开，其中包含相应模型的有关参数设置。下面对四种多相流模型进行具体介绍。

1. VOF 模型

该模型通过单独求解动量方程和单独处理每一种流体通过区域的容积比来模拟两种或三种不能混合的流体。典型的应用包括流体喷射、流体中大泡运动、气液界面的稳态和瞬态流动等。

2. Mixture 模型

该模型是一种简化的多相流模型，可用于模拟各相具有不同速度的多相流，但是假定了在小的空间尺度上具有局部平衡，各相之间的耦合较强。该模型也可用于模拟具有强烈耦合的各向同性多相流和各相以相同速度运动的多相流。典型的应用包括沉降、气旋分离器、低载荷作用下的多粒子流动、气相容积率很低的泡状流。

3. Eulerian 模型

该模型可以模拟多相分离流及相互作用的相，相可以为液体、气体、固体。与在离散相模型中 Eulerian-Lagrangian 方案只用于离散相不同，在多相流模型中 Eulerian 方案可用于模型中的每一种相。

4. Wet Steam 模型

该模型可以模拟蒸汽快速膨胀过程中伴有冷凝液滴产生的湿蒸汽，典型的应用有蒸汽透平的设计。因为随着蒸汽量的增加，将给蒸汽透平低压级叶片造成严重腐蚀。该模型采用 Eulerian-Eulerian 方案模拟湿蒸汽中的气相和液相。

9.4.2 能量方程

FLUENT 允许用户选择是否需要进行能量方程(Energy Equation)的计算。具体操作为：选择"Define/Model/Energy..."命令，打开 Energy 对话框，如图 9.8 所示。

如果用户选中 Energy Equation 复选框，则表示计算过程中要使用能量方程，考虑热交换。对于一般的液体流动问题，如水利工程及水力机械流场分析，可不考虑传热，而在气体流动模拟时，往往需要考虑热交换。

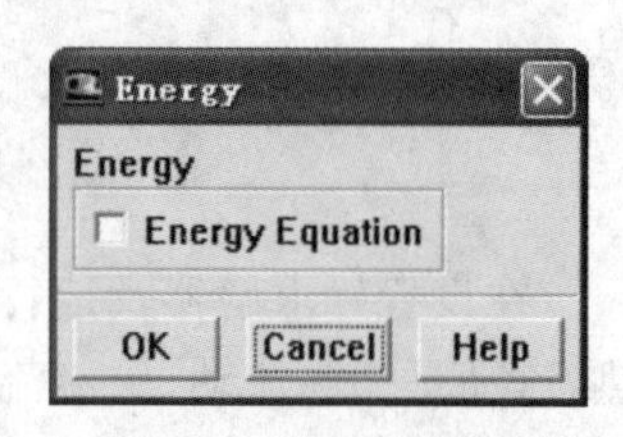

图 9.8 Energy 对话框

在 FLUENT 中使用其他模型时，如果考虑热交换，用户需要激活相应的模型、提供热边界条件、给出控制热交换或依赖于温度而变化的各种物性参数。

如果模拟的是黏性流动，并且希望在能量方程中包含黏性生成热，在下面要介绍的 Viscous Model 对话框中激活 Viscous Heating 选项(该选项仅在激活能量方程的前提下出现，且只能用于分离求解器)。默认状态下，FLUENT 在能量方程中忽略了黏性生成热，而耦合求解器则包含黏性生成热。对于流体剪切应力较大(如流体润滑问题)和高速可压缩流动，用户应考虑黏性耗散。

9.4.3 黏性模型

FLUENT 6.3 提供了八种黏性模型(Viscous Model)：Inviscid 模型、Laminar 模型、Spalart-Allmaras 一方程模型、k-ε 二方程模型、k-ω 二方程模型、Reynolds Stress 七方程模型、Detached Eddy Simulation 模型和 Large Eddy Simulation 模型。其中 Large Eddy Simulation 模型只对三维问题有效。选择"Define/Models/Viscous..."命令，打开 Viscous Model 对话框，如图 9.9 所示。

Viscous Model 对话框给出了可供选择的湍流模型。在默认情况下，FLUENT 只进行无黏计算，即 Viscous Model 对话框的 Inviscid 单选按钮为选中状态。各种模型的基本特性如下。

1. Inviscid 模型

Inviscid 模型为无黏模型。不考虑黏性时，采用 Inviscid 模型。

2. Laminar 模型

Laminar 模型为层流模型。流动为层流时，采用 Laminar 模型。Laminar 模型同 Inviscid 模型一样，不需要用户设置任何与计算模型相关的参数。

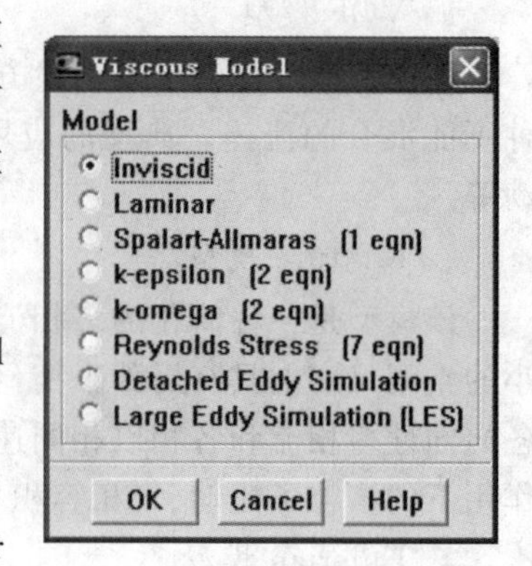

图 9.9 Viscous Model 对话框

3. Spalart-Allmaras 一方程模型

Spalart-Allmaras 一方程模型属于一方程湍流模型，是用于求解动力涡黏输运方程相对简单的一种模型，适用于航空领域的壁面受限流动，以及逆压梯度较强的边界层流动方面的模拟，在通用透平机械中的应用也越来越普遍。

原始的 Spalart-Allmaras 一方程模型实际上是一种低 *Re* 模型，要求近壁面区的网格划分得很细。但在 FLUENT 中，由于引入了壁面函数法，当 Spalart-Allmaras 一方程模型用于较粗的壁面网格时，也可取得较好的模拟结果。因此，当精确的湍流计算并不是十分需要时，Spalart-Allmaras 一方程模型是最好的选择。需要注意的是，Spalart-Allmaras 一方程模型是一种相对较新的模型，现在还不能断定它是否适用于所有类型的复杂工程流动，有时它还因为对长度尺寸的变化不敏感而受到批评，比如，当壁面约束流动突然转变为自由剪切流时，就属于这种情况。

4. k-ε 二方程模型

k-ε 二方程模型属于二方程湍流模型。k-ε 二方程模型可分为标准 k-ε 模型、RNG k-ε 模型和 Realizable k-ε 模型三种。k-ε 模型是目前使用最广泛的黏性模型。用户在初次使用 FLUENT 时，可暂时用其默认值，待以后有经验时再调整。

5. k-ω 二方程模型

k-ω 二方程模型属于二方程湍流模型。k-ω 二方程模型可分为标准 k-ω 模型和 SST k-ω 模型。标准 k-ω 模型基于 Wilcox k-ω 模型，在考虑低 *Re*、可压缩性和剪切流特性的基础上修改而成。Wilcox k-ω 模型在预测自由剪切流传播速率时，效果良好，成功应用于尾迹流、混合层流动、平板绕流、圆柱绕流和放射状喷射。因此可以说，标准 k-ω 模型能够应用于壁面约束流动和自由剪切流动。SST k-ω 模型的全称是剪切应力输运（shear stress transport）k-ω 模型，是为了使标准 k-ω 模型在近壁面区有更好的精度和稳定性而发展起来的，也可以说是将 k-ε 模型转换到 k-ω 模型的结果。因此，SST k-ω 模型在大多情况下比标准 k-ω 模型效果更好。

6. Reynolds Stress 七方程模型

Reynolds Stress 七方程模型称为 Reynolds 应力模型（RSM）。在 FLUENT 中，Reynolds 应力模型是最精确的湍流模型。它放弃了各向同性的涡黏假定，直接求解 Reynolds 应力方程。由于它比一方程模型和二方程模型更加严格地考虑了流线弯曲、旋涡、旋转和张力快速变化，因此对于复杂流动，该模型总体上具有更高的预测精度。但是，为了使 Reynolds 方程封闭而引入了附加模型（尤其是针对计算精度具有重要影响的压力应变项和耗散率项模型），使得这种方法的预测效果的真实性受到挑战。

总体来讲，Reynolds 应力模型的计算量很大。当要考虑 Reynolds 应力的各向异性，比如飓风流动、燃烧室高速旋转流、管道中二次流时，必须采用 Reynolds 应力模型。

7. Detached Eddy Simulation 模型

Detached Eddy Simulation 模型称为脱体涡模拟（DES）湍流模型。该模型是 Reynolds 平均（RANS）方法与大涡模拟（LES）模型的一种综合，通常在近壁区采用 Reynolds 平均方法，而在湍流区采用大涡模拟模型。Detached Eddy Simulation 模型基于一方程 S-A 模型、Realizable k-ε 模型以及 SST k-ω 模型，计算量比大涡模拟模型的小，但比 Reynolds 平均方法的大。

8. Large Eddy Simulation 模型

Large Eddy Simulation 模型称为大涡模拟湍流模型、大涡模拟模型。该模型只适用于三维问题，是目前最具有研究潜力的湍流模型。

对于上述几种湍流模型，从计算的角度看，Spalart-Allmaras 一方程模型在 FLUENT 中是最经济的湍流模型，标准 k-ε 模型比 Spalart-Allmaras 一方程模型耗费更多的计算资源，而 Realizable k-ε 模型比标准 k-ε 模型耗费的计算资源更多。RNG k-ε 模型由于在控制方程中增加了额外的方程以及非线性，因而比标准 k-ε 模型多消耗 10%～15%的 CPU 时间。k-ω 模型同样为二方程模型，计算时间与 k-ε 模型相当。

与 k-ε 模型和 k-ω 模型相比，Reynolds 应力模型因为增加了 Reynolds 应力方程而需要更多的内存和 CPU 时间。然而，由于 FLUENT 的高效程序设计，RSM 算法并没有在 CPU 时间方面增加很多。对于每种迭代算法，Reynolds 应力模型比 k-ε 模型和 k-ω 模型要多耗费 50%～60%的 CPU 时间，以及多需要 15%～20%的内存。

9.4.4 辐射模型

FLUENT 共提供了 5 种辐射模型(Radiation Model)：Rosseland(Rosseland 辐射模型)、P1(P1 辐射模型)、DTRM(离散传播辐射模型)、S2S(表面辐射模型)和 DO(离散坐标辐射模型)。借助这些辐射模型，用户可以在其计算中考虑由于辐射而引起的加热/冷却等。一旦使用了辐射模型，每轮迭代过程中能量方程的求解计算就会包含辐射热流。同时，若用户激活了辐射模型，FLUENT 就会自动激活能量方程的计算。

选择"Define/Models/Radiation..."命令，打开 Radiation Model 对话框，如图 9.10 所示。

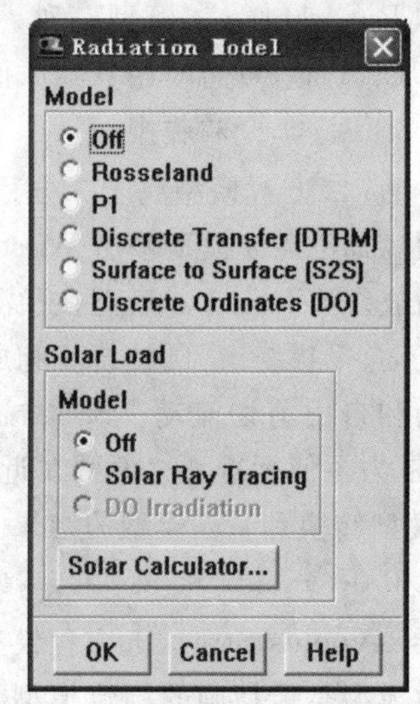

图 9.10 Radiation Model 对话框

Radiation Model 对话框显示了可供选择的辐射模型。在默认情况下，FLUENT 是屏蔽辐射热传导计算的，即 Radiation Model 对话框的 Off 单选按钮为选中状态。一旦选择了某种辐射模型，对话框将会扩展，以包含该模型相应的设置参数。注意：辐射模型只能使用分离求解器。

辐射模型能够应用的典型场合包括火焰辐射传热，表面辐射换热，导热、对流与辐射的耦合问题，采暖、通风、空调中通过窗口的辐射换热及汽车车厢的传热分析，玻璃加工及玻璃纤维拉拔和陶器加工，等等。关于辐射模型的特性及用法，详见 FLUENT 用户手册。

9.4.5 组分模型

组分模型(Species Model)中的 Transport & Reaction 选项可用于对化学组分的输运和燃烧等化学反应进行模拟。在该选项中，FLUENT 提供的组分模型包括 Species Transport(组分输运模型)、Non-Premixed Combustion(非预混燃烧模型)、Premixed Combustion(预混燃烧模型)、Partially Premixed Combustion(部分预混燃烧模型)和 Composition PDF Transport(组分 PDF 输运模型)。

选择"Define/Models/Species/Transport & Reaction..."命令，打开 Species Model 对话框，如图 9.11 所示。

Species Model 对话框显示了可供选择的组分模型。在默认情况下，FLUENT 屏蔽组分

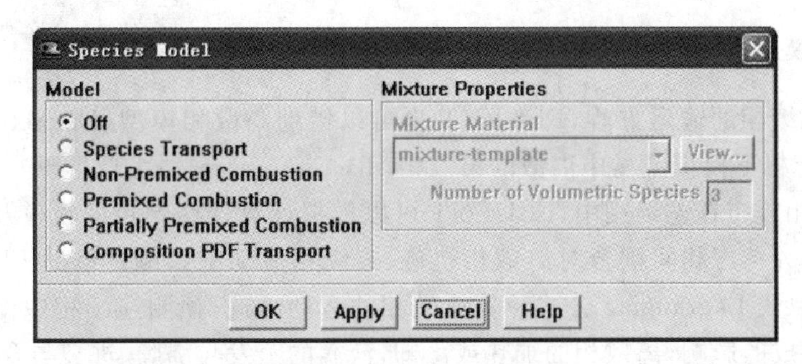

图 9.11　Species Model **对话框**

计算，即 Species Model 对话框的 Off 单选按钮为选中状态。一旦选择了某种组分模型，对话框将会扩展，以包含该模型相应的设置参数。各种模型的基本特性如下。

1. Species Transport 模型

该模型实际上是通用有限速率模型，它建立在对组分输运方程求解的基础上，同时采用了用户所定义的化学反应机制。该模型的核心如下：组分输运方程中的反应率以源项的形式出现，其中的反应率可通过 Arrhenius 速率表达式等三种模型计算得到。

2. Non-Premixed Combustion 模型

在非预混燃烧模型中，并不是求解每一个组分输运方程，而是求解一个或两个守恒标量（混合份额）的输运方程，然后从预测的混合份额分布推导出每一种组分的浓度。该模型主要为模拟湍流扩散火焰而设计，并在此方面比 Species Transport 模型具有更多优势。

3. Premixed Combustion 模型

预混燃烧模型主要用于完全预混的燃烧系统。在完全预混燃烧中，充分混合的反应物和燃烧产物被火焰前缘分开，通过求解反应发展变量来预测前缘的位置，湍流的影响通过湍流火焰速度来考虑。

4. Partially Premixed Combustion 模型

部分预混燃烧模型可用于非预混燃烧和完全预混燃烧相结合的系统。该模型通过分别求解混合份额方程和反应发展变量来确定组分浓度和火焰前缘位置。

5. Composition PDF Transport 模型

组分 PDF 输运模型可模拟湍流火焰中真实的有限速率化学反应。该模型使用了概率密度函数（probability density function，PDF）。借助该模型，任意化学机制都能输入 FLUENT 中，比如非均衡组分及点火/熄灭等动态效果都能被捕捉到。该模型可应用于预混、非预混及部分预混火焰，但需要注意的是，该模型的计算量相当大。

在上述各组分模型中：组分输运模型主要用于化学组分混合、输运和反应的问题，以及壁面或粒子表面反应的问题（如化学蒸气沉积）；非预混燃烧模型主要用于包含湍流扩散火焰的反应系统；预混燃烧模型主要用于完全预混的燃烧反应系统；对于区域内具有变等值比的预混火焰的模拟，使用部分预混燃烧模型；对于有限速率化学反应非常重要的湍动火焰，使用 EDC 格式的有限速率模型或组分 PDF 输运模型。

除 Transport & Reaction 选项外，组分模型还提供另外 5 个选项：Spark Ignition（火花点火）、Autoignition（自燃）、NO_x（氮氧化物）、SO_x（硫氧化物）、Soot（烟灰）。一旦选择“Define/Models/Species”下的相关选项，对话框将会扩展以包含该模型相应的设置参数。

9.4.6 离散相模型

除了求解连续相的输运方程，FLUENT 也可以借助离散相模型(Discrete Phase Model)在 Lagrangian 坐标下模拟流场中离散的第二相(discrete phase)。由球形颗粒(代表液滴或气泡)构成的第二相分布在连续相中，FLUENT 可以模拟计算这些颗粒的轨道及由颗粒引起的热量、质量传递，并考虑相间耦合对离散相轨迹、连续相流动的影响。借助 FLUENT 提供的离散相模型，可以用 Lagrangian 公式计算离散相的运动轨迹，预测连续相中由于湍流旋涡的作用而对颗粒造成的影响，离散相的加热或冷却，液滴的蒸发与沸腾、迸裂与合并，模拟煤粉燃烧，以及连续相与离散相间的耦合等。

选择“Define/Models/Discrete Phase...”命令，打开 Discrete Phase Model 对话框，如图 9.12 所示。

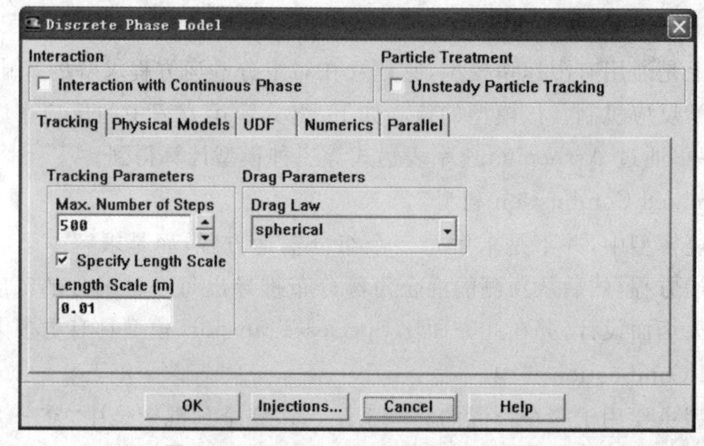

图 9.12 Discrete Phase Model **对话框**

Discrete Phase Model 对话框允许用户设置与离散相计算相关的参数，包括是否激活离散相与连续相间的耦合计算，粒子轨迹跟踪的控制参数，计算中使用的其他模型，用于计算粒子上力平衡的阻力，液滴破碎及碰撞的有关参数，以及通过用户自定义函数引入的对离散相模型的定制等。

9.4.7 凝固和熔化模型

Solidification and Melting 模型(凝固和熔化模型)可用来求解包含凝固(Solidification)和/或熔化(Melting)的流体流动问题，这种凝固和熔化现象可以在一特定温度下发生(如纯金属的熔化)，也可在一个温度范围内发生(如二元合金的熔化)。液固模糊区域按多孔介质来处理，多孔部分等于液体所占份额。在动量方程中引入一个“单元”来考虑因固体材料的存在而引起的压降，在湍流方程中同样引入了一个“单元”来考虑在固体区域中减少的多孔介质。借助 FLUENT 的凝固和熔化模型，可以计算纯金属及二元合金的凝结和熔化，模拟连续的铸造过程，模拟因空气间隙而导致的固化材料与壁面之间的热阻，模拟带有凝固和熔化的组分传输等。

选择“Define/Models/Solidification and Melting...”命令，打开 Solidification and Melting 对话框，如图 9.13 所示。

在 Solidification and Melting 对话框的默认情况下，FLUENT 是不进行凝固和熔化计算

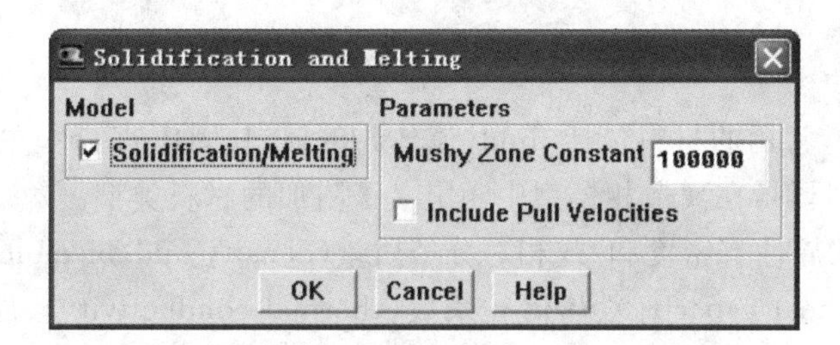

图 9.13　Solidification and Melting 对话框

的。如果用户选中 Solidification/Melting 复选框，则表示计算过程中要进行凝固和熔化计算，同时需要用户给出 Mushy Zone Constant 值，用户给出 10e+4 ～ 10e+7 范围内的一个数即可。激活该模型后，还需要同时在材料特性及边界条件中作相应设置。

9.4.8　噪声模型

Acoustics Model 可以用来预测空气动力学所产生的声学特性，比如噪声。选择“Define/Models/Acoustics...”命令，打开 Acoustics Model 对话框，如图 9.14 所示。

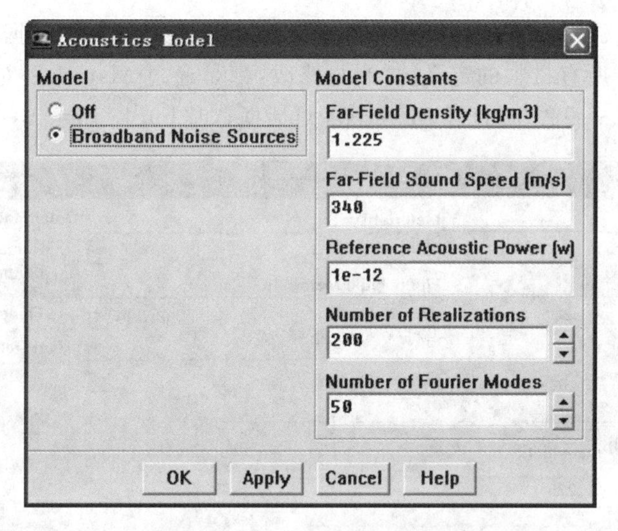

图 9.14　Acoustics Model 对话框

在默认情况下，FLUENT 是不进行噪声计算的，即 Acoustics Model 对话框的 Off 单选按钮为选中状态。一旦选择了噪声模型，对话框将会扩展，以包含该模型相应的设置参数。

9.5　定义材料

在 FLUENT 中，流体和固体的物理属性都用材料来表示，FLUENT 要求为每个参与计算的区域指定一种材料。FLUENT 材料数据库中已经包含多种常用材料，比如 air(空气)、water(水)等。用户可从中选择后直接使用，或对之进行修改后使用。当然，用户还可创建新的材料。一旦这些材料被定义好，便可将材料分配给相应的边界区域。下面对如何定义材料进行介绍。

9.5.1 材料简介

在 FLUENT 中，常用的材料包括 fluid（流体）和 solid（固体）两种，在组分计算中专门定义了 mixture（混合）材料，在离散相模型中还定义了附加的材料类型。

流体材料包含的属性有密度和/或相对分子质量（density and/or molecular weight）、黏度（viscosity）、比热容（heat capacity）、热传导系数（thermal conductivity）、质量扩散系数（mass diffusion coefficient）、标准状态焓（standard state enthalpy）、分子运动论参数（kinetic theory parameter）。

固体材料只有密度、比热容和热传导系数属性（对于模拟辐射时使用的半透明性质的固体材料，允许附加辐射属性）。

在使用分离求解器时，固体材料不需要密度和比热容属性，除非模拟瞬态流动或固体区域是运动的。在稳态流动计算时，虽然在属性列表中出现比热容，但只是在处理焓时才使用比热容，其并不参与流动计算。

9.5.2 定义材料的方法

FLUENT 预定义了一些材料，用户可自定义新材料，还可从材料数据库中复制已有材料，或者修改已有材料。所有材料的定义、复制与修改，都是通过 Materials 对话框来实现的。选择“Define/Materials...”命令，打开 Materials 对话框，如图 9.15 所示。

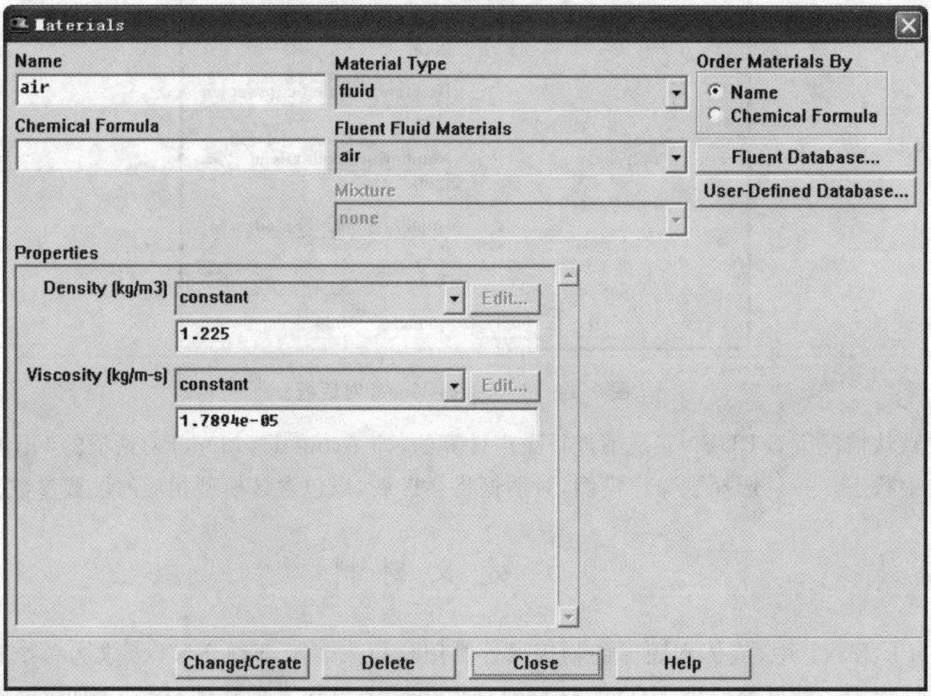

图 9.15 Materials **对话框**

在对话框中，可在相应条目下选择或输入相关数据，从而实现对材料的创建、修改或删除。下面结合主要条目的说明来介绍对话框的使用。

(1) Name 显示当前材料的名称。如果用户要生成新材料，无论是采用创建还是复制的方法，可在此输入所要生成的材料名称。如果要修改已存在的材料，则需要从右边的 fluid（或 solid，这取决于在 Material Type 项中的选择）下拉列表中选择已有材料。

(2) Chemical Formula　显示材料的化学式。一般情况下，用户不应修改这个文本框，除非自己创建全新的材料。

(3) Material Type　该下拉列表框包含所有可用的材料类型。FLUENT 默认的材料类型只有 fluid（流体）和 solid（固体）。如果模拟组分输运，FLUENT 会增加 mixture（混合）材料类型。如果模拟离散相，还可能出现其他类型。

(4) Fluent Fluid Materials　该下拉列表框包含与在 Material Type 中所选材料类型相对应的已定义的全部材料。用户可以从这个列表中选择一种材料，并对之进行修改或删除。

(5) Order Materials By　允许用户对已存在的材料名称进行排序。排序方式可按 Name（名称）或 Chemical Formula（化学式）。

(6) Fluent Database...　这是 FLUENT 提供的材料数据库。用户可从中复制预定义的材料到当前求解器中。数据库提供了许多常用的材料。例如，可从数据中将 water（水）复制过来，然后在这个对话框中对其进行适当修改，water 便成了当前求解器中可以使用的材料。默认情况下，只有数据库中的 air（空气）和 aluminum（铝）才会出现在当前求解器中。

(7) User-Defined Database...　这是供用户自定义的材料数据库。用户可根据自己的需要对材料的物性进行定义和设置。

(8) Properties　包含材料的各种属性，用以让用户确认或修改。这些属性的范围因当前使用的计算模型不同而不同，经常使用的属性包括 Density（密度）和 Viscosity（黏度），用户可根据求解问题中的实际流体介质的物性输入相关参数。

注意有些属性可能是随温度或其他条件变化的，这时可借助 Profile 文件通过下拉列表的方式来设置这些特性。对于绝大多数属性，用户可选择它们随温度按 polynomial（多项式）、piecewise-linear（分段线性）、piecewise-polynomial（分段多项式）或 power-low（幂指数）等形式变化。例如，假定黏度随温度呈分段线性方式变化，则可从如图 9.15 所示的 Viscosity 下拉列表中，选择 piecewise-linear 来替代当前的 constant（常数），然后在打开的对话框中，输入相关的系数即可。

(9) Change/Create　使用户在当前状态下所作的修改生效或创建一种新材料。如果当前名称所指定的材料不存在，则创建它。如果用户修改了材料属性，但没有改变其名称，FLUENT 将用修改的属性直接对材料进行更新。

(10) Delete　从当前计算模型的材料清单中删除所选定的材料。

在材料定义完成后，在 FLUENT 菜单中选择“File/Write/Case...”命令，可将当前定义的材料全部保存到案例文件（*.cas）中。

9.6　设置边界条件

本节将介绍边界条件的设置方法及各种常用的边界条件。

9.6.1　边界条件的类型

FLUENT 提供数十种边界条件，可分为四大类，表 9.1 给出了基本边界条件。

表 9.1 FLUENT 提供的基本边界条件

类型	边界条件名称	物理意义
进口边界、出口边界	速度进口(velocity inlet)	给定进口边界上的速度和其他流动变量。该边界条件只用于不可压缩流动
	压力进口(pressure inlet)	给定进口边界上的总压和其他流动变量
	质量进口(mass flow inlet)	给定进口边界上的质量流量和其他流动变量。该边界条件只用于可压缩流动
	出流(outflow)	该边界条件适用于出口处流动完全发展的情况,但不能用于可压缩流动问题,也不能和压力进口边界条件一起使用
	压力出口(pressure outlet)	给定出口边界上的静压和其他流动变量
	压力远场(pressure far-field)	该边界条件只能用于可压缩流动问题,且需要将边界设置在离中心区域较远的地方
	进风口(inlet vent)	给定进口边界上的流动损失系数和总压
	排风口(outlet vent)	给定出口边界上的流动损失系数和静压
	进气扇(intake fan)	给定进口边界上的压力阶跃和总压
	排气扇(exhaust fan)	给定出口边界上的压力阶跃和静压
周期性、对称边界	周期性(periodic)	用于具有周期性重复的情况
	对称(symmetry)	用于具有镜像对称特征的情况。对于对称边界条件,只需要设定边界的位置,而不需要定义任何边界条件
	轴(axis)	用于具有轴对称特征的情况。对于轴边界条件,不需要定义任何边界条件
	壁面(wall)	用于区分流体和固体区域
内部区域	流体(fluid)	用于内部单元区域的情况。对于流体边界条件,需要定义流体介质的类型
	固体(solid)	用于内部单元区域的情况。对于固体边界条件,需要定义固体材料的类型
内部表面边界	风扇(fan)	属于集总参数模型,用于模拟性能已知的风扇对流场产生的影响。对于风扇边界条件,只需要定义风扇的压力-流量关系性能
	散热器(radiator)	属于集总参数模型,用于模拟性能已知热交换器对流场产生的影响
	多孔介质阶跃(porous jump)	属于集总参数模型,用于模拟速度和压降均为已知的多孔介质对流场产生的影响。多孔介质阶跃边界条件,实质上是一维多孔介质模型的简化
	内部界面(interior)	用于两个内部单元区域的界面处,将两个区域隔开。对于内部界面边界条件,只需要设定边界的位置,而不需要定义任何边界条件

9.6.2 边界条件的设置方法

通常,当 GAMBIT 生成网格模型时,就已将具有不同边界条件类型的边界或区域进行了定义。进入 FLUENT 后,则可通过 Boundary Conditions 对话框来进一步完成边界条件的设置。选择“Define/Boundary Conditions...”命令，打开 Boundary Conditions 对话框，如图 9.16 所示。

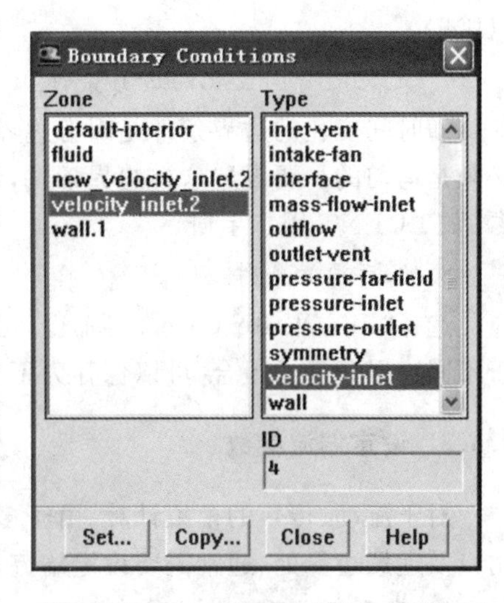

图 9.16　Boundary Conditions 对话框

在 Boundary Conditions 对话框中，左侧的 Zone 列表自动显示出在生成网格模型时所设置的各边界或区域的名称，右侧的 Type 列表显示出对应的边界条件类型。现将有关操作方式介绍如下。

1. 设置边界条件

为了给一个特定的区域设置边界条件，可单击 Zone 列表中的边界或区域名称，从 Type 列表中单击边界类型，然后选择 Set... 按钮，FLUENT 会打开相应的对话框，比如 Velocity Inlet 对话框。用户在新对话框中可为当前边界设置具体数值。设置的方法有两种：一是直接在对话框中输入数值，二是利用 Profile 文件。具体过程将在后续章节中介绍。

2. 改变边界条件

有时需要对边界条件进行更改，比如在生成网格时指定某边界为压力进口，但是现在想使用速度进口，这就需要先把压力进口改为速度进口，然后再进行边界条件的设置。改变边界条件的步骤为：在 Zone 列表中选定所要修改的边界区域，在 Type 列表中选择正确的边界条件，然后在出现的确认此更改的对话框中，单击 Yes 按钮。接下来，在打开的对话框中，具体设置边界条件的相关数值。

注意：不能将当前边界条件任意修改，只能改为同一类型中的边界条件，详细内容参见表 9.1。

3. 复制边界条件

对于系统中具有相同或相近边界条件的区域，可采用复制边界条件的方法快速地设置边界条件。方法为：在 Boundary Conditions 对话框中，单击 Copy... 按钮，将打开 Copy BCs 对话框，选中要复制的源和目标即可。

4. 在图形区选择边界区域

在 Boundary Conditions 对话框中，边界区域是以名称(代号)表示的，不直观。在为边界区域设置边界条件时，可用鼠标在图形窗口选择适当的区域。方法为：先选择“Display/Grid...”命令来显示计算模型的网格图，然后在所需要的边界上单击右键，选中的边界区域将自动出现在 Boundary Conditions 对话框的 Zone 列表中。

5. 改变边界区域名称

在默认情况下，边界区域是以其类型名加一个编号组成的，比如 velocity_inlet.2。为使其名称所指更明确，可修改这个默认名称。方法为：从 Boundary Conditions 对话框的 Zone 列表中选择要重命名的边界区域，单击 Set... 按钮，打开新的对话框，在 Zone Name 文本框中输入新名称。

6. 定义非均匀的边界条件

当某一边界上的物理量不是常数时，其边界条件可通过 Profile 文件来设置。在这个文件中，用户可使用各种数据，包括实验数据和前面求解得到的结果数据，还可使用自定义函数

(UDF)。

7. 定义随时间变化的边界条件

随时间变化的边界条件是瞬态边界条件,FLUENT 只允许边界值随时间变化,在空间上必须是均匀的。要设置这类边界条件,必须使用瞬态信息文件(Transient Profile)。详细内容参见 FLUENT 用户手册。

8. 保存边界条件

选择"File/Write/Case..."命令,可将当前设置的边界条件保存为案例文件(*.cas)。对于不同边界条件的组合,可以保存为不同的案例文件。

9.6.3 设定湍流参数

对于流动、传热的模拟计算,由于多数情况下的流动处于湍流状态,因此在计算域的进口、出口及远场边界处,通常需要设定湍流参数。下面介绍常用计算模型的湍流参数设定方法。

1. 需要用户设定的湍流参数

无论用户使用哪种进口、出口及远场边界条件,在边界物理量数值设定的对话框中,都会出现 Turbulence Specification Method 项目,意为让用户指定使用哪种湍流参数,这时 FLUENT 会给出如下选项的一个或几个(所给出的选项的数目取决于当前使用的湍流模型):

(1) K and Epsilon(湍动能和湍动耗散率);

(2) K and Omega(湍动能和比耗散率);

(3) Reynolds-Stress Components(Reynolds 应力分量);

(4) Modified Turbulent Viscosity(修正的湍流黏度);

(5) Turbulent Intensity and Length Scale(湍流强度和湍流长度尺度);

(6) Turbulent Intensity and Viscosity Ratio(湍流强度和湍流黏度比);

(7) Turbulent Intensity and Hydraulic Diameter(湍流强度和水力直径);

(8) Turbulent Viscosity Ratio(湍流黏度比)。

用户可从上面给出的选项中选择其一,然后按下面给出的公式计算选定的湍流参数,并在边界条件对话框中对之进行设定。

2. 湍流参数的计算式

湍流强度(turbulent intensity)按下式计算:

$$I = u'/\overline{u} = 0.16\ (Re_{D_H})^{-1/8} \tag{9.1}$$

式中:u' 和 $\overline{u}$ 分别为湍流脉动速度与平均速度,Re_{D_H} 为按水力直径 D_H 计算得到的 Reynolds 数。对于圆管,水力直径 D_H 等于圆管直径;对于其他几何形状,按等效水力直径确定。湍流长度尺度(turbulence length scale)按下式计算:

$$l = 0.07L \tag{9.2}$$

式中:L 为关联尺寸。对于充分发展的湍流,L 等于水力直径。

湍流黏度比(turbulent viscosity ratio)$\frac{\mu_t}{\mu}$ 正比于湍流 Reynolds 数,一般可取 $1<\frac{\mu_t}{\mu}<10$。修正的湍流黏度(modified turbulent viscosity)$\overline{\nu}$ 按下式计算:

$$\overline{\nu} = \sqrt{\frac{3}{2}}\overline{u}Il \tag{9.3}$$

湍动能(turbulent kinetic energy)按下式计算:

$$k = \frac{3}{2}(\bar{u}I)^2 \tag{9.4}$$

如果已知湍流长度尺度 l,则湍流耗散率(turbulent dissipation rate)ε 按下式计算:

$$\varepsilon = C_\mu^{3/4}\frac{k^{3/2}}{l} \tag{9.5}$$

式中:C_μ 取 0.09。如果已知湍流黏度比$\frac{\mu_t}{\mu}$,则湍流耗散率 ε 按下式计算:

$$\varepsilon = \rho C_\mu \frac{k^2}{\mu}\left(\frac{\mu_t}{\mu}\right)^{-1} \tag{9.6}$$

如果已知湍流长度尺度,则比耗散率(specific dissipation rate)ω 按下式计算:

$$\omega = \frac{k^{1/2}}{C_\mu^{1/4} l} \tag{9.7}$$

如果已知湍流黏度比$\frac{\mu_t}{\mu}$,则比耗散率 ω 按下式计算:

$$\omega = \rho\frac{k}{\mu}\left(\frac{\mu_t}{\mu}\right)^{-1} \tag{9.8}$$

当使用 Reynolds 应力模型时,除了通过湍流强度给定湍流量外,还可直接给定 Reynolds 应力分量。

3. 使用 Profile 文件设定边界上的湍流参数

上面给出了边界上各湍流物理量的计算公式。如果在整个边界上,湍流物理量是均匀分布的,则可直接通过对话框输入这些湍流参数;若湍流参数在边界上随空间坐标而变化,则必须使用 Profile 文件。

借助实验数据和经验公式,可以更加准确地给定边界上不同位置的湍流物理量大小,即可通过离散点给定湍流量,也可通过某种解析表达式,在 Profile 文件中精确地描述湍流物理量在边界上的分布结果。

对于 Profile 文件,既可通过 Scheme 语言创建,也可通过 C 语言创建,即 FLUENT 的用户自定义功能(UDF)。

9.6.4　常用的边界条件

前面介绍了设置边界条件的基本方法,接下来介绍几种常用边界条件的具体使用方法。

1. 速度进口

速度进口(velocity-inlet)边界条件用于定义进口边界处的流动速度及其他流动变量。该边界条件只用于不可压缩流动。

速度进口边界条件通过 Velocity Inlet 对话框进行设置,如图 9.17 所示。该对话框从图 9.16 所示的 Boundary Conditions 对话框中打开,当用户在 Boundary Conditions 对话框中为边界选择 velocity-inlet 类型,并单击 Set... 按钮,或者将边界类型更改为 velocity-inlet 后,便打开 Velocity Inlet 对话框。

在 Velocity Inlet 对话框中,需要用户给定进口边界上速度及相关流动变量的值。因 FLUENT 允许用户激活不同的计算模型,允许在不同的坐标系下,以不同方式设置速度的大小和方向,因此,该对话框中选项的数目和形式并不确定,现只对部分选项介绍如下。

(1) Zone Name　设定边界名称。默认名称是由 FLUENT 根据边界性质自行给定的,用

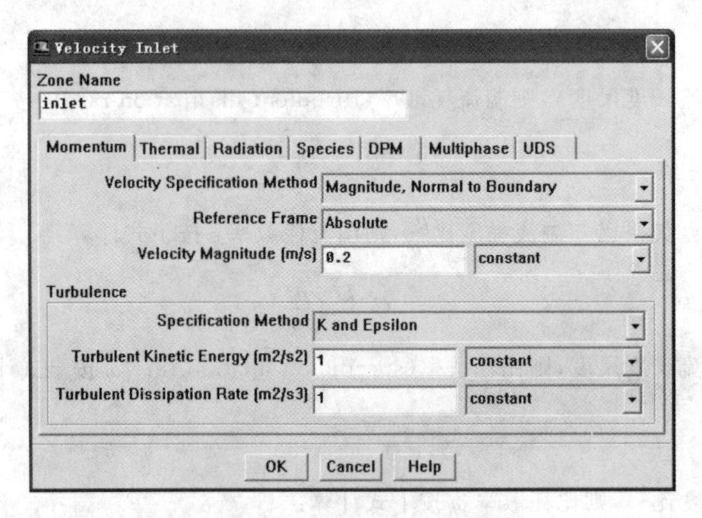

图9.17　Velocity Inlet **对话框**

户在此可对此名称进行修改。

(2) Velocity Specification Method　设定进口速度方向。FLUENT为用户定义进口速度提供三种方式:①Magnitude and Direction(指定速度的大小和方向);②Components(指定速度分量);③Magnitude,Normal to Boundary(指定速度大小,方向垂直于边界)。

(3) Reference Frame　设定使用速度绝对值或相对值。Absolute表示使用速度绝对值,Relative to Adjacent Cell Zone表示使用速度相对值。如果不使用运动参考系,这两个选项的效果相同。

(4) Coordinate System　指定坐标系。选择使用Cartesian(直角坐标系)、Cylindrical(柱坐标系)或Local Cylindrical(局部柱坐标系)来设定速度值。该选项只有在三维情况下,且将Magnitude and Direction或Components作为Velocity Specification Method时才出现。

(5) X,Y,Z-Velocity　设定速度矢量的分量。该项只有当用户将Components作为Velocity Specification Method,且将Cartesian作为Coordinate System时才出现。

(6) Radial,Tangential,Axial-Velocity　设定速度矢量的分量。该项只有当用户将Components作为Velocity Specification Method,且将Cylindrical或Local Cylindrical作为Coordinate System时才出现。

(7) Axial,Radial,Swirl-Velocity　设定速度矢量的分量。该项只有当处理二维轴对称问题时才出现。

(8) Angular Velocity　设定三维流动角速度。该项只有当将Components作为Velocity Specification Method,将Cylindrical或Local Cylindrical作为Coordinate System时才出现。

(9) Specification Method　设定湍流参数类型。FLUENT给出的选项取决于当前使用的湍流模型类型。

(10) Turbulent Kinetic Energy与Turbulent Dissipation Rate　设定湍动能和湍流耗散率。

(11) Reynolds-Stress Specification Method　设定Reynolds应力。该选项只有当用户激活了Reynolds应力模型时,才出现。

2. 压力进口

压力进口(pressure-inlet)边界条件用于定义进口边界处的总压以及其他流动变量。该边界条件对可压缩流动和不可压缩流动均适用,可用于进口边界处总压已知但流量或流速未知的情况,如浮升力驱动的流动。压力进口边界条件也可用来定义外部流动或无约束流动中的“自由”边界。

压力进口边界条件通过 Pressure Inlet 对话框进行设置,如图 9.18 所示。该对话框从图 9.16 所示的 Boundary Conditions 对话框中打开。当用户在 Boundary Conditions 对话框中为边界选择 pressure-inlet 类型,并单击 Set... 按钮,或者将边界类型更改为 pressure-inlet 后,便打开 Pressure Inlet 对话框。

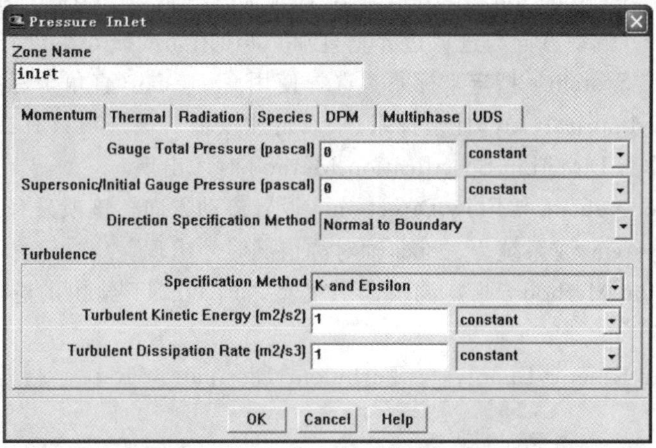

图 9.18　Pressure Inlet **对话框**

在讨论 Pressure Inlet 对话框中各参数之前,先针对 FLUENT 中关于压力的定义作两点说明。

第一,FLUENT 中的总压(total pressure)、静压(static pressure)和压力(pressure)三个概念分别用 p_0、p_s 和 p_s'表示,单位为帕(Pa)。对于不可压缩流动,三者之间的关系为

$$p_0 = p_s + \frac{1}{2}\rho v^2 \tag{9.9}$$

$$p_s = p'_s + \rho g z \tag{9.10}$$

式中:z 为压力测点处的几何高程值,v 为流动速度。从上面关系式可以看出,FLUENT 中的压力场 p_s'为不包含重力作用下因高度差产生的势能。因此,用户在设定压力时,不要考虑高程因素。同时,FLUENT 模拟计算结果中的压力值也不反映高程的影响。

第二,FLUENT 中的各种压力,若没有特别声明,均为压力相对值(gauge pressure),即相对于参考压力(operating pressure)而言。参考压力值通常由用户通过“Define/Operating Conditions...”命令来设置。若用户不设置参考压力,则默认参考压力为标准大气压,即101 325 Pa。

下面介绍 Pressure Inlet 对话框中的各参数。由于 FLUENT 允许用户激活不同的计算模型,并允许在不同的坐标系下以不同方式设置压力及相关物理量的值,因此,对话框中选项经常有变化,现只对部分常用选项进行介绍。

(1) Zone Name　设置边界名称。默认名称由 FLUENT 根据边界性质自行给定,用户在此可对此名称进行修改。

(2) Gauge Total Pressure　设置进口总压 p_0。注意:这里设定的总压值为相对于参考压

力的相对值。

(3) Total Temperature　设置进口总温。只有当用户激活能量方程后该项才出现。

(4) Supersonic/Initial Gauge Pressure　只有当进口局部流动为超音速时，才要求用户指定静压。如果流动为亚音速，FLUENT 会忽略 Supersonic/Initial Gauge Pressure，而由指定的驻点值来计算。如果需要使用压力进口边界条件来初始化计算域，FLUENT 会使用 Supersonic/Initial Gauge Pressure 和指定的驻点压力，根据等熵关系（对可压缩流动）或 Bernoulli 方程（对不可压缩流动）来计算压力初始值。

(5) Direction Specification Method　设置流动方向。FLUENT 提供了两种方式：Normal to Boundary（流动方向与进口边界垂直）和 Direction Vector（方向矢量）。

(6) Coordinate System　指定坐标系。选择使用 Cartesian（直角坐标系）、Cylindrical（柱坐标系）或 Local Cylindrical（局部柱坐标系）来设定速度值。该选项只有在三维情况下，且将 Direction Vector 作为 Direction Specification Method 时才出现。

(7) X，Y，Z-Component of Flow Direction　设置流动方向。该项只有当用户将 Cartesian 作为 Coordinate System，或系统为二维非轴对称情况时才出现。

(8) Specification Method　指定湍流参数类型。FLUENT 给出的选项取决于当前使用的湍流模型类型。

(9) Turbulent Kinetic Energy 与 Turbulent Dissipation Rate　指定湍动能和湍动耗散率。

如果用户还激活了其他计算模型（如多相流模型），则在图 9.18 所示的 Pressure Inlet 对话框中，还将有其他项需要用户设置。

还需要注意的是，在图 9.18 所示对话框中，字符 constant 表示相应的项为常数。对于沿边界变化的物理量，则需要通过 Profile 文件的方式给定。

3. 质量进口

质量进口（mass-flow-inlet）边界条件用于定义进口质量流量。

如果研究对象对质量流量匹配的要求比对总压匹配的要求高，则要使用质量进口边界条件。

由于进口总压的调整会导致解的收敛性降低，因此在压力进口边界条件和质量进口条件都可以给出的情况下，应该选择压力进口边界条件。还需要注意的是，对于不可压缩流动，不必使用质量进口边界条件，因为密度是常数，速度进口边界条件就已经确定了质量流量。因此，质量进口边界条件只用于可压缩流动，对于不可压缩流动，则使用速度进口边界条件。

质量进口边界条件通过 Mass-Flow Inlet 对话框进行设置，如图 9.19 所示。该对话框可从图 9.16 所示的 Boundary Conditions 对话框中打开。

由于 FLUENT 允许用户选择不同的计算模型，同时以不同方式设定相关参数，因此对话框中选项是不确定的，现对部分常用选项进行介绍。

(1) Mass Flow Specification Method　设置定义进口质量流量的方式。FLUENT 提供了三种方式让用户定义进口质量流量，即 Mass Flow Rate（进口边界上总的质量流量）、Mass Flux（单位面积上的质量流量）和 Mass Flux with Average Mass Flux（单位面积上的质量通量及其平均值）。

(2) Mass Flow-Rate　设置总的质量流量，单位为 kg/s。

(3) Mass Flux　设置单位面积上的质量流量，单位为 $kg/(m^2 \cdot s)$。该方式允许边界上

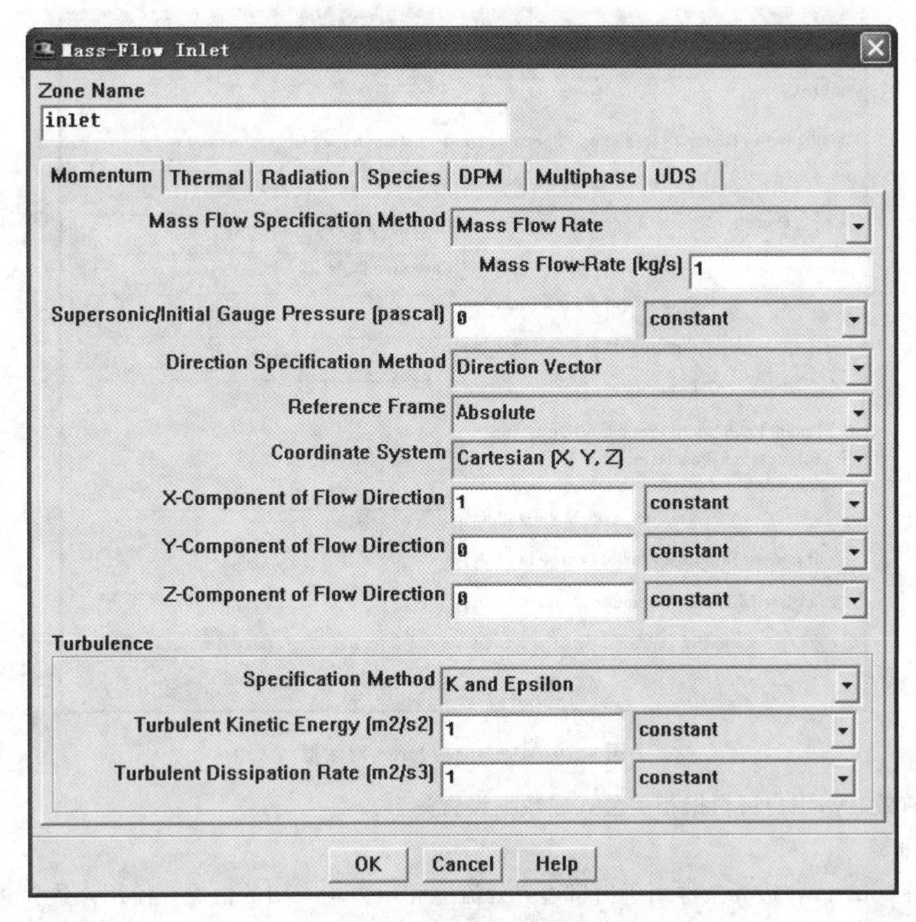

图 9.19　Mass-Flow Inlet 对话框

质量流量随位置的变化而变化，可通过 Profile 文件来设置变化规律。

4. 压力出口

压力出口(pressure-outlet)边界条件用于定义出口边界处的静压。静压值的设置只用于亚音速流动。如果当地流动为超音速，此时压力要从内部流动中推断。

设置压力出口边界条件时，用户还需要指定一组“回流条件”(Backflow Conditions)。FLUENT 在求解过程中，当压力出口边界上流动反向时，就使用这组回流条件。当指定了正确的回流方向后，收敛性得到改善。

压力出口边界条件通过 Pressure Outlet 对话框进行设置，如图 9.20 所示。该对话框可从图 9.16 所示的 Boundary Conditions 对话框中打开。

Pressure Outlet 对话框中的主要选项包括以下几项：

(1) Gauge Pressure　设置出口边界处的静压。

(2) Radial Equilibrium Pressure Distribution　打开径向平衡压力分布。该选项出现于三维轴对称问题中。

(3) Backflow Direction Specification Method　设置定义出口回流方向的方式。FLUENT 提供了三种方式，即 Normal to Boundary(垂直于边界)、Direction Vector(给定方向矢量)和 From Neighboring Cell(来自相邻单元)。

回流条件包含总温(对能量计算有效)、湍流参数(对湍流计算有效)、组分质量份额(对组

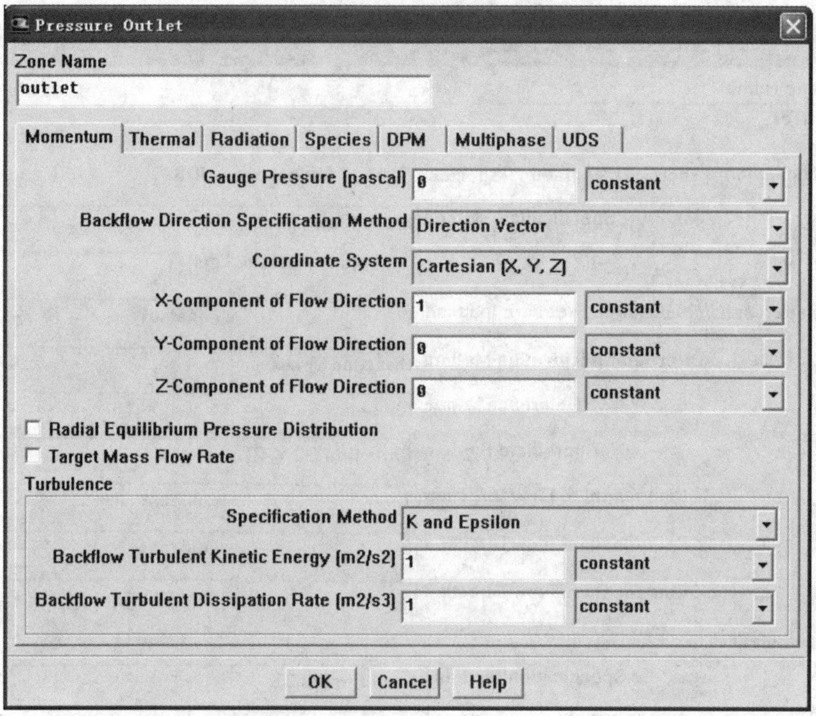

图 9.20　Pressure Outlet 对话框

分计算有效)等,用户可根据相关公式或数据设置参数。

5. 出流

出流(outflow)边界条件用于出口边界处流速和压力均未知的情况。使用该边界条件时,用户不需定义任何内容(除非模拟辐射传热、粒子的离散相及多口出流)。该边界条件适用于出口处流动为完全发展的情况。所谓完全发展,意味着出流面上的流动情况由区域内部外推得到,且对上游流动没有影响。出流边界条件不能用于可压缩流动,也不能与压力进口边界条件一起使用(压力进口边界条件可与压力出口边界条件一起使用)。

出流边界条件的设置比较简单。从图 9.16 所示的 Boundary Conditions 对话框中可打开 Outflow 对话框,如图 9.21 所示。用户只需要给定出流边界上流体的流出量的权重(占总流出量的百分比)。如果系统只有一个出口,则直接输入 1 即可。

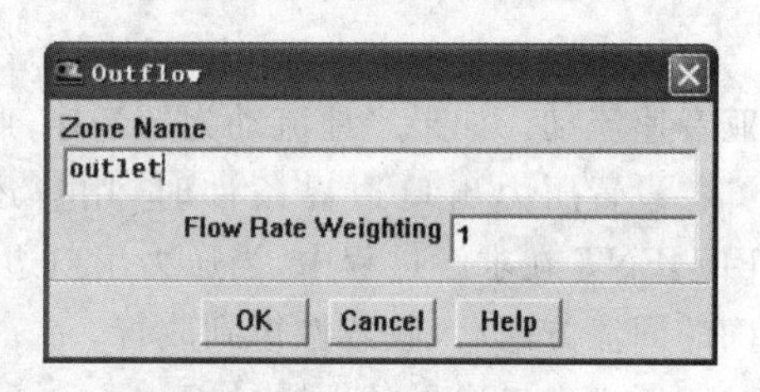

图 9.21　Outflow 对话框

6. 压力远场

压力远场(pressure far-field)边界条件用来描述无穷远处的自由可压缩流动。该边界条件只用于可压缩气体流动,气体密度通过理想气体定律来计算。为了获得较高精度的计算结果,通常要将该边界远离中心计算域。

压力远场边界条件通过 Pressure Far-Field 对话框进行设置,如图 9.22 所示。该对话框可从图 9.16 所示的 Boundary Conditions 对话框中打开。

在 Pressure Far-Field 对话框中,需要定义 Gauge Pressure(静压的表压值)、Mach Number(Mach 数)、X-Y-Z-Component of Flow Direction(流动方向的 X、Y、Z 分量)、

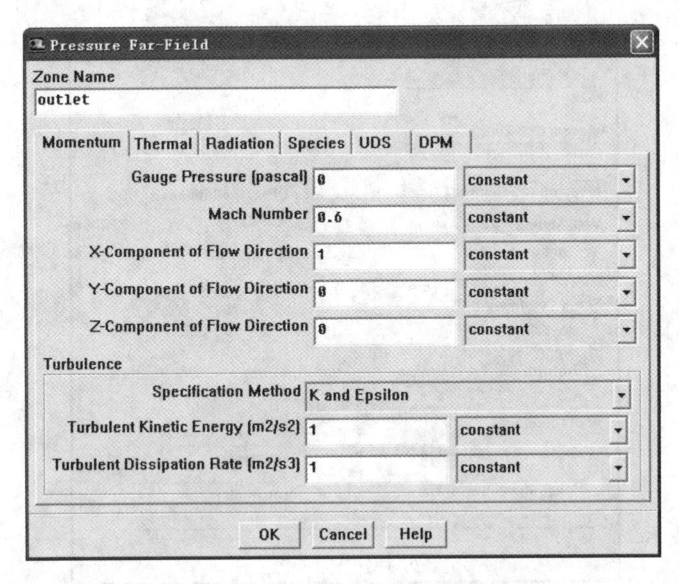

图 9.22 Pressure Far-Field 对话框

Turbulent Kinetic Energy(湍动能)及 Turbulent Dissipation Rate(湍流耗散率)等。

7. 周期性

周期性(periodic)边界条件用于研究对象具有周期性重复特征的情况。周期性边界条件通过 Periodic 对话框进行设置,如图 9.23 所示。该对话框可从图 9.16 所示的 Boundary Conditions 对话框中打开。

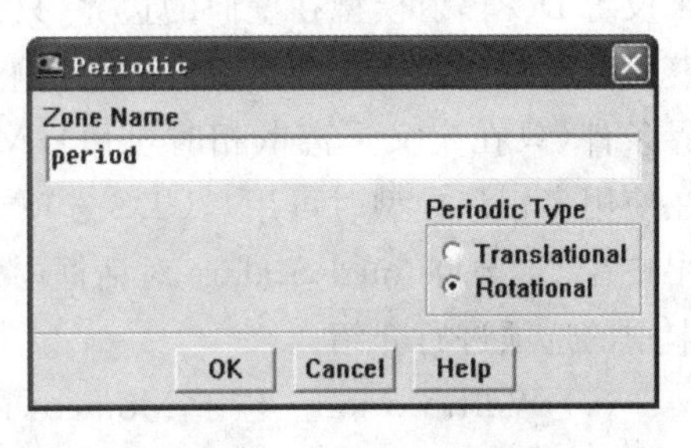

图 9.23 Periodic 对话框

在 Periodic 对话框中,可指定周期性边界的形式:Translational(平动)或 Rotational(转动)。如果使用耦合式求解器,还会出现 Periodic Pressure Jump 文本框,用于设置通过周期性边界的压力跳跃(增加或降低)。

注意:若要使用周期性边界条件,则必须在 GAMBIT 中提前对对称边界的网格分布作相应设置。

8. 对称

对称(symmetry)边界条件用于研究对象具有镜像对称特征的情况,也可用来描述黏性流动中的零滑移壁面。对于对称边界条件,只需要设定边界的位置,而不需要定义任何边界条件。

注意:对于轴对称问题中的中心线,应使用轴边界条件,而不使用对称边界条件。

9. 壁面

壁面(wall)用于区别 fluid 和 solid 区域。在黏性流动中,壁面处默认为无滑移边界条件,但用户可以根据壁面边界区域的平移或转动来指定一个切向速度分量,或者通过指定剪切来模拟一个“滑移”壁面。

壁面边界条件通过 Wall 对话框进行设置,如图 9.24 所示。该对话框可从图 9.16 所示的 Boundary Conditions 对话框中打开。

Wall 对话框包含 7 个选项卡。其中,Momentum 选项卡用来设置壁面的动量边界条件,

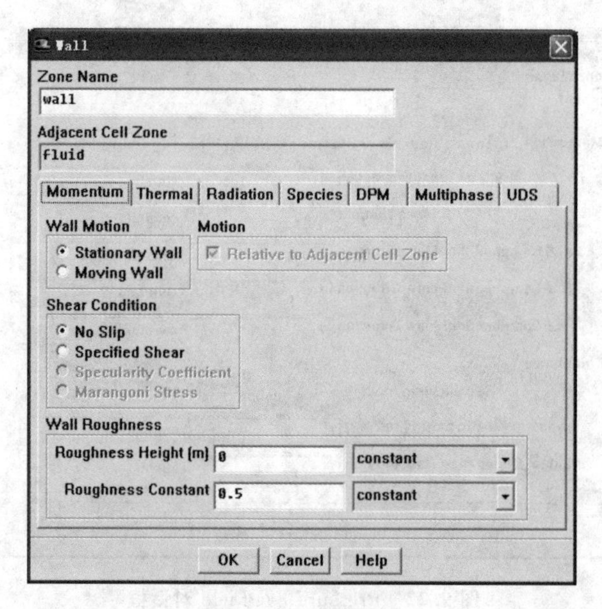

图 9.24　Wall 对话框

Thermal 选项卡用来设置壁面的热边界条件(只在打开能量方程时可用),Radiation 选项卡用来设置 DO 辐射模型在壁面的边界(只在使用 DO 辐射模型时可用),Species 选项卡用来设置壁面的组分边界条件(只在激活组分输运方程时可用),DPM 选项卡用来设置壁面的离散相边界条件(只在定义了离散相时可用),Multiphase 选项卡用来设置壁面的多相流边界条件(只在使用多相流模型时可用),UDS 选项卡用来设置用户定义的标量值在壁面的边界条件(只当用户在 User-Defined Scalars 对话框中定义了自定义标量时可用)。下面对 Momentum 选项卡中的选项进行介绍。

(1) Wall Motion　位于 Momentum 选项卡中,指定壁面是运动的还是静止的。

(2) Motion　对于运动壁面,指定运动方式。运动方式包括 Relative to Adjacent Cell Zone(相对运动)和 Absolute(绝对运动)。

(3) Shear Condition　用于指定壁面上的剪切条件,包括 No Slip(无滑移)、Specified Shear(指定零剪切或非零剪切,对运动壁面无效)、Specularity Coefficient(单向系数)和 Marangoni Stress(指定由于温度引起的表面张力所导致的剪切应力)。

(4) Wall Roughness　定义湍流计算中的壁面粗糙度,包括 Roughness Height(粗糙度厚度,即通常所说的粗糙度)和 Roughness Constant(粗糙度常数)。FLUENT 默认的粗糙度厚度为 0,表示壁面是光滑的。对于均匀砂粒状的表面,可将砂粒高度取为粗糙度厚度值。对于非均匀砂粒状的表面,可用平均砂粒高度代替。FLUENT 默认的粗糙度常数为 0.5。对于均匀砂粒状的表面,一般不需要调整这个值。但对于非均匀砂粒状的表面,如带有筋板或网眼的表面,可将粗糙度常数取为 0.5～1.0,目前粗糙度常数尚无准确计算方法。

10. 流体

与前面介绍的各种边界条件不同,流体(fluid)边界条件实际上并不是针对具体边界,而是针对一个区域,因此也称为流体区域条件。

流体区域条件通过 Fluid 对话框进行设置,如图 9.25 所示。该对话框可从图 9.16 所示的 Boundary Conditions 对话框中打开。

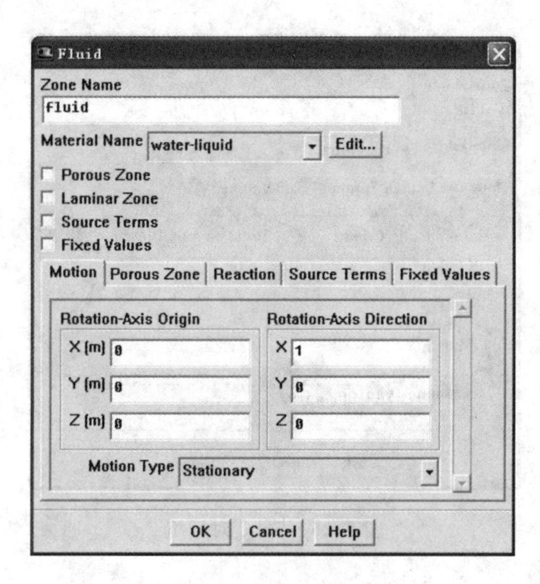

图 9.25　Fluid **对话框**

Fluid 对话框中各主要选项的功能如下：

(1) Zone Name　设置流体区域名称。默认名称是由 FLUENT 根据区域性质自行给定的，用户可修改此名称。

(2) Material Name　设置流体材料。下拉列表中包含已经装载到求解器中的所有材料的名称，供用户选择。

注意：材料是通过 Materials 对话框来定义的；用户可单击右侧的 Edit 按钮，打开 Materials 对话框，修改材料的属性（如密度等）；如果模拟组分输运或多相流，将不会出现 Material Name 列表。

(3) Porous Zone　表示该区域为多孔介质。选中该复选框后，对话框将展开，供用户对多孔介质的参数进行设置。

(4) Laminar Zone　表示该区域为层流。只有当使用 k-ε 模型或 Spalart-Allmaras 模型来模拟湍流时，才会出现该项。

(5) Source Terms　让用户指定质量、动量、能量、湍动能、组分及其他流动变量的源项。选中该复选框后，对话框将展开，供用户对源项进行设置。

(6) Fixed Values　设置一个或几个变量在求解过程中保持定值。注意：只有使用分离式求解器时才能固定速度分量、温度和组分份额。

(7) Motion Type　指定区域运动方式。FLUENT 提供了三种方式：Stationary（静止）、Moving Reference Frame（按照某一参考系运动）、Moving Mesh（滑移网格）。当用户选择后面两个选项时，对话框将进一步展开，供用户设置相关的速度值。

11. 固体

固体（solid）区域条件同流体区域条件类似，不针对具体边界，而是针对一个区域。

固体区域条件通过 Solid 对话框进行设置，如图 9.26 所示。该对话框可从图 9.16 所示的 Boundary Conditions 对话框中打开。

Solid 对话框与 Fluid 对话框在内容与用法上相近，只是固体区域的材料应注意选择 solid 类型。

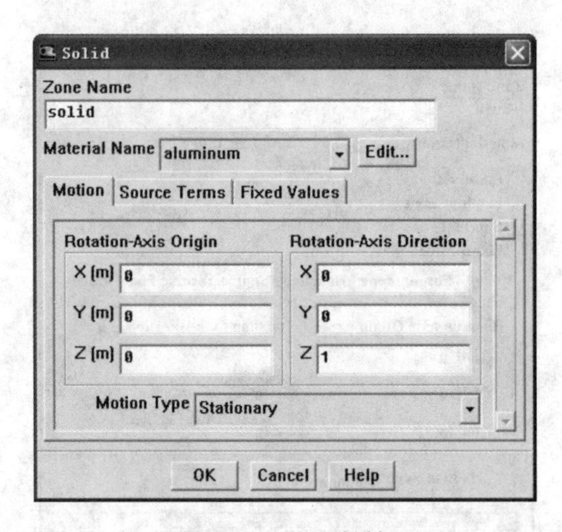

图 9.26 Solid 对话框

12. 内部界面

内部(interior)界面边界条件用于两个区域的分界面处,将两个区域"隔开"(比如水泵中同叶轮一起旋转的流体区域与周围的非旋转流体区域)。对于内部界面边界条件,只需要设定边界的位置,而不需要定义任何边界条件。

9.7 设置求解控制参数

在完成了网格、计算模型、材料和边界条件的设置之后,原则上可以让 FLUENT 开始进行求解计算。但通常为了更好地控制求解过程,需要在求解器中进行某些设置。设置的内容主要包括选择离散格式、设置欠松弛因子、初始化场变量及激活监视变量等。本节将对这些求解控制参数的设置予以介绍。

9.7.1 设置离散格式与欠松弛因子

1. 离散格式对求解器性能的影响

控制方程中的扩散项一般采用中心差分格式离散,而对流项则可采用多种不同的格式进行离散。FLUENT 允许用户为对流项选择不同的离散格式(注意:黏性项总是自动使用二阶精确度的离散格式)。默认情况下,当使用分离求解器时,所有方程中的对流项均用一阶迎风格式离散;当使用耦合求解器时,流动方程使用二阶精度格式、其他方程使用一阶精度格式进行离散。此外,当使用分离求解器时,用户还可为压力项选择插值方式。

对于二维三角形及三维四面体网格,要使用二阶精度格式,特别是对复杂流动更是如此。一般来讲,在一阶精度格式下容易收敛,但精度较差。有时,为了加快计算速度,可先在一阶精度格式下计算,然后再转到二阶精度格式下计算。如果使用二阶精度格式遇到难以收敛的情况,则可考虑改为一阶精度格式。

对于转动及有旋流情况的计算,在使用四边形及六面体网格时,使用具有三阶精度的 QUICK 格式可能比二阶精度格式更好,但一般情况下二阶精度就已足够,不必使用 QUICK 格式。乘方格式(power-law scheme)的精度一般与一阶精度格式相同。中心差分格式一般只用于大涡模拟模型，而且要求网格尺寸比较小。

2. 欠松弛因子对求解器性能的影响

欠松弛因子是分离求解器所使用的一个加速收敛的参数，用于控制每个迭代步内所计算的场变量的更新。注意：除耦合方程之外的所有方程，包括耦合隐式求解器中的非耦合方程(如湍流方程)，均有相关的欠松弛因子。FLUENT 为这些欠松弛因子提供了默认值，一般情况下，用户没有必要修改这些值。

为了加速收敛，可以在开始计算时，先使用默认值，在迭代5～10次后，检查残差是增加还是减小。若增大，则减小欠松弛因子的值；反之，则增大欠松弛因子的值。总之，在迭代过程中，通过观察残差变化来选择合适的欠松弛因子。

注意：黏度和密度均作欠松弛处理。

3. 设置离散格式与欠松弛因子的方法

在 FLUENT 中设置离散格式，选择“Solve/Controls/Solution...”命令，打开如图9.27所示的 Solution Controls 对话框。

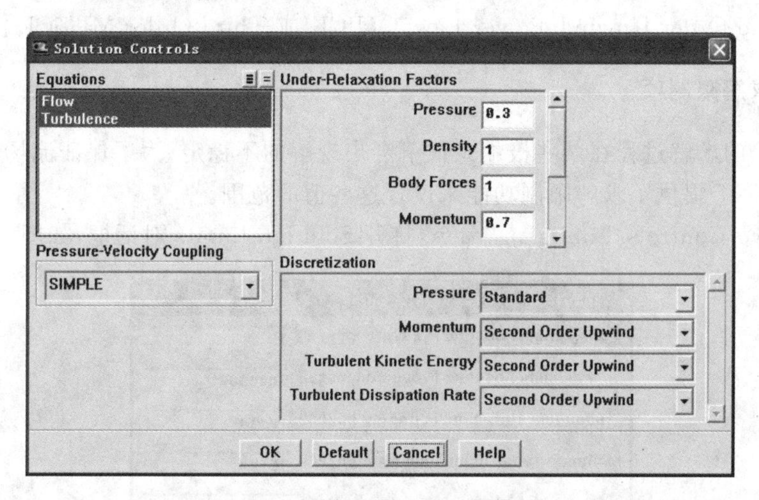

图9.27 Solution Controls 对话框

Solution Controls 对话框中各主要选项的功能如下：

(1) Equations 包含当前模型所使用的控制方程类型列表。通常出现的选项包括 Flow(流动方程)、Turbulence(湍流方程)、Energy(能量方程)等。要在求解过程中临时关闭某个方程，可单击该方程，让其处于非选中状态。

注意：Flow 选项通常包含压力方程(连续性方程)和动量方程；当使用耦合求解器时，Energy 选项将不独立出现，它被包含在 Flow 选项中。

(2) Under-Relaxation Factors 包含使用分离求解器求解的所有方程的欠松弛因子的列表。用户可根据需要，输入适当的值。

注意：使用耦合求解器时，没有进入耦合方程组的方程(如湍流方程)也需要在此给定其欠松弛因子。

(3) Pressure-Velocity Coupling 包含压力-速度耦合方法的列表。对于使用分离求解器的情况，可以选择 SIMPLE、SIMPLEC 和 PISO。其中，SIMPLE 是 FLUENT 默认的方式，但多数情况下选择 SIMPLEC 可能更合适，主要是 SIMPLEC 的欠松弛特性可加速收敛。该欠松弛因子一般取1.0，但有时可能造成计算的不稳定，需要减小欠松弛因子，或者选择

SIMPLE。PISO主要用于瞬态问题的模拟,特别是大的时间步长情况,当然,在网格高度变形的情况下,也可选择PISO用于稳态计算。

注意:对于LES来说,由于LES需要小的时间步长,因而PISO并不合适;对于动量及压力方程来讲,欠松弛因子取1.0,PISO可保持计算的稳定。

(4) Discretization 用于设定相关方程的离散格式。相关选项功能如下。

① Pressure:包含压力离散格式的列表,只在使用分离求解器时出现。一般可选择Standard;对于高速流动,特别是含有旋转及高曲率的情况下,选择PRESTO;对于可压缩流动,选择Second Order;对于含有体积力的流动,选择Body Force Weighted。

② Momentum:包含动量离散格式的列表,可选择First Order Upwind、Second Order Upwind、Power Law、QUICK或Third Order MUSCL格式。

③ Turbulent Kinetic Energy:包含湍动能离散格式的列表,可选择First Order Upwind、Second Order Upwind、Power Law、QUICK或Third Order MUSCL格式。

④ Turbulent Dissipation Rate:包含湍流耗散率离散格式的列表,可选择First Order Upwind、Second Order Upwind、Power Law、QUICK或Third Order MUSCL格式。

9.7.2 设置求解限制项

FLUENT的求解过程在某些极端条件下会出现解的不稳定,为了保证流场变量在指定范围之内,FLUENT提供了求解限制功能来设置这些值的范围。

选择"Solve/Controls/Limits..."命令,打开Solution Limits对话框,如图9.28所示。

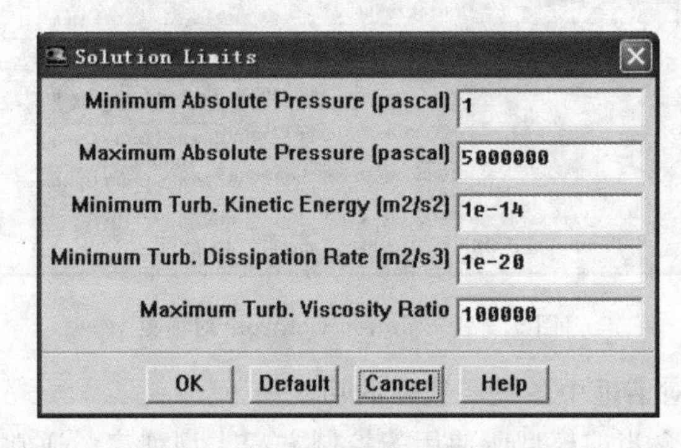

图9.28 Solution Limits对话框

从Solution Limits对话框可以看出,绝对压力和湍流参数使用了限制值。如果计算中某个压力值小于最小绝对压力或大于最大绝对压力,求解器就会用相应的极限值取代计算值。对于能量计算中的温度也有类似处理。

一般来说,不需要改变默认的求解限制范围。如果压力、温度或者湍流参数的限制值被重新设置,控制窗口会出现警告信息。此时,用户需要检查尺寸、边界条件和属性,以确保设定的正确性,并找出问题的原因。

如果用户想回到FLUENT设定的默认值,可以重新打开Solution Limits对话框,单击Default按钮。

9.7.3 设置求解过程的监视参数

在求解过程中,通过检查变量的残差、统计值、力、面积分和体积分等,用户可以动态地监视计算收敛性和当前计算结果，显示或打印各个变量的残差。对于瞬态流动，用户还可监视时间进程。

所有的监视命令都在 FLUENT 的“Solve/Monitors”命令下，下面重点介绍如何进行残差监视。

选择“Solve/Monitors/Residual...”命令，打开 Residual Monitors 对话框，如图 9.29 所示。

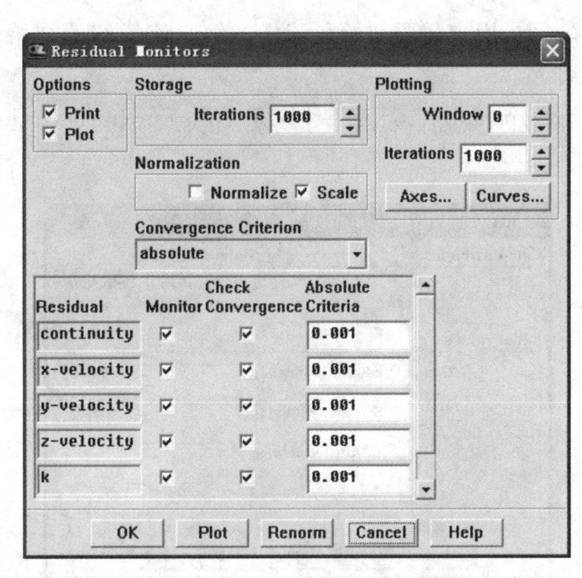

图 9.29　Residual Monitors 对话框

在 Residual Monitors 对话框中，用户可以设置需要监视的变量残差、如何监视、每隔多少个迭代步监视一次、如何输出监视结果等。下面分别针对各个选项进行简介。

(1) Option　用户选择监视结果的输出方式。其中，Print 选项表示在每一轮迭代后在文本窗口中打印残差，Plot 选项表示在图形窗口中绘制残差随迭代次数变化的结果图。

(2) Storage　设置残差在数据文件(*.dat)中的存储方式。其中，Iterations 文本框中的数值表示要保存多少个迭代步的残差值。默认值为 1000，意味着保存 1000 个迭代步的残差值。如果计算超过 1000 步，则前 500 步记录被抛弃，当达到新的 1000 步后，再抛弃前 500 步的记录。如果计算包含迭代步很多，则需要增大这个值。但这个值过大，会导致内存消耗过大及绘制残差图时间过长。注意：数据文件中将保存所有变量的残差。

(3) Normalization　设置对残差的处理方式。当选中 Normalize 复选框后，表示显示输出的残差值为相对残差值，即用 Normalization Factor 去除实际残差值。默认的 Normalization Factor 为对应变量前 5 个迭代步中的最大残差值。选中 Scale 复选框，则表示对每种变量的残差进行缩放处理，以便于观察。

(4) Plotting　设置残差曲线的绘制方式。其中，Window 可设置残差曲线在哪个窗口中绘制，可让用户将不同变量的残差曲线在不同窗口中单独保存。Iterations 可设置绘制多少个迭代步的残差曲线。Axes... 可控制残差曲线图中坐标轴的属性。Curves... 可控制残差曲线本身的属性。

(5) Residual　设置残差曲线的变量名称；若选中 Check Monitor 复选框，则表示需要监视相应变量的残差；若选中 Check Convergence 复选框，则表示当相应变量满足其指定的收敛判据时,计算过程自动停止;Absolute Criteria 表示当相应变量达到文本框中规定的值时,则认为计算已经收敛,用户可以手工设置该值。

(6) Plot　表示绘制当前残差曲线。

(7) Renorm　表示设置 Normalization Factor 为最大残差值。

9.7.4　初始化流场的解

在对流场进行求解之前,用户需要初始化流场的解。流场解的初始化对解的收敛性具有重要影响,下面予以介绍。

选择"Solve/Initialize/Initialize..."命令,打开 Solution Initialization 对话框,如图 9.30 所示。

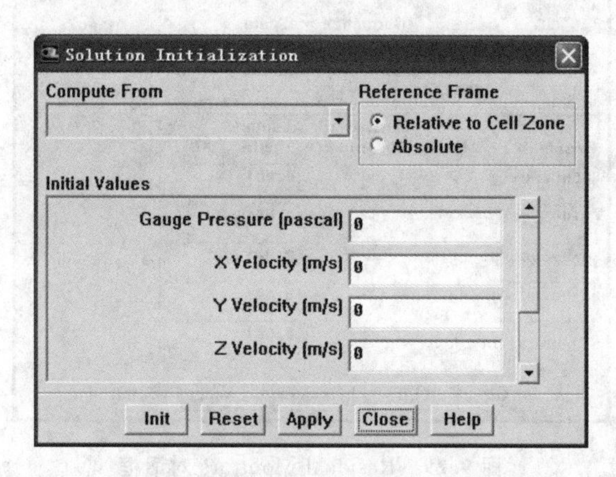

图 9.30　Solution Initialization 对话框

在 Solution Initialization 对话框中,Initial Values 选项组中给出了当前所有激活的场变量值,当单击 Init 按钮后,FLUENT 将使用这一组值初始化整个流场中的各个变量。

注意:各区域具有相同初值。用户可从 Compute From 下拉列表中选择获得初值的方式,这里共有三种方式供选择:

(1) 从列表框中选择特定的区域名称,这意味着要根据选定区域的边界条件来计算初值;

(2) 从列表框中选择 all-zones,这意味着根据所有边界区域的边界条件来计算初值;

(3) 在 Initial Values 选项组中手工输入初值。

当用户从 Compute From 下拉列表中选择了特定的区域名称或选择了 all-zones 项后,FLUENT 将根据所选区域的边界条件自动得出各场变量初值,并显示在 Initial Values 选项组中。

如果求解问题包含了运动参考系或者滑移网格,则可以在 Reference Frame 选项组中选定参考系为相对方式或者绝对方式。如果计算域中大多数区域属于旋转区域,则相对方式比绝对方式更合适。

一旦确定了对话框中显示的初值,就可以单击 Init 按钮,进行流场初始化。同时,该初值被保存起来。如果只想保存初值,而不想进行流场初始化,则可以单击 Apply 按钮。单击 Reset 按钮则可以将上次的初值作为本次初值加载到对话框中。

在完成相关设置后,选择"File/Write/Case..."命令,可将当前设置的全部信息保存到案例文件(*.cas)中。

9.8 流场迭代计算

在完成前面的各项设置之后,便可以开始流场的迭代计算。由于稳态问题与瞬态问题的迭代计算方法不同,本节将分别针对这两类问题的迭代计算予以介绍。

9.8.1 稳态问题的求解

对于稳态问题的计算,可直接从Iterate对话框中启动计算进程。为此,选择"Solve/Iterate..."命令,打开Iterate对话框,如图9.31所示。

在Iterate对话框中,用户可以通过Number of Iterations文本框设置迭代计算的次数,同时通过Reporting Interval文本框设置每隔多少次迭代输出监视信息,通过UDF Profile Update Interval文本框设置每隔多少次迭代更新用户自定义函数(Profile文件)。

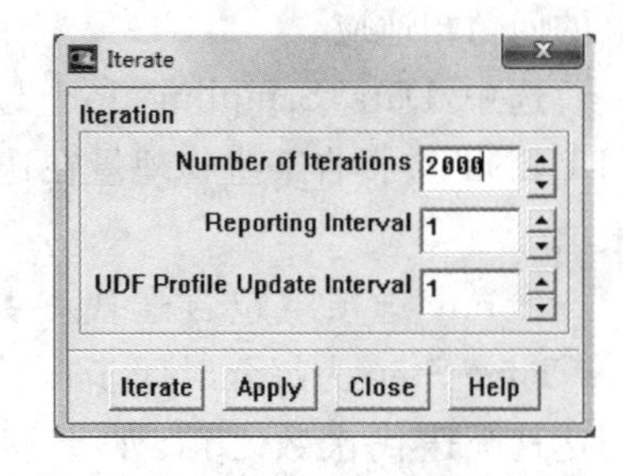

图9.31 Iterate对话框(稳态问题)

计算收敛前所需要的迭代次数与模型求解的难易程度、网格细密程度、使用的算法、收敛判据等有很大的关系。如果FLUENT在未达到Number of Iterations指定的迭代次数前就已收敛,则停止计算。如果达到Number of Iterations指定的迭代次数,但尚未收敛,也会停止迭代计算。因此,用户可根据经验在Number of Iterations文本框中输入一个稍大的迭代次数。

注意:如果FLUENT初次对模型进行计算,则从第1个迭代步开始计算;如果先前进行过计算,则从最后一个迭代步接着计算;如果用户一定要从第1个迭代步开始计算,则需要在Solution Initialization对话框中(见图9.30)重新初始化流场的解。

默认情况下,FLUENT在每次迭代后都更新收敛监视窗口中的内容,如果将Reporting Interval微调框中的值改为5,则每隔5次迭代检查一次收敛判据,同时每隔5次迭代输出一次监视信息。注意:如果设置该值为50,而在迭代40次时就已收敛,则FLUENT仍要计算到第50个迭代步。

单击Iterate按钮,则开始进行迭代计算。在迭代过程中,将出现Working对话框和残差监视窗口。在Working对话框中单击Cancel按钮,则可中止迭代计算,否则,会一直进行迭代计算,直到收敛或达到在Number of Iterations文本框中设置的迭代次数为止。

当迭代计算完成之后,用户可以选择适当的方式查看计算结果,还可以选择"File/Write/Case&Date..."命令,将当前定义的全部信息及计算结果保存到案例文件(*.cas)和数据文件(*.dat)中。

9.8.2 瞬态问题的求解

当用户在图9.5所示的Solver对话框中,选择Time为Unsteady,则表明当前的求解对象是一个与时间相关的瞬态问题。对于瞬态问题的计算,用户仍需从Iterate对话框中启动计算进程。

与稳态问题的Iterate对话框相比,瞬态问题的Iterate对话框有一些变化。当用户在FLUENT中选择"Solve/Iterate..."命令后,打开如图9.32所示的Iterate对话框。

在瞬态问题的Iterate对话框中，Time选项组包含与时间步长及时间步数相关的参数。其中，Time Step Size为时间步长，Number of Time Steps为需要求解的时间步数。用户可以通过Time Stepping Method来指定时间步长是Fixed(固定的)，还是Adaptive(可变的)。如果选择固定时间步长，FLUENT将使用Time Step Size文本框中的值作为时间步长；如果选择时间步长可变，则选择Time Step Size文本框中的值作为初始的时间步长，然后视求解过程自动对时间步长的大小进行调节，使其与所求解的问题相适应。

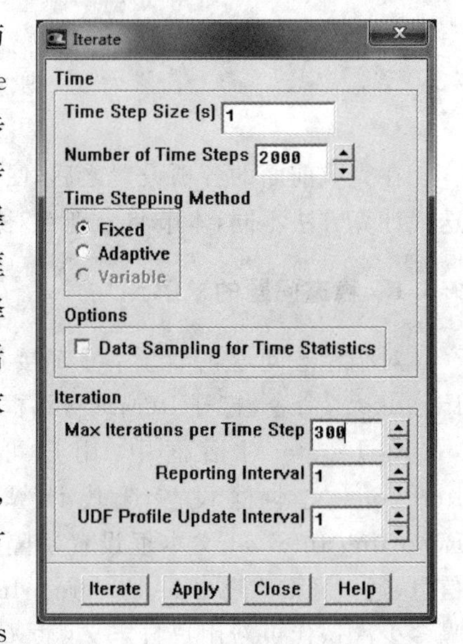

图9.32　Iterate对话框(瞬态问题)

选中Data Sampling for Time Statistics复选框，FLUENT会报告某些物理量在迭代步内的平均值及均方根值。

Iterate选项组包含迭代参数，其中，Max Iterations per Time Step为每个时间步内的最大迭代计算次数，在到达这个迭代次数之前，如果满足收敛判据，FLUENT会转至下一个时间步进行计算。Reporting Interval及UDF Profile Update Interval两项的功能与其在稳态问题中相同。

如果用户在Time选项组中选择了可变时间步长的方案，则会出现Adaptive Time Step Parameters选项组。该选项组内的参数可用于决定如何自动计算每个时间步所使用的时间步长，用户一般可使用默认值。

同稳态问题的迭代计算一样，单击Iterate按钮，则开始进行迭代计算。迭代计算完成后，可选择适当的方式查看计算结果，还可选择“File/Write/Case&Date...”命令，将当前定义的全部信息及计算结果保存到案例文件(*.cas)和数据文件(*.dat)中。

为了更好地进行瞬态问题的求解，对瞬态问题的计算提出下面几点注意事项：

(1) 即使对于稳态问题，也可将其按瞬态问题进行计算。特别是当稳态计算出现不稳定现象时，如Rayleigh数接近过渡区的自然对流问题，通过积分与时间相关的方程可获得一个稳态解。

(2) 使用UDF功能定义任何随时间或边界位置变化的边界条件。

(3) 如果使用分离求解器，最好选择PISO算法；如果使用LES湍流模型，最好选择SIMPLEC或SIMPLE算法。

(4) 如果在图9.5所示的Solver对话框的Unsteady Formulation选项组中使用了Explicit方式，或在图9.32所示的Iterate对话框的Time选项组中使用了Adaptive方式，建议用户激活在文本窗口打印当前时间及时间步长的功能(选择“Solve/Monitors/Statistic...”命令，打开Statistic Monitors对话框进行设置)。

(5) 建议使用Force Monitor对话框(通过“Solve/Monitors/Force...”命令打开)或Surface Monitor对话框(通过“Solve/Monitors/Surface...”命令打开)来监视随时间变化的力的大小，以及流场变量的平均值或流量及相关函数随时间变化的情况。

(6) 用户可通过Solution Initialization对话框设置$t=0$时刻的初始条件，还可通过“File/Read/Data...”命令读取稳态数据文件来设置初始条件。

(7) 用户可使用“File/Write/Autosave...”命令下的自动保存特性，在求解过程中每隔若干次迭代后将解的数据存盘。还可在求解过程中自动执行相关命令(选择"Solve/Execute Commands..."命令,激活 Execute Commands 对话框,并进行相应设置)。

(8) 用户可通过"Solve/Animate/Define..."命令,激活 Solution Animation 功能,自动记录流场随时间变化的动画仿真结果,以便在计算完成后播放。

(9) 注意保存数据文件(*.dat 文件),便于后续使用。

9.9 计算结果后处理

FLUENT 可以使用多种方式显示和输出计算结果,如显示速度矢量图、压力等值线图、等温线图、压力云图、绘制 XY 散点图、残差图,生成流场动画,报告流量、力、界面积分、体积分及离散相的信息等。本节将对这些功能进行介绍。

9.9.1 创建需要进行后处理的表面

FLUENT 中的可视化信息基本上是以表面(Surface)为基础的。有些表面,如计算的进口表面和壁面等,可能已经存在,在对计算结果进行后处理时直接使用即可。但多数情况下,为了达到对空间任意位置上的某些变量的观察、统计及绘制 XY 散点图,需要创建新的表面。对于各种类型表面的生成,FLUENT 提供多种方法。而且当表面生成后,FLUENT 还将表面的信息存储在案例文件中。下面介绍如何创建需要进行后处理的表面。

(1) 区域表面(Zone Surface) 如果用户需要创建的区域表面与现有的区域表面相同,可使用这种方式创建。例如,需要显示边界面上的计算结果,就可以使用这种方法。用户可通过"Surface/Zone..."命令打开 Zone Surface 对话框来生成这类表面。

(2) 子域表面(Partition Surface) 如果用户使用 FLUENT 的并行版本,可通过两个网格子域的边界来生成表面。用户可通过"Surface/Partition..."命令打开 Partition Surface 对话框来生成这类表面。

(3) 点表面(Point Surface) 为了监视某一点处的变量或函数值,需要创建点表面。用户可通过"Surface/Point..."命令打开 Point Surface 对话框来生成这类表面。

(4) 线或耙表面(Line/Rake Surface) 为了生成流线,用户需要创建线或耙表面。线表面为指定了一个端点,另一端可在计算域内延伸的线;耙表面由一组在两个指定点间均匀分布的若干个点组成。用户可通过"Surface/Line/Rake..."命令打开 Line/Rake Surface 对话框来生成这类表面。

(5) 平面(Plane Surface) 如果需要显示计算域内某平面上的流场数据,则可创建平面。用户可通过"Surface/Plane..."命令打开 Plane Surface 对话框来生成这类表面。平面可通过指定三个点来定义生成。

(6) 二次曲面(Quadric Surface) 为了显示平面、球面或二次曲面上的数据,用户可创建二次曲面。用户可通过"Surface/Quadric..."命令打开 Quadric Surface 对话框来生成这类表面。二次曲面可通过指定表征几何对象二次函数的系数来定义生成。

(7) 轴侧面(Iso-Surface) 用户可使用轴侧面来显示具有某个变量等值表面上的计算结果。根据 X、Y 或 Z 某个坐标值生成的轴侧面作为 X、Y 或 Z 坐标轴的垂直断面。用户可通过"Surface/Iso-Surface..."命令打开 Iso-Surface 对话框来生成这类表面。

除了上述生成表面的基本方法外,FLUENT 还提供对表面进行编辑、加工的三种功能,也可以用来创建新表面。

(1) 剪切表面(Iso-Clip) 如果用户无须使用已经创建的整个表面而只需局部表面来显示数据,则可创建剪切表面。用户可通过“Surface/Iso-Clip...”命令打开 Iso-Clip 对话框来生成这类表面。

(2) 变换表面(Transform Surface) 用户可通过对已有表面进行平移或旋转变换获得新表面。用户可通过“Surface/Transform...”命令打开 Transform Surface 对话框来生成这类表面。

(3) 管理表面(Manage Surface) 一旦创建了多个表面,用户可调用此功能对表面进行管理,具体包括对表面进行组合、重命名和删除操作等。管理表面便于用户一次性地观察较大区域内的计算结果。用户可通过“Surface/Manage...”命令打开 Surface 对话框来生成这类表面。

9.9.2 显示等值线图、速度矢量图和流线图

1. 等值线图

等值线图是指在所给定的表面上若干点的连线,该线上变量值(如压力)为定值。等值线图就是由同一变量的多条等值线组成的图形。等值线图包含线条图和云图两种,云图实际上是用特定的颜色来填充表面上变量取相近值的区域。

选择“Display/Contours...”命令,打开 Contours 对话框,如图 9.33 所示。

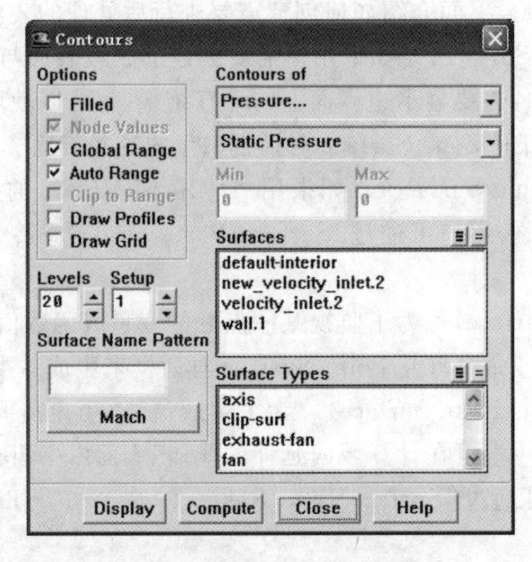

图 9.33 Contours 对话框

在 Contours 对话框中,Options 选项组可用来确定等值线显示的方式;Contours of 下拉列表框可用来确定显示哪个变量的等值线;Surfaces 选项组可用来确定显示哪个表面上的变量。

Min 和 Max 文本框用来指定需要显示的等值线的取值范围。在默认情况下,FLUENT 是根据整个计算域上的值来确定取值范围。在默认情况下,有时可能造成颜色上的失调,即某种颜色占据绝对支配地位。例如,blue 对应于 0,red 对应于 10,而用户所关心的表面上的变量的取值范围是 4~6,这样整个表面的颜色可能全部是 green。为此,用户可以关闭 Auto Range 选项,然后再在 Min 和 Max 文本框输入特定的范围值,如分别输入 4 和 6。当用户想显示默认范围时,单击 Compute 按钮,Min 和 Max 文本框中的值得到更新。选中 Clip to

Range，则表示凡是超出显示范围的值均不予显示。

此外，用户还可通过取消选中的 Global Range，指示 FLUENT 不要从整个计算域内确定取值范围，而是从当前表面的区域内确定取值范围。

2. 速度矢量图

速度矢量图可以反映速度变化、旋涡、回流等现象，是流场分析最常用的图谱之一。在默认情况下，速度矢量的起点在网格单元的中心，箭头表示速度矢量的方向，箭头的长度和颜色表示速度矢量的大小。

选择“Display/Velocity Vectors...”命令，打开 Vectors 对话框，如图 9.34 所示。

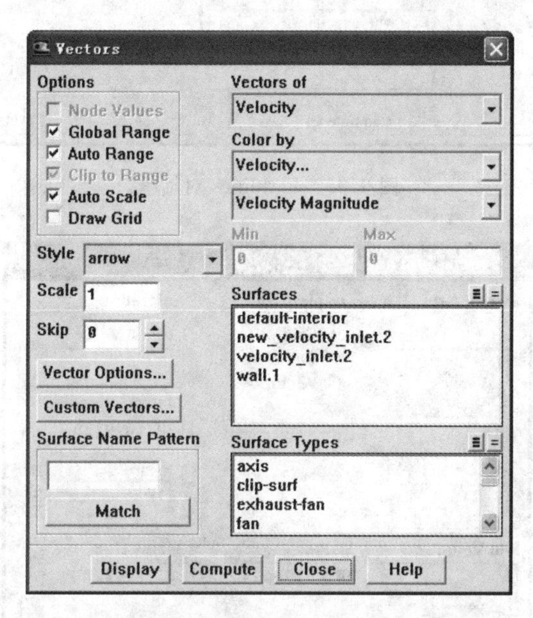

图 9.34　Vectors **对话框**

在 Vectors 对话框中，Options 选项组的设置与 Contours 对话框中的情况类似，用来确定速度矢量显示的方式；Vectors of 下拉列表框可用来确定显示哪种速度（绝对速度和相对速度）以及根据哪个变量（如温度、湍动能等）的值来决定颜色；Style 下拉列表框可用来确定箭头的大小和形式；Surfaces 选项组可用来确定显示哪个面上的速度矢量。

3. 流线图

用户可使用流线图将计算域内无质量粒子的流动情况可视化。

选择“Display/Pathlines...”命令，打开 Pathlines 对话框，如图 9.35 所示。

在 Pathlines 对话框中，Step Size 文本框可用来指定粒子在相邻位置的长度间隔；Steps 文本框可用来指定粒子在运行过程中的最大间隔数；Release from Surfaces 选项组可用来确定粒子从哪个表面释放出来。

4. 显示扫描面上的结果

用户可使用扫描面（Sweep Surface）来检查各种计算域上的网格、等值线或矢量。例如，为了显示 3D 燃烧室内的计算结果，无须在各个位置创建多个横截面，只需使用扫描面就可观察整个燃烧室内的流动及温度变化情况。

用户若要使用 Sweep Surface 功能，可选择“Display/Sweep Surface...”命令，在打开的 Sweep Surface 对话框中进行相应设置即可。Sweep Surface 对话框如图 9.36 所示。

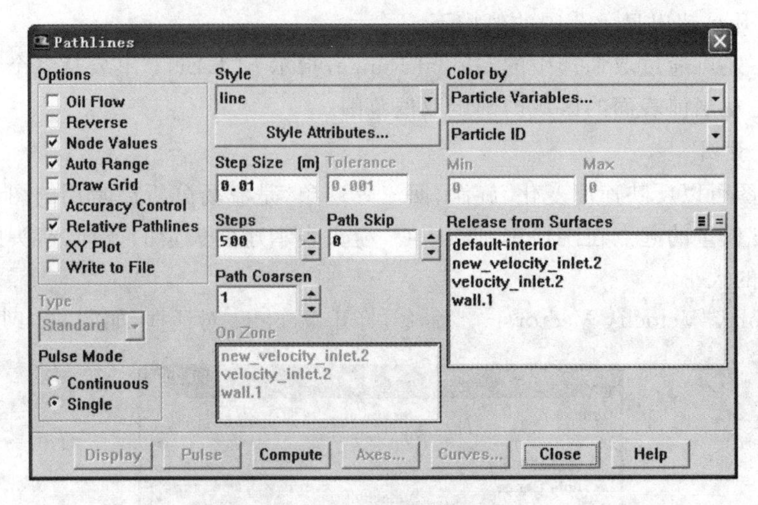

图 9.35　Pathlines 对话框

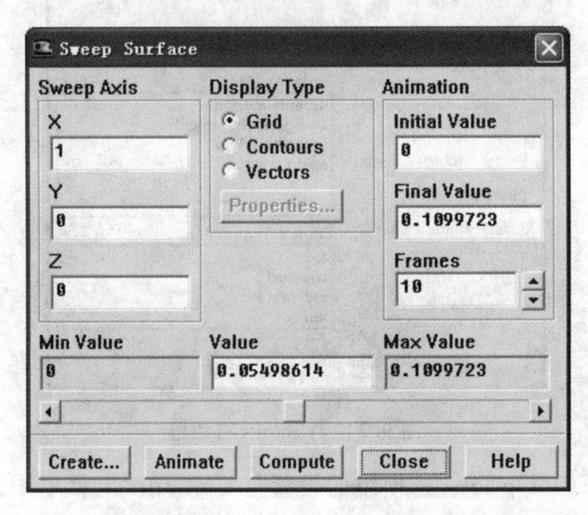

图 9.36　Sweep Surface 对话框

9.9.3　绘制直方图与 *XY* 散点图

FLUENT 允许用户从计算结果、数据文件、残差中提取数据来生成直方图与 *XY* 散点图。直方图是由数据条所组成的图形，*XY* 散点图是由一系列离散数据构成的线或符号图表。

为了将计算结果与实验结果进行对比，FLUENT 允许用户从外部数据文件中读取数据。用户可以使用来自于若干个区域、表面或文件中的数据生成非常复杂的 *XY* 散点图。常用的方法包括以下几种。

1. 根据当前流场的计算结果创建 *XY* 散点图

选择"Plot/XY Plot..."命令，打开 Solution XY Plot 对话框，如图 9.37 所示。在对话框中设置与当前流场有关的参数，单击 Plot 按钮即可获得相应的 *XY* 散点图。

2. 从外部数据文件中取数据创建 *XY* 散点图

选择"Plot/File..."命令，打开 File XY Plot 对话框，如图 9.38 所示。在对话框中指定外部数据文件，单击 Plot 按钮即可生成相应的 *XY* 散点图。

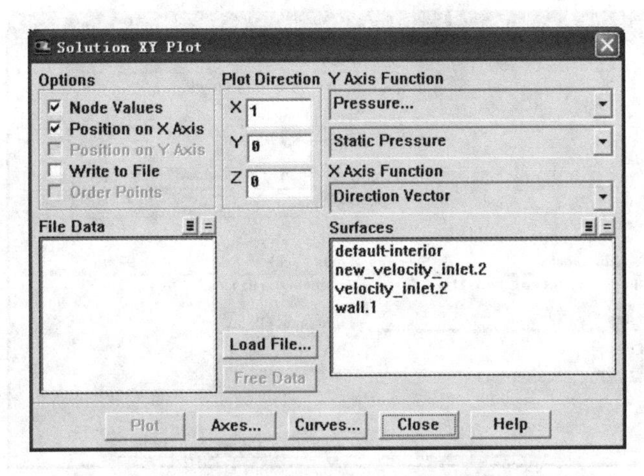

图 9.37　Solution XY Plot 对话框

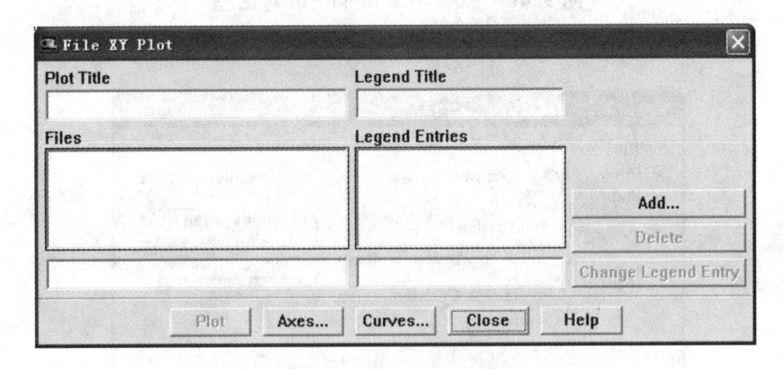

图 9.38　File XY Plot 对话框

3. 绘制直方图

使用"Plot/Histogram..."命令，打开 Histogram 对话框，如图 9.39 所示。在对话框中设置需要绘制的直方图的内容及坐标轴，单击 Plot 按钮即可完成绘制。

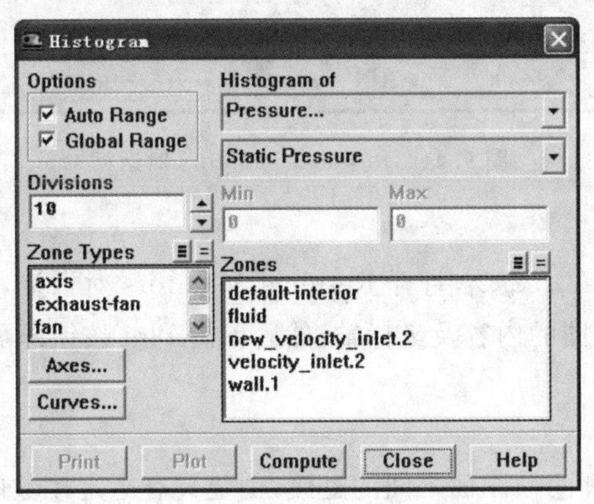

图 9.39　Histogram 对话框

4. 绘制 FFT 图

使用"Plot/FFT..."命令，打开 Fourier Transform 对话框，如图 9.40 所示。在对话框中设置需要绘制的 FFT 图的内容及坐标轴，然后单击 Plot FFT 按钮即可完成绘制。

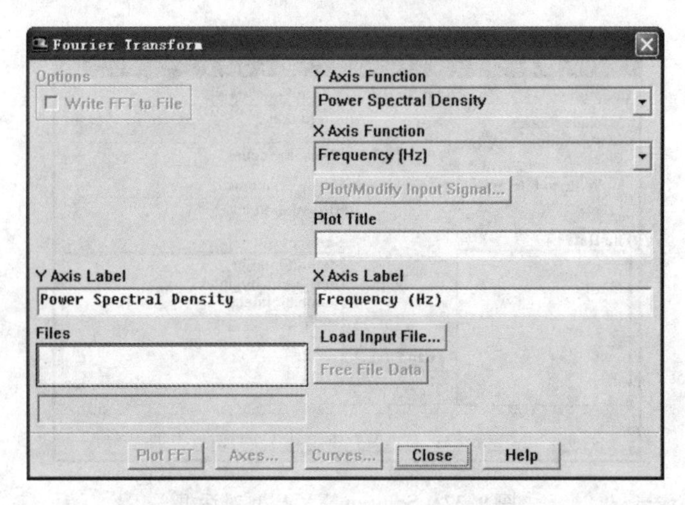

图 9.40　Fourier Transform **对话框**

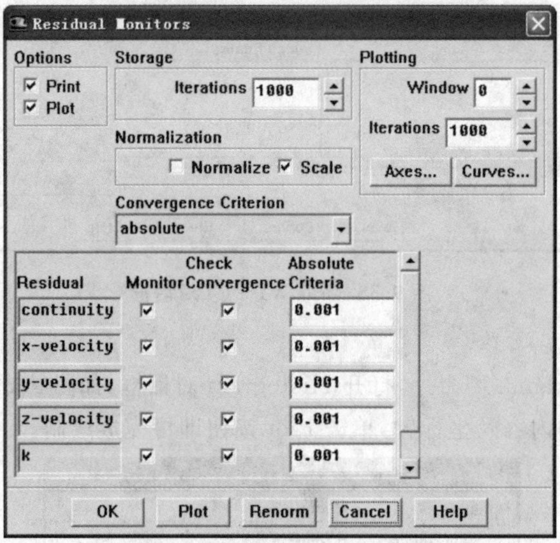

图 9.41　Residual Monitors **对话框**

5. 绘制残差图

使用“Plot/Residuals...”命令，打开 Residual Monitors 对话框，如图 9.41 所示。在对话框中设置需要绘制的残差图的内容及坐标轴，然后单击 Plot 按钮即可完成绘制。

9.9.4　生成动画

FLUENT 可平滑处理两帧画面之间的过渡，创建具有指定帧数的多媒体画面。用户可在图形窗口中构造场景，通过移动或缩放对象来修改场景、修改对象的颜色和可视性等。

用户若要使用 Animate 功能，则可选择“Display/Scene Animation...”命令，打开 Animate 对话框，并在其中进行相应设置。用户不仅可以在该对话框中创建动画，还可播放或保存动画文件。此外，还可将动画记录到影像磁带上，用于 DV 系统播放。Animate 对话框如图 9.42 所示。

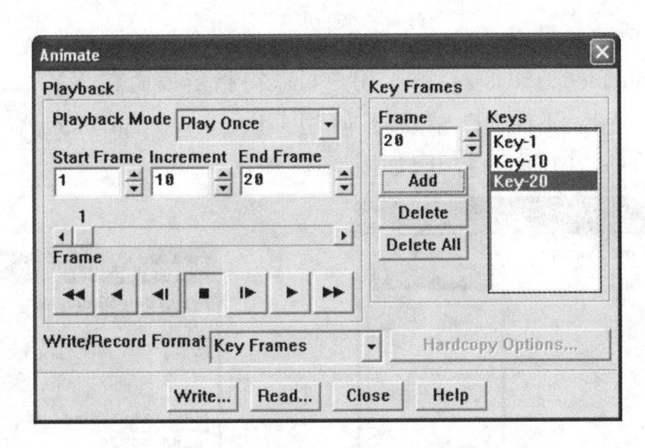

图 9.42　Animate 对话框

9.9.5　报告统计信息

FLUENT 提供许多报告计算结果的工具，这些工具可以让用户获得通过边界的质量流量和热量传递速率、边界处的作用力及动量值，还可以获得某个面或者某个体中流动变量质量平均值、面积平均值、体积平均值、体积积分值等。

另外，用户还可以获得几何形状和求解数据的直方图，以及计算投影面积等。用户也能打印或者存储一个包括当前案例中的模型设置、边界条件和求解设定等报告。FLUENT 报告的统计信息主要包括以下内容。

1. 通过边界的流量

使用 Flux Reports 对话框，用户可获得在指定边界区域上的质量流量、热传导率或者辐射热传导率。Flux Reports 对话框可通过"Report/Fluxes..."命令打开，如图 9.43 所示。

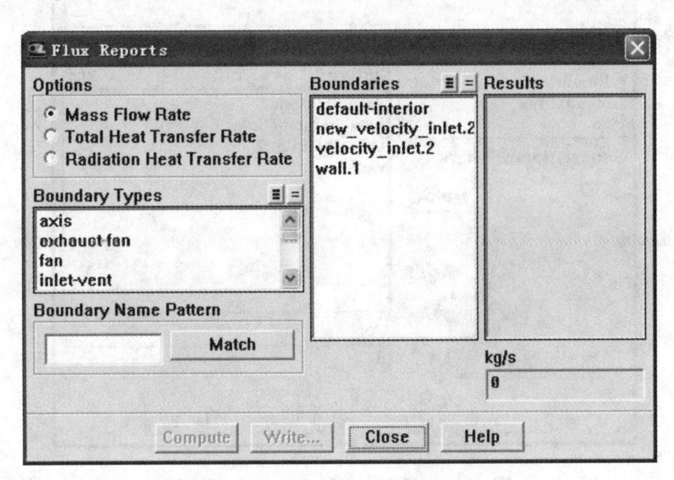

图 9.43　Flux Reports 对话框

2. 边界上的作用力

使用 Force Reports 对话框，用户可获得指定壁面区域内指定矢量方向的作用力，或者指定中心位置的力矩。Force Reports 对话框可通过"Report/Forces..."命令打开，如图 9.44 所示。

3. 投影面积

使用 Projected Surface Areas 对话框，用户可获得指定表面在 XY、YZ 或 XZ 平面上的投影面积。注意：这一特性仅在 3D 情况下使用。Projected Surface Areas 对话框可通过“Report/Projected Areas...”命令打开，如图 9.45 所示。

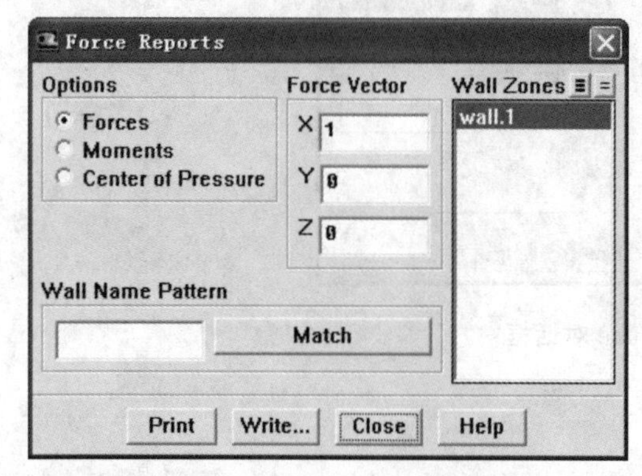

图 9.44　Force Reports 对话框

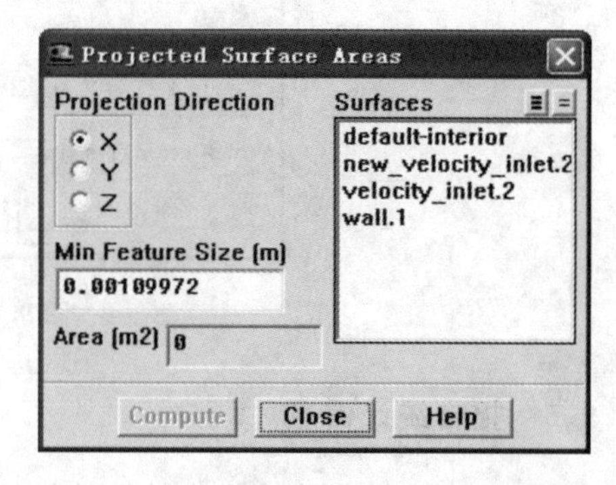

图 9.45　Projected Surface Areas 对话框

4. 面积分

使用 Surface Integrals 对话框，用户可以针对某个场变量，在指定表面上获得相关的面积、积分、质量流量、体积流量、总和、质量加权平均、面积加权平均等。Surface Integrals 对话框可通过“Report/Surface Integrals...”命令打开，如图 9.46 所示。

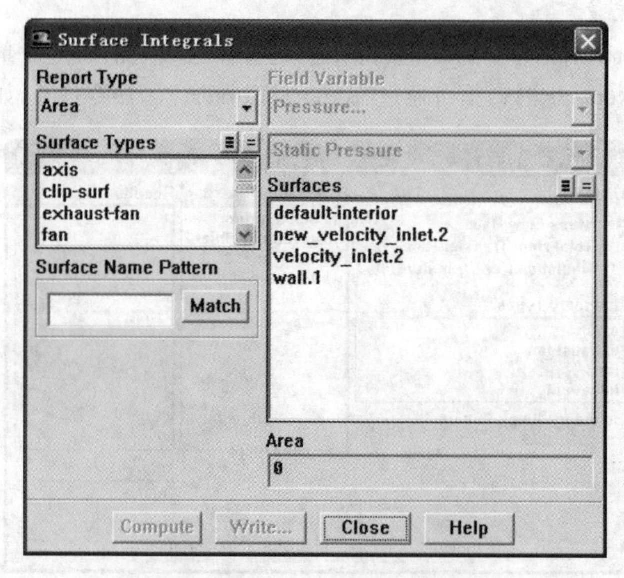

图 9.46　Surface Integrals 对话框

5. 体积分

使用 Volume Integrals 对话框，用户可以针对某个场变量在指定单元区域内，获得相关的体积、总和、体积积分、体积加权平均、质量积分和质量加权平均等。Volume Integrals 对话框可通过“Report/Volume Integrals...”命令打开，如图 9.47 所示。

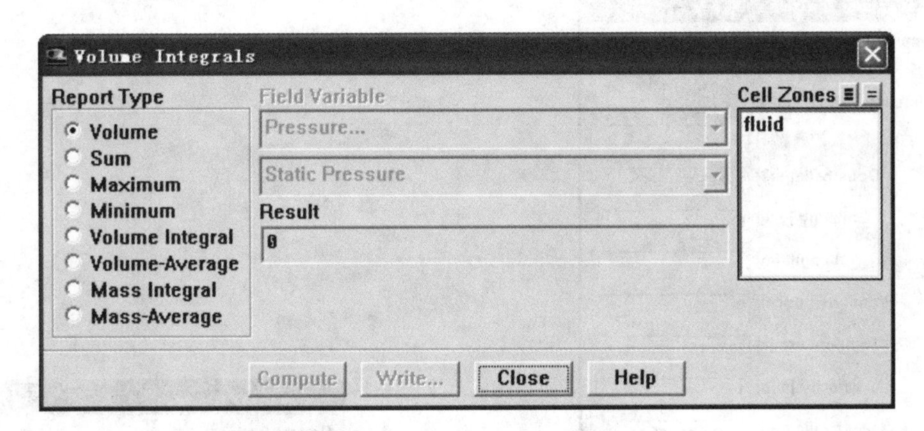

图 9.47　Volume Integrals 对话框

6. 直方图

使用 Trajectory Sample Histograms 对话框，用户可以在控制台窗口中以直方图格式打印出几何和结果数据。Trajectory Sample Histograms 对话框可通过"Report/Discrete Phase/Histograms..."命令打开，如图 9.48 所示。

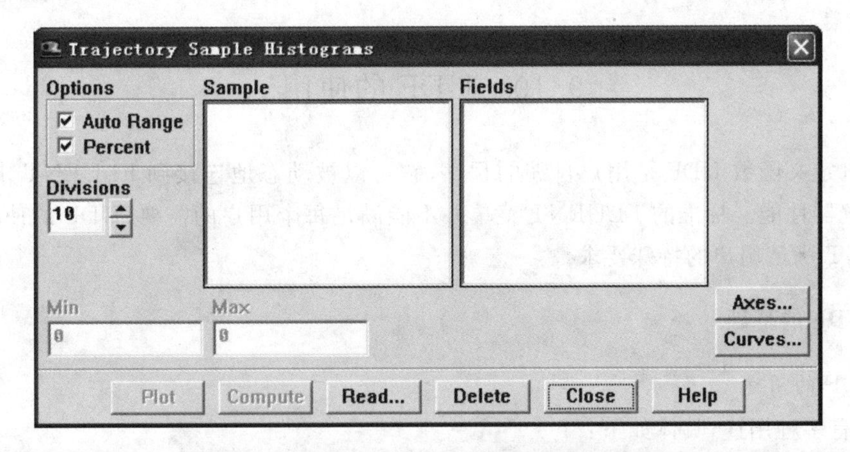

图 9.48　Trajectory Sample Histograms 对话框

7. 参考值设定

在 FLUENT 中，有些物理量或无量纲系数使用参考值来计算。例如，压力使用参考压力来计算，Reynolds 数使用参考长度、密度和黏度来计算，等等。可以设置参考值的物理量包括 Area、Density、Enthalpy、Length、Pressure、Temperature、Velocity、Viscosity 和 Ratio of Specific Heats 等。用户可使用 Reference Values 对话框来设置这些物理量的参考值，该对话框可通过"Report/Reference Values..."命令打开，如图 9.49 所示。

8. 模型总体信息

使用 Summary 对话框，用户可以得到案例文件(*.cas)中所有的当前设定，具体包括物理模型、边界条件、求解控制、材料性能等。Summary 对话框可通过"Report/Summary..."命令打开，如图 9.50 所示。

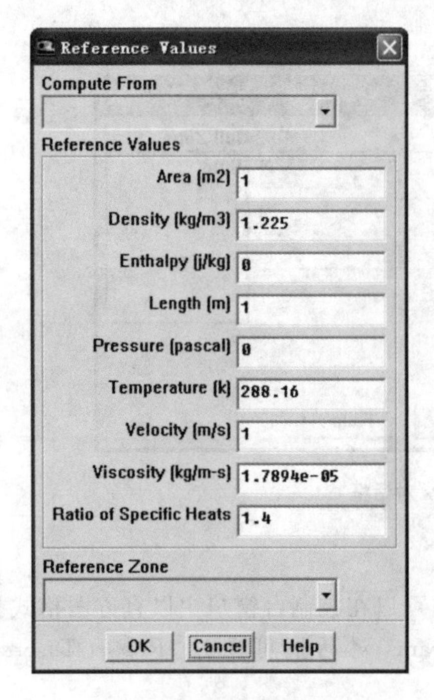

图 9.49 Reference Values 对话框

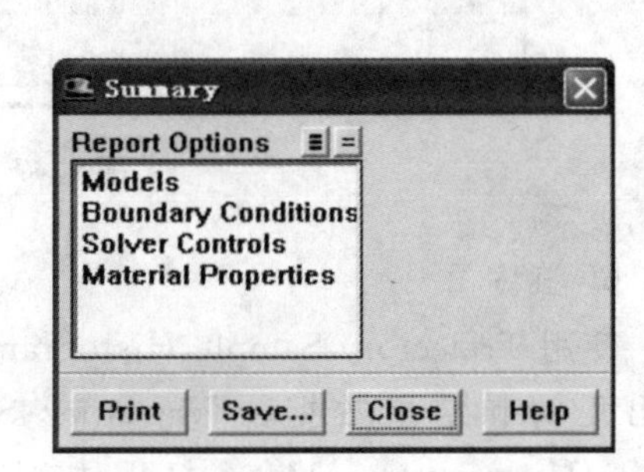

图 9.50 Summary 对话框

9.10 UDF 的使用

用户自定义函数 UDF 是用户自编的程序，它可以被动态地连接到 FLUENT 求解器上，以提高求解器性能。标准的 FLUENT 菜单并不能满足每个用户的需要，UDF 的使用可以帮助 FLUENT 满足用户的特殊要求。

9.10.1 UDF 的基础

1. UDF 的用途

UDF 有多种用途，具体如下：

(1) 定义边界条件，定义材料属性，定义表面和体积反应率，定义 FLUENT 输运方程中的源项，定义标量输运方程(UDF)中的源项扩散率函数等；

(2) 调节每次迭代计算的参数值；

(3) 进行初始化，改进后处理功能；

(4) 改进 FLUENT 模型(如离散项模型、多项混合物模型、离散发射辐射模型)。

UDF 可执行的任务有以下几种类型：

(1) 返回值；

(2) 修改自变量；

(3) 修改 FLUENT 变量(不能作为自变量传递)；

(4) 与 case 或 data 文件交换数据。

需要说明的是，尽管 UDF 在 FLUENT 中有着广泛的用途，但并非所有情况都可以使用 UDF 来解决，UDF 目前还不能访问所有的 FLUENT 变量和模型。

2. UDF 的编写

UDF 可以用 C 语言编写，UDF 中可以使用标准 C 语言的库函数，也可以使用 FLUENT 提供的预定义宏。通过预定义宏，可以实现从 FLUENT 求解器中访问数据。

总而言之，在编写 UDF 时需要明确以下基本要求：

(1) UDF 必须用 C 语言编写；

(2) UDF 中必须包含 udf. h 头文件（可用 #include 实现文件包含），因为所有宏的定义都包含在 udf. h 文件中，且 DEFINE 宏的所有变量声明必须在同一行，否则会导致编译错误；

(3) UDF 必须使用预定义宏和包含在编译过程中的 FLUENT 提供的其他函数来定义，也就是说，UDF 只能使用预定义宏和函数，来实现从 FLUENT 求解器中访问数据；

(4) 由 UDF 传递给 FLUENT 求解器的参数值或从求解器返回到 UDF 的参数值，均采用国际单位（SI）。

编辑 UDF 代码有解释式 UDF（Interpreted UDF）和编译式 UDF（Compiled UDF）两种，即 UDF 使用时可以被当作解释函数或编译函数。编译式 UDF 的基本原理和 FLUENT 的构建方式一样，可以用来调用 C 编译器构建的一个当地目标代码库，该目标代码库包含高级 C 语言源代码的机器语言，这些代码库在 FLUENT 运行时会动态装载并被保存在用户的 case 文件中。此代码库与 FLUENT 同步自动连接，因此当计算机的物理结构发生改变（如计算机操作系统改变）或使用的 FLUENT 版本发生改变时，需要重新构建这些代码库。解释式 UDF 则是在运行时直接从 C 语言源代码编译和装载，即在 FLUENT 运行中，源代码被编译为中介的、独立于物理结构的、使用 C 预处理程序的机器代码，当 UDF 被调用时，机器代码由内部仿真器直接执行注释，不具备标准 C 编译器的所有功能，因而不支持 C 语言的某些功能，具体包括：

(1) goto 语句；

(2) 非 ANSI-C 原型语法；

(3) 直接的数据结构查询（direct data structure references）；

(4) 局部结构的声明；

(5) 指向函数的指针（pointers to functions）；

(6) 函数数组。

总的来说，解释式 UDF 用起来简单，但是有源代码和速度方面的限制，而且解释式 UDF 不能直接访问存储在 FLUENT 结构中的数据，它们只能通过使用 FLUENT 提供的宏间接地访问这些数据。编译式 UDF 执行起来较快，也没有源代码限制，但设置和使用较为麻烦。此外，编译式 UDF 没有任何 C 编程语言或其他求解器数据结构的限制，而且还能调用其他语言编写的函数。无论 UDF 在 FLUENT 中以解释方式还是编译方式执行，用户定义函数的基本要求都是相同的。

编辑 UDF 代码，并且在用户的 FLUENT 模型中有效使用它，必须遵循以下 7 个基本步骤：

(1) 定义用户模型，比如用户希望使用 UDF 来定义一个用户化的边界条件，则首先需要定义一系列数学方程来描述这个条件；

(2) 编制 C 语言源代码，写好的 C 语言函数需以 .c 为后缀名，用户需要将这个文件保存在工作路径下；

(3) 运行 FLUENT，读入并设置 case 文件；

(4) 编译或解释（compile or interpret）C 语言源代码；

(5) 在 FLUENT 中激活 UDF；

(6) 开始计算；

(7) 分析计算结果，并与期望值比较。

综上所述，用户采用 UDF 解决某个特定的问题时，不仅需要具备一定的 C 语言编程基础，还需要具体参照 UDF 的帮助手册提供的技术支持。

3. UDF 中的 C 语言基础

这里只介绍与 UDF 相关的 C 语言的基本知识。通常，这些知识对处理 FLUENT 中的 UDF 很有帮助。

1) 数据类型

UDF 解释程序支持的 C 语言数据类型如下。

(1) int：整型。

(2) long：长整型。

(3) real：实数。

(4) float：浮点型。

(5) double：双精度。

(6) char：字符型。

需要注意的是，UDF 解释函数在单精度算法中定义 real 类型为 float 型，在双精度算法中定义 real 类型为 double 型。由于解释函数作如此自动定义，因此在 UDF 中声明所有的 float 和 double 数据变量时，建议使用 real 数据类型。

除了标准的 C 语言数据类型（如 real、int）外，还有几个 FLUENT 指定的与求解器数据相关的数据类型。这些数据类型描述了 FLUENT 中定义的网格的计算单位，使用这些数据类型定义的变量既有代表性地补充了 DEFINE macros 的自变量，也补充了其他专门的访问 FLUENT 求解器数据的函数。

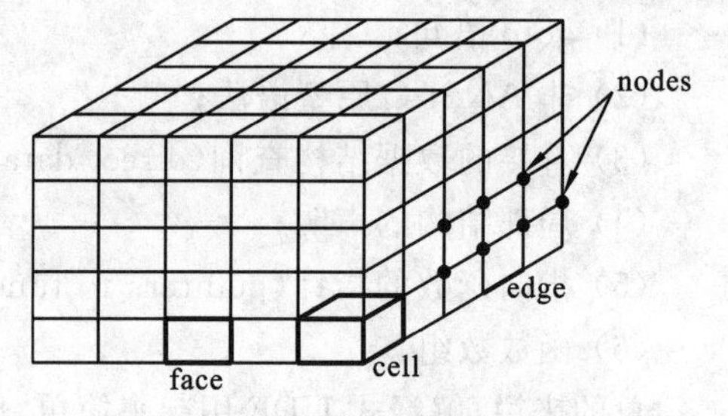

图 9.51 FLUENT 网格拓扑

由于 FLUENT 数据类型需要进行实体定义，因此用户需要了解 FLUENT 网格拓扑方面的一些术语。

FLUENT 的网格拓扑如图 9.51 所示，具体说明如表 9.2 所示。

表 9.2 FLUENT 网格实体的定义

名　称	定　义
单元(cell)	区域被分割成的控制容积
单元中心(cell center)	FLUENT 中场数据存储的地方
面(face)	单元(2D 或 3D)的边界
边(edge)	面(3D)的边界
节点(node)	网格节点
单元线索(cell thread)	在其中分配了材料数据和源项的单元组
面线索(face thread)	在其中分配了边界数据的面组
节点线索(node thread)	节点组
区域(domain)	由网格定义的所有节点、面和单元线索的组合

UDF 中经常使用的 FLUENT 数据类型如下。

(1) cell_t：它是线索(thread)内单元标识符的数据类型，是一个识别给定线索内单元的整数下标。

(2) face_t：它是线索内面标识符的数据类型，是一个识别给定线索内面的整数下标。

(3) thread：其数据类型是 FLUENT 中的数据结构，是一个与它描述的单元或面的组合相关的数据容器。

(4) domain：其数据类型代表了 FLUENT 中最高水平的数据结构，是一个与网格中所有节点、面和单元线索组合相关的数据容器。

(5) node：数据类型也是 FLUENT 中的数据结构，是一个与单元或面的拐角相关的数据容器。

2) 常数和变量

常数是表达式中所使用的绝对值，在 C 语言中用语句 # define 来定义。最简单的常数是十进制整数(如 0、1、2)，包含小数点或者包含字母 e 的十进制数被看成浮点常数。按惯例，常数的声明都使用大写字母。例如，用户可以设定区域的 ID 或者定义 YMIN 和 YMAX 为 # define WALL_ID 5。

变量或者对象保存在可以存储数值的内存中。每一个变量都有类型、名字和数值。变量在使用之前必须在程序中进行声明，这样，计算机才会提前知道应该如何给相应的变量分配存储类型。

变量声明的结构如下：首先是数据类型，然后是具有相应类型的一个或多个变量的名字。变量声明时可以给定初值，用分号结尾。变量名的头字母必须是 C 语言所允许的合法字符，变量名字中可以有字母、数字和下画线。需要注意的是，在 C 语言中，字母是区分大小写的，例如：

```
Int n;            /* 声明变量 n 为整型 */
```

变量可以分为局部变量、全局变量、外部变量和静态变量，下面具体介绍。

(1) 局部变量(Local Variable)　只用于单一的函数中。当函数调用时，变量被创建；当函数调用返回之后，变量立刻不存在。局部变量在函数内部声明，例如：

```
real temp=C_T(cell,thread);
if(temp1>1.)                    /* temp1 为局部变量 */
temp2=5.5;                      /* temp2 为局部变量 */
    else if(temp1>2)
temp2=-5.5;
```

(2) 全局变量(Global Variable)　全局变量在用户的 UDF 源文件中对所有函数都起作用，它们是在单一函数的外部定义的。全局变量一般在预处理程序之后的文件开始处声明。

(3) 外部变量(External Variable)　如果全局变量在某一源代码文件中声明，但是另一个源代码文件需要用到它，那么还必须在另一个文件中声明它是外部变量。外部变量的声明很简单，只需要在变量声明的最前面加上 extern 即可。如果有几个文件涉及该变量，最方便的处理方法就是在头文件(.h)里加上 extern 的定义，然后在所有的 .c 文件中引用该头文件。

注意：extern 只用于编译过的 UDF。

(4) 静态变量(Static Variable)　在函数调用返回之后，静态变量不会发生变化。静态变量在定义该变量的 .c 源文件之外，对任何函数保持不可见。静态声明也可以用于函数，使该函数只对定义它的.c源文件保持可见。

3）函数和数组

函数都包括一个函数名及函数名之后的零行或多行语句，其中函数主体可以完成所需要的任务。函数可以返回特定类型的数值，也可以通过数值来传递数据。函数有很多数据类型，如real、void等，其相应的返回值就是该数据类型，如果函数的类型为void，则没有返回值。当定义UDF函数时，所使用的DEFINE宏的数据类型需要用户参阅udf.h文件中关于宏的#define声明。

注意：C语言中的函数不能改变它们的声明，但是可以改变这些声明所指向的变量。

数组的定义格式为：名字[数组元素个数]。C语言中的数组下标从零开始，变量数组具有不同的数据类型。比如：

```
a[0]=1;                    /* 变量a为一个一维数组 */
b[6][6]=4;                 /* 变量b为一个二维数组 */
```

4）指针

C语言中指针变量的声明必须以*开头。指针广泛用于提取结构中存储的数据，以及在多个函数中通过数据的地址传送数据。指针变量的数值是其他变量存储于内存中的地址值。

例如：

```
int a=100;                 /* 整型变量赋初值为100 */
int *ip;                   /* 声明了一个指向整型变量的指针变量ip */
ip=&a;                     /* 整型变量a的地址值分配给指针ip */
printf("content of address pointed to by ip=%d\n", *ip);
                           /* 用*ip来输出指针ip所指向的值(该值为100) */
 *ip=400;                  /* a=400即用*ip间接地给变量a赋值为400 */
printf("now a=%d\n",a);    /* 输出a的新值 */
```

指针还可以指向数组的起始地址，在C语言中指针和数组紧密相连。

在FLUENT中，线程和域指针是UDF常用的自变量。当在UDF中指定这些自变量时，FLUEDT求解器会自动将指针所指向的数据传给UDF，从而使得UDF函数可以访问求解器的数据。

5）常用数学函数及I/O函数

常用数学函数如表9.3所示。

表9.3 数学函数汇总

C语言中的函数	含义(表达式)
double sqrt(double x);	$\sqrt{x}$
double pow(double x, double y);	x^y
double exp(double x);	e^x
double log(double x);	$\ln x$
double log10(double x);	$\lg_{10} x$
double fabs(double x);	$\|x\|$
double ceil(double x);	不小于x的最小整数
double floor(double x);	不大于x的最大整数

标准输入/输出(I/O)函数如表 9.4 所示。

表 9.4　I/O 函数汇总

C 语言中的函数	含　义
FILE * fopen(char * filename, char * type);	打开一个文件
int fclose(FILE * ip);	关闭一个文件
int fprintf(FILE * ip, char * format,...);	以指定的格式写入文件
int fprintf(char * format,...);	输出到屏幕
int fscanf(FILE * ip, char * format,...);	以指定的格式读入一个文件

需要说明的是,ip 为一个文件指针,它指向包含所要打开文件信息的 C 语言结构。除了 fopen 之外,所有函数都声明为整数,这是因为该函数所返回的整数将告诉用户,这个文件操作命令是否成功执行。例如:

```
FILE *ip;
ip=fopen("data.txt","r");  /* r 表明 data.txt 是以可读形式打开的 */
fscanf(ip,"%f,%f",&f1,&f2);  /* fscanf 函数从 ip 所指向的文件中读入两个浮点数,
                                 并将它们存储为 f1 和 f2 */
fclose(ip);
```

9.10.2　UDF 中访问 FLUENT 变量的宏

1. 访问单元的宏

1）访问单元中流体变量的宏

表 9.5 列出了 FLUENT 中可以用来访问单元中流体变量的宏。注意:_G、_RG、_M1 和 _M2分别表示矢量梯度、改造后的矢量梯度、前一次步长和前两次步长。

表 9.5　访问单元中流体变量的宏

名称(参数)	参 数 类 型	返　回　值
C_T(c,t)	cell_t c, Thread * t	温度
C_T_G(c,t)	cell_t c, Thread * t	温度梯度矢量
C_T_G(c,t)[i]	cell_t c, Thread * t, int i	温度梯度矢量的分量
C_T_RG(c,t)	cell_t c, Thread * t	改造后的温度矢量
C_T_RG(c,t)[i]	cell_t c, Thread * t, int i	改造后的温度矢量的分量
C_T_M1(c,t)	cell_t c, Thread * t	前一次步长下的温度
C_T_M2(c,t)	cell_t c, Thread * t	前两次步长下的温度
C_P(c,t)	cell_t c, Thread * t	压力
C_DP(c,t)	cell_t c, Thread * t	压力梯度矢量
C_DP(c,t)[i]	cell_t c, Thread * t,int i	压力梯度矢量的分量
C_U(c,t)	cell_t c, Thread * t	x 方向的速度 u
C_V(c,t)	cell_t c, Thread * t	y 方向的速度 v
C_W(c,t)	cell_t c, Thread * t	z 方向的速度 w
C_YI(c,t,i)	cell_t c, Thread * t	第 i 种物质的质量分数
C_K(c,t)	cell_t c, Thread * t	湍动能
C_D(c,t)	cell_t c, Thread * t	湍流耗散率

对表 9.5 有以下几点说明：

(1) 可以在宏中加入下标_G 来获得梯度矢量及其分量。

例如，用户可以使用 C_T_G(c,t)来获得单元温度梯度矢量。

注意：只有当包含这个变量的方程已经被求解出时，才能获得该变量梯度矢量；用户可以使用 C_T_G 读写单元温度梯度，但不能使用 C_U_G 读写 x 方向的速度分量。

(2) 可以在宏中加入参数来获得梯度分量。

例如，用户可以使用参数[0]代表 x 方向的分量，使用参数[1]代表 y 方向的分量，使用参数[2]代表 z 方向的分量。具体表现在：使用 C_T_G(c,t)[0]获得温度梯度 x 方向的分量。

注意：在表 9.5 中，虽然只列出了温度梯度及其分量的宏，但是可以扩展到除了压力以外的所有变量中去，对于压力只能按照表 9.5 中的方法使用 C_DP 来得到压力梯度及其分量。

(3) 可以在宏中加入_RG 来获得改造后的梯度矢量及其分量。

例如，用户可以使用 C_T_RG(c,t)来获得改造后的单元温度梯度矢量。

注意：改造后的梯度矢量与未改造的梯度矢量一样，都只有在包含这个变量的方程被求解出来时才可以获得；另外，改造后的梯度矢量及其分量同样可以推广到其他所有变量。

(4) 可以在宏中加入_M1 或_M2 来获得前一次步长或前两次步长下的变量值。

例如，用户可以使用 C_T_M1(c,t)或 C_T_M2(c,t)来获得前一次步长或前两次步长下的单元温度值。

注意：前一次步长或前两次步长下的变量值同样可以推广到其他所有变量。

2) 访问速度导数的宏

表 9.6 中列出来的宏可以用来访问速度导数。

表 9.6 访问速度导数的宏

名称(参数)	参数类型	返回值
C_DUDX(c,t)	cell_t c, Thread * t	速度 u 对 x 方向的导数
C_DUDY(c,t)	cell_t c, Thread * t	速度 u 对 y 方向的导数
C_DUDZ(c,t)	cell_t c, Thread * t	速度 u 对 z 方向的导数
C_DVDX(c,t)	cell_t c, Thread * t	速度 v 对 x 方向的导数
C_DVDY(c,t)	cell_t c, Thread * t	速度 v 对 y 方向的导数
C_DVDZ(c,t)	cell_t c, Thread * t	速度 v 对 z 方向的导数
C_DWDX(c,t)	cell_t c, Thread * t	速度 w 对 x 方向的导数
C_DWDY(c,t)	cell_t c, Thread * t	速度 w 对 y 方向的导数
C_DWDZ(c,t)	cell_t c, Thread * t	速度 w 对 z 方向的导数

3) 访问材料性质的宏

表 9.7 中列出的宏可以用来存取材料性质。

表 9.7 访问材料性质的宏

名称(参数)	参数类型	返回值
C_FMEAN(c,t)	cell_t c, Thread * t	第一次混合分数的平均值
C_FMEAN2(c,t)	cell_t c, Thread * t	第二次混合分数的平均值
C_FVAR(c,t)	cell_t c, Thread * t	第一次混合分数变量

续表

名称(参数)	参数类型	返回值
C_FVAR2(c,t)	cell_t c，Thread * t	第二次混合分数变量
C_PREMIXC(c,t)	cell_t c，Thread * t	预混浓度
C_LAM FLAME SPEED(c,t)	cell_t c，Thread * t	层流火焰速度
C_CRITICAL STRAIN RATE(c,t)	cell_t c，Thread * t	临界应变速率
C_POLLUT(c,t,i)	cell_t c，Thread * t, int i	第 i 种污染物的质量分数
C_R(c,t)	cell_t c，Thread * t	密度
C_MU L(c,t)	cell_t c，Thread * t	层流黏性系数
C_MU T(c,t)	cell_t c，Thread * t	湍流黏性系数
C_MU EFF(c,t)	cell_t c，Thread * t	有效黏性系数
C_K_L(c,t)	cell_t c，Thread * t	层流换热系数
C_K_T(c,t,i)	cell_t c，Thread * t	湍流换热系数
C_K_EFF(c,t)	cell_t c，Thread * t	有效换热系数
C_CP(c,t)	cell_t c，Thread * t	比热容
C_RGAS(c,t,i)	cell_t c，Thread * t	气体常数
C_DIFF L(c,t,I,j)	cell_t c，Thread * t, int i, in j	层流扩散系数
C_DIFF EFF(c,t,i)	cell_t c，Thread * t, int i	有效扩散系数
C_ABS COEFF (c,t)	cell_t c，Thread * t	吸收系数
C_SCAT COEFF(c,t)	cell_t c，Thread * t	散射系数

4）访问用户自定义的标量和存储器的宏

表 9.8 中列出的宏可以用来读写用户自定义的标量和存储。

表 9.8　访问用户自定义的标量和存储的宏

名称(参数)	参数类型	返回值
C_UDSI(c,t,i)	cell_t c，Thread * t	用户定义的单元标量
C_UDSI M(c,t,i)	cell_t c，Thread * t	前一次步长下用户定义的单元标量
C_UDSI_DIFF(c,t,i)	cell_t c，Thread * t	用户定义的单元标量的扩散系数
C_UDMI(c,t,i)	cell_t c，Thread * t	用户定义的单元存储器

5）访问 Reynolds 应力模型的宏

表 9.9 中列出了可以用来读写 Reynolds 应力模型变量的宏。

表 9.9　访问 Reynolds 应力模型变量的宏

名称(参数)	参数类型	返回值
C_RUU(c,t)	cell_t c，Thread * t	Reynolds 应力项$\overline{u'u'}$
C_RVV(c,t)	cell_t c，Thread * t	Reynolds 应力项$\overline{v'v'}$
C_RWW(c,t)	cell_t c，Thread * t	Reynolds 应力项$\overline{w'w'}$
C_RUV(c,t)	cell_t c，Thread * t	Reynolds 应力项$\overline{u'v'}$
C_RVW(c,t)	cell_t c，Thread * t	Reynolds 应力项$\overline{v'w'}$
C_RUW(c,t)	cell_t c，Thread * t	Reynolds 应力项$\overline{u'w'}$

2. 访问面的宏

1）访问面上流体变量的宏

在表 9.10 中列出了可以用来读写面上流体变量的宏。注意：如果面位于边界，那么流体的方向由 F_FLUX 决定的点指向外围空间。

表 9.10　访问边界面上流体变量的宏

名称(参数)	参数类型	返回值
F_R(f,t)	face_t f, Thread * t	密度
F_P(f,t)	face_t f, Thread * t	压力
F_U(f,t)	face_t f, Thread * t	x 方向的速度 u
F_V(f,t)	face_t f, Thread * t	y 方向的速度 v
F_W(f,t)	face_t f, Thread * t	z 方向的速度 w
F_T(f,t)	face_t f, Thread * t	温度
F_H(f,t)	face_t f, Thread * t	焓
F_K(f,t)	face_t f, Thread * t	湍动能
F_D(f,t)	face_t f, Thread * t	湍流耗散率
F_YI(f,t,i)	face_t f, Thread * t, int i	第 i 种物质的质量分数
F_FLUX(f,t)	face_t f, Thread * t	通过边界面的质量流速

2）访问用户自定义的面标量和面存储器的宏

在表 9.11 中列出了可以用来读写用户自定义的面标量和面存储器的宏。

表 9.11　访问用户自定义的面标量和面存储器的宏

名称(参数)	参数类型	返回值
F_UDSI(f,t,i)	face_t f, Thread * t, int i	用户自定义的面标量
F_UDMI(f,t,i)	face_t f, Thread * t, int i	用户自定义的面存储器

3）访问混合面上流体变量的宏

表 9.12 中列出了访问混合面上流体变量的宏。

表 9.12　访问混合面上流体变量的宏

名称(参数)	参数类型	返回值
F_C0(f,t)	face_t f, Thread * t	访问面\0 边上的单元变量
F_C0_THREAD(f,t)	face_t f, Thread * t	访问面\0 边上的单元线索
F_C1(f,t)	face_t f, Thread * t	访问面\1 边上的单元变量
F_C1_THREAD(f,t)	face_t f, Thread * t	访问面\1 边上的单元线索

3. 访问几何的宏

1）节点和面的数量

表 9.13 中列出了可以用来获得节点和面的数量的宏。

表 9.13　访问节点和面的数量的宏

名称(参数)	参数类型	返回值
C_NNODES(c,t)	cell_t c, Thread * t	单元中的节点数
C_NFACES(c,t)	cell_t c, Thread * t	单元中的表面数
F_NNODES(c,t)	face_t f, Thread * t	表面上的节点数

2）单元和面的重心

表 9.14 中列出了可以用来获得单元和面的重心的宏。注意:矩阵 **X** 可以是一维、二维或者三维。

表 9.14　访问单元和面的重心的宏

名称(参数)	参数类型	返回值
C_CENTROID(x,c,t)	real x[ND ND], cell_t c, Thread * t	单元重心的 x 方向坐标值
F_CENTROID(x,f,t)	real x[ND ND], face_t f, Thread * t	面重心的 x 方向坐标值

3）表面面积

表 9.15 中列出了可以用来获得表面面积的宏。注意:对于内部表面,面积向量的方向为从边界面指向外围空间。

表 9.15　访问表面面积的宏

名称(参数)	参数类型	返回值
F_AREA(A,f,t)	A[ND ND], face_t f Thread * t	面积向量 ***A***

4）单元体积

表 9.16 中列出了可以用来获得二维、三维和轴对称模型的单元体积的宏。

表 9.16　访问单元体积的宏

名称(参数)	参数类型	返回值
C_VOLUME(c,t)	cell_t c, Thread * t	三维单元的体积

4. 访问节点的宏

表 9.17 和表 9.18 列出了可以用来获得节点的坐标和节点上速度分量的宏。

表 9.17　访问节点坐标的宏

名称(参数)	参数类型	返回值
NODE X(node)	Node * node	节点的 x 方向坐标值
NODE Y(node)	Node * node	节点的 y 方向坐标值
NODE Z(node)	Node * node	节点的 z 方向坐标值

表 9.18　访问节点上速度分量的宏

名称(参数)	参数类型	返回值
NODE GX(node)	Node * node	节点在 x 方向的速度分量
NODE GY(node)	Node * node	节点在 y 方向的速度分量
NODE GZ(node)	Node * node	节点在 z 方向的速度分量

9.10.3　UDF实用工具宏

1. 一般循环宏

1）查询控制区的单元线索

当需要查询给定控制区的单元线索时，可使用thread_loop_c。它包含单独的查询说明，对控制区单元线索所做的操作定义包含在{　}中。

注意：thread_loop_c在执行上与thread_loop_f相似。

```
Domain *domain;
Thread *c_thread;
Thread_loop_c(c_thread,domain)  /* loops over all cell threads in a domain */
  {
    }
```

2）查询控制区的面线索

当需要查询给定控制区的面线索时，可使用thread_loop_f。它包含单独的查询说明，对控制区面线索所进行的操作，定义包含在{　}中。

注意：thread_loop_f在执行上与thread_loop_c相似。

```
Thread *f_thread;
Domain *domain;
Thread_loop_f(f_thread,domain)  /* loops over all face threads in a domain */
  {
    }
```

3）查询单元线索中的单元

当需要查询给定单元线索c_thread中的所有单元时，可使用begin_c_loop和end_c_loop。它包含对begin loop和end loop的说明，对单元线索中的单元所进行的操作，定义包含在{　}中。

注意：当查找单元线索中的单元时，所使用的loop全嵌套在thread_loop_c中。

```
cell_t c;
Thread *c_thread;
begin_c_loop(c,c_thread)  /* loops over cells in a cell thread */
  {
    }
end_c_loop(c,c_thread)
```

4）查询面线索中的面

当需要查找给定面线索f_thread中的所有面时，可使用begin_f_loop和end_f_loop。它包含对begin loop和end loop的说明，对面线索中的面所进行的操作，定义包含在{　}中。

注意：当查找面线索中的所有面时，所使用的loop全嵌套在thread_loop_f中。

```
face_t f;
Thread *f_thread;
begin_f_loop(f,f_thread)  /* loops over faces in a face thread */
  {
```

```
    }
end_f_loop(f,f_thread)
```

5) 查询单元中的面

c_face_loop 可用来查询给定单元中的所有面，它包含单独的查询说明，对单元中的面所进行的操作，定义包含在{ }中。

```
face_t f;
Thread *tf;
int n;
c_face_loop(c,t,n)  /* loops over all faces on a cell */
  {
  ...
  f=C_FACE(c,t,n);
  tf=C_FACE_THREAD(c,t,n);
  ...
  }
```

这里，n 为当前面的索引号。当前面的索引号用在 C_FACE 宏中，可以用来获得所有面的数量。例如：f=C_FACE(c,t,n)。

另外，C_FACE_THREAD 宏可用来合并两个面线索。例如：tf=C_FACE_THREAD(c,t,n)。

6) 查询单元中的节点

c_node_loop 可用来查询给定单元中的所有节点，它包含单独的查询说明，对单元中的节点所进行的操作定义包含在{ }中。

```
cell_t c;
Thread *t;
int n;
c_node_loop(c,t,n)
  {
  ...
  node=C_NODE(c,t,n)
  ...
  }
```

这里，n 为当前节点的索引号。当前节点的索引号用在 C_NODE 宏中，可以用来获得所有节点的数量。例如：node=C_NODE(c,t,n)。

2. 矢量工具宏

FLUENT 提供一些工具宏，可以用来在 UDF 中进行有关矢量计算。例如：可以用实函数 NV_MAG(V)计算矢量 V 的大小(模)。另外，矢量工具宏中还有一个约定俗成的惯例，即 V 代表矢量，S 代表标量，D 代表三维矢量。

1) NV_MAG

NV_MAG 可用来计算矢量的大小，即矢量平方和的平方根。

```
NV_MAG(x)
```

```
2D:sqrt(x[0] * x[0] + x[1] * x[1]);
3D:sqrt(x[0] * x[0] + x[1] * x[1] + x[2] * x[2]);
```

2) NV_MAG2

NV_MAG2 可用来计算矢量的平方和。

```
NV_MAG2(x)
    2D:(x[0] * x[0] + x[1] * x[1]);
    3D:(x[0] * x[0] + x[1] * x[1] + x[2] * x[2]);
```

3) ND_ND

在 RP_2D(FLUENT 2D)和 RP_3D(FLUENT 3D)中,常数 ND_ND 定义为 2。若需要在 2D 中建立一个 2×2 矩阵,或在 3D 中建立一个 3×3 矩阵,可以使用到这个宏。UDF 可以在 2D 和 3D 情况下使用 ND_ND,且不需要进行任何改动。

```
real  A[ND_ND] [ND_ND]
for  (i=0;i<ND_ND;++i)
  for  (j=0;j <ND_ND;++j)
    A[i] [j] =f(i,j);
```

4) ND_SUM

ND_SUM 可用来计算 ND_ND 的和。

```
ND_SUM(x,y,z)
    2D:x+y;
    3D:x+y+z;
```

5) ND_SET

ND_SET 可用来产生 ND_ND 的任务说明。

```
ND_SET(u,v,w,C_U(c,t),C_V(c,t),C_W(c,t))
    u= C_U(c,t);
    v= C_V(c,t);
if 3D:
    w= C_W(c,t);
```

6) NV_V

NV_V 可用来完成对两个矢量的操作。

```
NV_V(a,=,x);
    a[0]=x[0];a[1]=x[1];etc.
```

注意:如果在上面的方程中用 += 代替 =,将得到“a[0]+=x[0];”等。

7) NV_VV

NV_VV 可用来完成对矢量的基本操作。在下面的宏调用中,操作符号−、/、* 可以用来代替+。

```
NV_VV(a,=,x,+,y)
    2D:a[0]=x[0]+y[0],a[1]=x[1]+y[1];
```

8) NV_V_VS

NV_V_VS 用来完成两个矢量的相加(后一项都乘一常数)。

```
NV_V_VS(a,=,x,+,y,*,0.5);
```

2D:a[0]=x[0]+(y[0]*0.5),a[1]=x[1]+(y[1]*0.5);

注意:符号+可以换成-、*或/,符号*可以换成/。

9) NV_VS_VS

NV_VS_VS 可用来完成两个矢量的相加(每一项都乘一常数)。

NV_VS_VS(a,=,x,*,2.0,+,y,*,0.5);

2D:a[0]=(x[0]*2.0)+(y[0]*0.5),a[1]=(x[1]*2.0)+(y[1]*0.5);

注意:符号+可以换成-、*或/,符号*可以换成/。

10) ND_DOT

下列的工具可用来计算两个矢量的点积。

ND_DOT(x,y,z,u,v,w)

2D:(x*u+y*v);

3D:(x*u+y*v+z*w);

NV_DOT(x,u)

2D:(x[0]*u[0]+x[1]*u[1]);

3D:(x[0]*u[0]+x[1]*u[1]+x[2]*u[2]);

NVD_DOT(x,u,v,w)

2D:(x[0]*u+x[1]*v);

3D:(x[0]*u+x[1]*v+x[2]*w);

3. 常用 DEFINE 宏

1) 通用求解宏

• DEFINE_ADJUST

该宏为修改 FLUENT 变量的通用宏,可用来修改流动变量(如速度、压力),并计算积分。FLUENT 在求解计算的每一步迭代中都可以执行使用 DEFINE_ADJUST 定义的宏,其格式为

DEFINE_ADJUST(name,d);

DEFINE_ADJUST 包含两个变量:name 和 d。name 为所指定的 UDF 名字,当完成 UDF 的编译和连接后,该名字会显示在 FLUENT 的图形用户界面上;d 为 FLUENT 求解器传给 UDF 的变量,为一个区域指针,指向所需修改的区域。区域变量提供存取网格中所有单元和面的线索。另外说明一点:DEFINE_ADJUST 不返回任何值给求解器。

• DEFINE_INIT

该宏可用来定义解的初始值。每进行一次初始化,DEFINE_INIT 宏都会执行一次,并在求解器完成默认的初始化之后被调用。因为它在流场初始化之后被调用,因此它常用于设定流动变量的初值。其格式为

DEFINE_INIT(name,d);

DEFINE_INIT 宏包含两个变量:name 和 d。name 为所指定的 UDF 名字,当完成 UDF 的编译和连接后,该名字会显示在 FLUENT 的图形用户界面上;指针 d 为 FLUENT 求解器传给 UDF 的变量。

• DEFINE_ON_DEMAND

该宏可用来定义在 FLUENT 中执行命令的 UDF。其格式为

DEFINE_ON_DEMAND(name);

DEFINE_ON_DEMAND 宏包含一个变量，即所指定的 UDF 名字，当完成 UDF 的编译和连接后，该名字会显示在 FLUENT 的图形用户界面上。

- DEFINE_RW_FILE

该宏可用来定义用户需要写入 cas 或 dat 文件的信息。其格式为

DEFINE_RW_FILE(name,fp);

DEFINE_RW_FILE 宏包含两个变量：name 和 fp。name 为所指定的 UDF 名字，当完成 UDF 的编译和连接后，该名字会显示在 FLUENT 的图形用户界面上；fp 为文件指针，指向所需写入的 cas 或 dat 文件。

2）模型指定宏

- DEFINE_PROFILE

该宏可用来定义边界变量随边界坐标或时间的变化，如速度、压力、温度、体积分数等随边界坐标或时间变化的边界条件。其格式为

DEFINE_PROFILE(name,t,i);

DEFINE_PROFILE 宏包含三个变量：name、t 和 i。name 为所指定的 UDF 名字，当完成 UDF 的编译和连接后，该名字会显示在 FLUENT 的图形用户界面上；t 为指针，指向所需施加边界条件的边界；i 为用来识别已被定义变量的索引。

- DEFINE_PROPERTY

该宏可用来定义材料属性，如密度、黏性系数、导热系数、扩散系数等。其格式为

DEFINE_PROPERTY(name,c,t);

DEFINE_PROPERTY 宏包含三个变量：name、c 和 t。name 为所指定的 UDF 名字，当完成 UDF 的编译和连接后，该名字会显示在 FLUENT 的图形用户界面上；c 为识别单元是否在所给线索内的索引；t 为指针，指向已定义材料属性的线索。

- DEFINE_SOURCE

该宏可用来定义 FLUENT 输运方程中的源项，包括连续性方程、动量方程、能量方程、组分方程等。其格式为

DEFINE_SOURCE(name,c,t,dS,eqn);

DEFINE_SOURCE 宏包含五个变量：name、c、t、dS、eqn。c 为 t 所指向的线索上的单元索引；dS 为数组，用来说明输运方程源项的导数；eqn 为数组元素的编号。

9.10.4　UDF 的解释和编译

要将编写好的 UDF 程序加入 FLUENT 软件中运行，先需要对 UDF 程序进行解释或编译，然后再加载到 FLUENT 中。接下来分别介绍 UDF 的解释和编译。

1. UDF 的解释运行

对 UDF 程序最简单的处理方法就是让 UDF 解释运行。该方法的优点是不需要安装 C 语言编译器，适合于 UDF 程序比较短的情况。

用户可以先在文本编辑软件（比如 Windows 自带的记事本）中编写好 UDF 程序，保存为 D:\fluent_exercise\ *.c。然后运行 FLUENT 软件，加载网格文件（*.cas），选择“Define/User-Defined/Functions/Interpreted...”命令，打开 Interpreted UDFs 对话框，如图 9.52 所示。

在 Source File Name 文本框中输入 UDF 文件名，或通过单击 Browse 按钮查找 UDF 文

件，单击 Interpret 按钮，即可开始 UDF 的解释运行。

若 UDF 程序有错，则 FLUENT 会提示出错，并报告错误原因。若程序正确，则解释运行后的程序将自动加载到 FLUENT 中，并保存在案例文件（*.cas）中。

选择“Define/Boundary/Conditions...”命令，打开 Boundary Conditions 对话框，如图 9.53 所示。

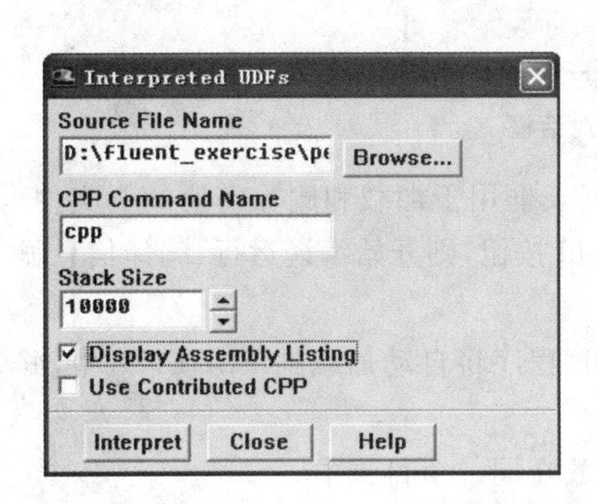

图 9.52　Interpreted UDFs 对话框

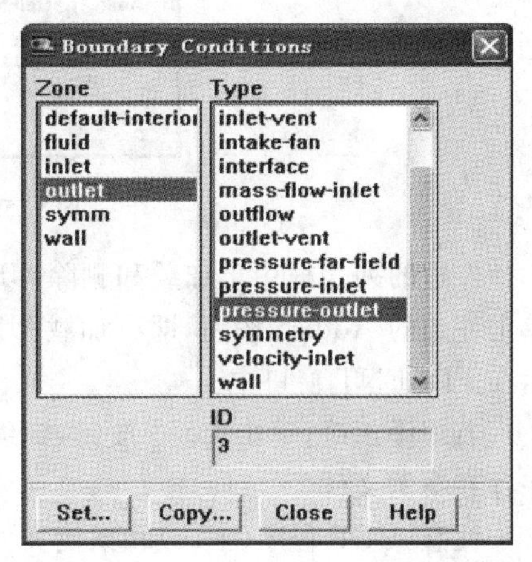

图 9.53　Boundary Conditions 对话框

在 Zone 列表框中选择 outlet，在 Type 列表框中选择 pressure-outlet，单击 Set... 按钮，打开 Pressure Outlet 对话框，如图 9.54 所示。

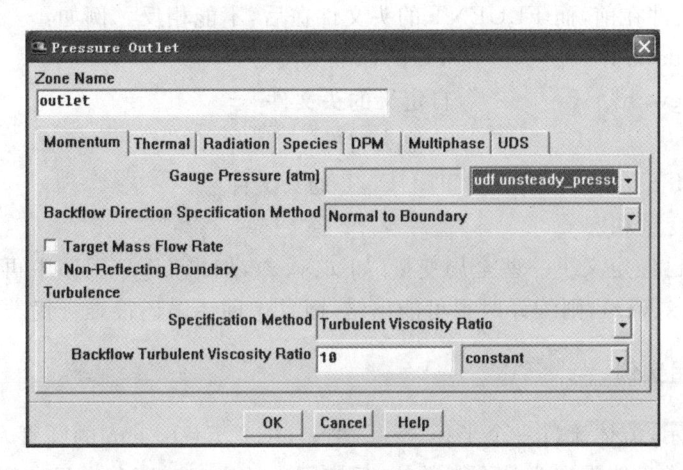

图 9.54　Pressure Outlet 对话框

显然，从 Pressure Outlet 对话框中可以看到解释运行后的 UDF。

2. UDF 的编译运行

UDF 程序可以解释运行，但其运行效率较低，而且很多 UDF 函数不支持解释运行，故用户有必要掌握 UDF 的编译运行方法。

编译运行 UDF 程序的前提是正确安装 C/C++编译器，本书推荐采用微软的 VC++6.0 编译器。

假定用户已经正确安装了 VC++编译器，运行 FLUENT 软件，加载网格文件（*.cas），然后选择“Define/User-Defined/Functions/Compiled...”命令，打开 Compiled UDFs 对话框，如图 9.55 所示。

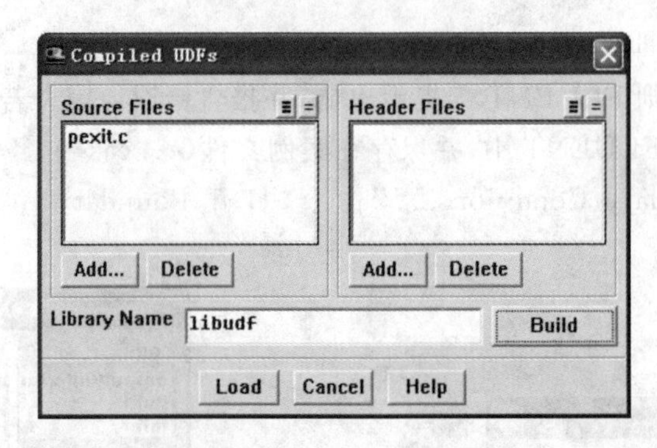

图 9.55　Compiled UDFs 对话框

左边的列表框用于加载和删除 UDF 程序，右边的列表框用于加载和删除需要的头文件。单击左边的 Add... 按钮，即可加载 UDF 程序；单击 Build 按钮，则开始编译运行，编译信息显示在 FLUENT 窗口中。

若编译正确，单击 Load 按钮，则编译运行后的 UDF 程序将自动加载到 FLUENT 中，并保存在案例文件（*.cas）中。

注意：UDF 程序（*.c）和案例文件（*.cas）一定要放在同一个目录中。

3. 编译运行相关问题

1）关于头文件的顺序

一般来说，C++的 cpp 文件中包含很多头文件（*.h）。在本系统中，要求 C++、MFC 及其他函数的头文件在前，而 FLUENT 的头文件在后，不能相反。例如：

```
#include "stdafx.h"        //VC的标准头文件
#include "view.h"          //自定义的头文件
#include…                  //其他头文件
#include"udf.h"            //FLUENT的头文件
```

2）关于全局变量和宏

FLUENT 中已经定义了一些全局变量（如 x、y、z），如果 UDF 程序中再定义与这些变量名相同的宏（如宏 x、y、z），则编译时很可能出错，而且这种错误还很难查找。

9.10.5　UDF 应用实例

如图 9.56 所示，流体流过一个半径 $r=0.02$ m，长度 $L=0.4$ m 的圆管。在 FLUENT 软件中，进口速度通常只能设定为一个常数值，但实际中的进口速度分布呈抛物线形。本例通过使用 UDF 来定义呈抛物线形的进口速度分布，从而使模拟计算得到的圆管内部速度场更加接近实际。

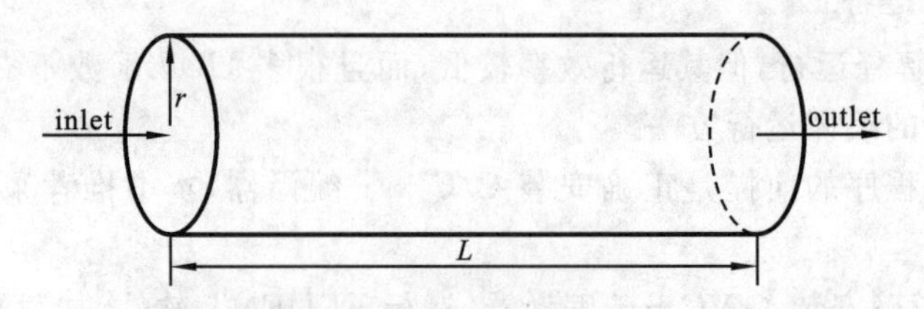

图 9.56　圆管中的流动示意图

由于圆管为轴对称，因此将计算域简化成一个二维平面，如图 9.57 所示。

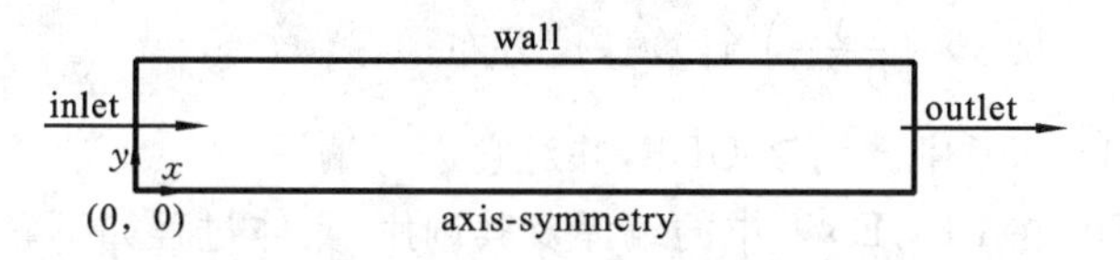

图 9.57　计算域示意图

圆管中，呈抛物线形的进口速度分布通过下面的表达式描述：

$$u = 0.5 - 0.5 \times \left(\frac{y}{0.02}\right)^2$$

由上面的表达式可知：圆管中心处速度为 0.5 m/s，壁面处速度为 0。

采用 UDF 将上述呈抛物线形的进口速度分布与 FLUENT 求解器结合起来，C 语言源代码(vel. c)如下：

```
//****************************************//
//*********呈抛物线形的进口速度分布的定义(vel. c)*********//
//****************************************//
#include "udf. h"                   //调用头文件(一定要有这一语句)
DEFINE_PROFILE(velocity_inlet,thread,position)
{
  real x[ND_ND];                    //定义质点坐标所在的数组
  real y;                           //定义质点的 y 坐标变量
  face_t f;                         //定义 face_t 类型的变量 f
  begin_f_loop(f,thread)
   {
      F_CENTROID(x,f,thread);      //从 FLUENT 函数得到各网格质心坐标，并赋给矢量 x
      y=x[1];                       //x[0]代表质心的横坐标，x[1]代表质心的纵坐标
      F_PROFILE(f. thread,position)=0.5-y*y/(0.02*0.02)*0.5;  //定义呈抛物线形的进口速度分布
   }
  end_f_loop(f,thread)
}
```

对上面的 UDF 程序说明如下：

(1) 使用宏 DEFINE_PROFILE 定义呈抛物线形的速度分布，当 UDF 被调入 FLUENT 后，用户可以在进口速度边界条件定义时选择 velocity_inlet。

(2) 宏 DEFINE_PROFILE(velocity_inlet，thread，position)中的 velocity_inlet 为可以任意指定的函数名，它包含两个自变量：thread 和 position。其中，thread 为一个指向面的 thread 的指针；position 为一个整数，是每个循环内为变量设置的数字标签。

(3) 该 UDF 定义了 face_t 数据类型的变量 f、real 数据类型的一维数组 x 和变量 y。begin_f_loop(f，thread)用于扫描这个区域内的所有面。在每个循环内，通过 FLUENT 提供的函数 F_CENTROID 得到面 f 质心，并将质心的坐标值赋给数组 x。数组 x 的第一个值 x[0]代表质心的横坐标，x[1]代表质心的纵坐标，通过 y=x[1]把质心的纵坐标赋给变量 y，

然后通过公式 $u=0.5-0.5\times\left(\frac{y}{0.02}\right)^2$ 计算速度分布。

（4）最后，在 FLUENT 中调用该 UDF，并对它进行编译。

接下来，介绍 UDF 在 FLUENT 中的编译及其调用，具体过程如下。

假定网格文件已经利用 GAMBIT 软件完成，并成功导出为 *.msh 文件。为了突出重点，省略部分操作过程。

（1）将网格文件导入 FLUENT 中，进行网格检查，选择计算模型，设置求解器参数（在 Space 项中选择 Axisymmetric），定义流体的物性。

（2）对 UDF 进行编译。选择“Define/User-Defined/Functions/Interpreted...”命令，打开 UDF 编译对话框，如图 9.58 所示。

（3）使用 Browse 按钮加入 UDF 文件 vel.c（注意：该文件必须与对应的 Case 文件处在同一文件夹中），单击 Interpret 按钮，即可对文件进行编译。

如果系统没有错误提示，则说明文件编译成功。

（4）接下来进行边界条件设置。选择“Define/Boundary Conditions...”命令，打开 Boundary Conditions 对话框，如图 9.59 所示。

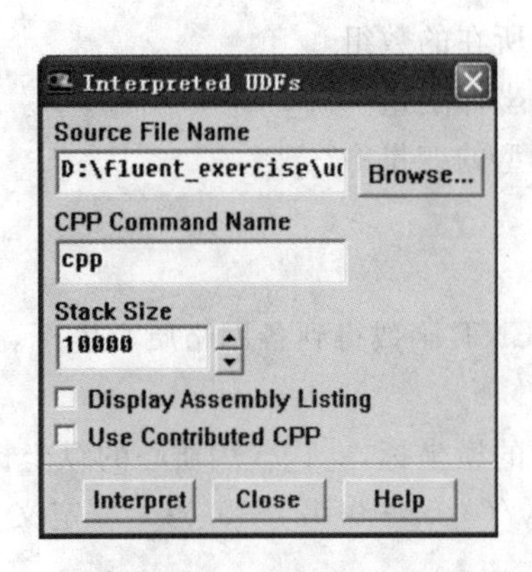

图 9.58　UDF 编译对话框

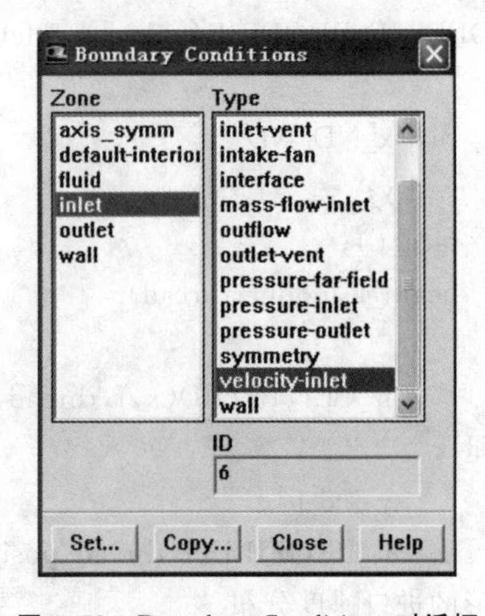

图 9.59　Boundary Conditions 对话框

（5）单击 Set... 按钮，打开 Velocity Inlet 对话框，在 Velocity Magnitude 栏的列表中选择 udf velocity_inlet，如图 9.60 所示。

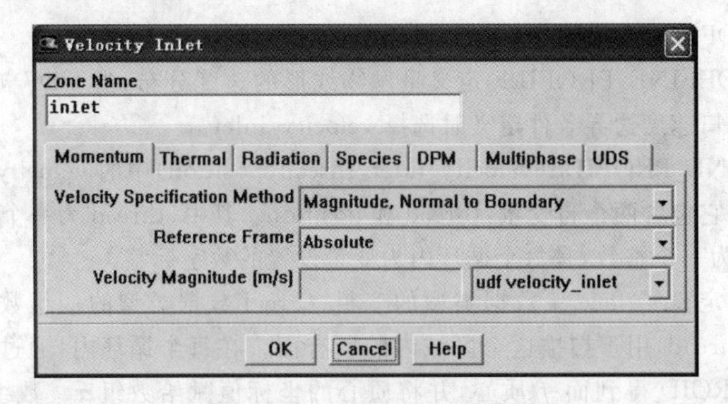

图 9.60　Velocity Inlet 对话框

注意：这里的 velocity_inlet 就是 DEFINE_PROFILE(velocity_inlet，thread，position)中输入的函数名。通过调用 velocity_inlet 函数，实现进口速度分布的定义，即

$$u = 0.5 - 0.5 \times \left(\frac{y}{0.02}\right)^2$$

(6) 单击 OK 按钮，确认设置。

(7) 最后，设置求解控制参数，初始化，进行迭代计算，保存计算结果。

选择"Plot/XY Plot..."命令，打开 Solution XY Plot 对话框，如图 9.61 所示。

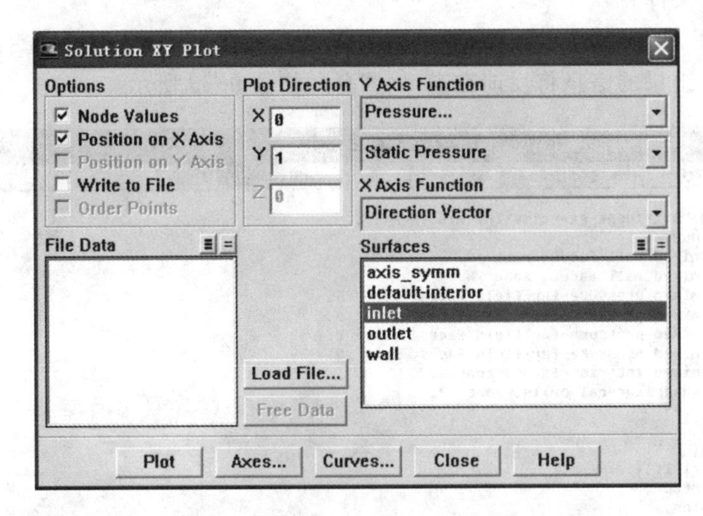

图 9.61　Solution XY Plot 对话框

单击 Plot 按钮，得到进口速度分布曲线，如图 9.62 所示。

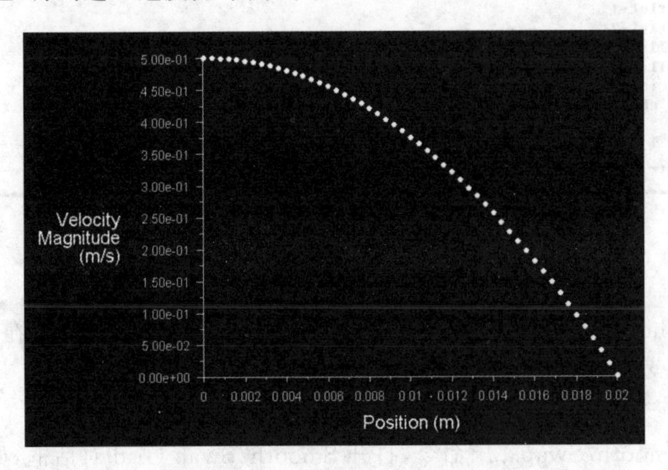

图 9.62　进口速度分布曲线

显然，进口速度分布曲线与表达式一致。

从实例可以看出，UDF 文件的组成包含两个基本要素：FLUENT 内部变量和预定义宏。在 vel.c 文件中对应为 ND_ND 和 DEFINE_PROFILE(velocity_inlet，thread，position)。

9.11　FLUENT 应用实例

本节将从二维和三维两个方面来介绍 FLUENT 的应用实例。

9.11.1　二维实例

下面以三角翼的流动情况为例，来介绍 FLUENT 的二维应用。

首先，启动 FLUENT 的二维求解器，利用 FLUENT 进行三角翼流动情况的模拟计算，具体过程如下。

1. 检查网格并定义长度单位

1）导入网格文件

在 FLUENT 中选择“File/Read/Case...”命令，在工作目录下选择网格文件 tri-wing.msh。导入结果的信息将反馈在窗口（屏幕），如图 9.63 所示。

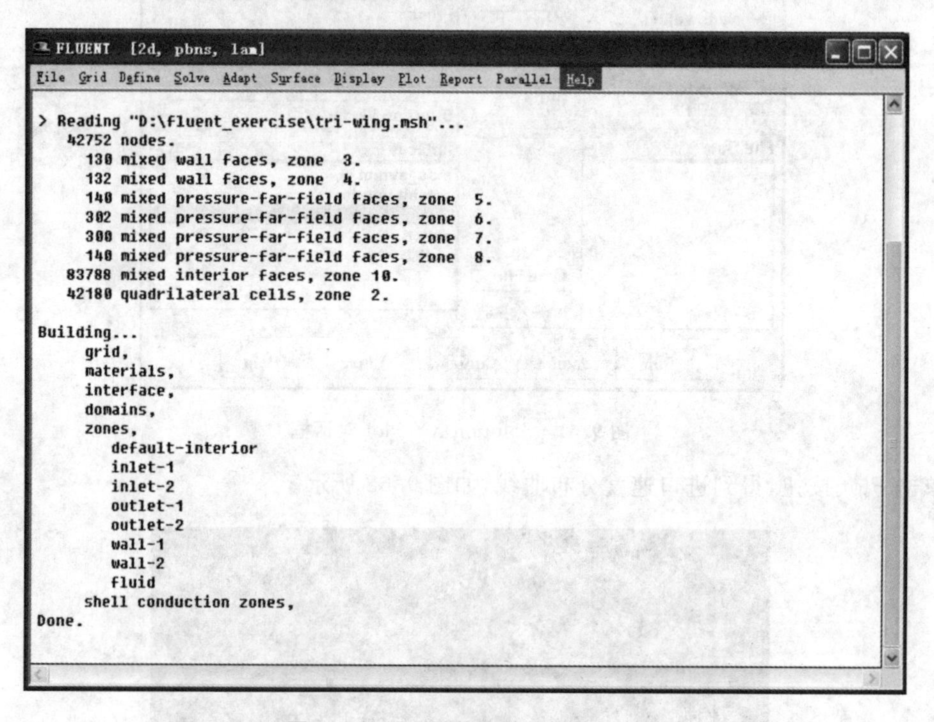

图 9.63　导入网格文件的反馈信息

2）检查网格

选择“Grid/Check”命令，对网格进行检查。检查结果的信息将反馈在窗口（屏幕），如图 9.64 所示，用户需要注意最小体积的数值不能为负。

3）光顺网格

选择“Grid/Smooth/Swap...”命令，打开 Smooth/Swap Grid 对话框，如图 9.65 所示。

反复交替单击 Smooth 按钮和 Swap 按钮，直到窗口（屏幕）显示没有需要交换的面为止，如图 9.66 所示。

4）确定长度单位

选择“Grid/Scale...”命令，打开 Scale Grid 对话框，如图 9.67 所示。

在 Scale Grid 对话框中进行如下设置：

(1) 在 Unit Conversion 下的 Grid Was Created In 右侧列表中选择 cm。

(2) 单击 Change Length Unite 按钮，此时左侧的 Scale Factors 下的 X、Y、Z 项都变为 0.01。

```
FLUENT  [2d, pbns, lam]
File Grid Define Solve Adapt Surface Display Plot Report Parallel Help

Grid Check

 Domain Extents:
   x-coordinate: min (m) = -1.000000e+001, max (m) = 2.000000e+001
   y-coordinate: min (m) = -5.000000e+000, max (m) = 1.000000e+001
 Volume statistics:
   minimum volume (m3): 3.065409e-005
   maximum volume (m3): 9.047988e-002
     total volume (m3): 4.435000e+002
 Face area statistics:
   minimum face area (m2): 1.693964e-004
   maximum face area (m2): 8.183355e-001
 Checking number of nodes per cell.
 Checking number of faces per cell.
 Checking thread pointers.
 Checking number of cells per face.
 Checking face cells.
 Checking bridge faces.
 Checking right-handed cells.
 Checking face handedness.
 Checking face node order.
 Checking element type consistency.
 Checking boundary types:
 Checking face pairs.
 Checking periodic boundaries.
 Checking node count.
 Checking nosolve cell count.
 Checking nosolve face count.
 Checking face children.
 Checking cell children.
 Checking storage.
Done.
```

图 9.64 检查网格的反馈信息

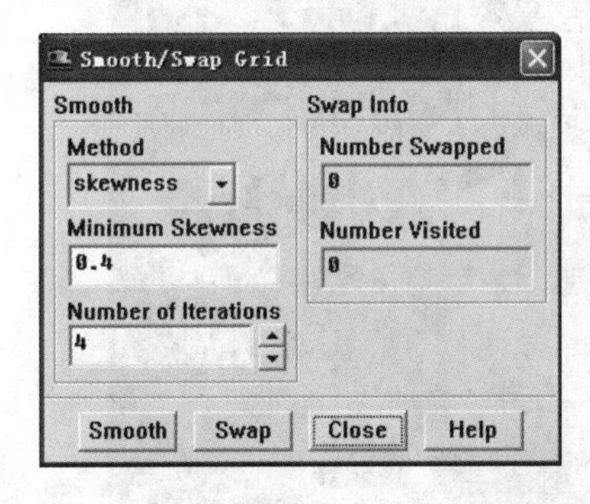

图 9.65 Smooth/Swap Grid 对话框

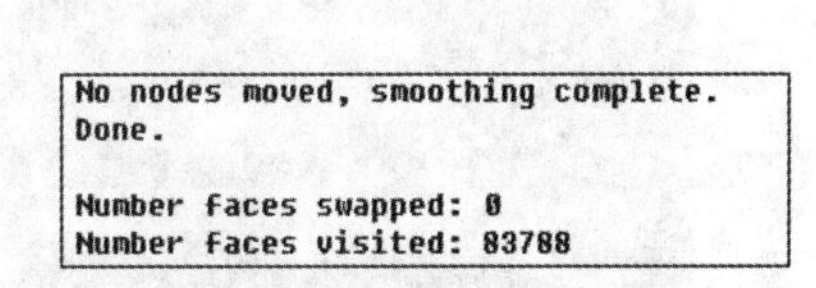

图 9.66 光顺网格的反馈信息

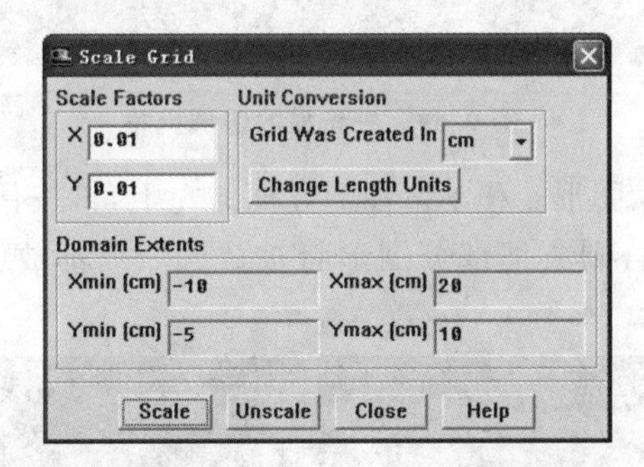

图 9.67 Scale Grid 对话框

(3) 单击下边的 Scale 按钮，此时，Domain Extents 下的单位由 m 变为 cm，并给出区域范围。

(4) 单击 Close 按钮，关闭对话框。

说明：在 FLUENT 中，除了长度单位外，其他单位均采用国际单位制，一般不需要修改。

若要对单位进行修改,则可选择“Define/Units...”命令,打开 Set Units 对话框进行修改。

5）显示网格

选择“Display/Grid...”命令,打开 Grid Display 对话框,如图 9.68 所示。单击 Display 按钮即可得到区域网格,如图 9.69 所示。

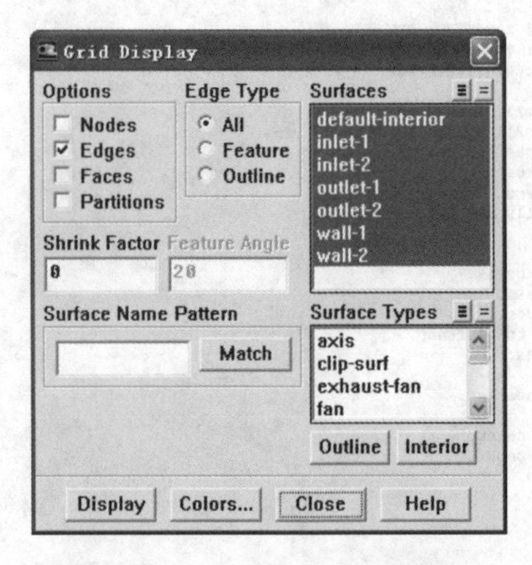

图 9.68　Grid Display 对话框

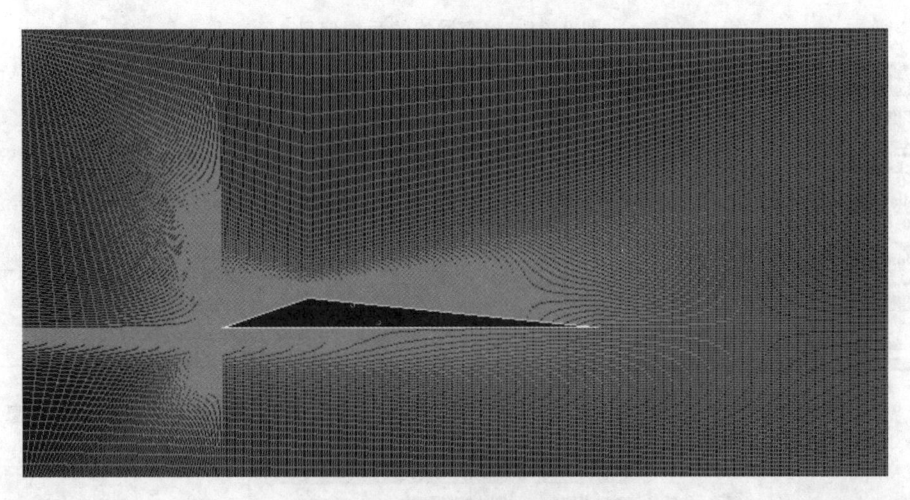

图 9.69　三角翼的区域网格

使用鼠标中键局部放大图形。移动鼠标到方框的左上角,按住鼠标中键并将鼠标拖到方框的右下角,松开鼠标按键,则方框部分图形将被放大。局部放大后的区域网格如图 9.70 所示。

图 9.70　局部放大后的区域网格

注意：反向操作将使图形缩小；按住鼠标左键移动鼠标，可移动图形。

2. 确定计算模型

1）设置求解器

选择“Define/Models/Solver...”命令，打开 Solver 对话框，如图 9.71 所示。

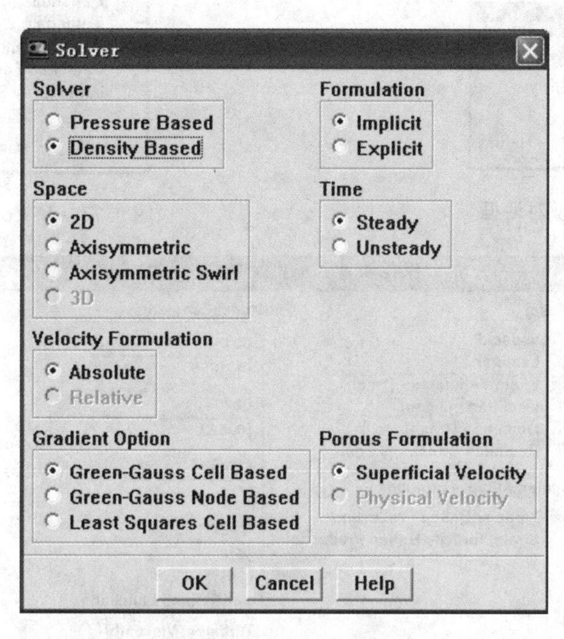

图 9.71　Solver 对话框

在 Solver 对话框中进行如下设置：

(1) 在 Solver 项选择 Density Based。

(2) 在 Formulation 项选择 Implicit。

(3) 在 Space 项选择 2D。

(4) 在 Time 项选择 Steady。

(5) 保留其他默认设置，单击 OK 按钮。

注意：在处理高速空气动力学问题时，常采用耦合求解器。隐式求解器比显式求解器收敛速度快，但会占用更多的内存。对于二维(2D)流动，由于网格节点数量较少，因此内存容量一般不是问题。

2）启动能量方程

选择“Define/Models/Energy...”命令，打开 Energy 对话框，如图 9.72 所示，单击 OK 按钮。

3）选择湍流模型

选择“Define/Models/Viscous...”命令，打开 Viscous Model 对话框，如图 9.73 所示。

(1) 选择 Spalart-Allmaras [1 eqn]湍流模型，打开 Spalart-Allmaras Viscous Model 对话框，如图 9.74 所示。

(2) 保留其他默认设置，单击 OK 按钮。

注意：Spalart-Allmaras 湍流模型为相对简单的一方程模型，对于边界层中具有逆向压力梯度问题，效果良好。

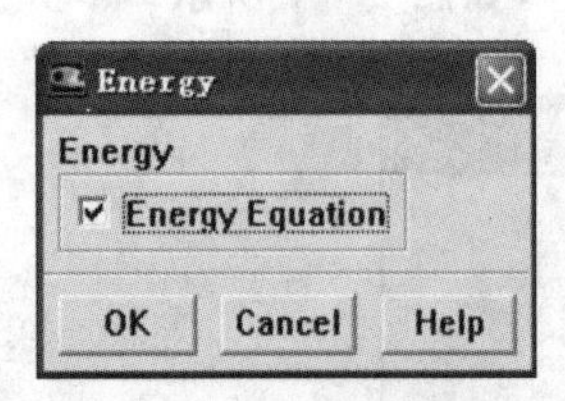

图 9.72　Energy 对话框

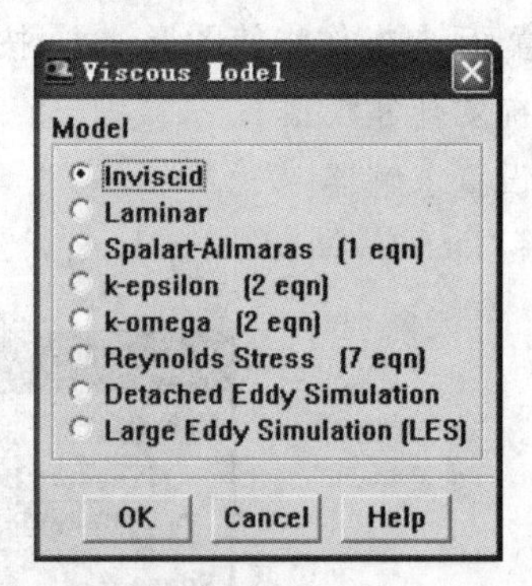

图 9.73　Viscous Model 对话框

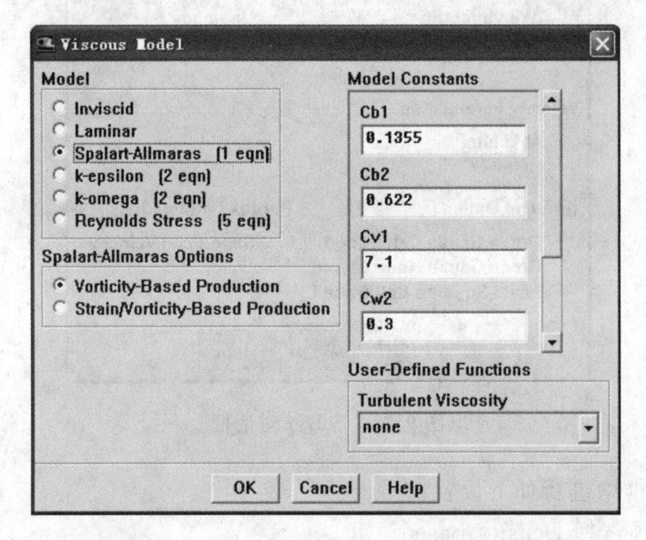

图 9.74　Spalart-Allmaras Viscous Model 对话框

3. 定义材料属性

选择“Define/Materials...”命令，打开 Materials 对话框，如图 9.75 所示。

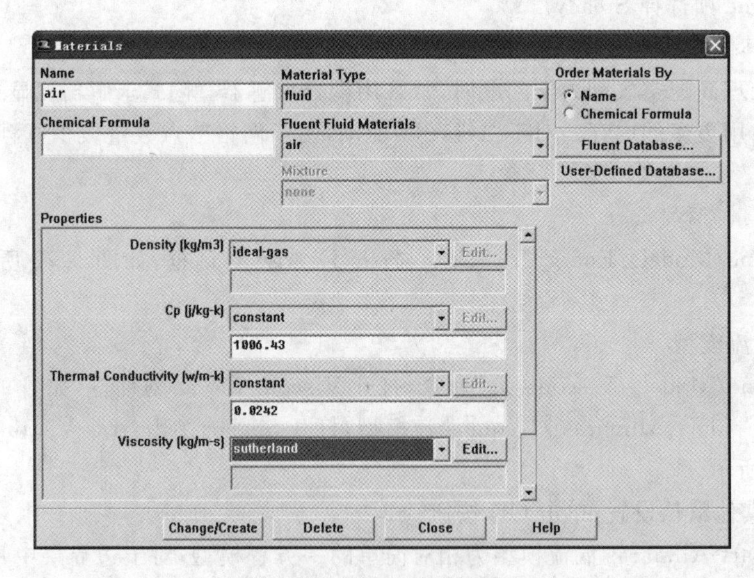

图 9.75　Materials 对话框

FLUENT 的默认流体为空气，考虑到其可压缩性以及热物理特性随温度的变化，需要对默认设置进行修改。

(1) 在 Density 下拉列表中选择 ideal-gas。

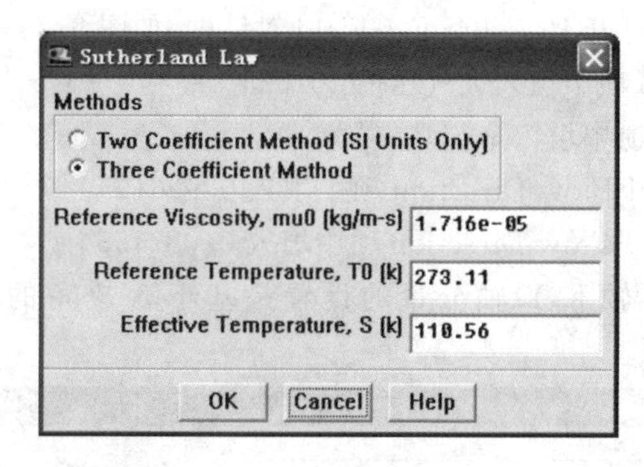

图 9.76　Sutherland Law 对话框

(2) 在 Viscosity 下拉列表中选择 sutherland，打开 Sutherland Law 对话框，如图 9.76 所示，保留默认设置，单击 OK 按钮。

说明：有关气体黏性的 Sutherland 定律对高速可压缩流体非常适用。

(3) 在图 9.75 中，单击 Change/Create 按钮保存设置，单击 Close 按钮关闭对话框。

注意：当密度、黏性均与温度有关时，Cp 和热传导率不为常数。对于高速可压缩流动，一般来说，需要考虑温度对流体物理属性的影响。但对于本问题，由于温度梯度很小，将 Cp 和热传导率设为常数是可以接受的。

4. 设置参考压力

选择"Define/Operating Conditions..."命令，打开 Operating Conditions 对话框，如图 9.77 所示。

在 Operating Pressure 文本框中填入 0。

注意：对于马赫数大于 0.3 的流动，参考压力应设置为 0 Pa。

5. 设置边界条件

选择"Define/Boundary Conditions..."命令，打开 Boundary Conditions 对话框，如图 9.78 所示。

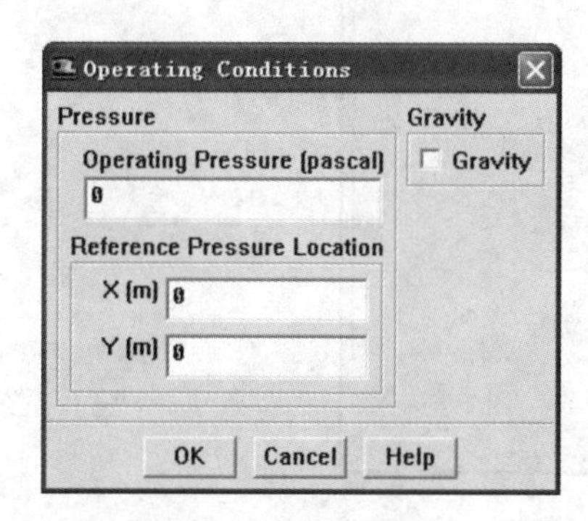

图 9.77　Operating Conditions 对话框

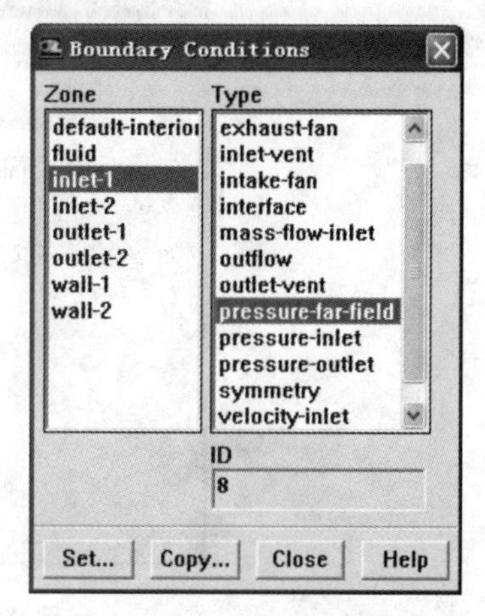

图 9.78　Boundary Conditions 对话框

(1) 将进口边界 inlet-1 设置为 pressure-far-field 类型。

① 在 Zone 列表中选择 inlet-1。

② 在 Type 列表中选择 pressure-far-field。

③ 单击 Set... 按钮，打开 Pressure Far-Field 对话框，如图 9.79 所示。

④ 在 Gauge Pressure 项中填入大气压值 101325。

⑤ 在 Mach Number 项中填入来流马赫数 0.9。

⑥ 在 X-Component of Flow Direction 项中填入 0.996195。

⑦ 在 Y-Component of Flow Direction 项中填入 0.087155。

注意：流动方向的 X 轴和 Y 轴分量的设置是基于 5°攻角的余弦为 0.996195，正弦为 0.087155。

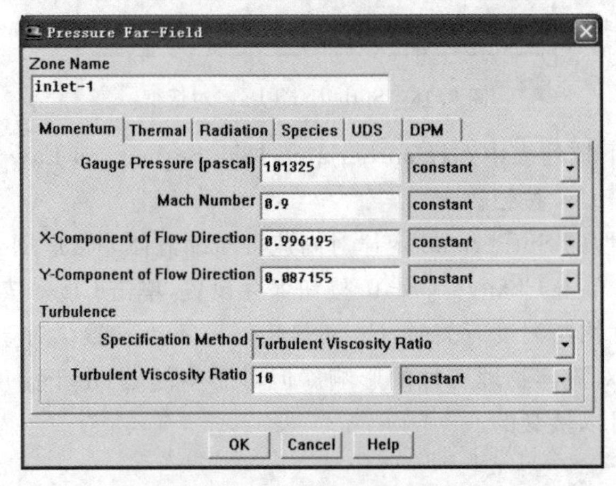

图 9.79　Pressure Far-Field 对话框

⑧ 在 Turbulence Specification Method 列表中选择 Turbulent Viscosity Radio。

⑨ 在 Turbulent Viscosity Radio 项中填入 10。

注意：对于外部绕流，湍流黏性比(turbulent viscosity ratio)一般在 0～10。

⑩ 单击 OK 按钮。

⑪ 再回到 Pressure Far-Field 对话框(见图 9.79)，选择 Thermal 选项卡，如图 9.80 所示。

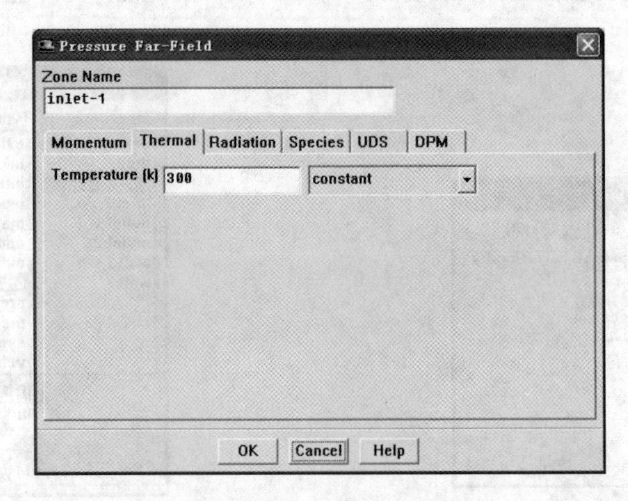

图 9.80　Pressure Far-Field 对话框

⑫ 在 Temperature [K]项中填入 300。

⑬ 单击 OK 按钮。

(2) 将所有其他边界 inlet-2、outlet-1、outlet-2 都设置为 pressure-far-field 类型。

(3) 单击 Close 按钮,关闭 Boundary Conditions 对话框。

6. 设置求解控制参数

1) 设置求解器

选择"Solve/Controls/Solution..."命令,打开 Solution Controls 对话框,如图 9.81 所示。

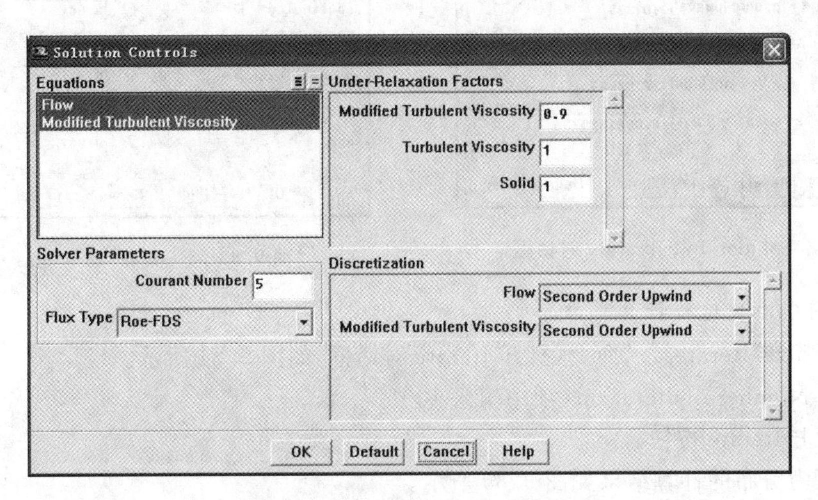

图 9.81 Solution Controls 对话框

在 Solution Controls 对话框中进行如下设置:

(1) 在 Under-Relaxation Factors 栏中,设置 Modified Turbulent Viscosity 为 0.9。

注意:较大的(接近于 1)松弛因子会使收敛加快,但同时会增加解的不稳定性,因此需要减小松弛因子。

(2) 在 Solver Parameters 栏中,设置 Courant Number 为 5。

(3) 在 Discretization 栏中,Flow 项选择 Second Order Upwind,Modified Turbulent Viscosity 项选择 Second Order Upwind。

说明:对于边界层问题,二阶差分方法比一阶差分方法具有更高的精度。

(4) 单击 OK 按钮。

2) 求解初始化

选择"Solve/Initialize/Initialize..."命令,打开 Solution Initialization 对话框,如图 9.82 所示。

(1) 在 Compute From 下拉列表中选择 inlet-1。

(2) 单击 Init 按钮初始化,单击 Close 按钮关闭对话框。

3) 设置残差监视器

选择"Solve/Monitors/Residual..."命令,打开 Residual Monitors 对话框,如图 9.83 所示。

(1) 在 Option 项选择 Plot,输出曲线图。

(2) 保留其他默认设置,单击 OK 按钮关闭对话框。

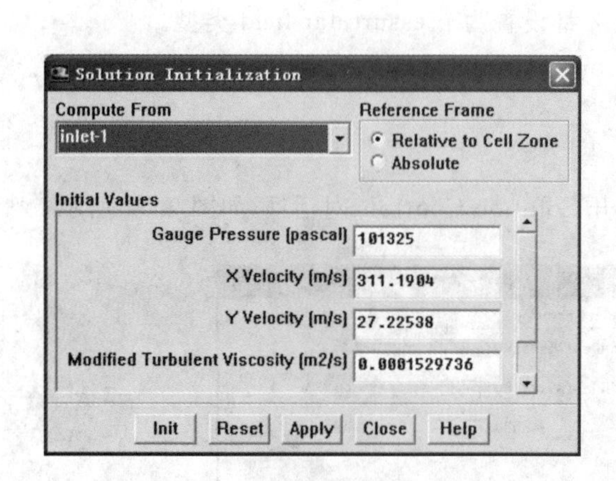

图 9.82　Solution Initialization 对话框

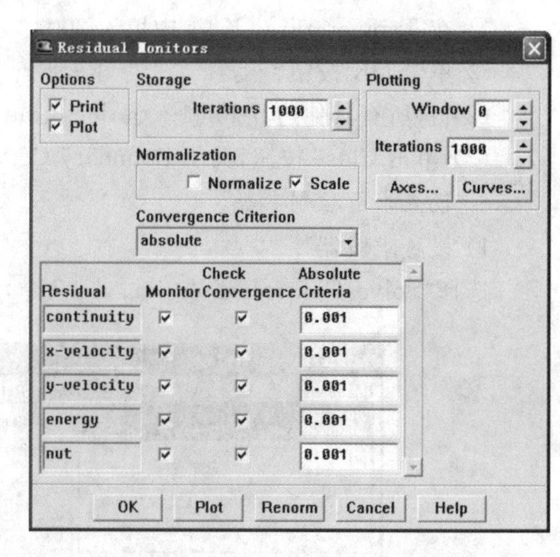

图 9.83　Residual Monitors 对话框

7. 进行 100 次迭代计算

选择"Solve/Iterate..."命令，打开 Iterate 对话框，如图 9.84 所示。

(1) 在 Number of Iterations 项中填入 100。

(2) 单击 Iterate 按钮。

流场压力分布的计算结果如图 9.85 所示。

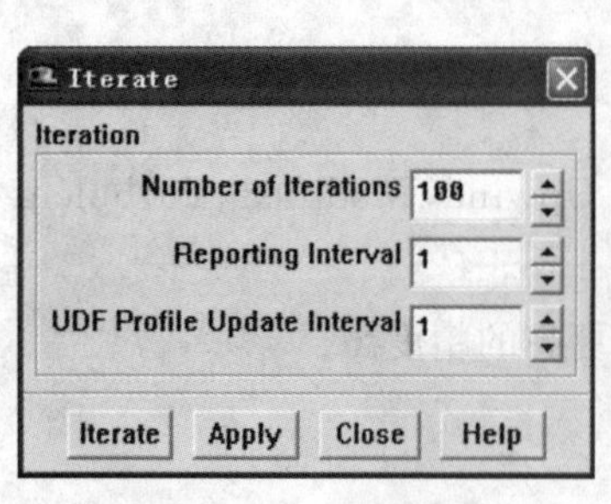

图 9.84　Iterate 对话框

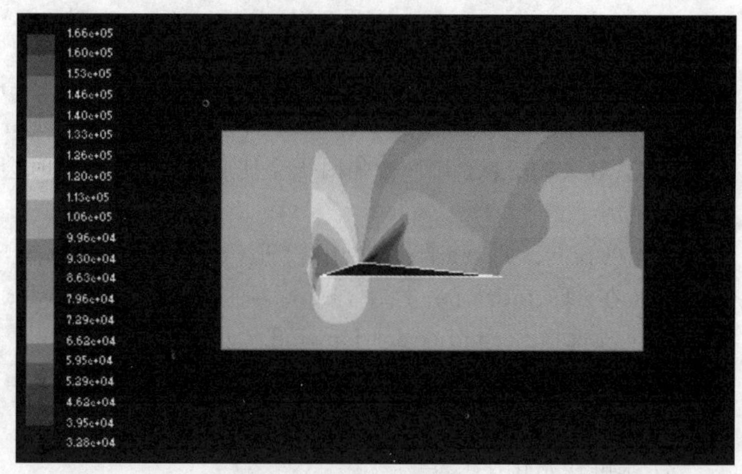

图 9.85　流场压力分布图

8. 修改求解控制参数

在解达到比较稳定的情况下，较大的 Courant Number 值将使解收敛得较快。前面已经进行了 100 次迭代计算，解已经比较稳定，因此可以尝试增大 Courant Number 值来加速解的收敛。注意：若此时残差不收敛，而是不断增加，则应减小 Courant Number 值。

选择"Solve/Controls/Solution..."命令，打开 Solution Controls 对话框，如图 9.86 所示。

(1) 在 Solver Parameters 栏中，设置 Courant Number 为 20。

(2) 单击 OK 按钮。

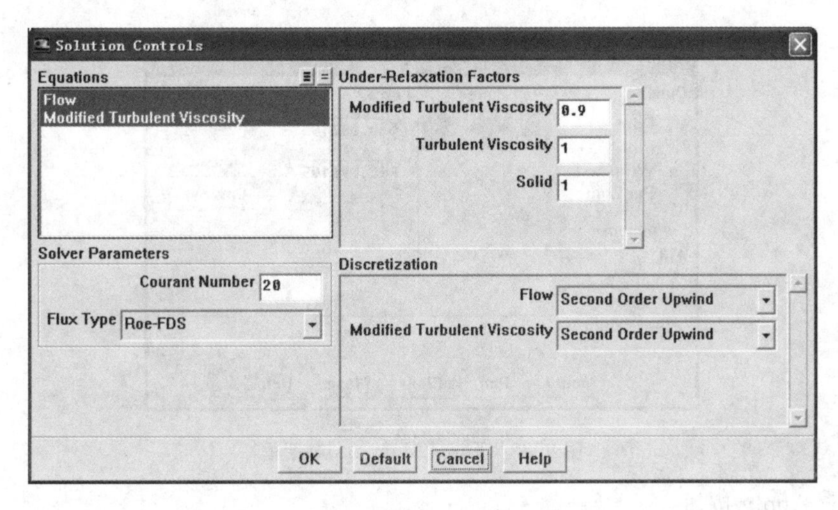

图 9.86 Solution Controls 对话框

9. 设置特殊监视参数

1）设置对阻力、升力、力矩的监视

(1) 设置对阻力的监视。选择“Solve/Monitors/Force...”命令，打开 Force Monitors 对话框，如图 9.87 所示。

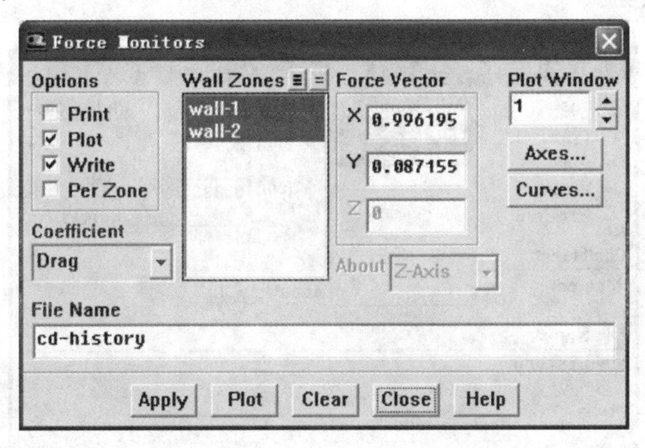

图 9.87 Force Monitors 对话框

在 Force Monitors 对话框中进行如下设置：

① 在 Coefficient 项中选择 Drag。

② 在 Wall Zones 列表中选择 wall-1 和 wall-2。

③ 在 Force Vector 项中设置 X=0.996195，Y=0.087155。

注意：X 和 Y 值的设置是基于 5°攻角的余弦为 0.996195，正弦为 0.087155。

④ 在 Option 项选择 Plot 和 Write。

⑤ 在 File Name 项保留默认文件名 cd-history。

⑥ 单击 Apply 按钮。

(2) 重复上述步骤，设置对升力的监视，如图 9.88 所示。

① 在 Coefficient 项选择 Lift。

② 在 Force Vector 项中设置 X=0.087155，Y=0.996195。

③ 在 File Name 项保留默认文件名 cl-history。

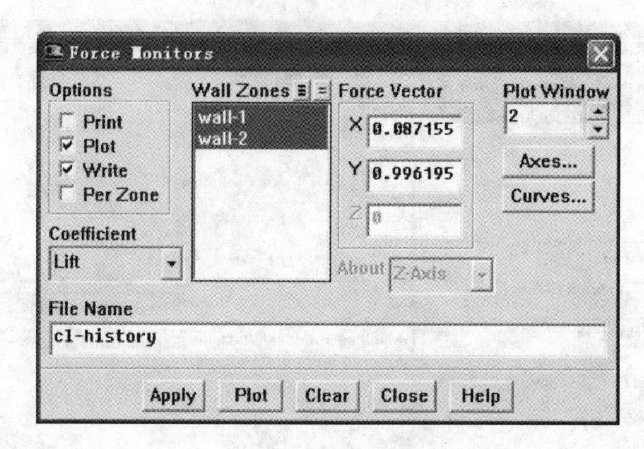

图 9.88　Force Monitors 对话框

④ 单击 Apply 按钮。

(3) 重复上述步骤，设置对力矩的监视，如图 9.89 所示。

① 在 Coefficient 项选择 Moment。

② 在 Moment Center 项中设置 X=2.5，Y=0.333。

③ 在 File Name 项保留默认文件名 cm-history。

④ 单击 Apply 按钮。

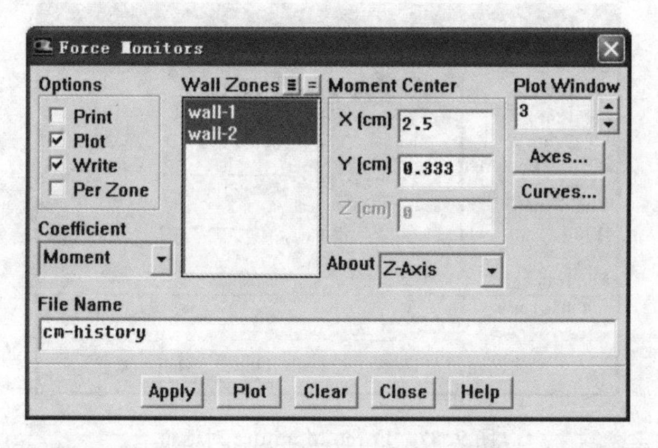

图 9.89　Force Monitors 对话框

2) 设置阻力、升力和力矩的参考值

参考值用于对作用在三角翼上的力进行无量纲化处理。无量纲化后可得到阻力、升力和力矩系数。

选择"Report/Reference Values..."命令，打开 Reference Values 对话框，如图 9.90 所示。

(1) 在 Compute From 下拉列表中选择 inlet-1。

(2) 单击 OK 按钮。

注意：FLUENT 会根据边界条件对参考值进行修正。

3) 设置对表面某点的监视

为了监视三角翼表面压力变化大的某点处的表面摩擦系数，首先要显示三角翼表面压力分布。

选择“Display/Contours...”命令，打开 Contours 对话框。

(1) 在 Option 项选择 Filled。

(2) 单击 Display 按钮。

(3) 将三角翼上尖点附近区域放大，可清楚地观察到压力变化非常大，如图 9.91 所示。

(4) 接下来，在三角翼上表面压力变化大的地方创建一个点。

选择“Surface/Point...”命令，打开 Point Surface 对话框，如图 9.92 所示。

在 Point Surface 对话框中进行如下设置：

① 在 Coordinates 栏中，设置 x0=0，y0=1。

② 单击 Create 按钮创建点(point-7)。

③ 单击 Close 按钮。

注意：这里应给出表面点的确切位置。为了选择理想的点并确定其坐标位置，可在图形窗口进行如下操作：

① 用鼠标单击所选择的点。

② 移动鼠标到任意一个位置(一个接近上表面的单元)。

③ 单击鼠标右键。

④ 单击 Create 按钮创建表面点。

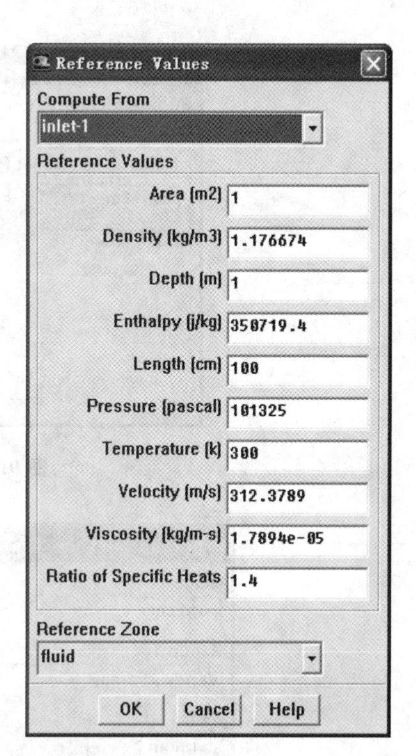

图 9.90　Reference Values 对话框

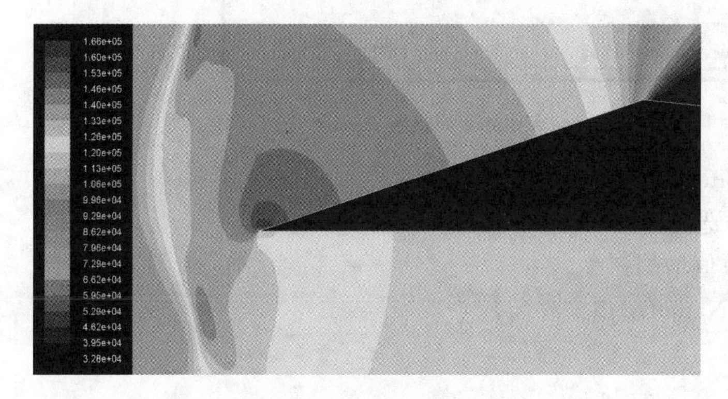

图 9.91　三角翼尖点附近压力分布图

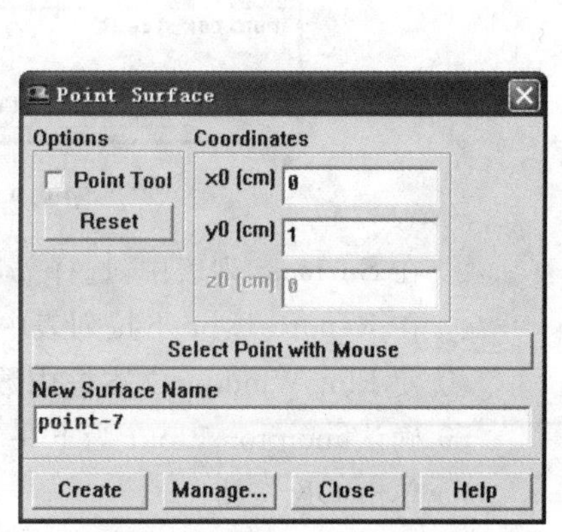

图 9.92　Point Surface 对话框

(5) 最后，为所创建的点设置一个监视器。

选择“Solve/Monitors/Surface...”命令，打开 Surface Monitors 对话框，如图 9.93 所示。

在 Surface Monitors 对话框中进行如下设置：

① 使 Surface Monitors 文本框内数值增加到 1。

② 选择 monitor-1 右边的 Plot 和 Write。

③ 单击 Define 按钮，打开 Define Surface Monitor 对话框，如图 9.94 所示。

在 Define Surface Monitor 对话框中进行如下设置：

① 在 Report of 项选择 Wall Fluxes... 和 Skin Friction Coefficient。

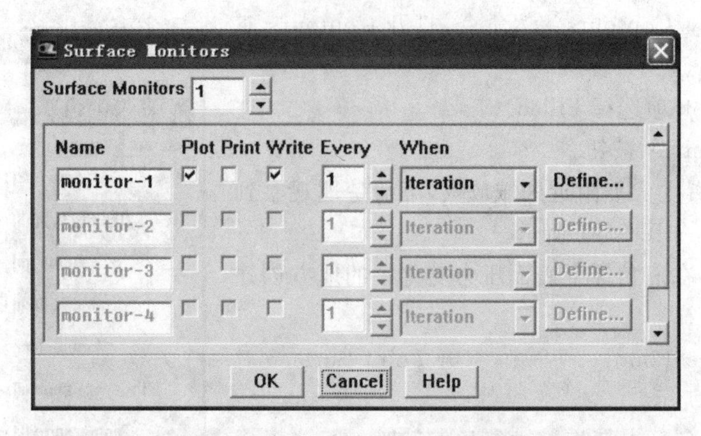

图 9.93　Surface Monitors 对话框

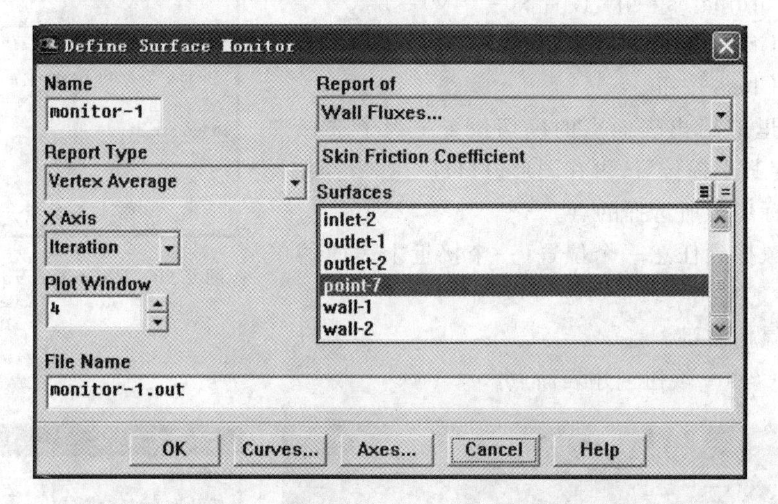

图 9.94　Define Surface Monitor 对话框

② 在 Surfaces 列表中，选择 point-7。

③ 在 Report Type 下拉列表中选择 Vertex Average。

④ 使 Plot Window 文本框内数值增加到 4。

⑤ 确认 monitor-1. out 为 File Name(输出文件名)。

⑥ 单击 OK 按钮。

10. 保存 Case 文件

选择“File/Write/Case...”命令，将上述设置保存为案例文件(tri-wing. cas)。

11. 继续进行 200 次迭代计算

选择“Solve/Iterate...”命令，打开 Iterate 对话框，如图 9.95 所示。

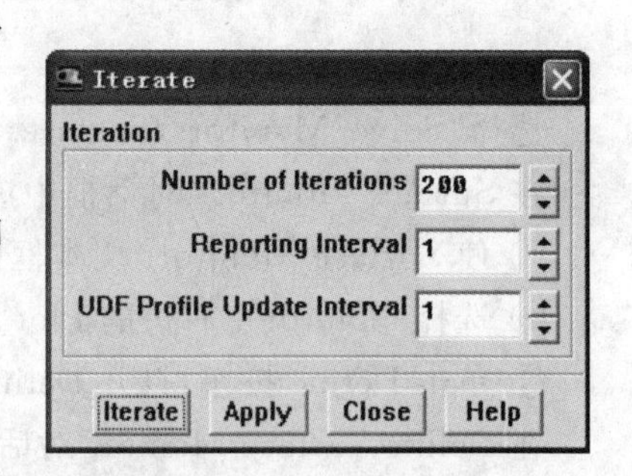

图 9.95　Iterate 对话框

(1) 在 Number of Iterations 项中填入 200。

(2) 单击 Iterate 按钮。

在迭代次数达到 260 次左右时，计算已经收敛，残差曲线如图 9.96 所示。三角翼上尖点处的表面摩擦系数曲线如图 9.97 所示。

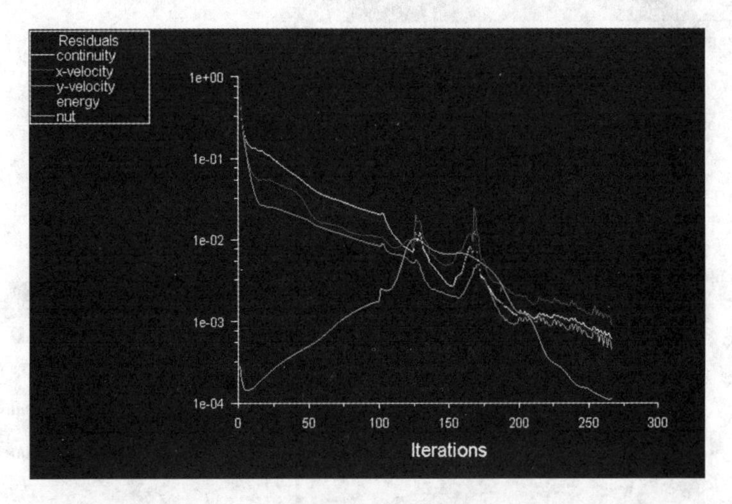

图 9.96　残差曲线

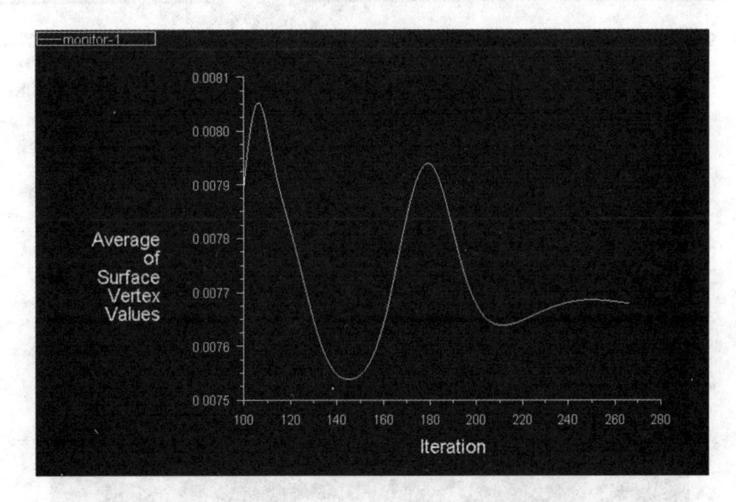

图 9.97　三角翼上尖点处的表面摩擦系数曲线 1

尽管残差曲线显示计算已经收敛，但三角翼上尖点处的表面摩擦系数及升力和阻力曲线表面并没有达到稳定状态，还需进一步进行迭代计算。

12. 提高收敛精度，继续进行 500 次迭代计算

首先，选择"Solve/Monitors/Residual..."命令，打开 Residual Monitors 对话框，如图 9.98 所示。

(1) 设置 nut 的收敛值为 1e-08。

(2) 单击 OK 按钮。

接下来，选择"Solve/Iterate..."命令，打开 Iterate 对话框，如图 9.99 所示。

(1) 在 Number of Iterations 项中填入 500。

(2) 单击 Iterate 按钮。

再经过 500 次计算后，表面摩擦系数、阻力、升力及力矩的监测曲线表明，计算已经基本收敛。具体情况如图 9.100 至图 9.103 所示。

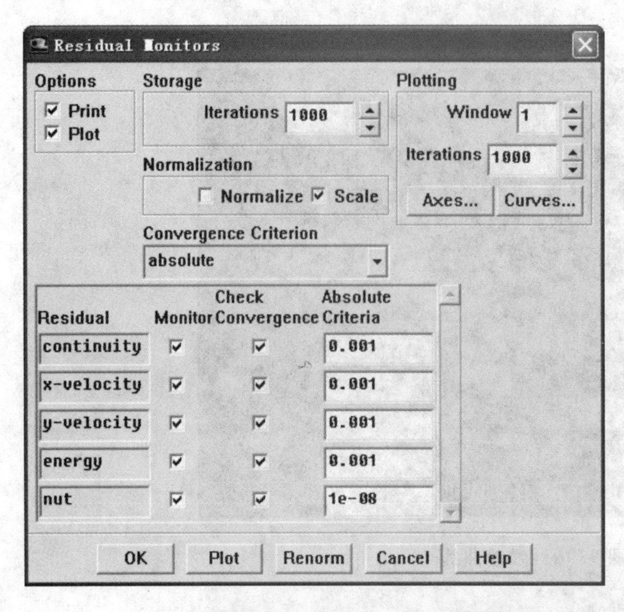

图9.98　Residual Monitors 对话框

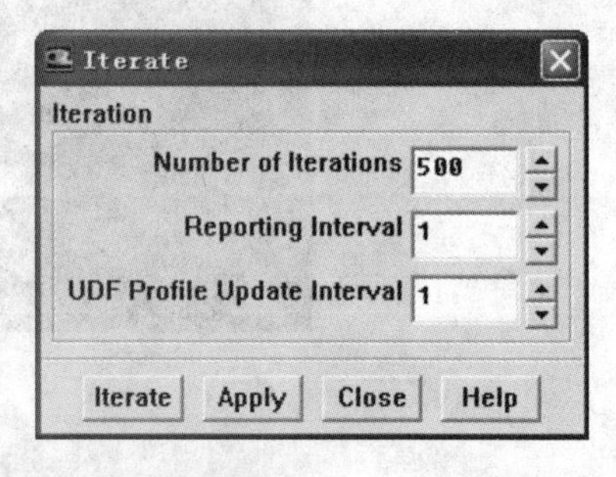

图9.99　Iterate 对话框

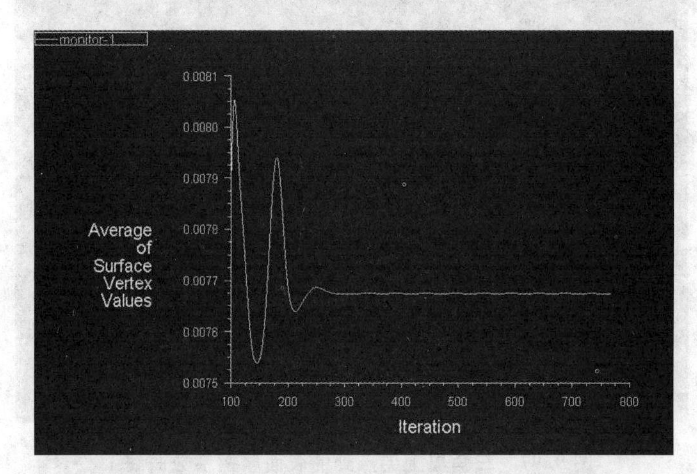

图9.100　三角翼上尖点处的表面摩擦系数曲线2

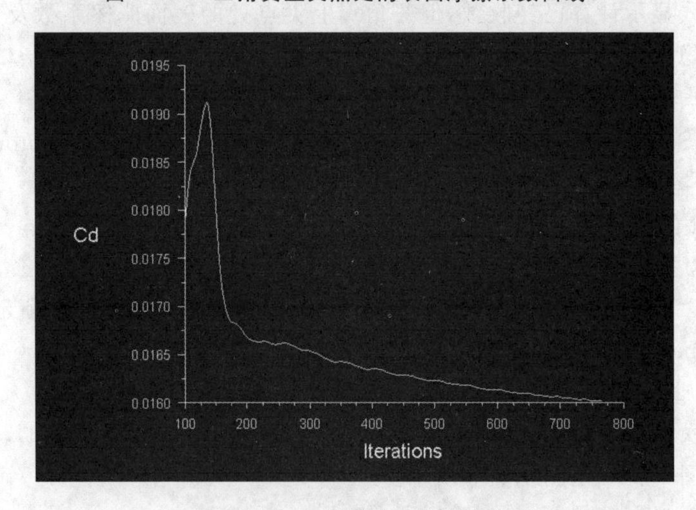

图9.101　三角翼阻力变化曲线

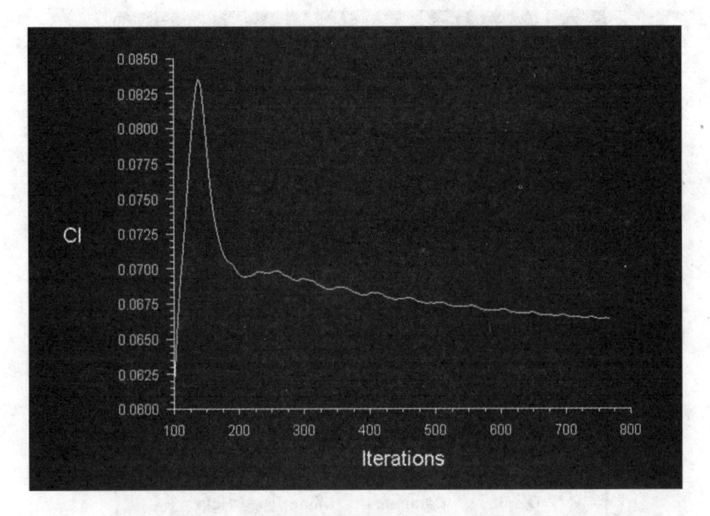

图 9.102　三角翼升力变化曲线

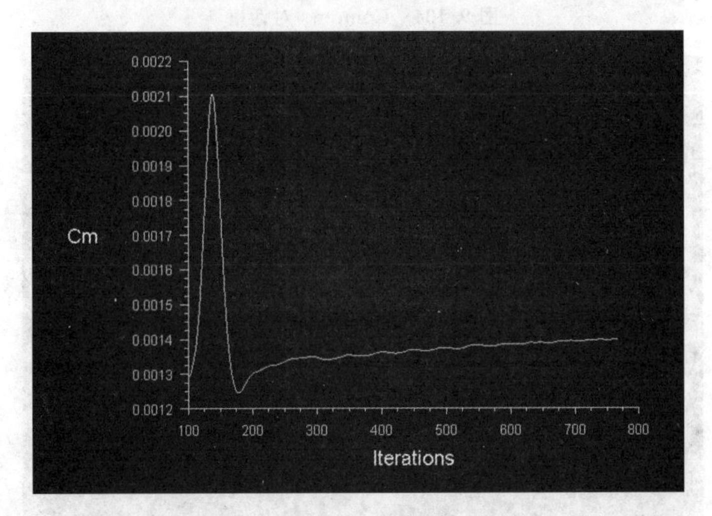

图 9.103　三角翼力矩变化曲线

13. 保存 Data 文件

选择"File/Write/Data..."命令，将计算结果保存为数据文件(tri-wing.dat)。

14. 计算结果的后处理

1) 显示马赫数分布

选择"Display/Contours..."命令，打开 Contours 对话框，如图 9.104 所示。

(1) 在 Contours of 下选择 Velocity... 和 Mach Number。

(2) 单击 Display 按钮。

得到马赫数分布，如图 9.105 所示。

2) 绘制三角翼上、下表面的压力系数分布图

选择"Plot/XY Plot..."命令，打开 Solution XY Plot 对话框，如图 9.106 所示。

(1) 在 Y Axis Function 项选择 Pressure... 和 Pressure Coefficient。

(2) 在 Surfaces 项选择 wall-1 和 wall-2。

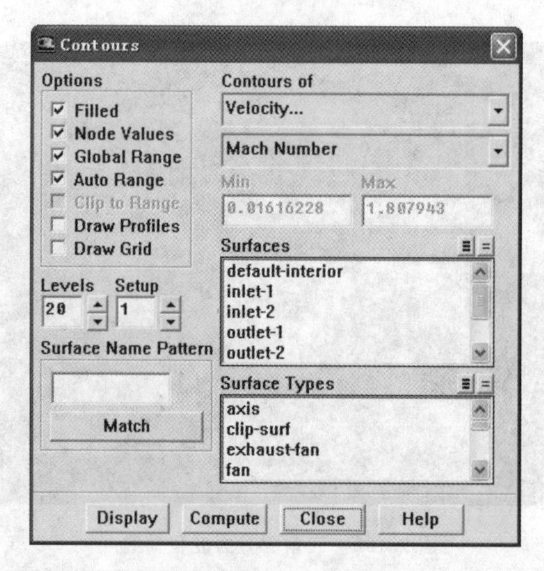

图 9.104　Contours 对话框

图 9.105　马赫数分布图

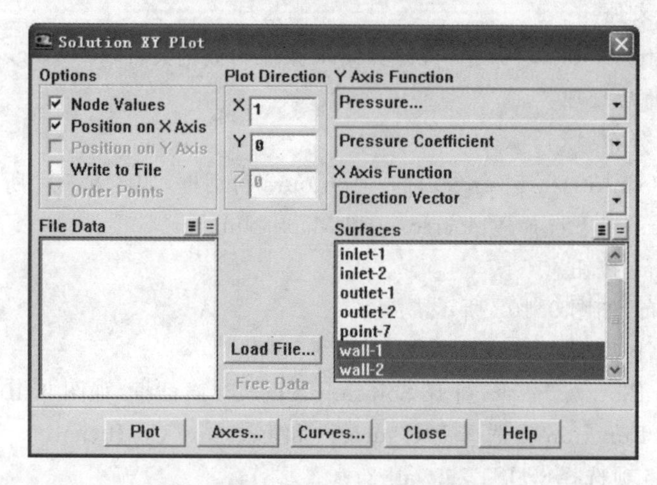

图 9.106　Solution XY Plot 对话框

(3) 保留其他默认设置，单击 Plot 按钮。

得到三角翼上、下表面的压力系数分布曲线，如图 9.107 所示。

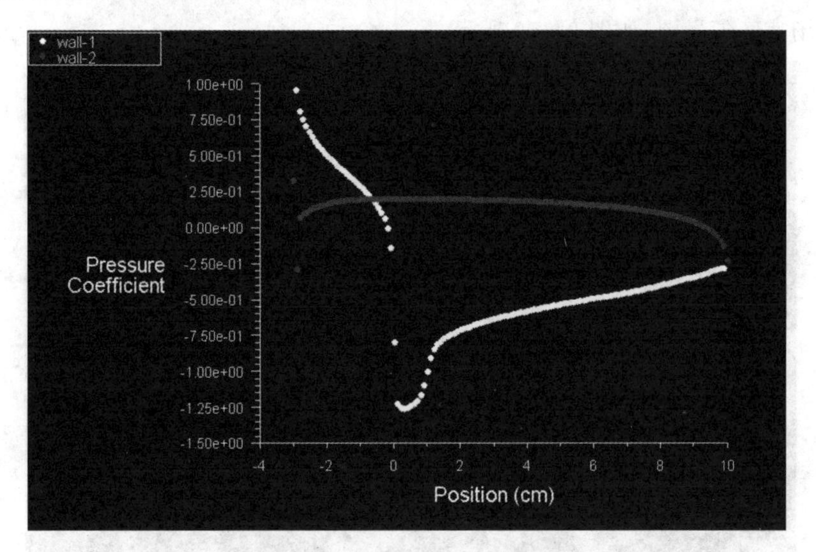

图 9.107　三角翼上、下表面的压力系数分布曲线

3) 绘制流场速度矢量图

选择"Display/Vectors..."命令，打开 Vectors 对话框，如图 9.108 所示。

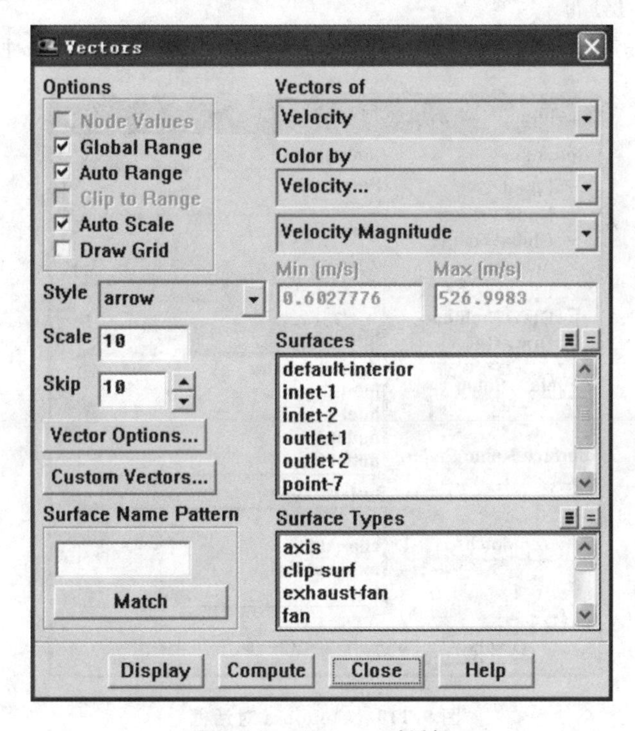

图 9.108　Vectors 对话框

在 Vectors 对话框中进行如下设置：

(1) 在 Style 项选择 arrow；

(2) 在 Scale 文本框中填入 10；

(3) 将 Skip 的值增加到 10；

(4) 单击 Display 按钮。

得到流场速度矢量图，如图 9.109 所示。

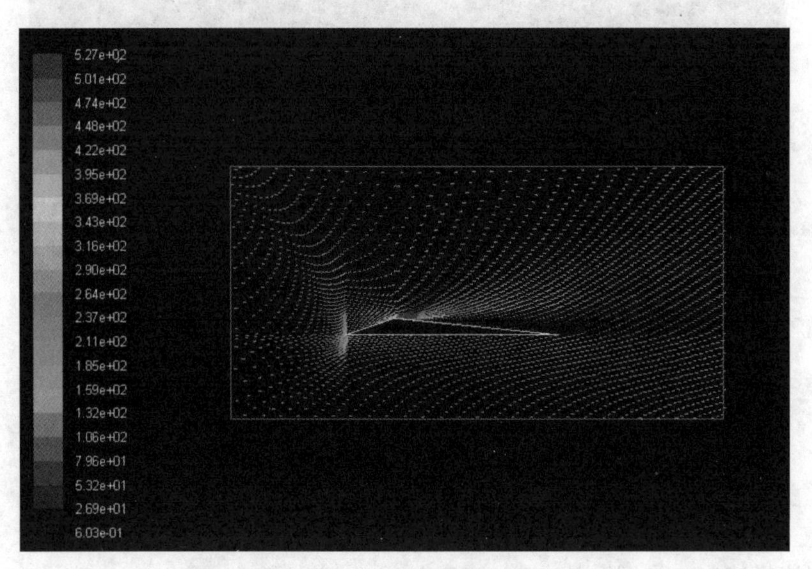

图 9.109　流场速度矢量图

4) 显示流场压力分布

选择“Display/Contours...”命令，打开 Contours 对话框，如图 9.110 所示。

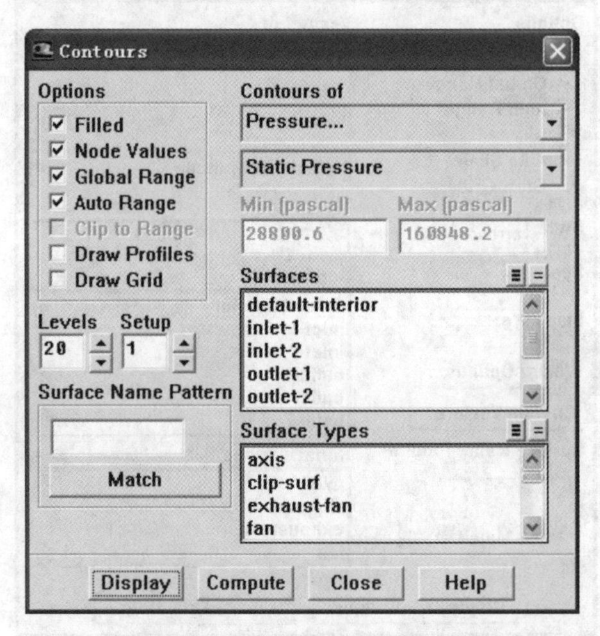

图 9.110　Contours **对话框**

(1) 在 Contours of 下选择 Pressure... 和 Static Pressure。

(2) 单击 Display 按钮。

得到流场压力分布，如图 9.111 所示。

1.61e+05
1.54e+05
1.48e+05
1.41e+05
1.34e+05
1.28e+05
1.21e+05
1.15e+05
1.08e+05
1.01e+05
9.48e+04
8.82e+04
8.16e+04
7.50e+04
6.84e+04
6.18e+04
5.52e+04
4.86e+04
4.20e+04
3.54e+04
2.88e+04

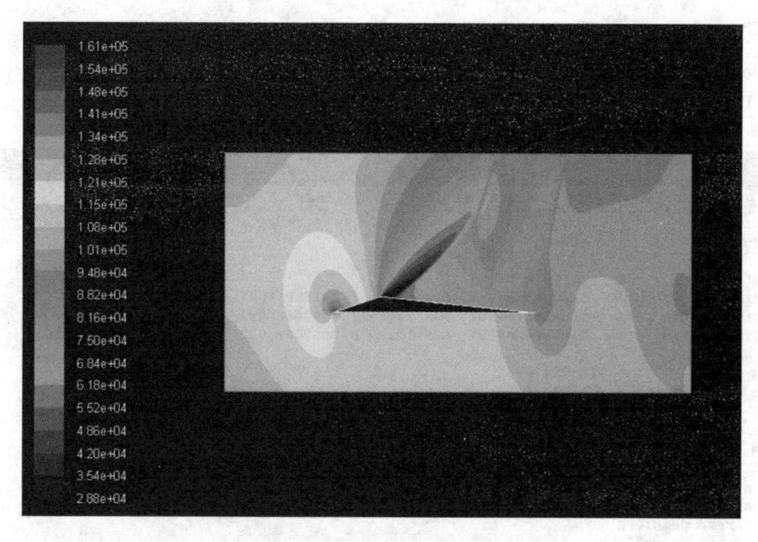

图 9.111　流场压力分布图

9.11.2　三维实例

下面以冷、热水混合器为例，来介绍 FLUENT 的三维应用。

首先，启动 FLUENT 的三维求解器，利用 FLUENT 进行冷、热水混合器的模拟计算，具体过程如下。

1. 检查网格并定义长度单位

1）导入网格文件

在 FLUENT 中选择"File/Read/Case..."命令，在工作目录下选择网格文件 mixer. msh。导入结果的信息将反馈在窗口（屏幕）中，如图 9.112 所示。

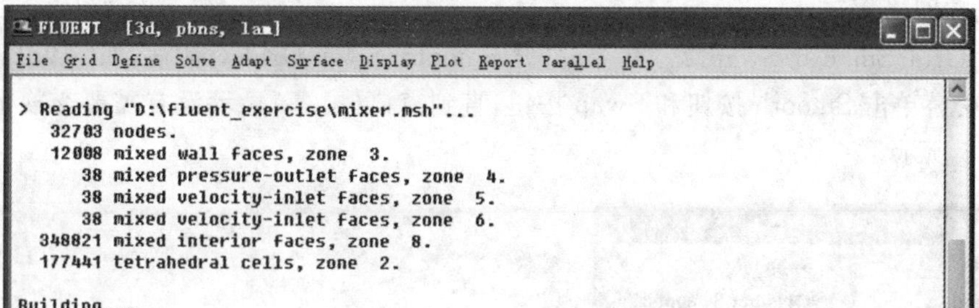

FLUENT [3d, pbns, lam]
File Grid Define Solve Adapt Surface Display Plot Report Parallel Help
> Reading "D:\fluent_exercise\mixer.msh"...
32703 nodes.
12008 mixed wall faces, zone 3.
38 mixed pressure-outlet faces, zone 4.
38 mixed velocity-inlet faces, zone 5.
38 mixed velocity-inlet faces, zone 6.
348821 mixed interior faces, zone 8.
177441 tetrahedral cells, zone 2.
Building...
grid,
materials,
interface,
domains,
zones,
default-interior
inlet-1
inlet-2
outlet
wall
fluid
shell conduction zones,
Done.

图 9.112　导入网格文件的反馈信息

2）检查网格

选择“Grid/Check”命令，对网格进行检查，检查结果的信息将反馈在窗口（屏幕）中，如图9.113所示，用户需要注意最小体积的数值不能为负。

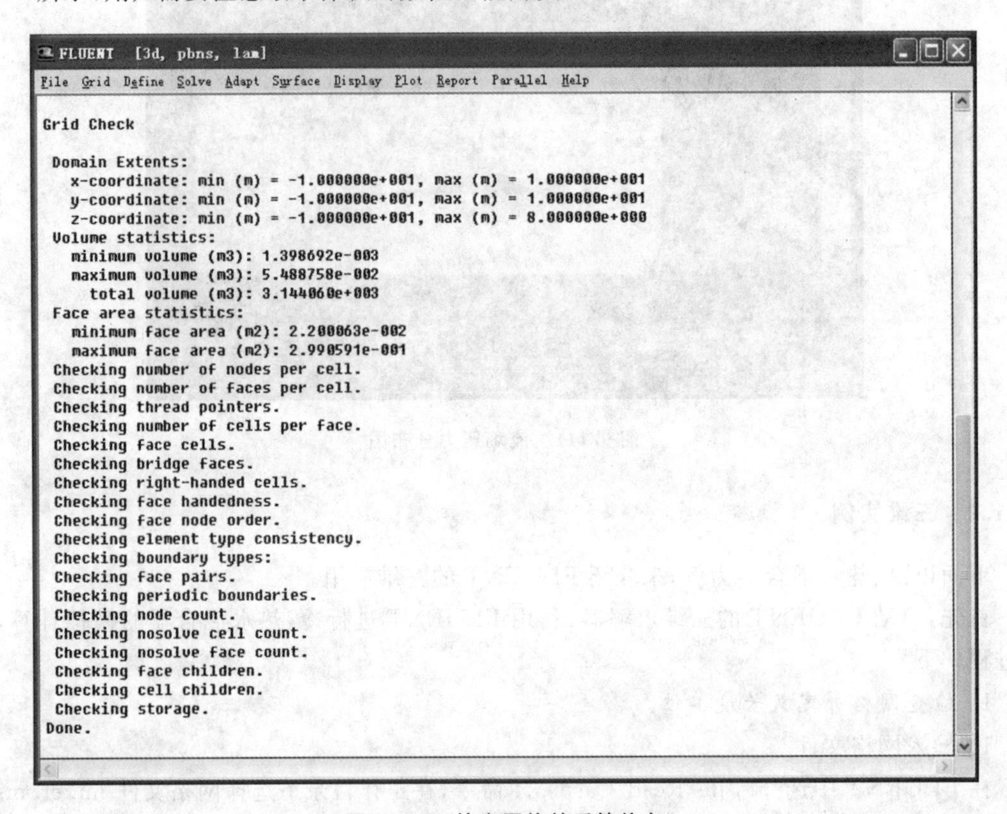

图9.113　检查网格的反馈信息

3）光顺网格

选择“Grid/Smooth/Swap...”命令，打开Smooth/Swap Grid对话框，如图9.114所示。

反复交替单击Smooth按钮和Swap按钮，直到窗口（屏幕）显示没有需要交换的面为止，如图9.115所示。

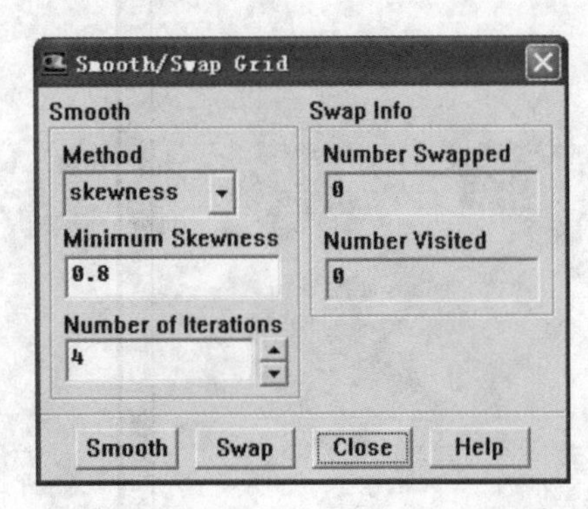

图9.114　Smooth/Swap Grid **对话框**

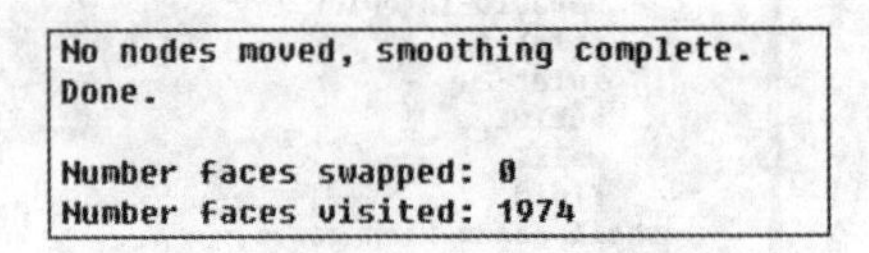

图9.115　光顺网格的反馈信息

4）确定长度单位

选择“Grid/Scale...”命令，打开Scale Grid对话框，如图9.116所示。

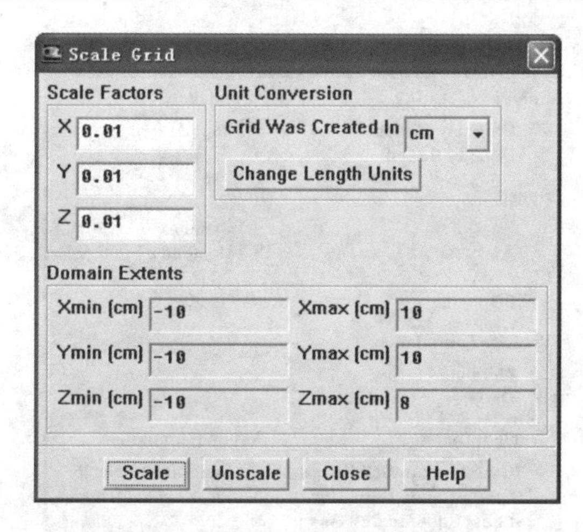

图 9.116　Scale Grid **对话框**

在 Scale Grid 对话框中进行如下设置：

(1) 在 Unit Conversion 下的 Grid Was Created In 右侧列表中选择 cm；

(2) 单击 Chang Length Units 按钮，此时左侧的 Scale Factors 下的 X、Y、Z 项都变为 0.01；

(3) 单击下边的 Scale 按钮，此时，Domain Extents 下的单位由 m 变为 cm，并给出区域范围；

(4) 单击 Close 按钮，关闭对话框。

说明：在 FLUENT 中，除了长度单位外，其他单位均采用国际单位制，一般不需要修改。若要对单位进行修改，则可选择“Define/Units...”命令，打开 Set Units 对话框进行修改。

5) 显示网格

选择“Display/Grid...”命令，打开 Grid Display 对话框，如图 9.117 所示。单击 Display 按钮即可得到区域网格，如图 9.118 所示。

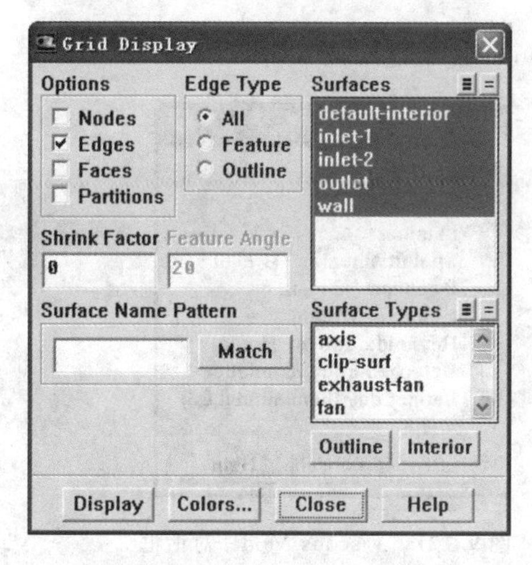

图 9.117　Grid Display **对话框**

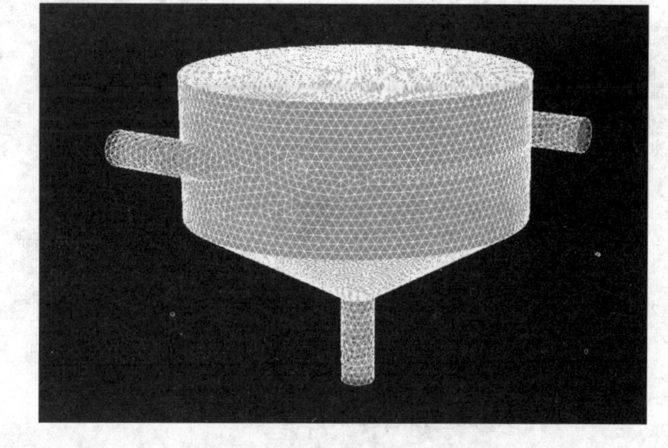

图 9.118　混合器的区域网格

2. 确定计算模型

1) 设置求解器

选择“Define/Models/Solver...”命令，打开 Solver 对话框，如图 9.119 所示。

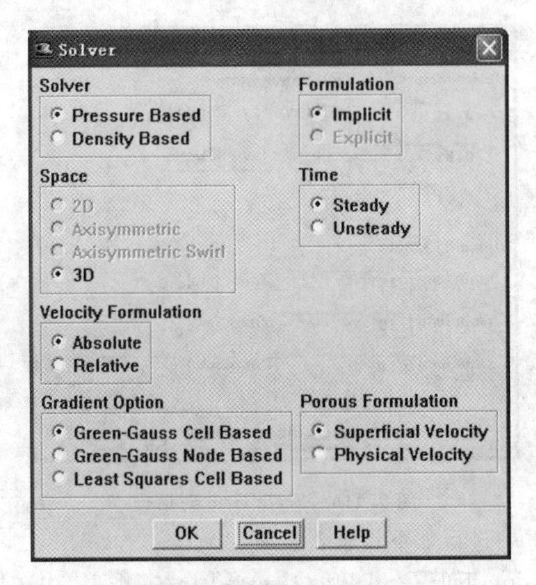

图 9.119　Solver 对话框

在 Solver 对话框中进行如下设置：

(1) 在 Solver 项选择 Pressure Based；

(2) 在 Formulation 项选择 Implicit；

(3) 在 Space 项选择 3D；

(4) 在 Time 项选择 Steady；

(5) 保留其他默认设置，单击 OK 按钮。

2) 启动能量方程

选择"Define/Models/Energy..."命令，打开 Energy 对话框，如图 9.120 所示，单击 OK 按钮。

3) 选择湍流模型

选择"Define/Models/Viscous..."命令，打开 Viscous Model 对话框，如图 9.121 所示。

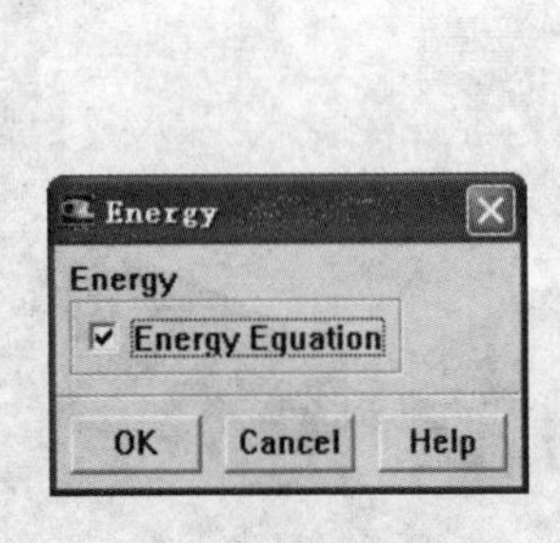

图 9.120　Energy 对话框

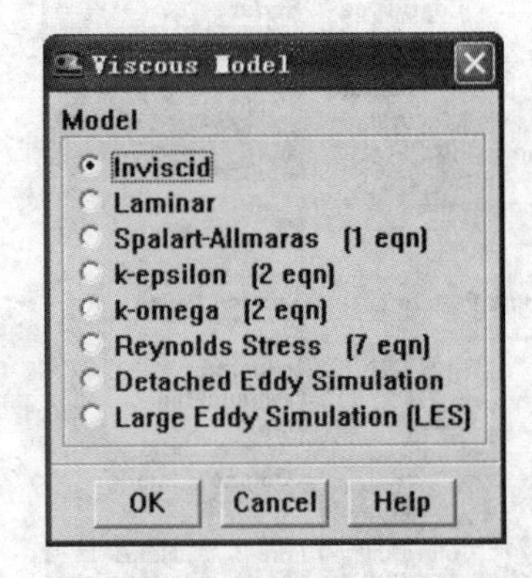

图 9.121　Viscous Model 对话框

(1) 选择 k-epsilon [2 eqn]湍流模型，打开 k-ε 湍流模型对话框，如图 9.122 所示。

(2) 保留其他默认设置，单击 OK 按钮。

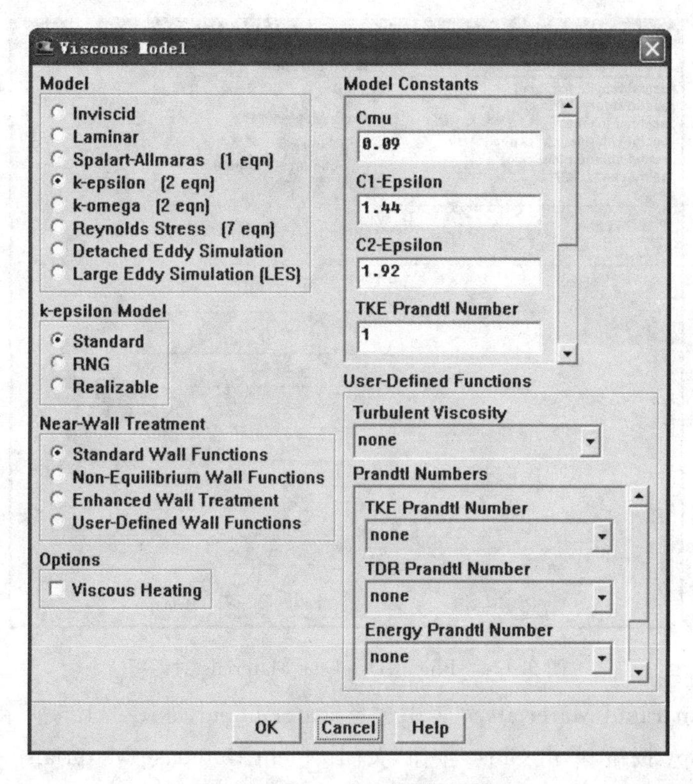

图 9.122　k-ε 湍流模型对话框

3. 定义材料属性

选择“Define/Materials...”命令，打开 Materials 对话框，如图 9.123 所示。

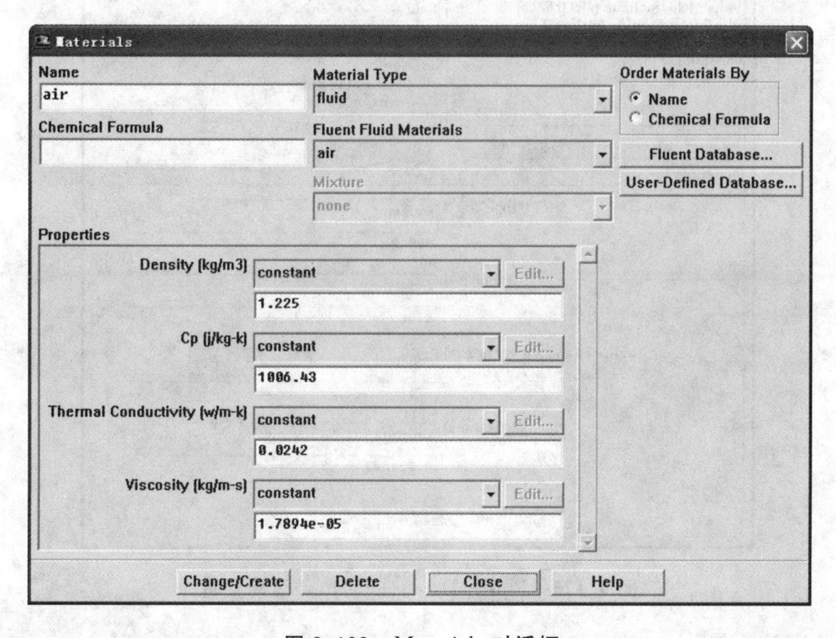

图 9.123　Materials 对话框

(1) 单击 Fluent Datebase... 按钮，打开 Fluent Datebase Materials 对话框，如图 9.124 所示。

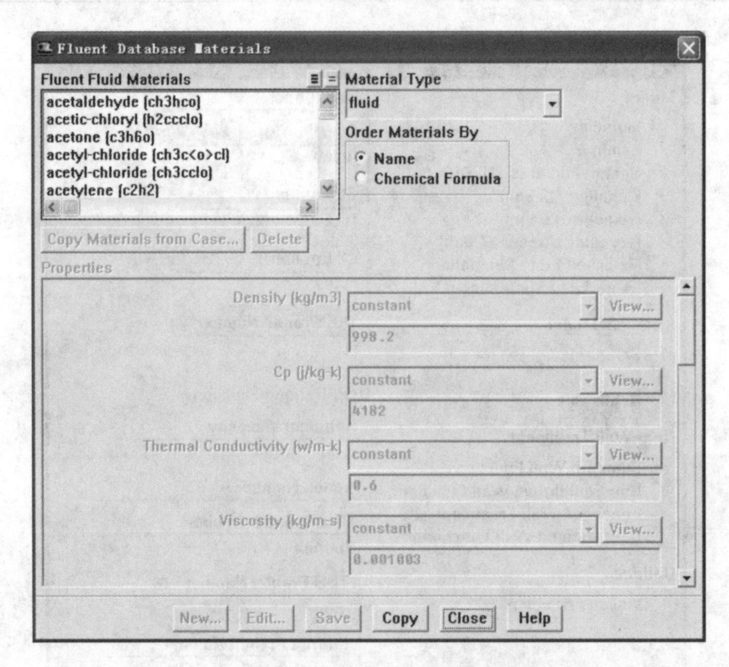

图 9.124　Fluent Datebase Materials 对话框

(2) 在 Fluent Fluid Materials 列表中选择 water-liquid，如图 9.125 所示。

(3) 单击 Copy 按钮，单击 Close 按钮，关闭 Fluent Datebase Materials 对话框。

(4) 单击 Close 按钮，关闭 Materials 对话框。

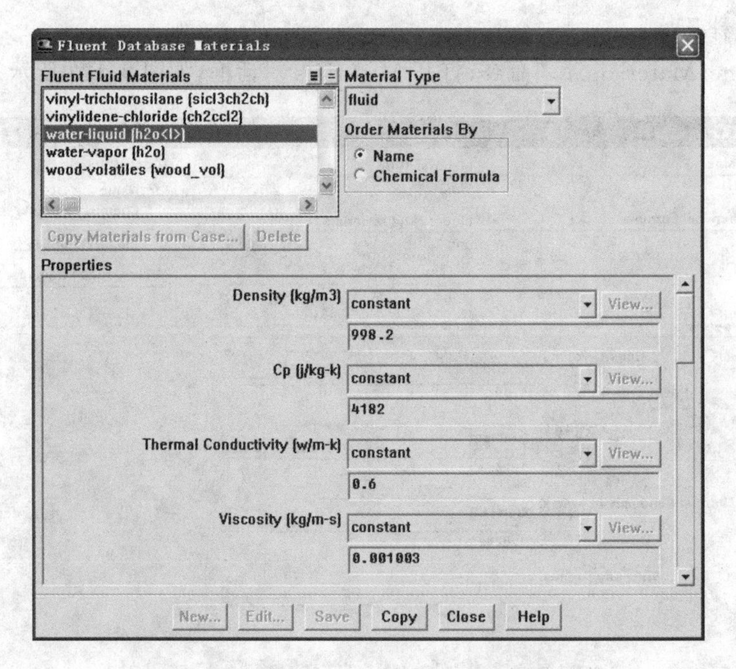

图 9.125　Fluent Datebase Materials 对话框

4. 设置边界条件

选择"Define/Boundary Conditions..."命令，打开 Boundary Conditions 对话框，如图 9.126 所示。

1）设置入流口 1 的边界条件

（1）在 Boundary Conditions 对话框的 Zone 列表中选择 inlet-1，在 Type 列表中选择 velocity-inlet。

（2）单击 Set... 按钮，打开 Velocity Inlet 对话框，如图 9.127 所示。

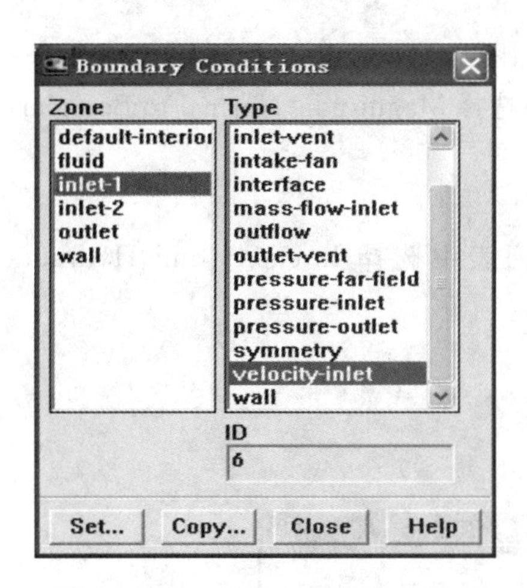

图 9.126　Boundary Conditions 对话框

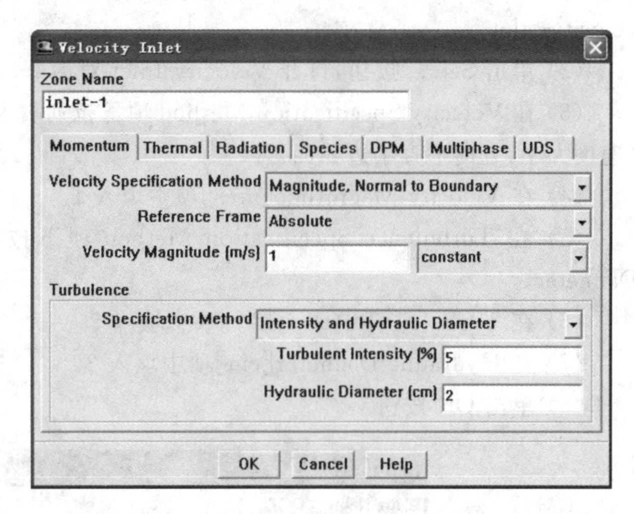

图 9.127　Velocity Inlet 对话框

（3）在 Velocity Specification Method（速度定义方法）项下拉列表中选择 Magnitude, Normal to Boundary（速度大小，方向垂直于边界面）。

（4）在 Velocity Magnitude[m/s]项中填入 1。

（5）在 Turbulence Specification Method（湍流定义方法）项下拉列表中选择 Intensity and Hydraulic Diameter（湍流强度和水力直径）。

（6）在 Turbulent Intensity[%]项中填入 5。

（7）在 Hydraulic Diameter（入流口直径）[cm]项中填入 2。

（8）单击 OK 按钮。

（9）再回到 Velocity Inlet 对话框（见图 9.127），选择 Thermal 选项卡，如图 9.128 所示。

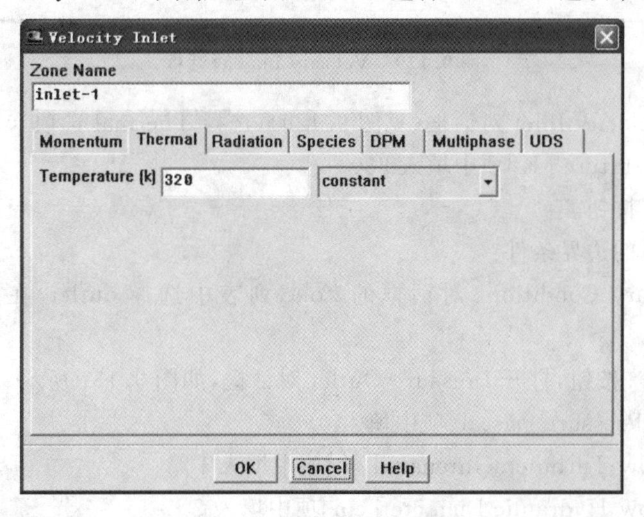

图 9.128　Velocity Inlet 对话框

(10) 在 Temperature [K]项中填入 320。

(11) 单击 OK 按钮。

2) 设置入流口 2 的边界条件

(1) 在 Boundary Conditions 对话框的 Zone 列表中选择 inlet-2,在 Type 列表中选择 velocity-inlet。

(2) 单击 Set... 按钮,打开 Velocity Inlet 对话框,如图 9.129 所示。

(3) 在 Velocity Specification Method 项下拉列表中选择 Magnitude,Normal to Boundary(速度大小,方向垂直于边界面)。

(4) 在 Velocity Magnitude[m/s]项中填入 1。

(5) 在 Turbulence Specification Method 项下拉列表中选择 Intensity and Hydraulic Diameter。

(6) 在 Turbulent Intensity[%]项中填入 5。

(7) 在 Hydraulic Diameter[cm]项中填入 2。

(8) 单击 OK 按钮。

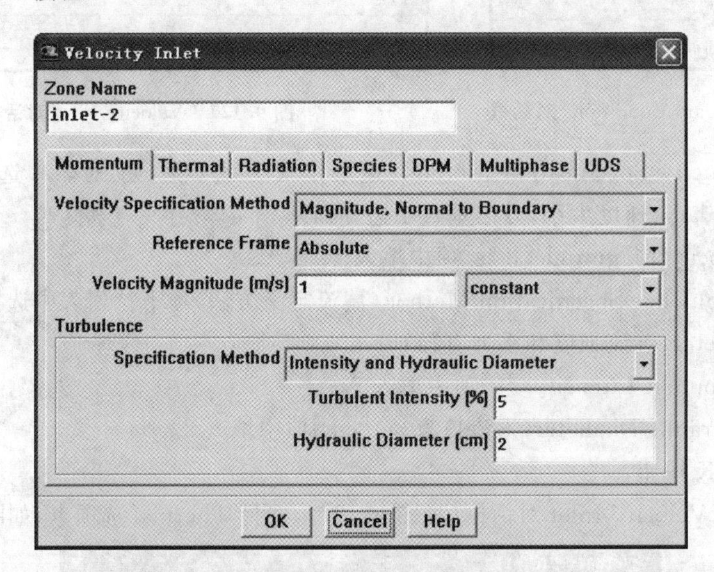

图 9.129 Velocity Inlet **对话框**

(9) 再回到 Velocity Inlet 对话框(见图 9.129),选择 Thermal 选项卡,如图 9.130 所示。

(10) 在 Temperature [K]项中填入 280。

(11) 单击 OK 按钮。

3) 设置出流口的边界条件

(1) 在 Boundary Conditions 对话框的 Zone 列表中选择 outlet,在 Type 列表中选择 pressure-outlet。

(2) 单击 Set... 按钮,打开 Pressure Outlet 对话框,如图 9.131 所示。

(3) 在 Gauge Pressure[pascal]项中填入 0。

(4) 在 Backflow Turbulent Intensity[%]项中填入 10。

(5) 在 Backflow Hydraulic Diameter[cm]项中填入 2。

(6) 单击 OK 按钮。

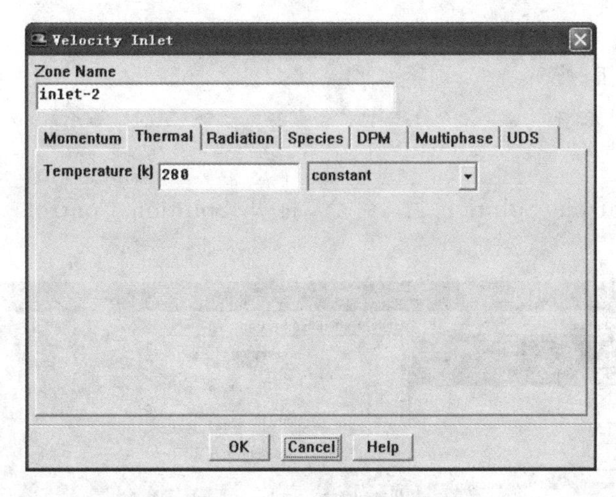

图 9.130　Velocity Inlet 对话框

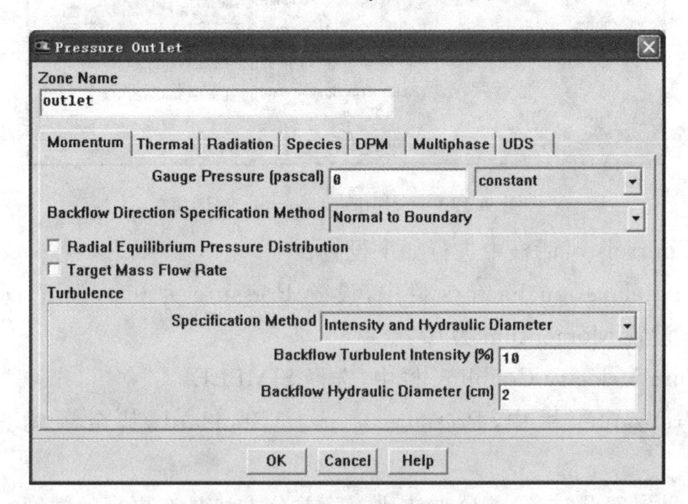

图 9.131　Pressure Outlet 对话框

(7) 再回到 Pressure Outlet 对话框(见图 9.131),选择 Thermal 选项卡,如图 9.132 所示。

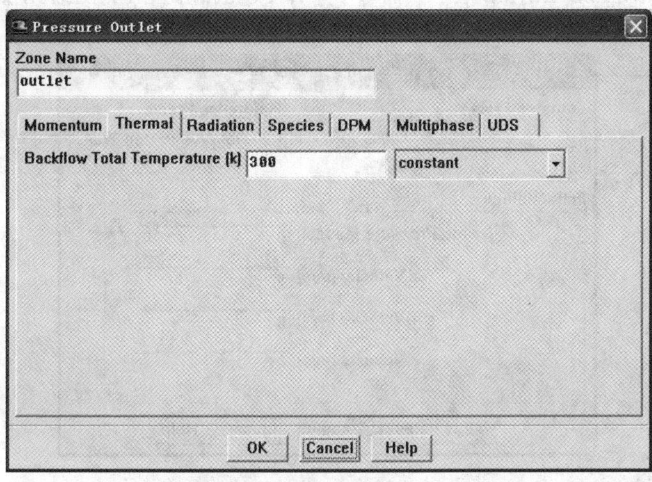

图 9.132　Pressure Outlet 对话框

(8) 在 Backflow Total Temperature [K]项中填入 300。

(9) 单击 OK 按钮。

5. 设置求解控制参数

1) 设置求解器

选择"Solve/Controls/Solution..."命令，打开 Solution Controls 对话框，如图 9.133 所示。

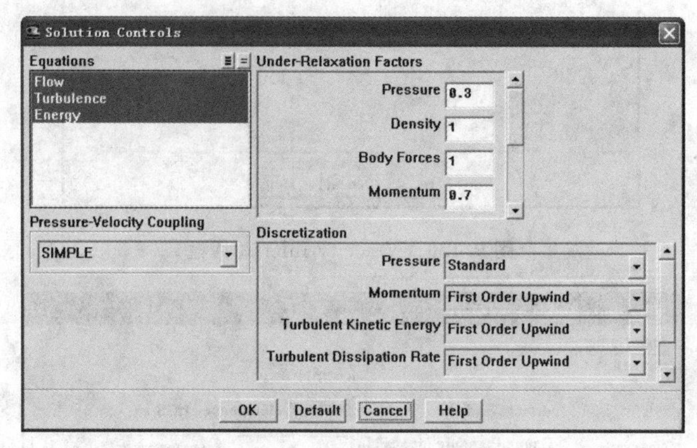

图 9.133 Solution Controls **对话框**

在 Solution Controls 对话框中进行如下设置：

(1) 在 Under-Relaxation Factors 栏中，设置 Pressure 为 0.3，设置 Density 为 1，设置 Body Forces 为 1，设置 Momentum 为 0.7。

(2) 在 Pressure-Velocity Coupling 栏中，选择 SIMPLE。

(3) 在 Discretization 栏中，Pressure 项选择 Standard，其余项均选择 First Order Upwind。

说明：对于边界层问题，二阶差分方法比一阶差分方法具有更高的精度。

(4) 单击 OK 按钮。

2) 求解初始化

选择"Solve/Initialize/Initialize..."命令，打开 Solution Initialization 对话框，如图 9.134 所示。

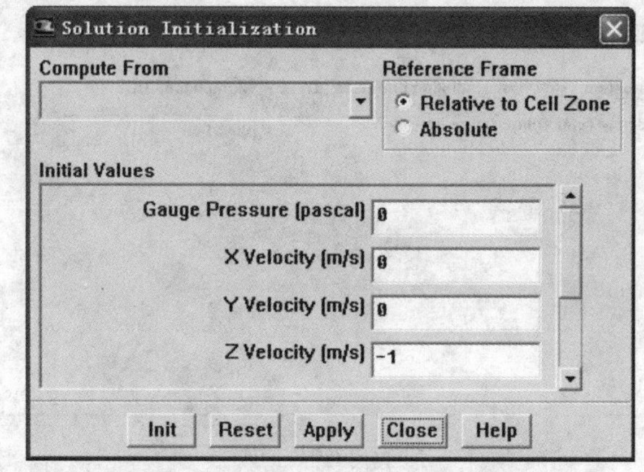

图 9.134 Solution Initialization **对话框**

(1) 在 Initial Values 选项中，Gauge Pressure[pascal]项设置为 0，X Velocity [m/s]项设置为 0，Y Velocity[m/s]项设置为 0，Z Velocity[m/s]项设置为−1。

(2) 单击 Init 按钮初始化，单击 Close 按钮关闭对话框。

3) 设置残差监视器

选择"Solve/Monitors/Residual..."命令，打开 Residual Monitors 对话框，如图 9.135 所示。

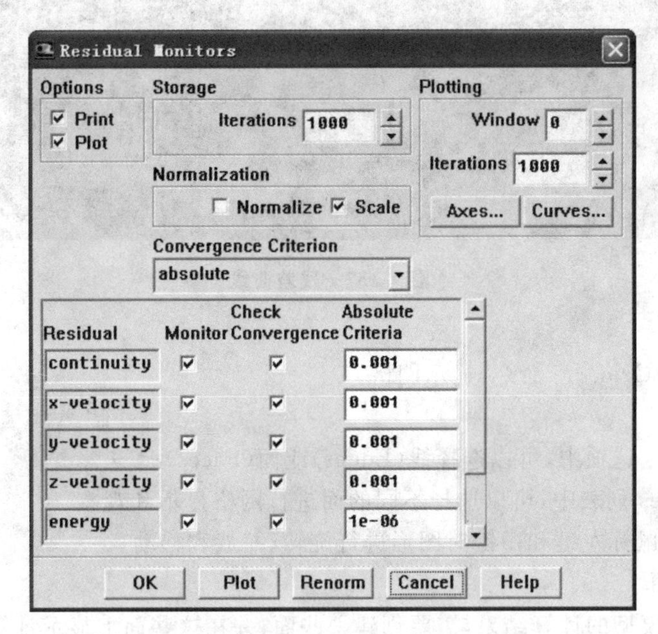

图 9.135 Residual Monitors 对话框

(1) 在 Options 项选择 Plot，输出曲线图。

(2) 保留其他默认设置，单击 OK 按钮关闭对话框。

6. 保存 Case 文件

选择"File/Write/Case..."命令，将上述设置保存为案例文件(mixer.cas)。

7. 迭代求解计算

选择"Solve/Iterate..."命令，打开 Iterate 对话框，如图 9.136 所示。

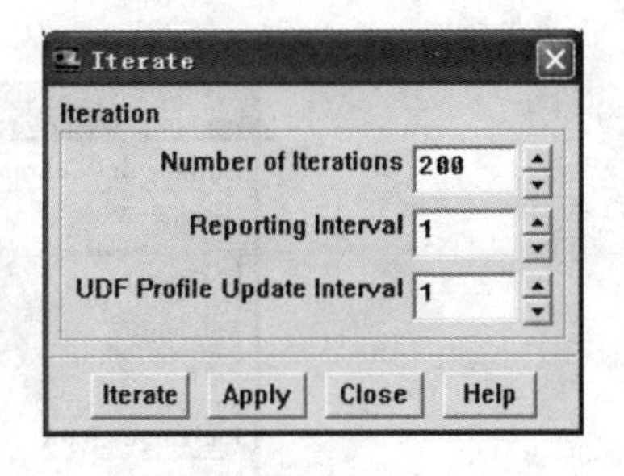

图 9.136 Iterate 对话框

(1) 在 Number of Iterations 项中填入 200。

(2) 单击 Iterate 按钮。

FLUENT 开始迭代计算。在迭代 180 次左右后，计算收敛，残差曲线如图 9.137 所示。

8. 保存 Data 文件

选择"File/Write/Data..."命令，将计算结果保存为数据文件(mixer.dat)。

9. 计算结果的后处理

1) 读入 Case 和 Data 文件

选择"File/Read/Case&Data..."命令，读入 Case 和 Date 文件(mixer.cas 和 mixer.dat)。

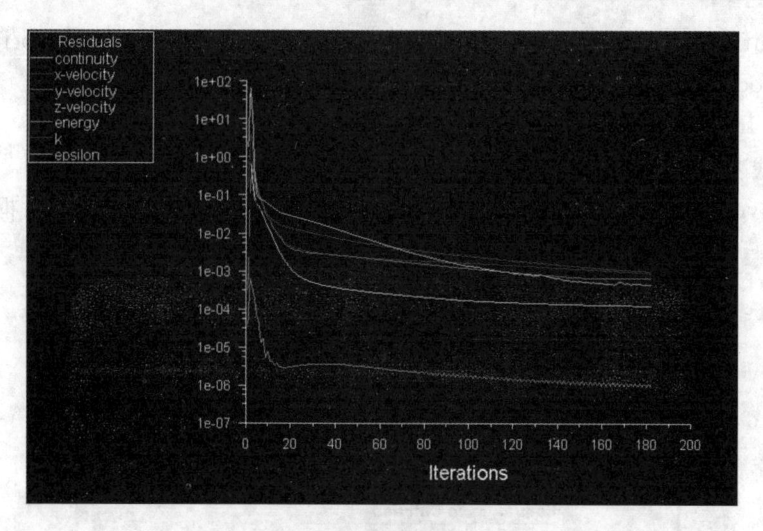

图 9.137　残差曲线

2）显示网格

选择“Display/Grid...”命令，显示网格。

注意：

(1) 在 Options 选项中，可以选择线(Edges)或面(Faces)；

(2) 在 Surfaces 列表中，可以选择不同的面进行网格显示和观察；

(3) 可以利用鼠标左键和中键对图形进行旋转、缩放和移动。

3）创建等值面

为了显示 3D 模型的计算结果，需要创建一些面，并在这些面上显示计算结果。FLUENT 自动定义边界面，如 inlet-1、inlet-2 和 outlet 边界，均可用来显示计算结果。但这些面不够用，还需要创建一些其他面来显示计算结果。下面举例说明如何创建等值面。

(1) 创建一个 $z=4$ cm 的平面，命名为 surf-1。

选择“Surface/Iso-Surface...”命令，打开 Iso-Surface 对话框，如图 9.138 所示。

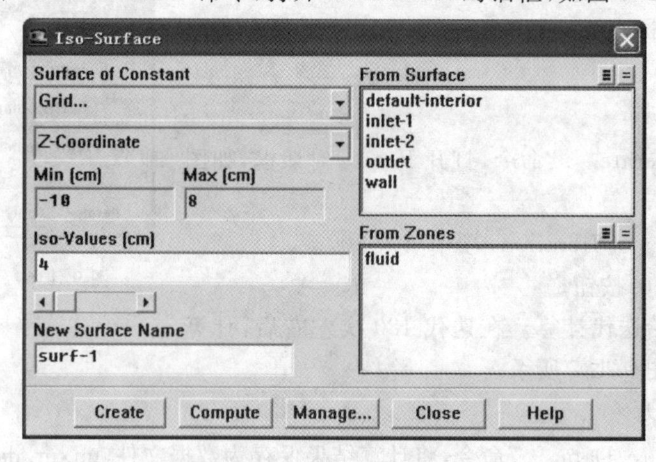

图 9.138　Iso-Surface 对话框

在 Iso-Surface 对话框中进行如下设置：

① 在 Surface of Constant 下拉列表中选择 Grid...和 Z-Coordinate。

② 单击 Compute 按钮，Min 和 Max 栏将显示区域内 z 值的范围。

③ 在Iso-Values[cm]项中填入4。

④ 在New Surface Name下填入surf-1。

⑤ 单击Create按钮。

说明:$z=4$ cm的平面为在混合器内通过两个入流口轴线的平面。

(2) 创建一个$x=0$的平面,命名为surf-2。

选择"Surface/Iso-Surface..."命令,打开Iso-Surface对话框,如图9.139所示。

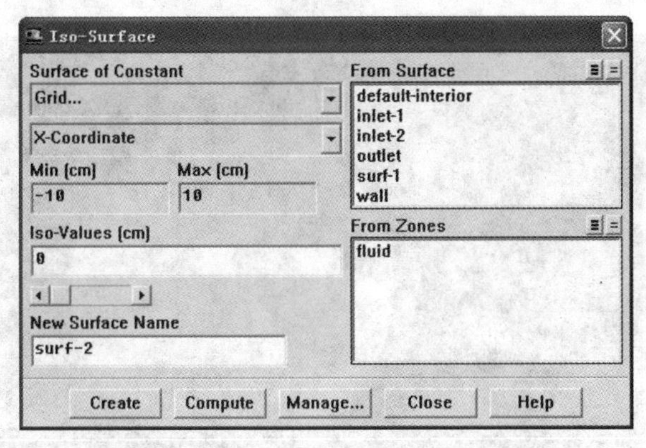

图9.139 Iso-Surface对话框

在Iso-Surface对话框中进行如下设置:

① 在Surface of Constant下拉列表中选择Grid...和X-Coordinate。

② 单击Compute按钮,Min和Max栏将显示区域内x值的范围。

③ 在Iso-Values[cm]项中填入0。

④ 在New Surface Name下填入surf-2。

⑤ 单击Create按钮,单击Close按钮关闭对话框。

说明:$x=0$平面为通过z轴,且与入流口轴线相垂直的平面。

4) 绘制温度和压力分布图

(1) 绘制水平面surf-1上温度分布图。

选择"Display/Contours..."命令,打开Contours对话框,如图9.140所示。

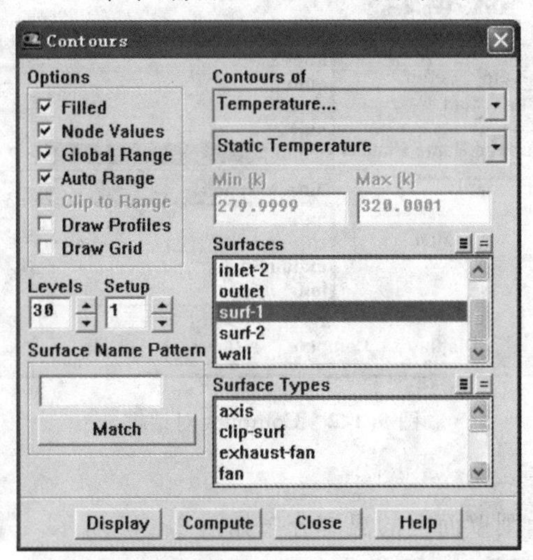

图9.140 Contours对话框

在 Contours 对话框中进行如下设置：

① 在 Options 项选择 Filled；

② 在 Contours of 项选择 Temperature... 和 Static Temperature；

③ 在 Levels 项填入 30；

④ 在 Surfaces 项选择 surf-1；

⑤ 单击 Display 按钮，水平面 surf-1 上的温度分布如图 9.141 所示。

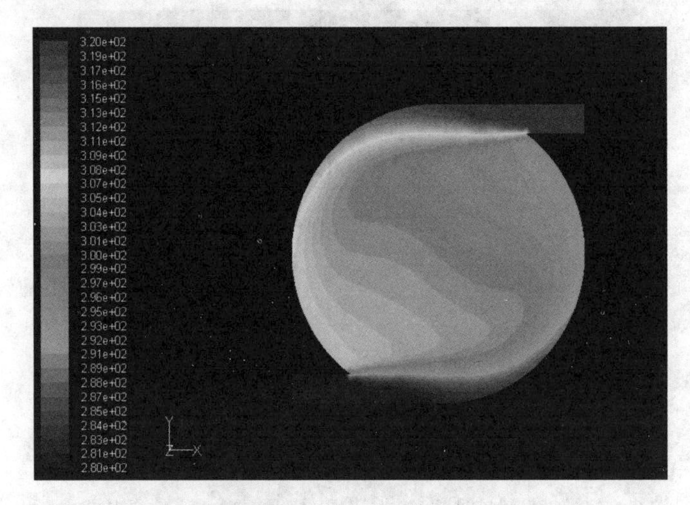

图 9.141 水平面 surf-1 上的温度分布图

(2) 绘制壁面上的温度分布图。

选择“Display/Contours...”命令，打开 Contours 对话框，如图 9.142 所示。

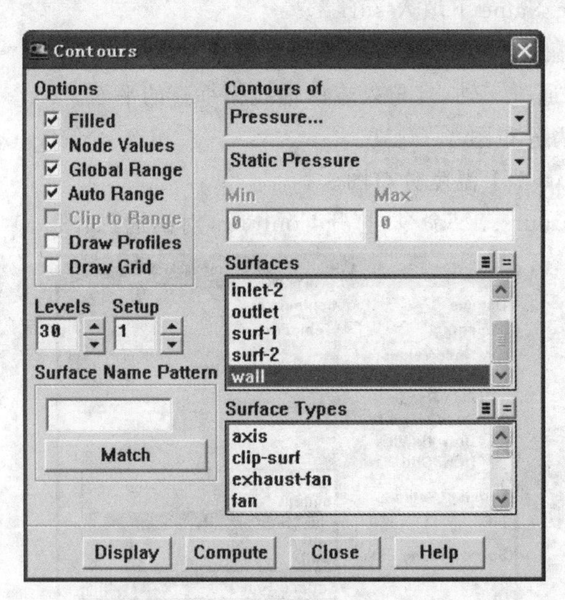

图 9.142 Contours 对话框

① 在 Surfaces 项选择 wall。

② 单击 Display 按钮，则壁面上的温度分布如图 9.143 所示。

(3) 绘制垂直平面 surf-2 上的压力分布图。

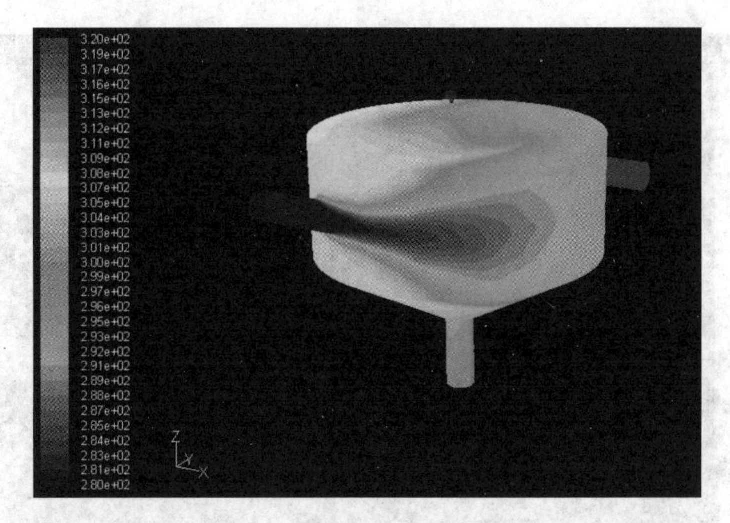

图 9.143　壁面上的温度分布图

选择“Display/Contours...”命令，打开 Contours 对话框，如图 9.144 所示。

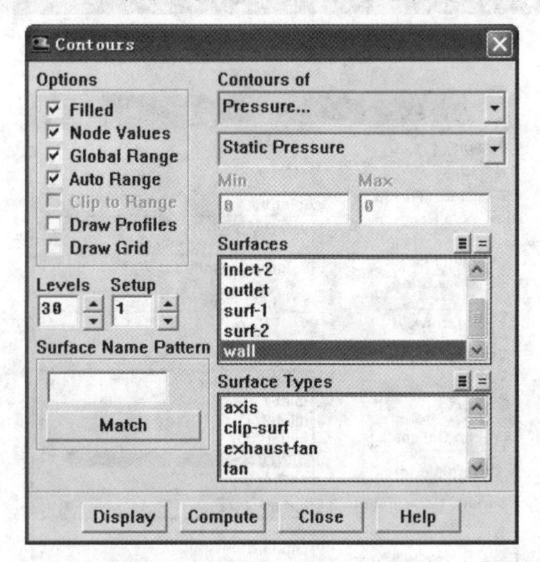

图 9.144　Contours **对话框**

① 在 Contours of 项选择 Pressure... 和 Static Pressure。

② 在 Surfaces 项选择 surf-2。

③ 单击 Display 按钮，则垂直平面 surf-2 上的压力分布如图 9.145 所示。

5）绘制速度矢量图

(1) 显示水平面 surf-1 上的速度矢量图。

选择“Display/Vectors...”命令，打开 Vectors 对话框，如图 9.146 所示。

在 Vectors 对话框中进行如下设置：

① 在 Style 项下拉列表中选择 arrow；

② 在 Scale 文本框中填入 5；

③ 将 Skip 增加到 5；

④ 在 Surfaces 项列表中选择 surf-1；

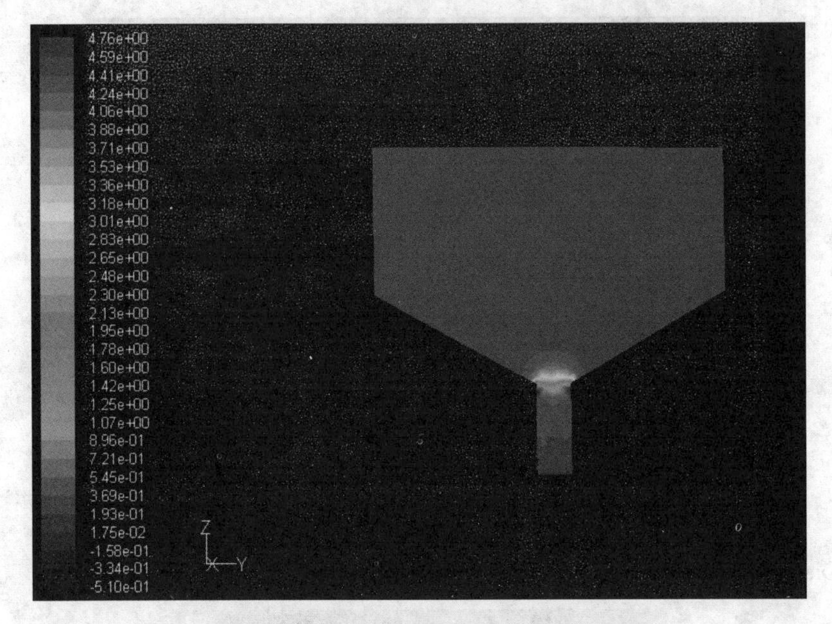

图 9.145　垂直面 surf-2 上的压力分布图

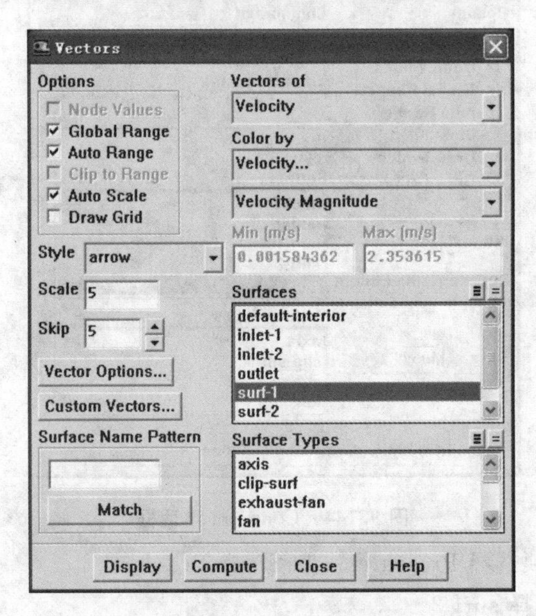

图 9.146　Vectors 对话框

⑤ 单击 Display 按钮，水平面 surf-1 上的速度矢量如图 9.147 所示。

(2) 显示垂直面 surf-2 上的速度矢量图。

选择“Display/Vectors...”命令，打开 Vectors 对话框，如图 9.148 所示。

① 在 Surfaces 项列表中选择 surf-2。

② 单击 Display 按钮，垂直面 surf-2 上的速度矢量如图 9.149 所示。

6) 绘制流体质点的迹线

迹线是流体质点在运动过程中的轨迹线，对于研究复杂三维流动来说，绘制流体质点的迹线是一种有效的方法。

2.35e+00
2.27e+00
2.19e+00
2.12e+00
2.04e+00
1.96e+00
1.88e+00
1.80e+00
1.72e+00
1.65e+00
1.57e+00
1.49e+00
1.41e+00
1.33e+00
1.25e+00
1.18e+00
1.10e+00
1.02e+00
9.41e-01
8.63e-01
7.85e-01
7.06e-01
6.28e-01
5.49e-01
4.71e-01
3.93e-01
3.14e-01
2.36e-01
1.58e-01
7.94e-02
1.03e-03
Y
Z
X

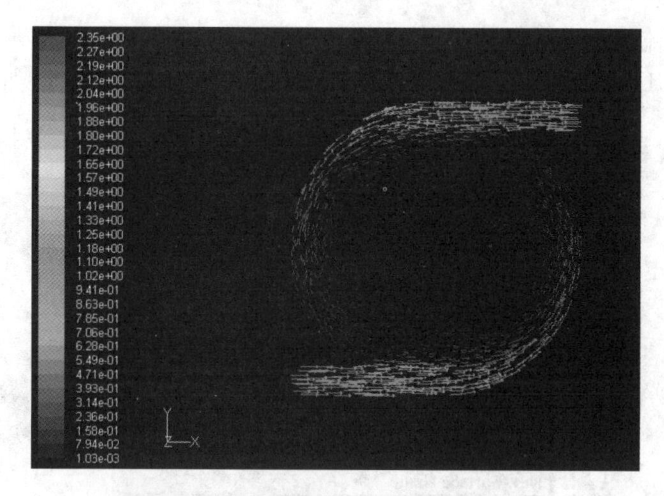

图 9.147　水平面 surf-1 上的速度矢量图

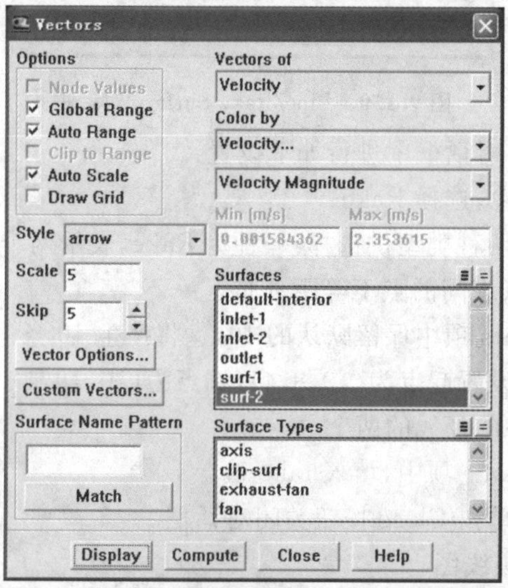

Vectors
Options
Node Values
Global Range
Auto Range
Clip to Range
Auto Scale
Draw Grid
Style
arrow
Scale
5
Skip
5
Vector Options...
Custom Vectors...
Surface Name Pattern
Match
Vectors of
Velocity
Color by
Velocity...
Velocity Magnitude
Min [m/s]
Max [m/s]
0.001584362
2.353615
Surfaces
default-interior
inlet-1
inlet-2
outlet
surf-1
surf-2
Surface Types
axis
clip-surf
exhaust-fan
fan
Display
Compute
Close
Help

图 9.148　Vectors 对话框

2.35e+00
2.27e+00
2.19e+00
2.12e+00
2.04e+00
1.96e+00
1.88e+00
1.80e+00
1.72e+00
1.65e+00
1.57e+00
1.49e+00
1.41e+00
1.33e+00
1.25e+00
1.18e+00
1.10e+00
1.02e+00
9.41e-01
8.63e-01
7.85e-01
7.06e-01
6.28e-01
5.49e-01
4.71e-01
3.93e-01
3.14e-01
2.36e-01
1.58e-01
7.94e-02
1.03e-03
Z
Y
X

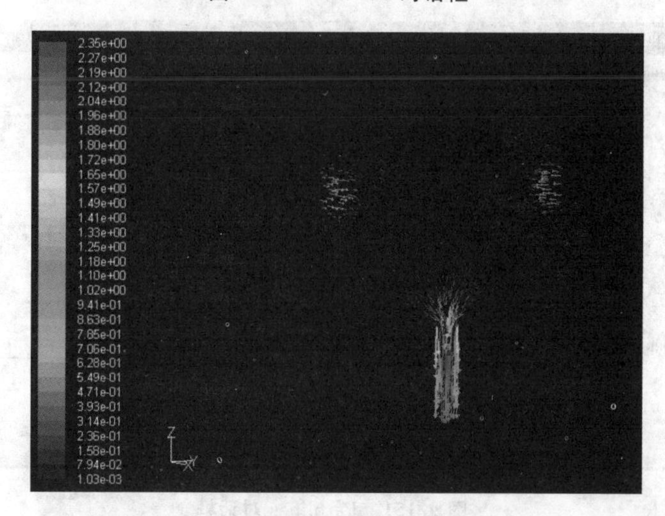

图 9.149　垂直面 surf-2 上的速度矢量图

(1) 创建一条流体质点的起始线。

选择“Surface/Line/Rake...”命令，打开 Line/Rake Surface 对话框，如图 9.150 所示。

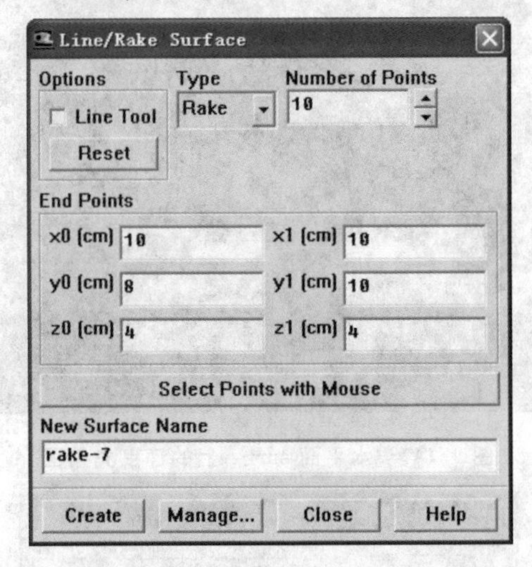

图 9.150　Line/Rake Surface **对话框**

在 Line/Rake Surface 对话框中进行如下设置：

① 在 Type 下拉列表中，选择 Rake。

说明：这里的 Type 有两种类型供选择：一种为 Rake，表示两个端点之间的点等距分布；另一种为 Line，表示两个端点之间的点不等距分布。

② 在 Number of Points 项中保留默认的 10，这将产生 10 条迹线。

③ 在 End Points 项，设置起点为(10,8,4)，端点为(10,10,4)。

说明：这是入口处的一条径线的两个端点。

④ 在 New Surface Name 项中，填入 rake-7。

⑤ 单击 Create 按钮，单击 Close 按钮关闭对话框。

(2) 绘制流体质点的迹线图

选择“Display/Pathlines...”命令，打开 Pathlines 对话框，如图 9.151 所示。

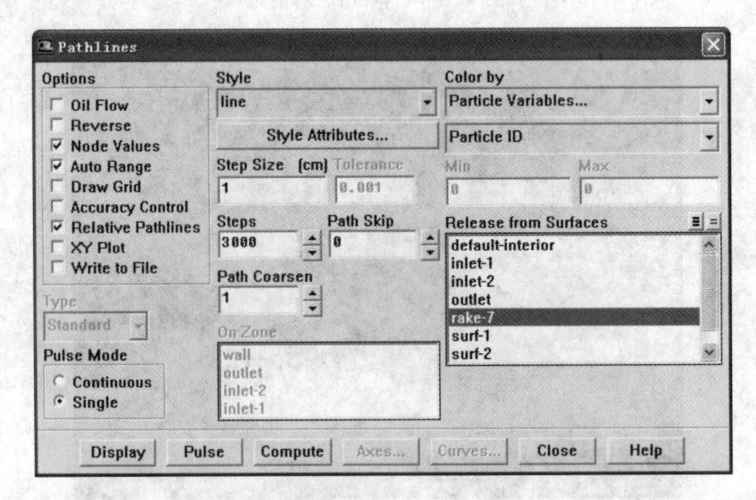

图 9.151　Pathlines **对话框**

在 Pathlines 对话框中进行如下设置：

① 在 Release from Surfaces 列表中，选择 rake-7。

② 在 Step Size(步长)项保留默认的 1，在 Steps 项中填入 3000。

注意：在设置这两个参数时有一个简单规则，即 Step Size 乘以 Steps 数，等于质点走过区域的长度。

③ 单击 Display 按钮，则迹线如图 9.152 所示。

④ 利用鼠标左键和中键转动、缩放图形。

⑤ 单击 Close 按钮关闭对话框。

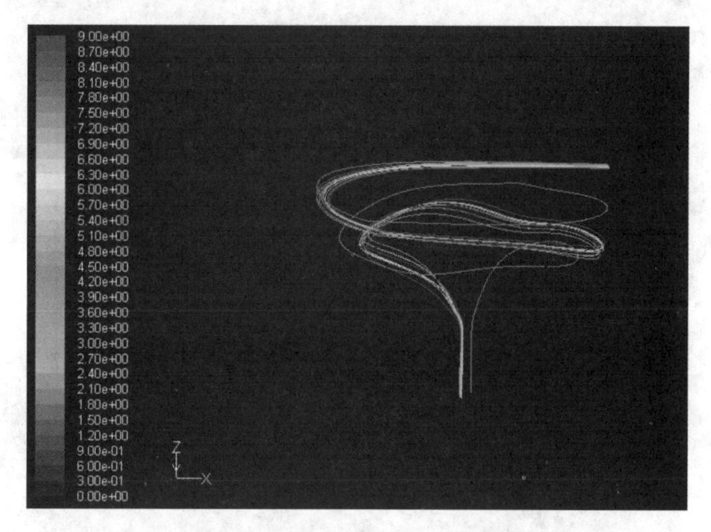

图 9.152　自入口到出口的迹线图

7）绘制 XY 曲线图

XY 曲线可用来描述 CFD 求解的结果，如温度、压力在某一直线上的分布等。

(1) 在流场内定义一条线，绘制物理量在此线上的分布图。

选择“Surface/Line/Rake...”命令，打开 Line/Rake Surface 对话框，如图 9.153 所示。

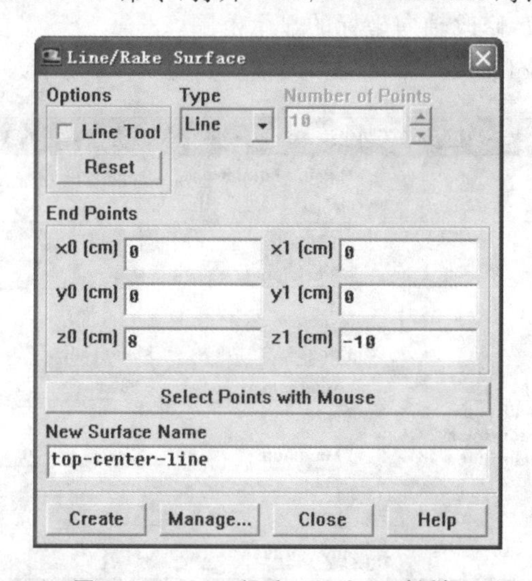

图 9.153　Line/Rake Surface 对话框

在 Line/Rake Surface 对话框中进行如下设置：

① 在 Type 下拉列表中选择 Line。

② 在 End Points 项，输入直线的一个端点的坐标(0,0,8)和另一个端点的坐标(0,0,−10)。

③ 在 New Surface Name 项中，填入 top-center-line。

④ 单击 Create 按钮，单击 Close 按钮关闭对话框。

(2) 绘制沿此线的压力分布图。

选择“Plot/XY Plot...”命令，打开 Solution XY Plot 对话框，如图 9.154 所示。

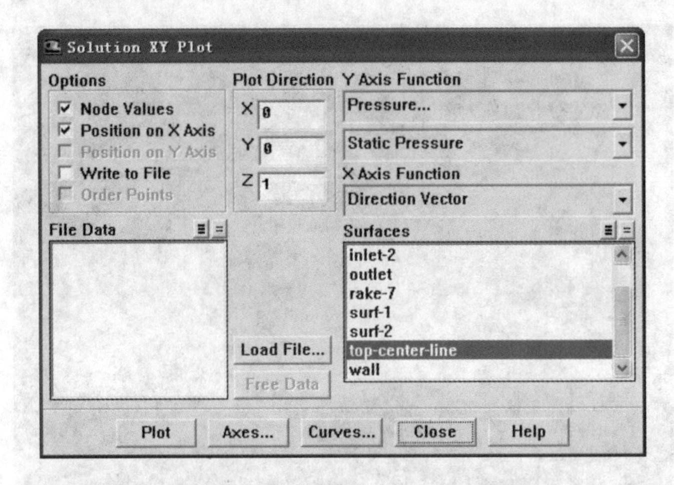

图 9.154　Solution XY Plot 对话框

在 Solution XY Plot 对话框中进行如下设置：

① 在 Plot Direction 项，设 X=0，Y=0，Z=1。

② 在 Y Axis Function 下拉列表中，选择 Pressure... 和 Static Pressure。

③ 在 Surfaces 列表中，选择 top-center-line。

说明：这将绘制沿 Z 轴的压力分布图。

④ 单击 Axes... 按钮，修改轴向坐标的显示范围。

此时将打开 Axes - Solution XY Plot 对话框，如图 9.155 所示。

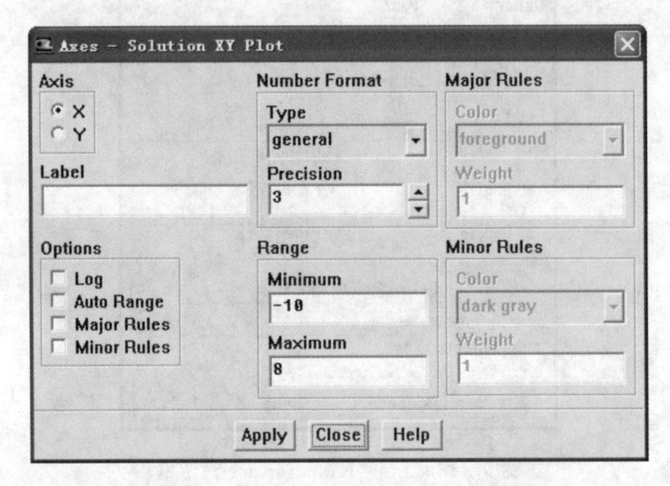

图 9.155　Axes - Solution XY Plot 对话框

在 Axes - Solution XY Plot 对话框中进行如下设置：

① 在 Axis 项中，选择 X；

② 在 Options 项，不选择 Auto Range。

③ 在 Range 栏中，设置 Minimum＝－10，Maximum＝8。

④ 单击 Apply 按钮，单击 Close 关闭对话框。

⑤ 在 Solution XY Plot 对话框中，单击 Plot 按钮。

压力分布曲线如图 9.156 所示。

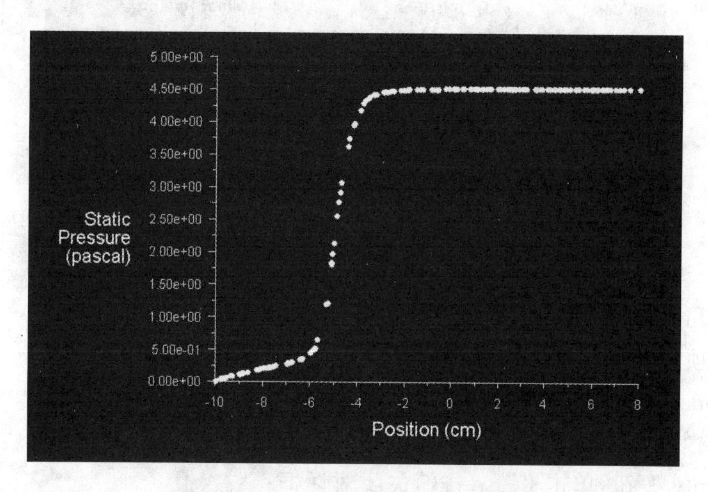

图 9.156　沿 Z 轴的压力分布曲线

(3) 绘制沿此线的温度分布图。

选择"Plot/XY Plot..."命令，打开 Solution XY Plot 对话框，如图 9.157 所示。

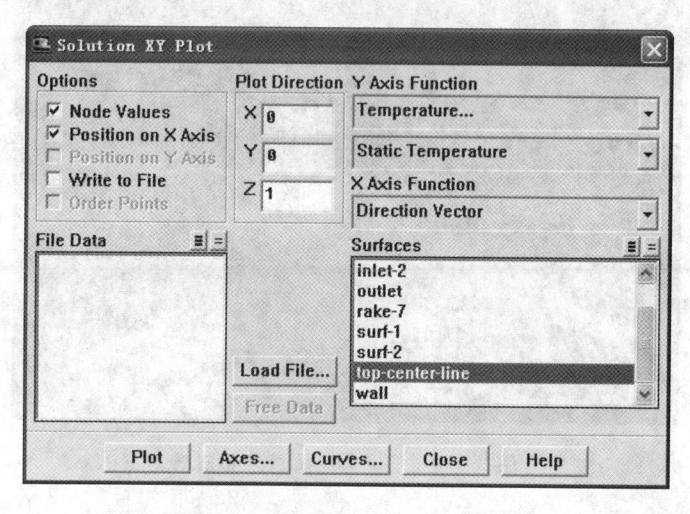

图 9.157　Solution XY Plot **对话框**

在 Solution XY Plot 对话框中进行如下设置：

① 在 Plot Direction 项，设 X＝0，Y＝0，Z＝1；

② 在 Y Axis Function 下拉列表中，选择 Temperature... 和 Static Temperature；

③ 在 Surfaces 列表中，选择 top-center-line；

④ 单击 Axes... 按钮，修改轴向坐标的显示范围。

此时将打开 Axes - Solution XY Plot 对话框，如图 9.158 所示。

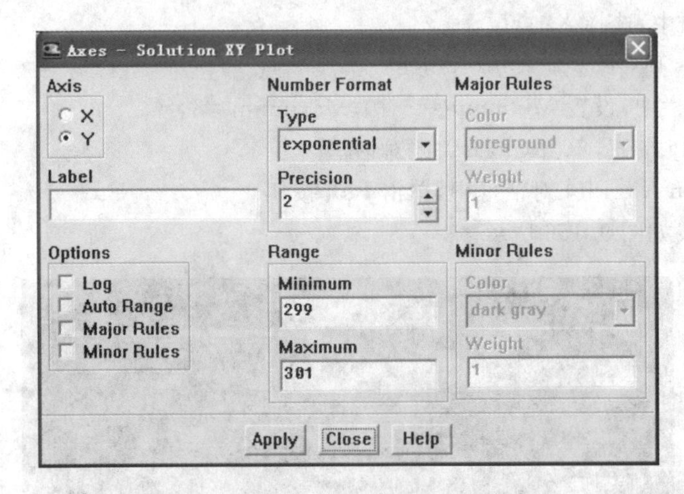

图 9.158　Axes - Solution XY Plot **对话框**

在 Axes - Solution XY Plot 对话框中进行如下设置：

① 在 Axis 项选择 Y；

② 在 Options 项，不选择 Auto Range；

③ 在 Range 栏中，设置 Minimum＝299，Maximum＝301；

④ 单击 Apply 按钮，单击 Close 按钮关闭对话框；

⑤ 在 Solution XY Plot 对话框中，单击 Plot 按钮。

得到的温度分布曲线如图 9.159 所示。

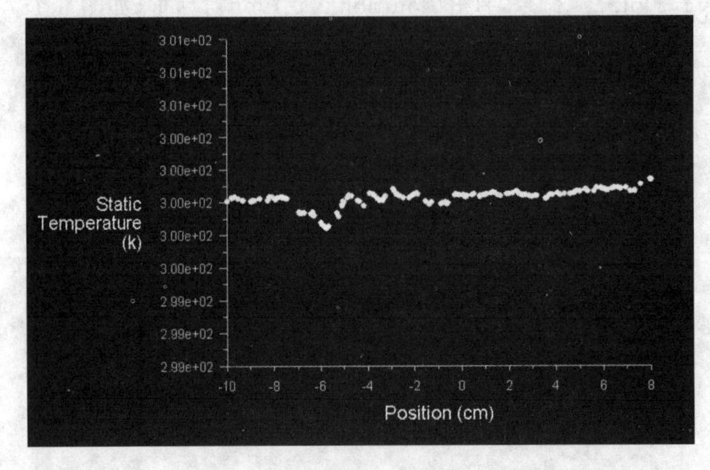

图 9.159　**沿** *Z* **轴的温度分布曲线**

第 10 章 通用后处理软件——TECPLOT

TECPLOT(软件)是 Amtec 公司推出的一个功能强大的科学绘图软件,它提供多种绘图格式,包括 *XY* 曲线图、二维面绘图、三维体绘图等。TECPLOT 软件易学易用,界面友好,而且具有针对 FLUENT 软件的专门数据接口,可以直接输入 FLUENT 软件中的 *.cas 和 *.dat 文件。用户也可以在 FLUENT 软件中选择输出的面和变量,输出 TECPLOT 格式的数据文件,然后在 TECPLOT 软件中直接调入即可。

10.1 TECPLOT 概述

TECPLOT 是一种通用后处理软件,可以处理多种格式的数据,并提供多种绘图格式,从简单的 *XY* 曲线图到复杂的三维动态模拟,TECPLOT 均可以快捷地将大量的数据转换成直接明了的图或表,其主要功能如下:

(1) 能够直接读入常见的网格、CAD 图形及 CFD 软件(PHOENICS、FLUENT、STAR-CD)生成的文件。

(2) 能够直接导入 CGNS、DXF、Excel、GRIDGEN、PLOT3D 格式的文件。

(3) 能导出的文件格式包括 BMP、AVI、Flash、JPEG、Windows 等常用格式。

(4) 能够直接将文件上传至互联网,并能利用 FTP 或 HTTP 对文件进行修改、编辑等操作;也可以直接打印图形,并在 Microsoft Office 上进行复制和粘贴。

(5) 能够在 Windows NT/2000/XP/2010 和 UNIX 操作系统上运行,并能在不同的操作系统之间进行文件交换。

(6) 使用鼠标直接单击流场中任一点,即可知道该点处场变量的数值,还能够根据用户需要,增加或删除指定的等值线(面)。

(7) 提供 ADK 功能,用户能利用 FORTRAN、C、C++等程序语言进行二次开发。

10.2 TECPLOT 的操作界面

启动 TECPLOT10.0,进入如图 10.1 所示的 TECPLOT 操作主界面。

加载三维数据文件后,TECPLOT 的操作界面如图 10.2 所示。

TECPLOT 的操作主界面可以分成四个区域:菜单栏、工具栏、状态栏和工作区,如图 10.3 所示。下面分别予以介绍。

1. 菜单栏

如图 10.4 所示,菜单栏的使用方式类似于一般的 Windows 程序,主要通过对话框或者二级菜单来完成。菜单栏包含 TECPLOT 的绝大多数功能,具体说明如下:

(1) File 对文件进行创建、打开、保存、调入、写入、打印、输入、输出、运行并记录宏、设定配置、退出等。

(2) Edit 实现取消、选择、剪切、复制、粘贴、删除、改变显示顺序、修改数据点等。注意:

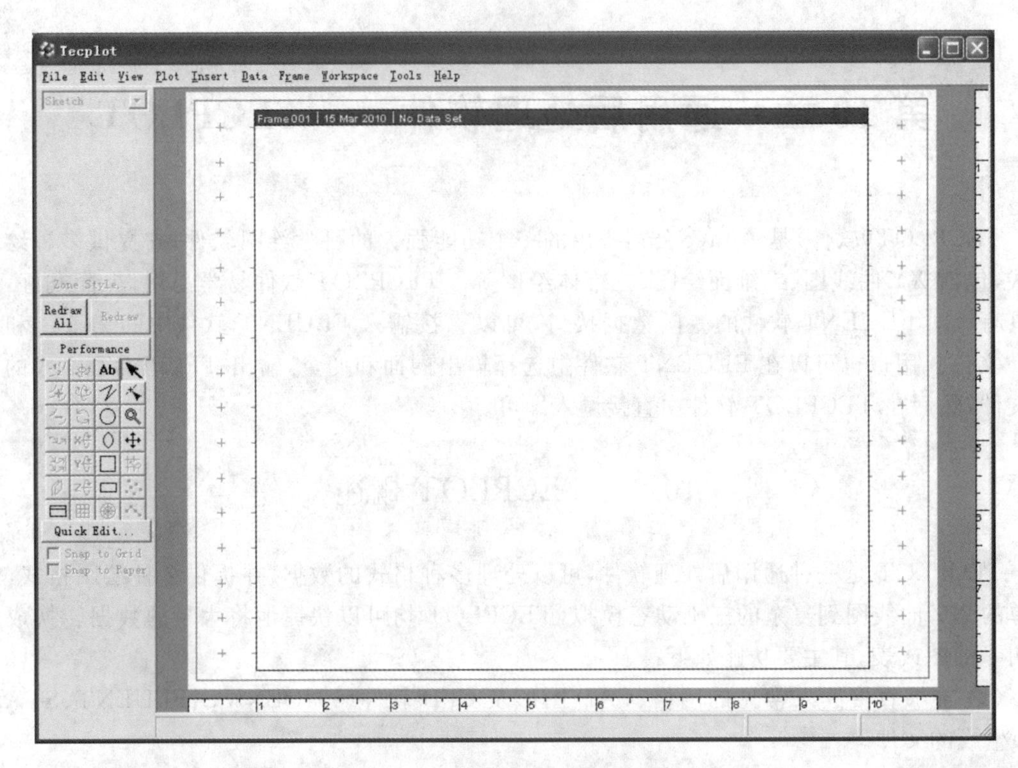

图 10.1　TECPLOT 操作主界面

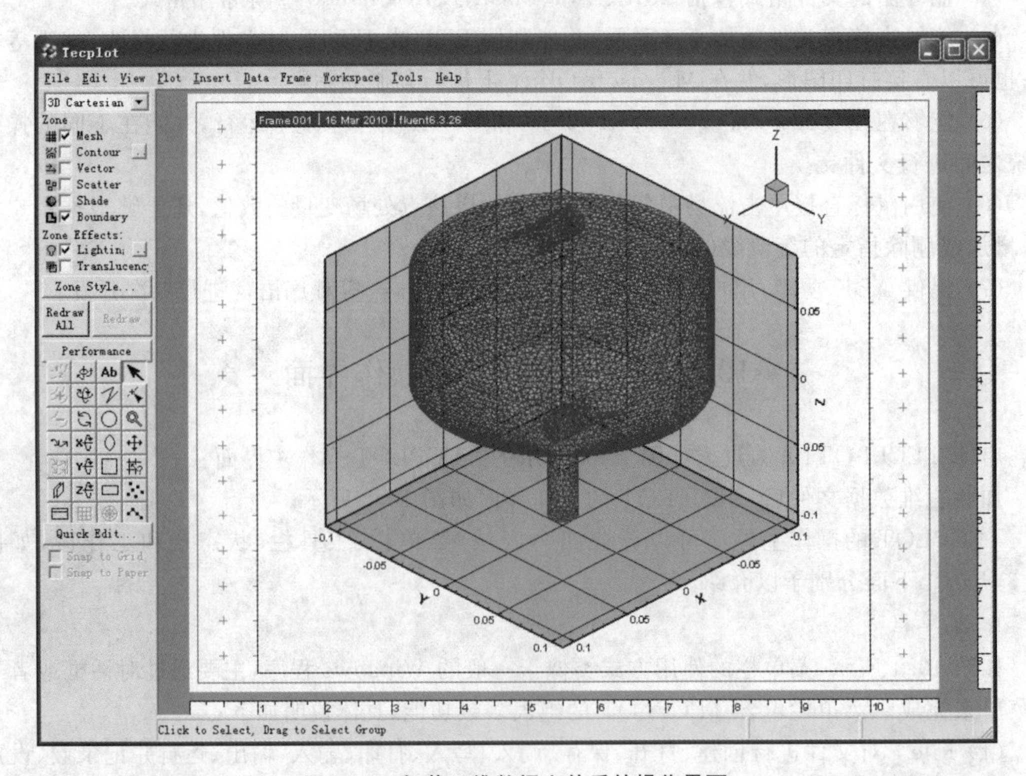

图 10.2　加载三维数据文件后的操作界面

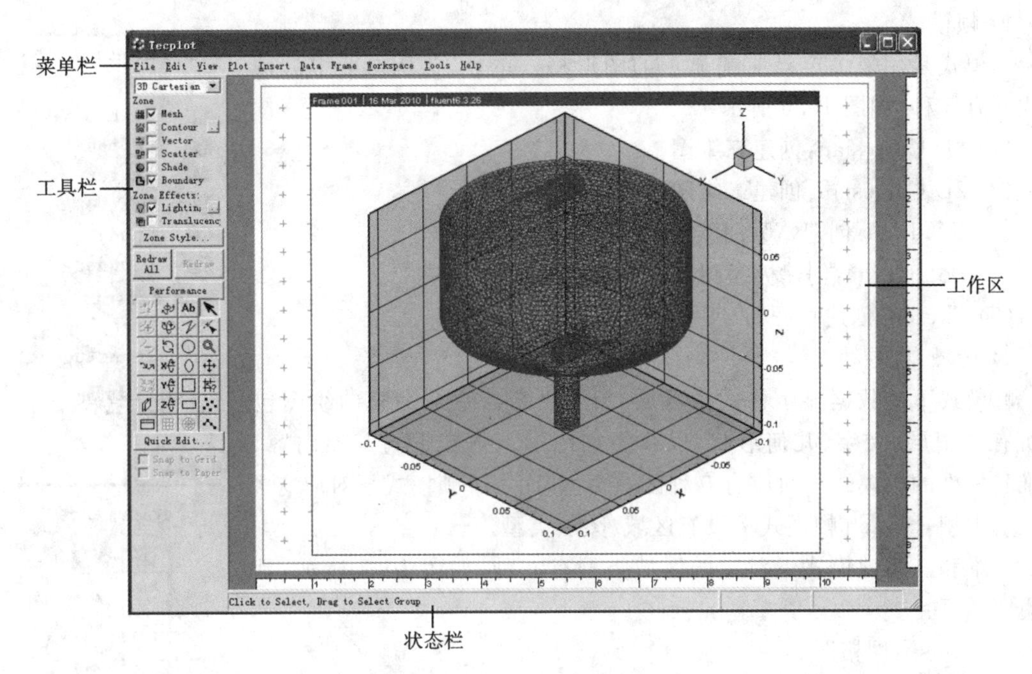

图 10.3　TECPLOT 的界面划分

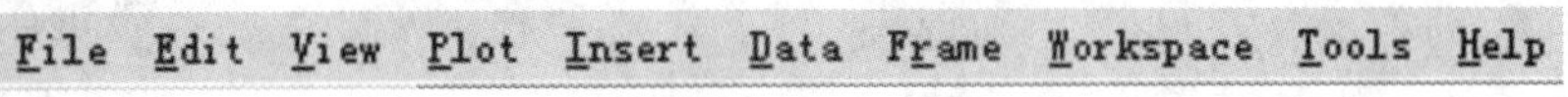

File　Edit　View　Plot　Insert　Data　Frame　Workspace　Tools　Help

图 10.4　菜单栏

TECPLOT 的剪切、复制和粘贴只适用于 TECPLOT 内部，如果需要和 Windows 的其他程序交换图形，则需要使用 Copy Plot to Clipboard 功能。

(3) View　用来控制对象的观察位置，包括比例缩放、范围选择、三维旋转等，还可以用来进行视图编辑。

(4) Plot　用来控制图形的类型，包括区域/图层类型、云图(或等值线图)、矢量图、散点图、流线图、颜色设置等功能。

(5) Insert　用来添加文本、几何元素(多变曲线、圆、椭圆、正方形、矩形)或者图像文件。

(6) Data　用来创建、操作和检查数据。在 TECPLOT 中，可以进行的数据操作功能包括创建区域、插值、三角测量及创建和修改数据。

(7) Frame　用来创建、编辑和控制帧。

(8) Workspace　用来控制工作区的属性，包括图形的颜色、页面网格、显示选项和标尺等。

(9) Tools　用来快速地运行、定义和创建宏。

(10) Help　打开 TECPLOT 的帮助文档，为使用 TECPLOT 提供帮助。

2. 工具栏

工具栏如图 10.5 所示。从图中可以看出，工具栏中许多控件的外形已经反映出它的功能。通过 TECPLOT 工具栏，用户可以对图形绘制进行全方位的控制，另外还可以控制帧模式、快照模式等。下面具体介绍。

1）帧模式

帧模式是用来决定当前帧显示的图形格式的，TECPLOT 中的帧模式共有 5 种，如图 10.6 所示。

(1) 3D Cartesian：创建三维图。

(2) 2D Cartesian：创建二维图。

(3) XY Line：创建 XY 曲线图。

(4) Polar Line：创建极线图。

(5) Sketch：创建草图。

2）区域/图层

帧模式下的数据显示格式由区域/图层决定。一个完整的绘图包含所有的图层、文字、几何形状，以及添加图形基本数据与其他内容。二维和三维的帧模式下对应有 6 种区域类型，而 XY 帧模式下对应有 4 种图层类型，Sketch 帧模式下没有区域/图层类型。

二维和三维帧模式下对应的区域类型有 6 种，如图 10.7 所示，具体说明如下：

(1) Mesh：网格图。

(2) Contour：云图或等值线图。

(3) Vector：矢量图，绘制数值方向与大小。

(4) Scatter：散点图，绘制每一个数据点。

(5) Shade：阴影，对区域进行着色，或者对三维绘图添加光源。

(6) Boundary：边界，绘制指定区域的边界。

XY 帧模式下对应的图层类型有 4 种，如图 10.8 所示，具体说明如下：

(1) Lines：线图，线可以为分段直线或者曲线。

(2) Symbols：符号图，用一个符号代表独立的数据点。

(3) Error Bars：误差柱状图，通常可以采用几种格式绘制误差柱状图。

(4) Bars：柱状图，通常为水平或者垂直图表。

图 10.5 工具栏

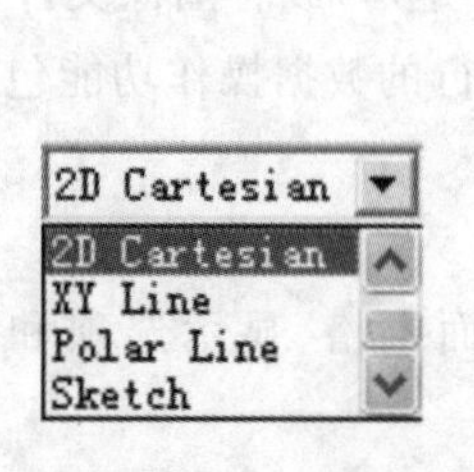

图 10.6 帧模式

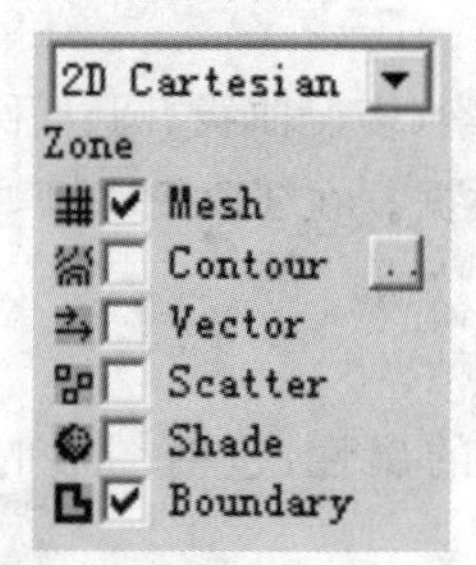

图 10.7 二维和三维帧模式下对应的区域

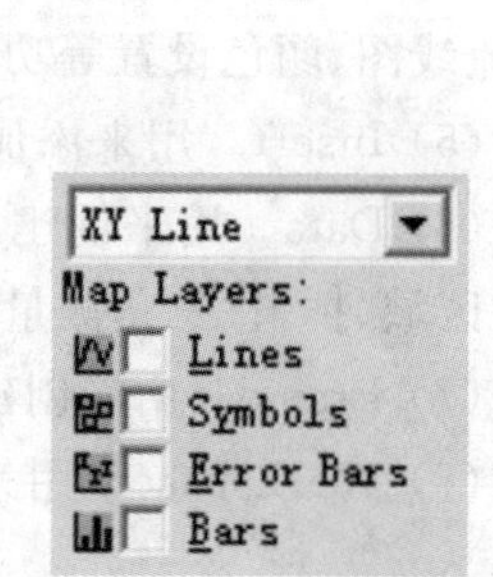

图 10.8 XY 帧模式下对应的图层

3）区域效果

对于三维帧模式，还将出现如图 10.9 所示的区域效果复选框。该复选框只适用于着色的云图或等值线图。

4）区域风格按钮

区域风格按钮如图 10.10 所示，主要用来对前面所选择的相应区域/图层类型进行详细的定义。

5）重画按钮

重画按钮如图 10.11 所示，主要用来对已有图形进行重画。

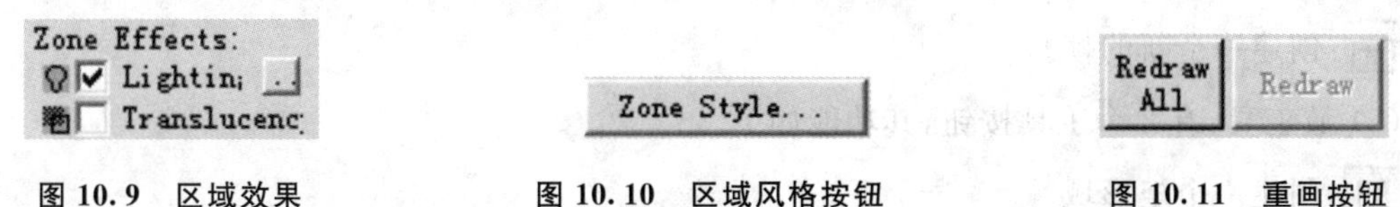

图 10.9　区域效果　　图 10.10　区域风格按钮　　图 10.11　重画按钮

TECPLOT 一般并不在每次图表更新后自动重画图形，用户可以使用重画按钮（Redraw）来进行手动更新。

（1）Redraw：重画当前图形。

（2）Redraw All：重画全部图形。

6）属性按钮

属性按钮如图 10.12 所示，主要用来设定 TECPLOT 的绘图属性参数，用户可使用近似绘图（Use Approx Plots）、自动重画（Auto Redraw）、显示性能（Display Performance）等功能，还可选择近似绘图的比例：20% Approximate、5% Approximate、1% Approximate 或 0.2% Approximate。

7）工具按钮

TECPLOT 的每一个工具按钮都具有相应的鼠标指针模式，如图 10.13 所示。

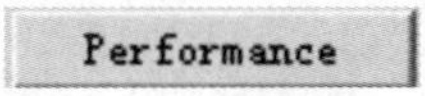

Performance

图 10.12　属性按钮

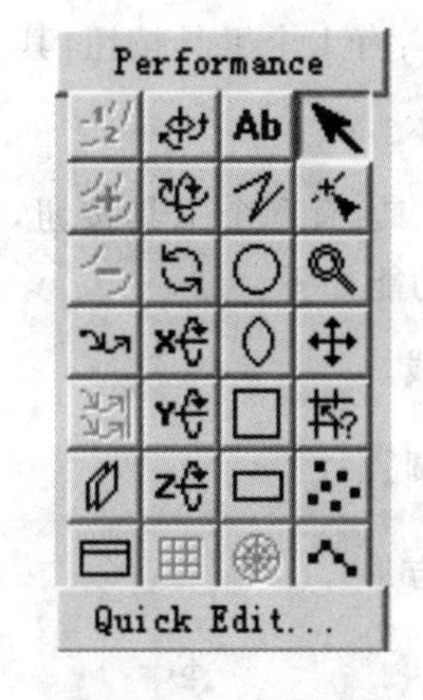

图 10.13　工具按钮

工具按钮共有 12 类 28 个，下面分别具体介绍。

（1）等值线工具：有 3 个工具按钮，其功能如下。

：在显示的线型模式下，标注等值线的数值水平。

：增加等值线的数值水平。

：减少等值线的数值水平。

（2）轨迹线工具：有 2 个工具按钮，其功能如下。

：创建一条轨迹线。

:创建轨迹线终止线。

(3) 切片工具:有1个工具按钮,其功能如下。

:创建一个切片。

(4) 帧工具:有1个工具按钮,其功能如下。

:创建一个新的帧。

(5) 域工具:有2个工具按钮,其功能如下。

:创建一个矩形域。

:创建一个圆形域。

(6) 三维旋转工具:有6个工具按钮,如图10.14所示,其功能如下。

:拖动鼠标可以使图形围绕 Z 轴转动,而且还可以控制 Z 轴的倾斜角度。

:拖动鼠标可以使图形围绕某一点360°旋转。

:拖动鼠标可以使图形围绕某一面180°旋转。

:拖动鼠标可以使图形围绕 X 轴旋转。

:拖动鼠标可以使图形围绕 Y 轴旋转。

:拖动鼠标可以使图形围绕 Z 轴旋转。

(7) 文本工具:有1个工具按钮,其功能如下。

Ab:插入文本。

(8) 几何体工具:有5个工具按钮,如图10.15所示。使用这些按钮,可以在帧内进行几何体的草绘。其功能如下。

:插入折线。

:插入圆。

:插入椭圆。

:插入正方形。

:插入长方形。

图10.14　三维旋转按钮

图10.15　几何形状按钮

(9) 对象控制工具:有2个工具按钮,其功能如下。

:选择对象。

:调整对象。

（10）视图控制工具：有2个工具按钮，其功能如下。

：单击图形中的任意点，以该点为中心对视图进行缩放。

：对视图进行移动。

（11）探查数据工具：有1个工具按钮，其功能如下。

：在任意位置单击鼠标，均可获得鼠标所在位置的数据。

（12）导出数据点工具：有2个工具按钮，其功能如下。

：导出离散数据点。

：导出曲线上的数据点。

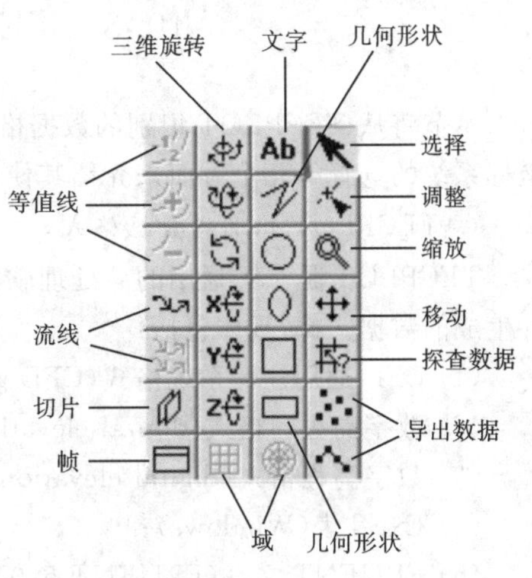

图10.16　工具按钮功能

总之，各个工具按钮的功能划分如图10.16所示。

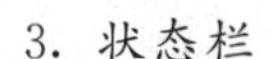

3. 状态栏

状态栏位于TECPLOT主操作界面的底部，当鼠标指针移过工具栏按钮时，状态栏中会给出与之对应的功能说明。另外，状态栏可以通过选择菜单栏中的“File/Preferences”命令进行设定。

4. 工作区

工作区是TECPLOT进行绘图工作的区域，如图10.17所示。

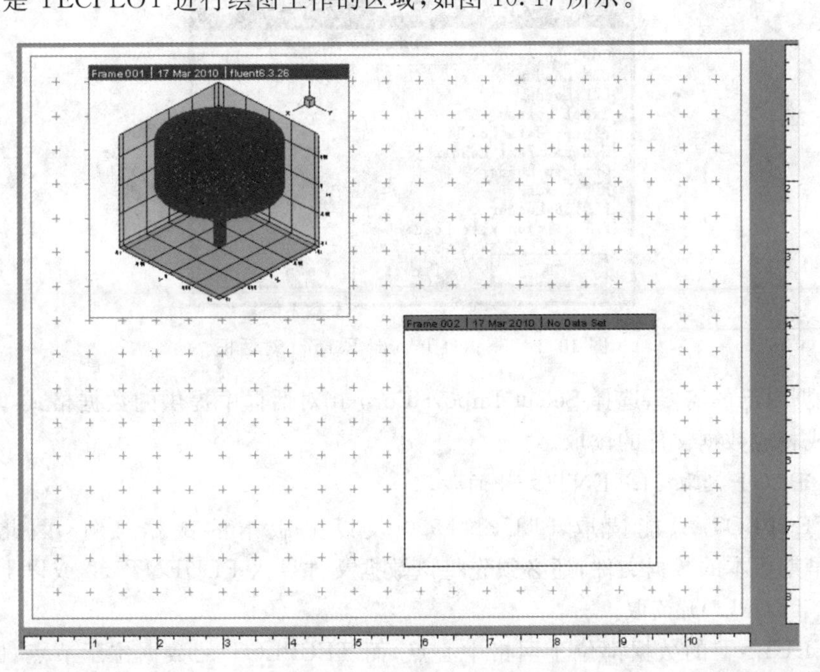

图10.17　工作区

在默认情况下，工作区显示网格和标尺，所有的操作都在当前帧中完成。

10.3　TECPLOT 的使用方法

本节将从 TECPLOT 识别的数据格式、读取 FLUENT 文件的步骤、网格与标尺的设定及坐标系统的选择等几个方面来介绍其使用方法。

1. TECPLOT 识别的数据格式

TECPLOT 是一种通用的后处理软件，能够识别多种数据格式，可以直接读取 10 余种软件生成的数据文件，具体包括：

(1) CFD 通用注释系统格式(CFD general notation system，CGNS)；

(2) 数字高程图格式(digital elevation map format，DEM)；

(3) 数字高程格式(digital elevation format，DXF)；

(4) Excel 表(Windows)；

(5) FLUENT 文件(FLUENT 5.0 以上 *.cas 和 *.dat 文件)；

(6) Gridgen 格式；

(7) Hierarchical Data Format 格式(HDF)；

(8) Image 文件；

(9) PLOT3D 文件；

(10) Text Spreadsheet 文件。

在 TECPLOT 的主操作界面，选择"File/Import..."命令，打开 Select Import Format 对话框，如图 10.18 所示。

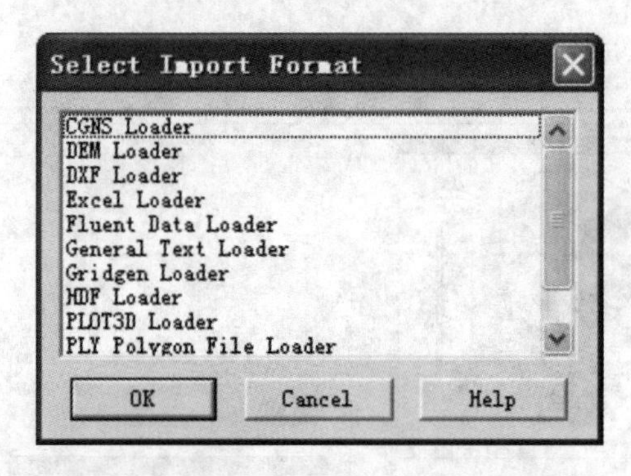

图 10.18　Select Import Format **对话框**

用户根据自己的需要，选择 Select Import Format 对话框中提供的数据格式，单击 OK 按钮，即可完成相应数据文件的读取。

2. TECPLOT 读取 FLUENT 文件的步骤

由于 TECPLOT 只能读取 FLUENT5.0 及以上版本的数据文件，因此若要读取 FLUENT 早期版本的数据文件，还必须先将该数据文件导入 FLUENT5.0 或以上版本，重新保存后再由 TECPLOT 读取。

另外，FLUENT 的数据都位于网格中心点，而 TECPLOT 的数据位于节点，因此在加载数据时，TECPLOT 将根据网络中心点上的数据，采用算术平均值的方法来获取节点上的数据。

在 Select Import Format 对话框中，选中 Fluent Data Loader 数据格式，单击 OK 按钮，打

开 Fluent Data Loader 对话框，如图 10.19 所示。

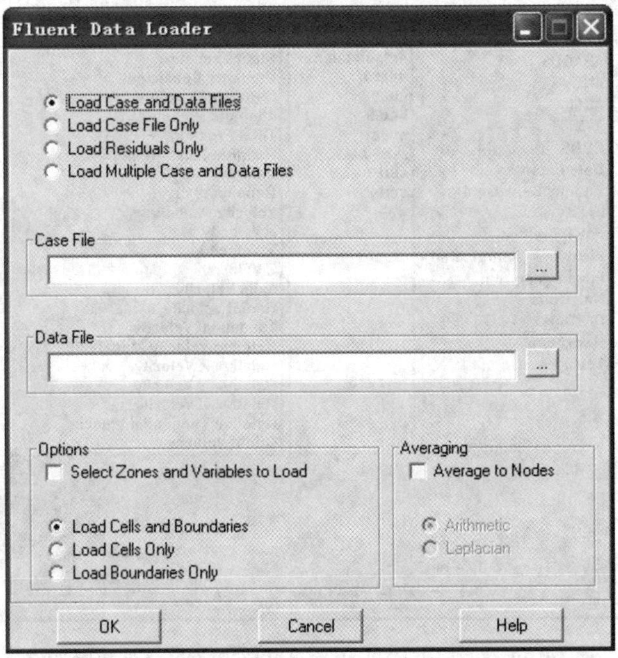

图 10.19　Fluent Data Loader **对话框**

Fluent Data Loader 对话框中的主要选项如下。

(1) Load Case and Data Files(加载网格和数据文件)：读取 *.cas 和 *.dat 文件，并将之转换成 TECPLOT 数据格式。

(2) Load Case File Only(只加载网格文件)：只读取 *.cas 文件。

(3) Load Residuals Only(只加载残差文件)：只读取残差数据。

(4) Load Multiple Case and Data Files(加载多个网格和数据文件)：读取多个 *.cas 和 *.dat文件，并将之转换成 TECPLOT 数据格式。

(5) Case File：输入要加载的 *.cas 文件的路径和名称。

(6) Data File：输入要加载的 *.dat 文件的路径和名称。

在 Options 选项栏中的主要选项如下。

(1) Load Cells and Boundaries(加载单元和边界)：从加载的文件中读入单元和边界数据。

(2) Load Cells Only(只加载单元)：只加载单元数据。

(3) Load Boundaries Only(只加载边界)：只加载边界数据。

对于含有滑移网格的 FLUENT 文件，TECPLOT 在加载时可能出现错误。对于这样的情况，用户可以先在 FLUENT 中将某指定区域的数据输出成 TECPLOT 格式的文件，然后再在 TECPLOT 中调入该文件。具体过程如下：

首先，在 FLUENT 中，选择“File/Export...”命令，打开 Export 对话框，如图 10.20 所示。

在 File Type 栏，选择 Tecplot，单击 Write... 按钮，即可在 FLUENT 中完成 TECPLOT 格式文件的输出。

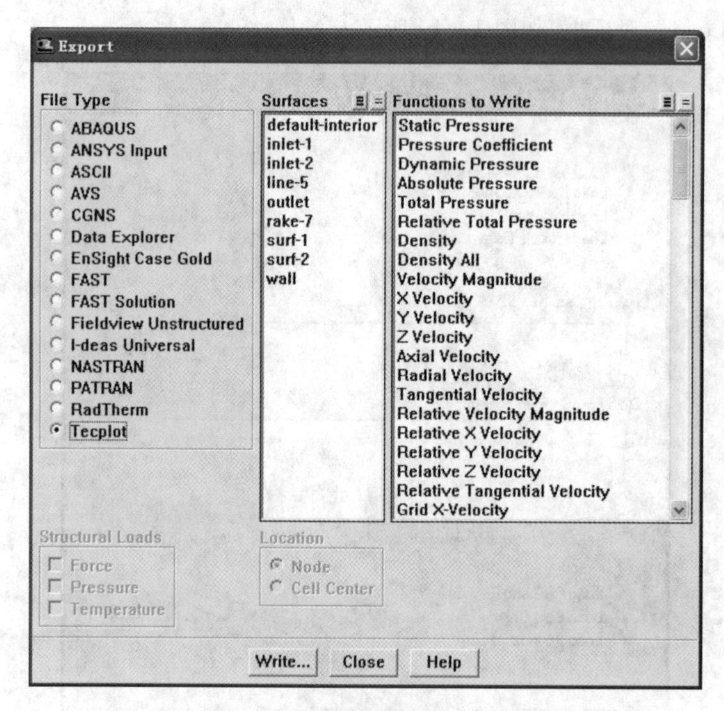

图 10.20　在 FLUENT 中输出 TECPLOT 文件的对话框

接着，在 TECPLOT 中，选择"File/Load Data File..."命令，打开 Load Data File 对话框，如图 10.21 所示。

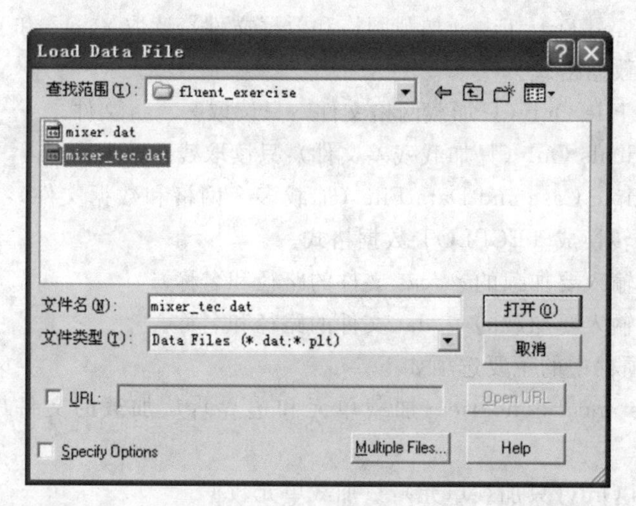

图 10.21　在 TECPLOT 中调入 TECPLOT 格式的文件的对话框

单击"打开"按钮，即可在 TECPLOT 中完成 TECPLOT 格式文件的调入。

3. TECPLOT 中网格和标尺的设定

利用 TECPLOT 中的网格可以方便地对研究对象进行定位，在添加文本和几何图形时也可以选择对齐到网格。利用 TECPLOT 中的标尺则可以方便地对研究对象进行放大和缩小，标尺的显示单位可以选择为厘米(cm)、英寸(in)、点数(pt)或者不显示标尺。若要修改网格和标尺的设定，则可进行如下操作：

(1) 选择"Workspace-Ruler/Grid"命令，打开 Ruler/Grid 对话框，如图 10.22 所示；

（2）选择是否显示网格；

（3）若显示网格，则在Grid Spacing（网格间距）下拉列表框中指定网格间距；

（4）选择是否显示标尺；

（5）若显示标尺，则在Ruler（标尺）下拉列表中选择合适的间距。

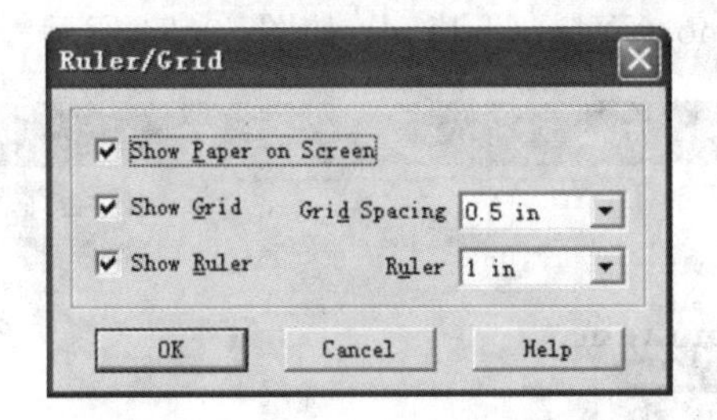

图10.22 Ruler/Grid对话框

4. TECPLOT中坐标系统的选择

TECPLOT中包含多个坐标系统，其中以工作区、帧、2D和3D坐标系统最为常用，如图10.23所示。

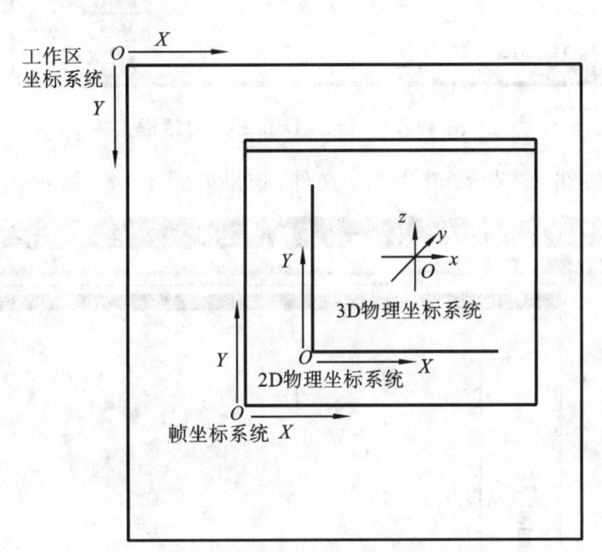

图10.23 TECPLOT中的坐标系统

TECPLOT采用对象相对于帧的比例来确定研究对象的大小和位置。当在TECPLOT中输入数值时，可以使用不同的单位，TECPLOT均会自动转化为帧单位。比如，用户输入的文本位于对象上方1 in（1 in＝2.54 cm），则可以输入“1 in”，TECPLOT会自动进行单位转化。

10.4 TECPLOT的应用实例

1. 绘制*XY*曲线

TECPLOT中的所有*XY*曲线均由一个或者多个*XY*数据对构成，*XY*数据对之间的关系以及曲线绘制方式，在TECPLOT中被统称为*XY*绘图。通常，*XY*绘图具有三种方式。

（1）直线式（Lines）：用线段连接所有的数据点。

（2）符号式（Symbols）：每个数据点由一个符号代表，如圆、三角形或正方形等。

(3) 柱状式(Bars):每一个数据点由一条水平或垂直柱代表。

下面结合 TECPLOT 自带的 rainfall. plt 文件介绍 XY 曲线的绘制。

(1) 选择“File/New Layout”命令。

(2) 选择“File/Load Data File...”命令,打开 Load Data File 对话框,选择 TECPLOT 的安装目录 TEC100 下的 Demo/XY/rainfall. plt,如图 10.24 所示。

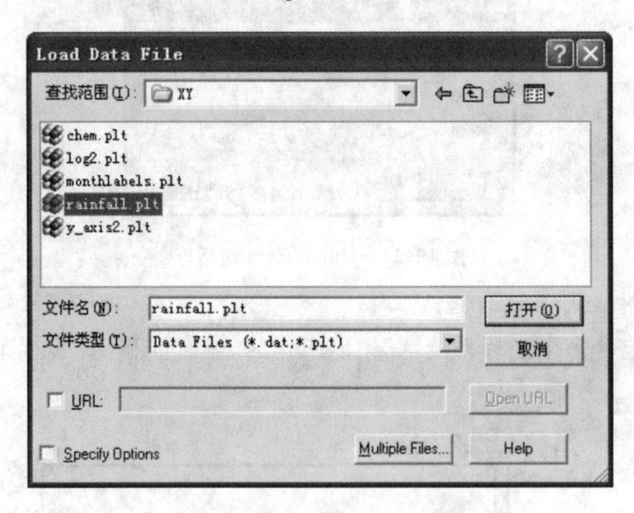

图 10.24　Load Data File 对话框

(3) 单击“打开”按钮,调入 rainfall. plt 文件,结果如图 10.25 所示。

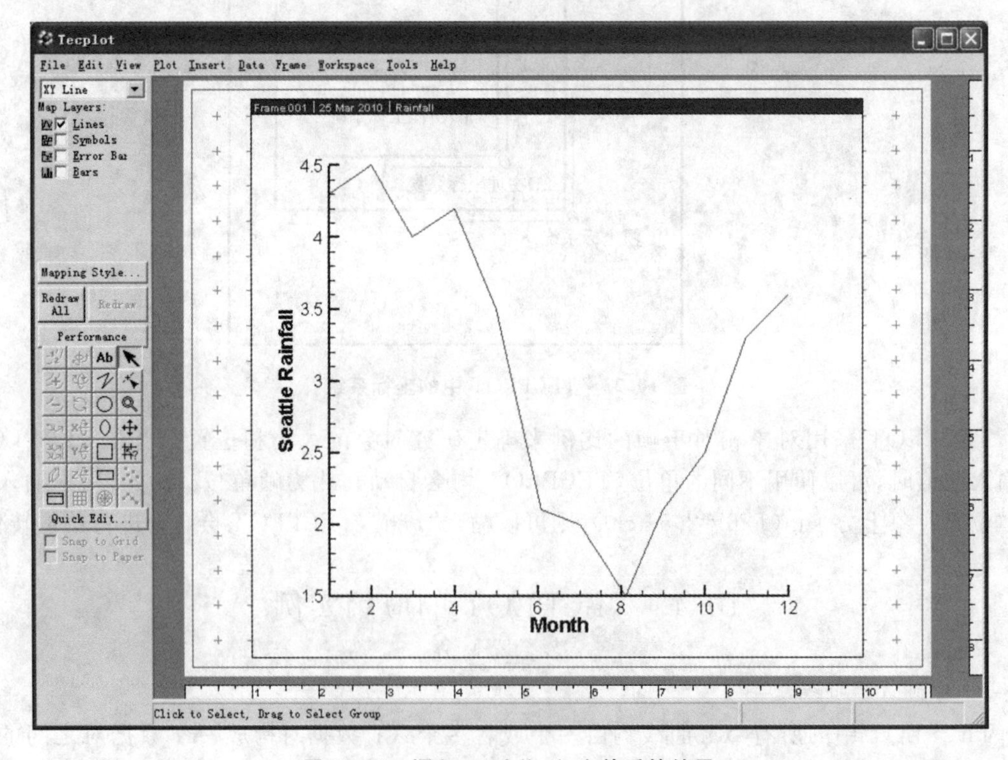

图 10.25　调入 rainfall. plt 文件后的结果

(4) 在 TECPLOT 的工具栏中,单击 Mapping Style... 按钮,打开 Mapping Style 对话框,如图 10.26 所示。

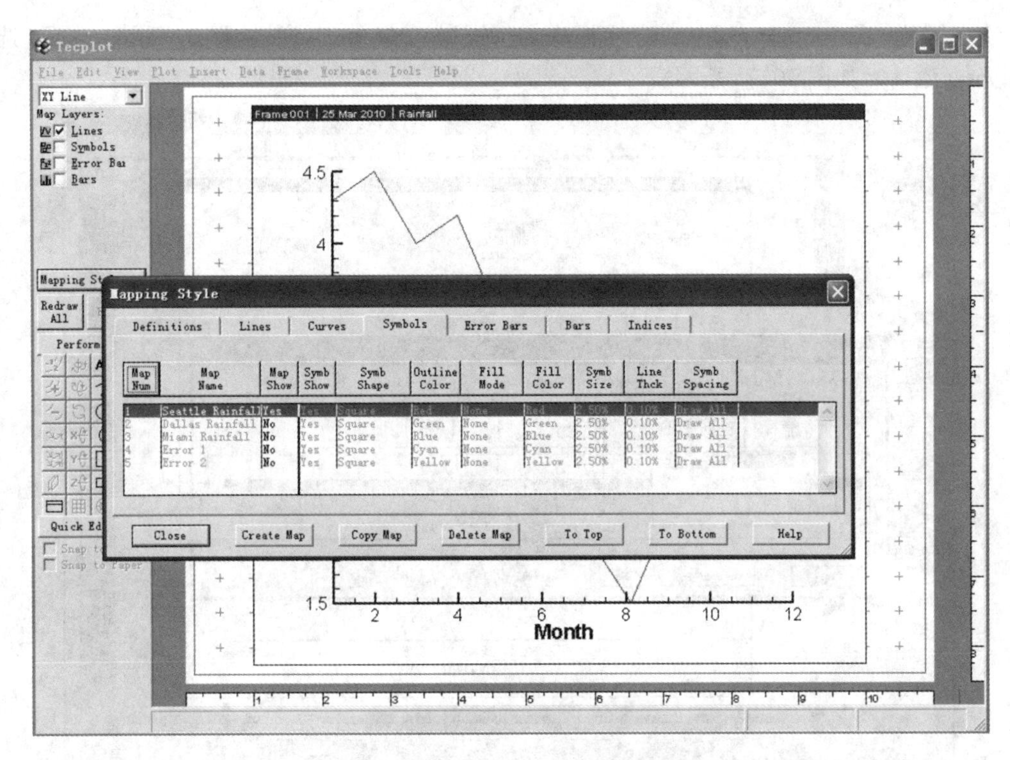

图 10.26　Mapping Style 对话框

(5) 在 Mapping Style 对话框中，选中 Map Num 2，单击 Map Show 选项，选择 Activate（激活），如图 10.27 所示。

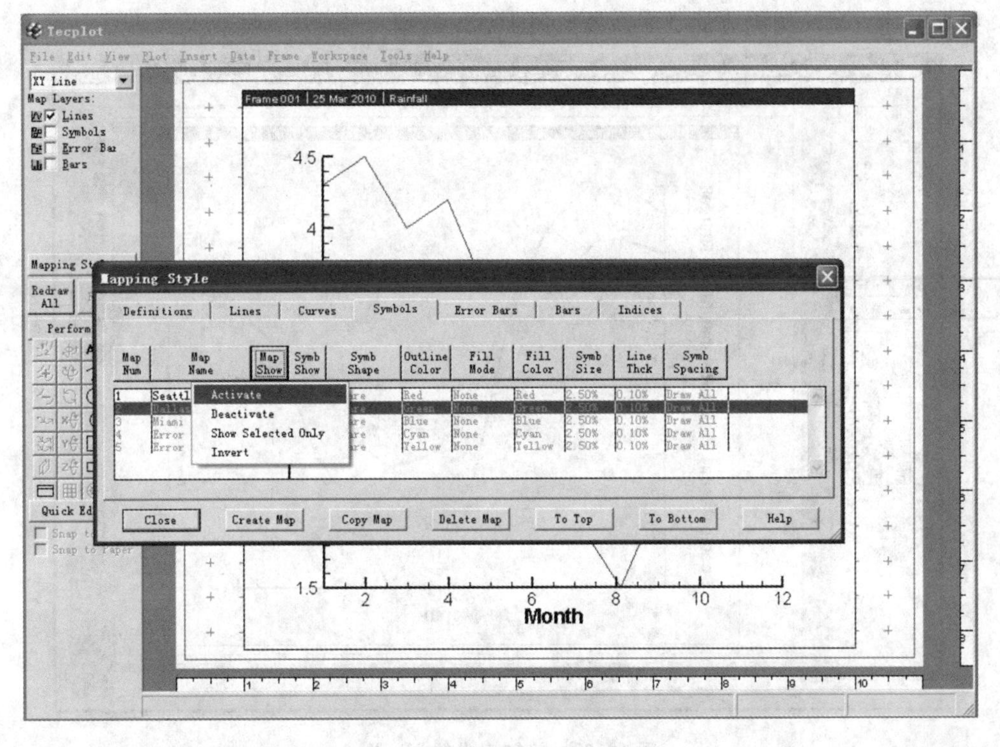

图 10.27　激活 Map Num 2

(6) 同样，在 Mapping Style 对话框中，选中 Map Num 3，单击 Map Show 选项，选择 Activate(激活)，如图 10.28 所示。

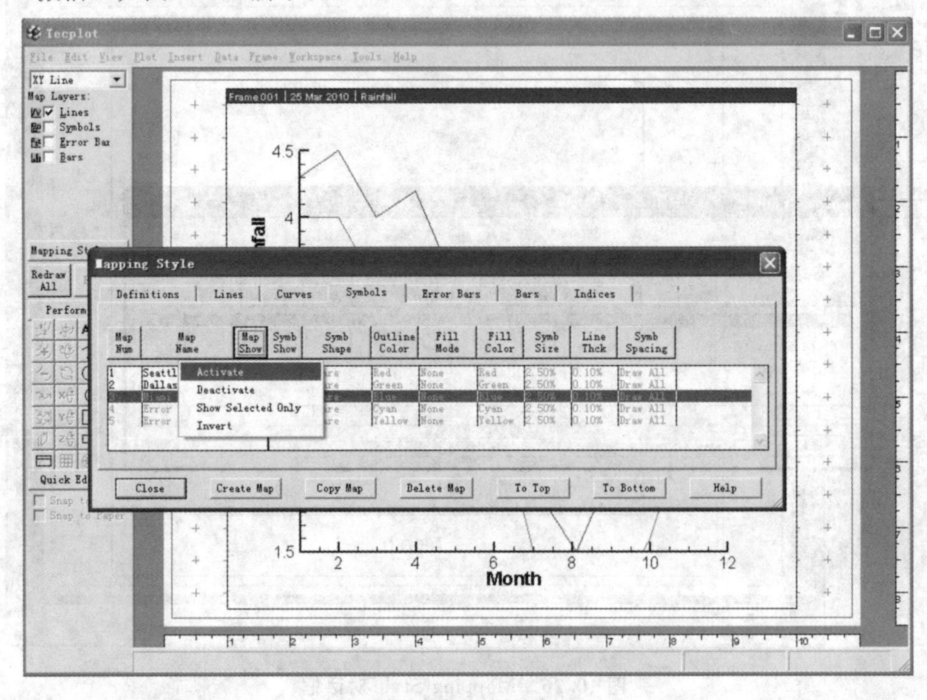

图 10.28 激活 Map Num 3

(7) 在 Mapping Style 对话框中还有许多选项供用户对 XY 曲线进行定义和设置，这些操作都比较简单，因而不再详细介绍。

根据上述方法绘制完成的 XY 曲线如图 10.29 所示。

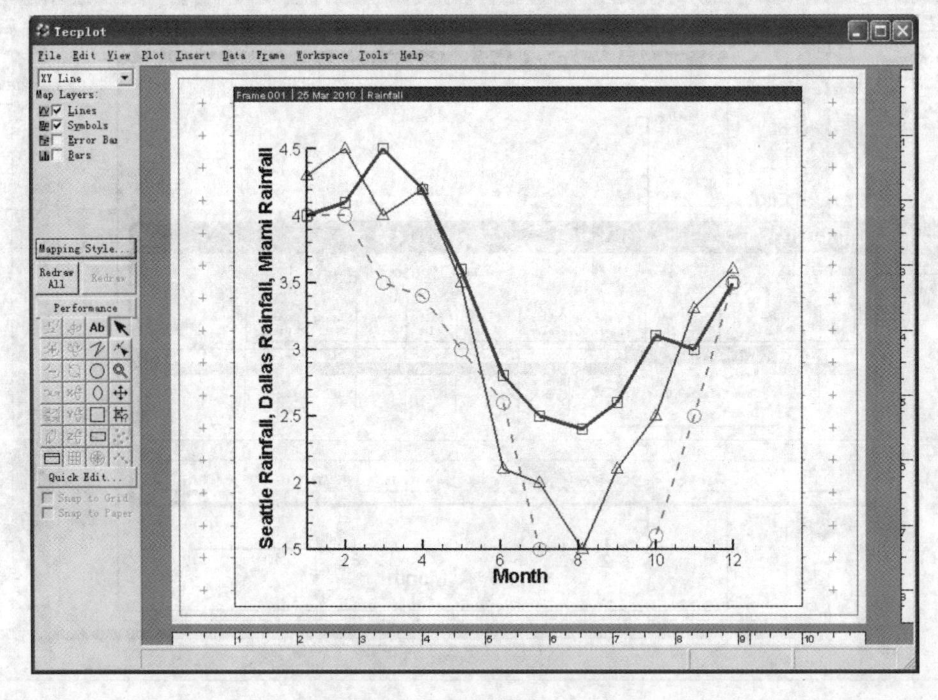

图 10.29 绘制完成的 XY 曲线

2. 绘制矢量图

(1) 选择“File/New Layout”命令。

(2) 选择“File/Load Data File...”命令，打开 Load Data File 对话框，选择 TECPLOT 的安装目录 TEC100 下的 Demo/2D/velocity. plt，如图 10.30 所示。

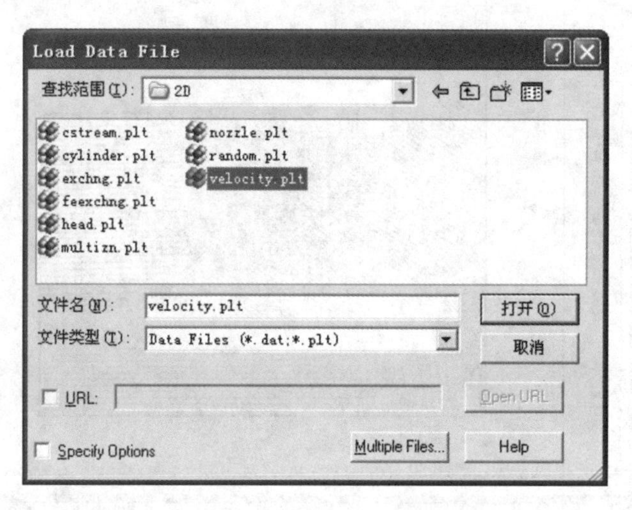

图 10.30 Load Data File **对话框**

(3) 单击“打开”按钮，调入 velocity. plt 文件，结果如图 10.31 所示。

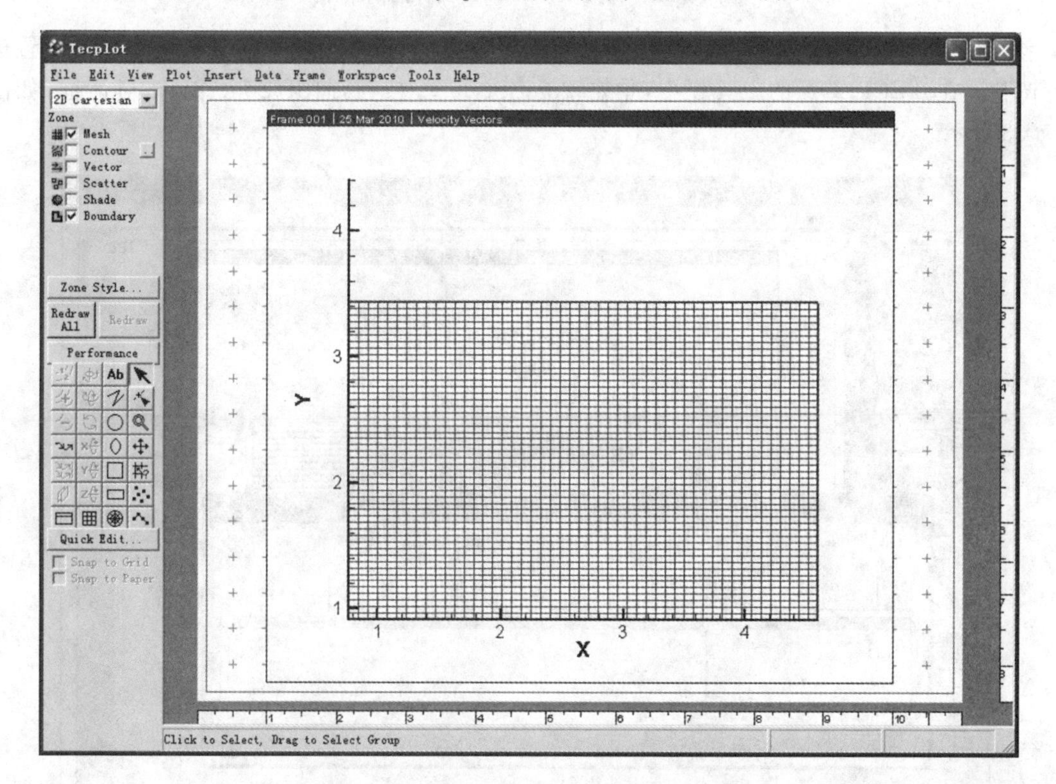

图 10.31 调入 velocity. plt **文件后的结果**

(4) 在工具栏中，取消选中的 Mesh 复选框，选中 Vector 复选框，在弹出的 Select Variables 对话框中设置 U 为 U/RFC，V 为 V/RFC，单击 OK 按钮，结果如图 10.32 所示。

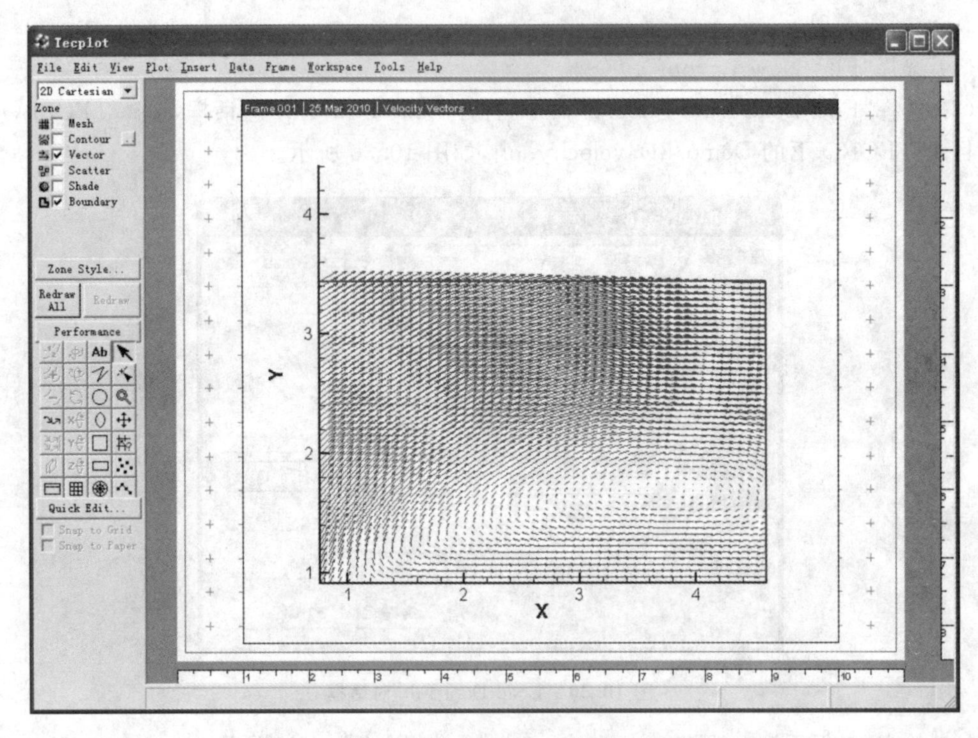

图 10.32　调入 velocity. plt 文件后的结果

(5) 由于默认的矢量着色为单色，不能反映出速度的大小，因此需要对矢量着色的设置进行调整。在 TECPLOT 的工具栏中，单击 Zone Style... 按钮，打开 Zone Style 对话框，如图 10.33 所示。

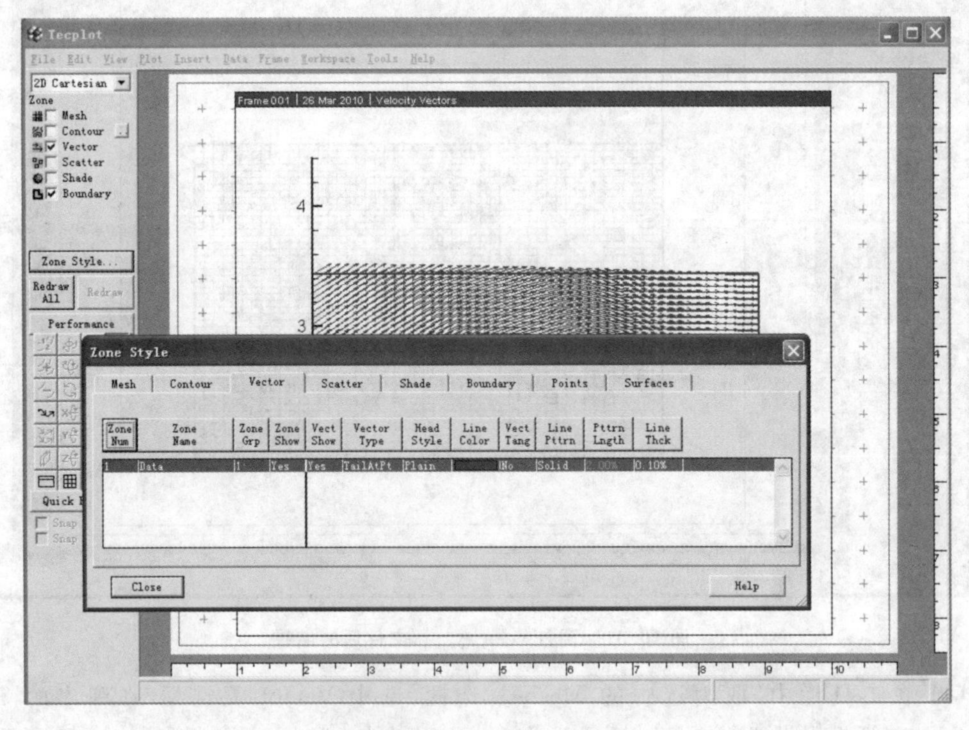

图 10.33　Zone Style 对话框

（6）单击 Line Color 按钮，在弹出的颜色选择对话框中选择多色（Multi）或者其他单色，并选择着色基准的等值线变量，设置矢量宽度为 0.1%，结果如图 10.34 所示。

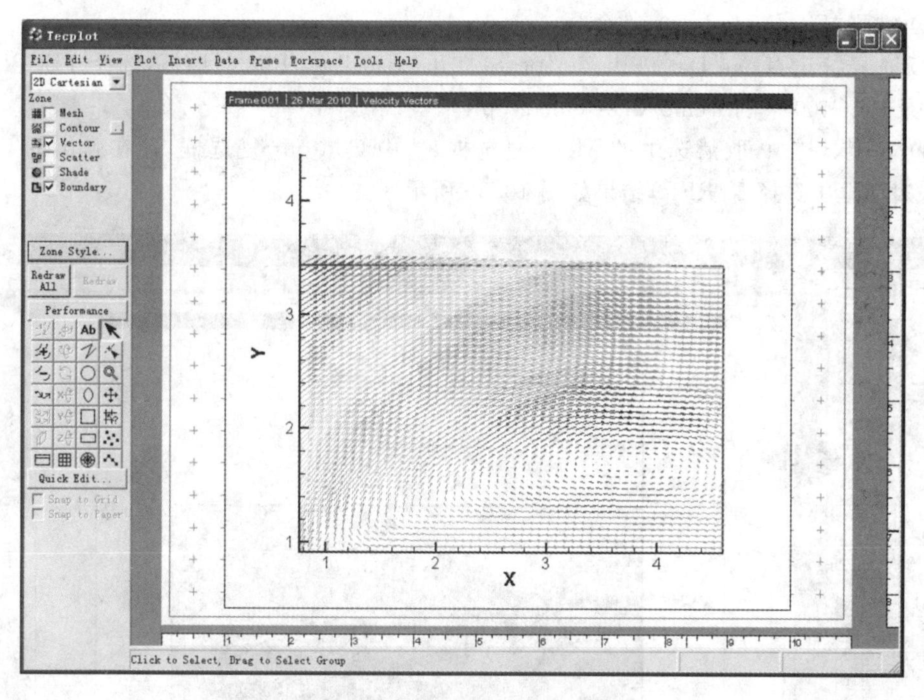

图 10.34　着色后的速度矢量图

（7）在矢量图上绘制流线。先在 TECPLOT 的工具栏中，单击按钮，然后在矢量图中上下拖动鼠标，便可以绘制出如图 10.35 所示的流线图。

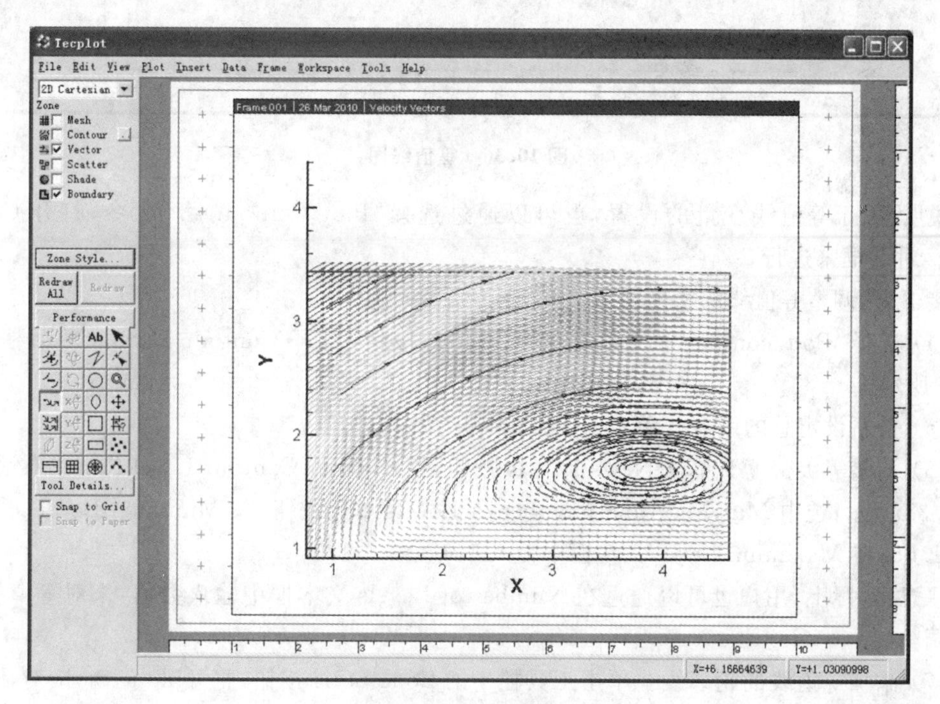

图 10.35　流线图

3. 绘制等值线图

为了保证示例的连贯性,这里依然使用 velocity. plt 文件。

(1) 选择"File/New Layout"命令。

(2) 选择"File/Load Data File..."命令,打开 Load Data File 对话框,选择 TECPLOT 的安装目录 TEC100 下的 Demo/2D/velocity. plt。

(3) 在工具栏中,取消选中的 Mesh 复选框,选中 Contour 复选框,并在弹出的 Contour Details 对话框中选择 R/RFR,结果如图 10.36 所示。

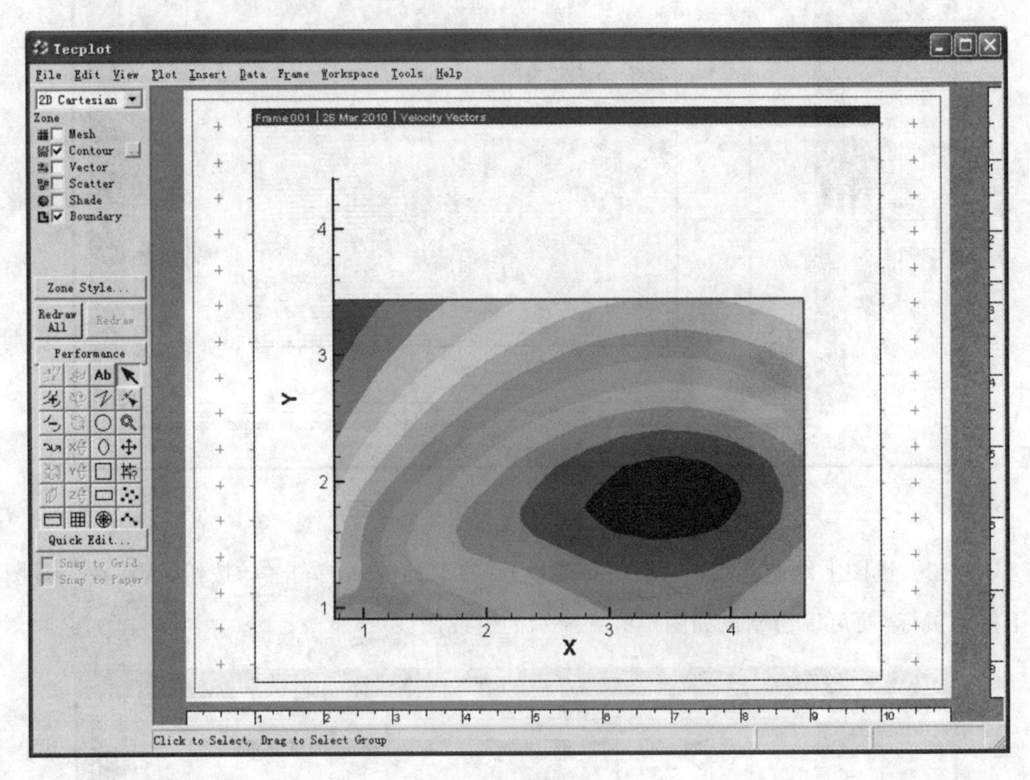

图 10.36 等值线图

说明:关于等值线变量的设置,也可以通过选择"Plot/Contour..."命令,打开 Contour Details 对话框来进行。

接下来,调整等值线的密度与数值。

(4) 选择"Polt/contour..."命令,单击 More 按钮,打开 Contour Details 对话框,如图 10.37 所示。

(5) 重新设定总的级数。单击 Reset Levels 按钮,并输入 10。

(6) 调整等级密度。单击 News Levels 按钮,打开 Enter Contour Level Range 对话框,如图 10.38 所示;选中 Min, Max, and Number of Levels 单选按钮,在 Minimum Level 文本框中输入 1.05,在 Maximum Level 文本框中输入 1.5。

注意:实际上,用户也可以通过在 Number of Levels 文本框中输入数值,来对等值线级数进行调整。

(7) 添加等值线的轮廓线。单击工具栏中的 Zone Style 按钮,打开 Zone Style 对话框,在对话框中单击 Contour Type 按钮,选择 Both Lines & Flood,添加等值线的轮廓线,如图

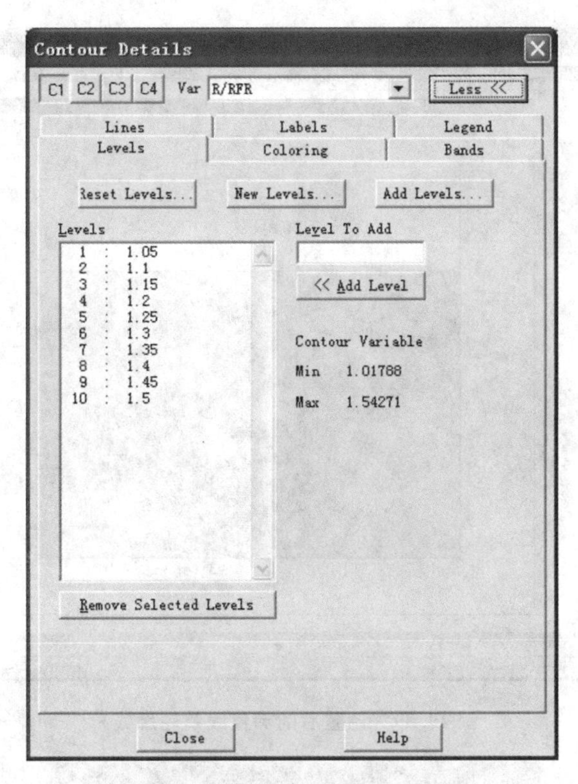

图 **10.37**　Contour Details **对话框**

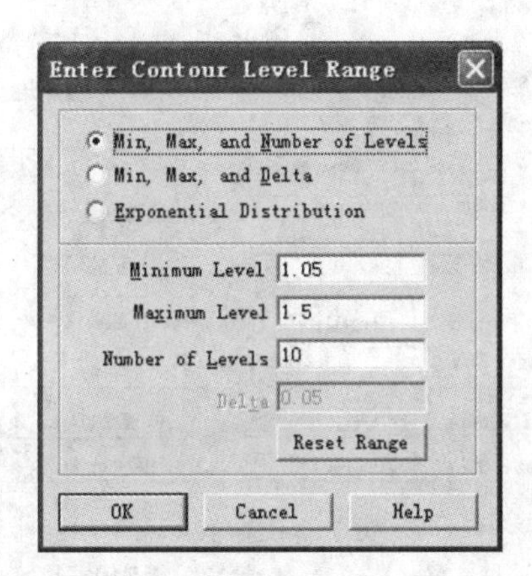

图 **10.38**　Enter Contour Level Range **对话框**

10.39 所示。另外，用户还可以对线型、颜色和宽度等参数进行调整，以获得最佳的显示效果。

最后，还需要添加等值线的标尺，并在轮廓线上标出等值线的具体数值。

(8) 选择“Plot/Contour...”命令，单击 More 按钮，单击 Legend 选项卡，打开的对话框如图 10.40 所示。

(9) 选中 Show Contour Legend 复选框。

(10) 在 Alignment 文本框中选择 Vertical，还可以通过 Legend Box 栏确定是否有边框，调整后的等值线及其标尺如图 10.41 所示。

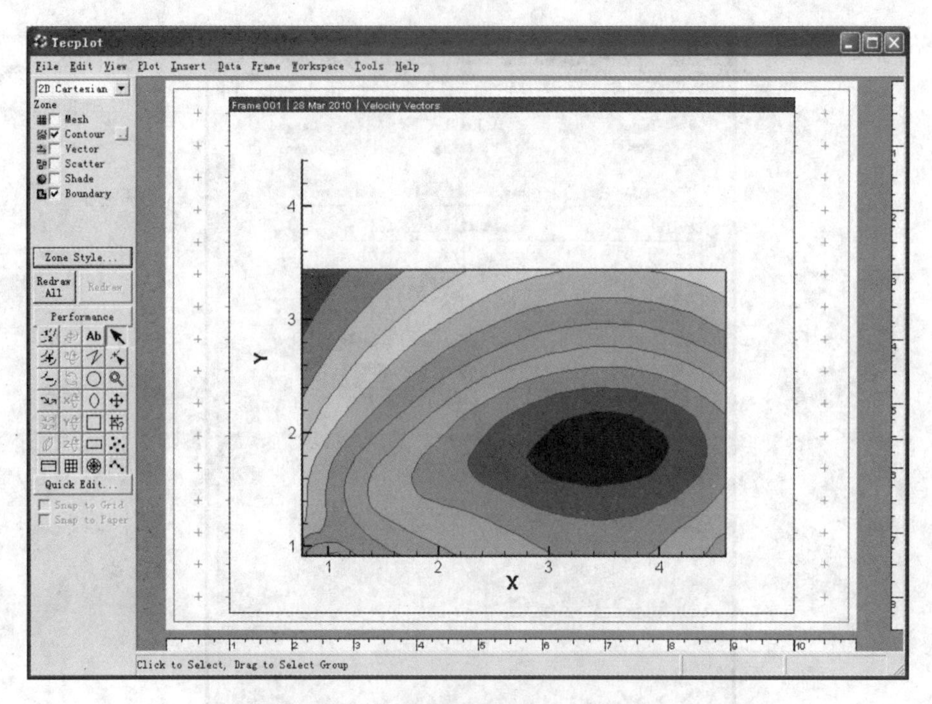

图 10.39　调整后的等值线及轮廓线

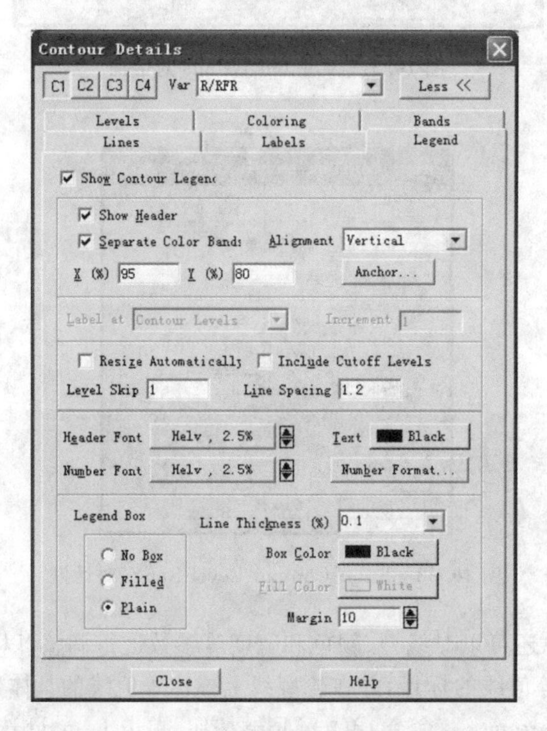

图 10.40　Legend 选项卡设置对话框

(11) 单击工具栏中的 按钮，在希望标注等值线的地方单击，便可以对等值线进行数值标注，结果如图 10.42 所示。

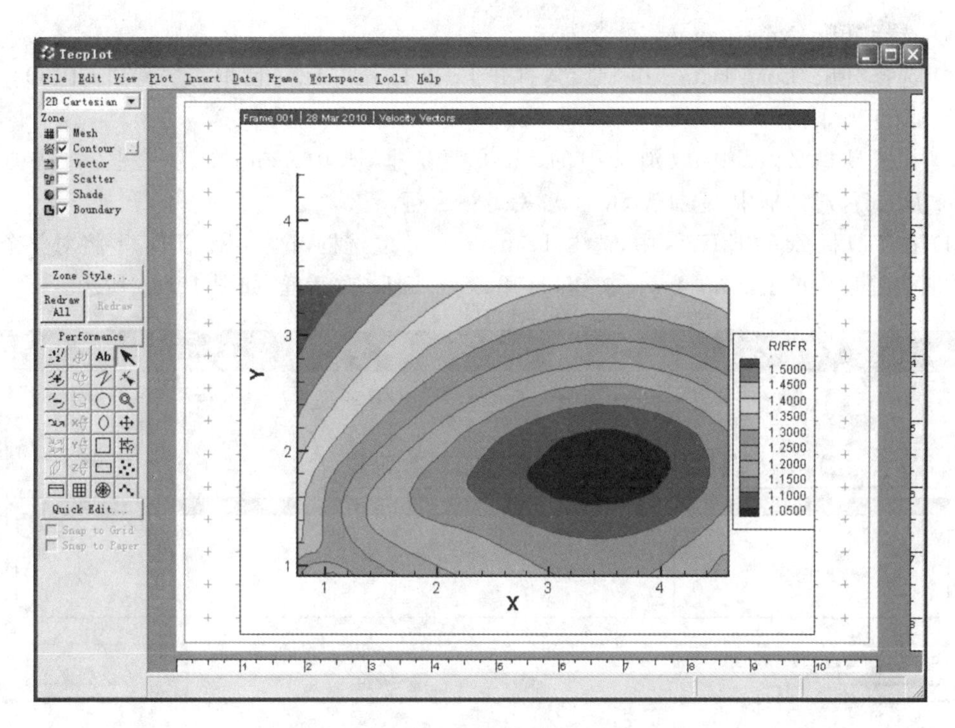

图 10.41 调整后的等值线及其标尺

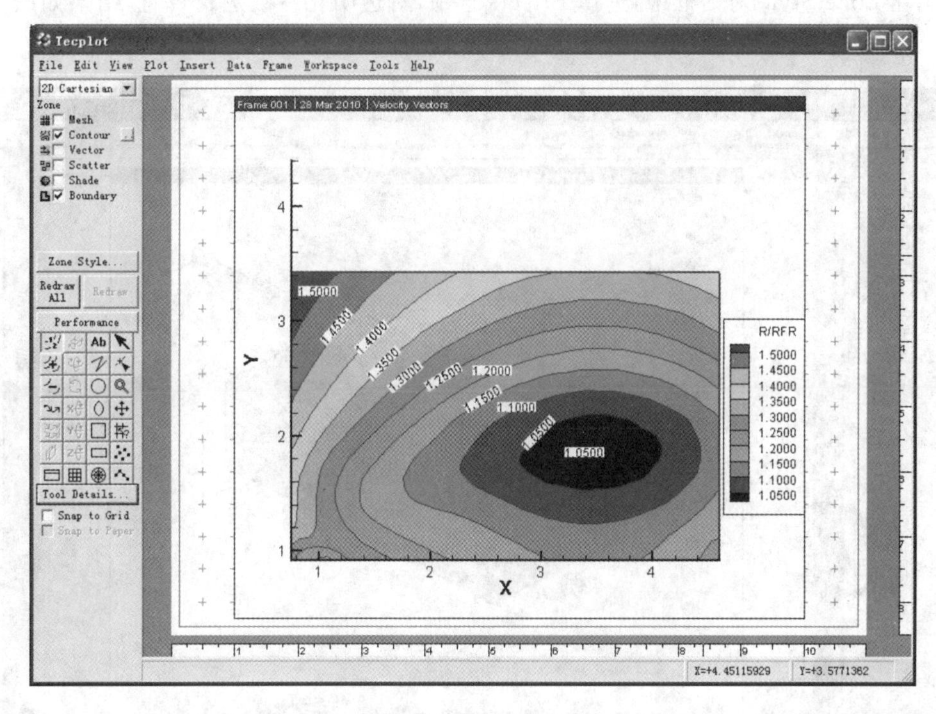

图 10.42 调整后的等值线及其数值标注

4. 绘制流线图

在绘制矢量图的过程中，已经介绍了绘制简单 2D 流线图的方法，这里将介绍绘制较为复杂的 3D 流线图的方法。具体过程如下：

(1) 选择“File/New Layout”命令。

(2) 选择“File/Load Data File”命令，打开 Load Data File 对话框，选择 TECPLOT 的安装目录 TEC100 下的 Demo/3D_Volume/ductflow. plt。

(3) 在工具栏 Zone 中，取消选中的 Mesh 复选框，选中 Contour 复选框，并在弹出的 Contour Details 对话框中，选择 U(M/S)，关闭对话框。

(4) 在工具栏 Zone Effects 中，选中 Translucency 复选框，这样 TECPLOT 将对整个绘图进行透明化处理。单击 Zone Style 按钮，打开 Zone Style 对话框，如图 10.43 所示。

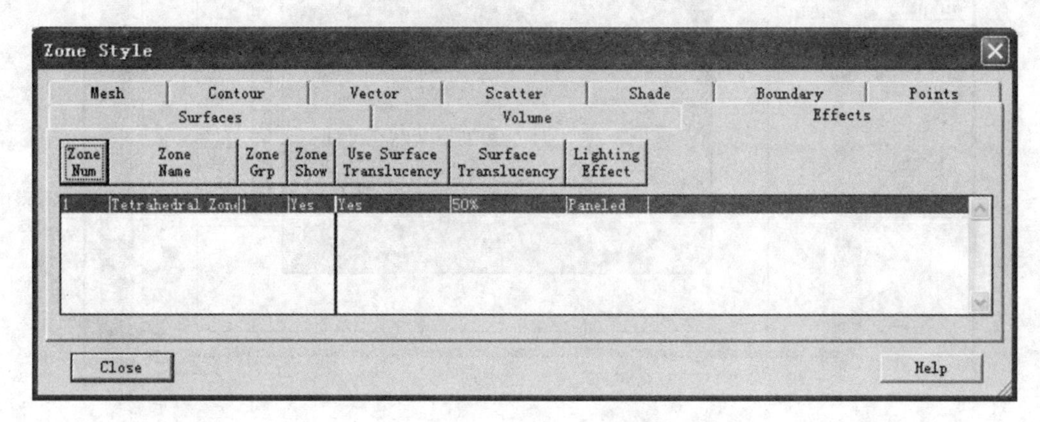

图 10.43　Zone Style 对话框

(5) 在 Zone Style 对话框中，选择 Effects 选项，对透明化参数进行设置，结果如图 10.44 所示。

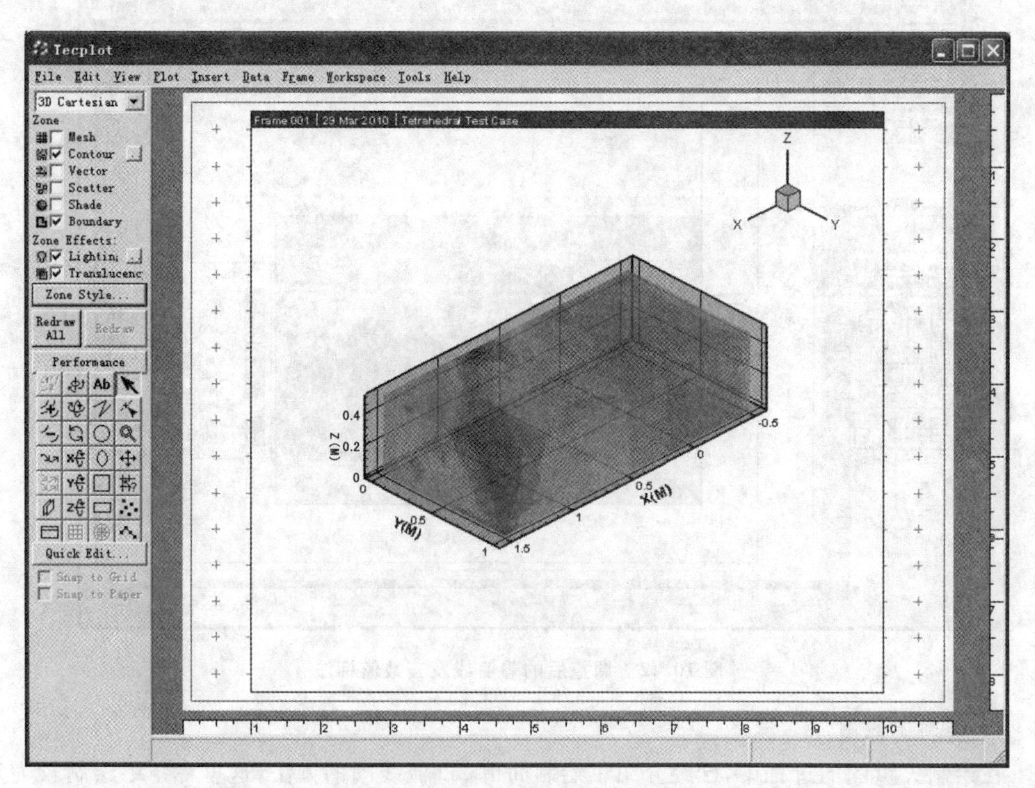

图 10.44　透明化处理后的等值线图

接下来添加流线，首先设定流线的属性。

(6) 选择“Plot/Streamtraces...”命令，打开 Streamtrace Details 对话框，如图 10.45 所示。

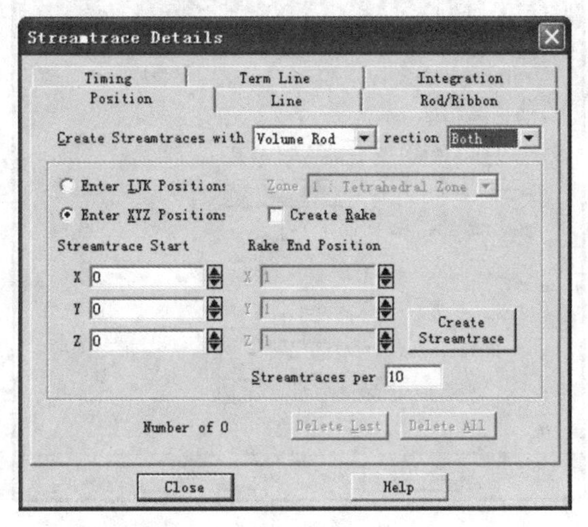

图 10.45　Streamtrace Details 对话框

(7) 在 Create Streamtraces with 文本栏中选择 Volume Rod，在 rection 文本栏中选择 Both。

(8) 单击工具栏中的按钮，在图中合适位置添加流线，操作完成后的流线图如图 10.46 所示。

由于流线的默认颜色为白色，且宽度值太小，因此还需要进行调整。

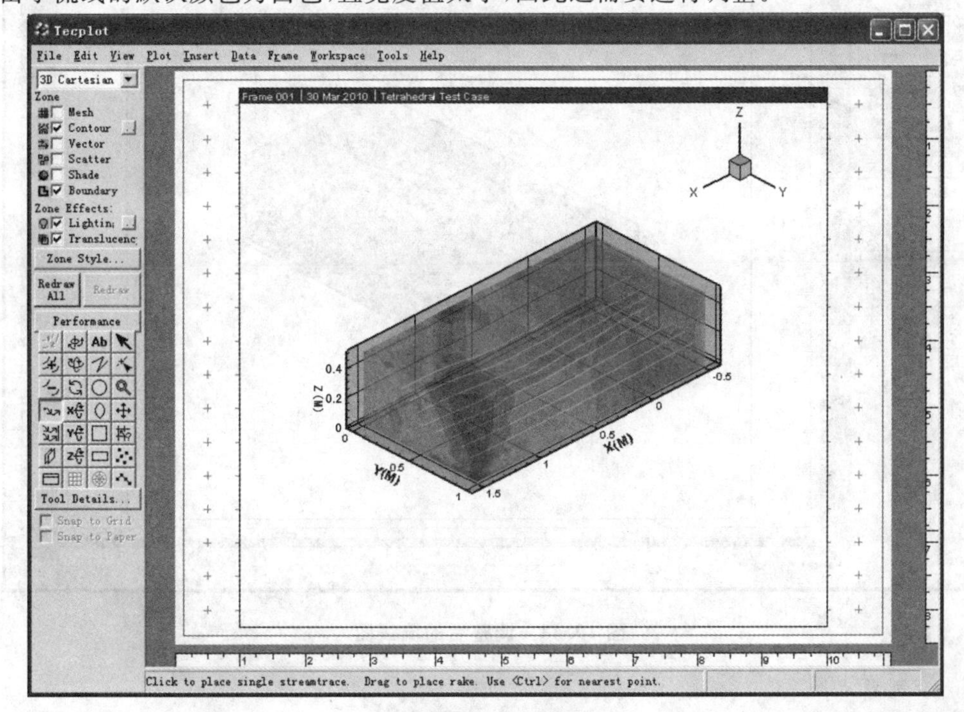

图 10.46　流线图

(9) 选择"Plot/Streamtraces..."命令，打开 Streamtrace Details 对话框，单击 Rod/Ribbon 选项，结果如图 10.47 所示。

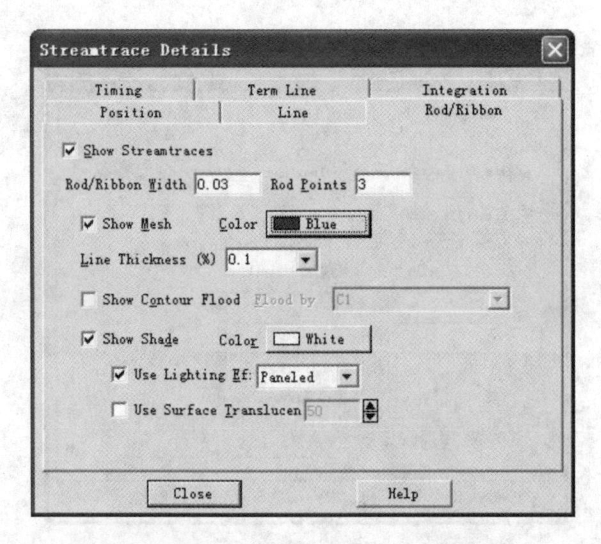

图 10.47　Streamtrace Details 对话框

(10) 在对话框中调整 Rod/Ribbon Width 值为 0.03，选择 Color 为蓝色(Blue)，调整后的流线图如图 10.48 所示。

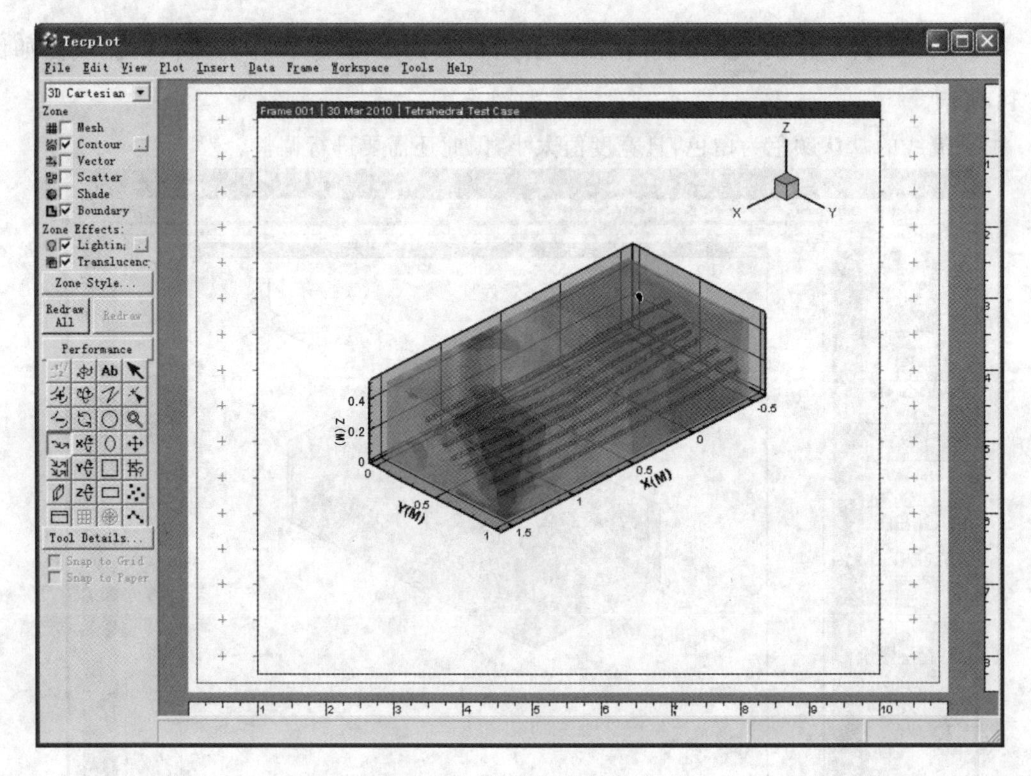

图 10.48　调整后的流线图

5. 绘制散点图

所谓散点图，是用一系列代表数值水平的符号来表示数据分布的一种图形。这些符号可以根据数值水平的不同而具有大小或者颜色的不同，当然也可以没有大小或者颜色上的差别。

与等值线相比，散点图最大的优势在于：它不需要网格结构，可以对不规则的数据进行处理。散点图的绘制相对简单，但若要得到具有很好数据标识的散点图，则需要进行大量的调整工作。

(1) 选择“File/New Layout”命令。

(2) 选择“File/Load Data File”命令，打开 Load Data File 对话框，选择 TECPLOT 的安装目录 TEC100 下的 Demo/2D/cylinder. plt。

(3) 取消选中 Mesh 复选框，选中 Scatter 复选框，结果如图 10.49 所示。

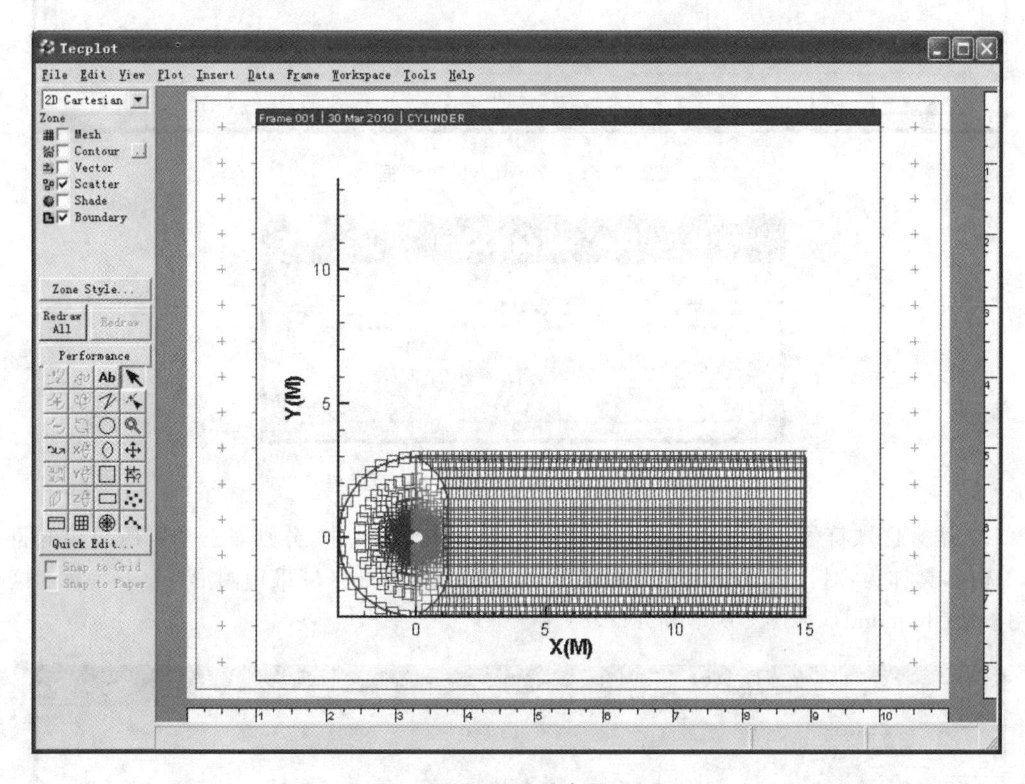

图 10.49　散点图

(4) 对散点图进行调整。单击工具栏中的 Zone Style 按钮，打开 Zone Style 对话框。单击 Scatter 选项，在 Fill Mode 中选择 Use Line Color，如图 10.50 所示。

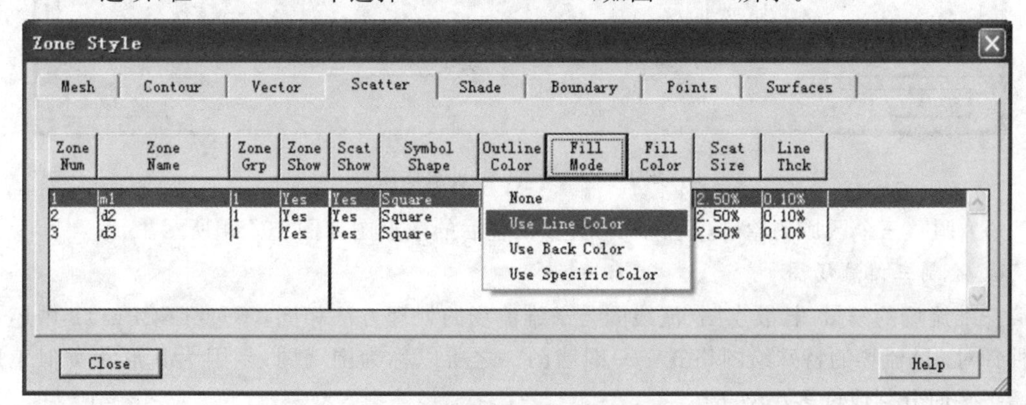

图 10.50　Zone Style 对话框

(5) 调整数据密度。单击 Points 选项，在 Index Skip 中选择 Enter Skip...，如图 10.51 所示。打开 Enter Index Skipping 对话框，如图 10.52 所示，将 I-Skip、J-Skip 的值调整为 3。

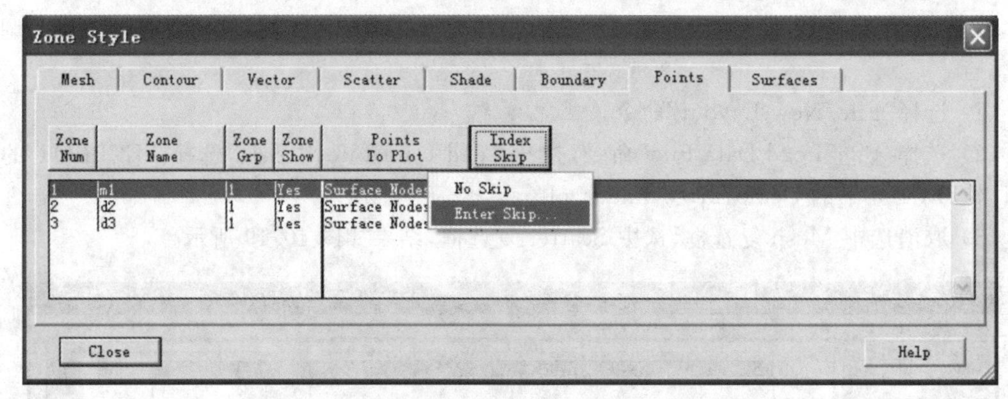

图 10.51　Zone Style 对话框

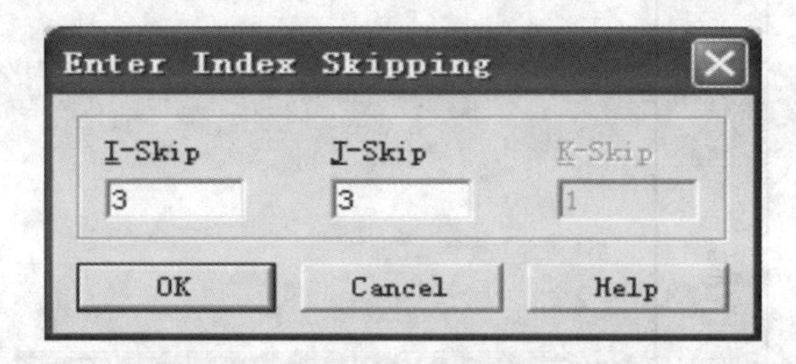

图 10.52　Enter Index Skipping 对话框

(6) 调整区域符号。单击 Scatter 选项，在 Symbol Shape 中，分别对三个区所采用的符号进行选择，具体为：对 1 区域采用默认的正方形(square)，对 2 区域采用圆形(circle)，对 3 区域采用菱形(diamond)，如图 10.53 所示。

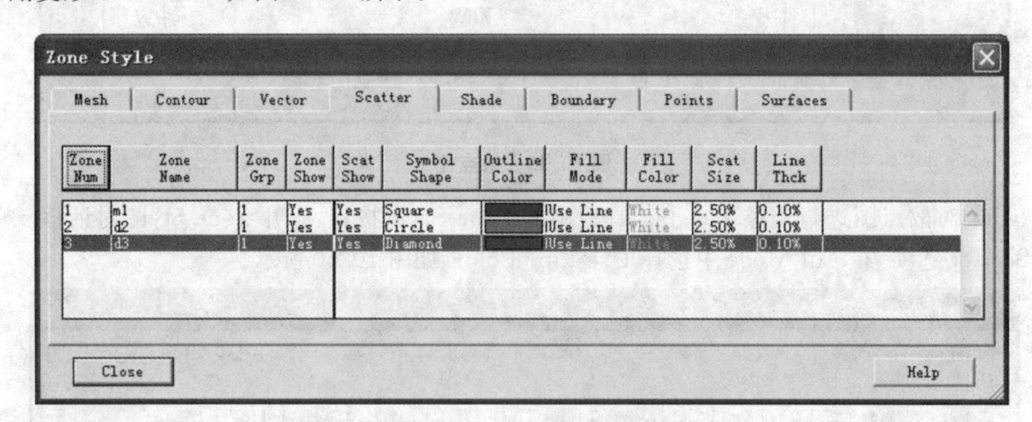

图 10.53　Zone Style 对话框

(7) 调整三个区域的轮廓颜色和填充色，调整后的散点图如图 10.54 所示。

6. 绘制三维流场图

三维流场的矢量图、散点图、流线图与二维流场的处理方法相同，不过 TECPLOT 中还有一种针对 3D 流场的特殊绘图格式——围墙图。之所以称为围墙图，是因为其形状类似于用围墙把平面分割成许多小格子。

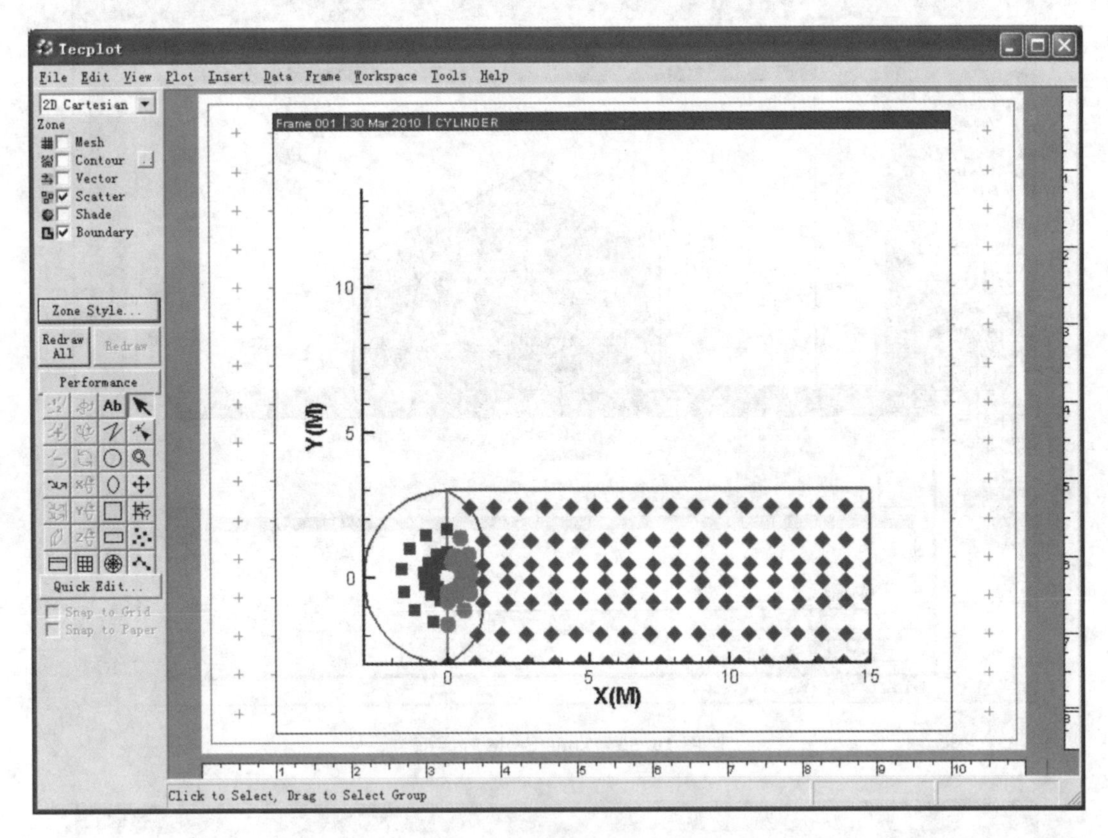

图 10.54　调整后的散点图

围墙图的生成过程非常简单，这种图形的特别之处在于要绘出底面数据，然后绘出垂直于底面的数据作为围墙，把平面给分成许多小格子。另外，围墙图中可以使用泛色等值线图来表现数据的变化。下面介绍一个围墙图实例。

(1) 选择“File/New Layout”命令。

(2) 选择“File/Load Data File”命令，打开 Load Data File 对话框，选择 TECPLOT 的安装目录 TEC100 下的 Demo/3D_Volume/fluid. plt。

(3) 在工具栏 Zone 中，取消选中的 Mesh 复选框，选中 Contour 复选框，并在弹出的 Contour Details 对话框中，选择 E，关闭对话框。

(4) 单击工具栏中的 Zone Style 按钮，打开 Zone Style 对话框，如图 10.55 所示。

(5) 单击 Surfaces 选项，在 Surfaces to Plot 中选择 I，J，K-Planes，结果如图 10.56 所示。

(6) 分别对 Range For I-Planes、Range For J-Planes、Range For K-Planes 中的参数设置进行如下调整，如图 10.57 所示。

Range For I-Planes：Begin＝1，End＝Mx，Skip＝5。

Range For J-Planes：Begin＝1，End＝Mx，Skip＝4。

Range For K-Planes：Begin＝1，End＝Mx，Skip＝Mx。

最终的围墙图结果如图 10.58 所示。

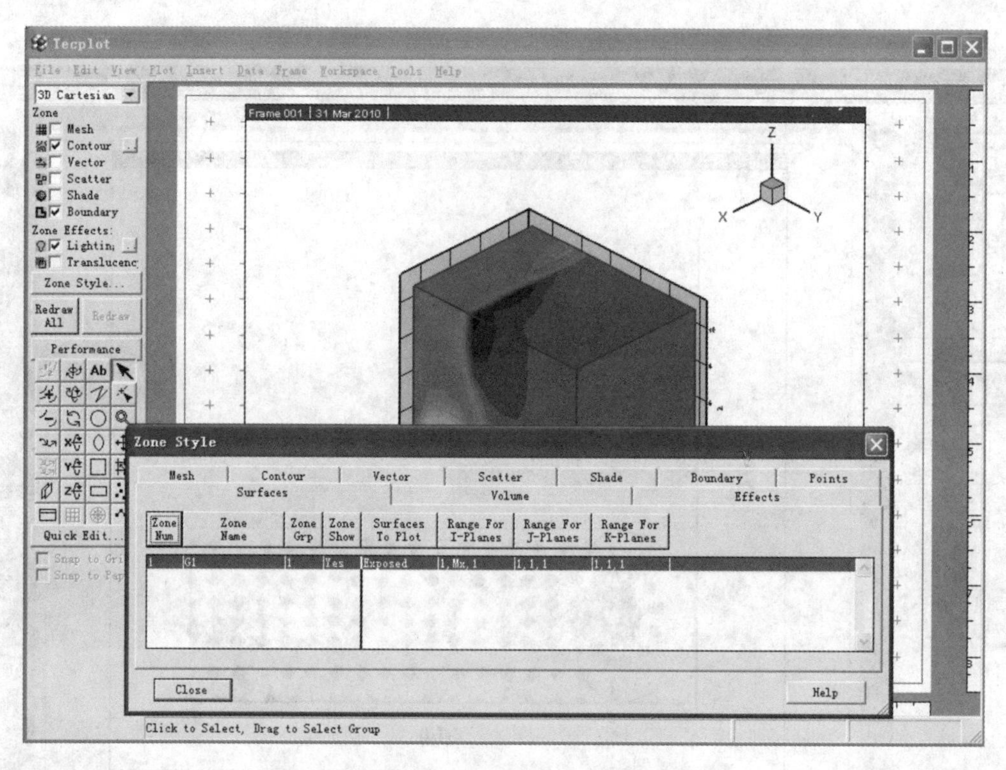

图 10.55　Zone Style 对话框

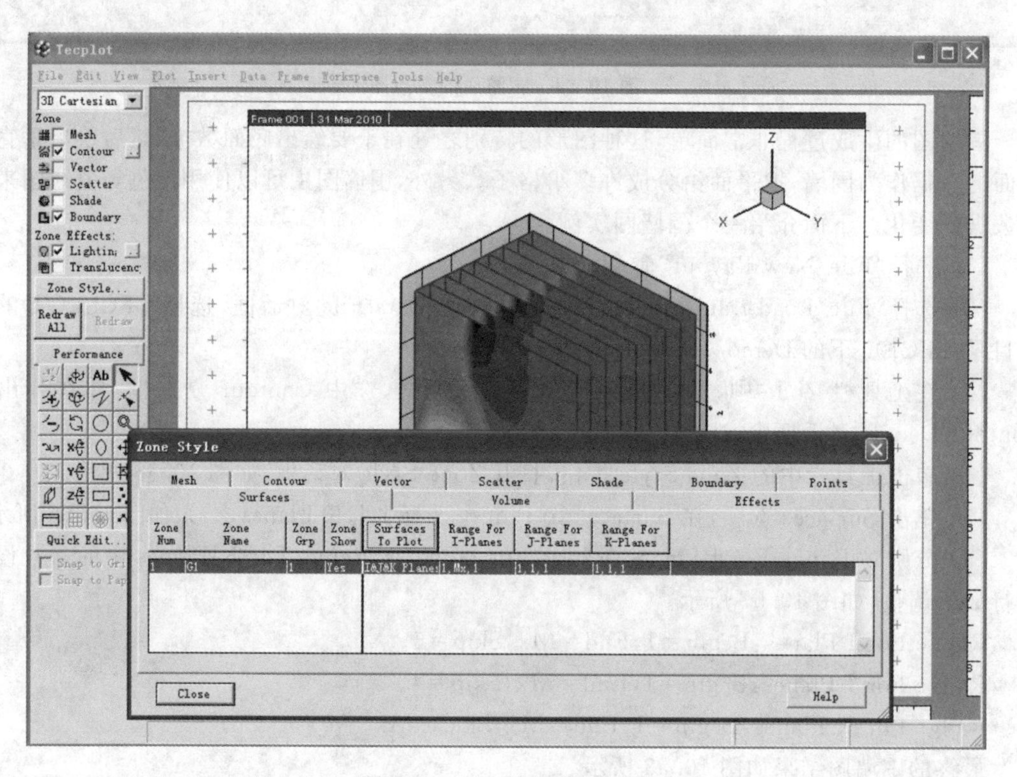

图 10.56　Surfaces 选项设置

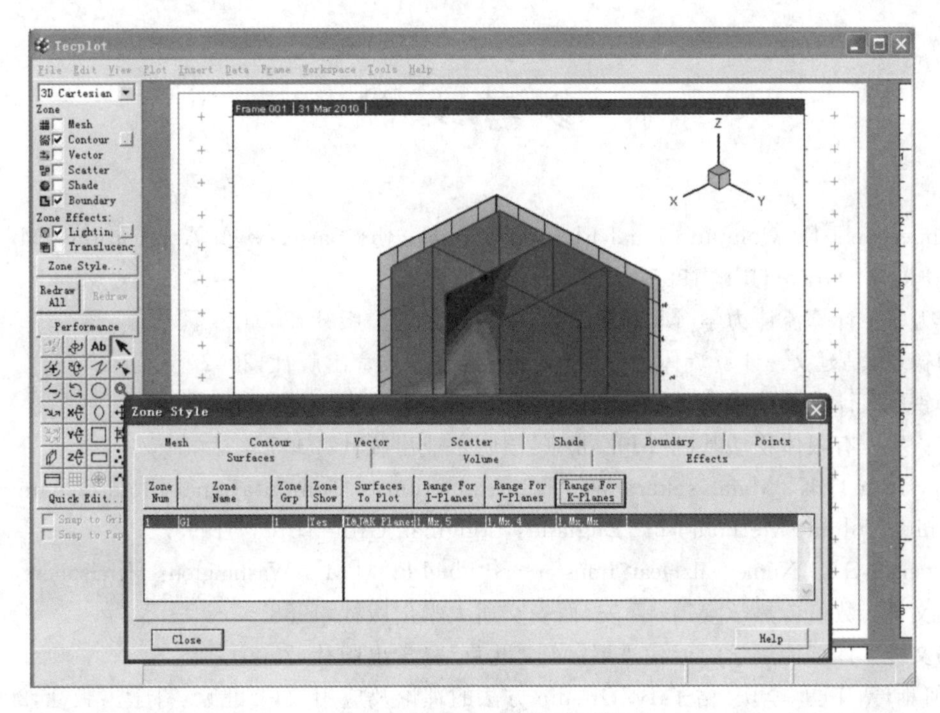

图 10.57　Surfaces 选项设置

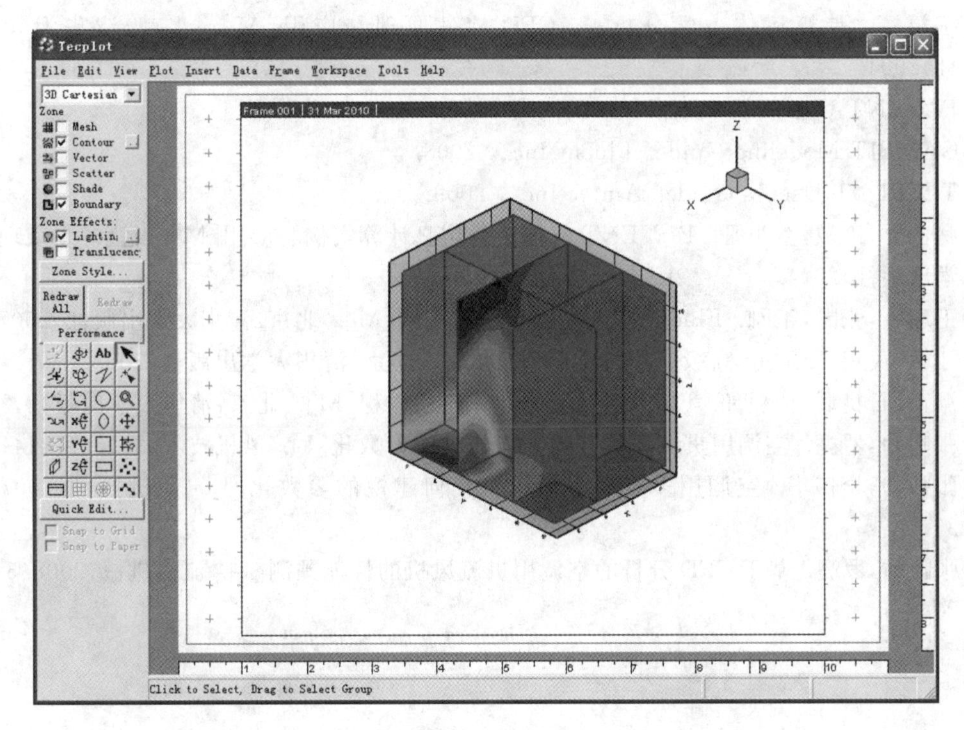

图 10.58　围墙图结果

参考文献

[1] Anderson J D. Computational Fluid Dynamics: the Basics with Applications[M]. New York: McGraw-Hill, 1995.

[2] 李万平. 计算流体力学[M]. 武汉:华中科技大学出版社,2004.

[3] 傅德薰,马延文. 计算流体力学[M]. 北京:高等教育出版社,2002.

[4] 马铁犹. 计算流体动力学[M]. 北京:北京航空学院出版社,1986.

[5] 李人宪. 有限体积法基础[M]. 北京:国防工业出版社,2005.

[6] Versteeg H K, Malalasekera W. An Introduction to Computational Fluid Dynamics: the Finite Volume Method[M]. England: Longman Group Ltd., 1995.

[7] Patankar S V, Numerical Heat Transfer and Fluid Flow[M]. Washington: Hemisphere, 1980.

[8] 陶文铨. 数值传热学[M]. 西安:西安交通大学出版社,1988.

[9] 陶文铨. 计算传热学的近代进展[M]. 北京:科学出版社,2000.

[10] 何雅玲,王勇,李庆. 格子 Boltzmann 方法的理论及应用[M]. 北京:科学出版社,2009.

[11] 郭照立,郑楚光. 格子 Boltzmann 方法的原理及应用[M]. 北京:科学出版社,2009.

[12] 王福军. 计算流体力学分析——CFD 软件原理与应用[M]. 北京:清华大学出版社,2004.

[13] FLUENT User's Guide. Fluent Inc., 2008.

[14] GAMBIT Modeling Guide. Fluent Inc., 2008.

[15] TECPLOT User's Guide. Amtec Inc., 2009.

[16] 韩占忠,王敬,兰小平. FLUENT 流体工程仿真计算实例与应用[M]. 北京:北京理工大学出版社,2004.

[17] 王瑞金,张凯,王刚. Fluent 技术基础与应用实例[M]. 北京:清华大学出版社,2007.

[18] 江帆,黄鹏. Fluent 高级应用与实例分析[M]. 北京:清华大学出版社,2008.

[19] 温正,石良辰,任毅如. FLUENT 流体计算应用教程[M]. 北京:清华大学出版社,2009.

[20] 张师帅,罗亮. 空调用贯流风机叶轮几何建模的参数化[J]. 风机技术,2006(5):14-16.

[21] 张师帅,李伟华. 空调用多翼离心通风机几何建模的参数化[J]. 风机技术,2007(5):26-28.

[22] 张师帅,罗亮. 基于 CFD 分析的空调用贯流风机的性能预测[J]. 流体机械,2008(5):18-20.